纳米科学与技术

认知纳米世界

——纳米科学技术手册

（原书第三版）

〔白俄〕V. E. 鲍里先科 〔意〕S. 奥西奇尼 著
董星龙 李 斌 译

科学出版社
北 京

图字:01-2013-6962 号

内 容 简 介

本书概括了纳米结构的物理学、化学、技术、应用等方面的各种术语和定义,最重要的现象和规则,以及实验和理论工具;收集了有代表性的普通物理和量子力学、材料科学和技术、数学和信息论、有机和无机化学,以及固体物理和生物学方面的基本术语和最重要的辅助定义。为从初学者到专业人士的各层面读者提供了2300余个极具代表性的词条。

本书内容丰富、组织精巧、查询便捷,可供纳米科技及其相关学科的大学生和研究生、教师、科研工作者,以及科技管理人员参考使用,也适合纳米领域以外的读者参阅。

图书在版编目(CIP)数据

认知纳米世界:纳米科学技术手册(原书第3版)/(白俄)鲍里先科(Borisenko,V. E.),(意)奥西奇尼(Ossicini,S.)著;董星龙,李斌译. —北京:科学出版社,2014.6

(纳米科学与技术/白春礼主编)

ISBN 978-7-03-040869-3

Ⅰ.认… Ⅱ.①鲍… ②奥… ③董… ④李… Ⅲ.纳米材料-技术手册 Ⅳ.TB383-62

中国版本图书馆CIP数据核字(2014)第119382号

责任编辑:顾英利/责任校对:宋玲玲

责任印制:钱玉芬/封面设计:陈 敬

科学出版社 出版

北京东黄城根北街16号

邮政编码:100717

http://www.sciencep.com

中国科学院印刷厂 印刷

科学出版社发行 各地新华书店经销

*

2014年6月第 一 版 开本:720×1000 1/16

2014年6月第一次印刷 印张:29 3/4

字数:780 000

定价:138.00元

(如有印装质量问题,我社负责调换)

《纳米科学与技术》丛书序

在新兴前沿领域的快速发展过程中，及时整理、归纳、出版前沿科学的系统性专著，一直是发达国家在国家层面上推动科学与技术发展的重要手段，是一个国家保持科学技术的领先权和引领作用的重要策略之一。

科学技术的发展和应用，离不开知识的传播：我们从事科学研究，得到了“数据”（论文），这只是“信息”。将相关的大量信息进行整理、分析，使之形成体系并付诸实践，才变成“知识”。信息和知识如果不能交流，就没有用处，所以需要“传播”（出版），这样才能被更多的人“应用”，被更有效地应用，被更准确地应用，知识才能产生更大的社会效益，国家才能在越来越高的水平上发展。所以，数据→信息→知识→传播→应用→效益→发展，这是科学技术推动社会发展的基本流程。其中，知识的传播，无疑具有桥梁的作用。

整个20世纪，我国在及时地编辑、归纳、出版各个领域的科学技术前沿的系列专著方面，已经大大地落后于科技发达国家，其中的原因有许多，我认为更主要的是缘于科学文化的习惯不同：中国科学家不习惯去花时间整理和梳理自己所从事的研究领域的知识，将其变成具有系统性的知识结构。所以，很多学科领域的第一本原创性“教科书”，大都来自欧美国家。当然，真正优秀的著作不仅需要花费时间和精力，更重要的是要有自己的学术思想以及对这个学科领域充分把握和高度概括的学术能力。

纳米科技已经成为21世纪前沿科学技术的代表领域之一，其对经济和社会发展所产生的潜在影响，已经成为全球关注的焦点。国际纯粹与应用化学联合会（IUPAC）会刊在2006年12月评论：“现在的发达国家如果不发展纳米科技，今后必将沦为第三世界发展中国家。”因此，世界各国，尤其是科技强国，都将发展纳米科技作为国家战略。

兴起于20世纪后期的纳米科技，给我国提供了与科技发达国家同步发展的良好机遇。目前，各国政府都在加大力度出版纳米科技领域的教材、专著以及科普读物。在我国，纳米科技领域尚没有一套能够系统、科学地展现纳米科学技术各个方面前沿进展的系统性专著。因此，国家纳米科学中心与科学出版社共同发起并组织出版《纳米科学与技术》，力求体现本领域出版读物的科学性、准确性和系统性，全面科学地阐述纳米科学技术前沿、基础和应用。本套丛书的出版以高质量、科学性、准确性、系统性、实用性为目标，将涵盖纳米科学技术的所有领域，全面介绍国内外纳米科学技术发展的前沿知识；并长期组织专家撰写、编辑出版下去，为我国纳米科技各个相关基础学科和技术领域的科技工作者和研究生、本科生等，提供一套重要的参考资料。

这是我们努力实践“科学发展观”思想的一次创新，也是一件利国利民、对国家科学技术发展具有重要意义的大事。感谢科学出版社给我们提供的这个平台，这不仅有助于我国在科研一线工作的高水平科学家逐渐增强归纳、整理和传播知识的主动性(这也是科学研究回馈和服务社会的重要内涵之一),而且有助于培养我国各个领域的人士对前沿科学技术发展的敏感性和兴趣爱好,从而为提高全民科学素养作出贡献。

我谨代表《纳米科学与技术》编委会,感谢为此付出辛勤劳动的作者、编委会委员和出版社的同仁们。

同时希望您,尊贵的读者,如获此书,开卷有益!

中国科学院院长
国家纳米科技指导协调委员会首席科学家
2011 年 3 月于北京

译　者　序

纳米科技已经成为21世纪科学与技术中最受关注的领域之一。众所周知，狭义上的“纳米”仅仅是测量原子、分子尺度的一个度量衡单位，但当今的“纳米”往往被赋予了更为广阔的含义，代表着纳米尺度的物质材料或结构单元表现出不同于宏观体系的奇异特性，包括量子效应、尺寸效应、表面效应等特殊物理机制，并对物质和材料的性能起着决定性的作用。纳米科技时代的到来，正在验证着50多年前美国著名物理学家、诺贝尔奖获得者费恩曼所提出的人们可以按自己的意志来设计和控制原子排列的预言。

无论是从事纳米科技研究的专业人员、还是相关的新闻工作者，所遇到的一个主要困难是纳米科技所涉及的学科领域众多并相互交叉。纳米科技涵盖了物理、化学、机械、生物、医学、社会学等众多传统学科领域，它所涉及的对象、应用原理、研究手段等大多可以在传统学科中找到来源或者雏形。然而，高度发达的当今科学与技术分工，使得人们很难对所有传统学科知识有完整的了解，对纳米科技相关术语的涵义往往不能全面掌握；另一方面，由于纳米科技处于蓬勃发展期，大量的研究成果和评述催生新的纳米科技术语或者赋予传统科技术语新的“纳米”含义。因此，人们期待着一本诠释纳米科技术语的工具书，以便能够及时、准确地了解纳米科技的最新发展动态、相关术语及概念。

白俄罗斯国立信息技术无线电电子大学的V. E. 鲍里先科教授和意大利摩德纳-雷吉奥·艾米利亚大学的S. 奥西奇尼教授合著的这本《认知纳米世界——纳米科学技术手册》恰好满足了这样的一种需求。这本手册英文第一版于2004年面世，包含了1400余个条目，重点收录了当时纳米科技所涉及的各种词汇和概念，并给出了对这些术语较为标准和科学的解释，同时对于大部分条目也列出了其最初文献来源，以方便读者进一步查阅和理解。它在组织形式上的一个优点是所有条目采用英文字母排序，类似一般的辞典，读者在阅读英文纳米文献时能够较快地在这本手册中找到相关解释。本书英文第二版于2008年出版，扩充到2000余个条目，并对大量原有条目进行了增修。为适应纳米科技的高速发展，2012年出版了本手册英文第三版，条目增至2300余个，并对第二版原有条目、示意图库、表格、附录进行了大幅度提高和扩充。

为了满足中文读者的需求，科学出版社于2008年开始着手英文原版的引进出版工作，并委托中国科技大学的李斌教授于2009年12月完成了本书英文第二版的译文及最后校订。在此感谢中国科学技术大学的侯建国院士对于译者翻译本书的细心指导和强有力的支持，感谢王兵教授和曾长淦教授对翻译提出的有益建议，在本书翻译过程中也得到了耿锋、高强、胡双林、商红慧、王雯、李晓慧、纪永飞、邱云飞、吴永晟、李占成、李林、陈智轶、王晨曦、冯卫、王阳、冯晓燕、张杰、张汇、朱勇波、赵烨梁、马传许、刘勇、陈琪等人的协助。本书英文第三版于2012年面世后，科学出版社在2013年又开始了新版中文版工作，并委托大连理工大学的董星龙教授于2014年5月完成了译文及最后校订，在此感谢高见、高嵩、王永辉、孙月君、李冉冉参与了所有增修内容的翻译和校对工作。值得注意的是，本书将各个条目解释文字中所引用的书中其他术语条目也特别标出，以方便读者进行对照查看，中文版中也沿用了这一形式。本书中文版还附有所有术语中文译名的索引，以便读者查阅。

译者特别要对科学出版社相关编辑们的辛勤工作进行致谢，他们认真细致的翻译建议与指导帮助译者克服了翻译工作中的很多困难。由于译者水平所限，翻译中的错误和不足在所难免，衷心希望能得到读者的指正，以期重印时修订改进。

李斌于中国科学技术大学

董星龙于大连理工大学

2014年5月

第三版前言[*]

在第三版中，我们扩充和更新了本书内容。从第一版的 1400 余个条目，增至现在的 2300 多个术语和定义。此外，将之前的大量条目进行了提高和扩展。增加了新图、新表以充实全书的示意图库。本书按字母顺序将术语、现象、规则、实验方法和理论工具进行排列，每个字母为一章，以便于读者查阅。大部分术语都有类似“首次描述：……”、“详见：……”、“获誉：……”这样的附加信息，以便于通过对扩展信息（可能是开创性论文、书籍、评述或者网站）的深入探源，对相关主题进行历史性回顾。

第三版中，特别值得一提的是，在听取朋友和读者的建议后，我们努力在绝大多数条目中增添最权威和/或最新的工作，并将这些信息加入到“详见：……”中，相信这些额外信息会非常有益。此外，特别扩充了近期发展起来的纳米科学实验技术相关条目的数量。第三版面世距离第一版仅 8 年时间，然而我们不仅看到了纳米科学和纳米技术相关研究的蓬勃发展，同时也看到了不计其数的包含“纳米”内容的新增杂志。在本书结尾的附录中罗列了 100 多本“纳米”杂志。大部分杂志是在近几年出现的。

在过去的十年里我们同样也见证了数字化革命。看到了互联网正以令人难以置信的速度扩张，尤其是诸如维基百科或类似的网站，使得对是否还需要依赖于书籍、指南/手册产生了质疑。我们的答案显然是肯定的。

原因来自两个方面。第一个方面，正如两位图书爱好者所建议，他们分别是意大利的评论家和作家翁贝托·埃科（Umberto Eco）和法国编剧和剧作家让-克洛德·卡里埃（Jean-Claude Carriere），在他们发表于 2011 年的“辩护词”《这不是书籍的终结》（*This is Not the End of the Book*）中提到“……图书就像勺子、锤子、轮子和剪刀。一旦你发明了它们，就无需再做任何改进。”第二个方面，在短篇小说《科学中的严谨》（*On Rigor in Science*，原版为发表于 1946 年的西班牙语小说 *Del rigor en la ciencia*）中，阿根廷作家豪尔赫·路易斯·博尔热斯（Jorge Luis Borges）和阿道夫·比奥伊·卡萨雷斯（Adolf Bioy Casares）这样描述，我们无法构建一幅与实际领土大小相同的地图，如果将地图的比例尺设为 1∶1，则地图所代表的物理空间与实际领土重叠一致，结果将使得地图变得毫无用途和多余。两位作家的话让我们反思，不仅告诉我们任何总结都具有困

---

* 英文原版书即仅有“第三版前言”。——译者

难性和问题性，而且告诉我们负责任地完成综合和选择的真实必要性。如果读者希望更多地了解纳米世界，我们期待我们所构建的关于纳米世界的地图将有益于读者，而且会是有别于读者之前所认知的“纳米”。

V. E. 鲍里先科（Victor E. Borisenko）于明斯克

S. 奥西奇尼（Stefano Ossicini）于摩德纳-雷吉奥·艾米利亚

2012年1月

信 息 资 源

在撰写此书时，作者采用的信息除了来自于个人的学术知识和学术经历、文中已经注明的科学杂志和书籍外，还包括以下来源。

百科全书和辞典

1. *Encyclopedic Dictionary of Physics*, edited by J. Thewlis, R. G. Glass, D. J. Hughes, A. R. Meetham (Pergamon Press, Oxford, 1961).

2. *McGraw-Hill Dictionary of Physics and Mathematics*, edited by D. N. Lapedes (McGraw-Hill Book Company, New York, 1978).

3. Landolt-Bornstein. *Numerical Data and Functional Relationships in Science and Technology*, Vols. 17, edited by O. Madelung, M. Schultz, H. Weiss (Springer, Berlin, 1982).

4. *McGraw-Hill Encyclopedia of Electronics and Computers*, edited by C. Hammer (McGraw-Hill Book Company, New York, 1984).

5. *Encyclopedia of Semiconductor Technology*, edited by M. Grayson (John Wiley & Sons, New York, 1984).

6. *Encyclopedia of Physics*, edited by R. G. Lerner, G. L. Trigg (VCH Publishers, New York, 1991).

7. *Physics Encyclopedia*, Vols. 1～5, edited by A. M. Prokhorov (Bolshaya Rossijskaya Encyklopediya, Moscow, 1998) - in Russian.

8. *Encyclopedia of Applied Physics*, Vols. 1～25, edited by G. L. Trigg (Wiley-VCH, Weinheim, 1992～2000).

9. *Encyclopedia of Physical Science and Technology*, Vols. 1～18, edited by R. A. Meyers (Academic Press, San Diego, 2002).

10. *Springer Handbook of Nanotechnology*, edited by B. Bhushan (Springer, Berlin, 2004).

书籍

1. G. Alber, T. Beth, M. Horodecki, P. Horodecki, R. Horodecki, M. Rötteler, H. Weinfurter, R. Werner, A. Zeilinger, *Quantum Information* (Spinger, Berlin, 2001).

2. G. B. Arfken, H. J. Weber, *Mathematical Methods for Physicists* (Academic Press, San Diego, 1995).

3. P. W. Atkins, J. De Paula, *Physical Chemistry* (Oxford University Press, Oxford, 2001).

4. C. Bai, *Scanning Tunneling Microscopy and Its Applications* (Springer, Heidelberg, 2010).

5. V. Balzani, M. Venturi, A. Credi, *Molecular Devices and Machines: A Journey into the*

Nanoworld (Wiley-VCH, Weinheim, 2003).

6. F. Bassani, G. P. Parravicini, *Electronic and Optical Properties of Solids* (Pergamon Press, London, 1975).

7. F. Bechstedt, *Principles of Surface Physics* (Spriger, Berlin, 2003).

8. D. Bimberg, M. Grundman, N. N. Ledentsov, *Quantum Dot Heterostructures* (John Wiley and Sons, London, 1999).

9. W. Borchardt-Ott, *Crystallography*, Second edition (Springer, Berlin, 1995).

10. V. E. Borisenko, S. Ossicini, *What is What in the Nanoworld* (Wiley-VCH, Weinheim, 2004 and 2008).

11. M. Born, E. Wolf, *Principles of Optics*, Seventh (expanded) edition (Cambridge University Press, Cambridge, 1999).

12. J. H. Davies, *The Physics of Low-Dimensional Semiconductors* (Cambridge University Press, Cambridge, 1995).

13. R. Lipton, E. Baum, *DNA Based Computers* (Am. Math. Soc., Providence, 1995).

14. M. S. Dresselhaus, G. Dresselhaus, P. Eklund, *Science of Fullerenes and Carbon Nanotubes* (Academic Press, San Diego, 1996).

15. D. K. Ferry, S. M. Goodnick, *Transport in Nanostructures* (Cambridge University Press, Cambridge, 1997).

16. D. L. Andrews, Z. Gaburro, *Frontiers in Surface Nanophotonics* (Springer, Berlin, 2007).

17. S. V. Gaponenko, *Optical Properties of Semiconductor Nanocrystals* (Cambridge University Press, Cambridge, 1998).

18. S. V. Gaponenko, *Introduction to Nanophotonics* (Cambridge University Press, Cambridge, 2009).

19. W. A. Harrison, *Electronic Structure and the Properties of Solids* (W. H. Freeman & Company, San Francisco, 1980).

20. H. Haug, S. W. Koch, *Quantum Theory of the Optical and Electronic Properties of Semiconductors* (World Scientific, Singapore, 1994).

21. S. Hüfner, *Photoelectron Spectroscopy* (Springer, Berlin, 1995).

22. Y. Imri, *Introduction to Mesoscopic Physics* (Oxford University Press, Oxford, 2002).

23. L. E. Ivchenko, G. Pikus, *Superlattices and Other Heterostructures: Symmetry and Other Optical Phenomena* (Springer, Berlin, 1995).

24. C. Kittel, *Elementary Solid State Physics* (John Wiley & Sons, New York, 1962).

25. C. Kittel, *Quantum Theory of Solids* (John Wiley & Sons, New York, 1963).

26. C. Kittel, *Introduction to Solid State Physics*, seventh edition (John Wiley & Sons, New York, 1996).

27. L. Landau, E. Lifshitz, *Quantum Mechanics* (Addison-Wesley, London, 1958).

28. O. Madelung, *Semiconductors: Data Handbook* (Spinger, Berlin, 2004).

29. G. Mahler, V. A. Weberrus, *Quantum Networks: Dynamics of Open Nanostructures* (Springer, New York, 1998).

30. L. Mandel, E. Wolf, *Optical Coherence and Quantum Optics* (Cambridge University Press, Cambridge, 1995).

31. A. Aviram, M. Ratner, *Molecular Electronics: Science and Technology* (Academy of Sciences, New York, 1998).

32. C. M. Niemeyer, C. A. Mirkin, *Nanobiotechnology. Concepts, Applications and Perspectives* (Wiley-VCH, Weinheim, 2004).

33. R. Waser, *Nanoelectronics and Information Technology* (Wiley-VCH, Weinheim, 2003).

34. H. S. Nalwa, *Nanostructured Materials and Nanotechnology* (Academic Press, London, 2002).

35. R. C. O'Handley, *Modern Magnetic Materials: Principles and Applications* (Wiley & Sons, New York, 1999).

36. S. Ossicini, L. Pavesi, F. Priolo, *Light Emitting Silicon for Microphotonics*, Springer Tracts on Modern Physics 194 (Springer, Berlin, 2003).

37. K. Oura, V. G. Lifshits, A. A. Saranin, A. V. Zotov, M. Katayama, *Surface Science* (Springer, Berlin, 2003).

38. J. Pankove, *Optical Processes in Semiconductors* (Dover, New York, 1971).

39. N. Peyghambarian, S. W. Koch, A. Mysyrowicz, *Introduction to Semiconductor Optics* (Prentice Hall, Englewood Cliffs, New Jersey, 1993).

40. C. P. Poole, F. J. Owens, *Introduction to Nanotechnology* (Wiley-VCH, Weinheim, 2003).

41. P. N. Prasad, *Nanophotonics* (Wiley-VCH, Weinheim, 2004).

42. C. N. Rao, P. J. Thomas, G. U. Kulkarni, *Nanocrystal: Synthesis, Properties and Applications* (Springer, Berlin, 2007).

43. S. Reich, C. Thomsen, J. Maultzsch, *Carbon Nanotubes* (Wiley-VCH, Weinheim, 2004).

44. E. Rietman, *Molecular Engineering of Nanosystems* (Springer, New York, 2000).

45. S. Morita, *Roadmap of Scanning Probe Microscopy* (Springer, Berlin, 2007).

46. K. Sakoda, *Optical Properties of Photonic Crystals* (Springer, Berlin, 2001).

47. H.-E. Schaefer, *Nanoscience. The Science of the Small in Physics, Engineering, Chemistry, Biology and Medicine* (Springer, Berlin, 2010).

48. L. Pavesi, D. J. Lockwood, *Silicon Photonics* (Springer, Berlin, 2004).

49. S. Sugano, H. Koizumi, *Microcluster Physics* (Springer, Berlin, 1998).

50. C. N. Rao, A. Müller, A. K. Cheetham, *The Chemistry of Nanomaterials. Synthesis, Properties and Applications* (Wiley-VCH, Weinheim, 2004).

51. L. Theodore, R. G. Kunz, *Nanotechnology. Environmental Implications and Solutions* (Wiley-VCH, Weinheim, 2005).

52. J. D. Watson, M. Gilman, J. Witkowski, M. Zoller, *Recombinant DNA* (Scientific American Books, New York, 1992).

53. E. L. Wolf, *Nanophysics and Nanotechnology*, Second Edition (Wiley-VCH, Weinheim, 2006).

54. E. L. Wolf, *Quantum Nanoelectronics. An Introduction to Electronic Nanotechnology and Quantum Computing* (Wiley-VCH, Weinheim, 2009).

55. S. N. Yanushkevich, V. P. Shmerko, S. E. Lyshevshi, *Logic Design of NanoICs* (CRC

Press, Boca Raton, 2004).

56. P. Y. Yu, M. Cardona, *Fundamentals of Semiconductors* (Springer, Berlin, 1996).

网站

http://www.britannica.com	大英百科全书
http://www.google.com	科学搜索引擎
http://www.wikipedia.com/	百科全书
http://scienceworld.wolfram.com/	科学世界，物理和数学世界，E. 韦斯坦(Eric Weisstein)的物理世界
http://www.photonics.com/EDU/dictionary.aspx	光子学词典
http://www.nobelprize.org/nobel_prizes/	诺贝尔奖获得者
http://www-history.mcs.st-and.ac.uk/history/	数学文档
http://www.chem.yorku.ca/NAMED	化学与物理中被命名的事物
http://www.hyperdictionary.com/	超级词典
http://www.wordreference.com/index.htm	WordReference.com，法语、德语、意大利语和西班牙语词典，以及柯林斯词典
http://web.mit.edu/redingtn/www/netadv	物理学进展，百科全书格式的评论文章和指南

公式中所用的基本常数

$a_B = 5.291\,77 \times 10^{-11}$ m	玻尔半径
$c = 2.997\,924\,58 \times 10^{8}$ m · s^{-1}	真空中的光速
$e = 1.602\,177 \times 10^{-19}$ C	单个电子的电荷
$h = 6.626\,076 \times 10^{-34}$ J · s	普朗克常量
$\hbar = \dfrac{h}{2\pi} = 1.054\,573 \times 10^{-34}$ J · s	约化普朗克常量
$i = \sqrt{-1}$	虚数单位
$k_B = 1.380\,658 \times 10^{-23}$ J · K^{-1} ($8.617\,385 \times 10^{-5}$ eV · K^{-1})	玻尔兹曼常量
$m_0 = 9.109\,39 \times 10^{-31}$ kg	电子静止质量
$n_A = 6.022\,136\,7 \times 10^{23}$ mol^{-1}	阿伏伽德罗常量
$R_0 = 8.314\,510$ J · K^{-1} · mol^{-1}	普适气体常量
$r_e = 2.817\,938 \times 10^{-15}$ m	单个电子的半径
$\alpha = \dfrac{\mu_0 c e^2}{2h} = 7.297\,353 \times 10^{-3}$	精细结构常数
$\varepsilon_0 = 8.854\,187\,817 \times 10^{-12}$ F · m^{-1}	真空介电常数
$\mu_0 = 4\pi \times 10^{7}$ H/m	真空磁导率
$\mu_B = 9.274\,02 \times 10^{24}$ A · m^2	玻尔磁子
$\pi = 3.141\,59$	
$\sigma = 5.6697 \times 10^{-5}$ erg · cm^{-2} · s^{-1} · K^{-1}	斯特藩-玻尔兹曼常量

目　录

从 Abbe's principle（阿贝原理）到 Azbel'-Kaner cyclotron resonance（阿兹贝尔-卡纳回旋共振）

Abbe's principle　阿贝原理　指出光学装置所能分辨的两条线之间的最小距离正比于波长，反比于观测光的角分布（$d_{\min}=\lambda/n\sin\alpha$）。它明确了一个突出的物理问题——衍射极限，所以亦称阿贝分辨率极限（Abbe's resolution limit）。不管光学仪器设计得如何精确，其分辨能力总是有一个衍射极限。因此，光学显微镜检查的极限就由可见光的波长（400～700 nm）决定，光学显微镜的最大分辨能力大约限于波长的一半，一般是 300 nm。这个数值很接近一个小的细菌的直径，而对于病毒，就不能被观测到。为了获得更胜于光学显微镜的分辨本领，我们需要一种新的装置；正如我们现在所知道的，被加速的电子的德布罗意波长非常小，可以用在合适的装置中以使其分辨率提高到 1 nm。

光的衍射极限最先随着扫描近场光学显微镜（scanning near-field optical microscope）的使用而被超越，该装置通过把一个很尖细的光学探针放置在距离被测目标（样品）几纳米处，回避远场波的物理机制，其分辨率取决于扫描样品的探针和样品之间的距离以及探针的尺寸。

此外，还发展了基于荧光显微镜的技术，例如荧光纳米显微术（fluorescence nanoscopy），以打破衍射极限。

首次描述：E. Abbe，*Beiträge zur Theorie des Mikroskops und der mikroskopischen Wahrnehmung*，Schultzes Archiv für mikroskopische Anatomie **9**，413～668（1873）。

Abbe's resolution limit　阿贝分辨率极限　参见 Abbe's principle（阿贝原理）。

详见：R. Leach，*Fundamental Principles of Engineering Nanometrology*（Elsevier，London，2010）。

aberration　像差　光学中以失真（畸变）或模糊的形式所显现的图像缺陷。这种和真实图像之间的偏差可以通过光学透镜、反射镜以及电子透镜系统产生。例如，散光、色差或横像差、彗形像差、像场弯曲、失真（畸变）、球面像差。

在天文学中，“aberration”一词指由于光速和观察者速度的综合作用，对于天体的观测，沿着观察者的运动方向出现的一个视角位移，称为光行差。

***ab initio*（approach，theory，calculations，…）　从头开始（方法、理论、计算，等等）**　拉丁语，意思为“从最初开始”。假定基本公设（公理），亦称第一性原理，构成了相关的理论、方法和计算的基础。这些基本公理并不能从实验中直接或明显得到，但是由于根据这个假定所推出的结论（通常经过很长的推导）与所有已经做过的验证实验都吻合得很好，所以它们得到了普遍的认同。例如，根据波动的薛定谔方程（Schrödinger equation）或运动的牛顿方程（Newton equation）或任何其他最基本的方程的计算，都可以认为是从头开始计算。

Abney's law　阿布尼定律　指出当掺入白光时，光谱颜色的表观色调的移动在其波长小于

570 nm时会向红光端移动，而在其波长大于570 nm时会向蓝光方向移动。

首次描述：W. Abney，E. R. Festing，*Colour photometry*，Phil. Trans. Roy. Soc. London **177**，423～456（1886）。

详见：W. Abney，*Researches in Colour Vision*（Longmans & Green，London，1913）。

Abrikosov vortex　阿布里科索夫涡旋　外加磁场在第二类超导体（type II superconductor）中磁力线的一种特殊分布。

首次描述：A. A. Abrikosov，*An influence of the size on the critical field for type II superconductor*，Doklady Akademii Nauk SSSR **86**（3），489～492（1952）（俄文）。

获誉：2003年，A. A. 阿布里科索夫（A. A. Abrikosov）、V. L. 金兹堡（V. L. Ginzburg）和A. J. 莱格特（A. J. Leggett）凭借在超导体和超流体方面的开创性贡献而共同获得诺贝尔物理学奖。

另请参阅：www.nobelprize.org/nobel_prizes/physics/laureates/2003/。

详见：A. A. Abrikosov，Nobel Lecture：*Type-II superconductors and the vortex lattice*，Rev. Mod. Phys. **76**（3），975～979（2004）。

absorption　吸收　当电磁辐射或原子粒子进入物质时发生的一种现象。一般情况下，这些辐射或粒子通过物质时，会有两种衰减同时发生，也就是吸收和散射。在电磁辐射的情况下，吸收和散射都服从一个近似公式 $I=I_0\exp(-\alpha x)$，I_0 是辐射刚进入物质时的强度（流密度），I 是当辐射进入物质内 x 深度时的强度。在没有散射的情况下，α 就是吸收系数（absorption coefficient）；在没有吸收的情况下，α 则是散射系数。当两种衰减都存在时，α 是总的衰减系数。参见 dielectric function（介电函数）。

acceptor (atom)　受主（原子）　一个接受电子的杂质原子，典型的例子见于半导体中。受主原子常常为电子提供一个稍微高于最高填充能带（在半导体和介电体中为价带）能量的能级。这个带中的电子很容易被激发到达受主能级，随后这个之前被电子填满的带中产生的空缺就为空穴的传导提供了条件。

achiral　非手性的　参见 chirality（手性）。

acoustic phonon　声频声子　亦称声学声子，固体中和原子振动的声学模相关的激发量子，参见 phonon（声子）。

actinic　光化性的　亦称光化的，即与能引起光化学反应的电磁辐射有关的，例如，在照相术或是颜料的褪色中。

actinodielectric　光敏介电的　当有电磁辐射入射时，介电体的电导率会上升的特性。亦指具有这种性质的介电体。

activation energy　激活能　亦称活化能，即超出基态能量的过剩能量，它是使体系的某一特定过程发生所必需的能量。

adatom　吸附原子　亦称附加原子，即被吸附在固体表面的原子。

adduct　加合物　由两种或两种以上物质加成所形成的化合物。此术语起源于拉丁语，意为“向……聚集”。加合物是由两种或更多的不同分子的直接加成所产生的，包含所有组分的所有原子的单一反应产物。反应中会在至少一个反应物中打开双键或叁键，以连接新的基团而形成新的化学键和新的生成物。反应产物被认为是一种独特的分子类别。一般来说，这个术语经常用于加成反应的产物。

adhesion　附着　一种物质依附着另一种物质的性质，由两种物质界面处的分子间力所决定。

adiabatic approximation　浸渐近似　亦称绝热近似，此近似用于求解固体中的电子的薛定谔方程。它假设原子核的坐标改变不引起电子能量的改变，也就是说电子浸渐于原子核，从而使得核的运动和电子的运动能够分离。参见 Born-Oppenheimer approximation（玻恩-奥本海默近似）。

adiabatic principle　浸渐原理　亦称绝热原理，通过缓慢改变外部条件，在体系内部产生一个微扰，通常使得能量分布发生一个变化，但相积分不变。

adiabatic process　绝热过程　体系中发生的不和周围环境交换热量的热力学过程。

adjacent charge rule　邻近电荷规则　指出当分子的近邻原子含有相同符号的形式电荷时，写出该分子的形式电子结构是有可能的。于 1939 年提出的鲍林（Pauling）公式表明由于电荷分布导致的不稳定性，这种写出的结构意义不大。

adjoint operator　伴随算子　给定一个算符 A，如果存在另一个算符 B，使得对于希尔伯特空间（Hilbert space）中所有的元素 x 和 y，都能满足内积（Ax，y）与（x，By）相等的条件，则 B 称为 A 的伴随算子，亦称共轭算子（associate operator）、埃尔米特共轭算子（Hermitian conjugate operator）。

adjoint wave functions　伴波函数　狄拉克理论中的函数，是将狄拉克矩阵（Dirac matrix）作用于初始波函数所对应的伴随算子（adjoint operator）而得到的。

admittance　导纳　表示交流电流经电路难易程度的量度，是阻抗（impedance）的倒数。该术语是由赫维赛德（Heaviside）于 1878 年首次提出的。

adsorption　吸附　一种只有物质的表面充当吸收媒介的吸收（absorption）类型。按照吸附的机制，又可以区分为物理吸附（physisorption）和化学吸附（chemisorption）。

该词源自：H. Kayser，*Über die Verdichtung von Gasen an Oberflächen in ihrer Abhängigkeit von Druck und Temperatur*，Ann. Phys. **12**，526～547（1880）。

AES　为 Auger electron spectroscopy（俄歇电子能谱）的缩写。

affinity　亲和势　参见 electron affinity（电子亲和势）。

AFM　为 atomic force microscopy（原子力显微术）的缩写。

Aharonov-Bohm effect　阿哈罗诺夫-博姆效应
由于干涉效应，电子概率波在特定点的全振幅随着两个传播通路围着的区域的磁通量发生周期性的振动。适于实验观察这个效应的干涉仪设计如图 A.1 所示。电子波沿着电子波导管来到左端，等分成两束然后分别通过两个半圆环，在环的右部相遇并发生干涉，然后由右端出射。把具有磁通量 Φ 的一个小螺线管整个放置在圆环内部以保证螺线管的磁场通过其环面。最好使用足够小的波导管以使得可能进入的电子数目限制在一个或少数几个。

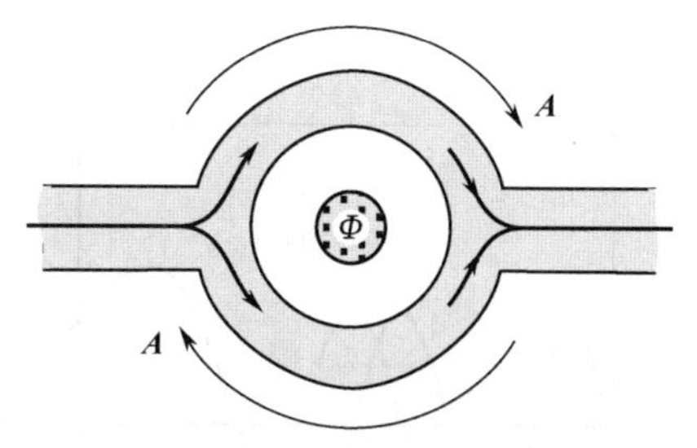

图 A.1　观察阿哈罗诺夫-博姆效应的干涉仪设计示意图
圆环内部的小螺线管产生了闭合于两臂之间的磁通量为 Φ 的磁场，用矢势 **A** 表征

从左边通过这个装置到达右边的总的电流

取决于圆环臂的长度和电子在圆环材料中的非弹性平均自由程之间的关系。如果这个关系满足准弹道输运要求，电流就由在出口（右端）的电子波的相位干涉所决定。通过圆环面的磁场的矢势 **A** 是具有方位角的，因此电子通过任一半圆环都是沿着矢势 **A** 的平行或反平行方向，这样从不同的半圆环到达出口的电子波的相位就会有一个差别。我们定义相位差为 $\Delta\Phi=2\pi(\Phi/\Phi_0)$，其中 $\Phi_0=h/e$ 是磁通量的量子。电子波的干涉会随着通过圆环的磁通量的量子数周期性变化，当 Φ 是 Φ_0 整数倍的时候出现相长干涉，而当 Φ 是 Φ_0 半整数倍的时候相消干涉。这样就产生了一个磁场对圆环的横向电导（电阻）的周期性调制，也就是磁阿哈罗诺夫-博姆效应。值得注意的是，实际装置很难满足观察到“纯的”阿哈罗诺夫-博姆效应的条件。一般装置的难点在于磁场会透过干涉仪的环形臂，而不仅仅被封闭在圆环内部。这就会导致在高磁场区会有一个附加的电子流变化，而在低磁场区域封闭的磁通作用会占优势。

首次描述：Y. Aharonov，D. Bohm，*Significance of electromagnetic potentials in the quantum theory*，Phys. Rev. **115** (3)，485～491 (1959)。

详见：A. Batelaan，A. Tonomura，*The Aharonov-Bohm effects: Variations on a subtle theme*，Phys. Today **62** (9)，38～43 (2009)。

Aharonov-Casher effect 阿哈罗诺夫-卡舍效应 一束具有磁偶极矩的中性粒子沿着相反方向通过线电荷时将会产生一个相应的量子相位移动。这个效应和阿哈罗诺夫-博姆效应（Aharonov-Bohm effect）具有对偶性关系，在阿哈罗诺夫-博姆效应中，带电粒子通过磁性螺线管时会产生一个相位移动，而无经典力作用。我们所知道的是，当带磁矩的粒子通过线电荷时，在通常的磁矩电流模型中，会受到经典的电磁力的作用。由于这个力的作用，沿相反方向通过线电荷的磁矩之间就会有一个相应的滞后，而上面所说的量子相位移动正是由于这个经典的相位滞后所产生。因此，这个效应也可作为经典滞后效应的很好的例子。

首次描述：Y. Aharonov，A. Casher，*Topological quantum effects for neutral particles*，Phys. Rev. Lett. **53** (4)，319～321 (1984)。

详见：D. Rohrlich，*The Aharonov-Casher effect*，in: *Compendium of Quantum Physics: Concepts，Experiments，History and Philosophy*，edited by F. Weinert，K. Hentschel，D. Greenberger，B. Falkenburg (Springer，Berlin，2009)。

Airy equation 艾里方程 二阶微分方程 $\mathrm{d}^2y/\mathrm{d}x^2=xy$，亦称斯托克斯方程（Stokes equation）。方程中 x 表示自变量，y 表示函数值。

首次描述：G. B. Airy，Trans. Camb. Phil. Soc. **6**，379 (1838)；G. B. Airy，*An Elementary Treatise on Partial Differential Equations* (1866)。

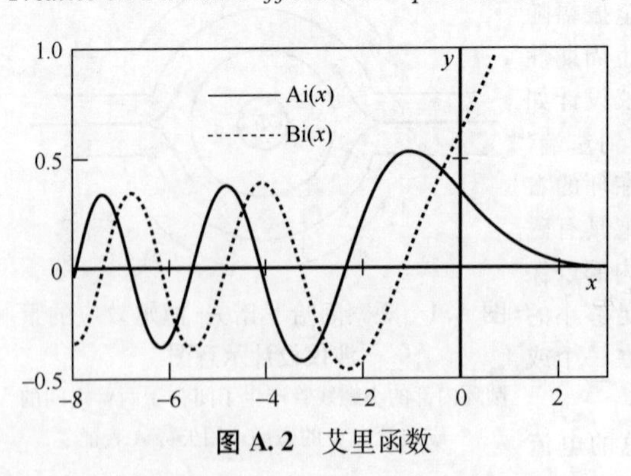

图 A.2 艾里函数

Airy function 艾里函数 艾里方程（Airy equation）的解。艾里方程有两个线性无关的解，通常称为艾里整函数 $\mathrm{Ai}(x)$ 和 $\mathrm{Bi}(x)$。图 A.2 给出了它们的曲线。无法通过初等函数简单表示它们，当 x 的绝对值比较大时：$\mathrm{Ai}(x)\sim\pi^{-1/2}x^{-1/4}\exp[-(2/3)x^{3/2}]$，$\mathrm{Ai}(-x)\sim(1/2)\pi^{-1/2}x^{-1/4}\cos[-(2/3)x^{3/2}-\pi/4]$。艾里方程出现在一些特殊情况下薛定谔方程（Schrödinger equation）的解中。

首次描述：G. B. Airy，*An Elementary Treatise on Partial Differential Equations*（1866）。

Airy spirals 艾里螺线 在沿着圆偏振光会聚的轴垂直切割石英晶体时形成的螺旋形的干涉图样。

获誉：1831年，G. B. 艾里（G. B. Airy）凭借对于光学学科的研究成果而获得了英国皇家学会科普利（Copley）勋章。

ALD 为 atomic layer deposition（原子层沉积）的缩写。

aldehyde 醛 至少有一个氢原子连接到羰基（carbonyl group）（ $\rangle$C=O ）上的有机化合物。可以是 RCHO 或 ArCHO 这类化合物，R 代表一个烷基（alkyl group）（$—C_nH_{2n+1}$），Ar 代表芳香环（aromatic ring）。

algorithm 算法 为了解决某一问题而设计的具有有限步骤的一组定义明确的规则。

aliphatic compound 脂肪族化合物 碳原子在主链或者支链中都连接到一起的有机化合物。最简单的脂肪族化合物就是甲烷（CH_4）。大多数该类化合物都能发生放热的燃烧反应，所以可用作燃料。

alkane 烷 参见 hydrocarbon（碳氢化合物）。

alkene 烯 参见 hydrocarbon（碳氢化合物）。

alkyl group 烷基 参见 hydrocarbon（碳氢化合物）。

allotropy 同素异形 由同种化学元素组成的固体，结构上存在两种或两种以上不同构型变体的特性。术语 polymorphism（同质多晶）是针对化合物而言的。

alternating current Josephson effect 交流约瑟夫森效应 参见 Josephson effect（约瑟夫森效应）。

Al'tshuler-Aronov-Spivak effect 阿尔特舒勒-阿罗诺夫-斯皮瓦克效应 当空心圆筒形导体的电阻作为穿过空心圆筒的磁通量的函数并以 $hc/(2e)$ 的周期振动时，阿尔特舒勒-阿罗诺夫-斯皮瓦克效应就会发生。这个效应被预期发生在电子的平均自由程远小于样品尺寸的电荷输运的扩散机制中。振动的电导幅度的数量级是 e^2/h，依赖于相位相干长度（电子保持相位相干的尺度）。当一对具有时间反演对称性的反向散射的空间波之间有干涉作用的时候，电子的相干反向散射引起这种振动。

首次描述：B. L. Al'tshuler，A. G. Aronov，B. Z. Spivak，*Aharonov-Bohm effect in non-ordered conductors*，Pis'ma Zh. Eksp. Teor. Fiz. **33**（2），101～103（1981）（俄文）。

详见：K. Nakamura，T. Harayama，*Quantum Chaos and Quantum Dots*（Oxford University Press，Oxford，2004）。

amide 酰胺 为羧酸（carboxylic acid）的氮衍生物形成的有机化合物。羰基（ $\rangle$C=O ）中的碳原子直接和$—NH_2$、—NHR 或$—NR_2$基团中的氮原子连接，其中 R 代表一个烷基（alkyl group）（$—C_nH_{2n+1}$）。酰胺的一般形式是 $RCONH_2$。

amine 胺 氨分子中的氢被烷基（alkyl group）（$—C_nH_{2n+1}$）或者芳香环（aromatic ring）取代形成的有机化合物。它们可以是 RNH_2、R_2NH 或 R_3N，其中 R 是烷基或芳香族基。

amino acid 氨基酸 一种有机化合物，包含一个氨基（NH_2）、一个羧酸基（COOH）和各种任意侧基，由肽键（peptide bond）相连所形成。其基本构成式是 $NH_2CHRCOOH$。氨基酸是蛋白质（protein）的基本构成单元。

组成蛋白质的标准氨基酸有 20 种，具体见图 A. 3。

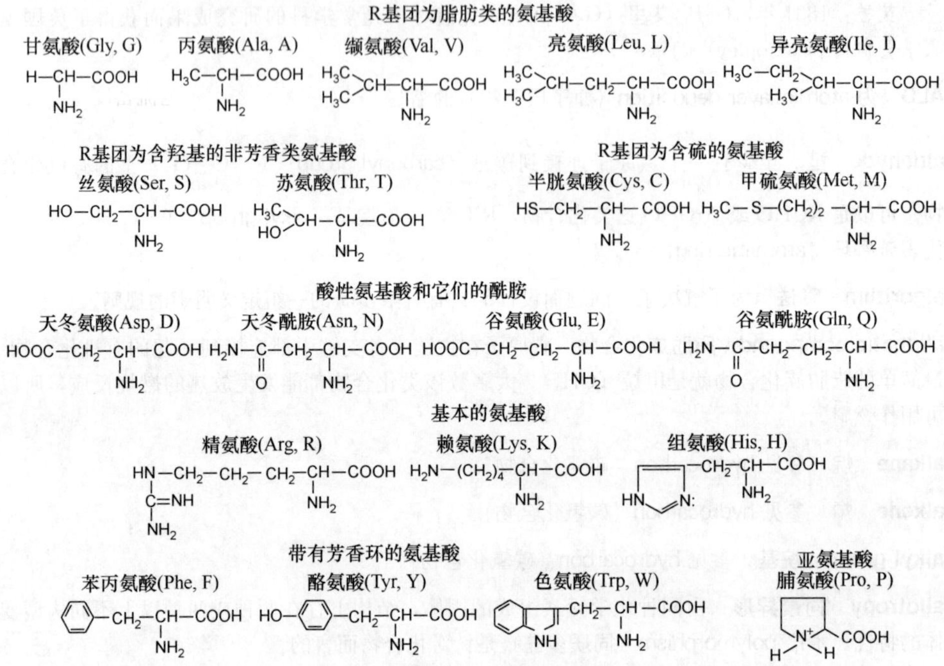

R基团为脂肪类的氨基酸

甘氨酸(Gly, G) 丙氨酸(Ala, A) 缬氨酸(Val, V) 亮氨酸(Leu, L) 异亮氨酸(Ile, I)

R基团为含羟基的非芳香类氨基酸

丝氨酸(Ser, S) 苏氨酸(Thr, T)

R基团为含硫的氨基酸

半胱氨酸(Cys, C) 甲硫氨酸(Met, M)

酸性氨基酸和它们的酰胺

天冬氨酸(Asp, D) 天冬酰胺(Asn, N) 谷氨酸(Glu, E) 谷氨酰胺(Gln, Q)

基本的氨基酸

精氨酸(Arg, R) 赖氨酸(Lys, K) 组氨酸(His, H)

带有芳香环的氨基酸

苯丙氨酸(Phe, F) 酪氨酸(Tyr, Y) 色氨酸(Trp, W)

亚氨基酸

脯氨酸(Pro, P)

图 A. 3 在蛋白质中发现的氨基酸

它们的符号示于括号中

正如字母表中的字母可组合而成近乎无穷无尽的辞藻，区区 20 种氨基酸也可通过不同组合以形成种类繁多的蛋白质家族。

详见：//en. wikipedia. org/wiki/Amino_acid。

Amontons' law 阿蒙东定律 此定律提出一种假设，认为两个物体之间的摩擦力正比于所施加的正压力（垂直方向上），其比例常数称为摩擦系数。这种摩擦力为常数，和相互作用面积、表面粗糙度以及物体滑动速度都无关。

事实上，这个假设陈述是以下一些定律的组合：欧拉和阿蒙东定律提出摩擦与所加负荷成比例；库仑定律〔参见 Coulomb law（mechanics）［库仑定律（力学）］〕所说的摩擦和速度无关；列奥纳多·达·芬奇定律认为摩擦和接触面无关。需要特别说明的是，列奥纳多·达·芬奇（Leonardo da Vinci）早在 1500 年就得出了这样的结论：如果重力切向分量和垂直分量之间的比超过四分之一，那么斜面上的滑块将会滑动。

首次描述：G. Amontons，*De la résistance causée dans les machines*，Mem. Acad. Roy. Sci. A，206～222（1699）。

详见：R. Schnurmann，*Amontons' law*，*"traces" of frictional contact*，*and experiments on adhesion*，J. Appl. Phys. **13**（4），235（1942）。

amorphous solid 非晶固体 原子排列不具备长程有序的固体。

Ampère current 安培电流 假设的分子环形电流，用来解释磁现象以及阐释孤立磁极的明显不存在。

Ampère's law　安培定律　经麦克斯韦（Maxwell）修正后，此定律指出，任一闭合回路的磁通势等于流过被该回路所围成的任意封闭曲面的电流。当观测者沿着电流方向看时，磁通势沿着顺时针方向。这表明：$\int \boldsymbol{H} \cdot \mathrm{d}\boldsymbol{l} = I$，其中 $\boldsymbol{H}$ 为磁场强度，I 是被封闭回路围绕的电流，线积分沿着任意封闭回路。如果电流是流经导电介质，$I = \int \boldsymbol{J} \cdot \mathrm{d}\boldsymbol{s}$，其中 $\boldsymbol{J}$ 是电流密度，那么在导电介质中的任一点，安培定律就可以表示成$\nabla \times \boldsymbol{H} = \boldsymbol{J}$。

首次描述：A. M. Ampère，*Mémoire sur les effects du courant électrique*，Annales de chimie et de physique **15**，59～118（1820）。

详见：André-Marie Ampère，*Exposé méthodique des phénoménes électro-dynamiques et des lois de ces phénoménes*（Plasson，Pairs，1822）。

Ampère's rule　安培定则　当电流的方向为远离观察者时，从导体来看，环绕导体的磁场沿顺时针方向。

首次描述：A. M. Ampère，*Mémoire sur les effects du courant électrique*，Annales de chimie et de physique **15**，59～118（1820）。

详见：André-Marie Ampère，*Exposé méthodique des phénoménes électro-dynamiques et des lois de ces phénoménes*（Plasson，Pairs，1822）。

Ampère's theorem　安培定理　流过电路的电流会产生一个外磁场，等效于有一个以导体为边界、其强度等于电流强度的磁壳。

首次描述：A. M. Ampère，*Mémoire sur les effects du courant électrique*，Annales de chimie et de physique **15**，59～118（1820）。

详见：André-Marie Ampère，*Exposé méthodique des phénoménes électro-dynamiques et des lois de ces phénoménes*（Plasson，Pairs，1822）。

amphichiral　双向的　参见 chirality（手性）。

AND operator　与算子　参见 logic operator（逻辑算子）。

Andersen-Nose algorithm　安德森-诺泽算法　为分子动力学模拟（molecular dynamic simulation）中所应用的一种方法，用来对常微分方程组作数值积分，该方程组基于时间相关的原子位移的二次表达。

首次描述：S. Nose，F. Yonezawa，*Isothermal-isobaric computer simulations of melting and crystallization of a Lennard-Jones system*，J. Chem. Phys. **84**（3），1803～1812（1986）。

Anderson insulator　安德森绝缘体　一种绝缘固态材料，其绝缘性是根据电子与杂质和其他晶格缺陷的相互作用来定义的。这种材料的特征是具有很大的能隙，这种能隙代表从费米能（Fermi energy）到空间扩展能态之间的电荷激发。任何与此相关的金属至绝缘体的转变都是一种生成能隙的量子相变类型。

详见：F. Gebhard，*The Mott Metal-Insulator Transition：Models and Methods*（Springer，Heidelberg，2010）。

Anderson localization　安德森定域　当电子的平均自由程短到可以和费米波长（$\lambda_{\mathrm{F}} = 2\pi/k_{\mathrm{F}}$）相比的时候，电子波函数发生空间定域，电导在热力学 0 K 下消失，这时多重散射将变得重要。由于无序化，将发生金属-绝缘体转变。在定域态中，波函数从定域中心向外指数衰减，也即 $\psi(r)\sim\exp(-r/\xi)$，其中 ξ 称为定域长度。安德森定域在很大程度上取决于维数。

首次描述：P. W. Anderson，*Absence of diffusion in certain random lattices*，Phys. Rev. **109**（5），1492～1505（1958）。

获誉：1977 年，P. W. 安德森（P. W. Anderson）、N. F. 莫特（N. F. Mott）和 J. H. 范弗莱克（J. H. van Vleck）凭借对磁性和无序体系的电子结构所作的基本理论研究而共同获得诺贝尔物理学奖。

另请参阅：www. nobelprize. org/nobel_prizes/physics/laureates/1977/。

Anderson rule 安德森规则 亦称电子亲和势规则（electron affinity rule），指出形成一个异质结（heterojunction）的两种材料的真空能级应该平齐。该规则主要应用于构造异质结（heterojunction）和量子阱（quantum well）的能带图。

材料的电子亲和势（electron affinity）χ 是用来规范能级相对位置的，这个材料参数和费米能级几乎无关，不同于功函数（work function），功函数是从费米能级测量的，所以非常依赖于掺杂程度。

图 A. 4 显示了两种材料 A 和 B 在交界面的能带排布，假设具有较小带隙的 A 材料的电子亲和势 χ_A 大于具有较大带隙的 B 材料的电子亲和势 χ_B。根据规则，导带之间的间隔 $\Delta E_c=\Delta E_{cB}-\Delta E_{cA}=\chi_A-\chi_B$。相应的，由两种材料的电子亲和势与带隙所决定的价带间隔 ΔE_v 也可以从图 A. 4 中得出。当温度高于热力学 0 K 时，如果存在费米能级的错排，它会由于势垒和势阱区域之间界面处的自由电荷载流子的重新分布而被消除。

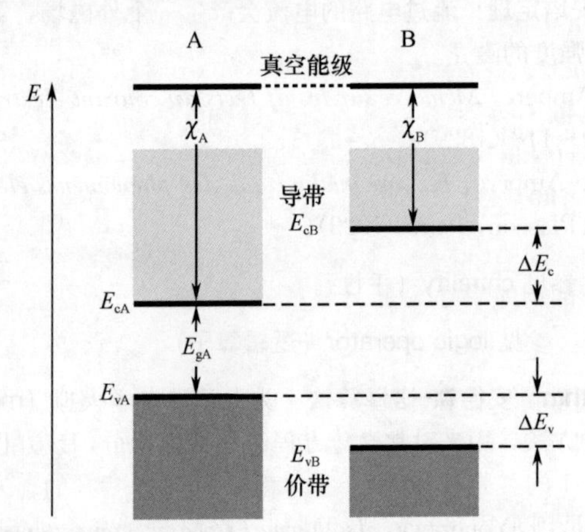

图 A. 4 根据安德森规则在异质结处的能带排列

H. 克勒默（H. Kroemer）在其文章"*Problems in the theory of heterojunction discontinuities*. CRC Crit. Rev. Solid State Sci. **5**（4），555～564（1975）"中讨论了该规则的有效性。该规则所隐含的关于两个半导体之间界面的特性和真空-半导体界面特性之间关系的假设是该规则的薄弱点。

首次描述：R. L. Anderson，*Germanium-gallium arsenide heterojunction*，IBM J. Res. Dev. **4**（3），283～287（1960）。

Andreev process 安德烈耶夫过程 当由正常的导体（conductor）和超导体（superconductor）形成的势垒高度低于入射的准粒子（quasiparticle）能量时，准粒子在此势垒处的反射。其结果是在势垒处有热流动时，会导致温度的跳跃。其中导体可以由金属、半金属或者简并半导体（semiconductor）充当。

图 A.5 中的示例给出了这个过程的基本概念，图中给出的是一个电子正在穿过导体和超导体的交界面。

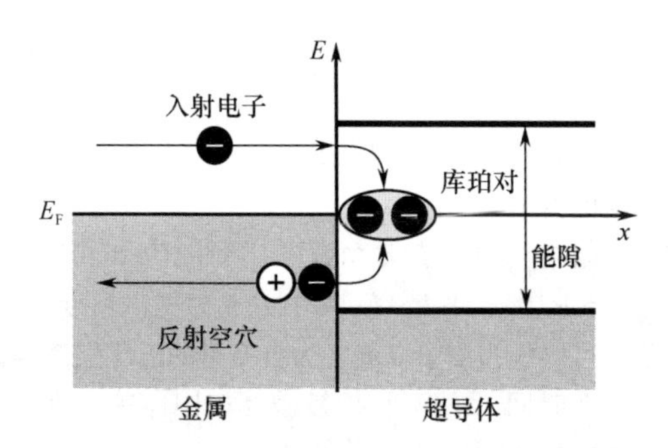

图 A.5 安德烈耶夫反射过程

超导体一边，为单电子打开了一个超导能隙。因此，当电子以高于费米能级（Fermi level）但仍在能隙中的能量，从金属端接近势垒时，并不能作为一个单粒子被超导体容纳。当再有一个能量低于费米能级的电子从金属端到来时，它们可以形成一个库珀对（Cooper pair）。这个转移走的电子就使得费米海中出现了一个空穴。如果入射电子的动量是 $\hbar k$，产生的空穴的动量就为-$\hbar k$。它和电子的运动路径是相同的，不过方向是相反的。我们可以用这样的语言来描述这个现象：入射电子被反射成为空穴。

首次描述：A. F. Andreev, *Thermal conductivity of the intermediate state of superconductors*, Zh. Exp. Teor. Fiz. **46** (5), 1823～1928 (1964) (俄文)。

详见：C. W. J. Beenakker, *Colloquium: Andreev reflection and Klein tunneling in graphene*, Rev. Mod. Phys. **80** (4), 1337～1354 (2008)。

Ångstrom 埃 长度的公制单位之一，对应于 10^{-10} m。原子直径大小在 1～2 Å 的范围。该单位是用来纪念 19 世纪的物理学家 A. J. 埃斯特朗（Anders Jonas Ångstrom），他是现代波谱学的奠基人之一。

angular momentum 角动量 亦称动量矩，表征粒子转动的重要物理量。对于量子粒子，角动量量子化为 $L=l(1+1)\hbar^2$，其中 $l=0, 1, 2, \cdots, n-1$，而 n 是主量子数。在原子中，$l=0$ 的态被标为 s 态，$l=1$ 的态为 p 态，$l=2$ 的态为 d 态，$l=3$ 的态为 f 态，$l=4$ 的态为 g 态。字母 s、p、d 最早是用来描述光谱线的特征，它们分别表示 sharp（尖锐的）、principal（主要的）、diffuse（弥散的），d 之后按字母表顺序排列。

anisodesmic structure 非均键结构 亦称异键结构，为离子晶体中的一种结构，该结构中容易形成被束缚的离子团。参见 mesodesmic structure（中键结构）和 isodesmic structure（等键结构）。

anisotropic magnetic resistance 各向异性磁电阻 让电流以平行或者垂直方向通过导体（conductor）来测量电阻时，磁电阻（magnetoresistance）会有所不同。参见 giant magnetoresistance effect（巨磁电阻效应）。

首次描述：W. Thomson (Lord Kelvin), *On the electro-dynamic qualities of metals: effects of magnetization on the electric conductivity of nickel and of iron*, Proc. R. Soc. London **8**, 546～550 (1856)。

anisotropy (of matter) **（物质的）各向异性** 介质沿不同方向有不同的物理性质。其反义词为各向同性（isotropy）。

anodizing **阳极氧化** 与“anodic oxidation”含义相同，即当金属或半导体的表面在一种合适的电解质或气体放电的等离子体中被阳极化时，在该表面形成一层黏附着的氧化膜。

anomalous Hall effect **反常霍尔效应** 在铁磁性（ferromagnetic）材料的霍尔效应（Hall effect）测量中，霍尔电压还与材料的磁化强度有关。与一般的霍尔效应（Hall effect）不同，这种效应还和温度有很紧密的关系。

铁磁体中的这种横向电阻率 ρ_{xy} 由一般霍尔效应（Hall effect）所贡献部分和材料的磁化强度 M 所贡献部分组成：$\rho_{xy} = R_0 B + 4\pi R_a M$。其中 B 是磁感应强度，R_0 是一般霍尔系数，R_a 是反常霍尔系数。这个公式可以作为测量以温度为自变量的磁化强度函数的实验工具。

反常霍尔效应通常发生在时间-反演对称性被破坏的固体中，典型的例子是在铁磁相中，这是自旋-轨道耦合（spin-orbit couple）所导致的结果。

首次描述：E. H. Hall, *On the new action of magnetism on a permanent electric current*, Philos. Mag. **10**, 301～329 (1880); E. H. Hall, *On the possibility of transverse currents in ferromagnets*, Philos. Mag. **12**, 157～160 (1881)。

详见：N. Nagaosa, J. Sinova, S. Onada, A. H. MacDonald, N. P. Ong, *Anomalous Hall effect*, Rev. Mod. Phys. **82** (2), 1539～1592 (2010)。

另请参阅：www.lakeshore.com/pdf_files/systems/Hall_Data_Sheets/Anomalous_Hall1.pdf。

anomalous Zeeman effect **反常塞曼效应** 参见 Zeeman effect（塞曼效应）。

antibody **抗体** 人体或其他高等动物体中，一种由免疫系统的淋巴B细胞诱导产生的免疫球蛋白质（protein），它可以识别并绑定由外来物引入生物体的特定的抗原（antigen）分子。当抗体和相应的抗原结合后，它就会开始一个过程来消灭抗原。

antibonding orbital **反键轨道** 当这个轨道被占据时，分子的能量相对于孤立原子的能量会提高。相应的波函数和成键态的波函数是正交的。参见 bonding orbital（成键轨道）。

anti-dot **反点** 带隙较大的半导体在带隙较小的半导体表面或其内部形成的量子点（quantum dot）。例如，Ge 衬底表面或内部的 Si 点。它会排斥而不是吸引载流子。

antiferroelectric **反铁电体** 亦指反铁电（性）的，为高介电系数的电介质，在特定的转变温度下，其晶体结构会发生变化，此转变温度通常称为反铁电居里温度（Curie temperature）。反铁电态和铁电（ferroelectric）态正好相反，它在居里温度之下没有净余的自发极化，因此这种材料没有磁滞效应。例如，$BaTiO_3$、$PbZrO_3$、$NaNbO_3$。

antiferromagnetic **反铁磁体** 亦指反铁磁（性）的，参见 magnetism（磁性）。

antigen **抗原** 任何进入有机体（人体或高等动物体）的外来物，如病毒、细菌或蛋白。它会通过刺激特定抗体（antibody）的产生而引起有机体的免疫反应。它也可以是任一和特定抗体绑定的大分子。

anti-Stokes line **反斯托克斯线** 参见 Raman effect（拉曼效应）。

anti-wire **反线** 带隙较大的半导体在带隙较小的半导体表面或其内部形成的量子线（quantum wire）。它会排斥而不是吸引载流子。

APCVD 为 atmospheric pressure chemical vapor deposition（常压化学气相沉积）的缩写。

APFIM 为 atom probe field ion microscopy（原子探针场离子显微术）的缩写。

***a priori* 先验** 亦称先天，拉丁语，它通常指在逻辑上先于相关命题的一些公设或者已知事实。它属于从设定的公理或一些显而易见的原理中得到的演绎推理。

approximate self-consistent molecular orbital method 自洽分子轨道近似方法 目前情况下，哈特里-福克理论（Hartree-Fock theory）对于大体系的应用很费计算时间。然而它可以用作一种参数化的形式，也即许多半经验算法程序的基础，这些算法包括全略微分重叠（complete neglect of differential overlap，CNDO）和间略微分重叠（intermediate neglect differential overlap，INDO）等。

在 CNDO 方法中，所有不同原子轨道之间的重叠都被忽略，所以重叠矩阵变成单位矩阵。而且，所有的一对原子之间的双中心电子积分设为相等，共振积分设为和重叠矩阵成比例。选择斯莱特型轨道（Slater orbital）作为价电子轨道的最小基矢。这些近似极大简化了福克（Fock）方程。

在 INDO 方法中，CNDO 方法所采用的忽略所有单中心双电子积分的条件被去掉了。因为 INDO 方法和 CNDO 方法在计算机上的执行速度相同，而 INDO 方法中包含了一些在 CNDO 方法中被忽略的很有用的积分，所以 INDO 方法比 CNDO 方法好很多，尤其是在预测分子光谱性质的时候。

有趣的是，第一篇关于 CNDO 方法的论文是出现在美国《化学物理杂志》（*Journal of Chemical Physics*）的一期增刊上，这期增刊是 1965 年 1 月 18～23 日在美国举行的国际原子和分子量子理论会议的论文集，题献给 R. S. 马利肯（R. S. Mulliken）。参见 Hund-Mulliken theory（洪德-马利肯理论）。

首次描述：J. A. Pople，D. P. Santry，G. A. Segal，*Approximate self-consistent molecular orbital theory. I. Invariant procedures*，J. Chem. Phys. **43**（10），S129～S135（1965）；J. A. Pople，D. P. Santry，G. A. Segal，*Approximate self-consistent molecular orbital theory. II. Calculations of complete neglect of differential overlap*，J. Chem. Phys. **43**（10），S136～S151（1965）；J. A. Pople，D. P. Santry，G. A. Segal，*Approximate self-consistent molecular orbital theory. III. CNDO results for AB_2 and AB_3 systems*，J. Chem. Phys. **44**（9），3289～3296（1965）。

详见：J. A. Pople，*Quantum chemical models*，Reviews of Modern Physics **71**（5），1267～1274（1999）。

获誉：J. A. 波普尔（J. A. Pople）凭借对量子化学计算方法的发展作出的贡献，和 W. 科恩（W. Kohn）分享了 1998 年诺贝尔化学奖。

另请参阅：www. nobelprize. org/nobel_prizes/chemistry/laureates/1998/。

APW 为 augmented plane wave（增广平面波）的缩写。

archaea 古菌 一种广泛分布在多种环境下的单细胞有机物的简称。古菌大多存在于极端环境中，它同细菌以及真核生物构成三大生命形式。

argon laser 氩激光器 一种以氩离子作为激活媒质的离子激光器（ion laser）。它会产生蓝光和绿光两种可见光谱，两个能量峰值分别在 488 nm 和 514 nm。

armchair structure 扶手椅结构 参见 carbon nanotube（碳纳米管）。

aromatic compound 芳香化合物 参见 hydrocarbon（碳氢化合物）。

aromatic ring 芳香环 参见 hydrocarbon(碳氢化合物)。

Arrhenius equation 阿伦尼乌斯方程 方程的形式为 $V = V_0 \exp[-E_a/(k_B T)]$,通常用来描述过程或反应速率 V 的温度依赖关系,V_0是和温度无关的指数前的因子,E_a是过程或反应的激活能,T是热力学温度。以 $1/(k_B T)$ 或 $1/T$ 为自变量,作出的 $\log(V/V_0)$ 函数曲线图被称为阿伦尼乌斯图(Arrhenius plot),常被用来从曲线直线部分的斜率求出激活能 E_a。

首次描述:J. H. 范特霍夫(J. H. van't Hoff)于 1884 年首次描述;在 1889 年,S. 阿伦尼乌斯(S. Arrhenius)给出了证明和解释。参见:S. A. Arrhenius, *Über die Reaktiongeschwindigkeit der Inversion vor Rohrzucker durch Säuren*, Z. Phys. Chem. **4**, 226 (1889)。

获誉:J. H. 范特霍夫(J. H. van't Hoff)被授予 1901 年的诺贝尔化学奖,以表彰其在发现化学动力学以及溶液中渗透压规律中所作的重要贡献。S. 阿伦尼乌斯(S. Arrhenius)由于其提出的电离理论对于化学发展作出的重要贡献而获得了 1903 年的诺贝尔化学奖。

另请参阅:www.nobelprize.org/nobel_prizes/chemistry/laureates/1901/。

另请参阅:www.nobelprize.org/nobel_prizes/chemistry/laureates/1903/。

artificial atom(s) 人工原子 参见 quantum confinement(量子限域)。

Asaro-Tiller-Grinfeld instability 阿萨罗-蒂勒-格林菲尔德不稳定性 产生于生长的应力膜中,即应力膜的表面对于波长大于临界波长的扰动是不稳定的,

$$\lambda_{cr} = \frac{\pi\gamma}{\varepsilon^2}\frac{(1-\nu)}{2G(1+\nu)^2}$$

式中,γ为表面张力,ε为相对于衬底的生长层错配应变,ν为材料的泊松比,G为切变模量。

首次描述:R. J. Asaro, W. A. Tiller, *Surface morphology development during stress corrosion cracking: Part I: via surface diffusion*, Metall. Trans. **3**, 1789~1796 (1972); M. A. Grinfeld, *Instability of the separation boundary between a nonhydrostatically stressed elastic body and a melt*, Sov. Phys. Dokl. **31**, 831~835 (1986)。

详见:M. A. Grinfeld, *Thermodynamic Methods in the Theory of Heterogeneous Systems* (Longman, New York, 1991)。

associate operator 共轭算子 亦称关联算子,参见 adjoint operator(伴随算子)。

atmospheric pressure chemical vapor deposition (APCVD) 常压化学气相沉积 参见 chemical vapor deposition(化学气相沉积)。

atomic engineering 原子工程 一组用来构建原子尺寸的结构的技术工艺。借助存在于扫描隧道显微镜(scanning tunneling microscope, STM)的隧道结中的相互作用,我们可以通过多种方式对原子和分子实施操作。在某种意义上,我们需要用近邻探针将我们的触觉扩展到微观领域,在这个领域里我们的手明显太大了。

有两种不同的原子操作过程:平行工序和垂直工序。在平行工序中,被吸附的原子或分子被驱动,沿着衬底表面运动。在垂直工序中,原子或分子是从衬底表面转移到 STM 针尖上或者相反过程。两种工序的目的都是在原子尺度上对物质进行有目的的重新排列。可以认为重排的操作是一系列对原子之间化学键进行有选择的修饰或者打断的步骤,以及随后新的化学键的创造。这等同于这样一个过程:使得原子构型沿着时间依赖的势能超曲面演化,从一个初始的构型到最终的构型。这两种观点对于理解原子操作的物理机理都很有用,在这个机理下,原子可以通过近邻探针来人为操作。

在平行工序中,被操作原子和下面衬底之间的化学键不会被破坏。这意味着吸附物一直

处在吸收势阱之中。与这个过程相关的能量尺度是在表面扩散的能量势垒。这个能量一般是吸收能的1/10～1/3，这样对于在密排金属表面的束缚较弱的物理吸附原子，该能量大约是0.01 eV，而对于束缚很强的化学吸附原子，可以到1 eV。现已有两种平行工序用于原子操纵测试：场致扩散（field-assisted diffusion）和滑动过程（sliding process）。

场致扩散由STM针尖的空间非均匀电场和被吸附原子的偶极矩的相互作用而驱动，非均匀电场在表面形成一个势能梯度，导致被吸附原子在场致方向上的扩散运动。从势能的角度，这个过程可以描述如下：

处于电场 $E(r)$ 中的原子会被极化，产生偶极矩 $p=\mu+\boldsymbol{\alpha}E(r)+\cdots$，$\mu$ 是静态偶极矩，$\boldsymbol{\alpha}E(r)$是诱导偶极矩，$\boldsymbol{\alpha}$ 是极化强度张量。相应的空间相关的原子能量由表达式 $U(r)=-\mu E(r)-1/2\boldsymbol{\alpha}(r)E(r)E(r)+\cdots$ 给出，这个势能加在衬底表面的周期性势能上，产生了弱的周期性的能量波动，产生的势的形状如图A.6所示。在STM针尖的下面，会形成一个或宽或锐的势阱，依赖于针尖、吸附原子和衬底原子之间的相互作用。电场与被吸附物偶极矩的相互作用则引起了一个宽的势阱。势能梯度会导致被吸附原子朝着针尖下面势能最小处扩散。当被吸附原子受到针尖通过化学束缚引起的强吸引作用时，就会导致在针尖尖端下面产生一个很陡峭的势阱。当针尖平行于表面移动时，被吸附原子仍会被困在这个势阱中。

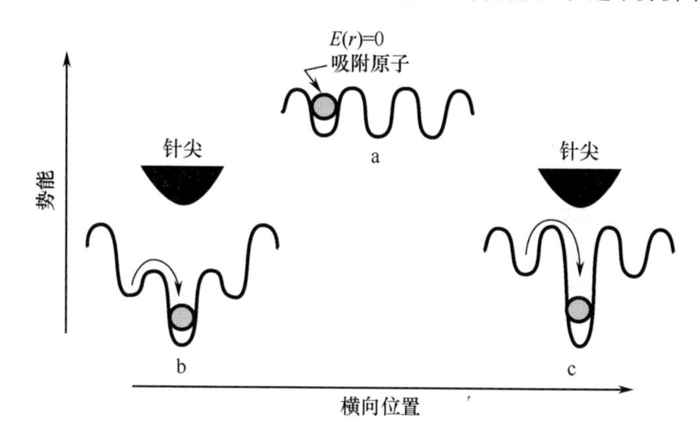

图 A.6 位于STM针尖下的吸附原子的势能函数曲线示意图

自变量是吸附原子在表面的横向位置

需要注意的是，场致扩散需要衬底是正偏压的。在负衬底偏压时，静态偶极矩和诱导偶极矩的符号相反从而互相补偿。在这种情况下，不能产生势阱和相关的引起扩散的受激能量梯度。

滑行过程假设使用近邻探针的尖端沿着表面拖拉被吸附物。针尖一直对束缚在表面的被吸附物施加一个力。这个力的其中一个分量来源于吸附物和针尖最外面原子之间的原子间相互作用势，也就是化学结合力。通过调整针尖的位置，我们可以调节施加在被吸附物上的力的大小和方向，促使其在表面运动。

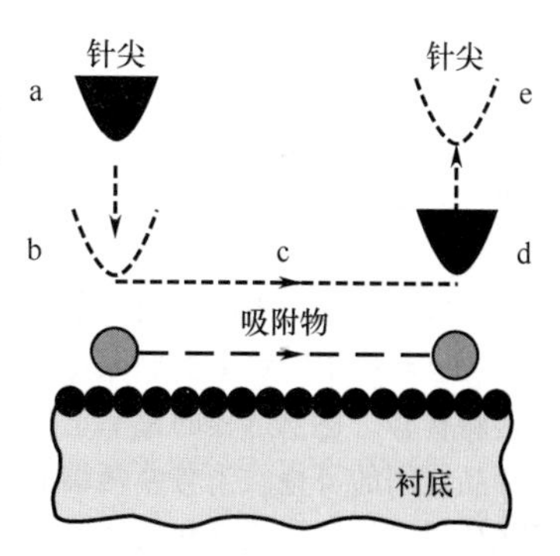

图 A.7 滑动过程示意图

a和e. 成像；b. 连接；c. 滑动 . d；脱离

通过滑行过程实现原子操作的工序如图A.7所示。首先用STM的成像模式定位将要被移动的被吸附物，然后将针尖放在被吸附物附近（位置“a”）。当降低针尖以接近被吸附物时（位置“b”），它们之间的相互作用加强。其实现办法是通过提高所需要的隧道电流值，让反馈电路来移动针尖到合适高度以产生更高的所需求电流。被吸附物和针尖之间的吸引力必须足够强以使原子束缚在针尖下方。然后，针尖在恒定电流下沿着表面缓慢移动（路径“c”），并带动吸附物一起到达目的地（位置“d”）。整个过程最终结束于转回成像模式（位置“e”），使得吸附物被束缚在表面的指定位置处。

为了使吸附物跟着针尖平行运动，针尖必须对吸附物施加足够的力以克服吸附物和表面之间的横向力。粗略地说，用于在表面将吸附物从一点移动到另一点所需的力是由能量起伏和表面原子之间距离的比率给出的。然而，针尖的存在也会导致吸附物相对于其未扰动的位置发生垂直于表面的偏移。发生偏移的吸附物和下面表面的原子相互作用时会有一个沿表面的变化分量。如果针尖将吸附物拉离表面引起这个沿表面的分量的减小，那我们就希望我们的估计值是沿表面移动吸附物的力的上限。

通过滑行过程对吸附物进行操作可以用临界针尖高度来表征。超出这个高度，针尖和吸附物之间的相互作用很弱以至于不能进行操作。在临界高度时，相互作用正好足以在表面拖动吸附物。STM 针尖距表面的绝对高度无法直接测量，但隧道结的电阻和针尖与表面之间的距离有很强的关联，它可以被精确控制。电阻的增加对应于距离的变大，相互作用就会变弱。移动原子的临界电阻依赖于在针尖顶端原子的特殊排列。由于这个原因，它的幅度改变不能超过 4 个因子的范围。电阻对被吸附原子和表面原子的化学性质更为敏感，变化范围从几十千欧到几兆欧。临界电阻的定序和能量起伏随束缚能变化的简单概念是一致的，这样我们需要给吸附原子施加更大的力以克服原子和表面的更强的相互作用。

在垂直工序中，原子、分子或原子团是从针尖转移到表面，或者最先是从表面转移到针尖，然后再由针尖转移到表面上的一个新位置。为了说明这些过程的主要特征，我们讨论把一个被吸附的原子从表面转移到针尖。这个过程的相关能量是被吸附原子要从针尖到达表面所必须要穿越的势垒的高度。此势垒的高度依赖于针尖和表面之间的距离，在这个距离很大的极限情况下，势垒高度接近吸收能，当针尖的位置足够接近吸附物时，则趋于零。通过调节针尖高度，我们可以控制势垒的大小。在 STM 中，针尖相对于衬底的电偏压经常被用来控制转移过程。人们已经提出了三种物理机理不同的原子的垂直操纵方案，它们是接触或近接触转移、场蒸发、电迁移。

接触或近接触转移法概念上是最简单的原子操纵过程。它假设针尖向吸附物移动直到结的针尖端和表面端的吸收势阱接合。也就是说，分隔两个势阱的能量势垒消失，吸附物可以认为是同时被针尖和表面束缚。然后针尖携带着吸附物收缩回去，为了使操纵过程成功进行，当针尖移走时，吸附物和表面之间的成键作用必须被打破。人们可能会认为原子会选择留在具有最大的结合能的隧道结一端，然而，当吸附物与针尖和表面都有很强的相互作用时，会发生“力矩的选择”，所以结合能问题变得很简单。它并不考虑吸附物与针尖和表面的同时相互作用。

在针尖与样品表面之间的距离略微增加时，针尖和表面原子的吸收势阱会足够接近，以至于明显减小中间势垒但仍保持一个有限量，因此热激发就足够使原子发生转移。这被称作近接触转移。这个过程的速率正比于 $\nu\exp[-E_a/(k_B T)]$，ν 是频率因子，E_a 是被减小的针尖和样品之间的势垒。当势垒两端的吸收势阱深度不一样时，转移速率呈现出各向异性。这对于区分近接触转移机理和场蒸发是很重要的，后者需要一个中间离子态。

在最简单的形式中，接触或近接触转移法是在没有任何电场、势差或者针尖和样品之间电流的情况下操作的。然而，在一些情况下，它应该可以通过在接触过程中对隧道结施加偏压来设置转移的方向。

场蒸发法利用离子在 STM 探针产生的电场中漂移的能力。这是一个热激发的过程，在此过程中针尖或样品表面上的原子先是被电场电离，然后再被热蒸发。随着在电场中的漂移，这些原子通过分隔针尖和表面的肖特基势垒变得更加容易，因为这个势垒在外加电场作用时会降低。这个条件对于正离子很容易实现，只要在距离样品表面 0.4 nm 或更近处的针尖加一个脉冲电压就可以了。对于负离子，场蒸发法较为困难，由于场电子发射的竞争效应，在形成负离子所需要的电场下，针尖或表面可能会融化。

在分隔 STM 针尖和样品表面的间隙中的电迁移与固体中的电迁移有很多相同之处。驱动电迁移的力有两个分量：第一个分量是带电吸附物和驱动电流通过间隙的电场之间的静电相互作用；第二个分量，被称作风载力，是由电子在原子粒子上的直接散射产生的。样品表面和近邻探针的针尖所形成的隧道结的中间附近区域的电子最能感受到这些力，这个区域也是电场最强和电流密度最大的地方。在电迁移机理中，被操作的原子的运动方向一直和隧穿电子相同。而且，只要一个“热”粒子可以更容易跳到邻位，通过隧道电流“加热”的吸附物就可以激发电迁移。原子的电迁移是可逆过程。

总结上面所描述的用近邻探针进行单个原子操作的物理机理，人们应该记住这里并没有通用的方法。具体采用哪种方法主要取决于被操纵原子的物理和化学性质，取决于衬底，且从某种程度上还与探针的材料有关。对于吸附物和衬底系统的合适选择仍是一门艺术。

详见：*Springer Handbook of Nanotechnology*，edited by B. Bhushan（Springer，Berlin，2004）。

atomic force microscope　原子力显微镜　一种用于原子力显微术（atomic force microscopy）的仪器。

atomic force microscopy (AFM)　原子力显微术　简称 AFM，这种显微技术起源自扫描隧道显微术（scanning tunneling microscopy，STM），它用原子力和分子力取代隧道电流作为监控器以在原子尺度下观测材料的表面特征。如图 A.8 所示，AFM 利用一个安装在可伸缩悬臂上的探针来检测分子力。在很好的近似下，悬臂的偏差正比于施加的作用力。它可以用光敏或电流来监控偏差以达到很高的精度。偏差信号被用来调制针尖和样品之间的距离，类似于在 STM 中通过隧道电流完成的工作。在扫描时，人们可以得到原子力和分子力沿着样品表面的分布图。AFM 并不具有类似 STM 那样对于样品电子结构非常敏感的特性，因此它可以表征非导体材料。

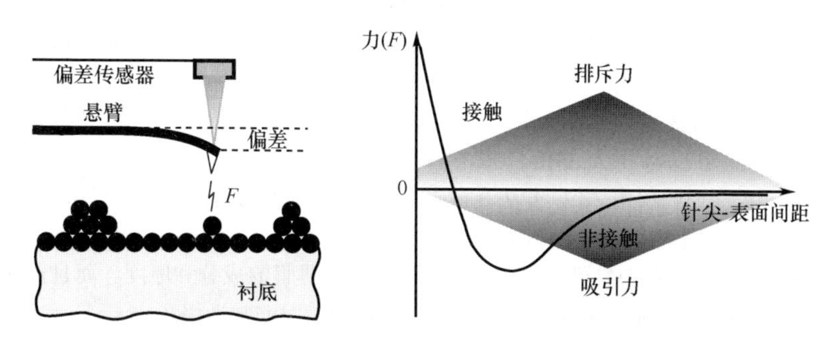

图 A.8　原子力显微术中针尖-样品几何构型及其作用机理

原子力显微镜有三种对样品表面的成像模式：接触模式、轻敲模式和非接触模式。在接触模式中，针尖总是和样品表面接触，样品的表面结构可以通过悬臂的偏差获得。作用在针尖上的力是排斥力，平均值为 10^{-9} N。这个力是用一个压电定位装置向样品表面方向推拉悬臂产生的。在轻敲模式中，针尖周期性地和样品表面接触，样品的表面结构可以通过摆动悬臂的振动幅度或者相位的变化来确定。在非接触模式中，针尖和样品表面不接触，表面结构也是通过悬臂的振动幅度或者谐振频率来获得的。

在接触模式中，由于施加在样品表面和针尖之间的排斥力很强，样品表面和针尖都很容易被破坏，所以相对来说对样品和针尖伤害较小的轻敲模式和非接触模式被广泛应用。

在轻敲模式中，悬臂在一个接近其谐振频率的固定频率下被驱动控制，具有较大的振幅。当探针尖端远离样品表面时，悬臂的振幅保持不变。而当针尖和表面接近时，针尖会周期性地和表面接触，由于针尖和样品之间的周期性的排斥力的作用而造成悬臂损失能量，悬臂的振幅会减小。样品表面结构正是通过反馈电路来保持振幅不变来得到的。这种模式下针尖和样品表面之间的加载力小得多。

原子力显微镜技术还被发展用于探测原子尺度的静电力、磁力和摩擦力。参见 **electrostatic force microscopy**（静电力显微术）、**magnetic force microscopy**（磁力显微术）、**friction force microscopy**（摩擦力显微术）。

首次描述：G. Binning，C. F. Quate，Ch. Gerber，*Atomic force microscope*，Phys. Rev. Lett. **56**（9），930～933（1986）。

详见：W. R. Bowen，N. Hilal，*Atomic Force Microscopy in Process Engineering：An Introduction to AFM for Improved Processes and Products*（Elsevier，Oxford，2009）。

atomic layer deposition（ALD）　原子层沉积　一种薄膜生长的纳米技术方法，包含化学吸附和一系列重复的自限制表面反应。在此方法中，将经过适当表面处理的衬底安放在反应室的加热支架上，反应室中至少要有两种独立的气体或蒸气源以及泵送系统。沉积过程重复如下几个步骤：①将衬底暴露到第一种前驱体中；②清除或抽空反应室，以去除未反应前驱体和气态反应副产物；③将衬底暴露于第二种前驱体，或采用其他处理方法来再次活化表面使其与第一种前驱体发生反应；④清除或抽空反应室。每个反应周期都有一定量的材料添加到沉积表面上，称为周期生长。重复多次周期达到所期望的薄膜厚度要求（图 A. 9）。

设计前驱气体使其在沉积条件下（气压、衬底温度）与表面充分反应，但不发生自身反应。按照次序，注入反应室的前驱气体与表面发生每次一次反应。前驱气体的分离是通过每次充入前驱气体后再充入净化气体（一般为氮气或者氩气），以去除反应室中多余的前驱气体。每次反应步骤结束后，表面达到热力学平衡。其结果是反应可以被自发终止。当吸附单层（单原子层或单分子层）后，生长过程将被终止。取决于前驱体，沉积过程通常在 100℃到 500℃之间进行，耗时从 0. 5s 到数秒钟。为了制备所期望的薄膜，单层沉积过程需要重复多次。利用这种方法可以沉积大量化合物［氧化物、氮化物、A（Ⅲ）B（Ⅴ）、A（Ⅱ）B（Ⅵ）、等］。图 A. 9 说明利用 ALD 方法在硅衬底上制备 Al_2O_3 膜。水蒸气（H_2O）和三甲基铝［$Al(CH_3)_3$］分别被用作氧源和铝源。

由于 ALD 方法的自调节特性，可以非常精确地控制薄膜的成分和厚度。而且薄膜可以被非常好地保形和厚度均匀化。ALD 在制备几个层厚的薄膜时非常适用。

首次描述：T. Suntola，J. Antson，*Method for producing compound thin films*，US Patent 4058430（1977）以及之后的论文：M. Ahonen，M. Pessa，T. Suntola，*A study of ZnTe films grown on glass substrates using an atomic layer evaporation method*，Thin Solid Films **65**，301～307（1980）。

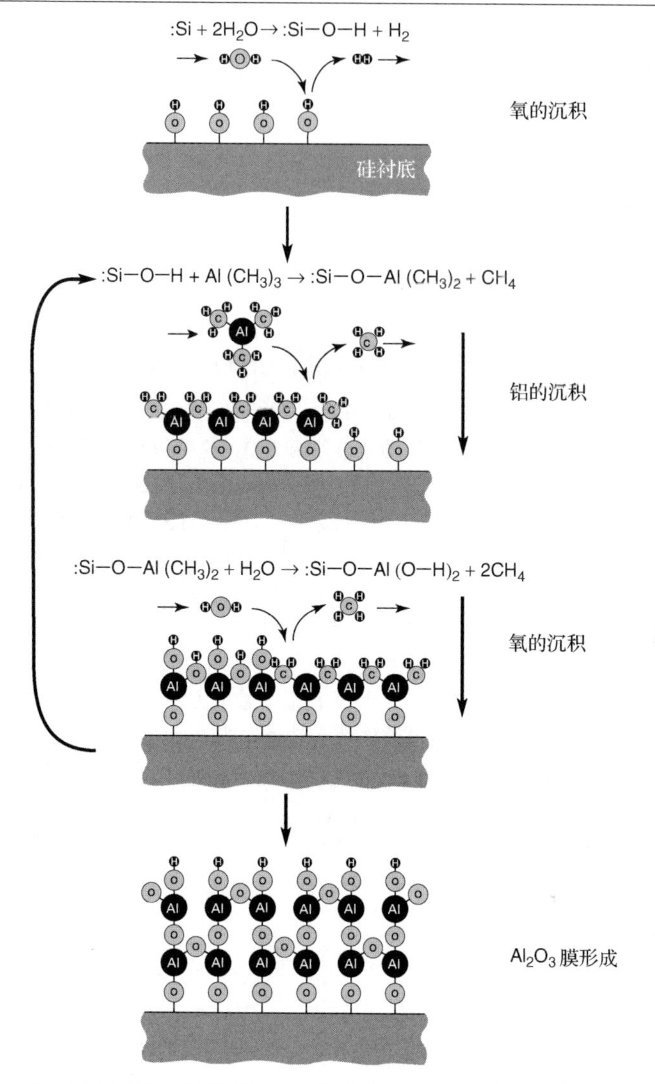

图 A.9　Al_2O_3的原子层沉积。符号“:”代表在衬底上形成的化合物

atomic number　原子序数　原子核中的质子数目，也是原子的核电荷数目。

atomic orbital　原子轨道　类氢原子的波函数。这个术语表达的意思不像经典力学的“轨道”那样明确，当一个电子被某一波函数描述时，我们说电子占据该轨道。它定义了一个特殊原子的一个给定能级上的电子的空间行为。固体中轨道的重叠形成了能带。

一个原子中，所有的给定主量子数 n 的轨道形成一个单壳层。通常对于连续的壳层，我们用字母标识为：K（$n=1$），L（$n=2$），M（$n=3$），N（$n=4$）等。主量子数为 n 的壳层中的轨道数是 n^2，在类氢原子中每个壳层都是 n^2 重简并（degenerate）的。

具有同样的主量子数 n，不同的角动量（angular momentum）l 的轨道，则形成给定壳层的各个次壳层。我们用字母 s（$l=0$）、p（$l=1$）、d（$l=2$）、f（$l=3$）等来标识次壳层。因此，$n=3$ 壳层的 $l=1$ 次壳层称为 3p 次壳层，占据这个轨道的电子称为 3p 电子。不同的 n 和 l 值对应的轨道数目参见表 A.1。

表 A.1 作为量子数 n 和 l 的函数的轨道数目

$l\to$ $n\downarrow$	0 s	1 p	2 d	3 f	轨道总数目
1	1				1
2	1	3			4
3	1	3	5		9
4	1	3	5	7	16

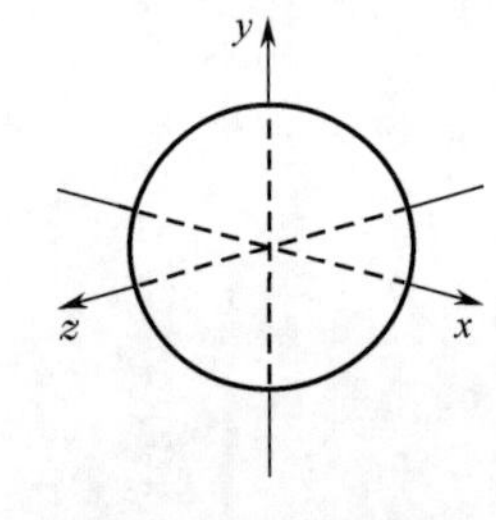

图 A.10 类氢原子 s 轨道的形式

s 轨道（s orbital） 不依赖角度（角动量是 0），所以它们是球对称的。第一个 s 轨道示意性地显示在图 A.10 中。

p 轨道（p orbital） 是由角动量 $L^2=2\hbar^2$ 的电子形成的。在 $r=0$ 时，该轨道的概率波幅为 0，这可以用角动量的离心效应来理解，即抛射电子离开核。同样的效应出现在所有 $l>0$ 的轨道。

三个 2p 轨道通过 $l=1$ 时 m_l 能够取的三个不同值而区分，m_l 表示围绕轴的角动量，图 A.11 中给出了它们的示意图。不同的 m_l 值指对应电子在该轨道中绕任意轴，如 z 轴，有不同的角动量，但角动量的幅度大小都是一样的，因为对于三个坐标轴，l 是一样的。对于 $m_l=0$ 的轨道，绕 z 轴的角动量是 0，角动量的形式为 $f(r)\cos\theta$。电子密度和 $\cos^2\theta$ 成正比例，在原子核沿 z 轴的方向的任一端（$\theta=0°$和 $\theta=180°$）达到最大值。由于这个原因，这个轨道被称为 p_z 轨道。当 $\theta=90°$时，轨道的概率幅是 0，所以 xy 平面是轨道的节面，在这个平面上发现一个占据此轨道电子的概率是 0。

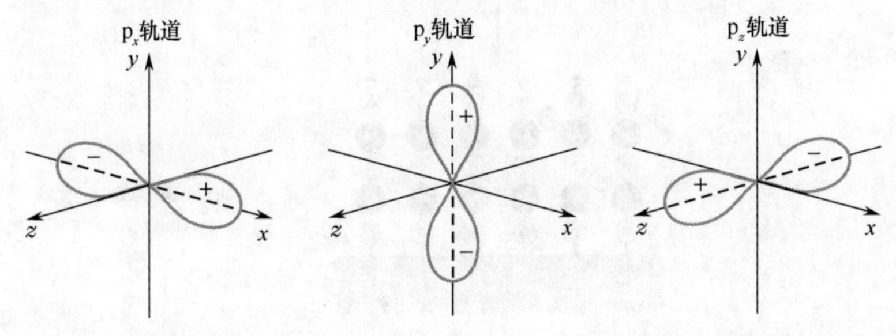

图 A.11 三种不同的类氢原子 p 轨道，每个轨道沿着不同的轴向

对于 $m_l=\pm1$ 的轨道，也就是 p_x 和 p_y 轨道，在 z 轴方向上存在角动量。这两个轨道的电子运动方向是相反的。因此，在$\theta=0°$和 $\theta=180°$（沿 z 轴）的地方，它们的概率幅是 0，在 $\theta=90°$处也就是 xy 平面上概率幅最大。p_x、p_y 轨道和 p_z 轨道的形状是一样的，只是它们分别沿 x 和 y 轴。由于 p_x 和 p_y 轨道的 m_l 值大小相等、符号相反，它们的组合是围绕 z 轴没有净角动量的驻波。

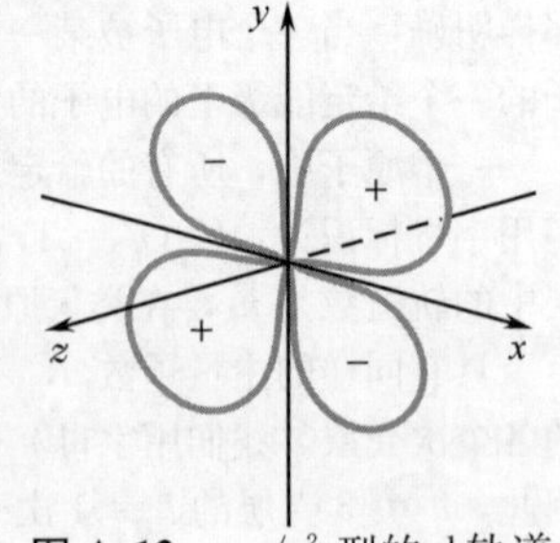

图 A.12 xy/r^2 型的 d 轨道

在 $n=3$ 时会出现 d 轨道（d orbital）。这时有五个轨道分别对应 $m_l=0$，±1，±2，它们的角动量幅度大小相等，而在 z 方向的分量不同。m_l值相反的轨道，具有沿 z 轴相反的运动方向，可以成对组合成驻波。d 轨道的一个重要特征是，相比 s 轨道和 p 轨道，它们更紧密地集中在原子核周围。d 轨道的一个实

例如图 A. 12 所示。

d 轨道（d orbital）比其他轨道更紧密地集中在原子核周围，和相邻原子的界限更加分明。它们对研究稀土金属的性质有很重要的作用。

对于 σ 轨道和 π 轨道的定义，参见 molecular orbital（分子轨道）。

atom probe field ion microscopy (APFIM)　原子探针场离子显微术　简称 APFIM，从场离子显微术发展来的一种技术。待分析的样品被制备成一个尖细的针尖，在针尖上加一个电压脉冲使得针尖的表面原子发射出去。原子将进入一个漂移管，其到达时间是可测的。原子到达探测器的时间可以作为相对原子质量的量度，因此可以分层开展样品的组成分析。

这项技术可以使得人们以原子分辨率识别表面原子化学组成及其位置。它并没有元素质量的限制，因而在分析装置中独树一帜。

首次描述：E. W. Müller，J. A. Panitz，S. B. McLane，*The atom probe microscope*，Rev. Sci. Instrum. **39**（1），83～86（1968）。

详见：T. T. Tsong，*Atom-Probe Field Ion Microscopy：Field Ion Emission，and Surfaces and Interfaces at Atomic Resolution*（Cambridge University Press，Cambridge，1990）。

atto-　阿［托］　一种十进制前缀，表示 10^{-18}，缩写为 a。

aufbau principle　构造原理　指出在任何原子中，电子总是最先填充能量最低的能级。它和泡利不相容原理（Pauli exclusion principle）和洪德定则（Hund rule）联用，可以得到原子或基态离子的正确的电子组态。

首次描述：N. Bohr，*Der Bau der Atome und die physikalischen und chemischen Eigenschaften der Elemente*，Z. Phys. **9**，1～67（1922）；E. C. Stoner，*The distribution of electrons among atomic levels*，Phil. Mag. **48**，719～736（1924）。

Auger effect　俄歇效应　在原子的某一内层电子被电离后，原子中电子发生非辐射重新分布的现象。

如果原子在 S 壳层被电离，在去激发的辐射模式中，会有一个跃迁发生，包含了电子从束缚较弱的 T 壳层跃迁到 S 壳层，并伴随一个能量为 $E_S - E_T$（即 S 壳层和 T 壳层的束缚能之差）的辐射量子发射的过程。而在俄歇跃迁中，一个电子（称之为俄歇电子）以动能 $E = E_S - E_T - E_U$ 发射出去，U 是和 T 相同或者另一比 S 壳层束缚弱的壳层。为了使跃迁发生的能量条件得到满足，当然有 $E_S - E_T - E_U = 0$。这个过程可以这样解释：T 电子跃迁到 S 壳层，释放的能量正好发射一个 U 电子。U 电子的束缚能用负号，这是因为当它被发射出原子时，原子已经被电离了。

绝大多数俄歇跃迁都是在原子的 K 或 L 壳层的初级电离中被观察到的，这是由于在更高的壳层中发生的电离所导致的跃迁造成的电子发射能量太弱，很难被探测到。被发射的电子称为俄歇电子。它们的能谱是原子化学性质的指纹。俄歇电子能谱（Auger electron spectroscopy）广泛用于分析物质的化学组成。

首次描述：P. Auger，*Sur les rayons β secondaires produits dans un gaz par des rayons*，C. R. **177**，169～171（1923）。

Auger electron　俄歇电子　在俄歇效应中从原子中发射出来的电子。

Auger electron spectroscopy (AES)　俄歇电子能谱　简称 AES，一种通过检测俄歇效应（Auger effect）中发射的二次电子能量分布来对物质进行非破坏性的元素分析的技术。如果用足够能量的电子来轰击原子，以使得原子内层电子电离，被电离的原子自身会电子重排以填充被电离的能级，释放的能量就可以标志该原子的特性。这个能量可能表现为X射线光子的形式，也可以加到外层电子上，然后通过无辐射俄歇过程使得电子发射出去。因此，二次俄歇电子的能量分布包含能量上局域的峰，可以用来识别产生这些峰的原子。可以获得各种不同材料的这种信息的深度范围是：金属为0.5～2 nm，氧化物为1.5～4 nm，聚合物为4～10 nm。

详见：M. De Crescenzi，M. N. Piancastelli，*Electron Scattering and Related Spectroscopies* (World Scientific Publishing，Singapore，1996)。

Auger recombination 俄歇复合 电子从导带跃迁到价带，并把能量转移给另一个自由电子或空穴。在这个过程中，没有电磁辐射产生。

Auger scattering 俄歇散射 相互作用的载流子中，一方将其部分势能转移给另一方而使自身能级下降。

augmented plane wave (APW) 增广平面波 简称APW，分段定义的函数，在一个给定半径的球体里面为孤立原子的薛定谔方程（Schrödinger equation）的解，球体的外面为平面波(plane wave)。

augmented-plane-wave method 增广平面波法 求解原子中电子波函数的薛定谔方程的一种方法，其中波函数由一系列构造函数组合而成，这些构造函数包含了芯内区域的振荡和在别处的平面波。假设在每个以原子核为中心的球形区域内势能是球对称的，而在这些球形区域之间的填隙区域势能为常数。增广平面波形式的波函数由每个球形区域内部的薛定谔方程(Schrödinger equation）的解和填隙区域的平面波解的匹配所构成。这些波函数的线性组合由变分法（variational method）来决定。

首次描述：J. C. Slater，*Wave functions in a period potential*，Phys. Rev. **51** (10)，864～851 (1937)。

详见：D. J. Singh，L. Nordström，*Planewaves，pseudopotentials，and the LAPW method* (Springer，New York，2006)。

autocorrelation function 自相关函数 在一个时刻的时间序列值对在另一个时刻的时间序列值的依赖关系的量度。"autocorrelation"的意思是自相关，然而，和两个变量之间的相关联不同，这里我们分析在两个时刻 x_n 和 x_{n+k} 的同一变量的值之间的关联。对于一个时间序列 $x(n)$，$n=1, 2, \cdots, N$，自相关函数定义为 $R(k)=\frac{1}{(N-k)}\sum_{n=1}^{N-k}x(n)x(n+k)$，$k$ 为相关距离，N 是序列的长度。自相关函数的自变量是相关距离 k，k 处的函数值表示在序列中被相关距离 k 分隔的数值之间的平均相关性。

自相关函数用来探测数据中的非随机性，在数据不是随机的情况下，确定一个合适的时间序列模型。它是在噪声数据中寻找弱周期信号的有力工具。

首次描述：G. E. P. Box and G. Jenkins，*Time Series Analysis：Forecasting and Control* (Holden-Day，1976)。

autoelectronic emission 自动电子发射 在传统的热激发电子发射很弱的温度范围内，通过外电场的施加，从导体表面发射电子。

Aviram-Ratner model 阿维拉姆-拉特纳模型 一种单分子电子整流器的模型，该模型采用的分子具有电子施主基团和电子受主基团，两个基团之间是电隔离的。

假设分子开始处于电中性状态，并被置于两个金属电极之间。在偏压的作用下，电流被认为是分以下三步产生的：首先，阴极中放出一个电子并到达受主。在偏压的作用下，阳极的费米能级被降低到足够低以保证可以发生第二步，即电子再从施主隧穿到达阳极。最后，电子再从受主（acceptor）非弹性隧穿到施主（donor）。

一个演示性的分子整流器（molecular rectifier）由一个电子施主 π 体系（四硫富瓦烯，tetrathiafulvalence）和一个电子受主 π 体系（四氰基对醌二甲烷，tetracyanoquinodimethane），以及一个分隔它们的 σ 键（亚甲基）隧穿桥构成。

首次描述：A. Aviram，M. A. Ratner，*Molecular rectifiers*，Chem. Phys. Lett. **29**（2），277--283（1974）。

详见：G. Cuniberti，G. Fagas，K. Richter，*Introducing Molecular Electronics*，Lecture Notes in Physics **680**（Springer，Berlin，2005）。

Azbel'-Kaner cyclotron resonance 阿兹贝尔-卡纳回旋共振 用来测定金属的回旋频率（cyclotron frequency）的方法，是研究费米面（Fermi surface）的有力方法。在一个很大的静磁场中，一个被射频电磁场渗透的半导体，当射频频率和半导体的回旋共振频率 ω_c 匹配时，会在射频能量吸收谱中产生尖锐的峰。在金属中，由于趋肤深度效应（skin-depth effect）阻止了射频电磁场的穿透，所以这种机制被禁止了。在阿兹贝尔-卡纳方法中，存在射频场只能在一层很薄的表面层中加速电子的局限性，人们通过改变实验的布局以使得电子可以多次回到这个表面层。为了达到这样的目标，静磁场被设计成和样品表面平行。因此，任何绕着磁场线在螺旋轨道上运动的电子每个循环中都在同样的距离内接近表面。如果射频频率和回旋频率匹配，电子就会共振吸收磁场能，共振的条件是 $\omega = n\omega_c$（$n = 1, 2, 3, \cdots$）。

首次描述：M. Ya. Azbel'，E. A. Kaner，*Cyclotron resonance in metals*，J. Phys. Chem. Solids **6**（2～3），113～135（1958）；M. Ya. Azbel'，E. A. Kaner，Zh. Eksp. Teor. Fiz. **30**，811（1956）and **32**，896（1957）。

详见：L. M. Falicov，*Fermi surface studies*，in：“*Electrons in Crystalline Solids*”（IAEA，Vienna，1973），207～280。

从 B92 protocol（B92 协议）到 Burstein-Moss shift（伯斯坦-莫斯移动）

B92 protocol　B92 协议　由 C. 贝内特（Charles Bennett）在 1992 年提出的一种量子密钥分配协议，协议名取自提出者的姓氏的首字母和年代的合成。它的工作方式类似于 BB84 协议（BB84 protocol），但不同于 BB84 协议采用具有四个两两正交态的体系，B92 协议中只有两个不正交的状态。这使得它相对更简单。

首次描述：C. H. Bennett，*Quantum cryptography using any two nonorthogonal states*，Phys. Rev. Lett. **68**（21），3121～3124（1992）（理论）；A. Muller，J. Breguet，N. Gisin，*Experimental demonstration of quantum cryptography using polarized photons in optical fiber over more than 1 km*，Europhys. Lett. **23**（6），383～388（1993）（实验）。

Back-Goudsmit effect　巴克-古德斯米特效应　在相对较小的磁场中，原子的核自旋角动量（angular momentum）和总的电子角动量之间的耦合被破坏。

首次描述：S. Goudsmit，E. Back，*Die Koppelung der Quantenvektoren bei Neon*，*Argon und einigen Spektren der Kohlenstoffgruppe*，Z. Phys. **40**（7），530～538（1927）。

bacteriophage　噬菌体　参见 virus（病毒）。

bacterium　细菌　一种单细胞有机体。细菌构成生命的三个主要分支之一。它们没有更加复杂的真核生物（eukaryotes）所具有的细胞核和细胞器（organelles）。但是，像植物细胞一样，它们绝大多数具有一个碳水基的细胞壁。

Badger rule　巴杰尔定则　1934 年由巴杰尔（Badger）发现的分子键的张力（拉力）常数和键长之间的经验关系，即 $k_e = A(R_e - B)^{-3}$，其中 k_e 是力常数，R_e 是平衡键长。

首次描述：R. M. Badger，*A relation between internuclear distances and bond force constants*，J. Chem. Phys. **2**（3），128～131（1934）。

ballistic conductance　弹道电导　载流子在纳米结构中理想的弹道输运（ballistic transport）的一种基本特征。它是由基本常数推导出来的，所以和材料无关。

用来说明这个性质的最简单的装置是一个具有两个终端的导体，如图 B.1 所示。图中在两个电子存储器之间的狭窄通道起着导电量子线的作用。为了能够在电子传输特性中观察到电子的波动性，通道的尺寸必须和电子的费米波长相近。导电通道里没有不均匀处和相关的载流子散射。而且，我们假设这个严格的导电管是通过锥形的非反射连接器接入电子存储器，这意味着接近一个存储器的载流子不可避免地要进入它。

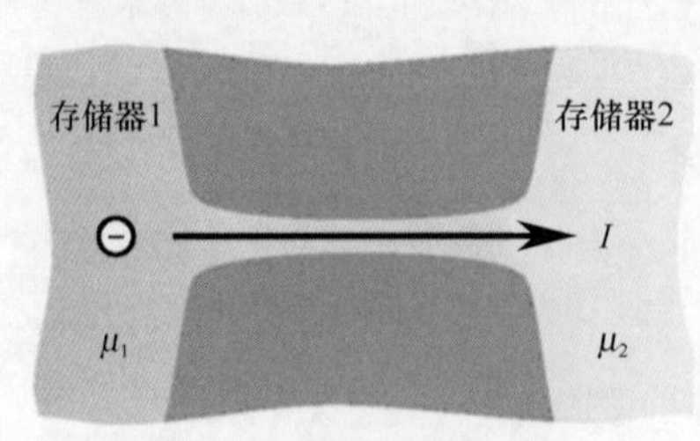

图 B.1　通过一个完美导电通道连接的两个电子存储器

我们考虑零温度的情况，并让存储器中填充电子以使得其能级达到一定的高度，分别用电化学势μ_1和μ_2来表征，其中$\mu_1 > \mu_2$。如果μ_1和μ_2之间所有的电子态都被填满，在存储器之间就有一个电流

$$I = (\mu_1 - \mu_2)ev(\mathrm{d}n/\mathrm{d}\mu)$$

e是电子电荷，v是在费米面处沿着导电通道的速度分量，$\mathrm{d}n/\mathrm{d}\mu$是通道中的态密度（允许自旋简并）。在量子线中，$\mathrm{d}n/\mathrm{d}\mu=1/(\pi\hbar v)$，我们用$e(V_1-V_2)$来取代$\mu_1-\mu_2$，其中$V_1$和$V_2$是引起两个存储器的电化学势差的电势，则可以用下面的公式来计算量子线的电导：

$$G = I/(V_1 - V_2) = e^2/(\pi\hbar) = 2e^2/h$$

这就是理想一维导体在弹道输运机制中的电导公式。很明显，它只由一些基本常数决定。系数$e^2/h = 38.740\ \mu\mathrm{S}$是电导的量子单位，相应的电阻是$h/e^2 = 25\,812.807\ \Omega$。

详见：S. Datta，*Electronic Transport in Mesoscopic Systems*（Cambridge University Press，Cambridge，1995）。

ballistic electron emission microscopy（BEEM）　弹道电子发射显微术　一种扫描探针显微术（scanning probe microscopy）技术，利用扫描隧道显微镜探针尖端的热电子的弹道输运（ballistic transport），用于分析金属/半导体和一些金属/绝缘体界面。图 B. 2 为其示意图。

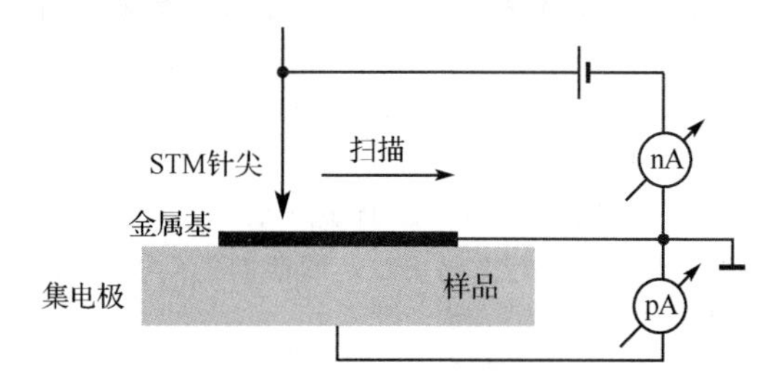

图 B. 2　弹道电子发射显微镜的针尖-样品几何图

用于分析的样品必须形成一个肖特基二极管（Schottky diode），其中非常薄的金属膜基体接地。金属基体作为参比电极。下层的半导体收集弹道电子。当施加一个负的尖端电压时，电子隧穿通过尖端/试样间隙并进入到基体中。如果基体厚度远小于入射电子的衰减长度，则其中许多电子可以在散射之前到达金属/半导体界面。任何具有高于肖特基势垒高度能量的电子都能穿过界面到达半导体的导带中，从而形成一种集电流。通过改变针尖和基体之间的电压，可以改变电子的能量分布，形成载流子传输能谱。能谱中的阈值位置定义界面的势垒高度。大于阈值的电流量和谱形也可以提供传输细节的重要信息。通过样品表面上的针尖扫描，可以绘制出表面的能垒和减小集电流的缺陷的变化。

首次描述：W. J. Kaiser，L. D. Bell，*Direct investigation of subsurface interface electronic structure by ballistic-electron-emission microscopy*，Phys. Rev. Lett. **60**（14），1406～1409（1988）。

详见：C. Bai，*Scanning Tunneling Microscopy and Its Application*（Springer，Heidelberg，2010）。

ballistic magnetoresistance　弹道磁电阻　在磁场存在时，对利用载流子弹道输运的结构进行测量得到的电阻。弹道磁电阻的大小以百分比表示，反映了当相应的磁场和电极之间轴线平行或反平行时，两个电极之间的弹道电导通道的电阻的变化。

首次描述：N. García，M. Muñoz，Y. -W. Zhao，*Magnetoresistance in excess of 200% in ballistic Ni nanocontacts at room temperature and 100 Oe*，Phys. Rev. Lett. **82**（14），2923～

2926 (1999)。

ballistic transport (of charge carriers)　(载流子的) 弹道输运　载流子无散射地通过一个结构。

Balmer series　巴尔末系　参见 Rydberg formula (里德伯公式)。

首次描述：J. J. 巴尔末 (Johann Jacob Balmer) 于 1884 年 6 月 25 日在瑞士巴塞尔的 Natueforschende Gesellschaft 会议上的演讲；J. J. Balmer，*Notiz über die Spektrallinien des Wasserstoffs*，Ann. Phys. **25**，80 (1885)。

Banach space　巴拿赫空间　为希尔伯特空间 (Hilbert space) 的拓展，是具有一定范数的矢量空间，但不需要由一个内积导出。巴拿赫空间是完备的，每个柯西序列 (Cauchy sequence) 收敛于该空间的一个点。

首次描述：S. Banach，*Sur le Probleme de la Mesure*，Fund. Math. **4** (1)，7～33 (1923)。

详见：S. Banach，*Théorie des opérations linéaires* (Warszawa，1932)。

band structure　能带结构　亦称带结构，参见 electronic band structure (电子能带结构)。

Bardeen-Cooper-Schrieffer (BCS) theory　巴丁-库珀-施里弗理论　简称 BCS 理论，它从理论上解释了金属、金属化合物和金属合金中的超导现象。参见 superconductivity (超导性)。

详见：*BCS*：50 *Years*，edited by L. N. Cooper，D. Feldman (World Scientific，Singapore，2010)。

获誉：由于 J. 巴丁 (J. Bardeen)、L. N. 库珀 (L. N. Cooper) 和 J. R. 施里弗 (J. R. Schrieffer) 在超导性理论解释上所作的杰出贡献，即他们三人所共同提出的 BCS 理论，1972 年他们被授予诺贝尔物理学奖。

另请参阅：www.nobelprize.org/nobel_prizes/physics/laureates/1972/。

Barkhausen effect　巴克豪森效应　亦称巴克豪森跳变，在变化的外磁场中，即使磁场的改变率很小，引起的铁磁材料磁化的改变也会经历一系列不连续的跳变。这种不连续性是由材料磁畴结构的不可逆变化所产生的。

首次描述：H. G. Barkhausen，*Zwei mit Hilfe der neuen Verstärker entdeckte Erscheinunger*，Phys. Z. **20**，401～403 (1919)。

详见：V. M. Rudyak，*The Barkhausen effect*，Sov. Phys. Usp. **13** (4)，461～492 (1971)。

Barlow rule　巴洛规则　在一个给定的分子中，原子所占空间的大小和该原子的化合价成比例，这里采用原子化合价的最低值。

Barnett effect　巴尼特效应　初始未磁化的样品在没有任何外磁场的情况下旋转时所获得的磁化。

首次描述：S. J. Barnett，*An investigation of the electric intensities and electric displacement produced in insulators by their motion in a magnetic field*，Phys. Rev. **27** (5)，425～472 (1908)。

详见：S. Bretzel，G. E. W. Bauer，Y. Tserkovnyak，A. Braatas，*Barnett effect in thin magnetic films and nanostructures*，Appl. Phys. Lett. **95**，122504 (2009)。

Barnett-Loudon rule　巴尼特-劳登规则　由原子环境引起的电偶极跃迁的自发发射率所允许的修正被以下求和法则所限制：

$$\int_0^\infty d\omega_a \frac{\Gamma_m(\boldsymbol{r},\omega_a)-\Gamma_0(\omega_a)}{\Gamma_0(\omega_a)}=0$$

其中，$\Gamma_0(\omega_a)$是自由空间中的自发发射（spontaneous emission）率，$\Gamma_m(\boldsymbol{r},\omega_a)$是由于环境的影响而修正的原子或分子在位置$\boldsymbol{r}$处的发射率，我们假设这种环境的影响在发射物的尺度范围内变化量可以忽略。而且，对于在频率ω_a某个范围内自发发射率的任何减少，都必须通过在其他跃迁频率范围内的增加来补偿。这个规则基于克拉默斯-克勒尼希色散关系（Kramers-Kronig dispersion relation）中所描述的因果性（causality）要求而导出。

应该强调的是，这个规则应用于原子或者分子在完全任意环境中的自发发射，这可能包括金属镜、布拉格反射器、光子带隙材料、吸收性介电体，或者半导体。在所有的情况下，只要所用的介电函数遵照一般的因果性和渐近要求，求和规则就可以用于对自发发射率修正的模型计算。

首次描述：S. M. Barnett，R. Loudon，*Sum rule for modified spontaneous emission rate*，Phys. Rev. Lett. **77**（12），2444～2446（1996）。

详见：S. V. Gaponenko，*Introduction to Nanophotonics*（Cambridge University Press，Cambridge，2009）。

baryon 重子 一种基本粒子，其质量大于或等于质子（proton），参与强相互作用。它的自旋为$\hbar/2$。

base pair 碱基对 在 DNA 分子中两个互补的含氮碱基，比如腺嘌呤和胸腺嘧啶（A：T）以及鸟嘌呤和胞嘧啶（G：C）组成的核苷酸耦合对。它也用作 DNA 序列的测量单位。

basis states 基态 一组态，波函数可以用它们展开。

BB84 protocol BB84 协议 由 Charls **B**ennett 和 Gilles **B**rassard 在 19**84** 年首先提出来的量子密钥分配协议（它的缩写来源由黑体标出）。该协议使用四个基态，利用单光子量子位的非正交态的传输，它的安全性来自于窃听者不可能在不被发现（平均）的情况下分辨两个态。BB84 协议的工作机制如下所述：

Alice（发送者的传统称呼）和 Bob（接收者的传统称呼）通过两个信道联系，一个是量子信道，另一个是公共的经典信道。如果光子是携带密钥的载体，量子信道通常是光纤。经典信道也可以是光纤的，但是有一点不同：在量子信道中，原则上，每比特只有一个光子被传输；而在经典公共信道中，来自非授权者的窃听并不重要，相应的传输密度要大几百倍。

第一步：Alice 先从 0°、45°、90°和 135°四个角度中随机选取线性偏振光子，她把这些态编入一组并连续送入量子信道，同时保留这些态的序列记录和相应的逻辑序列 0 和 1 的记录，其中 0 指代 0°和 45°，1 指代 90°和 135°。这个序列显然是随机的。

第二步：Bob 有两个分析器，直角型（＋）和对角型（×）。在接收 Alice 的每个光信号时，他随机地使用两个分析器中的一个，同时记录下他使用的分析器的序列以及每次所产生的结果。这样，Bob 也能产生一组逻辑序列，0 指代 0°和 45°的光子，1 指代 90°和 135°。

第三步：然后他们通过公共信道相互通信极化基和所用分析器的序列，以及 Bob 在探测时的失败，但永不通信 Alice 每次准备的特定态和 Bob 测量获得的态。

第四步：他们忽略 Bob 没有探测到光子，以及 Alice 所准备的态与 Bob 用分析器的类型不匹配的情况。通过这个“蒸馏”过程，所剩下的就是他们两边都一样的由 0、1 组成的随机序列。这个序列就作为他们共同的密钥。

首次描述：C. Bennett，G. Brassard，*Quantum cryptography：public key distribution and coin tossing*，Proc. IEEE Int. Conf. Comp. Syst. Signal Proc. **11**，175～179（1984）（理论）；

C. H. Bennett，G. Brassard，*The dawn of a new era for quantum cryptography：the experimental prototype is working*！SIGACT News **20**（4），78～82（1989）（实验）。

Becker-Kornetzki effect　贝克-科尔内兹基效应　当铁磁材料在足够大的磁场中产生磁饱和时，其内摩擦力减小的现象。

首次描述：R. Becker，M. Kornetzi，*Einige magneto-elastische Torsionsversuche*，Z. Phys. **88**（9～10），634～646（1934）。

BEEM　为 ballistic electron emission microscopy（弹道电子发射显微术）的缩写。

Beest-Kramer-Santen potential　比斯特-克拉默-桑腾势　原子之间多力场的库仑势的一种模型，包含了用来表示排斥和色散相互作用的修正白金汉势（Buckingham potential）。具体形式为

$$V(r_{ij})=\sum_{i>j}\left[A_{ij}\exp(-b_{ij}r_{ij})-\frac{C_{ij}}{r_{ij}}\right]+\sum_{i>j}\frac{q_iq_j}{r_{ij}}$$

其中，r_{ij} 是原子 i 和 j 之间的距离，参数 A_{ij}、B_{ij} 和 C_{ij} 是根据第一性原理计算和经验数据拟合得到的，q_i 和 q_j 是原子的固定局部电荷。

首次描述：B. W. H. van Beest，G. J. Kramer，R. A. van Santen，*Force fields for silicas and aluminophosphates based on ab initio calculations*，Phys. Rev. Lett. **64**（16），1955～1958（1990）。

Bell's inequality　贝尔不等式　如果一个双粒子体系的状态完全由局域的隐变量（hidden variable）描述，对该体系的测量结果必须要满足的不等式。对于一对自旋 A 和 B，必须要满足不等式 $P(1,2)+P(1,3)+P(2,3)\geqslant1$，其中 $P(i,j)$ 是在 i 方向测量自旋 A 和在 j 方向测量自旋 B 得到相同结果的概率，在直角坐标系中三个方向定义为 $\boldsymbol{n}_1=(0,0,1)$，$\boldsymbol{n}_2=(\sqrt{3},0,-1)/2$，$\boldsymbol{n}_3=(-\sqrt{3},0,-1)/2$。这表明，对于量子力学的统计预测和任何明显满足局域性的自然假设的局域隐变量（hidden variable）理论是不相兼容的。如果两个自旋的联合状态是贝尔态（Bell's state），则该不等式不成立。

首次描述：J. S. Bell，*On the Einstein-Podolsky-Rosen paradox*，Physics **1**（3），195～200（1964）；J. S. Bell，*On the problem of hidden variables in quantum mechanics*，Rev. Mod. Phys. **38**（3），447～452（1966）。

详见：J. S. Bell，*Speakable and Unspeakable in Quantum Mechanics*（Cambridge University Press，Cambridge，1987）。

Bell's state　贝尔态　由一对自旋 A 和 B 组成的联合纠缠态 $|\psi\rangle=\frac{1}{\sqrt{2}}(|A-\uparrow\rangle|B-\downarrow\rangle-|A-\downarrow\rangle|B-\uparrow\rangle)$，也就是自旋单态，该态不满足贝尔不等式（Bell's inequality）。

Bell's theorem　贝尔定理　如果一个区域的隐变量可以被在一个类空间分离区域进行的测量所影响，隐变量（hidden variable）理论只能重复量子力学的统计预测。换句话说，在量子理论中，存在不满足贝尔不等式（Bell's inequality）的态。这表明，量子理论和定域变量的存在是不相兼容的。因此，一些量子力学所预测的相关性并不能被任何局域理论所得到。

首次描述：J. S. Bell，*On the Einstein-Podolsky-Rosen paradox*，Physics **1**（3），195～200（1964）；J. S. Bell，*On the problem of hidden variables in quantum mechanics*，Rev. Mod. Phys. **38**（3），447～452（1966）。

详见：J. S. Bell，*Speakable and Unspeakable in Quantum Mechanics*（Cambridge University

Press, Cambridge, 1987)。

Benedicks effect　贝内迪克斯效应　固体中，当经过两个点的温度剖面曲线不对称时，即使在相同的温度下，它们之间也将产生一个电压。这个现象在半导体中已经被观测到，而在金属中，该效应可以忽略不计。

首次描述：C. Benedicks, *Jetziger Stand der grundlegenden Kenntnisse der Thermoelektri-zität*, Ergeb. Exakten Naturwiss. **8**, 26～27 (1929)。

详见：G. D. Mahan, *The Benedicks effect: nonlocal electron transport in metals*, Phys. Rev. B **43** (5), 3945～3951 (1991)。

Berry phase　贝里相位　通过改变一组参数，一个体系经过一系列绝热变化，到达一个终态并使得其参数都到达最初值，这个终态等于初态乘以一个相位因子，该相位因子依赖于参量变化的过程，是非局域的。这个相位差就是贝里相位。它的产生表明对于一些参数的组合，体系的参数依赖性是不明确的。

贝里相位在许多量子力学效应中都是重要概念，如超导体中涡流的运动、纳米电子器件中的电子输运以及量子计算。

首次描述：M. V. Berry, *Quantal phase factors accompanying adiabatic changes*, Proc. R. Soc. London Ser. A **392**, 45～57 (1984)。

详见：M. V. Berry, *Anticipations of the geometric phase*, Phys. Today **43** (12), 34～40 (1990)。A. Bohm, A. Mostafazadeh, H. Koizumi, Q. Niu, J. Zwanziger, *The Geometric Phase in Quantum Systems Foundations, Mathematical Concepts, and Applications in Molecular and Condensed Matter Physics* (Springer, Berlin, 2003)。

Berthelot rule　贝特洛规则　指出两种相异成分（ε_{ii}，ε_{jj}）的混合体系（ε_{ij}）的能量吸引常数满足下列关系 $\varepsilon_{ij}=(\varepsilon_{ii}+\varepsilon_{jj})^{1/2}$。

Berthelot-Thomsen principle　贝特洛-汤姆森原理　该原理表明，除了一些明显的例外（比如态的改变），在所有可能的化学反应中，产生最多热量的那个反应将发生。这个原理由丹麦化学家 J. 汤姆森（Julish Thomsen）和法国化学家 M. 贝特洛（Marcellin Berthelot）分别于 1854 年和 1873 年各自独立提出的两个略微不同的版本所阐述。

首次描述：J. Thomsen, *Die Grundzüge eines thermochemischen Systems*, Ann. Phys. **47**, 34 (1854); M. Berthelot, *Sur la statique de dissolutions salines*, Bull. Soc. Chim. Paris **19**, 160 (1873)。

Bessel function　贝塞尔函数　亦称第一类贝塞尔函数，为二阶线性常微分方程的解的一般形式，这种方程也即贝塞尔方程（Bessel's equation）

$$x^2\frac{\mathrm{d}^2y}{\mathrm{d}x^2}+x\frac{\mathrm{d}y}{\mathrm{d}x}+(x^2-v^2)y=0$$

其中 x 和参量 v 都可以是复数。此方程的完全解依赖于参量 v 的性质，可以是函数 $B_v(x)$在合适系数下的组合表达式，而函数

$$B_v(x)=\sum_{m=0}^{\infty}\frac{(-1)^m(0.5x)^{v+2m}}{m!\Gamma(v+m+1)}$$

就是以 x 为自变量的 v 阶第一类贝塞尔函数。

首次描述：F. 贝塞尔（Friedrich Bessel）于 1817 年。

详见：I. N. Sneddon, *Special Function of Mathematical Physical and Chemistry* (Oliver and Boyd, Edinburgh, 1956)。

Bessel's equation　贝塞尔方程　参见 Bessel function（贝塞尔函数）。

BET equation　BET 公式　为 Brunauer-Emmett-Teller equation（布鲁诺尔-埃米特-特勒公式）的缩写。

BET surface　BET 表面　为 Brunauer-Emmett-Teller surface（布鲁诺尔-埃米特-特勒表面）的缩写。

BET theory　BET 理论　为 Brunauer-Emmett-Teller theory（布鲁诺尔-埃米特-特勒理论）的缩写。

Bethe-Salpeter equation　贝特-萨佩特方程　两个相互作用的费米-狄拉克粒子的相对论束缚态波函数满足的积分方程。这是费恩曼（Feynman）的 *S* 矩阵（*S*-matrix）模型的直接应用。从费恩曼二体核开始，可以证明它的一般幂展开式可以用一个积分方程来描述。在极端的非相对论近似和最低阶幂展开下，这个方程就是合适的薛定谔方程（Schrödinger equation）。考虑两个质量分别是 m_a 和 m_b 的费米-狄拉克粒子，它们可以通过量子的虚拟发射和吸收而相互作用。我们用 $\boldsymbol{P}$ 来标记束缚态的四维动量，而雅可比相对四维动量用下式来表示：

$$q=\frac{m_b p_a}{m_a+m_b}-\frac{m_a p_b}{m_a+m_b}$$

而不可约二体核由 $G(q,q';P)$ 给出。贝特-萨佩特方程形式如下：

$$\left(\frac{m_a\boldsymbol{P}}{m_a+m_b}+\boldsymbol{q}-m_a\right)\left(\frac{m_b\boldsymbol{P}}{m_a+m_b}-\boldsymbol{q}-m_b\right)\psi(q)=i\int \mathrm{d}^4q' G(q,q';P)\psi(q')$$

贝特-萨佩特方程是由盖尔曼（Gell-Mann）和洛（Low）用量子场论证明的。近来，该方程的应用已超越了简单的单粒子图像，被广泛应用于纳米结构中的电子激发过程（电子-空穴相互作用）的描述，这些电子激发与大多数常规测量谱的起源有关。图 B.3 中的费恩曼图表示了极化率 χ 的贝特-萨佩特方程。

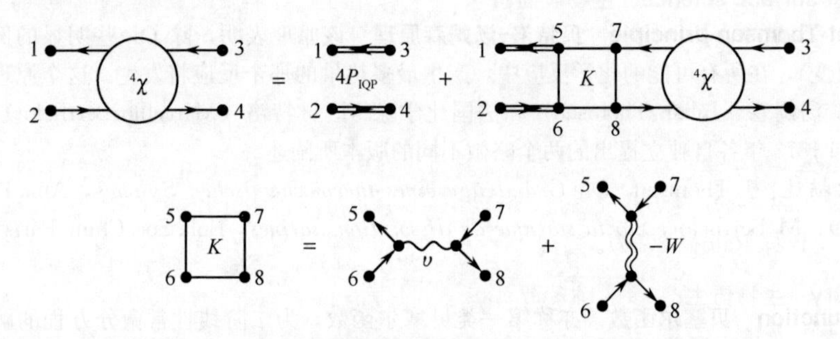

图 B.3　用费恩曼图表示关于 χ 的贝特-萨佩特方程

[来源：G. Onida，L. Reining and A. Rubio，*Electronics excitations：density functional vs. many-body Green's function approaches*，Rev. Mod. Phys. **74**（2），601～659（2002）]

首次描述：H. A. Bethe and E. E. Salpeter，*A Relativistic Equation for Bound State Problems*，Phys. Rev. **82**，309～310（1951），在这里作者发表了一篇文章的摘要，原文发表于美国物理学会第 303 次会议上。同年，作者用相同的标题发表了贝特-萨佩特方程，文章为：E. E. Salpeter and H. A. Bethe，*A Relativistic Equation for Bound State Problems*，Phys. Rev. **84**，1232～1242（1951）。关于量子场论的证明见：M. Gell-Mann and F. Low，*Bound States in Quantum Field Theory*，Phys. Rev. B **84**，350～354（1951）。

详见：G. Onida，L. Reining and A. Rubio，*Electronics excitations：density functional vs. many-body Green's function approaches*, Rev. Mod. Phys. **74** (2), 601～659 (2002)。

biexciton　双激子　也即激子分子。是两个电子-空穴对［激子(exciton)］的束缚态，类似于氢分子。

bifurcation　分岔　体系性质的定性变化。

binary decision diagram (BDD)　二叉判定图　亦称二元决策图，简称 BDD，一种定向的非循环结构图示。这种图结构恰有一个根，其各个汇集点用常数 0 和 1 标记，其内部节点用布尔变量［参见 Boolean algebra (布尔代数)］标记。每个节点只有两个退出边，分别是 0 边和 1 边。这种图比较适合表示逻辑函数和逻辑计算。

首次描述：C. Y. Lee, *Representation of switching circuits by binary-decision programs*, Bell Systems Technical Journal **38**, 985～999 (1959)。

详见：R. Drechsler, B. Becker, *Binary Decision Diagrams—Theory and Implementation* (Kluwer Acadmeic Publisher, Boston, 1998)。

bioengineered material　生物工程材料　生物医学技术中使用的材料，设计用来和周围环境产生特定的期望的生物学相互作用。材料科学家越来越多地从自然界的材料得到灵感，研究这些天然材料的结构组成和特性之间的关系，以便用人工合成材料来仿制它们。参见 biomimetics (仿生)。

详见：M. Tyrrell, E. Kokkoli, M. Biesalski, *The role of surface in bioengineered materials*, Surf. Sci. **500**, 61～83 (2002)。

biognosis　生物论　参见 biomimetics (仿生学)。

bio-inspiration　生物灵感　参见 biomimetics (仿生学)。

biological surface science　生物表面科学　一个广阔的多学科交叉领域，主要研究合成材料和生物环境之间界面的性质与过程，并研制具有生物功能性的膜，可以指示和控制一个指定的生物反应。

详见：B. Kasemo, *Biological surface science*, Surf. Sci. **500**, 656～677 (2002)。

biomimetics　仿生学　从自然界中获得灵感（模仿、复制和学习）并运用在其他技术中。

详见：*Biomimetics: Biologically Inspired Technologies*, edited by Y. Bar-Cohen (Taylor & Francis, Boca Raton, 2006)。

biomimicry　生物仿生　参见 biomimetics (仿生学)。

biophysics　生物物理学　关于活的有机体和生命过程的物理学。它用物理原理来研究生物现象。

bioremediation　生物修复　亦称生物治疗，利用生物制剂再生受污染的土壤和水，它们是被对人体健康和（或）环境有害的物质污染的。这是生物处理过程的拓展，所谓生物处理是指用微生物来降解环境污染物以处理垃圾。在纳米材料的情况下，目的是设计出一个系统以能够沉淀重金属、氰化物等对环境有害的物质。

Biot law　毕奥定律　光学活性物质会使入射的平面偏振光的偏振面旋转一个角度，其大小反比于波长。

首次描述：J. B. 毕奥 (J. B. Biot) 于 1815 年。

bipyridine　联吡啶　如图 B. 4 中所示的有机化合物 $C_{10}H_8N_2$。

图 B. 4　联吡啶分子

它包含由一个单键连接起来的两个吡啶（pyridine）分子。

Bir-Aronov-Pikus mechanism 比尔-阿罗诺夫-皮库斯机理 在半导体中，由电子和空穴之间的交换或湮没作用引起的电子自旋弛豫机理。

该机理对于 p 型半导体有很重要的作用。在 p 型半导体中，电子-空穴的交换相互作用引起局域磁场涨落，会翻转电子自旋。由于电子同非简并空穴的交换相互作用，产生的电子-自旋弛豫的弛豫时间如下：

$$\frac{1}{\tau_s}=\frac{2}{\tau_0}N_a a_B^3\frac{v_k}{v_B}\left[\frac{p}{N_a}|\psi(0)|^4+\frac{5}{3}\frac{N_a-p}{N_a}\right]$$

其中，τ_0 是交换分裂参量，N_a 是受主的浓度，p 是自由空穴的浓度，a_B 是激子的玻尔半径，速度为 $v_B=\dfrac{\hbar}{m_c a_B}$（$m_c$ 为导带电子质量），$|\psi(0)|^2$ 是索末菲因子（Sommerfeld's factor）以增强自由空穴的贡献。

交换分裂参量定义为：$\dfrac{1}{\tau_0}=\dfrac{3\pi}{64}\dfrac{\Delta_{ex}^2}{\hbar E_B}$，其中玻尔激子能量 $E_B=\dfrac{\hbar^2}{2m_c a_B^2}$，而 Δ_{ex} 是激子基态的交换分裂。

如果空穴是简并的，而且电子的速度 v_k 大于空穴的费米速度，那么

$$\frac{1}{\tau_s}=\frac{3}{\tau_0}pa_B^3\frac{v_k}{v_B}\frac{k_B T}{E_{Fh}}$$

其中，k_B 是玻尔兹曼常量，T 是热力学温度，E_{Fh} 是空穴的费米能。

对于简并空穴，$|\psi(0)|^2$ 是一阶的。如果电子是热化的，v_k 必须用热速度 $v_e=\left(\dfrac{3k_B T}{m_c}\right)^{\frac{1}{2}}$ 代替。

弛豫时间 τ_s 对温度的依赖性主要取决于索末菲因子的温度依赖型和空穴浓度 p。从上面的公式看，受主浓度 N_a 的影响是显而易见的，对于非简并/束缚空穴有 $\dfrac{1}{\tau_s}\sim N_a$，而对于简并空穴关系为 $\dfrac{1}{\tau_s}\sim N_a^{\frac{1}{3}}$。

首次描述：G. L. Bir，A. G. Aronov，G. E. Pikus，*Spin relaxation of electrons scattered by holes*，Zh. Eksp. Teor. Fiz. **69**（4），1382～1397（1975）（俄文）。

详见：I. Zutic，J. Fabian，S. Das Sarma，*Spintronics：Fundamentals and applications*，Rev. Mod. Phys. **76**（2），323～410（2004）。

birefringence 双折射 当光通过一个光学各向异性的平板时，被分成方向和偏振面都不同的两束折射光，如图 B.5 所示。

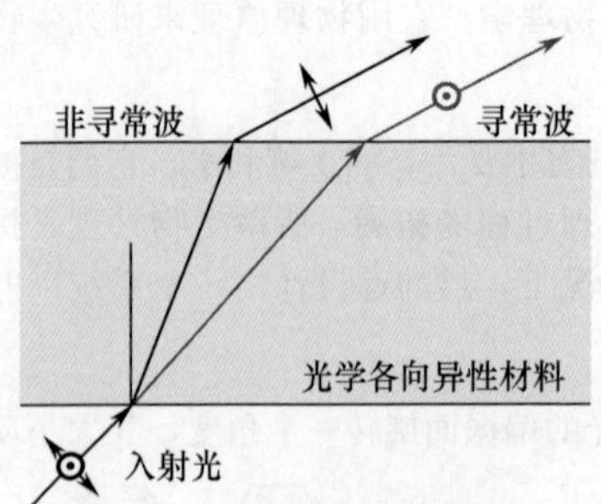

图 B.5 光通过光学各向异性单轴平板时的双折射

由于在不同方向的折射率（refractive index）不同，平板材料支持两种具有截然不同的相速度的模式，因此每个入射波会分成两个正交的分量。

对于各向异性晶体，如石英或金红石，可以被用做偏振光分离器来产生两束具有正交偏振面的且横向分离的光线。

Birge-Mecke rule 伯奇-梅克法则 对于双原子分子的各种电子态，平衡振动频率和核间距平方的乘积是常数。

首次描述：R. Mecke，*Zur Systematik der*

Bandenspektra，Z. Phys. **28**（1），261～277（1924）；R. Mecke，Phys. Z. **26**，217～255（1925）；R. T. Birge，*The structure of molecules*，Nature **117**，300～302（1926）。

bit 位 亦称比特，为“binary digit”（二进制数字）的缩写。它是信息内容的单元，等同于一个二元决策，或任何用来存储或传递信息的两个相等可能性的数据或状态之一的标识。

Bitter pattern 比特粉纹图样 当一滴铁磁性（ferromagnetic）颗粒的胶态悬浮液被滴到铁磁性晶体表面时产生的图案。粒子会沿着表面的畴界壁聚集。

首次描述：F. Bitter，*On inhomogeneities in the magnetization of ferromagnetic materials*，Phys. Rev. **38**（10），1903～1905（1931）。

black-and-white group 黑白群 也即 Shubnikov group（舒布尼科夫群）。

bleaching 漂白 失去荧光（fluorescence），通常是光化学反应的结果。

Bloch equation 布洛赫方程 该方程提供了一个简单的办法，可以通过射频接收的正常手段来探测核矩取向的变化。由于核矩的重新确定取向，产生电磁感应，这就会在外接电路的终端产生电压差，这正是我们要探测的信号。

考虑宏观样品材料中包含的大量原子核受到两个外磁场的作用：一个是沿 z 方向、强度恒定为 H_0 的强磁场；另一个是沿 x 方向、相对较弱的射频磁场，振幅是 $2H_1$，频率是 ω。总的外磁场矢量 $\boldsymbol{H}$ 的分量为：$H_x = 2H_1\cos(\omega t)$，$H_y = 0$，$H_z = H_0$。如果热扰动基本不影响原子核（也就是说，建立热平衡的时间或者说弛豫时间长到可以和考虑的时间间隔相当），角动量矢量 $\boldsymbol{A}$ 满足经典方程 $\mathrm{d}\boldsymbol{A}/\mathrm{d}t=\boldsymbol{T}$，$\boldsymbol{T}$ 是作用在原子核上的总扭矩，即 $\boldsymbol{T}=[\boldsymbol{M}\times\boldsymbol{H}]$，$\boldsymbol{M}$ 表示原子核的极化，也就是单位体积的磁矩。每个核的磁矩 μ 和角动量 a 之间的平行关系表明 $\mu=\gamma a$，γ 是旋磁比。所以，我们得到 $\boldsymbol{M}=\gamma\boldsymbol{A}$。结合前面的方程，就获得了核极化矢量 $\boldsymbol{M}$ 随时间变化的布洛赫方程：$\mathrm{d}\boldsymbol{M}/\mathrm{d}t = \gamma[\boldsymbol{M}\times\boldsymbol{H}]$。

因而，如果围绕恒磁场的总极化（其纬度随着振荡磁场的频率而减小）趋近拉莫尔频率（Larmor frequency），与恒场成直角的射频场就会引起一个受迫的进动。对于接近这个磁共振频率附近的频率，我们可以期望在轴线平行于 y 方向的一个探测线圈中产生一个振荡诱导电压。

关于热扰动的影响的弛豫条件提供了一个引入时间常数或者弛豫时间 t_1 和 t_2 的方法。体系会表现为一种阻尼进动的现象（和摩擦类似的弛豫），$\boldsymbol{M}$ 的 x、y 方向分量衰减到 0，其时间常数也即横向弛豫时间为 t_2，而 M_z 达到其平衡值 M_0，其时间常数，也即热弛豫时间、轴向弛豫时间为 t_1。

首次描述：F. Bloch，*Nuclear induction*，Phys. Rev. **70**（7/8），460～474（1946）；F. Bloch，W. W. Hansen，M. Packard，*The nuclear induction experiment*，Phys. Rev. **70**（7/8），474～483（1946）。

获誉：F. 布洛赫（F. Bloch）和 E. M. 珀塞尔（E. M. Purcell）由于发明了测量核磁进动的新方法和作出的与之相关的发现，而共同获得了 1952 年的诺贝尔物理学奖。

另请参阅：www. nobelprize. org/nobel_prizes/physics/laureates/1952/。

Bloch function 布洛赫函数 周期性势场 $\psi_k = u_k\exp(\mathrm{i}\boldsymbol{k}\cdot\boldsymbol{r})$ 的薛定谔方程（Schrödinger equation）的解，u_k 具有晶格的周期性 $\boldsymbol{T}$，也即 $u_k(\boldsymbol{r}) = u_k(\boldsymbol{r}+\boldsymbol{T})$。具有上面形式的单电子波函数就称为布洛赫函数或者布洛赫波（Bloch wave）。它实际上是振幅调制的平面波。

Bloch oscillation 布洛赫振荡 外电场引起能带中的电子做周期性运动而不是均匀加速的现象。

Bloch sphere 布洛赫球 此模型代表了通过近共振激发之下的两能级体系的动力学的矢量（布洛赫矢量）建立的一个三维的模拟和可视化。在核磁共振和量子光学中非常有用。它的一个重要应用是由费恩曼（Feynman）、弗农（Vernon）和赫尔沃思（Hellwarth）发展的，他们证明了任何量子力学两能级体系都可以用经典的转扭方程来描述，也就是说，两能级体系的动力学和陀螺的动力学之间有一一对应的关系。布洛赫球在量子计算中也有很广泛的应用。在计算基矢中，通常一个量子位（qubit）的态由基矢态 $|0\rangle$ 和 $|1\rangle$ 的线性组合表示，且表示成 $|\psi\rangle = a|0\rangle + b|1\rangle$，其中 $|a|^2+|b|^2=1$。这样，量子位的态可以写成 $|\psi\rangle = \exp(i\gamma)[\cos(\theta/2)|0\rangle + \exp(i\phi)\sin(\theta/2)|1\rangle]$，忽略没有可观测效应的全局相位因子，我们得到 $|\psi\rangle = \cos(\theta/2)|0\rangle + \exp(i\phi)\sin(\theta/2)|1\rangle$。

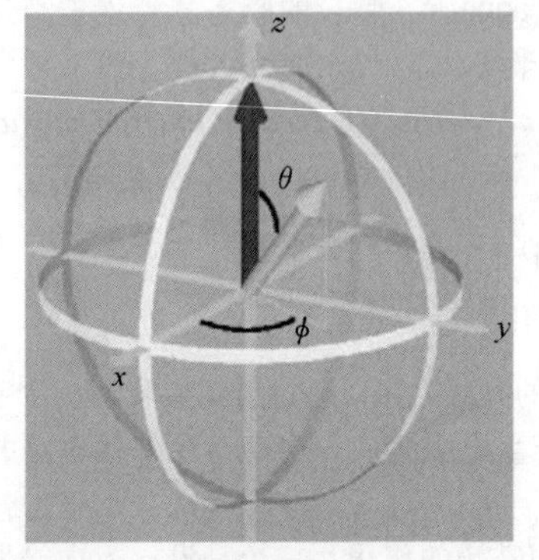

图 B.6 用布洛赫球表示的一个量子位态

浅色箭头表示一个纯的量子位态 $|\psi\rangle$，欧拉角为 θ 和 ϕ。沿着 z 轴的深色箭头表示矢量 $|0\rangle$

如图 B.6 所示，角 ϕ 和 θ 定义了在单位三维球面上也即布洛赫球上的一个矢量，即布洛赫矢量。

首次描述：F. Bloch，A. Siegert，*Magnetic resonance for nonrotating field*，Phys. Rev. **57**（6），522～527（1940）。

详见：R. P. Feynman，F. L. Vernon Jr.，R. W. Hellwarth，*Geometrical representation of the Schrödinger equation for solving maser problem*，J. Appl. Phys. **28**（1），49～52（1957）。

Bloch-Torrey-Kaplan equations 布洛赫-托雷-卡普兰方程 用于描述一个自旋集合体的自旋进动、自旋弛豫和自旋相移的磁化动力学方程。在一个外磁场 $\boldsymbol{B}(t)=B_0\boldsymbol{z}+B_1(t)$（包含静态的纵向也即 $\boldsymbol{z}$ 方向分量 B_0，和横向也即垂直 $\boldsymbol{z}$ 方向的振荡分量 B_1）下，电子磁化强度 $\boldsymbol{M}$ 有下列变化关系：

$$\frac{\partial M_x}{\partial t} = \gamma(\boldsymbol{M}\times\boldsymbol{B})_x - \frac{M_x}{T_1} + D\nabla^2 M_x,$$

$$\frac{\partial M_y}{\partial t} = \gamma(\boldsymbol{M}\times\boldsymbol{B})_y - \frac{M_y}{T_1} + D\nabla^2 M_y,$$

$$\frac{\partial M_z}{\partial t} = \gamma(\boldsymbol{M}\times\boldsymbol{B})_z - \frac{M_z - M_z^0}{T_2} + D\nabla^2 M_z$$

其中 $\gamma = \mu_B g/h$ 是电子旋磁比（g 是电子 g 因子），T_1 是自旋相移时间，T_2 是自旋弛豫时间，D 是扩散系数，$M_z^0 = \chi B_0$ 是热平衡磁化强度（χ 是系统的静态磁化率）。

T_1 用于横向电子自旋的集合体，为从开始以某一相位相对纵向磁场进动到由于进动频率的空间和时间涨落导致失去相位的时间。T_2 是纵向磁化强度达到平衡的时间，也就是自旋布居数与晶格到达热平衡的时间。在 T_2 过程中，能量必须来自自旋体系而到达晶格，通常是通过声子。值得注意的是，自旋去相干和自旋弛豫过程在多自旋体系中是个很复杂的过程，并不能简单地用两个参数 T_1 和 T_2 来描述。尽管如此，在许多人们感兴趣的例子中，这些参数还是可以比较全面和方便地描述这些过程。

首次描述：F. Bloch，*Nuclear induction*，Phys. Rev. **70**（7/8），460～474（1946）；H. C. Torrey，*Bloch equations with diffusion terms*，Phys. Rev. **104**（3），563～565（1956）；J. I. Kaplan，*Application of the diffusion-modified Bloch equation to electron spin resonance in ordinary and ferromagnetic metals*，Phys. Rev. **115**（3），575～577（1959）。

Bloch wall 布洛赫壁 在铁磁性（ferromagnetic）或者亚铁磁性（ferrimagnetic）材料中分隔沿不同方向磁化的邻近区域的过渡层，也被称为畴壁（domain wall）。

首次描述：F. Bloch，*Theory of exchange problem and residual ferromagnetism*，Z. Phys. **74**（5/6），295～335（1932）。

Bloch wave 布洛赫波 也即 Bloch function（布洛赫函数）。

blocking temperature 阻挡温度 参见 superparamagnetism（超顺磁性）。

blue shift 蓝移 光谱向波长范围的蓝端系统性的移动。

body centered cubic (bcc) structure 体心立方结构 简称 bcc 结构，一种立方晶格结构，立方体的中心和八个顶点上各有一个格点。其结构如图 B. 7 所示。

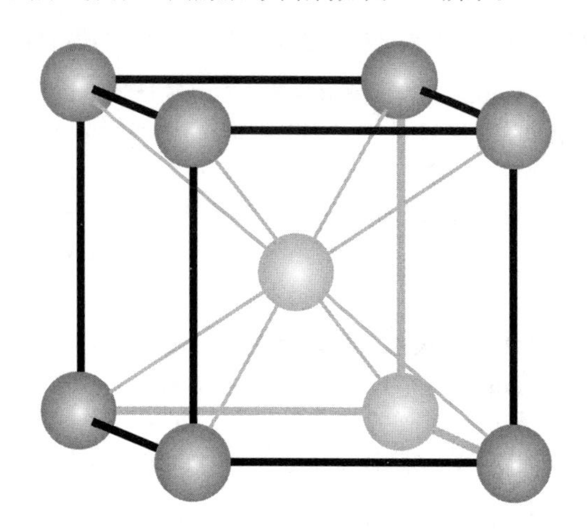

图 B. 7 体心立方结构

Bohr correspondence principle 玻尔对应原理 量子力学具有一个经典极限，在此极限下它等同于经典力学。这种对应在德布罗意波长（de Broglie wavelength）趋于零或者量子数很大的极限下发生（两种极限条件等效）。

首次描述：N. Bohr，*Atomic structure*，Nature **108**，208～209（1921）。

获誉：N. 玻尔（N. Bohr）因为在原子结构和原子辐射方面的工作而获得了 1922 年的诺贝尔物理学奖。

另请参阅：www. nobelprize. org/nobel_prizes/physics/laureates/1922/。

Bohr frequency relation 玻尔频率关系 电子在两个能级 E_2 和 E_1 之间跃迁时发射或吸收的辐射的频率为 $\nu=(E_2-E_1)/h$。

首次描述：N. Bohr，*On the constitution of atoms and molecules*，Phil. Mag. **26**，1～25（1913）。

Bohr magneton 玻尔磁子 磁矩的单位，通常表示为 $\mu_B=e\hbar/2m$，m 是电子质量。它是单个自由电子自旋的磁矩。

Bohr magneton number 玻尔磁子数 以玻尔磁子（Bohr magneton）为单位表示的一个原子的磁矩的大小。

Bohr potential 玻尔势 描述两个原子之间的强屏蔽的库仑排斥作用，表示为

$$V(r)=\frac{Z_1Z_2e^2a^{n-1}}{r^n}\left(\frac{n-1}{2.718}\right)^{n-1}$$

当 $n=2$ 时，上式变成

$$V(r)=\frac{Z_1Z_2e^2a}{r^2}\cdot\frac{1}{2.718}$$

其中 r 是原子之间的距离，Z_1 和 Z_2 分别是相互作用的两个原子的原子序数，而

$$a=\frac{a_Bk}{(Z_1^{2/3}+Z_2^{2/3})^{1/2}}$$

其中 $k=0.8\sim3.0$ 是用于拟合实验数据的经验系数。

首次描述：N. Bohr，*The penetration of atomic particles through matter*，Kgl. Danske Videnskab. Selskab，Mat.-fys. Medd. **18**（8），1～144（1948）。

Bohr radius　玻尔半径　氢原子的最低能级的轨道半径，表示为 $a_B=\hbar^2/me^2$，m 是电子质量。

Boltzmann distribution (statistics)　玻尔兹曼分布（统计）　该分布给出，在温度 T 下，无相互作用（或弱相互作用）的可分辨的能量为 E 的经典粒子数为 $n(E)=A\exp[-E/(k_BT)]$，A 是归一化系数。

首次描述：L. 玻尔兹曼（L. Boltzmann）于 1868～1871 年。参见：L. Boltzmann，*Einige allgemeine Sätze Über Wärmegleichgewicht*，Sitzungsber. Akad. Wiss. Wien **63**，679～711（1871）。

Boltzmann transport equation　玻尔兹曼输运方程　该方程应用于输运过程的经典理论：$\partial f/\partial t+\boldsymbol{v}\cdot\text{grad}_r f+\boldsymbol{a}\cdot\text{grad}_v f=(\partial f/\partial t)_{\text{coll}}$，其中 $f(\boldsymbol{r},\boldsymbol{v})$ 是六维空间中直角坐标和速率分别为 $\boldsymbol{r}$ 和 $\boldsymbol{v}$ 的粒子的经典分布函数，它的定义为 $f(\boldsymbol{r},\boldsymbol{v})\mathrm{d}\boldsymbol{r}\mathrm{d}\boldsymbol{v}$ 等于 $\mathrm{d}\boldsymbol{r}\mathrm{d}\boldsymbol{v}$ 范围内的粒子数。$\boldsymbol{a}=\mathrm{d}\boldsymbol{v}/\mathrm{d}t$ 是加速度。在许多问题中，我们通过引入一个弛豫时间 τ 来处理碰撞项：$(\partial f/\partial t)_{\text{coll}}=-\frac{f-f_0}{\tau}$，$f_0$ 是热平衡下的分布函数。在稳定状态下由 $\partial f/\partial t=0$ 定义。

bonding orbital　成键轨道　一个原子或分子轨道，在被电子占据后会使得分子的能量降低。参见 antibonding orbital（反键轨道）。成键可以由键级（bond order）$b=0.5(n-n^*)$ 来表征，n 和 n^* 分别是成键轨道和反成键轨道中的电子数。

bond order　键级　亦称键序，参见 bonding orbital（成键轨道）。

Boolean algebra (logic)　布尔代数（逻辑）　具有两个二元操作和一个一元操作的代数系统，在表示二值逻辑中有很重要的应用。布尔演算可以用于阐述说明用对或错来描述结果的情况，和进行合适的推理以得到正确结论，因此在程序设计和建立实际计算机中很实用。

首次描述：G. Boole，*Mathematical Analysis of Logic*（1847）and *An Investigation of the Laws of Thought on which are founded the Mathematical Theories of Logic and Probabilities*（Walton and Maberly，London 1854）。

Born approximation　玻恩近似　此近似是微扰理论在量子力学散射问题中的一个应用。它包含以下假设：散射势 $V(r)$ 可以被看做是足够小，导致波函数 $\psi(r)$ 和入射平面波之间的偏离也是足够小的。因此，可以写成 $V(r)\psi(r)\approx V(r)\exp(\mathrm{i}\boldsymbol{k}\cdot\boldsymbol{r})$。这对求解薛定谔方程（Schrödinger equation）带来了很大的方便。当碰撞粒子的能量大到能和散射势相当时，这个近似很有用。

首次描述：M. Born，*Zur Quantenmechanik der Stossvorgänge*，Z. Phys. **37**（12），863～867（1926）。

获誉：凭借对量子力学基础性研究的贡献尤其是波函数的统计解释，M. 波恩（M. Born）获得了1954年诺贝尔物理学奖。

另请参阅：www.nobelprize.org/nobel_prizes/physics/laureates/1954/。

Born equation　玻恩方程　决定离子溶剂化的自由能的方程。该方程确定了将离子从真空转移到溶剂的溶剂化过程中吉布斯自由能（Gibbs free energy）的变化为

$$\Delta G = -\frac{1}{2}\left(\frac{Z^2 e^2 n_A}{4\pi\varepsilon_0 R}\right)\left(1-\frac{1}{\varepsilon_r}\right)$$

其中Z是离子的电荷数，R是离子半径，e_r是溶剂的相对介电常数。

首次描述：M. Born, *Volumen und Hydratationswärme der Ionen*, Z. Phys. **1**（1），45～48（1920）。

Born-Haber cycle　玻恩-哈伯循环　一组化学物理过程的序列，通过这个方法，可以从实验量中推导出离子晶体（ionic crystal）的内聚能。该过程从晶体的压强和温度都为0时的状态开始，最终到达一个终态，终态是在相同的压强和温度之下的它的无限稀释的离子气。

首次描述：M. Born, Ver. Deut. Phys. Ges. **21**, 13（1919）；F. Haber, Ver. Deut. Phys. Ges. **21**, 750（1919）。

Born-Mayer-Bohr potential　玻恩-迈耶-玻尔势　通过玻恩-迈耶势表示的原子间相互作用对势，考虑了库仑排斥：

$$V(r) = A\exp\left(-\frac{r}{a}\right)+\frac{Z_1 Z_2 e^2}{r}\exp\left(-\frac{r}{a}\right)$$

r是原子之间的距离，A和a是依赖原子核电荷的经验参量，Z_1和Z_2是两个相互作用原子的原子序数。

Born-Mayer-Huggins potential　玻恩-迈耶-哈金斯势　具有以下形式的原子间相互作用对势：

$$V(r) = A\exp\left(-\frac{r}{a}\right)+\frac{q_1 q_2}{4\pi\varepsilon_0}\mathrm{erfc}\left(\frac{r}{b}\right)$$

其中第一项对应于排斥作用，第二项对应于库仑作用。r是原子之间的距离，A、a和b是经验参量，q_1和q_2是原子的形式电荷。

首次描述：M. L. Huggins, J. E. Mayer, *Interatomic distances in crystals of the alkali halides*, J. Chem. Phys. **1**（9），643～666（1933）；M. L. Huggins, *Molecular constants and potential energy curves for diatomic molecules*, J. Chem. Phys. **3**（8），473～479（1935）。

Born-Mayer potential　玻恩-迈耶势　具有以下形式的原子间相互作用对势：

$$V(r) = A\exp\left(-\frac{r}{a}\right)$$

其中r是原子之间的距离，A和a是依赖原子核电荷的经验参量，该势能是模拟闭电子离子壳层排斥作用的一种模型。

首次描述：M. Born, J. E. Mayer, *Zur Gittertheorie der Ionenkristalle*, Z. Phys. **75**（1/2），1～18（1932）。

详见：I. G. Kaplan, *Intermolecular Interactions: Physical Picture, Computational Methods and Model Potentials*（John Wiley & Sons, Chichester, 2006）。

Born-Oppenheimer approximation　玻恩-奥本海默近似　此近似把电子运动和原子核的运动分离开，它假设由于原子核的质量比电子大很多，原子核的运动相对来说很慢，可以认为原

子核是静止的，电子围绕原子核而运动。参见 adiabatic approximation（浸渐近似）。

首次描述：M. Born，R. Oppenheimer，*Zur Quantum Theorie der Molekeln*，Ann. Phys. **84**（4），457～484（1927）。

Born-von Kármán boundary condition　玻恩-冯·卡门边界条件　应用于量子力学计算中的周期性边界条件。他们假设所考虑的体系可以由一个子系统通过重复的平移而构建，在每个子系统中具有同样的波函数。这就要求对于一个平移周期 T，波函数 $\psi(x)$ 在 $x = T$ 处必须与 $x = 0$ 处平滑匹配，也就是 $\psi(0) = \psi(T)$ 和 $\left.\frac{\partial \psi}{\partial x}\right|_{x=0} = \left.\frac{\partial \psi}{\partial x}\right|_{x=T}$。

首次描述：M. Born，T. von Kármán，*Über die Verteilung der Eigenschwingungen von Punktgittern*，Phys. Z. **14**，65～71（1913）。

Bose-Einstein condensate　玻色-爱因斯坦凝聚　具有相同量子基态也即零动量的粒子的集合。要使原子形成这种状态，必须将温度降到足够低以使得原子的德布罗意波长（de Broglie wavelength）可以和原子间距离相比。这可以在微开（μK）的温度下实现。这个过程和从气体中形成液滴很相似，因此就用术语“凝聚”来概括这个过程的特性。玻色-爱因斯坦凝聚被认为是一种新的物态形式。

首次描述：A. Einstein，*Quantentheorie des einatomigen idealen Gases. Zweite Abhandlung*，Sitzungber. Preuss. Akad. Wiss. Berlin **1**，3～14（1925）（理论）；M. H. Anderson，J. R. Ensher，M. R. Matthews，C. E. Wieman，E. A. Cornell，*Observation of Bose-Einstein condensation in a dilute atomic vapor*，Science **269**，198～201（1995）；C. C. Bradley，C. A. Sackett，J. J. Tollett，R. G. Hulet，*Evidence of Bose-Einstein condensation in an atomic gas with attractive interactions*，Phys. Rev. Lett. **75**（9），1687～1690（1995）；K. B. Davis，M. O. Mewes，M. R. Andrews，N. J. van Druten，D. S. Durfee，D. M. Kurn，W. Ketterle，*Bose-Einstein condensation in a gas of sodium atoms*，Phys. Rev. Lett. **75**（22），3969～3973（1995）（实验）。

获誉：E. A. 康奈尔（E. A. Cornell）、W. 克特勒（W. Ketterle）和 C. E. 威曼（C. E. Wieman）凭借在实现碱金属原子稀薄气体的玻色-爱因斯坦凝聚方面的成就，以及早期对冷凝物特性方面的基础性研究而共同分享 2001 年诺贝尔物理学奖。

另请参阅：www. nobelprize. org/nobel_prizes/physics/laureates/2001/。

详见：W. Ketterle，*Dilute Bose-Einstein condensates-early predictions and recent experimental studies*，www. physics. sunysb. edu/itp/symmetries-99/scans/talk06/talk06. html.

详见：W. Ketterle，M. W. Zwierlein，*Making，probing and understanding ultracold Fermi gases*，in：*Ultracold Fermi Gases*，*Proceedings of the International School “Enrico Fermi”*，*Course CLXIV*，edited by M. Inguscio，W. Ketterle，C. Salomon（IOS Press，Amsterdam，2008），95～287。

Bose-Einstein distribution (statistics)　玻色-爱因斯坦分布（统计）　此分布给出了当温度为 T 时，能级为 E 的光子数：

$$n(E) = \frac{1}{\exp[E/(k_B T)] - 1}$$

通常这个分布与不可分辨的处在确定的量子态下的粒子有关，如玻色子（boson）。

首次描述：S. N. Bose，*Plancks Gesetz und Lichtquantenhypothese*，Z. Phys. **26**（3），178～181（1924）；A. Einstein，*Quantentheorie des einatomigen idealen Gases. Erste Abhandlung*，Sitzungsber. Preuss. Akad. Wiss. Berlin **22**，262～267（1924）。

bosons 玻色子 能量分布遵循玻色-爱因斯坦统计（Bose-Einstein statistics）的量子粒子，自旋为整数或者零。

bottom-up approach 自下而上法 亦称自底向上法，制造集成电路中的纳米尺度元件的两种方法中的一种，也就是通过在基件上对原子和分子进行精确的定位来建造纳米结构的方法。因此，一个单个的器件级是自下向上建造的。

各种自调节过程，如自组装（self-assembling）、自组织（self-organization），以及原子工程（atomic engineering）都是用于自下而上方法的。与之相对的另一个方案就是自上而下法（top-down approach）。自下而上法通过合成以及随后的组装来产生纳米尺度下的特性，从而可以极大超越自上而下技术的很多限制。

详见：V. Balzani, A. Credi, M. Venturi, *The bottom-up approach to molecular-level devices and machines*, Chem. Eur. J. **8** (24), 5524～5532 (2002)。

Bouguer-Lambert law 布格-朗伯定律 强度为 P 的单色辐射的平行光束进入吸收介质时，对于每个无限薄的吸收层 dx，吸收度是常数，也即 $dP/P=-\alpha dx$，α 是参数，依赖于吸收体的性质、辐射的能量。对于有些材料尤其是半导体，它还和温度有关。如果是均匀介质，对上面的式子积分可得到 $P=P_0\exp(-\alpha x)$，其中 P_0 是入射光束的强度。这里 α 是介质的吸收系数。

首次描述：P. 布格（P. Bouguer）在 1729 年的实验工作；J. H. 朗伯（J. H. Lambert）在 1760 年的理论工作。

bound state (of an electron in an atom) （原子中电子的）束缚态 电子能量低于当它在无限远处静止时的能量（对应于能量零点）的态。束缚态能量通常是负的。参见 unbound state（非束缚态）。

Bowden-Tabor law 鲍登-塔博尔定律 此定律通过考虑物体之间实际接触面积（real contact area）的问题来解释阿蒙东定律（Amontons' law）对于外观接触面积的非依赖性。当两个物体的粗糙表面接触时，外观接触面积，也就是一个物体在另一个物体表面的投影要比实际接触面积大得多（高出几个数量级）。因此，摩擦力就变为 $F_f=\tau A_r$，其中 τ 是剪切模量（shear modulus），即单位面积上的摩擦力，A_r是实际接触面积。此方程是摩擦力的基本方程。

首次描述：F. P. Bowden, D. Tabor, *The area of contact between stationary and moving surfaces*, Proc. R. Soc. Lond. A **169**, 391～413 (1939)。

bra 左矢 参见 Dirac notation（狄拉克符号）。

Bragg equation 布拉格方程 此方程定义了单一波长为 λ 的 X 射线被晶体衍射时发生干涉极大的条件，原理如图 B. 8 所示。

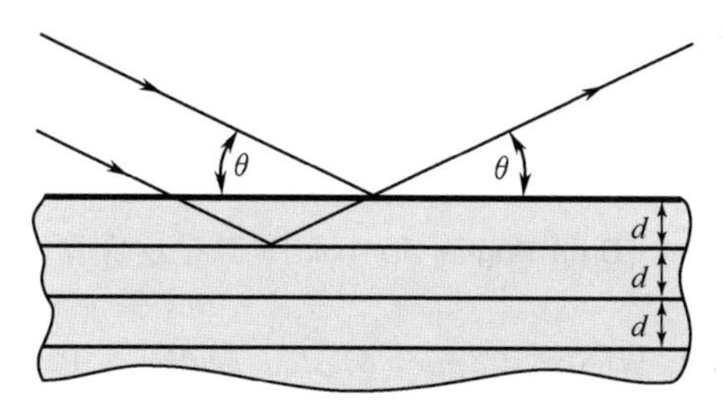

图 B. 8 布拉格衍射图解

方程的形式为 $n\lambda = 2d\sin\theta$，n 是整数，代表干涉的级数，d 是反射 X 射线的各层晶格平面之间的距离，θ 是入射 X 射线和晶格平面之间的夹角。满足上面条件的反射称为布拉格反射（Bragg reflection），θ 是布拉格反射角（Bragg reflection angle）。实际上，引起反射射线的干涉的布拉格反射并非 X 射线的特有现象，它是波和周期性结构相互作用的一般现象。

首次描述：W. L. Bragg，*Diffraction of short electromagnetic waves by a crystal*，Proc. Camb. Phil. Soc. **17**（1），43～57（1913）。

获誉：W. H. 布拉格（W. H. Bragg）和 W. L. 布拉格（W. L. Bragg）凭借他们在用 X 射线方法来分析晶体结构方面的杰出贡献而共同分享了 1915 年诺贝尔物理学奖。

另请参阅：www.nobelprize.org/nobel_prizes/physics/laureates/1915/。

Bragg reflection　布拉格反射　参见 Bragg equation（布拉格方程）。

Bragg reflection angle　布拉格反射角　参见 Bragg equation（布拉格方程）。

braking radiation　轫致辐射　参见 Bremsstrahlung（轫致辐射）。

Bravais lattice　布拉维点阵　亦称布拉维格、布拉维晶格，一种独特的点阵结构，可以通过对它的平移填满整个空间。图 B.9 给出了 5 种二维布拉维点阵。

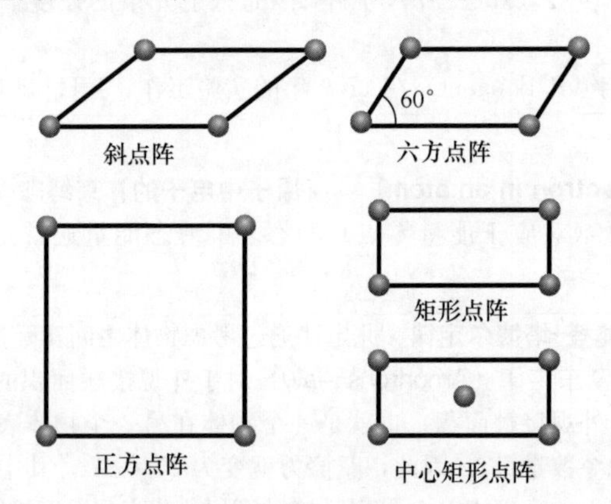

图 **B.9**　二维布拉维点阵

图 B.10 给出了 14 种三维布拉维点阵，只有这些基本的布拉维点阵是可能存在的。

首次描述：A. Bravais，*Études cristallographiques*，Paris，1866。

Breit-Wigner formula　布雷特-维格纳公式　参见 Breit-Wigner resonance（布雷特-维格纳共振）。

Breit-Wigner resonance　布雷特-维格纳共振　能量为 E 的粒子轰击原子时，诱发的原子核反应，并在组分原子核中形成一个离散的共振能级 E_{res}。散射截面为

$$\sigma(E) = \sigma_{res}\frac{\Gamma^2/4}{(E_{res}^2 - E^2) + \Gamma^2/4}$$

被称为布雷特-维格纳公式（Breit-Wigner formula）。Γ 是反应发生的能量宽度，σ_{res} 是共振截面。

首次描述：G. Breit，E. Wigner，*Capture of slow neutrons*，Phys. Rev. **49**（7），519～531（1936）。

Bremsstrahlung　轫致辐射　德语中的"radiation"（辐射），亦称碰撞辐射（collision radia-

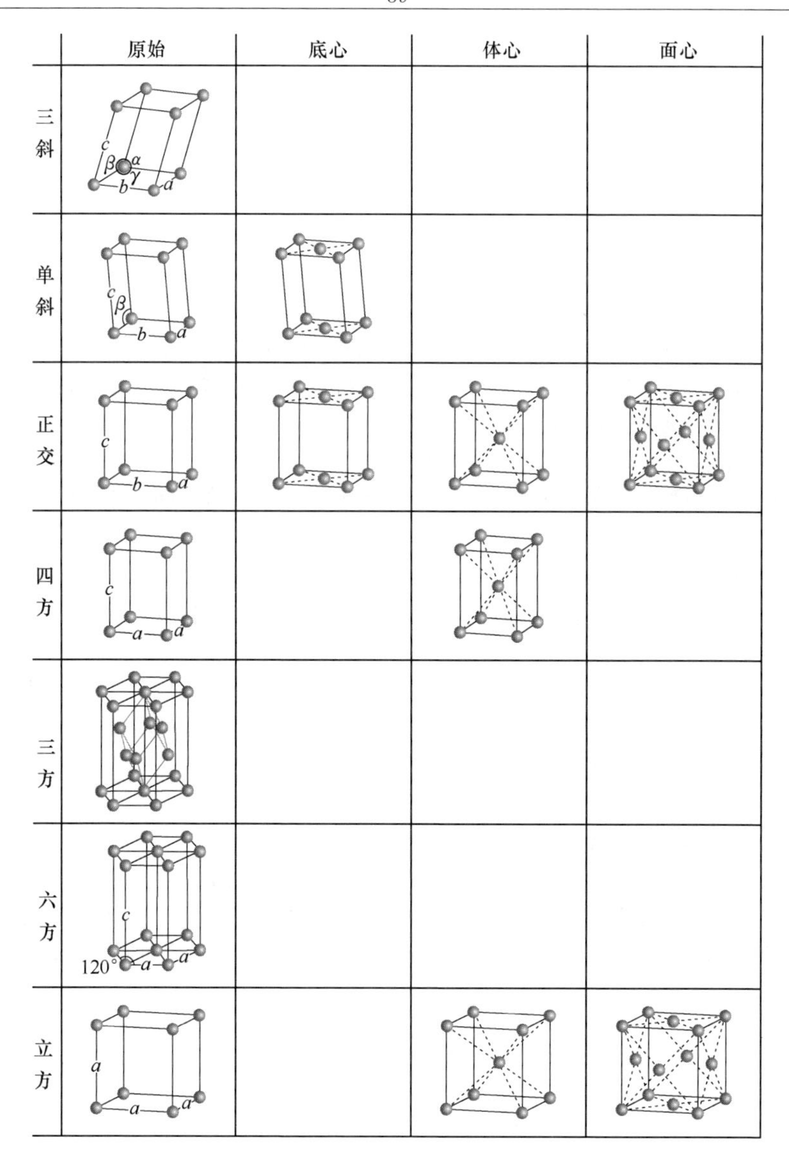

图 B.10 三维布拉维点阵（不是 90°的角都被标出）

tion)、减速辐射（deceleration radiation）或者轫致辐射（braking radiation）。当电子在原子核的库仑场中偏转时会产生这种辐射。轫致辐射会产生连续能谱，能谱具有特征分布和最高能限，也就是最小波长。另外，原子和高能电子碰撞，会发射出 K 和 L 壳层电子，导致谱线中出现多个特征谱的重叠。轫致辐射可以用于固体分析，也就是所谓的轫致辐射等色线频谱技术。

首次描述：H. Bethe，W. Heitler，*On the stopping of fast particles and on the creation of positive electrons*，Proc. Roy. Soc. A **146**，83～112 (1934)。

Bridgman effect 布里奇曼效应 当电流通过各向异性晶体时，由于电流的不均匀分布，会出现热的吸收或放出。

Bridgman relation 布里奇曼关系式 温度 T 下，金属或半导体被放置在横向磁场中时满足的关系式：$P=QT\sigma$。其中 P 是埃廷斯豪森系数（Ettingshausen coefficient），Q 是能斯特系数（Nernst coefficient），σ 是材料的热导率。

首次描述：P. W. Bridgman，*Thermoelectric phenomena and electrical resistance in single metal crystals*，Proc. Am. Acad. Arts Sciences **63**，351（1929）。

Brillouin function 布里渊函数 具有下列形式的函数：$f(x)=[(2n+1)/2n]\coth[(2n+1)x/2n]-(1/2n)\coth(x/2n)$。其中 n 是参数。该函数出现在顺磁性与铁磁性的量子力学理论中。

Brillouin scattering 布里渊散射 光在固体中被声学波所散射。

首次描述：L. Brillouin，*Diffusion of light and X-rays by a transparent homogeneous body. The influence of the thermal agitation*，Ann. Phys. France **17**，88～122（1922）（法文）；L. I. Mandelstam，*On light scattering by an inhomogeneous medium*，Zh. Russkogo Fiz.-Khim. Obshch. **58**（2），381～386（1926）（俄文）。

详见：M. J. Danzen，V. Vlad，A. Mocofanescu，V. Babin，*Stimulated Brillouin Scattering*（Taylor & Francis，Boca Raton，2003）。

Brillouin zone 布里渊区 构建于倒易点阵（reciprocal lattice）空间中的一种对称的单胞。除了点是倒易阵点之外，其构造过程和维格纳-塞茨原胞（Wigner-Seitz primitive cell）是一样的。一些常见晶格结构的布里渊区和它们的高对称性的点如图 B. 11 所示。

第一布里渊区是以原点为中心的最小多面体，是由倒格矢的垂直平分面所围成。在一维情形下，它是 k 空间中定义为［$-\pi/R$，π/R］的区域，其中 R 是构造整个晶格的平移周期。

首次描述：L. Brillouin，*Die Quantenstatistik und ihre Anwendung auf die Elektronentheorie der Metalle*（Springer，Berlin，1931）。

Brooks convention 布鲁克斯规则 一种半经验方法，即通过原子空位的形成来计算单个原子的内聚能，或计算块体晶体中的原子相干 E_B。假定晶体为各向同性。空位的形成被认为是产生一个相当于单胞面积的新表面，近似于原子体积的球形表面。还假定空位的表面张力通过弹性扭曲晶体的其余部分使空位尺寸收缩。这样 E_B 定义为增加的表面能和畸变能总和的最小值。

$$E_B=\frac{\pi d_0^3\gamma_0 G}{\gamma_0+Gd_0}。$$

式中，G 为切变模量，γ_0 为空位周围单位面积表面能，d_0 为移除原子的直径。

首次描述：H. Brooks，*Impurities and Imperfections*（American Society for Metals，Cleveland，1955）。

Brownian motion 布朗运动 一种随机运动，其概率分布由扩散（diffusion）方程决定。布朗运动的轨迹是分形体（fractal），其导数（速度）不能确切定义。

首次描述：R. Brown，*Mikroskopische Beobachtungen über die im Pollen der Pflanzen enthaltenen Partikeln，und das allgemeine Vorkommen activer Molecüle in organischen und anorganischen Körpern*，Ann. Phys. **14**，294（1828）（尽管布朗并不是看到这种现象的第一人）。

Brunauer-Emmet-Teller (BET) surface 布鲁诺尔-埃米特-特勒（BET）表面 参见 Brunauer-Emmett-Teller (BET) theory［布鲁诺尔-埃米特-特勒（BET）理论］。

Brunauer-Emmett-Teller (BET) theory 布鲁诺尔-埃米特-特勒（BET）理论 解释了从气相到固体表面上的分子的物理吸附（adsorption）。认为多层气体分子的吸附不需要完成一层后

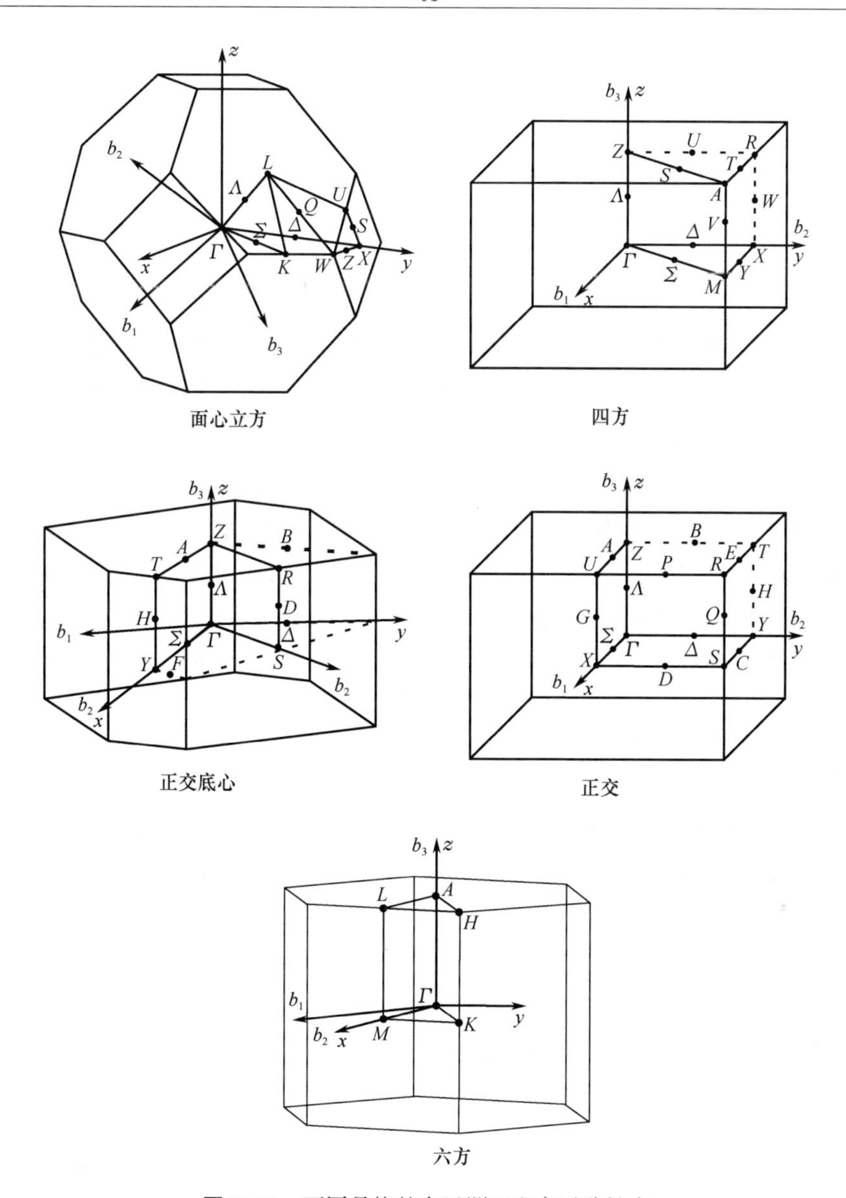

图 B. 11　不同晶格的布里渊区和高对称性点

在其上面再形成另一层。事实上，这是有关单层（monolayer）分子吸附到多层吸附的朗缪尔理论（Langmuir theory）的一种扩展。利用了以下假设条件：

• 材料表面由大量分散的等效吸附位点所组成（均匀表面）。

• 在一定蒸气压力下，不同数目的分子被吸附在任何位点上。它们堆叠在彼此的顶部形成了多层。

• 在第一层之上的所有层的吸附热和冷凝常数（每秒钟冷凝到空位的实际到达的分子数）是相同的，并等同于液体情况。

• 饱和状态时，层数变为无穷大。

·被另一个分子所覆盖的分子不能蒸发。

·在不同位点上的分子之间没有“横向”相互作用。

·在动态平衡状态下，从层中蒸发的分子数等于层下冷凝的分子数（冷凝常数=蒸发常数）。

所得到的方程称为 BET 方程（BET equation），内容如下：

$$\frac{X}{X_m}=\frac{C\left(\frac{P}{P_0}\right)}{\left(1-\frac{P}{P_0}\right)\left[1+(C-1)\frac{P}{P_0}\right]},$$

式中，X 为在相对蒸气压$\frac{P}{P_0}$下吸附的气体分子质量，X_m为单位质量吸附剂上形成单层的气体分子质量，P 为实际蒸气压，P_0是饱和蒸气压。常数 C 表示在凝聚状态下第一层、第二或更高层中的分子的相对寿命，是绝对温度 T 的函数，形式为 $C=\exp\left[\frac{(E_1-E_L)}{R_0T}\right]$，其中 E_1 为第一层的吸附热，E_L 是第二和更高层的吸附热（等于气体转变为液体的冷凝热）。

这个理论奠定了一个基础，用于计算吸附气体的固体的比表面积 S，亦称 BET 表面积（BET surface），$S=\frac{X_m n_A A_m}{M}$，其中 A_m 为单分子层中被吸附分子所占据的面积，M 为吸附物的分子重量。它适用于多孔和纳米结构材料。

首次描述：S. Brunauer，P. H. Emmett，E. Teller，*Adsorption of gases in multimolecular layers*，J. Am. Chem. Soc. **60**，309～319（1938）。

详见：P. C. Hiemenz，R. Rajagopalan，*Principles of Colloid and Surface Chemistry*（Marcel Dekker Inc.，New York，1997）。

Buckingham potential　白金汉势　具有 $V(r_{ij})=A_{ij}\exp\left(-\frac{r_{ij}}{\sigma_{ij}}\right)-B_{ij}\left(\frac{\sigma_{ij}}{r_{ij}}\right)^6$ 形式的原子之间的相互作用对势。其中 r_{ij} 是原子间的距离，A_{ij}、B_{ij} 和σ_{ij} 是根据实验拟合所得参数。原子之间的相互排斥作用是由指数形式表示，这种排斥主要来自围绕在离子附近的电子云的靠拢。引力部分则是 r_{ij}^{-6} 项，它对应于色散力，有时亦称为范德瓦尔斯（van der Waals）引力。

首次描述：R. A. Buckingham，*The classical equation of state of gaseous helium，neon and argon*，Proc. R. Soc. Lond. A **168**，264～283（1938）。

详见：I. G. Kaplan，*Intermolecular Interactions：Physical Picture，Computational Methods and Model Potentials*（John Wiley & Sons，Chichester，2006）。

Buckingham's theorem　白金汉定理　指出如果存在 n 个物理量 x_1、x_2、…、x_n，它们可以用 m 个基本的量来表示，而且如果联系这 n 个物理量的数学表达式有且仅有一个，且无论基本量采用什么单位，这个表达式的形式是不变的，即 $f(x_1,x_2,\ldots,x_n)=0$，那么关系式 f 可以被表达式 $F(\pi_1,\pi_2,\ldots,\pi_{n-m})=0$ 所代替，其中 πs 是由 x_1、x_2、…、x_n 产生的 $n-m$ 个独立的无量纲的量。白金汉定理也被称为 π 定理（pi or π theorem）。

首次描述：E. Buckingham，*On physically similar systems；illustrations of the use of dimensional equations*，Phys. Rev. **4**（4），345～376（1914）。

Buckminsterfullerene　富勒烯　也即 fullerene（富勒烯），这个名字起源于建筑师 R. 巴克敏斯特·富勒（R. Buckminster Fuller，1895—1983 年），他是将短程线穹顶结构带入到建筑学的第一人。

Bunsen-Roscoe law　本生-罗斯科定律　指出对于一个在光照射下的反应体系，化学反应的总量正比于吸收光的总量。实际上，反应总量还和光的强度有关，这就是所谓的倒易律失效（reciprocity failure）。命名来自德国化学家 R. W. E. 本生（R. W. E. Bunsen，1811—1899 年）和英国化学家 H. E. 罗斯科（H. E. Roscoe，1833—1915 年）。

Burger's vector 伯格斯矢量 该矢量表示晶体中相对其相邻区域做相对位移的区域的移动方向。这种移动会形成位错。

Burstein-Moss shift 伯斯坦-莫斯移动 由于能带的填充，半导体的吸收限发生蓝移（朝着更短波长范围移动）的现象。这种现象可以在带隙态附近被填充的重掺杂材料中观察到。

首次描述：E. Burstein，*Anomalous optical absorption limit in InSb*，Phys. Rev. **93**（3），632～633（1954）；T. S. Moss，*The interpretation of the properties of indium antimonide*，Proc. R. Phys. Soc. Lond. B **67**（10），775～782（1954）。

详见：J. I. Pankove，*Optical Processes in Semiconductors*（Dover Publisher，New York，1975）。

从 C-AFM（conductive atomic force microscopy）（导电原子力显微术）到 cyclotron resonance（回旋共振）

C-AFM 为 conductive atomic force microscopy（导电原子力显微术）的缩写。

cage compound 笼型化合物 也即 clathrate compound（包合物）。

Caldeira-Leggett model 卡尔代拉-莱格特模型 用于解决量子系统中耗散问题的一种模型，它包括一个与所研究的系统线性耦合的独立振子热库，耦合为坐标-坐标耦合。最早这种模型是用来研究量子布朗运动（Brownian motion）的，显示在经典极限下，这个形式退化为经典的福克尔-普朗克方程（Fokker-Planck equation）。这个模型广泛地用于研究阻尼对量子干涉所带来的影响，尤其关注量子隧穿和量子相干。量子系统与环境的相互作用导致的有效退相干能够提供一个从量子行为过渡到经典行为的自然机理。

首次描述：A. O. Caldeira，A. J. Leggett，*Path integral approach to quantum Brownian motion*，Physica A：Statistical and Theoretical Physics **121**（3），587～616（1983）。

calixarene 杯芳烃 参见 electron-beam lithography（电子束光刻）。

Callier effect 卡利尔效应 当光穿过扩散介质时的选择性散射现象。

首次描述：A. Callier，Photogr. J. **49**，200（1909）。

canonical 正则的 亦称规范的、典范的，与一个一般的函数、方程、陈述、规则或表达的最简单或最重要的形式相关。

canonical equations of motion 正则运动方程 参见 Hamilton equations of motion（哈密顿运动方程）。

capacitance 电容 电容器的一个极板上所带的净电荷 Q 与电容器的两极板间电势差 V 的比值（两极板的净电荷量相等，但正负性相反）：$C = Q/V$。

carbohydrate 碳水化合物 亦称糖类，一类包含了碳、氢、氧元素的有机化合物，其中碳、氢、氧原子的数量比为 1∶2∶1。碳水化合物的通式为 $C_n(H_2O)_n$。

碳水化合物由植物和动物自然产生。其中葡萄糖（$C_6H_{12}O_6$）是最重要的一种，这是由于它是生命体的能量来源。

carbon dioxide laser 二氧化碳激光器 由二氧化碳气体作为激活介质的一种离子激光器（ion laser），产生 10.6 μm 的红外辐射。

carbon nanotube 碳纳米管 所有键都饱和的碳原子组成的管状天然自组织纳米结构。它有两种主要形式——单壁和多壁纳米管。单壁碳纳米管可以被看作是单层的石墨也即石墨烯（graphene）卷曲而成的管。这样做成的碳纳米管具有金属或半导体性质，这些性质取决于单层石墨片卷曲的方向。

石墨烯的结构是由 sp^2 键结合的碳原子构成的二维蜂窝状网格，如图 C. 1 所示。

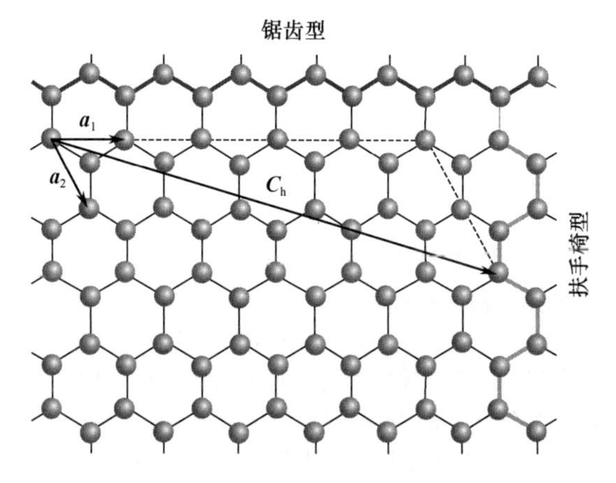

图 C. 1 石墨烯中碳原子的排布

在纳米管中，由于管的弯曲，一小部分 sp^3 态混入其中。对于无缺陷的管，周线或者说手性矢量（chiral vector）$\boldsymbol{C}_h$ 必须为单位矢量 $\boldsymbol{a}_1$ 和 $\boldsymbol{a}_2$ 的线性组合：$\boldsymbol{C}_h = n\boldsymbol{a}_1 + m\boldsymbol{a}_2$，其中 n 和 m 为整数。我们把这些整数放在括号中，以便表示管的一个特殊结构。$\boldsymbol{C}_h$ 和 $\boldsymbol{a}_1$ 之间的夹角称为手性角（chiral angle）。手性矢量同样定义了传播矢量，传播矢量表示了管结构在轴向上的周期性。

图 C. 2 显示了典型的碳纳米管结构，如果 $n = m$，那么手性角就为 30°，这种结构称为扶手椅型（armchair）结构。如果 n 和 m 中有一个为零，手性角即为零，这种结构称为锯齿型（zig-zag）结构。其他的 $n \neq m$ 纳米管手性角都在 0°～30°。它们都被称为有一种手性结构（chiral structure）。如果交换 n 和 m 则得到其结构的镜像。单壁碳纳米管的平均直径为 1. 2～1. 4 nm。

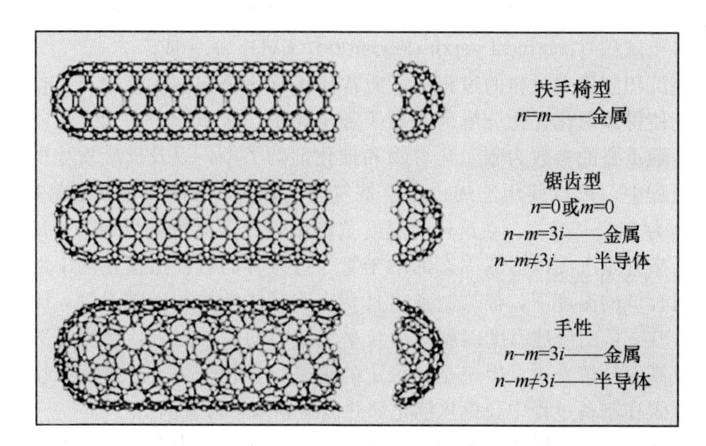

图 C. 2 不同手性矢量的碳纳米管，手性矢量通过 n 和 m 定义
（由 L. Kavan 教授提供）

单壁碳纳米管的电子性质可以通过分析石墨烯来理解。石墨烯仅在特定方向上导电，在这样的方向上存在着碳原子的电子态为锥形。这导致了石墨烯电子性质在两个主要方向上的不同，分别为平行于 C—C 键和垂直于 C—C 键方向。石墨烯的能带结构由碳原子对电子的散

射决定。沿 C—C 键运动的电子被周期性出现在其运动路径上的碳原子背向散射回来。这样只有特定能量的电子能在这个方向上传播。所以石墨烯这种材料具有如同半导体一样的能隙。垂直于 C—C 键传播的电子被不同原子散射，它们之间的干涉被破坏，以至于抑制了反向散射，导致了一种金属性行为。所以，由石墨烯沿平行于 C—C 键的轴卷曲而成的单壁碳纳米管具有半导体的电子性质，而沿垂直于 C—C 键的轴卷曲的单壁碳纳米管具有金属的电子性质。

碳纳米管的一个特殊性质由手性矢量 $\boldsymbol{C}_h$ 或由 n 和 m 之间的关系来定义。扶手椅型碳纳米管总是显示出金属性质，锯齿型和 $n-m=3i$（i 为一整数）的手性碳纳米管也为金属性。而 $n-m\neq 3i$ 的手性碳纳米管显示出半导体行为。

半导体性碳纳米管的基本能隙宽度为 0.4～0.7 eV，其大小由直径和键角的微小变化决定。一般情况下，管直径越大，能隙宽度越小。在管壁的径向方向上存在量子限域效应，由管壁的单层厚度引起。实际上，单壁碳纳米管的行为很像一维结构，电子在管中可以传播很远而不被散射。而且，金属性碳纳米管有时甚至表现出量子点的性质。

多壁碳纳米管由数个同心排列的单壁碳纳米管构成。它们的典型直径为 10～40 nm。多壁碳纳米管内的壁间耦合对管的能带结构的影响相对较小，因此多壁管中的单壁管得以保留它们各自的金属性或半导体性质。由统计概率我们可以得到，大多数的多壁碳纳米管具有金属性，这是因为只要其内部有一个金属性的管，那么便足以短路其他半导体性管。多壁碳纳米管的相位相干长度（4.2 K 时）约为 250 nm，弹性散射长度约为 60 nm。

纳米管拥有诸多特性，它们既可以表现出金属性，又可以表现出半导体性，比铜的导电性更好，比钻石的导热性更好，并且强度也不错。

碳纳米管的制备方法有如下几种：利用电弧放电蒸发碳电极、激光熔蒸、化学气相沉积。由前两种方法制备的碳纳米管可能会形成纠结的捆状物，它们在衬底或电极上随机分布，这使它们难以被分类或操纵以用于纳米尺度电子器件的制造。为了研究和应用碳纳米管，通常把它们溶入二氯乙烷悬浊液中，利用超声超声水浴将其分散，晾干之后放到硅或覆盖了一层二氧化硅的衬底上。之后可使用运行于敲击模式的原子力显微镜（atomic force microscope, AFM）来挑选合适的纳米管并把它们定位在衬底上特定的区域。作为对比，可控的碳纳米管生长可由化学气相沉积（chemical vapor deposition, CVD）来完成。

在化学气相沉积制备碳材料的过程中，通常让碳氢化合物气体穿过一个预先加热的催化剂环境。催化剂使得碳氢化合物分解为碳原子和氢原子，这些原子即为生长碳纳米管的原材料。受控生长中最重要的参数为碳氢化合物和催化剂的类型，以及反应发生的温度。制备多壁碳纳米管的过程中，可以使用乙烯或者乙炔气作为碳的前驱物，铁、钴、镍作为催化剂。通常的生长温度为 500～700℃。在这样的温度范围里碳原子溶解进金属中，最后使金属达到饱和状态。之后碳开始沉淀以形成固态的纳米管，这些管的直径由催化剂中的金属粒子的尺寸决定。在相对较低的温度下，很难制备出具有完美晶体结构的碳纳米管，因此最好采用甲烷和高达 900～1000℃ 的处理温度以制造出几乎无缺陷的碳纳米管，特别是对于制备单壁碳纳米管来说。就高温分解来说，甲烷是最稳定的碳氢化合物气体，这种性质使得无定形碳无法生成，无定形碳在制备过程中会毒化催化剂并覆盖碳纳米管表面。

有序排列、取向单一的塔状纳米管束可由 CVD 方法在有选择性的覆有催化剂的硅衬底上制得，图 C.3 给出了一些方法的示意图。

第一种方法需要制备硅柱，且硅柱上要覆盖催化剂材料［图 C.3（a)］。当甲烷分解时，单根或者成束的纳米管在柱顶生长。它们由硅柱支撑并且形成由硅柱模板定向的网状结构。在纳米管生长中，气流使它们浮起且不断摇摆。这样可以防止纳米管与衬底接触并被底部表面俘获。相邻的柱子为生长的纳米管提供固定点。当摇摆的纳米管接触到附近的柱子时，硅

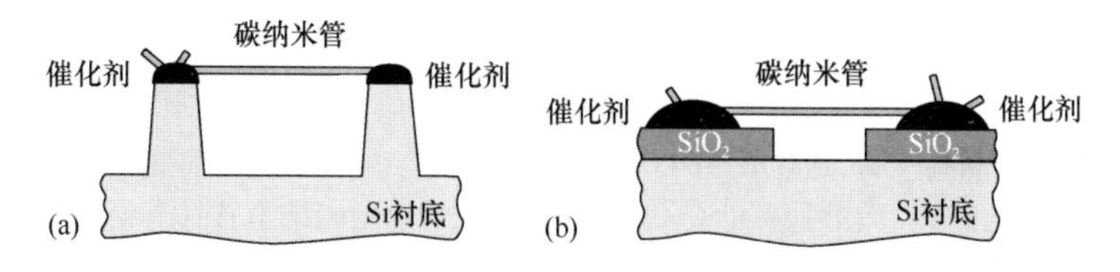

图 C.3 碳纳米管受控生长的原理

(a) 采用覆盖有催化剂材料的硅柱；(b) 采用 SiO_2 薄膜上的催化剂岛

柱和纳米管之间的范德瓦尔斯力足以吸引纳米管并且支撑它们在上面。

纳米管的受控生长也可以在有岛状催化剂模板的 SiO_2 薄膜覆盖的衬底上的特定位置实现[图 C.3 (b)]。这种情况下的定向生长原理与之前讨论的那种情况有很多相似之处。当某个催化剂岛上生长的纳米管落于另一个岛上并与之相互作用时，一座纳米管桥就形成了。如果生长的是纳米管束，可以用 AFM 针尖通过机械或电学的方法切割它们直到岛间只留一根纳米管。纳米管/催化岛和纳米管/衬底之间的相互作用很强，足以使纳米管经受住后面光刻过程中所受的机械力。大多数方法制备的纳米管长度为 1～10 μm，而 200 μm 的长度也可以实现。

决定半导体纳米管载流子类型的纳米管材料掺杂可以通过用硼[受主 (acceptor) 杂质]或氮[施主 (donor) 杂质]替代碳原子来完成。将碱金属或卤素原子附着于纳米管的外部也可以实现这个目的，但是不易控制。

连接纳米管和衬底上其他电子器件的金属接触可以由多种不同的方法来实现。一种方法是制备电极，然后在纳米管滴在电极上。另一种是在衬底上沉积纳米管，用扫描隧道显微镜 (scanning tunneling microscope，STM) 或 AFM 来定位，然后用光刻技术连上电极。将来有可能用催化剂金属作电极并在电极间生长纳米管，也有可能借助于静电力或化学力，用一种可控制的方式使纳米管附着于表面。相比于其他金属（如金和铝），钛具有最低的接触电阻。原因是钛和碳原子间很强的化学相互作用使得它们在界面上形成碳化物。这一过程导致两种材料间形成了紧密的电耦合。金和铝不能形成稳定的碳化物，因而它们的接触电阻显得更大。

通过结合不同的纳米管，并辅以栅极，有可能制备出广泛多样性的纳米电子器件。已经制备的原型器件包括通过连接金属性和半导体性纳米管制备的整流二极管 (diode)，基于金属性纳米管的单电子晶体管，以及采用半导体性纳米管的场效应晶体管。

纳米管中的碳原子具有很强的键，很难把它们移位。因此碳纳米管比集成电路中传统的铜和铝连线更难电迁移。一根纳米管中通过的电流值可高达为 $10^{13}\,A\cdot cm^{-2}$。碳纳米管的小直径和高电流密度使它们在场电子发射应用方面很有吸引力。机械形变能剧烈改变碳纳米管的电学特性，这使它们可以用作纳米机电器件的建筑基元。

首次描述：S. Iijima，*Helical microtubules of graphitic carbon*，Nature **354**，56～58 (1991)。

详见：R. Saito，G. Dresselhaus，M. S. Dresselhaus，*Physical Properties of Carbon Nanotubes* (Imperial College Press，Singapore 1998)；P. J. F. Harris，*Carbon Nanotubes and Related Structures* (Cambridge University Press，Cambridge 1999)；R. E. Smalley，M. S. Dresselhaus，G. Dresselhaus，P. Avouris，*Carbon nanotubes*：*Synthesis*，*Structure*，*Properties and Applications* (Springer，Berlin)；S. Reich，C. Thomsen，J. Maultzsch，*Carbon Nanotubes* (Wiley-VCH，Weinheim，2004).

另请参阅：www. pa. msu. edu/cmp/csc/nanotube. html；

http://shachi. cochem2. tutkie. tut. ac. jp/Fuller/Fuller. html。

carbonyl 羰基化合物 包含羰基（carbonyl group）（ >C=O ）的化合物。

carbonyl group 羰基 碳-氧双键基团 >C=O 。

carboxylate 羧酸盐 羧酸（COOH）的盐或者阳离子。通式为 $RCOO^-$，R 为氢或烷基（alkyl group）。

carboxylic acid 羧酸 包含功能基团—COOH 的有机酸。它们可以是脂肪族的（RCOOH）或芳香族的（ArCOOH），这里 R 代表烷基（alkyl group）（$—C_nH_{2n+1}$），Ar 代表芳香环。带有偶数个碳原子的羧酸（n 取值范围从 4 到大约 20）称为脂肪酸，例如，$n=10$、12、14、16、18 分别称做羊蜡酸、月桂酸、豆蔻酸、软脂酸、硬脂酸。

carboxyl group 羧基 为羧酸（carboxylic acid）的功能基团，用—COOH 表示。

Car-Parrinello algorithm 卡尔-帕里内洛算法 通过第一性量子力学计算实现共价晶体分子动力学模拟（molecular dynamics simulation）的一种有效方法，其中离子所受作用力直接通过离子和电子系统总能量计算，而不需要考虑参数化的原子间少体势。对于电子对总能量的贡献，可以在局域密度近似（local density approximation）下，以平面波（plane-wave）基组求解薛定谔方程（Schrödinger equation）来获得。

由占据单粒子轨道波函数 $\Psi_i(r)$ 表示的电子密度为 $n(r)=\sum_i|\Psi_i(r)|^2$。势能面的点由以下能量泛函的极小值给出：

$$E[\{\Psi_i\},\{R_I\},\{a_v\}]=\sum_i\int_\Omega d^3r\Psi_i^*(r)[-(\hbar^2/2m)\nabla^2]\Psi_i(r)+U[n(r),\{R_I\},\{a_v\}]$$

其中 R_I 表示原子核坐标，a_v 表示所有可能施加在系统上的外界约束（如体积 Ω、张力 $\varepsilon_{\mu\nu}$ 等）。泛函 U 包含了原子核间的库仑斥力和有效电子势能，也包括外部的原子核、哈特里（Hartree）、交换和关联的贡献。

在正交约束下，能量泛函 E 相对于轨道 $\Psi_i(r)$ 的极小化得到自洽方程，其形式如下：

$$\left[-\frac{\hbar^2}{2m}\nabla^2+\frac{\delta U}{\delta n(r)}\right]\Psi_i(r)=\varepsilon_i\Psi_i(r)$$

这个方程的求解涉及重复的矩阵对角化，计算量随着体系增大而迅速增加。

首次描述：R. Car，M. Parrinello，*Unified approach for molecular-dynamics and density-functional theory*，Phys. Rev. Lett. **55**（22），2471～2474（1985）。

详见：D. Marx，J. Hutter，*Ab-initio Molecular Dynamics：Basic Theory and Advanced Methods*（Cambridge University Press，Cambridge，2009）。

carrier multiplication 载流子倍增 包括在系统中吸收一个高能光子所产生的多个电子-空穴对（激子）。这个过程也被称为多激子产生（multiple exciton generation，MEG）。在块体半导体中，当能量大于带隙能量的光子被吸附时大部分剩余能量被转换为热量，这是由于电子-声子散射所导致的载流子的热能化。这种作用强烈影响传统太阳电池（solar cell）的效率。在半导体纳米晶体中，由于量子限域效应（quantum confinement effect）使载流子的倍增效果显著提高，引起多激子的高效产生。从 2004 年起，在 PbSe、PbS、PbTe、CdSe、CdTe、InAs和 Si 纳米晶、以及量子点中观察到载流子的倍增现象。

首次描述：R. D. Schaller，V. I. Klimov，*High efficiency carrier multiplication in PbSe nanocrystals：implications for solar energy conversion*，Phys. Rev. Lett. **92**（18），186601（2004）。

详见：J. A. McGuire，J. Joo，J. M. Pietryga，R. D. Schaller，V. I. Klimov，*New aspects of carrier multiplication in semiconductor nanocrystals*，Acc. Chem. Res. **41**（12），1810～1819（2008）。

CARS 为 coherent anti-Stokes Raman scattering（相干反斯托克斯拉曼散射）的缩写。

Cartesian axis 笛卡儿轴 通过同一个点的一系列相互垂直的直线，被用于定义一个笛卡儿坐标系。

Casimir-du Pré theory 卡西米尔-杜普雷理论 此理论描述自旋晶格弛豫，把晶格和自旋系统当作相互之间有热接触的截然不同的热力学系统。

首次描述：H. B. G. Casimir，F. K. du Pré，*Note on the thermodynamic interpretation of paramagnetic relaxation phenomena*，Physica **5**（6），507～511（1938）。

Casimir effect 卡西米尔效应 真空中两个互相面对的镜片，由于周围电磁场波动产生的辐射压作用在镜面上，而发生相互吸引的现象。真空波动在理论上已被证明可产生外部压强，平均来说这个压强比内部压强大，见图 C. 4。

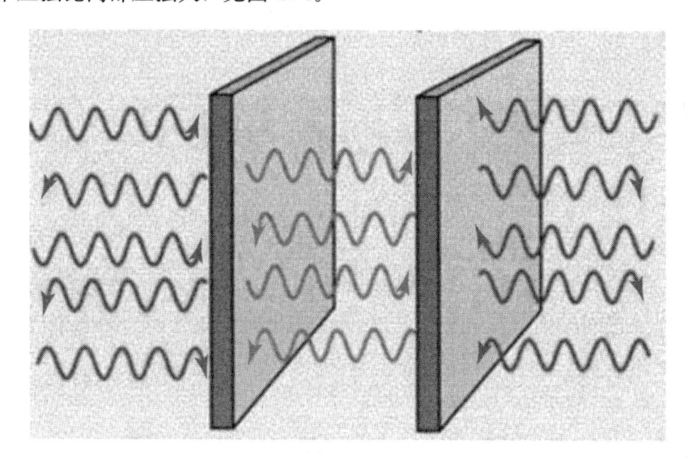

图 C. 4 卡西米尔效应中的真空波动

镜片由于卡西米尔力（Casimir force）而相互吸引，力的大小为 $F_C=(\pi^2\hbar c/240)\,S/d^4$，$S$ 是镜片截面积，d 是镜片之间距离。$d=10$ nm 时，卡西米尔效应产生相当于 1 atm① 的压强。一个半径为 r 的球与一个平面镜片间的相互吸引卡西米尔力为 $F_C=(\pi^3\hbar c/360)\,r/d^3$，$d$ 表示球到镜面间的距离。

卡西米尔效应会影响微机电系统（MEMS）和纳机电系统（NEMS）。

首次描述：H. B. G. Casimir，*On the attraction between two perfectly conducting plates*，Proc. K. Ned. Akad. Wet. **51**（7），793～796（1948）（理论预言）；M. J. Sparnaay，*Measurements of attraction forces between flat plates*，Physica **24**（9），751～464（1958）（实验确认）。

详见：K. A. Milton，*The Casimir Effect*（World Scientific，Singapore，2001）。

Casimir force 卡西米尔力 参见 Casimir effect（卡西米尔效应）。

Casimir operator 卡西米尔算子 亦称卡西米尔算符，它在群表示的分类中的作用非常重

① 1 atm=101 325 Pa，下同。

要。对产生无穷小变换的无穷小算符的对易子的讨论导致了李代数（Lie algebra），而有限变换的产生形成了全局群，即李群（Lie group）。卡西米尔（Casimir）和范德瓦尔登（van der Waerden）提出了李代数的子群与子代数和李群，其中卡西米尔回归到了李的不变性的思想上，由此发展了卡西米尔算子，这个算子在李代数的 R 表象下的形式为 $\Gamma = \sum_{i=1}^{m} e_i^R u^{iR}$。此算子与任何表象的作用对易，换言之就是与一个群的所有生成子对易。

首次描述：H. Casimir，*Über die Konstruktion einer zu den irreduzibelen Darstellungen halbeinfacher Gruppengehörigen Differentialgleichung*，Proc. Roy. Acad. Sci.（Amsterdam）**34**，844～846（1931）；H. Casimir，B. L. van der Waerden，*Algebraischer Beweis der vollständigen Reduzibilität der Darstellungen halbeinfacher Liescher Gruppen*，Mathematische Annalen **111**（1），1～12（1934）。

catalyst 催化剂 一种能够增加化学反应的速率但保持自身不变的物质。它的工作机理是为化学反应提供一个扩展的易发生反应的表面和降低反应的活化能。反应粒子聚集在催化剂表面上，更频繁地相互碰撞，化学产率因此提高。

catenane 索烃 一种机械互锁的分子结构，它由两个或两个以上的互锁分子大环组成。图 C. 5 显示了索烃的种类。

图 C. 5 索烃族

除非破坏大环分子的共价键，否则索烃的互锁环之间无法分离。在桥联索烃（pretzelane）中，两个大环由一个间隔物连接起来，在手铐形的索烃中，两个相互连接起来的环被第三个大环同时穿过。

另请参阅：en. wikipedia. org/wiki/Catenane。

cathodoluminescence 阴极射线发光 在电子辐射激发下物质发光。

首次描述：W. 克鲁克斯（W. Crookes）于19世纪中期。

Cauchy principal value 柯西主值 积分 $\int_{-\infty}^{\infty} f(x)\mathrm{d}x$ 的柯西主值为 $\lim\limits_{s\to\infty}\int_{-s}^{s} f(x)\mathrm{d}x$（假设该极限存在）。如果函数 $f(x)$ 是限制在区间（a，b）中，但除去 c 点（c 在 a、b 之间），则 $\int_{b}^{a} f(x)\mathrm{d}x$ 的柯西主值为 $\lim\limits_{\delta\to 0}\left[\int_{a}^{c-\delta} f(x)\mathrm{d}x + \int_{c+\delta}^{b} f(x)\mathrm{d}x\right]$（假设极限存在）。也常简称为主值。

Cauchy relations 柯西关系 固体的柔顺常数之间的六个关系的集合。如果假定固体中原子间的作用力只依赖于原子间的距离，力的作用方向沿着两者之间的连线，并且每个原子都是点阵中的对称中心，那么柯西关系就必须要被满足。

Cauchy sequence 柯西序列 具备以下特点的序列：只要两项在序列中都足够远离初值（序号足够大），它们之间的差值可以任意小。更精确的说法是：在序列 $\{a_n\}$ 中，对于任意 $\varepsilon>0$，总存在整数 N，使任意 n，$m > N$ 时，满足 $|a_n - a_m| < \varepsilon$。

causality principle 因果性原则 此原则认定对系统的响应必然在时间上晚于它的起因，或者某个时刻的系统响应仅仅依赖于过去的驱动作用。

cavitation　空化　亦称气穴现象、气蚀，当液体局部受到负压强，承受不了相应的张力时，自发地形成泡沫（气穴）的趋势。

CCD　为 charge coupled device（电荷耦合器件）的缩写。

CCNOT (C^2NOT) gate　受控受控非门　简称 C^2NOT 门，参见 quantum logic gate（量子逻辑门）。

central limit theorem　中心极限定理　指出从较大数目的群体中抽取的样本平均值的分布趋向于高斯分布（Gaussian distribution）。

Čerenkov angle　切连科夫角　参见 Čerenkov radiation（切连科夫辐射）。

Čerenkov condition　切连科夫条件　参见 Čerenkov radiation（切连科夫辐射）。

Čerenkov radiation　切连科夫辐射　当相对论粒子穿过非闪烁物质时所发射出的光，也即当一个带电粒子以速度 v 穿越折射率为 $n(f)$ 的非导电介质时，会在全频率 f 范围发射出电磁辐射，其相速度 c/n 小于 v。原则上，一个存在磁矩的中性粒子（比如中子）同样会产生类似的辐射，但是由于粒子的磁矩很小，这样的辐射小到可以忽略。辐射沿一定的角度出射，出射角为切连科夫角（Čerenkov angle）$\phi = \arccos[c/(nv)]$，这个角度是相对于粒子的动量矢量。发射出的光是 100%线偏振的，电矢量与粒子动量矢量共平面。发射出的能量为

$$\frac{\mathrm{d}E}{\mathrm{d}z} = \frac{4\pi^2 e^2}{c^2}\int\left[1-\left(\frac{c}{nv}\right)^2\right]f\mathrm{d}f$$

积分限制在频率满足切连科夫条件（Čerenkov condition）$[c/(nv)] < 1$ 的范围内。

这个效应通常用于高能粒子物理，也就是只有当带电粒子满足切连科夫条件的时候才能应用。此效应通常用于选择出大于某特定能量之上的粒子，或在一束给定动量的混合粒子束中去掉更重的粒子。

首次描述：P. A. Čerenkov, *Visible luminescence from pure liquids subjected to radiation*, Dokl. Akad. Nauk SSSR **2** (8), 451～457 (1934); S. I. Vavilov, *On possible origins of blue luminescence from liquids*, Dokl. Akad. Nauk SSSR **2** (8), 457～461 (1934)（实验，两篇都为俄文）; I. E. Tamm, I. M. Frank, *Coherent radiation* from *a fast electron in a medium*, Dokl. Akad. Nauk SSSR **14** (3), 107～112 (1937)（理论，俄文）。

获誉：由于发现和解释了切连科夫效应，P. A. 切连科夫（P. A. Čerenkov）、I. M. 弗兰克（I. M. Frank）和 I. E. 塔姆（I. E. Tamm）获得了 1958 年诺贝尔物理学奖。

另请参阅：www. nobelprize. org/nobel_prizes/physics/laureates/1958/。

CFM　为 chemical force microscopy（化学力显微术）的缩写。

characteristic function　特征函数　一个概率函数的傅里叶变换（Fourier transform）。

characteristic temperature T_0　特征温度 T_0　半导体激光器的一种实验特征量，它显示了激光器的阈值电流密度 J_{th} 对温度的依赖关系。在有限的温度范围内，$J_{th} \sim \exp(T/T_0)$。AlGaAs激光器的特征温度取值范围通常为 100～150 K，而 GaInPAs 激光器的特征温度范围通常为 50～80 K。特征温度越高，阈值电流密度对于温度的灵敏度就越低。值得注意的是这种灵敏度在基于低维结构的激光器中显著降低。

Chargaff's rule　夏格夫法则　亦称碱基配对法则。参见 DNA。

首次描述：E. Chargaff, *Chemical specificity of nucleic acids and mechanism of their enzymatic degradation*, Experientia **6**, 201～209 (1950)。

详见：N. Kresge，R. D. Simoni. R. L. Hill，*Chargaff's Rules：the Work of Erwin Chargaff*，J. Biol. Chem. **280**（24），172～174（2005）。

charge coupled device（CCD）　电荷耦合器件　简称 CCD，集成的金属-氧化物-半导体电容器的阵列，其电容功能使得它可以累积和存储电荷，在外部电路的控制下，每个电容器可以传递它的电荷到一个或几个相邻的电容器上。CCD 被应用在数字图像处理、光度测定和光谱测量中。

首次描述：W. S. Boyle，G. E. Smith，*Charge coupled semiconductor devices*，Bell Sys. Tech. J. **49**（4），587～593（1970）。

获誉：2009 年，诺贝尔物理学奖授予华裔科学家高锟和美国科学家 W. S. 博伊尔及 G. E. 史密斯（W. S. Boyle 和 G. E. Smith）三人。W. S. 博伊尔和 G. E. 史密斯因发明了半导体成像器件—电荷耦合器件 CCD 图像传感器而获奖。

另请参阅：www. nobelprize. org/nobel_prizes/physics/laureates/2009/。

charge density wave　电荷密度波　处于原子位置的电荷密度的一种静态调制，以适应周期性的晶格畸变。

chemical beam epitaxy　化学束外延　参见 molecular beam epitaxy（分子束外延）。

chemical force microscopy（CFM）　化学力显微术　一种扫描探针显微术（scanning probe microscopy）技术，利用了原子力显微镜（atomic force microscope，AFM）的功能化探针尖端和样品之间的化学相互作用。它是表征材料表面的多功能工具。利用 AFM，通过简单的点击或接触模式来探测结构形貌，这是利用针尖与样品之间的范德瓦尔斯力（van der Waals force）保持恒定的探针偏移幅度（恒力模式），或保持高度来测量探针的偏移幅度（恒定高度模式）。

通常使用镀金针尖并联接 R-SH 硫醇，R 表示相关的官能团。无论其特殊形态如何，该技术都可用于确定表面的化学性质，有利于基本化学键焓和表面能的研究。

黏附力的表面测绘（拉力试验）是该技术简单应用的例子。将功能化的尖端与表面接触并被拉开，以观察分离时的受力。

化学相互作用也可以用来测绘具有不同功能性的预成型衬底。利用没有连接任何官能团的针尖扫描具有不同疏水性能的表面，将会出现没有对比度的图像，因为这种表面缺乏形态特征。当针尖扫描亲水的样品表面时，由于一种强相互作用，亲水功能化的针尖将使悬臂弯曲。当遇到疏水的表面区域时针尖弯曲，悬臂功能被转变，可以观察到互补的图像。

该技术的应用还包括化学衬度表面的测绘、OH 基团的特殊检测、直接测定分子间力以及复杂生物表面的成像。

首次描述：C. D. Frisbie，L. F. Rozsynai，A. Noy，M. S. Wrighton，C. M. Lieber，*Functional group imaging by chemical force microscopy*，Science **265**，2071～2074（1994）。

chemical potential　化学势　一个热动力学变量，与物质（或粒子）的流动有关，类似于温度和热量流动的关系。物质（粒子）只在具有不同化学势的区域之间流动，并且流动方向沿着化学势下降的方向。第 i 个物质的化学势为 $\mu_i = \left(\frac{\partial G}{\partial n_i}\right)_{T,p,n_j}$，其中 G 是吉布斯自由能，n_i 是第 i 个物质的模式数量，T 是热力学温度，p 是压力。

chemical shift　化学位移　核磁共振（nuclear magnetic resonance）测量中与指定核自旋相关的共振能量的偏移。它能提供所研究核的化学环境信息。可以存在化学位移各向异性

(chemical shift anisotropy)，定义为与外部极化磁场相关的探针分子取向。

详见：K. Wütrich, *NMR of Proteins and Nucleic Acids* (Wiley & Sons, New York, 1986)。

chemical shift anisotropy　化学位移各向异性　参见 chemical shift (化学位移)。

chemical vapor deposition (CVD)　化学气相沉积　是制备固态薄膜的技术工艺组合，实现气相中的材料合成并转移到合适的固体衬底上、或直接在衬底表面上完成气相合成。气体介质事实上包含了沉积物质蒸气或者气态反应物的混合物，这些反应物可以在衬底表面上发生化学转化而生长出薄膜。在气相中或衬底表面上，利用热解、氧化、水解、还原和取代反应可以制备出单一组元、合金和化合物薄膜，反应温度通常在 250～1000℃的较大范围。

前驱体必须是易挥发性的，但同时需要满足足够的稳定性以便于输送到反应室中。通常前驱体化合物为沉积固态材料提供单一组分，其他组分在沉积过程中被挥发加入；但有时它们也可提供多于一种的多组分。这类材料简化了输送系统，因为对于特定化合物的形成，它们使反应物的数量减少。值得注意是，前驱体气体和蒸气例如氢化物、卤化物、金属羰基化合物和金属有机化合物、以及它们的副产品，可能具有毒性、可燃性或腐蚀性，因此必须适当处理。

在开放流动或低压真空工作室中完成沉积过程时，含有前驱体反应物质的载气被强制流经加热的衬底。前驱体的化学组成、反应室内气压以及衬底温度是控制生长过程以产生单晶(外延的)、多晶或者非晶薄膜的最重要因素。

实际最常用的方法是常压化学气相沉积 (APCVD)，通常称为化学气相沉积 (CVD)、低压化学气相沉积 (LPCVD)、有机金属化学气相沉积 (MOCVD)、等离子体增强化学气相沉积 (PECVD)、原子层沉积 (ALD)、电子束诱导沉积 (EBID)、离子束诱导沉积 (IBID)。它们可以用于制备几个单原子或单分子层到几微米厚度的薄膜。

首次描述：W. E. Sawyer, A. Man, *Carbon for electric lights*, US Patent 229335 (June 29, 1880)，而术语“chemical vapor deposition”(化学气相沉积) 是由 J. M. Blocher Jr. 在 1960 年于休斯敦举办的电化学学会研讨会上提出的，之后在 C. F. Powell, J. H. Oxley 和 J. M. Blocher Jr. 所著的《气相沉积》(*Vapor Deposition*) (Wiley & Sons, New York, 1966) 中被广泛使用。

详见：H. O. Pierson, *Handbook of Chemical Vapor Deposition*, *Second Edition*: *Principles, Technology and Applications* (Noyes Publications, New York, 1999)；*Principles of Chemical Vapor Deposition*, edited by D. M. Dobkin, M. K. Zuraw (Kluwer Academic Publishers, Dordrecht, 2010)。

chemiluminescence　化学发光　化学反应中的电激发产物引起的光的产生。相对于大多数以热量形式放出能量的放热化学反应，这种反应比较特别。反应的第一步称为化学激发，化学能量被转化为电子激发能量。如果激发态类别为荧光，这个过程称作直接化学发光 (direct chemiluminescence)。如果初始激发态物质传递能量给分子，而分子发光，这个过程称作间接化学发光 (indirect chemiluminescence)。

首次描述：E. Wiedemann, *Über Fluorescenz und Phosphorescenz*, Ann. Phys. **34**, 446 (1888)。

chemisorption　化学吸附　一种吸附 (adsorption) 过程，特点是在吸附表面，被吸附的原子和衬底原子之间会形成较强的化学键。

Child-Langmuir law　蔡尔德-朗缪尔定律　此定律把在无限大平行电极之间的空间电荷限制条件下的电流密度与加在电极上的电势联系起来。如果发射极发出的电流密度受到限制的原因并不是发射极的某种属性，而是因为临近于发射极空间中的电荷将发射极处的电场减小为零，则带电粒子的流动被称作空间电荷限制的。最终的电流密度正比于$V^{3/2}$，V是收集极相对于发射极的电势。

首次描述：C. D. Child，*Discharge from hot CaO*，Phys. Rev.（Series I）**32**（5），492～511（1911）；I. Langmuir，*The effect of space charge and residual gases on thermionic currents in high vacuum*，Phys. Rev. **2**（6），450～486（1913）。

详见：J. W. Luginsland，Y. Y. Lau，R. J. Umstattd，J. J. Watrous，*Beyond the Child-Langmuir law：a review of recent results on multidimensional space-charge-limited flow*，Phys. Plasmas **9**（5）2371～2376（2002）。

chiral 手性的 参见 chirality（手性）。

chirality 手性 亦称手征性，来自希腊语，意思是“handedness”，即右撇子或左撇子倾向。实际上为结构不对称性的一种表示。1884年开尔文勋爵（Lord Kelvin）在巴尔的摩演讲中首先提出这个单词：“如果一个几何图像或者点群在平面镜中的像不能与自己相符合，那么把我就把它们称为是手性的（chiral），或者说它们有手性（chirality）。”因此，一个物体或系统如果其镜像与自身不同且不能完全相重叠，便被称为是手性的。而手性物体及其镜像被称为是对映结构体（enantiomorph）（希腊语，意思是相反的形式），当特指分子的手性时，被称为对映体（enantiomer）。一个非手性的物体可被称为非手性的（achiral），有时亦称双向的（amphichiral），其镜像可以与自身重叠。最近手性的新定义由L. D. 巴伦（L. D. Barron）提出：“真正的手性由存在两个对映体态的系统给出，这两个对映体态直接的互换仅由空间反演完成，不能由时间反演结合任意适当的空间转动完成。”也就是说这个定义包括运动，而且系统打破了宇称P，但没有打破时间反演T。

首次描述：L. Pasteur，*Recherches sur les relations qui peuvent exister entre la forme crystalline et la composition chimique，et le sens de la polarization rotatoire*，Ann. Chim. Phys. **24**，442～459（1848）。

详见：L. D. Barron，*Fundamental symmetry aspects of molecular chirality*，in *New Developments in Molecular Chirality*，ed. By P. G. Mezey（Elsevier，Dordrecht，1991）；W. J. Lough，I. W. Wainer，*Chirality in Natural and Applied Science*（Blackwell Science，London，2002）。

chromatin 染色质 由DNA和蛋白质（protein）组成的复合体，是染色体（chromosome）的另外一种形态。染色质的功能是：①将DNA包裹在一个小空间里，使细胞能够容纳它；②增强DNA以进行有丝分裂和减数分裂；③作为控制基因表达的工具。

首次描述：W. Flemming，*Beiträge zur Kenntis der Zelle und ihre Lebenserscheinungen*，Arch. Mikr. Anat.，**18**，151～259（1880）。

详见：A. Wolffe，*Chromatin：Structure and Function*（Academic Press，London，1998）。

chromatography 色谱法 一种用于分析材料成分的技术，包括分离混合物中的成分和对各成分的量的定量测量。最常用的色谱法有以下几种类型：

——气体色谱法（分析气体或某些可以加热至挥发但不发生分解的液体和固体）

——液体色谱法（分析因热不稳定性不能用气体色谱法分析的液体和固体的溶液）

——离子色谱法（定性且定量地分析液体和固体的复杂混合物中的离子种类）

——凝胶渗透色谱法（通过分子的大小不同分离分子从而确定聚合物材料的相对分子质量和相对分子质量分布）

首次描述：M. S. Tswett, *Adsorptionanalyse und chromatographische Methode-Anwendung auf die Chemie Chlorophills*, Ber. Dtsch. Bot. Ges. **24**, 316～332（1906）；M. S. Tswett, *Physikalisch-chemische Studien über das Chlorophill. Die Adsorptionen*, Ber. Dtsch. Bot Ges. **24**, 384～393（1906）。

详见：V. G. Berezkin, Ed., *Chromatographic adsorption analysis: selected works of M. S. Tswett*（Ellis Horwood, New York, 1990）；*Chromatography: A Science of Discovery*, edited by R. L. Wixom, C. W. Gehrke（Wiley & Sons, New York, 2010）。

chromic wheel　铬轮　参见 molecular nanomagnet（分子纳米磁体）。

chromosome　染色体　一个单独的 DNA 分子，它是携带基因的线性核苷酸序列的细胞内自我复制的基因结构。人体或真核生物（eukaryote）中，DNA 是超螺旋的、紧凑的，与辅助蛋白复合，并且形成大量这样的结构。正常人体细胞包含 46 条染色体（除去生殖细胞，卵细胞和精子）：22 对同源的常染色体和性染色体 X、Y（女性为 XX，男性为 XY）。原核生物（prokaryote）则是在 DNA 的一条环状染色体上携带有它们所有的基因组。

术语产生于：W. Waldeyer, *Zur Spermatogenese bei den Saugethieren*, Arch. Mikr. Anat. **32**, 1（1888）。

CIP geometry　CIP 结构　参见 giant magnetoresistance effect（巨磁电阻效应）。

circularly polarized light　圆偏振光　参见 polarization of light（光的偏振）。

***cis-trans* isomer　顺反异构体**　参见 isomer（异构体）。

cladding layer　熔覆层　参见 double heterostructure laser（双异质结激光器）。

Clark rule　克拉克规则　是对莫尔斯规则（Morse rule）的一个修正，指出双原子分子中的平衡核间距 r 和平衡振动频率 ω 的关系式为 $\omega r^3(n)^{1/2}=k-k'$，其中 n 是根据共享电子数分配的组号，k 是表征周期的常数，k' 是该周期针对单电离分子的修正（对于中性分子取 0）。

首次描述：C. H. D. Clark, *The relation between vibration frequency and nuclear separation for some simple non-hydride diatomic molecules*, Phil. Mag. **18**（119），459～470（1934）；C. H. D. Clark, *The application of a modified Morse formula to simple hydride diatomic molecules*, Phil. Mag. **19**（126），476～485（1935）。

clathrate　包合物　也即 clathrate compound（包合物）。

clathrate compound　包合物　一种化学物质，包含有一种类型的分子晶格，它们限制并包含另一种类型的分子。当分子陷入晶体晶格或大分子存在的空洞中时便形成包合物。它的成分比固定不变，但并不一定是整数。这些分子结合在一起的原因并不是由于主价力，而是分子间的紧密配合，这种配合可以避免了较小成分逃出较大成分的空洞。因此，这些分子的几何构型是决定性的因素。包合物是弱合成物，因为被束缚的分子占据了其他化合物留下的空间。

包合物可以被细分为如下几种：① 晶格包合物（包含在由更小单分子构成的晶格中）；② 分子包合物（包含在含有空洞的更大环状分子中）；③ 高分子的包合物。

首次描述：P. Pfeiffer, *Organische Molekülverbindungen*（Ferdinand Enke, Stuttgart, 1927）。

Clausius-Mossotti equation　克劳修斯-莫索蒂方程　此方程给出了电介质粒子的总极化率 P 与介电常数 ε 和分子体积 v 之间的关系式：$P=(\varepsilon-1)/(\varepsilon+2)v$。它假设电介质粒子在电场的诱导下行为类似于一系列小绝缘导体，可以作为一个整体被极化。

首次描述：O. F. Mossotti，*Memorie di Matematica e di Fisica della Societá Italiana delle Scienze Residente in Modena*，**24**（Part 2）49～74（1850）；R. Clausius，*Die mechanische Behandlung der Electricität*，（Vieweg，Braunschweig 1858）p. 62。

clay-polymer nanocomposite 黏土-聚合物纳米复合材料 一种聚合物（polymer）纳米复合材料，代表了一类可替代传统填充聚合物的新型材料。在这种新材料中，纳米无机填充物（至少一维）扩散在聚合物阵列中，以提高聚合物材料的性能。这种复合材料的延展性、弹性模量、热变形温度相较于纯聚合物材料都有很大提高。同时它还有低水敏性、高气密性，以及低热涨系数。所有这些新性质都不以牺牲聚合物的纯净度为代价。通常用蒙脱石型黏土作为填充物。

首次描述：A. Usuki，M. Kawasumi，Y. Koyima，A. Okada，T. Karauchi，O. Kamigaito，*Swelling behavior of montmorillonite cation exchanged for ω-amino acids by ε-caprolactam*，J. Mater. Res. **8**（5），1174～1178（1993），*Synthesis of nylon 6-clay hybrid*，J. Mater. Res. **8**（5），1179～1184（1993）。

详见：*Polymer-Clay Nanocomposites*，edited by T. J. Pinnavaia，G. W. Beall（John Wiley & Sons，Chichester 2000）。

Clebsch-Gordan coefficient 克勒布施-戈丹系数 酉矩阵 $\langle m_1 m_2 | jm\rangle$ 的元素，也就是本征态 $|jm\rangle$ 用本征态 $|m_1 m_2\rangle$ 展开的系数，展开公式为 $|jm\rangle = |m_1 m_2\rangle\langle m_1 m_2 | jm\rangle$。这些展开系数被称为克勒布施-戈丹系数，有时也被称为克勒布施-戈丹、维格纳（Wigner）矢量相加或矢量耦合系数（coefficient）。有很多种符号被用来表示克勒布施-戈丹系数，从而可以得到其明确的表达式。克勒布施-戈丹系数在量子力学的角动量组合的一般问题里起着重要的作用。

首次描述：R. F. A. Clebsch，P. A. Gordan，*Theorie der Ahelschen Funktionen*（Teubner，Leipzig，1866）。

详见：A. Messiah，*Clebsch-Gordon Coefficients* and *3j Symbols*，*Appendix CI.*，in：Quantum Mechanics（North Holland，Amsterdam 1962）；L. Cohen，*Tables of the Clebsch-Gordon Coefficients*（North American Rockwell Science Center，Thousand Oaks，California，1974）。

close packed crystal 密堆积晶体 晶体中的原子按一定方法排列使得原子对应的球体之间的填隙位体积最小。

clusters (atomic) 团簇 一般包含 10～2000 个原子的大"分子"。具有特定的性质（主要由于其较大的比表面积），这些性质随团簇大小而变化，与原子或块体材料都不同。

详见：*Handbook of Nanophysics*：*Clusters and Fullerenes*，edited by K. D. Sattler（Taylor & Francis，Boca Raton，2010）。

CMOS 互补型金属-氧化物-半导体器件 为"complementary metal-oxide-semiconductor device"的缩写。这种器件属于一种典型的集成电路（integrated circuit），它是 p 沟道金属-氧化物-半导体晶体管和 n 沟道金属-氧化物-半导体晶体管的结合。它发端于 20 世纪 40 年代的技术调查与研究，在 60 年代末开始形成一种工业。CMOS 电路在当前半导体市场中占优势是由于它在硅电子集成技术方面惊人的能力。CMOS 技术以其产品升级的迅速而显示出自己的与众不同。在这 40 年的历史中，主要由于集成电路的最小特征尺寸呈指数减小的能力，大多数硅工业的性能参数都呈现出指数增长，也即摩尔定律（Moore's law）。

详见：http://www.sematech.org/public/roadmap/。

CNDO 为 complete neglect of differential overlap（全略微分重叠）的缩写。参见 approximate self-consistent molecular orbital method（自洽分子轨道近似方法）。

CNOT gate 受控非门 参见 quantum logic gate（量子逻辑门）。

coenzyme 辅酶 为酶（enzyme）的一种非蛋白质（protein）部分，帮助催化过程。辅酶通常是维生素或金属离子。

coherence 相干性 一种表明两个随机过程或状态之间的相关性的性质。

coherent anti-Stokes Raman scattering（CARS） 相干反斯托克斯拉曼散射 参见 four-wave mixing（四波混频）。

首次描述：P. D. Maker，R. W. Terhune，*Study of optical effects due to an induced polarization third order in the electric field strength*，Phys. Rev. **A137**，801～818（1965）。

coherent potential approximation 相干势近似 此近似用于无序合金的基本电子性质的计算。它提出了相干原子的概念，对应于一种给定合金中无序排列的各类不同原子的一个平均。我们求解杂质问题，其中一种给定种类的一个原子替换相干原子纯晶体晶格上的一个相干原子。如果相干原子的势已知，可以由局域密度近似（local density approximation）自洽地确定杂质原子相关的电子的势。其中相干原子的势就称作相干势，它可以利用其组成原子的势自洽确定，而这些原子的势通过解上述的杂质问题由相干势确定。

首次描述：P. Soven，*Coherent-potential model of substitutional disordered alloys*，Phys. Rev. **156**（3），809～813（1967）。

cohesion 内聚力 凝聚态物质的一种特性：需要做功才能把物质分离成它的组分（自由原子或分子），而组分间一般由吸引力聚拢在一起。这些吸引力在固体中特别强。把 1 mol 的物质分离为它的自由组分所需要做的功称作内聚能。

collimated light 平行光 亦称准直光，每条光线都相互平行的一束光，因此这样的光束的波前为一平面。准直光通常由激光器（laser）产生。其光束发散很低，所以光束半径在适度的传播距离上不会有大的变化。

collision radiation 碰撞辐射 参见 Bremsstrahlung（轫致辐射）。

colloid 胶体 一种由连续介质和分散在其中的小颗粒或者说胶粒（colloidal particle）组成的物质。

首次描述：M. Faraday，*The Bakerian lecture：experimental relations of gold（and other metals）to light*，Phil. Trans. R. Soc **147**，145～181（1857）。

详见：F. Caruso，*Colloids and Colloid Assemblies：Synthesis，Modification，Organization and Utilization of Colloid Particles*（Wiley-VCH，Weinheim，2004）。

colloidal crystal 胶体晶体 由胶粒（colloidal particle）自组织形成的类似晶体中的周期性排列。

首次描述：P. Pieranski，*Colloidal crystals*，Contemp. Phys，**24**（1），25～73（1983）。

colloidal particle 胶粒 比粗糙的、可过滤的粒子小，但比原子或小分子大的粒子。它们可能是由上千个原子构成的大分子。对于胶体粒子没有公认的尺寸限制，但上限是 200～500 nm，而最小的颗粒测得为 0.5～2 nm。

colored noise 有色噪声 一种噪声，其特征是具有一个比 δ 函数宽的二阶相关函数。

colossal phonoresistance 巨声敏电阻 纯声急剧爆裂导致的固体电阻的减小（首先在锰氧化物中观测到）。这可能源于电子与声子之间的相互作用。

首次描述：M. Rini，R. Tobey，N. Dean，J. Itatani，Y. Tomioka，Y. Tokura，R. W. Schoenlein，A. Cavalleri，*Control of the electronic phase of a manganite by mode-selective vibrational excitation*，Nature **449**，72～74（2007）。

commutator 对易式 亦称换位子，是一种符号，对于算子A和B，其对易式［A，B］＝AB－BA。算子的顺序很重要，它们不能像数字一样改变顺序。两个算子的交换子为0时，称它们对易。只有当两个物理量的算子对易时，它们的测量值才可能同时达到任意精确度。

compact hybrid solar cell 紧凑混合型太阳电池 在压电（piezoelectric）纳米发电机上端安装染料敏化太阳电池（dye-sensitized solar cell）所制成的混合电池。该设备可以在其顶端表面吸收和收集太阳能，以及在其压电衬底处转化机械振动，适合于为小型电子器件提供电源。

详见：C. Xu，Z. L. Wang，*Compact hybrid cell based on a convoluted nanowire structure for harvesting solar and mechanical energy*，Adv. Mater. **23**（7），873～877（2011）。

complementarity 互补性 N. 玻尔（N. Bohr）使用该术语描述在给定的实验条件下，只能测量电子的粒子信息，或者测量电子的波动信息，而不能两者同时测量，对于其他量子粒子也一样。

首次描述：N. Bohr，*Can quantum-mechanical description of physical reality be considered complete?*，Phys. Rev. **48**（8），696～702（1935）。

complete neglect of differential overlap（CNDO） 全略微分重叠 参见 approximate self-consistent molecular orbital method（自洽分子轨道近似方法）。

compliance constant 柔顺常数 参见 elastic moduli of crystals（晶体的弹性模量）。

compliance matrix 柔度矩阵 参见 Hooke's law（胡克定律）。

Compton effect 康普顿效应 电磁辐射被物质中的电子散射后的波长增加为

$$\lambda_\theta = \lambda_0\left[1+\frac{2h}{mc\lambda_0}\sin^2(\theta/2)\right]$$

其中λ_0是入射波长，m是电子质量，θ是散射角。该效应在X射线和γ射线的例子中很显著。辐射在一些确定的方向被散射。波长的增量（$\Delta\lambda = \lambda_\theta - \lambda_0$）只依赖于散射角。$h/mc$项称作康普顿波长（Compton wavelength）。

首次描述：A. H. Compton，*A quantum theory of the scattering of X-rays by light experiments*，Phys. Rev. **21**（5），483～502（1923）。

获誉：A. H. 康普顿（A. H. Compton）由于发现后来以其名字命名的效应而在1927年获得了诺贝尔物理学奖。

另请参阅：www. nobelprize. org/nobel_prizes/physics/laureates/1927/。

Compton scattering 康普顿散射 光子被电子弹性散射。

Compton wavelength 康普顿波长 参见 Compton effect（康普顿效应）。

conductance 电导 电路中导纳（admittance）的实部。当电路中的阻抗（impedance）不含电抗时，如直流回路，电导就为电阻（resistance）的倒数。电导是电路传导电流的能力的一种度量。

conduction band 导带 一组最有可能用于固体中的电子传导电流的单电子态。

conductive atomic force microscopy (C-AFM)　导电原子力显微术　一种原子力显微术（atomic force microscopy）技术，当AFM探针的导电针尖与样品表面接触扫描时，在针尖和样品之间施加电压，产生一个电流图像。与此同时，也产生了一个形貌图像。电流图像和形貌图像都是从样品的同一区域中获取，可以用于确定表面上传导电流量的特征。这种技术的高空间分辨率可用于对多晶材料的晶界和晶间区域的研究。

首次描述：L. Zhang，T. Sakai，N. Sakuma，T. Ono，K. Nakayama，*Nanostructural conductivity and surface-potential study of low-field-emission carbon films with conductive scanning probe microscopy*，Appl. Phys. Lett. **75** (22)，3527～3529 (1999)。

conductivity　电导率　材料中电流密度和电场强度的比值。

conductor　导体　电流容易通过的物质。导体的电阻一般在10^{-6}～10^{-4} Ω·cm。如果一种固体的导带（conduction band）和价带（valence band）之间没有能隙，且导带被电子占满，它就是导体。

confocal fluorescence microscopy　共焦荧光显微镜　参见 fluorescence nanoscopy（荧光纳米显微镜）。

详见：T. Wilson，C. J. R. Sheppard，*Theory and Practice of Scanning Optical Microscopy* (Academic Press，New York，1984)。

constitutive relation　本构关系　参见 Hooke law（胡克定律）。

contact potential difference (CPD)　接触电势差　参见 Kelvin probe（开尔文探针）以及 Kelvin probe force microscopy（开尔文探针力显微术）。

continuity equation　连续性方程　亦称连续方程，把给定系统中物理量流进的速率和该物理量的增加速率联系在一起的方程。最常见的形式是关于粒子密度 N 的：$\frac{dN}{dt}$ = 注入量［和（或）＋产生量］－吸收量－漏出量。三维空间中的粒子数守恒给出方程：$\mathrm{div}\boldsymbol{J}+\frac{\partial N}{\partial t}=0$，其中 $\boldsymbol{J}$ 是粒子密度矢量。在一维情况下，方程变换成：$\frac{\partial J}{\partial x}+\frac{\partial N}{\partial t}=0$。

controlled rotation gate (CROT gate)　受控旋转门　简称CROT门，一种逻辑门，其中每比特（bit）（控制位）的状态控制另一个比特（目标位）的状态。当且仅当控制位为1时，目标位的状态被翻转π角（如从0变为1，反之亦然）。最简单的逻辑门的转换矩阵如下：

$$\begin{pmatrix}1&0&0&0\\0&1&0&0\\0&0&0&-1\\0&0&1&0\end{pmatrix}$$

这种CROT门和标准的受控非门即CNOT是等价的，尽管两者的矩阵中的负号位置不同。

Cooley-Tukey algorithm　库利-图基算法　计算离散傅里叶变换［参见 fast Fourier transform（快速傅里叶变换）］的有效算法。这种算法仅用 $n\log n$ 次算术运算代替 n^2 次运算来完成上述计算。

形式上，离散傅里叶变换（Fourier transform）是一种线性的变换，映射任意长度为 n 的复数矢量 f 到它的傅里叶变换 F。F 的第 k 个组分为 $F(k)=\sum_{j=0}^{n-1}f(j)\exp(2\pi \mathrm{i}jk/n)$，反向傅里

叶变换为 $f(j)=\frac{1}{n}\sum_{k=0}^{n-1}F(k)\exp(2\pi ijk/n)$。库利（Cooley）和图基（Tukey）表明了在循环群 $\mathbf{Z}/n\mathbf{Z}$ 上的傅里叶变换可以由子群 $q\mathbf{Z}/n\mathbf{Z}$ 或 $\mathbf{Z}/p\mathbf{Z}$ 上的傅里叶变换写出，其中 $n=pq$。方法是作变量替换，使得给出离散傅里叶变换的一维公式变形为可分两步计算的二维公式。通过以下等式定义变量 j_1、j_2、k_1、k_2：

$$j=j(j_1,j_2)=j_{1q}+j_2$$
$$0\leqslant j_1<p,0\leqslant j_2<q$$
$$k=k(k_1,k_2)=k_2p+k_1$$
$$0\leqslant k_1<p,0\leqslant k_2<q$$

则傅里叶变换如下：

$$F(k_1,k_2)=\sum_{j_2=0}^{q-1}\exp\{[2\pi ij_2(k_2p+k_1)]/n\}\sum_{j_1=1}^{p-1}\exp[2\pi ij_1(k_1/p)]f(j_1,j_2)$$

现在可以分两步计算 F：

(1) 对于每个 k_1 和 j_2，计算内层求和：

$$F_F(k_1,j_2)=\sum_{j_1=0}^{p-1}\exp[2\pi ij_1(k_1/p)]f(j_1,j_2)$$

这里需要最多 p^2q 次标量计算。

(2) 对于每个 k_1 和 k_2，计算外层求和：

$$F(k_1,k_2)=\sum_{j_2=0}^{q-1}\exp\{[2\pi ij_2(k_2p+k_1)]/n\}F_F(k_1,j_2)$$

这里需要另外的 q^2p 次计算。因此，利用上述算法只需进行 $(pq)(p+q)$ 次操作，而不是原来的 $(pq)^2$ 次。如果 n 可以继续作因数分解，利用同样的方法可以只需进行 $n\log n$ 次计算而完成变换。

这种算法对于许多数字与图像的处理方法曾经起过革命性的作用，并且它至今仍是应用最广的计算傅里叶变换的算法。有趣的是，这一想法最初起源于要找寻一种方法可以不用拜访核设施而侦查原苏联的核试验。一种方案是通过分析大量从海上的地震检波器得到的地震时间序列，而这需要计算离散傅里叶变换的快速算法。库利-图基算法没有申请专利，其应用的快速增长就是对开放式发展的优点的一个证明。

首次描述：J. W. Cooley and J. W. Tukey，*An algorithm for machine calculation of complex Fourier series*，Mathematics of Computations **19** (2)，297～301 (1965)。

Cooper pair 库珀对 两个自旋取向相反（一上一下）的电子结成的电子对。这种电子对的总自旋为零，能量分布遵循玻色-爱因斯坦统计（Bose-Einstein statistics）。库珀对被用于解释超导现象。

首次描述：L. N. Cooper，*Bound electron pairs in a degenerate Fermi gas*，Phys. Rev. **104** (4)，1189～1190 (1956)。

获誉：由于 J. 巴丁（J. Bardeen）、L. N. 库珀（L. N. Cooper）和 J. R. 施里弗（J. R. Schrieffer）在超导性理论解释上所作的杰出贡献，即他们三人所共同提出的 BCS 理论，1972 年他们获得了诺贝尔物理学奖。

另请参阅：www.nobelprize.org/nobel_prizes/physics/laureates/1972/。

coordinate covalent bond 配位共价键 一种在两个原子之间形成的共价键类型，仅由其中一个原子提供共享电子对。亦称配价键（dative bond）。

coordination compound 配位化合物 一种由 1 个金属原子和周围的 2～6 个离子或中性分子所形成的化合物，这些离子或中性分子为金属原子提供电子对以形成配位共价键（coordinate covalent bond）。

coordination number 配位数 某个原子周围最近邻的原子个数。将最近邻的原子用直线连接起来而形成的多面体称作该原子的配位多面体。

Corbino disc 科尔比诺盘 一种平的圆环形的样品，如图 C.6 所示，它和内、外层的圆柱表面间的接触是同心圆的。

首次描述：O. M. Corbino，*Elektromagnetische Effekte die von der Verzerrung herrühren*，Phys. Z. **12**，842～845（1911）。

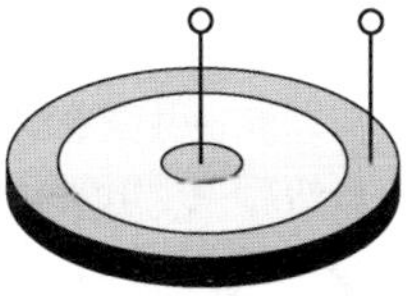

图 C.6 科尔比诺盘

Corbino effect 科尔比诺效应 圆盘上径向电流在外加的轴向磁场作用下，在圆盘上产生环向电流。

首次描述：O. M. Corbino，*Elektromagnetische Effekte die von der Verzerrung herrühren*，Phys. Z. **12**，842～845（1911）。

Coriolis force 科里奥利力 一种惯性力，当物体在一个旋转坐标系统中运动时出现。它会导致物体的路径产生偏移。在运动的坐标系中，这种偏移看上去好像有一个作用在物体上的力，但事实上这个力并不存在。这种作用来自于坐标系本身的旋转（伴随着加速）。在一个旋转的参考系中（如地球），表观上的这种惯性力为 $\boldsymbol{F}=2m(\boldsymbol{v}\times\boldsymbol{\Omega})$，其中 m 是质量，$\boldsymbol{v}$ 是物体的线速度，$\boldsymbol{\Omega}$ 是坐标系的角速度。

首次描述：G. Coriolis，*Mémoire sur l'influence du moment d'inertie du balancier d'une machine a vapeur et de sa vitesse moyenne sur la régularité du mouvement de rotation du va-et-vient du piston communiqué au valant*，J. Ecole Poytechn. **13**，228～265（1832）。

correlation 关联 亦称相关，两个变量间的定性的或定量的相互依赖或联系。

correspondence principle 对应原理 参见 Bohr correspondence principle（玻尔对应原理）。

Coster-Kronig transition 科斯特-克勒尼希跃迁 一种俄歇效应（Auger effect）的特殊情况，在一个原子的电子亚壳层中的空位是由同一壳层中更高级亚壳层的电子所填充。此外，如果发射电子［俄歇电子（Auger electron）］也属于同一壳层，那么就称为超级科斯特-克勒尼希跃迁（Super Coster-Kronig transition）。这是原子中最快的电子跃迁。相关发射过程主要涉及弱束缚电子。

首次描述：D. Coster，R. De L. Kronig，*New type of Auger effect and its influence on X-ray spectrum*，Physica **2**（1～12），13～24（1935）。

Cottrell atmosphere 科特雷尔气团 亦称科（柯）氏气团，晶体中位错周围的杂质原子团簇。

首次描述：A. H. Cottrell，B. A. Bilby，*Dislocation theory of yielding and strain ageing iron*，Proc. Phys. Soc. Lond. A **62**，49（1948）.

co-tunneling 共隧穿 一种通过中间虚态的隧穿过程。当通过量子点的连续的单电子隧穿（single-electron tunneling）被库仑阻塞（Coulomb blockade）抑制时，共隧穿过程就会得到体现。这个虚态产生于电子数的量子涨落。共隧穿是高阶隧穿的过程，其中只有从初态到末态（隧穿后）的能量需要守恒。弹性共隧穿和非弹性共隧穿是不一样的。

在弹性共隧穿（elastic co-tunneling）中，一个电子的隧穿进出量子点都通过量子点的同

一个中间能态。对于在两导线之间的量子点，相应的电流为

$$I=\frac{h\sigma_1\sigma_2\Delta}{8\pi^2e^2}\left(\frac{1}{E_1}+\frac{1}{E_2}\right)V$$

其中 σ_1 和 σ_2 是没有隧穿过程时的势垒电导，Δ 是量子点内态间能隙，E_1 是一个电子进入量子点时相应的充电能，E_2 是一个电子离开量子点时相应的充电能。电流随电压 V 线性变化。在低温下，电流不依赖于温度。

在非弹性共隧穿（inelastic co-tunneling）中，一个电子从一根导线隧穿至量子点的某一个态，然后一个电子从该量子点的另一态隧穿至另一导线。在这种情况下，电流为

$$I=\frac{h\sigma_1\sigma_2}{6e^2}\left(\frac{1}{E_1}+\frac{1}{E_2}\right)^2\left[(k_\mathrm{B}T)^2+\left(\frac{eV}{2\pi}\right)^2\right]V$$

显然，电流是依赖于温度，且和 V^3 成正比。在有 N 个结的多量子点系统中，$I\sim V^{2N-1}$。

共隧穿过程在电压低于库仑阻塞控制的阈值电压的情况下产生了电流。这就限制了单电子旋转门（single-electron turnstile）的精度，即使是在最理想的条件下。

首次描述：D. V. Averin，A. A. Odintsov，*Macroscopic quantum tunneling of the electric charge in small tunnel junctions*，Phys. Lett. A **140**，251～257（1989）（预测）；L. J. Geerligs，D. V. Averin，J. E. Mooij，*Observation of macroscopic quantum tunneling through the Coulomb energy barrier*，Phys. Rev. Lett. **65**（24），3037～3040（1990）（实验观测）。

Coulomb blockade 库仑阻塞 一种对于电子转移进某区域的禁止，这种转移会导致该区域静电能发生一个大于热能 $k_\mathrm{B}T$ 的变化。必须注意的是，如果该区域由电容 C 描述，当一个电子到达时它的静电能增加 $e^2/(2C)$。在宏观结构中，这种能量变化不明显，但在纳米结构（nanostructure）中，尤其在量子点中，$e^2/(2C)>k_\mathrm{B}T$ 的情况容易出现。静电能的变化是由于单电子转移导致能谱中费米能级（Fermi level）上的 $e^2/(2C)$ 的能隙，它被称作库仑能隙（Coulomb gap）。除非利用所加偏压克服库仑能隙，否则在库仑阻塞机理下电子入射是被禁止的。这种现象在单电子隧穿（single-electron tunneling）中已经证实。

首次描述：C. J. Gorter，*A possible explanation of the increase of the electrical resistance of thin metal films at low temperatures and small field strengths*，Physica **17**（8），777～780（1951）（思想）；I. Giaever，H. R. Zeller，*Superconductivity of small tin particles measured by tunneling*，Phys. Rev. Lett. **20**（26），1504～1507（1968）（实验）；I. O. Kulik，R. I，Shekhter，*Kinetic phenomena and charge discreteness effects in granulated media*，Zh. Exp. Teor. Fiz. **68**（2），623～640（1975）（俄文，理论）。

获誉：由于实验发现了超导体中的隧穿现象，I. 贾埃沃（I. Giaever）被授予了 1973 年的诺贝尔物理学奖。

另请参阅：www.nobelprize.org/nobel_prizes/physics/laureates/1973/。

Coulomb diamond 库仑金刚石 参见 single electron transistor（单电子晶体管）。

Coulomb force 库仑力 参见 Coulomb law（electricity）［库仑定律（电学）］。

Coulomb gap 库仑能隙 参见 Coulomb blockade（库仑阻塞）。

Coulomb glass 库仑玻璃 以粒子间的库仑相互作用（Coulomb interaction）为特征的无序固态体系。这种体系中的相互作用源于近距离局域化电子的屏蔽能力。在费米能级的态密度中，库仑玻璃材料存在能隙，即所谓的库仑能隙（Coulomb gap）。例如，在非常低的温度下掺杂半导体能够表现为库仑玻璃。

首次描述：A. L. Efros，B. I. Shklovskii，*Coulomb gap and low temperature conductivity of disordered systems*, J. Phys. C: Solid State Phys. **8** (4), L49 (1975)。

详见：B. I. Shklovskii, A. L. Efros, *Electronic Properties of Doped Semiconductors* (Springer, Heidelberg, 1984)。

Coulomb guage 库仑规范 由方程$\nabla \cdot \mathbf{A}=0$定义的规范，其中$\mathbf{A}$是磁场的矢势。

Coulomb interaction 库仑相互作用 参见 Coulomb potential（库仑势）。

Coulomb law (electricity) 库仑定律（电学） 一个带电荷q_1的粒子作用于另一带电荷q_2的粒子上的静电引力或斥力，亦称库仑力（Coulomb force），定义为$F = q_1 q_2 / r^2$，其中r是两粒子间的距离。

由 H. 卡文迪许（H. Cavendish）于 1973 年首次观测到，但他并未发表此成果。

首次描述：C. A. Coulomb, *Premier mémoire sur l'électricité et le magnétisme*, Mem. Acad. Roy. Sci., 569～577 (1785)。

Coulomb law (mechanics) 库仑定律（力学） 两个物体间的摩擦力与它们彼此相对的运动速度无关。参见 Amonton's law（阿蒙东定律）。

首次描述：C. A. Coulomb, *Théorie des machines simples, en ayant égard au frottement de leurs parties, et la roideur des cordages*, Mem. Math. Phys., 161～342 Paris (1785)。

Coulomb oscillation 库仑振荡 参见 single-electron transistor（单电子晶体管）。

Coulomb potential 库仑势 描述两个带电粒子间的相互作用的势，形式为$V(r) = \frac{q_1 q_2}{\varepsilon_0 \varepsilon r}$，其中$q_1$和$q_2$是相互作用的两粒子的电荷，$\varepsilon$是相对介电常数，$r$是粒子间的距离。

Coulomb scattering 库仑散射 在原子核作为一个整体（不考虑内部的核力场）而产生的库仑力的作用下，带电粒子被原子核散射。它表明被散射的带电粒子接近原子核的距离还没有到使得质子和中子间的核力有任何对外作用的程度。

Coulomb staircase 库仑台阶 如果一个系统的电子输运由库仑阻塞（Coulomb blockade）控制，那么这个系统的一些电子参数间的阶梯状关系，就是库仑台阶。聚集在单电子盒（single-electron box）中的电荷数量作为以栅电压自变量的函数，以及双势垒单电子结构的伏安曲线都是典型的例子。

covalent bond 共价键 一种原子间的键，由该键连接的两个原子各自贡献一个电子形成电子对。

首次描述：I. Langmuir, *Isomorphism, isosterism, and covalence*, J. Am. Chem. Soc. **41** (10), 1543～1559 (1919)。

获誉：由于在表面化学方面的研究与发现，I. 朗缪尔（I. Langmuir）被授予 1932 年的诺贝尔化学奖。

另请参阅：www.nobelprize.org/nobel_prizes/chemistry/laureates/1932/。

CPD 为 contact potential difference（接触电势差）的缩写。

CPHASE gate 受控相位门 参见 quantum logic gate（量子逻辑门）。

CPP geometry CPP 结构 参见 giant magnetoresistance effect（巨磁电阻效应）。

Cr-based molecular ring 铬基分子环 参见 molecular nanomagnet（分子纳米磁体）。

CRINEPT 为 cross-correlated relaxation-enhanced polarization transfer（交叉关联弛豫增强极化转换）的缩写。

cross-correlated relaxation-enhanced polarization transfer (CRINEPT) 交叉关联弛豫增强极化转换与横向弛豫优化光谱（transverse relaxation-optimized spectroscopy）有关，它为非常大的分子提供更高效的磁化转换，能够形成高质量核磁共振（nuclear magnetic resonance）谱。

首次描述：R. Riek，G. Wider，K. Pervushin，K. Wüthrich，*Polarization transfer by cross-correlated relaxation in solution NMR with very large molecules*，Proc. Natl. Acad. Sci. USA **97**，4918～4923（1999）。

详见：R. Riek，K. Pershuvin，K. Wüthrich，*TROSY and CRINEPT：NMR with large molecular and supramolecular structures in solution*，Trends Biochem. Sci. **25**，462～468（2000）。

获誉：2002 年，诺贝尔化学奖授予美国科学家约翰·芬恩、日本科学家田中耕一和瑞士科学家 K. 维特里希（K. Wüthrich），以表彰他们发明了对生物大分子进行识别和结构分析的方法。维特里希把核磁共振技术用于对蛋白质的分析研究，确定溶液中生物高分子的三维结构。

另请参阅：www.nobelprize.org/nobelprizes/chemistry/laureates/2002/。

CROT gate 受控旋转门 参见 controlled rotation gate（受控旋转门）。

crown ether 冠醚 一类杂环化合物，它们最简单的形式为环氧乙烷的环状低聚物。图 C.7 为一些例子。

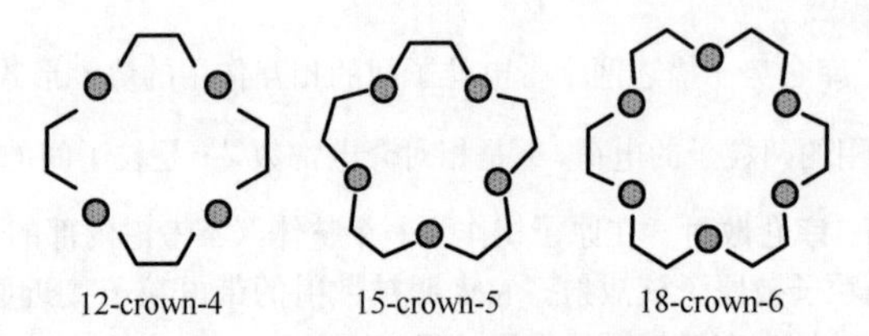

图 C.7 拥有 4、5、6 个重复乙烯氧基基团的冠醚

任何简单冠醚的基本重复基元为乙烯氧基，也就是$—CH_2CH_2O—$，它会在二氧杂环己烷中重复两次，而在 18-crown-6 中重复六次。九元环 1，4，7-trioxonane（9-crown-3）通常称为一个冠，它可以和阳离子相互作用。$n\geqslant4$ 的$\left(CH_2CH_2O\right)_n$ 型大环通常被称为冠醚，而不是用它们的分类名。这是因为当这些杂环与阳离子成键的时候，形成的分子像一个头上的冠状物。

冠醚的重要性体现在它能强烈地使阳离子成为溶剂化物，即在平衡态强烈地倾向于形成复合物。氧原子与环内部的一个阳离子配位，而环的外部为疏水的（hydrophobic）。结果复合的阳离子溶于非极性溶剂。冠醚的内部尺寸决定了能被溶剂化的阳离子的尺寸。因此，18-crown-6 对钾离子的亲和力强，而 15-crown-5 对钠离子的亲和力强，12-crown-4 对锂离子的亲和力强。

首次描述：C. J. Pedersen，*Cyclic polyethers and their complexes with metal salts*，J. Am. Chem. Soc. **89**（26），7017～7036（1967）。

获誉：由于在具有高选择性的结构特有相互作用的分子的发展和使用方面做出的贡献，C. J. 佩德森（C. J. Pedersen）与 D. J. 克拉姆（D. J. Cram）、J. M. 莱恩（J. M. Lehn）分享了 1987 年的诺贝尔化学奖。

另请参阅：www.nobelprize.org/nobel_prizes/chemistry/laureates/1987/。

cryogenics 低温学 距离热力学 0 K 仅仅几开的极低温度的产生和维持，以及对在这样低温下的现象的研究。

crystal 晶体 三维物体，由周期性排列的离子、原子或分子组成。

crystal point group 晶体点群 参见 point group（点群）。

cubic lattice 立方点阵 亦称立方晶格、立方点格，一种布拉维点阵（Bravais lattice），其晶胞由等长正交的轴构成。

cucurbituril 葫芦脲 亦称六元瓜环，一种环状的有机大环化合物，由六个甘脲基元组成，而有 5、7、8 和 10 个重复基元的结构也都被确认。图 C.8 表示环基元。

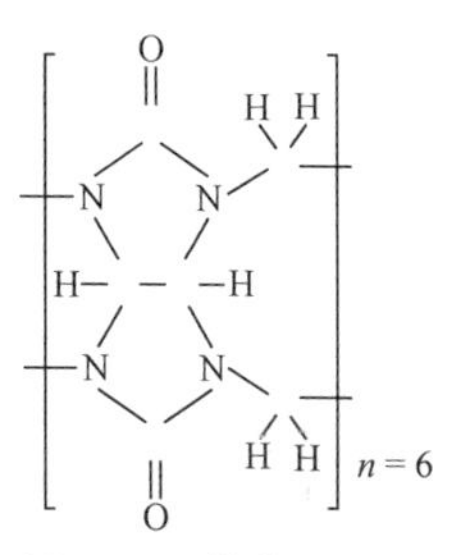

图 C.8 葫芦脲的一个环基元——甘脲

这种结构吸引了大量基础和应用型的研究兴趣，这是因为这种分子的形状大致为一个空心纳米管。六元葫芦脲的腔大约高 91 nm，外直径为 58 nm，内直径 39 nm。

首次描述：R. Behrend，E. Meyer，F. Rusche，*Über condensationsprodukte aus Glycoluril und Formaldehyd*，Justus Liebigs Ann. Chem. **339**，1～37（1905）。

Curie law 居里定律 此定律支配磁化率随着顺磁性材料的温度的变化，这种材料中磁性载体间的相互作用可以忽略。定律形式为 $M = C/T$，其中 M 是摩尔磁化率，C 是居里常量。

首次描述：P. Curie，*Propriétés magnétiques des corps à diverses températures*，Annales de Chimie et de Physique，7 série，**1**（V），289～331（1895）。

Curie point (temperature) 居里点（温度） 高于此温度时，物质的特别的磁性质消失。有三种这样的温度点，和不同的磁性材料有关，分别为铁磁性、顺磁性的和反铁磁性的居里点。最后一种也被称做奈尔点（温度）[Néel point (temperature)]。

Curie-Weiss law 居里-外斯定律 对居里定律（Curie law）的一种修正，适用于当内部相互作用起重要作用时的情况。摩尔磁化率的温度依赖性有表达式：$M = C/(T-\Theta)$，其中 Θ 为居里点（Curie point）。

首次描述：P. Weiss，*L'hypothèse du champ moléculaire et la propiríté ferromagnétique*，J. Phys. **6**（1），661～690（1907）。

Curie-Wulff's condition 居里-乌尔夫条件 参见 Wulff's theorem（乌尔夫定理）。

"current law" "电流定律" 参见 Kirchhoff laws (for electric circuits)［基尔霍夫（电路）定律］。

CVD 为 chemical vapor deposition（化学气相沉积）的缩写。

cyclodextrins 环糊精 由 6 种到 8 种葡萄糖（glucose）基元构成的环状低聚物（oligomer）化合物，形成环形分子。它们分别被称为 α-（六元环）、β-（七元环）和 γ-（八元环）环糊精。

从拓扑的角度来讲，环糊精可表示为一个伯羟基向内、仲羟基向外的环。这种结构中，环的内圈为疏水的（hydrophobic），因此可以容纳其他的疏水分子。通常环式糊精会与一些低相对分子质量化合物形成包合配合物，这些低相对分子质量化合物范围很广，从非极性的脂肪族的（aliphatic）分子一直到极性的胺（amine）和酸。

详见：F. Cramer，*Einschlussverbindungen der Cyclodextrine*，Angew. Chem. **64**，136（1952）。

cyclopentadienyl complex 环戊二烯基配合物 一种金属配合物，拥有一个或者更多的环戊二烯基环（cyclopentadienyl ring）。图 C.9 表示单环戊二烯基环配合物。

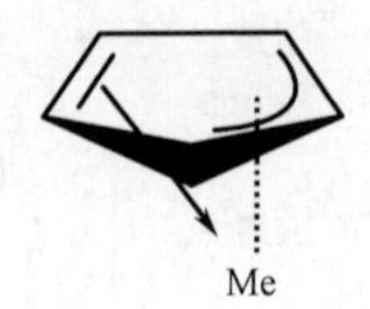

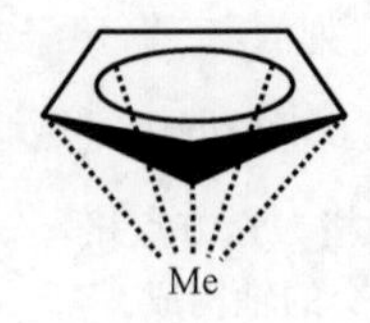

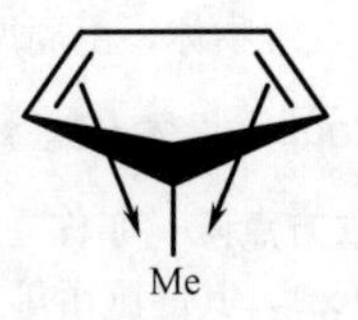

图 C.9 环戊二烯基配合物

基于金属和环戊二烯基之间的成键类型，可以把环戊二烯基配合物分为三种：π 型、σ 型和离子型配合物。这些配合物形成茂金属（metallocene）。

cyclopentadienyl ring 环戊二烯基环 成分为 $(C_5H_5)^-$ 的有机化合物，其中的 C 原子之间相互成键，并排列成一个类似于芳香环的环状结构。简写为 Cp^-。

cyclotron effect 回旋效应 质量为 m 的自由电子在垂直于一个磁场（磁感应强度为 B）的一个平面上运动时，电子运动轨迹为平面内的圆形轨道，运动的特征频率为 $\omega_c = eB/m$，称作回旋频率（cyclotron frequency）。轨道的半径称为回旋半径（cyclotron radius），为 $r_c = (2mE)^{1/2}/(eB)$，其中 E 是电子动能。必须注意的是，电子回旋运动的周期和电子的能量无关，而轨道半径是依赖于电子能量的。

cyclotron frequency 回旋频率 参见 cyclotron effect（回旋效应）。

cyclotron radius 回旋半径 参见 cyclotron effect（回旋效应）。

cyclotron resonance 回旋共振 当交变电场的频率等于在均匀磁场中的电子的回旋频率，或等于对应电子有效质量的回旋频率（当电子在固体中时）时的一种能量共振吸收，即交变电流电场的能量被电子吸收。

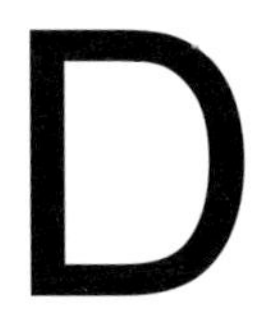

从 d'Alembert equation（达朗贝尔方程）到 Dzyaloshinskii-Moriya interaction（贾洛申斯基-守谷相互作用）

d'Alembert equation　达朗贝尔方程　一种具有常系数的联立齐次线性微分方程组，其形式为 $\mathrm{d}y_i/\mathrm{d}x = \sum a_{ik}y_k = 0$ $(i = 1, 2, \cdots, n)$，其中 $y_i(x)$ 是 n 个待定的函数，a_{ik} 是常数。

首次描述：J. 达朗贝尔（J. d'Alembert）于 1747 年。

d'Alembertian operator　达朗贝尔算符　即 $\square = \partial^2/\partial x^2 + \partial^2/\partial y^2 + \partial^2/\partial z^2 - 1/v^2(\partial^2/\partial t^2)$，通常用于电磁波理论中，其中参数 v 是介质中的波速。

damped wave　阻尼波　指由于能量损失随着传播距离增加振幅呈指数下降的波。值得注意的是能量与振幅的平方成正比。

Darwin curve　达尔文曲线　完美晶体的 X 射线衍射图样的强度的角分布形式，最初由 C. G. 达尔文（C. G. Darwin）计算出。

首次描述：C. G. Darwin, *The theory of X-ray diffraction*, Phil. Mag. **27**, 315～333 (1914)；C. G. Darwin, *The theory of X-ray diffraction*: *Part II*, Phil. Mag. **27**, 675～690 (1914)。

dative bond　配价键　参见 coordinate covalent bond（配位共价键）。

Davisson-Calbick formula　戴维孙-卡尔比克公式　此公式给出了最简单的静电透镜的焦距计算方法，其公式为 $f = 4V/(V_2 - V_1)$，这种透镜由在电势为 V 的导电板中的单一圆孔，以及分隔出的电势梯度分别为 V_1 和 V_2 的两个区域组成。

首次描述：C. J. Davisson, C. J. Calbick, *Electron lenses*, Phys. Rev. **42** (4), 580～580 (1932)。

Davisson-Germer experiment　戴维孙-革末实验　电子衍射现象的首次验证。此次实验中，一束电子入到镍单晶表面，背散射电子的分布由法拉第圆筒测量得到。

首次描述：C. J. Davisson, L. H. Germer, *Diffraction of electrons by a crystal of Nickel*, Phys. Rev. **30**, 705～740 (1927)。

获誉：1937 年，C. J. 戴维孙（C. J. Davisson）与 G. P. 汤姆逊（G. P. Thomson）由于在实验上发现了晶体的电子衍射现象而分享了诺贝尔物理学奖。

另请参阅：www.nobelprize.org/nobel_prizes/physics/laureates/1937/。

Davydov splitting　达维多夫分裂　由于晶体的单胞（unit cell）中具有不同取向的同类分子间的相互作用所导致的分子晶体吸收谱的劈裂。

首次描述：A. S. Davydov, *Theory of absorption spectra of molecular systems*, Zh. Exp. Teor. Fiz. **18** (2), 210～218 (1948)（俄文）。

de Broglie wavelength　德布罗意波长　源自德布罗意（de Broglie）的论述：不仅仅光子，任何具有动量为 p 的粒子（在某种意义上）都具有大小为 $\lambda = h/p$ 的波长。

首次描述：L. de Broglie，*Ondes et quanta*，C. R. Acad. Sci.（Paris）**177**，507～510（1923）。

获誉：1929 年，L. 德布罗意（L. de Broglie）由于发现电子的波动性获得诺贝尔物理学奖。

另请参阅：www. nobelprize. org/nobel_prizes/physics/laureates/1929/。

Debye effect　德拜效应　由于分子偶极导致的介电体（dielectric）对电磁波的选择性吸收。

首次描述：P. 德拜（P. Debye）于 1933 年。

获誉：由于在偶极矩以及气体中 X 射线和电子的衍射方面的研究而对理解分子结构作出的贡献，P. 德拜（P. Debye）获得了 1936 年诺贝尔化学奖。

另请参阅：www. nobelprize. org/nobel_prizes/chemistry/laureates/1936/。

Debye frequency　德拜频率　超导态中与电子耦合的晶格振动的特征频率。

Debye-Hückel screening　德拜-休克尔屏蔽　等离子体中的一种现象，即处于等离子体中的一个带电粒子的电场被带有相反电荷的粒子屏蔽。

首次描述：P. Debye，G. Hückel，*Zur Theorie der Electrolyten. Part II. Law of the limit of electrolytic conduction*，Phys. Z. **24**（10），305～325（1923）。

Debye-Hückel screening length　德拜-休克尔屏蔽长度　半导体中一个被移动载流子所屏蔽的杂质电荷的穿透深度 $L = [e^2 n/(\varepsilon_0 k_B T)]^{-1/2}$，其中 n 是载流子的密度，T 是温度。这一公式对于室温下轻掺杂半导体是正确的。$(L)^{-1}$ 被称作德拜-休克尔屏蔽波数（Debye-Hückel screening wave number）。

Debye-Hückel screening wave number　德拜-休克尔屏蔽波数　参见 Debye-Hückel screening length（德拜-休克尔屏蔽长度）。

Debye-Hückel theory　德拜-休克尔理论　关于强电解液行为的理论，根据该理论，每个离子被带相反电荷的离子气包围，当电流经过介质时，离子周围的离子气会阻碍离子的运动。

离子和它周围离子气的相互作用的能量决定了该溶液的静电势能，它导致了非理想行为。下面是为了计算该静电势能的假设：① 强电解质在该理论有效的范围内完全电解；② 离子间唯一的吸引力为库仑力（Coulomb force）；③ 溶液与溶剂的介电常数没有显著差异；④ 离子可以被看作点电荷；⑤ 静电势能与热能相比为小量。

首次描述：P. Debye，E. Hückel，*Zur Theorie der Elektrolyten*，Phys. Zeitschrift **24**（9），185～206（1923）。

Debye-Jauncey scattering　德拜-姜西散射　晶体的布拉格反射（Bragg reflection）方向之间的 X 射线非相干背景散射。

首次描述：G. E. M. Jauncey，*Theory of diffuse scattering of X-rays by solids*，Phys. Rev. **37**（10），1193～1202（1931）。

Debye relaxation　德拜弛豫　电荷极化（polarization）的弛豫，由单次弛豫的时间 τ 描述。典型例子是只含有一种永久偶极子的物质的取向极化的弛豫。弛豫电流随时间呈指数衰减：$I \sim \exp(-t/\tau)$。

Debye screening length　德拜屏蔽长度　参见 Debye-Hückel screening length（德拜-休克尔

屏蔽长度)。

Debye temperature　德拜温度　用于描述物质热容的温度依赖性的斜率的特征量。热容一般表述形式为 $c_V = f(T/T_\Theta)$，而事实上德拜温度是和温度有关的，所以上述关系仅在一定温度范围内时对 T/T_Θ 的若干次幂是保持线性的。

首次描述：P. Debye，*Zur Theorie der spezifischen Wärmen*，Ann. Phys. **30** (4)，789～839 (1912)。

Debye-Waller factor　德拜-沃勒因子　由晶格内原子的热运动造成的晶格的 X 射线衍射密度的减少。其公式可表示为 $D = \exp\{-8\pi^2 u^2 \sin^2[\theta/(2\lambda^2)]\}$，其中 u^2 是原子垂直于反射面的位移的平方平均值（关于温度 T 的函数），θ 为布拉格反射角（Bragg reflection angle），λ 为 X 射线的波长。

首次描述：I. Waller，*Zur Frage der Einwirkung der Wärmebewegung auf die Interferenz von Röntgenstrahlen*，Z. Phys. **17** (6)，398～408 (1923)。

deca-　十　代表 10 的十进制前缀，简写为 da。

deceleration radiation　减速辐射　参见 Bremsstrahlung（韧致辐射）。

deci-　分　代表 10^{-1} 的十进制前缀，简写为 d。

decoherence (quantum)　退相干（量子）　亦称消相干、去相干，由于量子系统与环境的相互作用所引起的由纯量子态到混合态的转变。

deformation potential　形变势　用来描述声子（phonon）是如何压缩或扩充固体的交叠区域而引入的势。晶体的均匀压缩或者扩张会导致电子能带边缘随应变成比例地升高或降低，该比例常数被称为形变势 Ξ。

势能为 $V(z) = \Xi e(z)$，其中纵向应变为 $e(z) = \partial u/\partial z$，$u(z)$ 为一个原子在 z 方向的位移。

degeneracy　简并　亦称简并性、简并度，独立的且一般来说截然不同的各个量的相等。在量子力学中，代表一系列具有相同能量的轨道（orbital）也即能级，或者说不同的波函数具有相同的能量的情况。

degenerate four-wave mixing (DFWM)　简并四波混频　参见 four-wave mixing（四波混频）。

degenerate pump probe spectroscopy　简并泵浦探测光谱　参见 pump probe spectroscopy（泵浦探测光谱）。

degenerate states　简并态　具有相同能量的量子态。或者说，当不同的态具有相同的本征值（eigenvalue）时，被认为是简并的。

de Haas-van Alphen effect　德哈斯-范阿尔芬效应　金属磁化率作为 $1/H$ 的函数的振荡变化，其中 H 是静磁场强度。该效应要在足够低的温度下观察，一般低于 20 K。它是磁场中导电电子运动的量子化结果。通过记录该效应对于场和温度的依赖关系，尤其是作为相对于晶轴的场取向的函数，有助于确定电子的有效质量、电子弛豫时间和材料的费米能级（Fermi level）。

首次描述：W. J. de Haas，P. M. van Alphen，*Relation of the susceptibility of diamagnetic Metals to the field*，Proc. K. Akad. Amsterdam **33** (7)，680～682 (1930)。

详见：D. Schoenberg, *Magnetic Oscillations in Metals*,（Cambridge University Press, Cambridge, 1984）。

Delbrück scattering　德尔布吕克散射　由库仑场产生的一种光散射，也即由虚拟的电子-正电子对产生。

首次描述：L. Meitner, H. Kösters, M. Delbrück, *Über die Streuung kurzwelliger γ-Strahlen*, Z. Phys. **84**, 137～144 (1933)。

delta-doped structure　δ掺杂结构　一种具有极端非均匀掺杂分布的半导体结构，其掺杂分布的特点为所有缺陷都位于一层很薄的内层中，理想的状况是在一层单分子层中。杂质分布类似狄拉克 δ 函数（delta function）。这种结构中的电子能带如图 D. 1 所示。

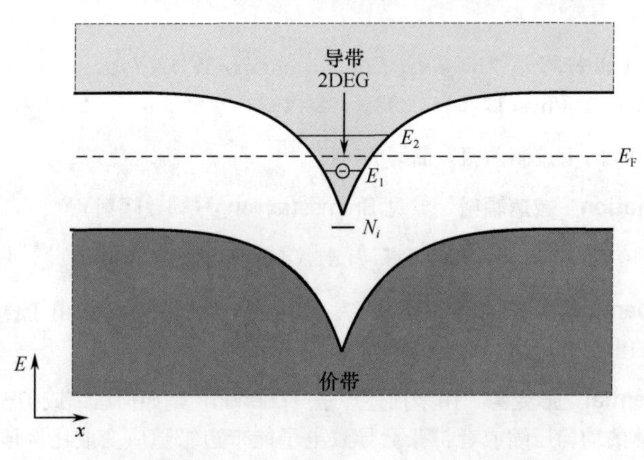

图 D. 1　δ掺杂半导体结构中的能带

由于载流子和电离杂质间的强库仑相互作用，载流子在高掺杂区域的运动被限制远离电离杂质。电离杂质原子的电场被它们产生的自由载流子所屏蔽。这样就形成了一个“V”字形的势阱，其形式可由下式估计：

$$U(x)=\frac{me^4}{\varepsilon^2\hbar^2}\left[\left(\frac{15\pi^3}{8\sqrt{2}}N_i^2a_{B^*}^4\right)^{-1/10}+\sqrt{\frac{2\sqrt{2}}{15\pi}\frac{x}{a_{B^*}}}\right]^{-4}$$

其中 ε 是材料的介电常数，N_i 是杂质的片浓度，$a_{B^*}=\varepsilon\hbar^2/me^2$ 是有效玻尔半径。

根据量子限域规则，势阱中的能态被量子化。其中大量被占据的二维子能带可容纳高密度的电子。

一种最简单的 δ 掺杂结构是把单层的硅沉积在单晶 GaAs 表面后，在其上覆盖更多外延的 GaAs 而构成。施主硅原子略微分散开，但仍保持在最初掺杂平面附近的几个单层内。一个电子限制区域大约扩张到 10 nm。在二维电子气中电子密度可以达到 $10^{14}\ \text{cm}^{-2}$，但前提是它们损失了可移动性。

n 型和 p 型的 δ 掺杂层周期性排列，并由本征材料分隔开，这样的结构称作 n*i*p*i* 结构。当施主和受主浓度在 n 型和 p 型层中各自相等时，处于平衡态的该结构没有自由载流子移动。产生于结构被光照射等条件下的非平衡载流子，看起来是由内建电场分开的。它们的电荷对能带的改变和平衡载流子是相同的。通过对 n 型层和 p 型层外加偏压也可以达到相同的效果。这些方法都可以用来实现能带的有效调制。

详见：*Delta-Doping of Semiconductors*, edited by E. F. Schubert（Cambridge University Press, Cambridge, 2005）。

delta function δ 函数 一种分布函数 $\delta(x)$，使得 $\int_{-\infty}^{\infty} f(x)\delta(x-t)\mathrm{d}x = f(t)$，亦称狄拉克 δ 函数（Dirac delta function）。它是克罗内克 δ 函数（Kronecker delta function）的功能性推广。

demagnetization curve 退磁曲线 当磁场强度由材料的饱和状态减少到零通量点时，磁感应强度和磁场强度的函数关系。

Dember effect 丹倍效应 在光非均匀照射下，均匀半导体中出现电场的现象。它是由于光激发产生的电子和空穴的扩散长度不同而造成的。

首次描述：H. Dember，*Über eine photoelektromotorische Kraft in Kupfer-oxid-Kristallen*，Phys. Z. **32**，554～556（1931）（实验）；J. I. Frenkel，*Possible explanation of superconductivity*，Phys. Rev. **43**（11），907～912（1933）（理论）。

dendrimer 树枝状聚合物 亦称树枝状高分子、树枝状大分子、树枝状化合物等，是由 monomer（单体）人工制作或合成得到的枝状分子。“dendrimer”也即“dendritic polymer”，其中希腊语“dendra”是树的意思。图 D. 2 显示了一个树枝状聚合物的结构。

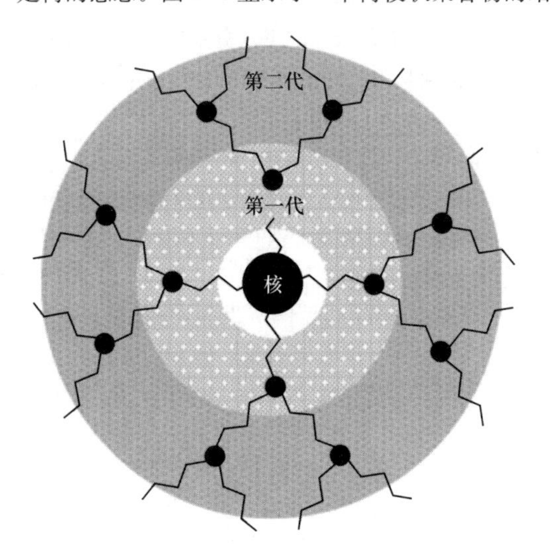

图 D. 2 一个二代树枝状聚合物的结构示意图

首次描述：P. J. Flory，*Molecular size distribution in three dimensional polymers. VI. Branched polymers containing A-R-B$_{f-1}$ type units*，J. Am. Chem. Soc. **74**（11），2718～2723（1952）。

详见：F. Vögtle，G. Richardt，N. Werner，*Dendrimer Chemistry*（Wiley-VCH，Weinheim，2009）。

获誉：1974 年，诺贝尔化学奖授予美国物理化学家 P. J. 弗洛里（P. J. Flory），以表彰他在高分子物理化学领域中的理论和实验成就。

另请参阅：www.nobelprize.org/nobel_prizes/chemistry/laureates/1974/。

dendrite 枝晶 树形状的晶体。

density functional theory 密度泛函理论 指出基态能量对应于作为位置函数的电子密度的泛函的最小值。基态的电子分布通过解薛定谔方程（Schrödinger equation）决定，方程中包含适当的单电子势，考虑了交换-关联能以及经典的电子与电子之间、电子与核之间的库仑相互作用。交换-关联势是电子密度的函数，原则上只能近似地被确定，最广泛运用的近似是局域密度近似（local density approximation）。通过自洽计算单电子势，不仅可以得到给定的原子晶格构型的电子结构，还可以基于能量最小原则，通过比较不同构型的总能量而得到晶体结构本身以及晶格间距。

密度函数理论基于两个一般性定理，即霍恩伯格-科恩定理（Hohenberg-Kohn theorems）：

— 处于基态的相互作用电子气的任意物理性质可以写成电子密度 $\rho(\boldsymbol{r})$ 的唯一的泛函，特别是它的总能量 $E[\rho]$（存在背景势时的电子气的总能量可以写成电荷密度的泛函）。

— 对于由薛定谔方程推导出的真实的密度 $\rho(\boldsymbol{r})$，对应的 $E[\rho]$ 达到最小值。系统的真实电荷密度就是使该泛函取最小值的密度，泛函满足正确的归一化。

对于电子在离子势中运动（在 CGS 系统中），有

$$E[\rho]=-e^2\int\frac{\rho^-(\boldsymbol{r})\rho^+(\boldsymbol{r}')}{|\boldsymbol{r}-\boldsymbol{r}'|}\mathrm{d}^3\boldsymbol{r}\mathrm{d}^3\boldsymbol{r}'+\frac{e^2}{2}\int\frac{\rho^-(\boldsymbol{r})\rho^-(\boldsymbol{r}')}{|\boldsymbol{r}-\boldsymbol{r}'|}\mathrm{d}^3\boldsymbol{r}\mathrm{d}^3\boldsymbol{r}'$$
$$+\frac{e^2}{2}\int\frac{\rho^+(\boldsymbol{r})\rho^+(\boldsymbol{r}')}{|\boldsymbol{r}-\boldsymbol{r}'|}\mathrm{d}^3\boldsymbol{r}\mathrm{d}^3\boldsymbol{r}'+T[\rho(\boldsymbol{r})]+E_{xc}[\rho(\boldsymbol{r})]$$

其中 $\rho^+(\boldsymbol{r})$ 是单位体积内正的基本电荷数。前三项分别来自于经典的库仑电子-离子、电子-电子和离子-离子相互作用，第四项是密度为 $\rho(\boldsymbol{r})$ 的非相互作用电子系统的动能，最后一项是交换关联能。

该理论可用于物质基本的电子特性和相关特性的模拟。

首次描述：P. Hohenberg，W. Kohn，*Inhomogeneous electron gas*，Phys. Rev. **136**（3B），B864～B871（1964）；W. Kohn，L. J. Sham，*Quantum density oscillation in an inhomogeneous electron gas*，Phys. Rev. **137**（6A），A1697～A1705（1965）；W. Kohn，L. J. Sham，*Self consistent equations including exchange and correlation effects*，Phys. Rev. **140**（4A），A1133～A1138（1965）。

详见：E. K. Gross，F. J. Dobson，M. Petersilka，*Density Functional Theory*（Springer，Heidelberg，1996）。

获誉：1998 年，W. 科恩（W. Kohn）由于发展了密度泛函分析理论而获得诺贝尔化学奖。

另请参阅：www. nobelprize. org/nobel_prizes/chemistry/laureates/1998/。

density of states　态密度　在单位体积实空间中，每能量间隔 dE 中的每种自旋取向的态的数量。总的态密度和投影态密度是不同的。总态密度（total density of states）的表达式是

$$n(E)=\frac{2}{V_{\mathrm{BZ}}}\sum_n\int_{V_{\mathrm{BZ}}}\delta(E-E_n(\boldsymbol{k}))\mathrm{d}\boldsymbol{k}$$

其中 V_{BZ} 是布里渊区的体积。积分是在第一布里渊区内进行的，n 为能带指标。而原子类型 t 的投影态密度（projected density of states）是

$$n_l^t(E)=\frac{2}{V_{\mathrm{BZ}}}\sum_n\int_{V_{\mathrm{BZ}}}Q_l^t(\boldsymbol{k})\delta(E-E_n(\boldsymbol{k}))\mathrm{d}\boldsymbol{k}$$

其中 $Q_l^t(\boldsymbol{k})$ 是部分电荷或者说局部电荷。

近自由电子气中电子的总态密度在三维（3D）或者更低维度的系统中的表达式是

$$三维：n_{3\mathrm{D}}(E)=\frac{m^*\sqrt{2m^*E}}{\pi^2\hbar^3}$$

$$二维：n_{2\mathrm{D}}(E)=\frac{m^*}{\pi\hbar^2 l_x}\sum_i\Theta(E-E_i),\ i=1,\ 2,\ \cdots$$

一维：$n_{1D}(E)=\frac{\sqrt{2m^*}}{\pi\hbar l_x l_y}\sum_{i,j}\sqrt{\frac{1}{E-E_{i,j}}}$，$i, j=1, 2, \cdots$

零维：$n_{0D}(E)=\frac{2}{l_x l_y l_z}\sum_{i,j,k}\delta(E-E_{i,j,k})$，$i, j, k=1, 2, \cdots$

其中 m^* 是有效电子质量，Θ（$E-E_i$）是阶梯函数，$\delta(E-E_{i,j,k})$ 是 δ 函数，而 l_x、l_y 和 l_z 是低维方向的空间限度。

deoxyribonucleic acid　脱氧核糖核酸　参见 DNA。

Derjaguin-Müller-Toporov force　德加根-穆勒-托波罗夫力　参见 Derjaguin-Müller-Toporov model（德加根-穆勒-托波罗夫模型）。

Derjaguin-Müller-Toporov model　德加根-穆勒-托波罗夫模型　此模型为解决球体与一平面之间的附着（adhesion）问题提供了一种方法，考虑在接触面附近区域伦纳德-琼斯势（Lennard-Jones potential）起作用。两者之间的摩擦力可表为：$F_f=\tau\pi(R/K)^{2/3}F_{DMT}^{2/3}$，其中 $F_{DMT}=N+2\pi R\gamma$ 称为德加根-穆勒-托波罗夫力（Derjaguin-Müller-Toporov force）。N 是外加负载，R 是球体半径，$\gamma=\gamma_1+\gamma_2-\gamma_{1,2}$ 是界面能（γ_1 是球体的表面能，γ_2 是平面的表面能，$\gamma_{1,2}$是交界面的能量）。K 的有关信息参见 Friction force theory（摩擦力理论）。无外加负载时 $F_{f_0}=\tau\pi[(2\pi R^2\gamma)/K]^{2/3}$，接触半径 $a_0=[(2\pi R^2\gamma)/K]^{1/3}$。该模型较适用于低附着和小（球体）半径的情况。

首次描述：B. V. Derjaguin，V. M. Muller，Y. P. Toporov，*Effect of contact deformations on the adhesion of particles*，J. Coll. Interface Sci. **67**（2），314～326（1975）。

详见：B. Bushan，*Nanotribology and Nanomechanics：An Introduction*（Springer，Berlin，2008）。

desorption　脱附　物质从先前吸附的表面脱离。相反的过程是吸附（adsorption）。

Destriau effect　迪什特里奥效应　硫化锌荧光粉在电场激发下的电致发光（electroluminescence）。这一效应是交流荧光显示平板技术的基础。G. 迪什特里奥（G. Destriau）首先创造了"electroluminescence"（电致发光）一词来指代他发现的这一现象。

首次描述：G. Destriau，*Recherches sur les scintillations des sulfures de zinc aux rayons*，J. Chem. Phys. **33**，587～625（1936）。

detailed balance limit　细致平衡限度　亦称肖克利-奎塞尔限度（Shockley-Queisser limit），定义为利用 p-n 结发电的理想太阳电池的最大理论效率。这个限度的假设条件包括：①每个太阳电池是一种半导体材料（排除掺杂），②太阳电池中有一个 p-n 结，③利用"一个太阳"光源（阳光不集中）。在这些假设条件下，利用 p-n 结的硅太阳电池的最大太阳能转换效率可以达到 33.7%。

首次描述：W. Shockley，H. J. Queisser，*Detailed balance limit of efficiency of p-n junction solar cells*，J. Appl. Phys. **32**（3），510～519（1961）。

详见：*Handbook of Photovoltaic Science and Engineering*，edited by A. Luque，S. Hegedus（John Wiley & Sons，Chichester，2011）。

Deutsch gate　多伊奇门　参见 quantum logic gate（量子逻辑门）。

Deutsch-Jozsa algorithm　多伊奇-约饶算法　一种用于解决多伊奇-约饶问题的量子算法，此问题的目的是决定布尔函数 f：$\{0, 1\}^n\rightarrow\{0, 1\}$ 是否是常数，是总返回 0 或 1 而与输入无关，还是对于一半输入返回 0 而对于另一半输入返回 1。例如，考察一个硬币是公正的（一面印有头，一面印有尾）还是不公正的（两面都印有头或尾）。这种类型的函数被称为神谕（oracle）或是黑箱。多伊奇-约饶算法能够仅仅使用一个检查步骤就能给出问题的正确答案。而一个经典的算法最少需要两次计算，在最坏的情况下甚至需要（$2^{n-1}+1$）次评估。要求 f 是线性函数，并且通过增加至少一个位用于代表作为输入位状态置换的计算，就可能可逆地实施这个函数。

首次描述：D. Deutsch，R. Jozsa，*Rapid solutions of problems by quantum computation*，Proc. R. Soc. London，Ser. A **439**，553～558 (1992)。

详见：A. Galindo，M. A. Martín Delgado，*Information and computation：classical and quantum aspects*，Rev. Mod. Phys. **74** (2)，347 ～ 423 (2002)；S. Guide，M. Riebe，G. P. T. Lancaster，C. Becher，J. Eschner，H. Häffner，F. Schmidt-Kaler，I. L. Chuang，R. Blatt，*Implementation of the Drutsch-Jozsa algorithm on a ion-trap quantum computer*，Nature **421** (1)，48～50 (2003)。

获誉：2002 年，D. 多伊奇（D. Deutsch）凭借在量子计算科学方面的理论工作而获得了国际量子通信奖。

DFWM 为 degenerate four-wave mixing（简并四波混频）的缩写。

diagonal sum rule 对角求和规则 一个可观测量的矩阵的对角线元素之和（迹）与表象无关，它恰好等于可观察量特征值对其简并度的加权之和。

diamagnetic 反磁性体 亦称抗磁体，也常指抗磁（性）的、反磁（性）的，这样的物质在外磁场中表现出和外场相反的磁化方向，导致反磁性体被磁铁所排斥。抗磁磁化强度与施加的外场成正比。处于超导状态的物质表现出完全的抗磁性，参见 magnetism（磁性）。

首次描述：M. Faraday，*Experimental researches in electricity. -Twentieth Series*. Phil. Trans. **136**，31～40 (1846)；M. Faraday，*Experimental researches in electricity. -Twenty-first Series*. Phil. Trans. **136**，41～62 (1846)。

diamagnetic Faraday effect 抗磁性法拉第效应 是一种出现在吸收线频率附近的法拉第效应（Faraday effect），其吸收线的劈裂只是由较高能级的劈裂引起。

diamond structure 金刚石结构 一种特定的晶体结构，可以描述为两组互相贯穿的面心立方（face-centered cubic，fcc）晶格，其中一组沿着另一组的主对角线偏移[fcc 晶格的原子排列请查阅 Bravais lattice（布拉维点阵）]。第二组面心立方晶格的原点位置用基矢来表示是(1/4，1/4，1/4)。这种结构的名字来自于金刚石，在金刚石中碳原子就是按照这样的构型排布的。三维的共价成键使得每个原子被最近邻的四个原子以正四面体的形式所包围。其他有同样晶体结构的元素包括 Si、Ge 和 α-Sn。

diastereoisomer 非对映异构体 也即 diastereomer（非对映体）。

diastereomer 非对映体 不是对映体（enantiomer）（互为镜像）的立体异构体（stereoisomer）。它们可以具有不同的物理性质和化学活性。在另一种定义中，非对映体是指一对在一个或更多的手性中心具有相反的构型，但并不是互为镜像的异构体（isomer）。

Dicke effect 迪克效应 由开始被激发的原子的集合发出的自发发射（spontaneous emission）光子谱的劈裂。如果处于激发态的原子被放置在小于其发射辐射波长的区域内，它们就不能够独立地衰减。相反的，由于所有的原子都与共同的辐射场发生耦合，它们发出的辐射将比互相独立的原子集合发出的辐射有更高的强度和更短的发生时间间隔。

设辐射来自两个被激发的原子，它们分别具有偶极矩 d_1 和 d_2，处于位置 $\boldsymbol{r}_1$ 和 $\boldsymbol{r}_2$。波矢为

$\boldsymbol{Q}$ 的光子自发发射率遵守费米黄金定则（Fermi's golden rule）：

$$\Gamma_{\pm}(Q) \sim \sum_{Q} |g_Q|^2 |1 \pm \exp[\mathrm{i}\boldsymbol{Q} \cdot (\boldsymbol{r}_2 - \boldsymbol{r}_1)]|^2 \delta(\omega_0 - \omega_q)$$

其中 $Q = \omega_0/c$，ω_0 是高低能级之间的跃迁频率，g_Q 是模式$\boldsymbol{Q}$ 的矩阵元素。“+”和“−”两个符号对应于这两个原子偶极矩的两种不同的相对取向。两个原子的贡献之间的干涉导致了光子的自发辐射劈裂成为一个使用 $\Gamma_+(Q)$ 描述的快速的超辐射衰变通道和另一个使用 $\Gamma_-(Q)$ 描述的慢速的次辐射衰变通道。

从两能级体系的希尔伯特空间（Hilbert space）中四种可能的态，可以预期观察到它们的单重态和三重态。超辐射衰变通道通过三重态发生，而次辐射衰变通道通过单重态发生。在极端的迪克极限下，第二个相位因子接近于 1，$|\exp[\mathrm{i}\boldsymbol{Q} \cdot (\boldsymbol{r}_2 - \boldsymbol{r}_1)]| \approx 1$，可以推出 $\Gamma_-(Q) = 0$，$\Gamma_+(Q) = 2\Gamma(Q)$，其中 $\Gamma(Q)$ 是单个原子的衰变率。要达到这个极限，理论上要求对所有的波矢 $\boldsymbol{Q}$ 都有 $|\boldsymbol{Q} \cdot (\boldsymbol{r}_2 - \boldsymbol{r}_1)| \ll 1$ 成立，这样就使得原子间距离远远小于光的波长。在实际情况下，使得次辐射率是零而超辐射率是单个原子辐射率两倍的条件从未达到过。

首次描述：R. H. Dicke，*Coherence in spontaneous radiation processes*，Phys. Rev. **93** (1)，99～110 (1954)。

Dicke superradiance 迪克超辐射 一种由自发发射引起的被激发的两能级体系集合的集体衰变。

首次描述：R. H. Dicke，*Coherence in spontaneous radiation processes*，Phys. Rev. **93** (1)，99～110 (1954)。

详见：M. G. Benedict，A. M. Ermolaev，V. A. Malyshev，I. V. Sokolov，E. D. Trifonov，*Super Radiance*，Optics and Optoelectronics Series (Institute of Physics，Bristol，1996)。

dielectric 介电体 亦称电介质，一种使得外加的适度电场一旦建立就可以维持而无需损失能量的物质。是一种没有自由电荷的绝缘体。实际的介电体会有轻微的导电性，绝缘体或介电体与半导体（semiconductor）或导体（conductor）之间的分界线不是明确的。

dielectric function 介电函数 把施加于某种物质的电场 $\boldsymbol{E}$ 与其中产生的电荷的位移 $\boldsymbol{D}$ 通过方程 $\boldsymbol{D}=\varepsilon(\omega)\boldsymbol{E}$ 联系起来的函数。它是一个复数，有 $\varepsilon(\omega) = \varepsilon_1(\omega) + \mathrm{i}\varepsilon_2(\omega)$，相应的实部和虚部分别为 $\varepsilon_1(\omega)$ 和 $\varepsilon_2(\omega)$。

介电函数的虚部由在随机相近似下从 i 态到 j 态的量子力学跃迁率 W_{ij} 定义，即 $\varepsilon_2 = (n^2/\omega)\sum W_{ij}(\omega)$，求和包括所有占据态和未占据态。对于从满的价带中的单电子布洛赫态跃迁到空的导带中的单电子布洛赫态的跃迁，在一阶微扰论下得到的跃迁率为 $W_{ij} = (2\pi/h) \cdot |V_{ij}(k)|^2 \cdot \delta(E_{ij}(k) - \hbar\omega)$，其中带间矩阵元（matrix element）$|V_{ij}(k)|$ 包含价带和导带波函数的布洛赫因子和被作为微扰的入射波的偶极算符。带间矩阵元依赖于参与光学跃迁的态的对称性和光的极化。偶极算符为奇宇称（parity），因此 V_{ij} 为零，除非布洛赫因子为奇宇称。当 V_{ij} 非零时，跃迁是被允许的，否则称该跃迁被禁止。一般来说 V_{ij} 依赖于电子波矢 $\boldsymbol{k}$，而在临界点附近，V_{ij} 一般与 $\boldsymbol{k}$ 无关。

介电函数的实部和虚部由克拉默斯-克勒尼希色散关系（Kramers-Kronig dispersion relation）相联系。它们被应用于计算固体的宏观光学性质，这些性质由折射率（refractive index）n^*、消光系数（extinction coefficient）k^* 和吸收系数（absorption coefficient）α 表示：

$$n^* = \{(1/2)[\varepsilon_1 + (\varepsilon_1^2 + \varepsilon_2^2)^{1/2}]\}^{1/2}$$

$$k^* = \{(1/2)[-\varepsilon_1 + (\varepsilon_1^2 + \varepsilon_2^2)^{1/2}]\}^{1/2}$$

$$\alpha = \frac{4\pi k^*}{\lambda}$$

其中λ是光在真空中的波长。

differential scanning calorimetry (DSC)　示差扫描量热法　亦称差示扫描量热法，简称DSC，一种用于物质热分析的技术，它涉及同时加热样品以及热惰性的参考材料，并测量加热过程中样品相对热量的变化。最常见的热量变化是晶体材料的熔化相变，它导致了相对于热惰性参考材料的热量或者能量吸收，可以在热谱图上观察到一个吸热峰。其逆过程即结晶，发生在把可结晶材料从熔体状态冷却时，表现为过程中释放出热量，可以观察到一个放热峰。很多其他的热敏现象也可以用这种技术来表征，如玻璃和多晶体的相变、挥发物的流失、共混物和合金的熔化以及降解过程。

详见：G. Höhne，W. F. Hemminger，H. -J. Flammersheim，*Differential Scanning Calorimetry*（Springer，Berlin，2003）。

diffraction　衍射　当波通过一个不透明的边缘或一个孔洞附近时产生一个较弱的波前。这些次级的波前会与主级的波前互相干涉而产生多样的衍射模式。

diffusion　扩散　一种由系统的电化学势梯度驱动的物质的定向运动。它通过原子的随机运动提供了均匀化或达到平衡状态的办法。在真实系统中，电化学势的梯度通常和粒子浓度的梯度、温度梯度相关联。

当粒子浓度 N 的梯度为扩散的驱动力时，扩散粒子的单位面积流量为 $J=-D\cdot \mathrm{grad}N$ [在一维情况下为 $J=-D(\partial N/\partial x)$]，其中 D 是扩散系数或粒子的扩散率。粒子浓度随时间的变化由方程 $(\partial N/\partial t)=\mathrm{grad}(D\cdot \mathrm{grad}N)$ 描述 [一维情况下为 $(\partial N/\partial t)=(\partial/\partial x)(D\cdot \partial N/\partial x)$]。上述方程也即扩散的菲克定律（Fick's law），并且分别为菲克扩散第一定律和菲克扩散第二定律。

在固体中，原子的扩散运动需要晶格点缺陷参与扩散过程。至今固体中已被识别的原子扩散机理有：① 空位机理（原子跳跃至一个最近邻的空位取代之，并在原来位置留下空位）；② 填隙机理（在相邻的晶格填隙位间跳跃）；③ 位交换或环形机理 [晶格中两个（位交换）或多个（环形）相邻原子因相互挤压并交换位置而同时运动]。最后一种情况，晶格缺陷不是非常重要。实际上，上述机理也有可能重叠发生。

首次（数学上）描述：A. Fick，*Über Diffusion*，Ann. Phys. **94**，59～86（1855）。

详见：J. Crank，*Mathematics. of Diffusion*（Clarendon Press，Oxford，1956）；B. I. Boltaks，*Diffusion in Semiconductors*（Academic Press，New York，1963）。

diffusion length　扩散长度　粒子（如载流子或原子）从其产生或释放的位置到其被吸收的位置的平均扩散距离。

diluted magnetic semiconductor　稀磁半导体　这种半导体是典型的 $A^{II}B^{VI}$ 和 $A^{III}B^{V}$ 型半导体，其中A被磁性离子部分替代，通常是锰（Mn）。不同于磁性半导体（如Eu的硫属化物或 $ZnCr_2Se_4$），稀磁半导体可以由磁性离子密度的不同而调整本身的磁性。$Zn_{1-x}Mn_xSe$、$Zn_{1-x-y}Be_xMn_ySe$ 和 $Ga_{1-x}Mn_xAs$ 都是被广泛采用的稀磁半导体。这些材料的磁性由Mn原子决定，它们由载流子和磁性离子的杂化 sp^2 轨道-d轨道（orbital）强交换相互作用所控制。因此，当放置材料于外磁场中时，导带和价带中都可观测到很大的塞曼分裂（Zeeman splitting），参见图D.3。

稀磁半导体的导带为二重自旋简并，而价带有与轻空穴和重空穴有关的四重自旋简并态。在磁场中自旋退简并，并为自旋向上（$m_j=+1/2$）和自旋向下（$m_j=-1/2$）的电子和双自旋定向的重空穴（$m_j=+3/2$ 和 $m_j=-3/2$）与轻空穴（$m_j=+1/2$ 和 $m_j=-1/2$）提供空位。Mn元素等电子地掺杂入$A^{II}B^{VI}$型半导体，因此含Mn材料也可掺杂n型或p型杂质。在$A^{III}B^{V}$型半导体中，Mn充当浅受主，排除了制造n型材料的可能。

详见：A. Twardowski，*Diluted Magnetic Semiconductors*（World Scientific，Singapore，1996）。

dimer 二聚体 由两个相同的次级单元［单体（monomer）］连接形成的分子。

diode 二极管 一种只允许电流沿一个方向流动的电子器件。

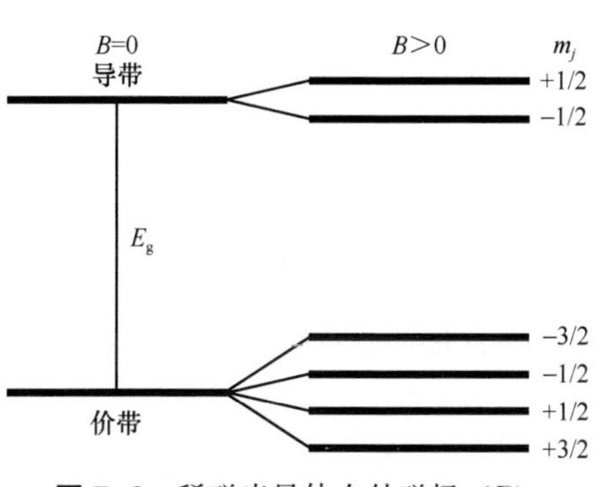

图 D.3 稀磁半导体在外磁场（B）中导带和价带的分裂

dipoid 二倍体 具有两套染色体（chromosome）的真核的（eukaryotic）细胞。

dipole 偶极子 一对大小相等极性相反的电荷。电荷大小和它们间距的乘积是偶极矩（dipole momentum）。

首次描述：P. Debye，*Some Results of a Kinetic Theory of Insulators*，Phys. Z. **13**，97～100（1912）。

获誉：1936年，凭借通过偶极矩以及X射线与气体中电子的衍射的研究而对理解分子结构作出的贡献，P. 德拜（P. Debye）获得了诺贝尔化学奖。

另请参阅：www.nobelprize.org/nobel_prizes/chemistry/laureates/1936/。

dip-pen nanolithography 蘸笔纳米光刻术 利用原子力显微镜（atomic force microscope）的扫描探针制造具有纳米特征的分子层图样结构的技术。在这种技术中，在探针和衬底间形成了弯月形水层。将要被沉积的分子溶解在这部分水中，即形成了墨水。墨水既是提供分子的源也是分子输运的媒介。图样结构的形成如图D.4所示。

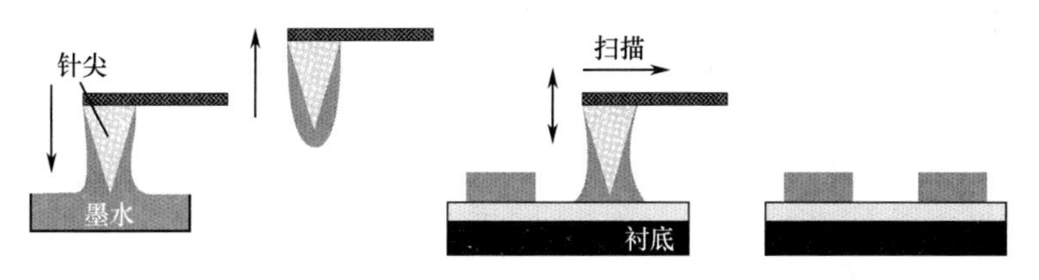

图 D.4 通过蘸笔纳米光刻术形成图样结构

首先，墨水从墨水瓶中沉积到针尖上。随后，针尖被放置于衬底上方并且以接触和非接触的组合方式扫描。分子只会沉积在探针和衬底接触并且形成弯月形水层的区域。弯月形的形成取决于周围环境的湿度和衬底表面的水反应［亲水的（hydrophilic）或疏水的（hydrophobic）］。扫描速度决定了通过针尖可以输运的墨水量，在较高的扫描速率下，针尖只能携带较少的墨水。由于分子的输运本质上是由扩散控制的，沉积的分子数目与$t^{1/2}$成正比，其中t是针尖和衬底接触的时间。

这项技术的效率取决于沉积分子形成自组装单层膜的能力。在已经测试过的化合物中，16-巯基十六酸（16-mercaptohexadecanoic acid）和1-十八烷硫醇（1-octadecane thiol）显示出满足这些要求。如果在衬底的表面覆盖一层纳米厚度的预先制出形状的金膜作为底部区域蘸尖轮廓的掩模，这种技术能够获得最好的效果，可以制造出特征尺度低至 10 nm 的表面结构。

首次描述：P. D. Piner，J. Zhu，F. Xu，*"Dip-pen" nanolithography*，Science **283**，661～663 (1999)。

详见：K. Salaita，Y. Wang，C. A. Mirkin，*Applications of dip-pen nano-lithography*，Nat. Nanotechnol. **2**，145～155 (2007)。

Dirac delta function　狄拉克 $\boldsymbol{\delta}$ 函数　参见 delta function（δ 函数）。

Dirac equation　狄拉克方程　量子粒子的一种相对论波动方程，其中波函数有四个组分，对应于四个内部状态，它们由双值的自旋坐标和能量确定，能量值可正可负。它可利用质量为 m、动量为 $\boldsymbol{p}$ 的量子粒子能量的线性化表达而得到：$E = c\boldsymbol{\alpha}\cdot\boldsymbol{p} + \beta mc^2$。此公式取代狭义相对论中的 $E = (c^2\boldsymbol{p}^2 + m^2c^4)^{1/2}$。四个符号也即 $\boldsymbol{\alpha} = (\alpha_1, \alpha_2, \alpha_3)$ 和 β 是满足以下矩阵的互为反对易的算符：

$$\alpha_i = \begin{pmatrix} 0 & \sigma_i \\ \sigma_i & 0 \end{pmatrix},\quad \beta = \begin{pmatrix} 1 & 0 \\ 0 & -1 \end{pmatrix}$$

其中 σ_i 为泡利自旋矩阵（Pauli spin matrix）。因此，$\alpha_i\alpha_j + \alpha_j\alpha_i = 2\delta_{ij}$，$\beta^2 = 1$，$\alpha_i\beta + \beta\alpha_i = 0$，其中 δ_{ij} 为克罗内克 δ 函数（Kronecker delta function）。将能量的表达式代入到薛定谔方程（Schrödinger equation）中就得到狄拉克方程：

$$i\hbar\frac{\partial\Psi(\boldsymbol{r},t)}{\partial t} = (c\boldsymbol{\alpha}\cdot\boldsymbol{p} + \beta mc^2)\Psi(\boldsymbol{r},t)$$

波函数 $\Psi(\boldsymbol{r},t)$ 现在是一个四组分实体，称作旋量（spinor）。单粒子在外势 $U(\boldsymbol{r})$ 下的与时间无关的狄拉克方程形式如下：

$$[c\boldsymbol{\alpha}\cdot\boldsymbol{p} + U(\boldsymbol{r}) + \beta mc^2]\Psi(\boldsymbol{r}) = (E + mc^2)\Psi(\boldsymbol{r})$$

其中结合能 E 与非相对论理论中的意义相同。

事实上，狄拉克方程就是薛定谔（非相对论）方程的洛伦兹不变量的相对论推广。

首次描述：P. A. M. Dirac，*The quantum theory of the election*，Proc. R. Soc. A **115**，610～624 (1928)。

获誉：1933 年，P. A. M. 狄拉克（P. A. M. Dirac）和 E. 薛定谔（E. Schrödinger）由于发现了原子理论的新的表现形式而获得了诺贝尔物理学奖。

另请参阅：www. nobelprize. org/nobel_prizes/physics/laureates/1933/。

Dirac matrix　狄拉克矩阵　标记为 $\gamma_k(k = 0, 1, 2, 3)$ 的四个 4×4 矩阵任意之一，它们满足 $\gamma_k\gamma_l + \gamma_l\gamma_k = 2\delta_{kl}E$，$\gamma_k\gamma_0 + \gamma_0\gamma_k = 0$，$\gamma_k\gamma_l = \gamma_0^2 = E$，其中 $k, l = 1, 2, 3$。其中 δ_{kl} 为克罗内克 δ 函数（Kronecker delta function），E 为单矩阵。这些矩阵用于作用在狄拉克方程（Dirac equation）中的四组分波函数上。

首次描述：P. A. M. Dirac，*The quantum theory of the election*，R. Proc. Soc. A **115**，610～624 (1928)。

Dirac monopole　狄拉克单极子　磁荷的一个量子，等于 h/e，亦称磁单极子。

首次描述：P. A. M. Dirac，*The Principles of Quantum Mechanics*（Oxford University Press，1930）。

Dirac notation (for quantum states)　(用于量子态的) 狄拉克符号　用复希尔伯特空间（Hilbert space）中的矢量 $\boldsymbol{\Psi}$ 表示的任意量子态可以写为右矢（ket）

$$|\boldsymbol{\Psi}_a\rangle \rightarrow \begin{bmatrix} a_0 \\ a_1 \\ a_2 \end{bmatrix}$$

或者左矢（bra）

$$\langle \boldsymbol{\Psi}_a | \rightarrow (a_0^*, a_1^*, a_2^*)$$

态矢量应该归一化，即 $\sum_i |a_i|^2 = 1$。

左矢与右矢通过埃尔米特共轭相关联：$|\boldsymbol{\Psi}_a\rangle = (\langle \boldsymbol{\Psi}_a |)^\dagger$，$\langle \boldsymbol{\Psi}_a | = (|\boldsymbol{\Psi}_a\rangle)^\dagger$。左矢与右矢的内积 $\langle \boldsymbol{\Psi}_a \| \boldsymbol{\Psi}_b \rangle$ 写成 $\langle \boldsymbol{\Psi}_a | \boldsymbol{\Psi}_b \rangle$，结果是一个复数即 $\langle \boldsymbol{\Psi}_a | \boldsymbol{\Psi}_b \rangle = a_0^* b_0 + a_1^* b_1 + a_2^* b_2$，对于归一化的波函数，$\langle \boldsymbol{\Psi} | \boldsymbol{\Psi} \rangle = 1$。左矢与右矢的外积是一个线性算子（矩阵）：

$$|\boldsymbol{\Psi}_a\rangle\langle \boldsymbol{\Psi}_b| = \begin{pmatrix} a_0 b_0^* & a_0 b_1^* & a_0 b_2^* \\ a_1 b_0^* & a_1 b_1^* & a_1 b_2^* \\ a_2 b_0^* & a_2 b_1^* & a_2 b_2^* \end{pmatrix}$$

利用左矢与右矢的基矢去表示一个态经常是很方便的：

$$|\boldsymbol{\Psi}_a\rangle \rightarrow a_0 |0\rangle + a_1 |1\rangle + a_2 |2\rangle$$

其中

$$|0\rangle = \begin{pmatrix} 1 \\ 0 \\ 0 \end{pmatrix}, \quad |1\rangle = \begin{pmatrix} 0 \\ 1 \\ 0 \end{pmatrix}, \quad |2\rangle = \begin{pmatrix} 0 \\ 0 \\ 1 \end{pmatrix}$$

而

$$\langle \boldsymbol{\Psi}_a | \rightarrow a_0^* \langle 0| + a_1^* \langle 1| + a_2^* \langle 2|$$

首次描述：P. A. M. Dirac，*The Principles of Quantum Mechanics*（Oxford University Press，1930）。

Dirac point　狄拉克点　在电子能带图上价带与导带相接触的点。

Dirac sea　狄拉克海　一种关于具有负能量的无限多粒子的真空理论模型。它解释了由狄拉克方程（Dirac equation）所预言的相对论电子的异常负能量量子状态。如果除一个状态外，其他所有的负能量状态都被占据，则这个负能量电子海中的“空位”在电场中表现为正电荷粒子，实际上是一个正电子（positron）。

首次描述：P. A. M. Dirac，*A theory of electrons and protons*，Proc. Roy. Soc. **A126**，360～365（1930）。

Dirac wave function　狄拉克波函数　一个两组分函数，具有以下形式：

$$\psi = \begin{pmatrix} \phi_1 \\ \phi_2 \end{pmatrix}$$

它适于描述自旋为 1/2 的粒子和反粒子。

direct current Josephson effect　直流约瑟夫森效应　参见 Josephson effect（约瑟夫森效应）。

directed molecular evolution　定向分子进化　在蛋白质工程（protein engineering）中的一种策略方法，指的是在蛋白质上施加诱变来产生更广泛、更加多样性的突变。如果我们想产生更大的多样性，需要引入随机因素去产生更多的突变，用特定的筛选方法来从实验样品中选出符合我们需要的品质的变异体。

详见：J. A. Brannigan，A. J. Wilkinson，*Protein engineering 20 years on*，Nat. Rev. Molec. Cell Biol. **3**，964～970（2002）。

dislocation　位错　当晶体中有部分区域切向移位后，在移位区域与正常区域之间形成的原子构型发生畸变的区域。

dispersion curve 色散曲线 电子能量与动量的关系曲线，经常表示为 $E(k)$，其中 k 代表波矢。

disruptive technologies 突破性技术 那些取代了旧技术并使得现有产品和现有方法被新一代所快速替换的技术。这个术语由 C. 克里斯蒂安森（Clayton Christiansen）于 1995 年创造。纳米技术是一种突破性技术。

dissociation 离解 亦称解离，指的是一种物质的组分分裂成若干简单基团的过程，对于化合物，则是分裂为单原子、原子簇或离子簇。

distributed Bragg reflector 分布布拉格反射镜 亦称分布布拉格反射器，一种固体材料，由拥有不同折射率（refractive index）的材料交替多层构造而成，或由介质波导的某些性质（如高度）的周期性变化造成的波导中有效折射率的周期性变化所形成。每一层的边界都会对光波产生部分的反射。对于那些波长接近每一层光学厚度的四倍的波，很多反射光会结合起来发生相长干涉（interference）。因此这些层就起到了高效反射镜的作用。反射光的波长范围称作光子阻带（photonic stopband），在这段波长范围内的光被“禁止”在这种结构中传播。

这样由不同折射率 n_1 和 n_2 的相邻两层就构成了一个重复单元，由 N 个这样的重复单元所组成的反射镜的反射率可由以下公式计算：

$$R=\left[\frac{n_a(n_2)^{2N}-n_s(n_1)^{2N}}{n_a(n_2)^{2N}+n_s(n_1)^{2N}}\right]^2$$

其中 n_a 和 n_s 分别对应周围环境与衬底的折射率。光子禁带的带宽是 $\Delta\nu=(4\nu_0/\pi)\arcsin[(n_2-n_1)/(n_2+n_1)]$，其中 ν_0 是禁带的中心频率。

由公式可以明显看出，重复单元越多，也就是 N 越大，腔镜反射率越高。而在这种重复单元中 n_1 和 n_2 相差越大，反射率越高，同时带宽也越大。

distributed-feedback laser 分布反馈激光器 一种激光器（laser），拥有由一个周期性结构组成的谐振腔，这个周期性结构起到了一种位于激光波长段的分布布拉格反射镜（distributed Bragg reflector）的作用，并且包含了光学增益介质。一般来说这个周期性结构的中间存在一个相移。这种周期性结构基本上是两个有内部光学增益的布拉格光栅的直接串联。虽然它有多种轴向光学模式，但在减少损耗方面，通常只有一种模式满足。所以尽管由于光学增益介质中的驻波模式会造成空间烧孔（hole-burning），我们还是经常很容易实现单一频率的光操作。大多数的分布反馈激光器是光纤激光器或半导体激光器。

详见：J. E. Carrol, J. Whiteaway, D. Plumb, *Distributed Feedback Semiconductor Lasers* (IET, London, 1998)。

DNA 为 deoxyribonucleic acid（脱氧核糖核酸）的缩写。一个 DNA 分子基本包含六种分子成分，它们是两个嘌呤——腺嘌呤（A）和鸟嘌呤（G）、两个嘧啶——胞嘧啶（C）和胸腺嘧啶（T）、糖——脱氧核糖，和磷酸。它们的结构显示在图 D.5 中。以上的嘌呤和嘧啶称作碱基。图 D.6 显示出了一个 DNA 链的一个片段的化学组成，基本骨架是脱氧核糖和磷酸交替的排列，每个脱氧核糖又连接着四个碱基（腺嘌呤、鸟嘌呤、胞嘧啶和胸腺嘧啶）中的一个。碱基的顺序表征了遗传密码。空间上，这样的 DNA 链组成了一种双螺旋结构，就像扭曲的梯子，如图 D.7 所示。它由两个 DNA 链互相缠绕而成，每个链由单体核苷酸的长链组成。每个 DNA 的核苷酸由一个连接着磷酸基团和四种碱基之一的脱氧核糖分子组成。通过一个核苷酸的磷酸部分和另一个核苷酸的糖部分之间的共价键，各个核苷酸连接在一起形成了磷酸糖骨架，含氮碱基从上面伸出。碱基之间的氢键使得两个 DNA 链结合在一起，具体化学成键为：一个链上的腺嘌呤与另一个链上的胸腺嘧啶形成氢键，同时鸟嘌呤与胞嘧啶也相应地连接。这些碱基对就像螺旋形梯子上的横阶，这就是 DNA 的沃森-克里克双螺旋结构模型（Watson-Crick double-helix model of DNA）。也即 A-T 和 G-C 成键，产生了沃森-克里克碱基对（Warson-Crick base pairs），并满足夏格夫法则（Chargaff's rule）：在所有的 DNA 样品中，A 与 T 和 G 与 C 的物质的量比例都非常接近 1，无论碱基对排序如何变化。

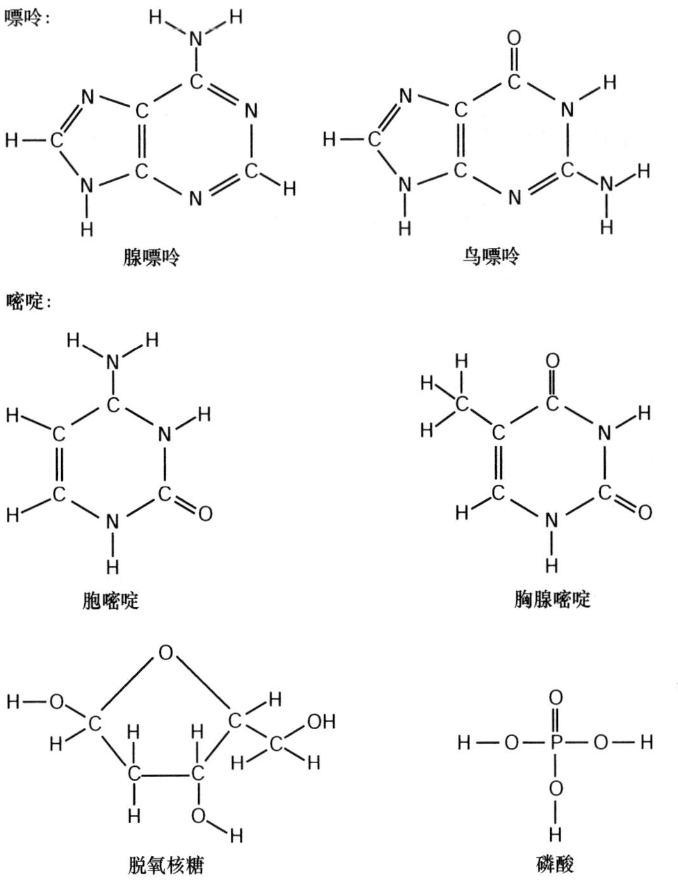

嘌呤：

腺嘌呤　　鸟嘌呤

嘧啶：

胞嘧啶　　胸腺嘧啶

脱氧核糖　　磷酸

图 D. 5　DNA 的分子组分

天然形成的双螺旋结构有两种择优的形式：A 和 B。其中 B 是主要形式，见图 D. 7。A 和 B 都是右手双螺旋的，双螺旋大概是 2 nm 宽，它的重复结构大约包括 10. 5 个核苷酸对，每个之间相邻 0. 34 nm。在 A 结构中，碱基发生倾斜而氢键也不垂直于螺旋轴。到底形成哪种形式不取决于化学成分，而是依赖于水化程度。还有一种人工合成的左手双螺旋的形式也存在，称为 Z 形式，它的命名来自锯齿形（zigzag）的磷酸糖基本骨架。Z 形式有 4. 46 nm 长的重复周期，每个重复周期在每个螺旋转弯上都有 12 对碱基。在 Z-DNA 中结构每两个碱基对重复出现一次，不同于 A-DNA 和 B-DNA 中的只有一个碱基对的重复结构。

在活细胞中，DNA 与蛋白质结合生成染色体，染色体在细胞分裂时会复制。DNA 通过产生特定的蛋白质分子来控制细胞功能。蛋白质上的氨基酸次序就由 DNA 上的四种碱基的次序

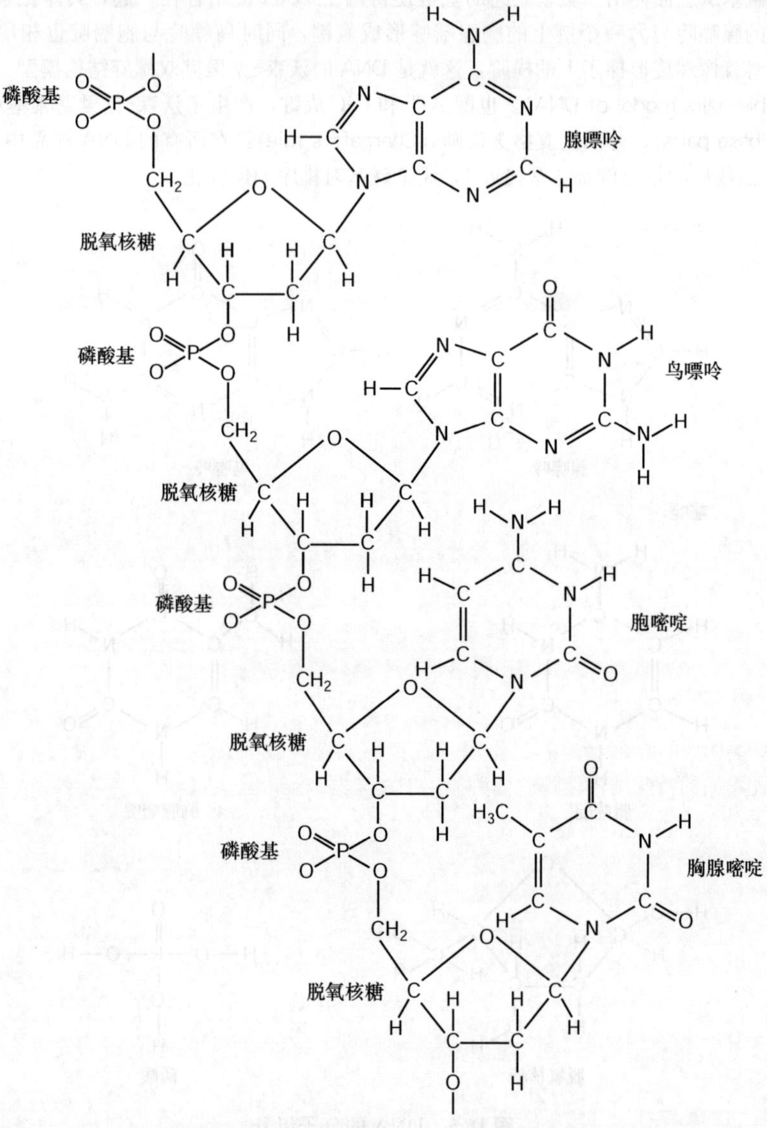

图 D.6　DNA 链的一个片段的化学组成

来决定。这样，DNA 中碱基次序构成了蛋白质中氨基酸次序的代码。

DNA 的重要性不仅在于它是一种遗传生物分子，而且在于它可以作为纳米技术中的分子模版。另外，它是一种主要通过相干隧穿和扩散热跳跃进行一维电荷载流子输运的优良介质，这使得 DNA 在纳米电子学、分子电子学、纳米力学中的应用前景非常具有吸引力。

首次描述：W. T. Astbury，F. O. Bell，*Some recent developments in the X-ray study of proteins and related structures*，Cold spring Harbor Symposia in Quantum Biology **6**，109～121 (1938)（DNA 组成）；J. D. Watson，F. H. C. Crick，*Molecular structure of nucleic acids*，Nature **171**，737～378 (1953)（DNA 双螺旋结构）。

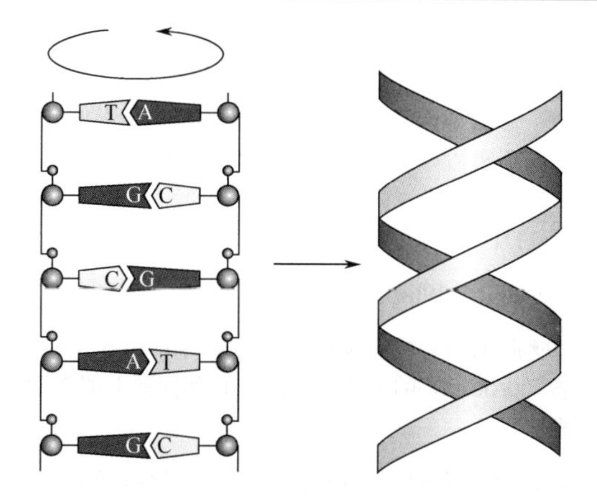

图 D.7 DNA 的双螺旋结构

A. 腺嘌呤；T. 胸腺嘧啶；C. 胞嘧啶；G. 鸟嘌呤

[来源：C. Dekker，M. A. Ratner，*Electronic properties of DNA*，Physics World **14**（8），29～33（2001）]

获誉：1962 年，F. H. C. 克里克（F. H. C. Crick）、J. D. 沃森（J. D. Watson）和 M. H. F. 威尔金斯（M. H. F. Wilkins，团队领导者）凭借他们在核酸的分子结构及其在活体物质中传递信息的重要性的发现而获得诺贝尔生理学或医学奖。

DNA-based molecular electronics 以 DNA 为基础的分子电子学 人们对于 DNA 在分子电子学（molecular electronics）中的应用一直很感兴趣，原因就是 DNA 双链识别（recognition），以及它们的特殊结构使得它们可能用于自组装（self-assembly）。1962 年有人提出了以下观点：DNA 双链结构可以做快电子输运的管道，让电流沿着碱基对堆栈的轴向。越来越多的来自直接电输运测量的证据显示，沿着在一束中的或在网状结构中的短的单个 DNA 分子是有可能传输电荷载流子的，尽管电导很弱。

首次描述：D. D. Eley，D. I. Spivey，*Semiconductivity of organic substances：nucleic acid in the dry state*，Trans. Faraday Soc. **12**，245（1962）。

详见：D. Porath，G. Cuniberti，R. Di Felice，*Charge transport in DNA-based devices in Long Range Charge Transport DNA* ed. Gary Schuster，Topics in Current Chemistry（Springer-Verlag，Berlin，2004），183～227。

DNA probe DNA 探针 一段单链 DNA，它可以特定地与互补的 DNA 序列相结合。通过荧光或放射性物质标记 DNA 探针，这样就可以观察它与样品中 DNA 的结合情况。

domain wall 畴壁 常专指磁畴壁，参见 Bloch wall（布洛赫壁）。

dome 晶坡面 一种敞开的晶形，包含两个晶面横跨过一个对称面。

donor (atom) 施主（原子） 亦称给体（原子），一种提供电子的杂质原子，通常是在半导体中。施主原子所形成的电子能级略低于导带底。一个电子极易被激发到此能带，进而增加材料的电导。

Doppler effect 多普勒效应 波在其源头产生时的频率与观测者接收的频率不一样。一般情况下，当波源或观测者，或两个都相对于波传播的介质发生运动时，就会产生这种频率间的差别。

首次描述：C. Doppler，*Über das farbige LIcht der Doppelsterne und einige andere Gestirne der Himmel*，Abhand. Königl. Böhm. Ges. **2**（5），465（1842）。

Doppler-Fizeau principle 多普勒-斐索原理 亦称多普勒-斐索效应，它指出光谱线的移动取决于观测者与光源之间的距离以及它们的相对速度。当距离减小时，光谱线向紫外方向移动，当距离增加时，光谱线会向红光方向移动。

首次描述：H. 斐索（H. Fizeau）于1848年。

d orbital d轨道 参见 atomic orbital（原子轨道）。

dot blot 斑点印迹 指的是利用抗体（antibody）或者束缚分子的特定束缚到硝酸纤维素膜的试样斑上以探测蛋白质（protein）的方法。利用偶联到探针上的有酶的或有荧光的探测器，被束缚的样品即可被观察。

double heterostructure laser 双异质结激光器 一种半导体激光器，其结构是在两个分别用n型和p型掺杂的拥有较宽能带间隙的半导体材料之间夹着另一种半导体材料的活性层。一种包含较宽带隙的AlGaAs和较窄带隙的GaAs的异质结构正好满足这个要求。这种结构的能带图如图D.8所示。

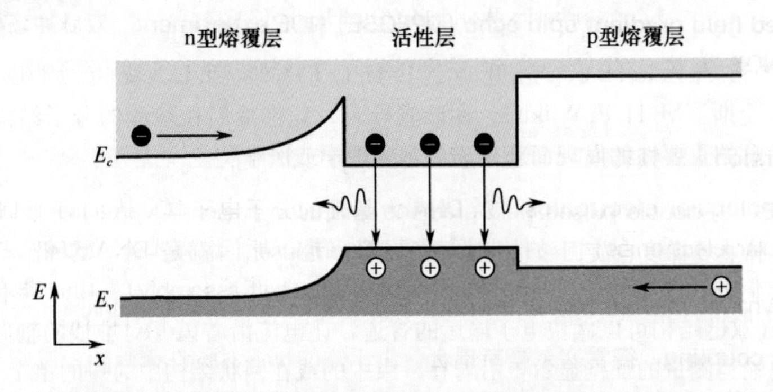

图 D.8 双异质结激光器在正向偏压下的能带示意图

n型和p型掺杂层称为熔覆层（cladding layer），用来将载流子注入活性区域。由于异质结的势垒，在正向偏压下注入通过异质结的电子空穴被限制在活性区域。它们在那里的辐射复合会产生声子，声子的能量是由活性层半导体的带隙决定的。由于活性层的折射率比熔覆层的大，这种双异质结构又可以形成一个有效的波导。这样就便于光场与注入载流子之间的相互作用，而这正是激光工作所必需的条件。同时用垂直于异质结平面的抛光镜面来形成光学谐振腔。

多数双异质激光器采用条带结构，这样只在条带接触之下很窄的区域注入电流，以保持很低的阈值电流，还可以控制横向的光场分布，图D.9显示了一个具有代表性的例子。与连续层结构的激光器相比，阈值电流可以减少到低于1000 A·cm^{-2}，且与接触面积成正比。激光发生在活性层中一个有限的区域，高密度电流流经这个区域。

在最简单的条带接触结构中，横向的光强分布由增益谱决定，而增益谱是与载流子分布有关。具有这种结构的激光器被称为增益导引激光器（gain-guided laser）。

在类条带嵌入结构中，在横向方向上发生折射率的变化。这种激光器被称为折射率导引激光器（index-guided laser）。它们具有在横向和竖直方向上都被低折射率物质包围的活性区，这样，波导在两个方向上都发生。

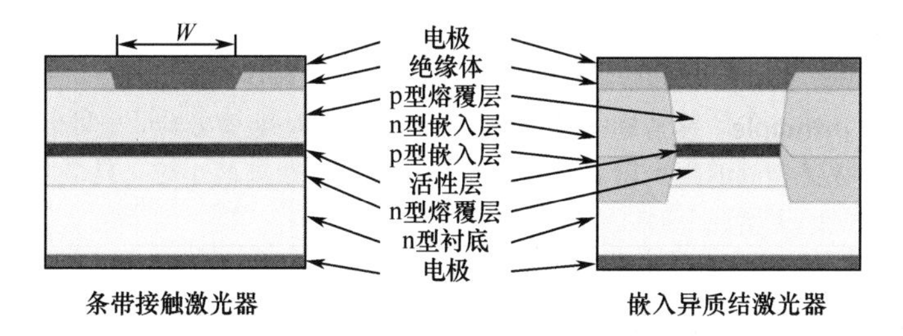

图 D.9 条带结构的异质结激光器

首次描述：Zh. I. Alferov，R. F. Kazarinov，*Semiconductor laser with electric pumping*，Inventor's Certificate no. 181737 (1963)（俄文）；H. Kroemer，*A proposed class of heterostructure injection lasers*，Proc. IEEE **51** (12)，1782～1783 (1963)。

获誉：2000 年，Zh. I. 阿尔费罗夫（Zh. I. Alferov）和 H. 克勒默（H. Kroemer）凭借发展半导体异质结用于高速和光电器件的研究成果而获得诺贝尔物理学奖

另请参阅：www. nobelprize. org/nobel_prizes/physics/laureates/2000/。

double pulsed field gradient spin echo (DPFGSE) NOE experiment 双脉冲场梯度自旋回波 (DPFGSE) NOE 实验 参见 nuclear Overhauser enhancement spectroscopy［核奥弗豪泽（Overhauser）增强光谱］。

down conversion 降频转换 参见 visible quantum cutting（可见量子剪裁）。

DPFGSE-NOE 为 double pulsed field gradient spin echo nuclear Overhauser enhancement experiment［双脉冲场梯度自旋回波核奥弗豪泽（Overhauser）增强实验］的缩写。

DRAM 为 dynamic random access memory（动态随机存取存储器）的缩写。

Dresselhaus coupling 德雷塞尔豪斯耦合 由于体的反演对称性被破坏，比如发生在闪锌矿结构（zinc blende structure）中那样，所引起的一种固体中的自旋-轨道耦合（spin-orbit coupling）。在哈密顿算符（Hamiltonian）中的相关的自旋-轨道贡献可表示为 $H_D = -\beta(k_x\sigma_x - k_y\sigma_y) + O(k^3)$，其中 β 是与材料有关的参量，用来表征自旋-轨道相互作用的强度，k 是波矢成分，σ 是泡利自旋矩阵（Pauli spin matrix），$O(k^3)$ 是三次方项。

首次描述：G. Dresselhaus，*Spin-orbit coupling effects in zinc blende structures*，Phys. Rev. **100** (2)，590～586 (1955)。

Drude equation 德鲁德方程 此方程解释了包含手性（chiral）分子的物质旋转偏振光的偏振面的光学活性。手性分子指的是此分子不能与其镜像完全重合。电子在手性原子中被认为沿着螺旋线振荡运动，因此可以由下式给出分子极化率 α、探测光波长 λ 和相关波长 λ_i 之间的关系：$\alpha = \sum_i [K_i/(\lambda^2 - \lambda_i^2)]$。其中 K_i 为常数，正比于造成光学活性的跃迁的转动强度。因此，通过光学活性介质的平面偏振光的偏振面的旋度反比于探测光波长和与跃迁相关的光波长的平方差。

首次描述：P. Drude，*Lehrbuch der Optik* (Hirzel，Leipzig，1900)。

详见：S. F. Mason，*Molecular Optical Activity and the Chiral Discriminations* (Cambridge University Press，Cambridge，1982)。

Drude formula 德鲁德公式 此公式给出了固体电导率的频率依赖关系，即 $\sigma(\omega) = \sigma_0(1 + i\omega t)(1 + \omega^2\tau^2)$，其中恒定电流电导率 $\sigma_0 = e^2 n\tau/m$，n 是自由电子密度，τ 是两次电子散射事件

之间的平均自由时间，m 是电子质量。这个公式是由准经典方法［参见 Drude theory（德鲁德理论）］在以下近似情况下得到的：假设在固体中运动（受到各种散射事件的影响）的自由电子决定着电导率。而这个模型只有在费米电子波长 $\lambda_F = 2\pi/k_F$ 远小于平均自由程 $l_F = \nu_F\tau$，也即 $k_F l_F \gg 1$，$E_F\tau \gg 1$ 时才有效。由于 $\lambda_F \sim 0.5$ nm，将意味着当 $\rho > 10^{-3}$ Ω·cm 时准经典理论将出现问题。

首次描述：P. Drude，*Zur Elektronentheorie. I*，Ann. Phys. **1**，566～613（1900）；P. Drude，*Zur Elektronentheorie. II*，Ann. Phys. **3**，369～402（1900）。

Drude theory　德鲁德理论　最早试图解释金属（后来推广到所有固体）的电子特性的理论，此理论考虑自由电子气在带正电荷的离子实构成的网格背景中运动。它采用了以下假设：① 电子只与离子实发生碰撞并被其散射；② 电子不会发生相互作用，也不会在两次碰撞之间与离子发生作用；③ 碰撞是瞬时的，造成电子运动速度的变化；④ 一个电子每单位时间经历一次碰撞的概率正比于 $1/\tau$，其中 τ 是弛豫时间，$1/\tau$ 即为散射率；⑤ 电子只能通过碰撞来达到与周围环境的热平衡。

在这个理论框架中，我们可以一般性地给出载流子在均匀导体中的迁移率 μ 和电导 σ 表达式：$\mu = e\tau/m$，$\sigma = en\mu = e^2 n\tau/m$。其中载流子的电荷为 e，有效质量为 m，密度为 n。

首次描述：P. Drude，*Zur Elektronentheorie. I*，Ann. Phys. **1**，566～613（1900）；*Zur Elektronentheorie. II*，Ann. Phys. **3**，369～402（1900）。

DSC　为 differential scanning calorimetry（示差扫描量热法）的缩写。

DSG　为 dynamic shadowing growth（动态遮蔽生长）的缩写。

dual beam FIB-SEM system　FIB-SEM 双束系统　由聚焦离子束（focused ion beam）和扫描电子显微镜（scanning electron microscope，SEM）所组成的一种双束仪器，如图 D.10 所示。这种共用实验工具既可以进行样品制备，也可以通过离子减薄塑造法或电子束诱导沉积在纳米尺度上进行制作，并且提供了高分辨率的横截面成像。所以，双束系统实现了在同一个仪器中离子柱和电子柱同时工作。它使得人们可以利用 FIB 进行高分辨率样品加工，同步可以用对样品无损害的 SEM 探针实现高分辨成像。

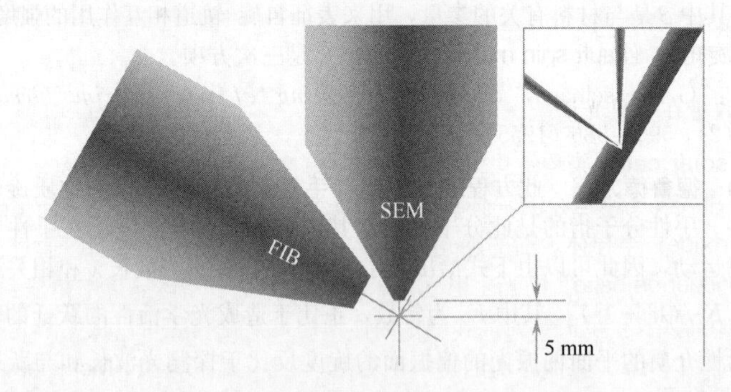

图 D.10　FIB-SEM 组合样品处理的双束构型（由 P. Facci 提供）

Duane-Hunt law　杜安-亨特定律　指出电子碰撞靶材所引起的 X 射线频率不可能超过 eV/h，其中 V 是加速电子的电压。

首次描述：W. Duane，F. L. Hunt，*On X-ray wave-lengths*，Phys. Rev. **6**（2），166（1915）。

D'yakonov-Perel mechanism　季亚科诺夫-佩雷尔机理　半导体中的一种电子自旋弛豫机

理，在这种机制中，由于反演对称性缺失（就像在 III-V 族化合物中那样）而通过自旋-轨道耦合所引起的导带的自旋分裂是主要驱动力。正是这种机制造成了在高温时 GaAs 体材料中的快速自旋去相位。在体材料中，这种机理对于有较大的直接带隙的半导体不太明显，因为此时价带（valence band）对导带（conduction band）的影响减弱。

对于半导体性块体材料，相关的自旋弛豫时间（spin relaxation time）τ 用半唯象形式可表达为 $1/\tau = A[\alpha^2/(\hbar^2 E_g)]\tau_p T^3$，而对于量子阱（quantum well）结构则为 $1/\tau = [\alpha^2\langle p_z^2\rangle^2/(2\hbar^2 m^2 E_g)]\tau_p T$。其中 α 描述由于反演对称性缺失所造成的导带自旋分裂（如对于 GaAs，有 α=0.07），E_g 是带隙宽度，T 是热力学温度，A 是与轨道散射机制有关的数值系数，$\langle p_z^2\rangle$是沿量子阱生长方向的动量平方平均值，τ_p 作为一种唯象参数是平均动量弛豫时间。

在（100）方向生长的量子阱和在量子线中，由于对称性的进一步缺失和量子约束引起的动量增加，这种自旋弛豫会增加。所以，室温下 III-V 族半导体中能有自旋输运的一个条件就是季亚科诺夫-佩雷尔机理被抑制。这可能是因为自旋弛豫造成的电子相互作用要依赖半导体材料、电子动量方向和宿主晶格的自旋。如果选择沿特定晶轴生长的量子阱可能会抑制这种机理。例如，在未掺杂的沿（110）方向生长的 GaAs 量子阱中，随着温度升高会造成将近一个数量级的弛豫时间的减少，在室温下自旋弛豫时间可达到 2 ns，这要比在（100）方向量子阱中的自旋弛豫时间长得多。而在 ZnSe 和 ZnCdSe 量子阱中，可以观察到随着温度的改变会有接近两个数量级的自旋弛豫时间的增加。电子-空穴交换作用的减弱会导致高温下自旋去相位的变慢，这种交换作用是由于激子（exciton）热电离而产生自旋弛豫的主要来源。

首次描述：M. I. D'yakonov，V. I. Perel，*On spin orientation of electrons in interband absorption of light in sermicondurtors*，Zh. Eksp. Teor. Fiz. **60**（5），1954～1965（1971）（俄文）。

详见：I. Žutić，J. Fabian，S. Das Sarma，*Spintronics：Fundamentals and applications*，Rev. Mod. Phys. **76**（2），323～410（2004）。

Dyakonov-Shur instability 季亚科诺夫-舒尔不稳定性 在弹道场效应晶体管中的电子流体的不稳定性。这种流体被认为具有类似于浅水的行为。这个类比说明由于器件边缘的波反射所带来的等离子体波的放大作用，导致一个缓慢电子流的不稳定性。

首次描述：M. I. Dyakonov，M. S. Shur，*Shallow water analogy for a ballistic field effect transistor：new mechanism of plasma wave generation by dc current*，Phys. Rev. Lett. **71**（15），2465～2468（1993）。

dye 染料 吸收带在可见光谱范围内的有机分子。

dye-sensitized solar cell 染料敏化太阳电池 亦称格雷策尔太阳电池（Grätzel solar cell），不同于将光吸收和载流子输运合为一体的传统硅系统，它将这两种功能分开了。光由固定在宽带隙氧化物（oxide）半导体表面的感光剂吸收，电荷分离发生在界面，通过由染料（dye）到固体导带（conduction band）的光生电子注入。载流子在半导体导带中传输到电荷收集器。使用宽 absorption（吸收）带的感光剂和纳米晶体形态的氧化物膜可以从太阳光中收获更高比例，目前效率可达约 11%。类似原理也应用在麦克法兰-唐太阳电池（McFarland and Tang solar cell）中。

首次描述：B. O'Regan，M. Grätzel，*A low-cost，high-efficiency solar cell based on dye-sensitized colloidal TiO_2 films*，Nature **363**，737～740（1991）；M. Grätzel，*Photoelectrochemical cells*，Nature **414**，338～344（2001）。

详见：M. Grätzel，*Conversion of sunlight to electric power by nanocrystallilne dye-sensitized solar cells*，J. Photochem. Photobiol. A：Chem. **164**，3～14（2004）；G. E. Tulloch，*Light* *and energy-Dye solar cells for the 21st century*，J. Photochem. Photobiol. A：Chem. **164**，209～219 (2004)。

dynamic force microscopy　动力显微术　在针尖垂直于样品表面上振动的动态模式下工作的原子力显微术（atomic force microscopy）。通常使用两种操作模式：振幅调制模式（亦称轻敲模式）和自激振模式。第一种模式将纯吸引力相互作用机理与吸引-排斥机理分开，主要用于在大气和液体中成像。第二种主要用在超高真空中成像以获得真实的原子级分辨率。

详见：A. Schirmeisen，R. Anczykowski，H. Fuchs，*Dynamic force microscopy*，in：Springer Handbook of Nanotechnology，edited by B. Bhushan (Springer，Berlin，2004)，449～473。

dynamic redox system　动态氧化还原体系　一种化合物，它可以借助电子转移被可逆地转化成相应的带电物质，但会伴随着强烈的结构变化和（或）共价键的组成或者断裂。尽管在多数情况下中性与带电物质的转换是定量进行的，但由于化学反应会引起电子转移，这种电化学过程是不可逆的。这就使动态氧化还原（redox）对具有非常好的双稳态，这也是组成分子响应系统的先决条件。

详见：T. Suzuki，H. Higuchi，T. Tsuji. J. I. Nishida，Y. Yamashita，T. Miyashi，*Dynamic redox systems：Towards realization of the unimolecular memory*，in：*Chemistry of Nanomolecular Systems. Towards the realization of Nanomolecular Devices*，edited by T. Nakamura，T. Matsumoto，H. Tada，K. I. Sugiura (Springer，Berlin Heidelberg，2003)。

dynamic shadowing growth (DSG)　动态遮蔽生长　简称 DSG，一种涉及物理气相沉积的技术，这种技术可以控制蒸发束的入射角度，以至于在一个衬底上可以沉积出不同形状的物质。这种技术被用来构造模拟生物发动机工作方式的催化纳米发动机。

首次描述：Y. He，J. Wu，Y. Zhao，*Designing catalytic nanomotors by dynamic shadowing growth*，Nano Lett. **7** (5)，1369～1375 (2007)。

dynamics　动力学　对于运动物体的行为的研究。它不同于处理静止物体或匀速运动物体的静力学，也不同于仅研究物体运动的几何而不考虑引起物体运动的力的运动学（kinematics）。

Dzyaloshinskii-Moriya interaction　贾洛申斯基-守谷相互作用　在原子体系中的超交换与自旋-轨道相互作用（spin-orbital interactions）的结合。这是由对称效应引起的。相关的来自于纯对称基态的非对称自旋耦合、对称赝偶极磁相互作用被认为分别与$(\Delta g/g)J$、$(\Delta g/g)^2J$成正比，其中 g 是旋磁比，Δg 为它与一个自由电子的旋磁比之间的偏差，J 是各向同性超交换能量。对于一个特殊自旋系统，相互作用中可以出现的组分是由其自旋集合体的对称性决定的。由相互作用引起相关能谱修正通常非常小，正比于 D^2/Δ，其中 D 是相互作用的量级，Δ 是单态（singlet）与三重态（triplet）的能级间隔。

这种相互作用被认为是一些晶体中，在特殊对称结构下，相对论效应存在时自旋-轨道耦合作用的结果。它的影响仅在施加外磁场时可以清晰地展现出来。

首次描述：I. E. Dzyaloshinskii，*A thermodynamic theory of "weak" ferromagnetism of antiferromagnetics*，J. Phys. Chem. Solids **4** (4)，241～255 (1958)；T. Moriya，*Anisotropic superexchange interaction and weak ferromagnetism*，Phys. Rev. **120** (1)，91～98 (1960)。

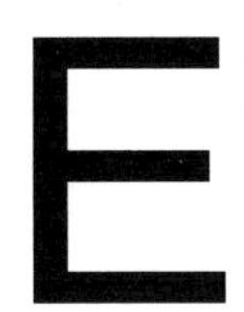

从 (e, 2e) reaction [(e, 2e) 反应]
到 Eyring equation (艾林方程)

(e, 2e) reaction　(e, 2e) 反应　参见 (e, 2e) spectroscopy [(e, 2e) 谱仪]。

(e, 2e) spectroscopy　(e, 2e) 谱仪　对原子、分子及固体的电子结构的非常详细的分析，包括电离能、电子动量分布和波函数的测绘，可以通过 (e, 2e) 反应 [(e, 2e) reaction] 的方式实现。这是一个散射过程，在这个过程中一个高能电子与一个靶发生非弹性碰撞，这个靶可能是原子、分子或固体。结果，靶的一个束缚电子被弹射出，出射的电子（一个是被散射的电子，一个是被弹射出来的电子）被探测到。这个过程信息非常丰富，因为从这个过程中可以观测到三个电子（一个最初的电子和两个碰撞以后的电子）的动能和动量，从而推导出靶的电子结构的一些基本性质。由于守恒法则，这三个电子和靶的能量与动量是相互关联的。

详见：M. De Crescenzi，M. N. Piancastelli，*Electron Scattering and Related Spectroscopies* (World Scientific Publishing，Singapore， 1996)。

E91 protocol　E91 通信协议　该量子密钥分配的协议是 A. E. 埃克特（A. K. Ekert）在 1991 年发展起来的，其名称即从“Ekert”和“1991”中得来。在这一方案中，广义贝尔不等式 (Bell's inequality) 保障了像爱因斯坦-波多尔斯基-罗森粒子对 (Einstein-Podolsky-Rosen pair) 一样被纠缠的自旋 1/2 粒子对传播中的机密性。

这个构思包括：用携载来自一个公共源的两个量子位 (qubit) 的信道——一个发送到 Alice（发送器的常用代号）而另一个发送到 Bob（接收器的常用代号）的方式，来取代携载着两个量子位从 Alice 发送到 Bob 的量子信道。这个源产生一个相关粒子对的随机序列，每个粒子对（一个位）的一个粒子被发送到每部分。自旋 1/2 粒子或者所谓爱因斯坦-波多尔斯基-罗森光子对的极化或者偏振可以被探测到，它们能够被用作量子信道。

Alice 和 Bob 都用两个基（探测自旋取向或者光偏振的分析器的两个不同取向）测量它们的粒子，这些基是独立和随机选择的。然后源通过一个开放的信道公布这些基。Alice 和 Bob 将它们的测量结果分为两个独立的组：第一组它们使用不同基测量，而第二组使用相同基测量。随后，它们仅仅公布它们从第一组获得的测量结果，通过比较结果可以使它们知道在它们的通信信道上是否有窃听器。窃听器可以探测到一个粒子来读取信息，并且让这个粒子继续传播而使自己的存在不被发现。然而，这种探测一对粒子中的一个粒子的行为破坏了它与另外一个粒子的量子关联。通过一个公开信道的交流，这两个粒子很容易证明信息是否被窃听过，而不必展现它们自己的测量结果。在 Alice 和 Bob 确信它们接收到的粒子（量子位）没有被窃听器干扰后，它们就将这些粒子转化成一种代表钥匙的一个秘密比特串位，这种密钥将用于它们之间的常规加密信道。

首次描述：A. K. Ekert，*Quantum cryptography based on Bell's theorem*，Phys. Rev. Lett. **67** (6)，661～663 (1991)。

EBID 为 electron-beam-induced deposition（电子束诱导沉积）的缩写。

ebit 纠缠位 亦称纠缠比特，为“entangled bit”的缩写。它被定义为在一个处于最大纠缠的双量子位（qubit）态中，或者是纠缠熵为 1 的其他任何纯的双体系态中的量子纠缠（quantum entanglement）的度量。一个纠缠位代表由一个共享爱因斯坦-波多尔斯基-罗森粒子对（Einstein-Podolsky-Rosen pair）组成的计算源。

首次描述：C. H. Bennett, D. P. Di Vincenzo, J. Smolin, W. K. Wootters, *Mixed-state entanglement and quantum error correction*, Phys. Rev. A **54** (5), 3824～3851 (1996)。

ECSTM 为 electrochemical scanning tunneling microscopy（电化学扫描隧道显微术）的缩写。

eddy current 涡流 也即 Foucault current（傅科电流），是在变化磁场的作用下导体内部诱导产生的电流。这种电流会产生能量耗散，称为涡流损耗，并且引起传导介质的表观磁导率的减少。涡流的环形运行方向趋向于阻止外磁场的变化，这符合楞次定律（Lenz's law）。

首次描述：J. B. L. 傅科（J. B. L. Foucault）于 1855 年。

edge state 边缘态 当外部施加的磁场方向垂直于导线中的电流方向时，边缘态出现在导线的侧边上。在导线边缘附近的电子的典型行为如图 E.1 所示。

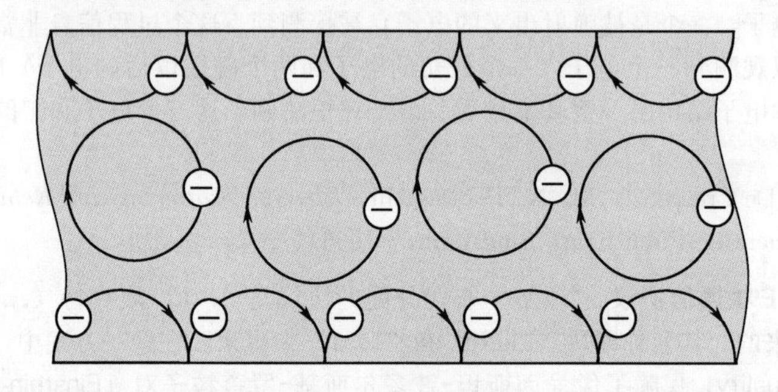

图 E.1 当外加磁场方向垂直于导线电流方向时，导线中电子的轨道

在导线内部的电子沿着环形的回旋轨道（cyclotron orbit）运动而没有净漂移。而在边缘附近，当电子碰到边缘时轨道中断，导致电子的轨道是一种电子沿边界反弹的跳跃式轨道。因而电子获得一个净漂移的速度，且对于越接近边缘的轨道这个速度越大。在相反边界的态具有相反的方向。与内部的态相比，导线边缘的态以更高的能量挤压导线边缘。

EDXS 为 energy dispersive X-ray spectroscopy（能量色散 X 射线光谱）的缩写。

EELS 为 electron energy loss spectroscopy（电子能量损失能谱）的缩写。

effective mass (of charge carriers) （载流子的）有效质量 由色散曲线（dispersion curve）$E(k)$ 描绘的电子能带上的一个极值点的一种特征。$E(k)$ 在极值点 $k=k_0$ 附近泰勒展开，且忽略高阶项后是

$$E(k) = E_0 + \frac{\hbar^2 (k-k_0)^2}{2m^*}$$

且

$$m^* = \hbar^2 \left(\frac{\mathrm{d}^2 E}{\mathrm{d}k^2}\bigg|_{k=k_0} \right)^{-1}$$

表示占据能带的电荷载流子的有效质量。

有效质量明显与能量曲线 $E(k)$ 在 $k=k_0$ 处的曲率成反比例。不同于引力质量，有效质量

可以是正值、负值、零，甚至可能是无穷大。一个无穷大的有效质量对应于局域在一个晶格位上的电子，在这种情况下，束缚在原子核周围的电子呈现的是整个晶体的质量。一个负的 m^* 对应的是一个向下凹的带，意味着电子在外加力的作用下朝相反方向移动。如果一个固体的带结构是各向异性的，那么它的有效质量变为一个张量，用它的组分 m_x^* 、m_y^* 、m_z^* 表示，在这种情况下的平均有效质量可以用 $m^* = (m_x^* m_y^* m_z^*)^{1/3}$ 的公式来计算。

根据布里渊区（Brillouin zone）中能量相对于 k 的梯度为零的特殊点处有效质量各个组分的符号，可以区分开四种类型的临界点，分别为 M_0、M_1、M_2 和 M_3。在 M_0 临界点处所有的三个组分都是正数，在 M_1 和 M_2 的临界点处分别有一个和两个组分是负值，在 M_3 的情况下所有的组分都是负值。

effective mass approximation 有效质量近似 此近似假设在极值点（即导带的最小值和价带的最大值）附近能带 $E(k)$ 的结构有着抛物线的特征，可以由以下假设很好地描述：它们是由有效质量为 m^* 的电子或空穴形成，也即 $E(k) = \hbar^2 k^2/(2m^*)$。

effective Rabi frequency 有效拉比频率 参见 Rabi frequency（拉比频率）。

effusion 泻流 从一个孔流出的分子气流，而且从孔流出时分子之间彼此不发生相互碰撞。

effusion（Knudsen）cell 泻流（克努森）室 在分子束外延（molecular beam epitaxy）设备中的产生原子束或分子束的单元。如图 E. 2 所示。

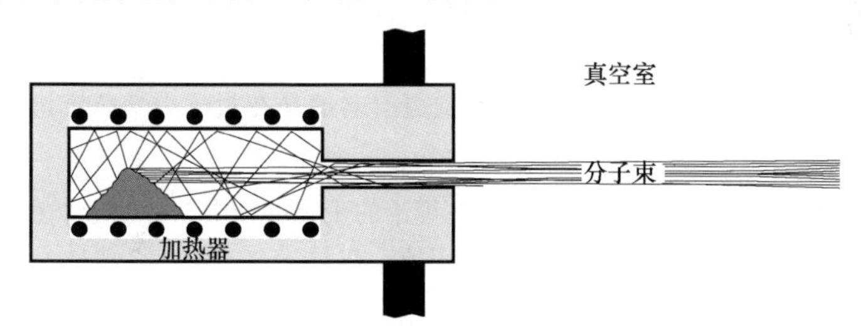

图 E. 2 泻流（克努森）室

把一个合适的固体源材料放入带有小孔的柱形腔体中加热直到蒸发。当蒸气从腔体射出时经过小喷嘴，射出的原子或分子形成一个很好的直线状注流，因为腔体外的超高真空保证了其传播而不被散射。

Efimov quantum state 叶菲莫夫量子态 具有共振两体相互作用的三个相同玻色子（boson）的三聚体（trimer）束缚态的一个全集。这些态甚至可以在缺少相应的两体束缚态时存在。

首次描述：V. Efimov，*Energy levels arising from resonant two-body forces in a three-body system*，Phys. Lett. B **33** (8)，563 (564 (1970)；V. Efimov，*Weakly bound states of three resonantly interacting particles*，Sov. J. Nucl. Phys. **12**，589～595 (1971)（理论预言）。

EFM 为 electrostatic force microscopy（静电力显微术）的缩写。

Ehrenfest adiabatic law 埃伦费斯特浸渐原理 指出如果一个系统的哈密顿量（Hamiltonian）经过一个无限缓慢的改变，并且如果系统最初处在哈密顿量的一个本征态，当经过改变后系统将处于一个新哈密顿量的本征态，这个本征态是在某些条件被满足的情况下由初态连续转变得到的。

首次描述：P. Ehrenfest，*Adiabatische Invarianten und Quantentheorie*，Ann. **51**，327～352 (1916)。

Ehrenfest theorem 埃伦费斯特定理 指出一个量子力学波包（wave packet）的移动与它代表的经典粒子的移动一致，前提是任何作用于它的势在波包尺度上都没有明显的变化。在这个诠释中，粒子的位置和动量被它在量子力学期望值所取代。

首次描述：P. Ehrenfest，*Bemerkung über die angenäherte Gültigkeit der klassischen Mechanik innerhalb der Quantenmechanik*，Z. Phys. **45**（7/8），455～457（1927）。

Ehrlich-Schwoebel effect 埃尔利希-施韦贝尔效应 在晶体表面的原子台阶处吸附一个原子与分离一个吸附原子的非对称性。台阶以某种概率捕获在表面上扩散的原子，而且捕获概率依赖于吸附原子接近台阶时的方向。

首次描述：G. Ehrlich，F. G. Hudda，*Atomic view of surface self-diffusion：tungsten on tungsten*，J. Chem. Phys. **44**（3），1039～1049（1966）；R. L. Schwoebel，E. J. Shipsey，*Step motion on crystal surfaces*，J. Appl. Phys. 37（10），3682～3686（1966）。

eigenfunction 本征函数 此术语最初被引入是涉及函数空间或者希尔伯特空间（Hilbert space）的数学。它的概念是在一个有限尺度线性矢量空间中的一个线性算子本征矢量概念的自然推广。

本征函数，或者说特征函数，与在一些特定区域函数的一个给定矢量空间中定义的线性算子相关。如果一个在函数空间中不是空函数的函数 f，被算子 $\boldsymbol{O}$ 映射到本身的倍数，即 $\boldsymbol{O}f=af$，式中 a 为一个标量，那么函数 f 就是算子 $\boldsymbol{O}$ 的本征函数，对应的本征值(eigenvalue)为 a。

本征函数在经典场论中应用很广，但是它更有名的是在量子力学薛定谔方程中的广泛应用。

eigenstate 本征态 量子系统的一个态，在理论的正统解释中，对于这个态，在一些对易的因此可被同时测量的组中的可观察量有确定值。在量子力学中，它是一个波函数（wave function）。

eigenvalue 本征值 也即 energy（in quantum mechanics）[（量子力学中的）能量]。

Einstein-Bohr equation 爱因斯坦-玻尔方程 此方程定义了当一个系统从一个能态转变到另一个能态时，系统所发射或吸收的辐射频率为 $\nu=\Delta E/h$，其中 ΔE 是不同能态之间的能量差。

首次描述：A. Einstein，*Über einen die Erzeugung und Verwandlung des Lichtes betreffenden heuristischen Gesichtspunkt*，Ann. Phys. **17**，132～148（1905）；N. Bohr，*On the constitution of atoms and molecules*，Phil. Mag. **26**，1～25（1913）。

Einstein-de Haas effect 爱因斯坦-德哈斯效应 当一个棒状磁性材料受到一个与其轴平行的磁场作用时，棒状磁性材料会绕其轴转动。理查森（Richardson）是第一个预测磁性材料有这种性质的人，所以这个效应有时也称理查森效应（Richardson effect）。

首次描述：A. Einstein，W. J. de Haas，*Experimenteller Nachweis der Ampereschen Molekularströme*，Dtsch. Phys. Ges.，Verh. **17**（8），152～170（1915）。

Einstein frequency 爱因斯坦频率 在晶格振动模型中每个原子振动的单个频率，与其他原子无关。它等于在红外吸收研究中观察到的频率。

Einstein photochemical equivalence law 爱因斯坦光化当量定律 参见 Stark-Einstein law（斯塔克-爱因斯坦定律）。

Einstein photoelectric law 爱因斯坦光电定律 指出在光电效应（photoelectric effect）中从一个系统中发射出的一个电子的能量为$(h\nu-W)$，其中ν是入射辐射的频率，W是从系统中移除电子所需要的能量。如果$h\nu<W$，则没有电子发射出来。

首次描述：A. Einstein，*Über einen die Erzeugung und Verwandlung des Lichtes betreffenden heuristischen Gesichtspunkt*，Ann. Phys. **17**，132～148（1905）。

获誉：1921年，A. 爱因斯坦（A. Einstein）凭借他对理论物理的贡献，尤其是发现光电效应的定律而获得诺贝尔物理学奖。

另请参阅：www.nobelprize.org/nobel_prizes/physics/laureates/1921/。

Einstein-Podolsky-Rosen pair 爱因斯坦-波多尔斯基-罗森粒子对 非局域成对的纠缠量子粒子，参见 quantum entanglement（量子纠缠）。在过去有相互作用而现在无相互作用一对粒子的特征间有很强的关联。这种非局域关联仅仅在整个系统的量子态被纠缠时才发生。

首次描述：A. Einstein，B. Podolsky，N. Rosen，*Can quantum mechanical description of physical reality be considered complete?* Phys. Rev. **47**（5），777～780（1935）。

Einstein-Podolsky-Rosen paradox 爱因斯坦-波多尔斯基-罗森悖论 此悖论假定，完备的物理理论的一个必需性质是物理现实的每一个成分在物理理论中都有一个对应部分。最初它是这样阐述的："如果不用任何一种方式干扰一个系统而我们能预测一个物理量确定（即概率为1）的值的话，那么存在物理现实的一个成分与这个物理量对应。"这是物理现实的一个成分的充分条件。这意味着如果两个量子粒子处于一个纠缠态中，那么测量一个粒子态会同时影响另外一个粒子态，即使它们已被分离。

首次描述：A. Einstein，B. Podolsky，N. Rosen，*Can quantum mechanical description of physical reality be considered complete?* Phys. Rev. **47**（5），777～780（1935）。

Einstein relationship 爱因斯坦关系式 也即 Einstein-Smoluchowski equation（爱因斯坦-斯莫卢霍夫斯基方程）。

Einstein's coefficients *A* and *B* 爱因斯坦系数 *A* 和 *B* 系数B_{ij}指由于一个电子在能级i和能级j之间的跃迁，每单位电磁能量密度（在从ν到$\nu+\Delta\nu$的频率间隔内）的吸收（absorption）和受激发射（stimulated emission）率，而系数A_{ij}指由于一个电子由能级i跃迁到能级j而引起的辐射的自发发射（spontaneous emission）率。对于在一个折射率为n的介质中的两个非简并能级，系数关系为：$B_{ij}=B_{ji}, A_{ij}=8\pi h\nu^3 n^3 c^{-3} B_{ij}$。在一个给定温度的热平衡系统中，从能级$i$到能级$j$跃迁辐射的总发射率是$R_{ij}=A_{ij}+B_{ij}\rho_e(\nu)=A_{ij}(1+N_p)$，其中$\rho_e(\nu)$是光子能量密度，$N_p$是光子的占据数。

首次描述：A. Einstein，*Strahlungs-Emission and-Absorption nach der Quantentheorie*，Verh. Deutsch. Phys. Ges. **18**，318～323（1916）；A. Einstein，*Zur Quantentheorie der Strahlung*，Phys. Z. **18**，121～128（1971）。

Einstein shift 爱因斯坦位移 在强的引力场中原子发射的光谱线向更长的波长方向的移动。

Einstein-Smoluchowski equation 爱因斯坦-斯莫卢霍夫斯基方程 指出在热力学温度T下，一个粒子的扩散率D和迁移率μ的关系是$D/\mu=k_B T/e$。

首次描述：A. Einstein，*Über die von der molekularkinetischen Theorie der Wärme geforderte Bewegung von in ruhenden Flüssigkeiten suspendierten Teilchen*，Ann. Phys. 17，549～560（1905）；M. Smoluchowski，*Molecular-kinetische Theorie der Opaleszenz von Gasen im kritischen Zustande，sowie einiger verwandter Erscheinungen*，Ann. Phys. **25**，205～226

(1908)。

elastic moduli of crystals 晶体的弹性模量 此物理量把晶体中的应力和应变关联起来。当应力用应变表达时，应力和应变的比例系数，即被称为是晶体的弹性刚度常量（stiffness constant）。另外一组系数是晶体柔顺常数（compliance constant），是从应变的应力表达式中获得的。

elastic scattering 弹性散射 一种散射过程，其中相互作用（碰撞）的粒子的总能量和动量守恒。与之相对的是非弹性散射（inelastic scattering）。

electret 永电体 亦称驻极体，一种在外电场减小到零后仍保持其电矩的电介质物体。

electrochemical scanning tunneling microscopy（ECSTM） 电化学扫描隧道显微术 一种扫描隧道显微术（scanning tunneling microscopy，STM）技术，利用固/液界面的电化学反应，在原子尺度上研究这类界面。为此在电化学电池上安装一个扫描隧道显微装置。电化学电池支撑STM探针，还有一个对电极、一个参比电极和溶液中的一个样品。在电化学电池中，通过控制样品的电极电势可以检测流过样品和针尖之间的隧穿电流。电化学反应过程中检测到的隧穿电流代表样品的表面图像。通过独立施加到样品上的外部电压，可以精确控制电化学反应。

首次描述：E. Tomita，T. Sakuhara，K. Itaya，*Apparatus and method for tunnel current measurement observed simultaneously with electrochemical measurement*，US Patent **4**，969～978（1988）。

electrochromism 电致变色 电流引起物质颜色的改变。

electroluminescence 电致发光 通过外电流注入电子或空穴所激发的固体的光发射。G. 迪什特里奥（G. Destriau）首次提出这个词，用来表达他在硫化锌荧光粉受到电场激发时观察到的光发射，参见 Destriau effect（迪什特里奥效应）。

首次描述：H. J. Round，*A note on carborundum*，Electr. World **19**（February 9），309（1907）。

electrolyte 电解质 亦称电解液，电荷在其中通过离子输运的物质。带负电荷的离子被称作是阴离子（anion），而带正电荷的离子被称作是阳离子（cation）。

electromigration 电迁移 电流通过物质时引起原子的净移动。

首次描述：M. Gerardin，*De l'action de la pile sur lessels de potasse et de soude et sur les alliages soumis à la fusion ignée*，C. R. Acad. Sci. **53**，727（1861）。

electron 电子 一个稳定的带负电荷的基本粒子，质量为 $9.109\,39\times10^{-31}$ kg，所带电荷量为 $1.602\,177\times10^{-19}$ C，自旋为1/2。

术语被创造于：G. J. Stoney，*Of the "Electron," or Atom of Electricity*，Phil. Mag. **38**，418～420（1894）。

首次描述：J. J. Thomson，*Cathode rays*，Phil. Mag. **44**（269），293～316（1897）；J. J. Thomson，*On the mass of ions in gases at low pressures*，Phil. Mag. **48**（295），547～567（1899）。

获誉：J. J. 汤姆逊（J. J. Thomson）凭借其对于气体导电的理论和实验研究的卓越功绩，获得了1906年诺贝尔物理学奖。

另请参阅：www.nobelprize.org/nobel_prizes/physics/laureates/1906/。

electron affinity 电子亲和势 亦称电子亲和势，在半导体或绝缘体的导带底和真空中能级之间的能量差距。

electron affinity rule 电子亲和势规则 参见 Anderson's rule（安德森规则）。

electron-beam-induced deposition（EBID） 电子束诱导沉积 一种化学气相沉积工艺（chemical vapor deposition process），利用电子束进行气化或气态分子的分解，在临近的衬底上沉积非挥发性剩余组分，主要是原子和原子团簇。

电子辐射通常在扫描电子显微镜或扫描透射电子显微镜中产生尖锐聚焦电子束，能量范围在 10～300 keV。值得注意的是初级电子束能量太高而不能分解分子，然而能量约为 1 keV 的二次电子能够做到更加有效。电子光束在预定轨迹上扫描，在基体表面束斑区域上沉积材料。扫描通常由计算机控制。

前驱体材料可以是气体、液体或固体。液体或固体在沉积之前经过蒸发或升华过程，然后以精确控制速率引入到电子显微镜的高真空室。或者，固体前驱体可以通过电子束自身而被升华。如果能够找到合适的前驱体，可以沉积金属、半导体和绝缘体。

金属羰基化合物（metal carbonyls）是沉积固体最为常用的前驱体。它们很容易得到，但会产生碳污染。金属卤素复合物可以形成清洁的沉积物，但它们有毒性和腐蚀性。沉积化合物材料需要利用特制的化合物或复合材料。

沉积速率主要取决于前驱体的分压，为 10 nm/s 量级。这种沉积技术可以提供小于 1 nm 的高空间精度（二次电子是一个限制因素），并有可能产生独立的三维结构。

几乎所有三维形状的纳米结构都可以使用计算机控制的电子束扫描来制造。除了起点必须附着在衬底上，结构的其余部分都可以是独立的。所得到的形状和器件都非常引人注目。它们可以在同一电子显微镜下被原位（*in situ*）观察到。

首次描述：R. Lariviere Stewart，*Insulating films formed under electron and ion bombardment*，Phys. Rev. **45**（7），488～490（1934）。

electron-beam lithography 电子束光刻 一种使用电子束绘制集成电路和半导体器件的技术。一台典型的电子束光刻机包括一个带有一个电子源、加速电极、磁透镜和一个转向系统的真空塔。电子束形成系统产生一束能量加速到 20～100 keV 范围，聚焦成直径为 0.5～1.5 nm 亮点的电子流。一个常规的扫描电子显微镜（scanning electron microscope）或扫描透射电子显微镜提供这些设备，常被用作电子束纳米光刻。除此以外，扫描隧道显微镜（scanning tunneling microscope）或原子力显微镜（atomic force microscope）的导电探针也可以用作低能电子曝光。基本分辨率极限由海森堡不确定性原理（Heisenberg's uncertainty principle）给出，低于 10 nm 的绘图精度是可以实现的。

通过控制计算机图形发生器，电子束扫描覆盖有光刻胶的表面，使得这个表面有一部分区域被曝光而其他区域则没有。最常用的有机正性光刻胶是 PMMA［聚甲基丙烯酸甲酯，poly（methylmethacrylate）］，一种长链状聚合物。在电子束撞击到光刻胶的地方链长变短，然后聚合物在一种合适的显色剂中可以被很容易地溶解掉。电子曝光的灵敏度阈值大约是 5×10^{-4} C·cm^{-2}。

在有机负性光刻胶中，杯芳烃（calixaren）（MC6AOAc—hexaacetate *p*-methyl calixarene）和 α-甲基苯乙烯（α-methylstyrene）很好地满足了纳米光刻的需求，在等离子刻蚀下表现出高耐久性。杯芳烃有一个环状结构，表现为直径约 1 nm 的环形分子。它的主要成分是苯酚衍生物，这种成分起源于苯环的强化学键耦合，有很高的耐久性和稳定性。杯芳烃对电子曝光的灵敏性比 PMMA 差 20 倍。与此同时，氯甲基化杯芳烃实际上有同样的灵敏性，氯甲基化杯芳烃是 Cl 原子取代杯芳烃甲基团的一种杯芳烃衍生物。杯芳烃分子的小尺寸和高的分子均匀性导致了光刻胶薄膜表面的高度光滑和超高分辨率。

典型厚度为 30～50 nm 的 PMMA、杯芳烃和 α-甲基苯乙烯光刻胶薄膜能形成一个分辨率是 6～10 nm 的纳米图形。其他的聚合物电子束光刻胶，如由日本 Zeopn 公司开发的正性光刻胶 ZEP 和由 Shipley 公司开发的负性光刻胶 SAL601 具有相似的性质。有机光刻胶的分辨率限制是由低能（最高到 50 eV）二次电子决定的，二次电子是由最初的电子束冲击这些材料产生的。二次电子曝光光刻胶材料的范围距离入射电子束 3～5 nm，从而给出一个接近于 10 nm 的写入分辨率限制。

除了有机材料外，无机化合物作为电子束纳米图形构造的光刻胶材料也展现出很好的前景，如 SiO_2、AlF_3 掺杂的 LiF 和 NaCl。除了通过电子曝光大于 0.1 C・cm^{-2} 的灵敏度阈值表征的灵敏度仍然保持非常小外，它们有希望达到 5 nm 以下的分辨率水平。

对于器件制备来说，由电子束直接对 SiO_2 进行光刻纳米图案的确很有吸引力，这可以通过使用厚度小于 1 nm 的氧化物薄膜实现。对这种超薄膜的辐照是通过在室温下聚焦电子束完成的，被照射的局部区域在 720～750℃的高真空中退火分解并蒸发。这种方法对于原位合成纳米结构是很有吸引力的，因为 SiO_2 掩膜形成的全过程以及随后其他材料的沉积都可以超高真空室中进行，而不必将样品暴露在大气中。

在传统的电子束光中，电子所具有的能量在 20～50 keV 的范围中，分辨率限制主要受到来自衬底的二次电子和背散射电子影响。此外，这样的高能电子穿透入衬底并在内部造成辐射破坏，这种效应可以通过使用能量范围在 2～10 keV 的低能电子束来有效抑制，不过这是需要以减小光刻胶灵敏度和相对增加曝光剂量为代价的。

光刻胶掩膜一旦形成，有两种方法可以用来将光刻胶掩膜转移到衬底上特定的金属、电介质或半导体层上：通过刻蚀移去光刻胶掩膜空隙间的物质，或将材料沉积在已形成的光刻胶掩膜上面。

第一种方法是传统半导体技术所用的典型方法。迄今为止，PMMA 和杯芳烃的刻蚀速率可以与硅和其他电子材料相媲美，它们的耐久性也足以适应通过等离子体干法刻蚀形成介电和半导体纳米结构的过程。

第二种方法也即剥离工艺（lift-off process），它主要涉及了构造金属纳米尺度的组元。这个过程的主要步骤如图 E. 3 所示。

这种沉积在衬底上形成的光刻胶掩膜首先暴露在一个单一的电子束下面。在薄膜上形成一个小窗口，将金属正入射蒸发到现有图样的表面以至于金属覆盖了光刻胶和小窗口处暴露出来的衬底表面。然后将这个衬底整体放入一种强溶液中，这种溶液可以分解（如丙酮可以分解 PMMA）没有曝光且沉积了一层金属的光刻胶，这时不需要的金属就会被去除掉，留下一份最初在光刻胶上形成的图样的复制。被留下来的金属岛可以被用作纳米电子器件的组件或者作为一个掩膜用于刻蚀下面的半导体或电介质薄膜。

电子束光刻技术正在不断发展中。然而，它在插入试验性生产流水线方面的准备一直不能令人满意。电子束芯片加工的低速率仍然是一个备受关注的主要问题。几个基于低能电子的先进光刻方案已经发展起来，其中一个提出了微柱电子束枪阵列的应用，多电子束枪的平行工作显著增加了该光刻系统的生产量。利用近邻探针技术，人们希望能进一步发展低能电子在构建纳米结构方面的应用。

electronegativity　电负性　对于“分子中的一个原子吸引电子的能力”的一种定性量度。原子 A 和 B 间的电负性的差异被认为是在两者间形成化学键时电子从原子 A 到原子 B 的转移程度的一种量度。原子的电负性越大，吸引电子能力越强。

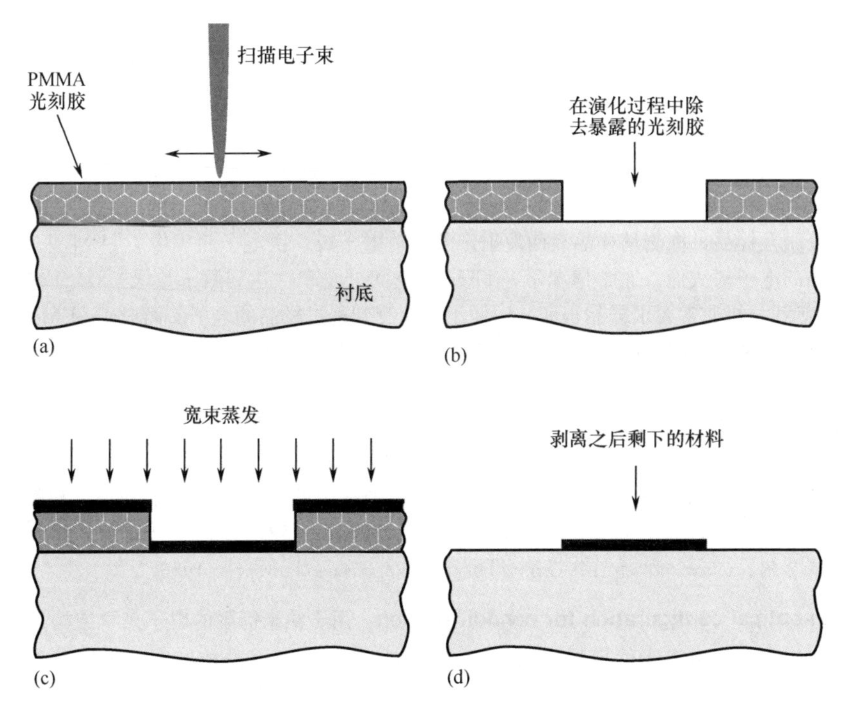

图 E.3 使用正性电子光刻胶（PMMA）的剥离工艺构建纳米结构

（a）电子束照射光刻胶薄膜；（b）光刻胶薄膜的演化；（c）金属沉积；（d）表面存在金属的光刻胶薄膜的剥离

electron energy eigenstate 电子能量本征态 也即 energy level（能级）。

electron energy loss spectroscopy（EELS） 电子能量损失能谱 简称 EELS，电子通过物质时的能量分辨记录。当电子束入射到样品时，一些电子被非弹性散射且损失了部分能量。能量损失是特殊化学元素和特殊原子成键的标记，这样就可以确定固体中的元素成分和原子成键态。通常是在电子显微镜中的样品架下附带一个分光镜来实现的。

详见：M. De Crescenzi，M. N. Piancastelli，*Electron Scattering and Related Spectroscopies*（World Scientific Publishing，Singapore，1996）。

electronic band structure 电子能带结构 表示在一个固体中电子能量 E 作为波矢 k 的函数的变化的一种图表。因为 $E(k)$ 在晶体固体中是周期性的，所以通常在第一布里渊区（Brillouin zone）内表示电子能带结构。

electronic polarization 电子极化 参见 polarization of matter（物质的极化）。

electronics 电子学 属科学与工程领域，涉及有源和无源电子元件的开发、制造、研究和应用，以及它们组装于电路上的单一和综合性能。典型的有源电子元件是半导体晶体管、真空和固态二极管、真空管和集成电路。电阻器、电容器和电感器为典型的无源电子元件的代表。

electron magnetic resonance（EMR） 电子磁共振 简称 EMR，也即 electron paramagnetic resonance（电子顺磁共振）。

electron microscopy 电镜术 亦称电子显微（镜）术、电镜学、电子显微（镜）学，一种分析成像技术，一束加速电子（能量高达 10～200 keV）直接打在被分析的样品上，在一个窄的立体角内收集反射或透射的电子并通过电透镜或磁透镜把它们聚焦到像平面上，从而提供了样品结构的一个被放大的显示。探测电子束的扫描被利用来扩大分析区域。

在多种电镜学技术中，扫描电子显微术（scanning electron microscopy，SEM）和透射电子显微术（transmission electron microscopy，TEM）在原理上是有区别的。SEM 是通过初始的电子束激发样品，探测从样品表面发射出的散射电子或二次电子而成像。TEM 是通过探测透过样品的电子来成像。通常情况下，TEM 的空间分辨率（达到原子量级）比 SEM 高一个量级。TEM 分析通常要求样品很薄，以便于能探测到透过样品的电子。而对于 SEM，除了当样品本身电导率不足以泄漏探测电子带来的电荷时，需要在样品上沉积一层导电薄膜外，不需要专门的样品制备。

首次描述：M. Knoll，E. Ruska *Beitrag zur geometrischen Elektronenoptik I und II*，Ann. Phys. **12**，607～640，641～661（1932）。

获誉：E. 鲁斯卡（E. Ruska）凭借其在电子光学中的基础工作贡献和设计出第一台电镜，与 G. 宾宁（G. Binning）和 H. 罗雷尔（H. Rohrer）分享了 1986 年诺贝尔物理学奖。

另请参阅：www.nobelprize.org/nobel_prizes/physics/laureates/1986/。

electron-optical configuration for nanodiffraction 用于纳米衍射的电子光学结构 可以使得直径仅仅为 10 nm 大小的材料区域产生衍射图样的具有空前高精度的一种电镜（electron microscope）技术。这种结构利用了物镜前场像差（aberration）校正器中的一个圆形透镜。这种方法使得人们可以很小心地把衍射区域调节到特殊材料的感兴趣的特征区上，而排除周围材料的衍射效果。

首次描述：C. Dwyer，A. I. Kirkland，P. Hartel，Hartel，H. Müller，M. Haider，*Electron nanodiffraction using sharply focused parallel probes*，Appl. Phys. Lett. **90**，151104（2007）。

electron paramagnetic resonance（EPR） 电子顺磁共振 简称 EPR，至少含有一个未配对电子自旋的顺磁离子或分子在静磁场中的微波辐射共振吸收过程。这种现象是由在顺磁性的（paramagnetic）物质中或在抗磁性的（diamagnetic）物质的顺磁中心中的未配对电子的磁矩产生的。这种共振在射频谱中使用，在射频谱中可探测到在磁场中弱耦合电子磁偶极矩系统中的能级间跃迁。

电子顺磁共振亦称电子自旋共振（electron spin resonance，ESR）或电子磁共振（electron magnetic resonance，EMR）。

首次描述：E. K. Zavoisky，*The paramagnetic absorption of a solution in parallel fields*，Zh. Exp. Teor. Fiz. **15**（6），253～257（1945）（俄文）。

详见：J. E. Wertz，J. R. Bolton，*Electron Spin Resonance*：*Elementary Theory and Practical Applications*，（Chapman and Hall，New York，1986）。

electron spectroscopy for chemical analysis（ESCA） 化学分析电子能谱 简称 ESCA，也即 X-ray photoelectron spectroscopy（XPS）（X 射线光电子能谱）。

electron spin resonance（ESR） 电子自旋共振 简称 ESR，也即 electron paramagnetic resonance（电子顺磁共振）。

electrooptical Kerr effect 电光克尔效应 参见 Kerr effects（克尔效应）。

electrophoresis　电泳　在外加电场作用下带电粒子或团簇运动通过静态液体的动电现象。

详见：A. T. Andrews, *Electrophoresis* (Clarendon Press, Oxford, 1986)。

electrospray ionization (ESI)　电喷雾电离　一种用于质谱（mass spectrometry）分析中产生离子的技术。特别适用于在不破坏生物分子三维结构条件下而产生离子的情况。使生物分子带电并溶解于富水环境中，射入到强电场中，使分子分散在喷雾带电的小液滴中，用于质谱分析。

首次描述：M. Yamashita, J. B. Fenn, *Elecrospray ion source. Another variation of the free-jet theme*, J. Phys. Chem. **88**, 4451～4459 (1984); C. K. Meng, M. Mann, J. B. Fenn, *Interpreting mass spectra of multiply charged ions*, in: *Proceedings of the 36th Annual Conference on Mass Spectrometry Allied Topics* (San Francisco, CA, 1988), 771～772。

详见：*Electrospray Ionization Mass Spectrometry, Fundamentals, Instrumentation and Applications*, edited by R. B. Cole (Wiley & Sons, New York, 1997)。

获誉：2002 年，诺贝尔化学奖授予美国科学家 J. B. 芬恩（J. B. Fenn）、日本科学家田中耕一（K. Tanaka）和瑞士科学家 K. 维特里希（K. Wüthrich），以表彰他们发明了对生物大分子进行识别和结构分析的方法。芬恩和田中的贡献在于开发出了对生物大分子进行质谱分析的"软解吸附作用电离法"，维特里希的贡献是开发出了用来确定溶液中生物大分子三维结构的核磁共振技术。

另请参阅：www.nobelprize.org/nobel_prizes/chemistry/laureates/2002/。

electrostatic force microscopy (EFM)　静电力显微术　一种原子力显微术（AFM）技术，该技术利用动态非接触模式并探测静电力。这种力产生于分析样品在原子力显微镜探针尖端处的电荷吸引或排斥。

静电力通过改变加载在尖端的电压来探测。此力为 $F \sim \Delta V^2$，ΔV 为针尖与样品之间的电压差。它受到捕获电荷以及两者功函数之差的限制。

该技术改善了原子力显微镜的成像，特别是在不能利用接触模式进行分析时。

首次描述：B. D. Terris, J. E. Stern, D. Rugar, H. J. Mamin, *Contact electrification using force microscopy*, Phys. Rev. Lett. **63** (24), 2669～2672 (1989)。

详见：P. Girard, *Electrostatic force microscopy: principles and some applications to semiconductors*, Nanotechnology **12** (4), 485～490 (2001)。

electrostriction　电致伸缩　处在非均匀电场中的介电体在力的作用下发生弹性形变的现象。

Eley-Rideal mechanism　埃利-里迪尔机理　一种表面催化过程的化学反应机理，其中化学相互作用发生在气相反应物分子与吸附在表面的分子之间。根据这一机理，气相分子 A (g) 附着在表面 S (s) 的吸附位点上，发生 A (g) + S (s) $\longleftrightarrow$ AS (s) 反应。表面上的中间产物分子 AS (s) 与另一种气相分子 B (g)，发生 AS (s) + B (g) $\longrightarrow$ 最终产物反应。

产物生成速率是气相反应物分压和吸附位点表面密度的函数。相对于 B (g) 分子和S (s) 吸附位点的浓度，它的量级通常是 1。对于 A (g) 分子，这些分子为低浓度时速率量级是 1，在高浓度时变为 0（浓度独立）。

首次描述：D. D. Eley, E. K. Rideal, *The catalysis of the parahydrogen conversion by tungsten*, Proc. Roy. Soc. London Ser. A **178**, 429～451 (1941)。

详见：J. M. Thomas, W. J. Thomas, *Principles and Practice of Heterogeneous Catalysis* (Wiley-VCH, Weinheim, 1997)。

Elliott-Yafet mechanism　埃利奥特-亚费特机理　在固体中，由于与声子或杂质碰撞过程中的自旋-轨道散射而导致的电子自旋弛豫机理。在半导体中相关的自旋弛豫时间 τ_s 可以用能带和声子结构的近似解析获得，因为最重要的态往往是在高对称性点的附近。能量为 E_k 的导带电子的自旋弛豫可用下式描述：

$$\frac{1}{\tau_s(E_k)}=A\left(\frac{\Delta_{so}}{E_g+\Delta_{so}}\right)^2\left(\frac{E_k}{E_g}\right)^2\frac{1}{\tau_p(E_k)}$$

其中 $\tau_p(E_k)$ 为能量 E_k 处的动量散射时间，E_g 是带隙，而 Δ_{so} 是价带的自旋-轨道分裂。数值因子 A 的数量级为 1，依赖于占优势的散射机理（电荷或中性杂质，声子，或电子-空穴）。

这项机理对于带隙小而自旋-轨道分裂大的半导体很重要。金属和简并半导体中 $1/\tau_s$ 对温度的依赖关系类似于 $1/\tau_p$ 与温度的关系，在金属中这意味着在低温下的常量及高温下的线性增加。对于非简并半导体有 $1/\tau_s(T)\sim T^2/\tau_p(T)$，在被带电杂质散射这种重要例子 $[\tau_p(T)\sim T^{3/2}]$ 中，则可以得到 $1/\tau_s(T)\sim T^{1/2}$。

首次描述：R. J. Elliott，*Theory of effect of spin-orbit coupling on magnetic resonance in some semiconductors*，Phys. Rev. **96** (2)，266～279 (1954)；Y. Yafet，*g-factors and spin lattice relaxation of conduction electrons*，in：Solid State Physics，vol. **14**，edited by F. Seitz，D，Turnbull (Academic Press，New York，1963)，1～98。

详见：I. Žutić，J. Fabian，S. Das Sarma，*Spintronics：fundamentals and applications*，Rev. Mod. Phys. **76** (2)，323～410 (2004)。

ellipsometry 椭圆偏振测量术 亦称椭偏测量术、椭圆光度法，通过经表面反射的偏振光束的偏振态的变化而检测反射面性质的一种方法。

首次描述：P. Drude，*Zur Elektronentheorie der Metalle*，Ann. Phys. **36**，566～613 (1889)。

详见：H. Fujiwara，*Spectroscopic Ellipsometry：Principles and Applications* (Wiley & Sons，Chichester，2007)。

elliptical polarization of light 光的椭圆偏振 参见 polarization of light（光的偏振）。

embedded-atom method 嵌入原子法 基于局域密度近似（local density approximation）描述固体中原子间相互作用的半经验技术。单原子固体中，每个原子的能量表示为：$E(r_0)=F(n_1\rho^a(r_0))+0.5n_1V(r_0)$，其中 r_0 是最近邻原子间距，n_1 是最近邻原子数目，ρ^a 是距离核为 r 处的原子的球平均电子密度，V 是原子对相互作用能，F 是嵌入函数。此方法用于变形晶体的分子动力学模拟。

首次描述：M. S. Daw，M. J. Bakes，*Applications of the embedded-atom method to covalent materials*，Phys. Rev. B **29** (11)，6443～6449 (1984)。

embossing 压模 通过压印（imprinting）手段进行图样制作的一种方法。压模过程的原理是高压下将可重复使用的模具印刻在加热衬底上的聚合物薄膜上，然后将模具移去。其示意图见图 E. 4。

制作的模具表面具有所需的形貌特征，在表面上涂上一层非常薄的脱模化合物，目的是保护表面和防止在压模过程中被粘贴住。要制样的衬底上涂上一层热塑性聚合物，加热衬底到聚合物的玻璃化转变温度以上以使其具有黏弹性。然后将模具压向聚合物。加热时间和压力持续时间一般都是几分钟。接下来将系统降温至玻璃化转变温度以下，图样被冻结在聚合物薄膜上。在移去压印机后，使用氧等离子体或者溶剂清洁形成的沟渠结构以去除底部残留的聚合物。成样的聚合物薄膜被用作后续的刻蚀或者剥离工艺的掩模。

最常用的聚合物是聚甲基丙烯酸甲酯 [poly (methylmethacrylate)]，简称 PMMA，它是

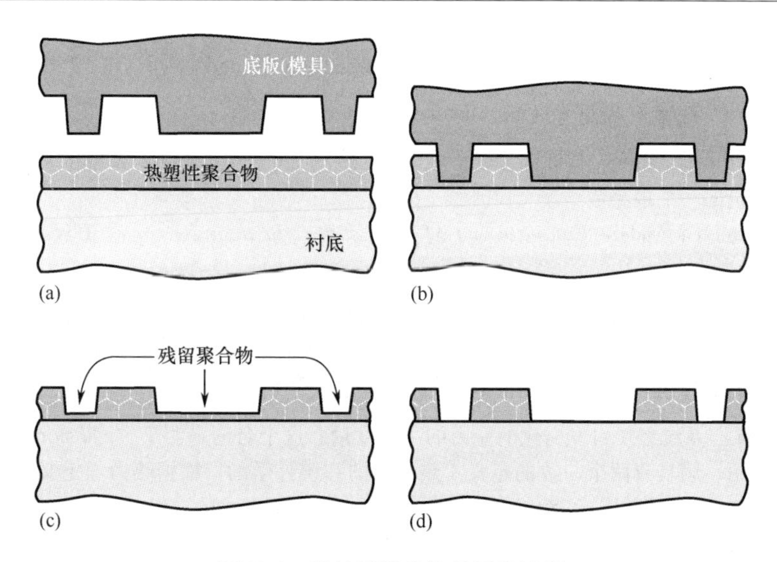

图 E.4 通过压模实施的压印过程

(a) 沉积有光刻胶薄膜的衬底和在压印之前的底版 (b) 压印；(c) 在压印后成样的掩模，窗口内有残留聚合物；(d) 残留聚合物的刻蚀

电子束光刻中的一种常用的光刻胶。这种材料因为其合适的黏弹性而有着很好的压印特性。PMMA 的玻璃化转变温度为 105℃，因此在 190～200℃范围内是很好的压印材料。模具与衬底间的拆卸和分离发生在两者温度均约为 50℃的时候。最终的分辨率为 10 nm 的量级，主要受到聚合物回转半径的限制。

首次描述：S. Y. Chou，P. R. Krauss，P. J. Renstrom，*Imprint of sub-25 nm vias and trenches in polymers*，Appl. Phys. Lett. **67** (21)，3114～3116 (1995)。

EMR 为 electron magnetic resonance（电子磁共振）[也即 electron paramagnetic resonance（电子顺磁共振）] 的缩写。

emulsion 乳状液 亦称乳液，一个包含两类实质上互不相溶的液体的体系，其中一种液体（“内部”或“分散”相）以微小液滴的形式分散到另一种液体中（“外部”或“连续”相）。

enantiomer 对映体 亦称对映异构体，参见 chirality（手性）与 isomer（异构体）。

enantiomorph 对映结构体 参见 chirality（手性）。

energy dispersive X-ray spectroscopy (EDXS) 能量色散 X 射线光谱 简称 EDXS，对高能电子轰击物质所激发的特征 X 射线辐射的检测。特征辐射的产生是因为当入射电子转移给内层轨道电子的能量大于其结合能时，轨道电子从原子中被发射出来而留下空位，更内层的轨道上的电子填充这个空位就会导致 X 射线光子的产生。因为每种化学元素都有独特的电子结构，因此某种元素产生的 X 射线光子系列也是特定的。X 射线的强度正比于产生射线的原子数目。这样，便可以通过对特征 X 射线辐射的能量色散分析来定性和定量地对物质进行研究。

engineering 工程 亦称工程学，指运用科学原理来开发自然资源、设计和制造商品，以及提供和维护实际功用。

entangled state 纠缠态 复合体系的一种状态，其组成部分可以是空间非定域的。这样的状态表现出固有的非局域关联。更多内容请参见 quantum entanglement（量子纠缠）。

entanglement 纠缠 参见 quantum entanglement（量子纠缠）。

entanglement monotone 单调纠缠量 用于表征一个量子位（qubit）系统的量子非局域资源的非增参量的一个最小数。

首次描述：G. Vidal，*Entanglement of pure states for a single copy*，Phys. Rev. Lett. **83**（5），1046～1049（1999）。

enthalpy 焓 用于方便描述某些特定条件下热力学过程的结果的一个物理量。它具有能量的量纲，亦称热含量、热容量。在一定状态下任一系统的焓值仅仅取决当前的状态，与系统演化到此状态的过程、方式等之前的因素无关。

entropy 熵 系统经历自发变化的能力的一种度量。这个名词来源于“transformation”，即转化的希腊语。熵具有两个一致的定义：热力学的和统计学的。根据热力学定义，熵 S 通过其变化量来定义，也即 $\mathrm{d}S = \delta Q_{\mathrm{rev}}/T$。也就是说，在一个无穷小的过程中，熵的改变等于吸收的热量除以吸收时的热力学温度。如果熵要成为一个状态函数，也即 $\Delta S = S_2 - S_1$，那么吸收的热量必须是一个可逆过程的特征量。而根据统计学的定义，$S = k_{\mathrm{B}}\log\Omega +$ 常数，其中 Ω 为概率，其定义为系统可能形成的构型状态的数目。

首次描述：R. Clausius *Abhandlungen über die mechanische Wärmetheorie*（Friedrich Vieweg und Sohn，Braunschweig，1864）。

envelope function method 包络函数法 此方法建立在以下平面波展开的基础上：

$$\psi(\boldsymbol{r}) = \sum_{kG}\tilde{\psi}(\boldsymbol{k}+\boldsymbol{G})\exp[\mathrm{i}(\boldsymbol{k}+\boldsymbol{G})\cdot\boldsymbol{r}] = \sum_{kG}\tilde{\psi}(\boldsymbol{k})\exp[\mathrm{i}(\boldsymbol{k}+\boldsymbol{G})\cdot\boldsymbol{r}]$$

其中 $\boldsymbol{G}$ 是布拉维点阵（Bravais lattice）的倒格矢，$\boldsymbol{k}$ 是被限制在倒格子的一个原胞内的波矢，通常这个原胞取为第一布里渊区（Brillouin zone），$\tilde{\psi}(\boldsymbol{k}+\boldsymbol{G})$ 是 ψ 的傅里叶变换，$\tilde{\psi}(\boldsymbol{k})$ 则为一替换概念，强调波矢 $\boldsymbol{k}+\boldsymbol{G}$ 分解为一个倒格矢和原胞内的一个波矢。引入在布拉维点阵中周期性的完备集函数 $U_n(\boldsymbol{r})$：

$$U_n(\boldsymbol{r}) = \sum_G U_{nG}\exp(\mathrm{i}\boldsymbol{G}\cdot\boldsymbol{r})$$

通常被选择为标准正交的，因此通过它们可将平面波表示为

$$\exp(\mathrm{i}\boldsymbol{G}\cdot\boldsymbol{r}) = \sum_n U_{nG}^{*}U_n(\boldsymbol{r})$$

将 $\exp(\mathrm{i}\boldsymbol{G}\cdot\boldsymbol{r})$ 替换可得到

$$\psi(\boldsymbol{r}) = \sum_n F_n(\boldsymbol{r})U_n(\boldsymbol{r})$$

其中包络函数 $F_n(\boldsymbol{r})$ 由下式给出

$$F_n(\boldsymbol{r}) = \sum_{kG}U_{nG}^{*}\tilde{\psi}(\boldsymbol{k}+\boldsymbol{G})\exp(\mathrm{i}\boldsymbol{k}\cdot\boldsymbol{r}) = \sum_{kG}U_{nG}^{*}\tilde{\psi}_G(\boldsymbol{k})\exp(\mathrm{i}\boldsymbol{k}\cdot\boldsymbol{r})$$

它用于描述局域高度振荡微观波函数的缓慢变化的介观部分。拉廷格（Luttinger）和科恩（Kohn）引入此展开式用于获得存在缓慢微扰势情况下，周期性结构的有效质量（effective mass）的方程。因此有时它也被称作有效质量表述。后来，巴斯塔德（Bastard）在超晶格（superlattice）的例子中引入一种规定的包络函数法，其中被包络函数满足的实空间方程与 $\boldsymbol{k}\cdot\boldsymbol{p}$ 法等效，但是能带边缘可以是位置的函数，暗中假定了在任何原子突变界面处方程都是有效的。它仅仅描述纳米结构波函数的包络，而不考虑原子细节。尽管包络函数近似包含有很多假设，但是它却取得了巨大的成功，这主要在于其不仅方法简单，而且结果可靠。最近，

M. G. 伯特（M. G. Burt）提出了一种方法，可以从薛定谔方程（Schrödinger equation）开始导出一个精确的包络函数方程，适用于纳米结构中电子态以及光子模式的计算。

首次描述：J. M. Luttinger，W. Kohn，*Motion of electrons and Holes in Perturbed Perio-dic Field*，Phys. Rev. **97**（4），869～833（1955）（被微扰的周期结构中的运动电子的"有效质量"方程建立方法的引入）；G. Bastard，*Superlattice band structure in the envelope function approximation*，Phys. Rev. B **24**（10），5693～5697（1981）（在超晶格中的应用）；M. G. Burt，*An exact formulation of the envelope function method for the determination of electronic states in semiconductor microstructures*，Semicond. Sci. Technol. **3**（8），739～753（1998）（在纳米结构中的应用）。

详见：M. G. Burt，*Fundamentals of envelope function theory for electronic states and photonic modes in nanostructures*，J. Phys：Condens. Matter **11**（9），R53～R83（1999）；A. Di Carlo，*Microscopic theory of nanostuctured semiconductor devices：beyond the envelope-function approximation*，Semicond. Sci. Technol. **18**（1），R1～R31（2003）。

enzyme 酶 一种蛋白质（protein）分子，部分地与非蛋白质成分，即辅酶（coenzyme）或辅基（prosthetic group）相连。它是控制生物体内所有反应的一种生物催化剂。

详见：H. Bisswanger，*Proteins and enzymes*，in：*Encyclopedia of Applied Physics*，Vol. 15，edited by G. L. Trigg（Wiley-VCH，Weinheim，1996）。

epitaxy 外延 晶体在单晶衬底上生长。这个词来源于希腊语中的"epi"一词，意思是在……之上，以及"taxis"一词，意思是有序排列。关于外延技术，参见 solid phase epitaxy（固相外延）、liquid phase epitaxy（液相外延）、chemical vapor deposition（化学气相沉积）、metal-organic chemical vapor deposition（金属有机气相沉积）、molecular beam epitaxy（分子束外延）、chemical beam epitaxy（化学束外延）。

详见：M. A. Herman，*Epitaxy*（Springer-Verlag，Berlin，2004）。

EPR 为 electron paramagnetic resonance（电子顺磁共振）的缩写。

equation of state 状态方程 一种数学表达式，对于给定质量的材料，此方程通过建立它的体积和压力以及热力学温度间的关系来定义一个均匀物质（可以是气体、液体或固体）的物理状态。

equivalent circuit 等效电路 利用一个集总元件网络对于真实电路或者传输系统的代表。

ergodic hypothesis 遍历假说 亦称遍历性假设，即假设一个系统随着时间的推移终究将经历一切适合宏观条件的微观态。在数学上无法证明这种假设是正确的，并且起初的假设已经被一个不太严格的表述所代替，称作准各态历经假说。此假说仅仅要求体系的相位曲线，也即用相空间描述的体系状态随时间的演化，应当趋向于无限接近相空间的能量曲面。

首次描述：J. C. Maxwell，*On the dynamical theory of gases*，Phil. Trans. R. Soc. Lond. **157**，49（1867）；L. Boltzmann，*Studien über das Gleichgewicht der lebendigen Kraft zwischen bewegten materiellen Punkten*，Wiener Berichte **58**，517（1868）。

ergodicity 遍历性 沿着体系通过相空间的轨道，体系确保统计的系综平均和时间平均的等同性的特性。

Ericson fluctuations 埃里克森涨落 作为核反应能的函数的核反应截面的可重复涨落。它们出现在"连续"状况中大量复合核态发生交叠的时候，这是由于复合核寿命较短造成的。

首次描述：T. Ericson，*Fluctuations of nuclear cross sections in the "continuum" region*，

Phys. Rev. Lett. **5** (9), 430～431 (1960)。

error function 误差函数 形式为 $\mathrm{erf}(z) = 2/\sqrt{\pi}\int_0^z \exp(-y^2/2)\mathrm{d}y$，余误差函数定义为 $\mathrm{erfc}(z) = 1 - \mathrm{erf}(z)$。

Esaki diode 江崎二极管 由重掺杂半导体 p-n 结所组成，如图 E.5 所示，在此二极管内 n 区与 p 区能量直接接触。阻挡层区域构成载流子穿越结的一种势垒，阻挡层宽度为

$$w = \left[\frac{2\varepsilon\varepsilon_0 \Delta E(N_d + N_a)}{e^2 N_d N_a}\right]^{1/2}$$

式中，ε 为半导体的相对介电常数，N_d和 N_a分别为 n 和 p 区的施主和受主浓度。ΔE 为贯穿结的能带能量变化。对于重掺杂 n 和 p 区所构成的结，它对应于半导体能隙与 n 区和 p 区域中费米简并之和。

势垒结宽度 w 如此之小（通常小于 10 nm），以至于加载的正向偏压增加时 p 区的价带电子很容易隧穿进入到 n 区导带的未填充状态中。由于 n 和 p 区不重合，当电流达到最大值后开始减小。从而，在低正向偏压的电流-电压特征中形成一个峰电流。由负微分电阻（$\mathrm{d}I/\mathrm{d}V<0$）区域产生千兆赫兹范围内的电信号和增益。在高正向偏压时，穿过能垒的载流子的热激发发挥其作用。

首次描述：L. Esaki, *New phenomenon in narrow germanium p-n junctions*, Phys. Rev. **109** (2), 603～604 (1958)。

获誉：1973 年，诺贝尔物理学奖授予江崎玲於奈（L. Esaki），以表彰他在有关半导体中的隧道现象的实验发现。

另请参阅：www.nobelprize.org/nobel_prizes/physics/laureates/1973/。

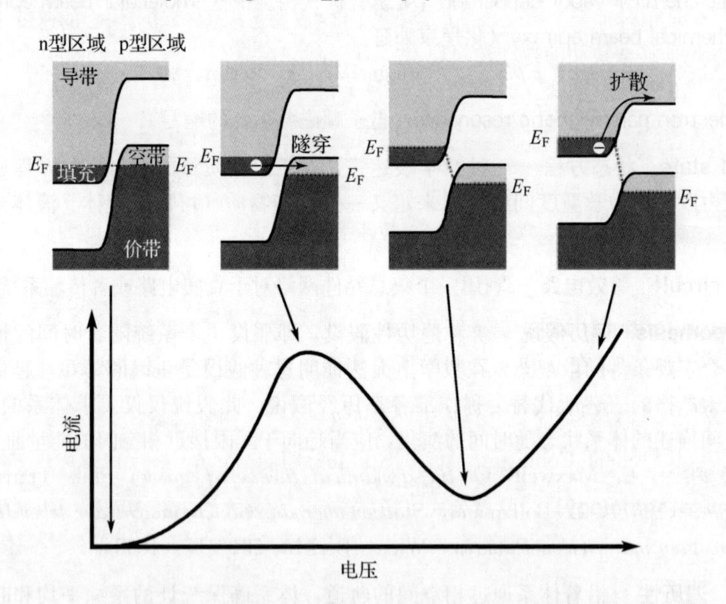

图 E.5 能带图和江崎二极管的电流-电压特征

ESCA 为 electron spectroscopy for chemical analysis（化学分析电子能谱）的缩写。

ESI 为 electrospray ionization（电喷雾电离）的缩写。

ESR 为 electron spin resonance（电子自旋共振）[也即 electron paramagnetic resonance（电子顺磁共振）] 的缩写。

ester 酯 一种有机化合物，为羧酸的醇类衍生物。通常的分子构型为 RCOOR′，其中 R 可能是氢、烷基（$—C_nH_{2n+1}$）或是芳香环，R′则可能是烷基团或芳环，但不会是氢。

Ettingshausen coefficient 埃廷斯豪森系数 参见 Ettingshausen effect（埃廷斯豪森效应）。

Ettingshausen effect 埃廷斯豪森效应 当导体通过电流密度为 $\boldsymbol{J}$ 的电流时，在横向磁场 $\boldsymbol{H}$ 的作用下，导体在垂直于电流和磁场的方向上会出现温度梯度。假设热流为零，则 $\nabla_t T = P\boldsymbol{J}\times\boldsymbol{H}$，其 P 为埃廷斯豪森系数（Ettingshausen coefficient）。

首次描述：A. von Ettingshausen，W. Nernst，*Über das Auftreten electromotorischer Kräfte in Metallplatten，welche von einem Wärmestrome durchflossen werden und sich im magnetischen Felde befinden*，Ann. Phys. **265**（10），343（1886）。

Ettingshausen-Nernst effect 埃廷斯豪森-能斯特效应 参见 Nernst effect（能斯特效应）。

eukaryote 真核生物 含有细胞核的有机体，具有双层细胞膜和其他与膜结合的细胞器。它包括所有原生生物、真菌界、植物界和动物界这样的单细胞或多细胞成员。这个名称来源于希腊词根“karyon”，意思是坚果，前面加一前缀“eu-”，意思是好的或真的。

Euler equations of motion 欧拉运动方程 此方程描述了一个包含相连质点的力学系统的运动。在原点固定的惯性参考系中，它基本上由两个矢量方程组成：$\mathrm{d}\boldsymbol{p}/\mathrm{d}t=\boldsymbol{R}$ 和 $\mathrm{d}\boldsymbol{h}/\mathrm{d}t=\boldsymbol{G}$，其中 $\boldsymbol{p}$ 和 $\boldsymbol{h}$ 是这个惯性系下体系的线动量和角动量，$\boldsymbol{R}$ 是体系所受外力的矢量和，矢量 $\boldsymbol{G}$ 则是外力相对于原点的矩矢量之和。如果原点始终处于体系质心处，第二个方程可以保持不变，即使 $\mathrm{d}\boldsymbol{h}/\mathrm{d}t$ 现在是相对于一个原点改变的参照系。这表明可以用相对于质心的速度来代替真实的速度。这就是平移和转动的独立性原理。

若力学系统是刚体，那么 $\boldsymbol{h}$ 的表达式包含了动量和惯性积，并且，通常 $\mathrm{d}\boldsymbol{h}/\mathrm{d}t$ 项也将包括因为刚体相对于参照系的运动而导致的惯性系数的改变速率。通过使用固定在刚体上的坐标轴可解决这一困难。

详见：L. Euler，*Opera omnia*（Teubner und Fussli，Leipzig，1911）。

Euler law 欧拉定律 指出两个物体间的摩擦力与加载力也即压力成正比。参见 Amontons′ law（阿蒙东定律）。

Euler-Maclaurin formula 欧拉-麦克劳林公式 此公式给出了光滑函数 $f(x)$ 的积分与求和之间的关联，$f(x)$ 定义在 0 和 n 之间的所有实数 x 上，其中 n 是自然数，公式表达式为 $\int_0^n f(x)\mathrm{d}x = f(0)/2+f(1)+\cdots+f(n-1)+f(n)/2$。

首次描述：L. Euler，Comment. Acad. Sci. Imp. Petrop. **6**，68（1738）。

Euler's formula（topology） 欧拉公式（拓扑学） 此公式给出凸多面体中顶点数 V、棱数 E 以及面数 F 间的关系，凸多面体即任意两点间的连线均处于多面体内部的多面体。公式为 $V-E+F=2$。

首次描述：L. Euler，*Elementa doctrinae solidorum*，Novi. Comm. Acad. Sci. Imp. Petrop. **4**，109（1752）。

even function 偶函数 一类函数 $f(x)$，具有特性 $f(x)=f(-x)$。

Ewald sphere 埃瓦尔德球 叠加在晶体倒格子上的一个球面，用于决定 X 射线或其他光束被晶格反射的方向。

首次描述：P. P. Ewald，*Zur Theorie der Interferenzen der Röntgenstrahlen in Kristallen*，Phys. Z. **14**，465～472（1913）。

详见：J. B. Pendry，*Low Energy Electron Diffraction*（Academic Press，London，1974）。

EXAFS 为 extended X-ray absorption fine structure（扩展 X 射线吸收精细结构）的缩写。

exchange interaction 交换作用 一种量子力学效应，当两个或更多电子的波函数（wave function）重叠时它能增加或减少系统能量。这种能量的改变来源于泡利不相容原理（Pauli exclusion principle），是粒子全同性、交换对称性以及静电力的结果。交换作用是使得许多磁性材料中的电子自旋平行或反平行排列的机理。

首次描述：W. Heisenberg，*Mehrkorperproblem und Resonanz in der Quantenmechanik*，Z. Phys. **38**（6～7），411～426（1926）；P. A. M. Dirac，*On the theory of quantum mechanics*，Proc. R. Soc. Lond. A **112**（762），661～677（1926）。

excimer 激基缔合物 亦称准分子、激基分子、受激准分子，仅存在于激发态（excited state）的两个原子或分子的聚合物，一旦激发能消失便分解。这个单词是"excited dimer"（激发态二聚物）的缩写。它用于激光器中激光的产生，参见 excimer laser（准分子激光器）。

excimer laser 准分子激光器 亦称激基分子激光器，激发光在紫外波段（从 126 nm 到 558 nm）的稀有气体卤化物或稀有气体金属蒸气激光器，其工作原理为受激准分子中不稳定分子键断裂而离解成两个基态原子时，受激态的能量以激光辐射的形式放出。激发可以通过电子束和放电产生。激光气体包括 ArCl、ArF、KrCl、KrF、XeCl 和 XeF。

excited state 激发态 某个整体系统的高能量状态。

exciton 激子 以束缚态形式出现的一个电子-空穴对，特性像一个类氢原子。光辐照半导体产生激子的过程如图 E.6 所示。如果光子的能量大于被辐照半导体（高能激发状况）的带隙宽度，那么导带中便会产生一个自由电子，而价带中则会留下一个空态，即空穴。经过弛豫后，它们分别占据导带和价带中的最低能量态。电子和空穴间的吸引力使得它们的总能量降低 E_{X0}，并使得它们束缚成激子。而低于带隙宽度的光子则被共振吸收，直接形成激子。

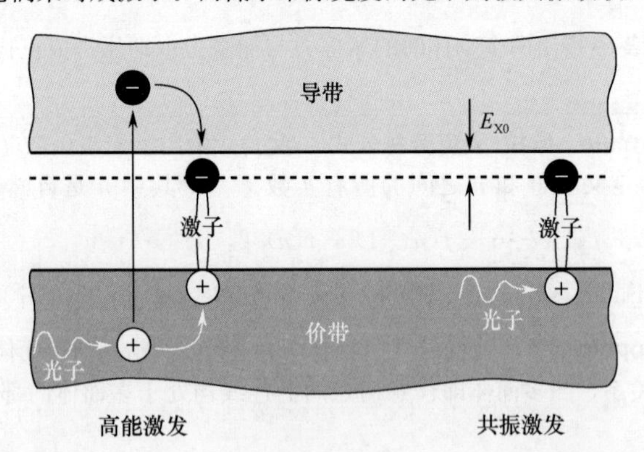

图 E.6 半导体中非共振激子和共振激子的形成

因为空穴的质量比电子的质量要大得多，激子可以被看做是类似于氢原子体系的两体体系，带负电的电子绕带正电的空穴的做轨道运动。类似于氢原子，激子可以用激子玻尔半径（exciton Bohr radius）$a_B = \varepsilon\hbar^2/(\mu e^2) = \varepsilon m_0/(\mu \times 0.053)$ nm 来描述，其中 μ 是电子空穴对的约化质量，即 $1/\mu=1/m_e^*+1/m_h^*$，而 $\varepsilon=\varepsilon_r\varepsilon_0$ 是材料的介电常数。这是晶体中导带电子和它在价带中留下的空穴之间的自然的物理间距，这个半径大小决定了一个晶体得有多大才能把其中的能带当成连续的。因此，利用激子的玻尔半径可以大致判断一个晶体到底是半导体量子点，还是一个简单块材半导体。

激子的结合能为 $E_{X0}=-\mu e^4/(32\pi^2\hbar^2\varepsilon^2)$。电子-空穴对的约化质量小于电子的静止质量 m_0，并且介电常数 ε 是真空时的数倍。这就是相对于氢原子的相应数值来说，激子玻尔半径非常大，而激子能量非常小的原因。对于大多数半导体来说，a_B 的绝对值的范围为 1～10 nm，占据的能量值为 1～100 meV。激子的寿命为数百皮秒到纳秒之间。

激子浓度 n_{exc} 和自由电子及空穴的浓度 $n=n_e=n_h$ 之间的关系由名为萨哈方程（Saha equation）的电离平衡方程给出：

$$n_{exc}=n^2\left(\frac{2\pi\hbar^2}{k_BT}\frac{m_e^*+m_h^*}{m_e^*m_h^*}\right)^{3/2}e^{E_{X0}/(k_BT)}$$

当 $k_BT\gg E_{X0}$ 时，绝大多数激子被电离，晶体的电子子系统的性质由自由电子和空穴决定；当 $k_BT\leqslant E_{X0}$ 时，相当一部分电子-空穴对存在于束缚态下。

典型的如半导体中的弱束缚激子，被称为莫特-万尼尔激子（Mott-Wannier exciton），而通常出现在固态惰性气体中的紧束缚激子，则被称为弗仑克尔激子（Frenkel exciton）。

首次描述：J. I. Frenkel，*Transformation of light into heat in solids*，Phys. Rev. **37** (1)，17～44 (1931)。

exciton Bohr radius　激子玻尔半径　参见 exciton（激子）。

exclusion principle　不相容原理　参见 Pauli exclusion principle（泡利不相容原理）。

exon　外显子　存在于成熟的信使 RNA（mRNA）转录时的基因（gene）片段，这种转录指定转译时的多肽氨基酸次序。一个基因的外显子通过信使 RNA 剪接连接在一起。

expectation value　期望值　也即 mean value（平均值）。

ex situ　非原位　亦称异地、异位，拉丁语，意思是远离。短语"*ex situ* analysis of experimental samples"即实验样品非原位分析，指的是样品在一个与它被制备时位置不同的位置处进行分析。与之相反的是原位（*in situ*）（拉丁语，意思是在点上）分析，表明样品在相同的位置被制备和分析。

extended Hückel method (theory)　扩展休克尔方法（理论）　一种分子轨道处理方法，其中当模拟固体中的电子能带时，不同轨道电子间相互作用被忽略不计。

首次描述：R. Hoffmann，*An extended Hückel theory*，J. Chem Phys. **39** (6)，1397～1412 (1963)。

获誉：1981 年诺贝尔化学奖授予 R. 霍夫曼（R. Hoffman）和福井谦一（K. Fukui），以表彰他们各自独立发展了有关化学反应过程的理论。

另请参阅：www.nobelprize.org/nobel_prizes/chemistry/laureates/1981/。

extended state　扩展态　随机势作用下扩展到整个样品的单电子的量子力学态。

extended X-ray absorption fine structure (EXAFS) spectroscopy　扩展 X 射线吸收精细结构谱　亦称广延 X 射线吸收精细结构谱，简称 EXAFS 谱，指当 X 射线透过材料时，强度逐渐衰减，并且将经历某些能量非连续，对应于芯电子跃迁到费米能级（Fermi level）以上的非占据态的能量。在结晶固体情况下，原子被 X 射线激发发射出光电子，可以用以靶原子为中心的球面出射波来描述。出射光电子因为与最近邻原子的电子作用而发生反漫射，这种反漫射用以近邻原子为中心的球面波代表，其中的一部分波与最先出射的波干涉而对吸收系数产生调制作用。EXAFS 谱图反映了这种局域有序，并且振荡幅度依赖于位于距吸收中心原子 r_j 处 j 类型近邻原子的配位数 N_j。吸收谱由三个区域组成：

（1）吸收边，对应芯电子跃迁到费米能级。

（2）近边结构，也就是 XANES 即 X 射线吸收近边结构（X-ray absorption near-edge structure），在此区域出射光电子具有较小的能量，由于平均自由程较大，多重散射效应变得明显，反映了几何和成键方向。

（3）微弱强度的振荡区域，即基本上可以用单散射机制表征的 EXAFS 区域。

这些精细结构的绝对强度与孤立原子的吸收系数有关，通常是总的吸收的 10%～20%。

详见：B. K. Teo，D. C. Joy，*EXAFS Spectroscopy and Related Techniques*（Plenum Press，New York，1981）；M. De. Crescenzi，M. N. Piancastelli，*Electron Scattering and Related Spectroscopies*（World Scientific Publishing，Singapore，1996）。

external quantum efficiency　外量子效率　参见 quantum efficiency（量子效率）。

extinction　消光　平面偏振光被轴垂直于它的偏振方向的偏振器完全吸收。

extinction coefficient　消光系数　材料的一种特性，用以表征材料使得在其中传播的光衰减的能力。

Eyring equation　艾林方程　此方程提出化学反应的反应比速为 $V=C^*(k_B T/h)p$，其中 C^* 是具有所需能量的反应物分子碰撞形成的活化络合物的浓度，$k_B T/h$ 是当络合物分解时断裂的化学键的经典振动频率，p 是这种分解导致反应产物生成的概率。

首次描述：H. Eyring，*The activated complex in chemical reactions*，J. Chem. Phys. **3**（2），107～115（1935）。

从 Fabry-Pérot resonator（法布里-珀罗谐振腔）到 FWHM（full width at half maximum）（半峰全宽）

Fabry-Pérot resonator　法布里-珀罗谐振腔　此谐振腔由两个平行板组成，两平行板的反射面彼此相对，距离为 $\lambda n/2$（$n=1$，2，…），其中 λ 是期望引起共振的光波波长。

首次描述：C. Fabry，A. Pérot，*Mesure de petites épaisseurs en valeur absolue*，Compt. Rend. Acad. Sci. **123**，802（1896）。

face centered cubic（fcc）structure　面心立方结构　简称 fcc 结构，一种立方晶格，除了晶格的八个顶点有格点外，在每个面的中心还各有一个格点。如图 F.1 所示。

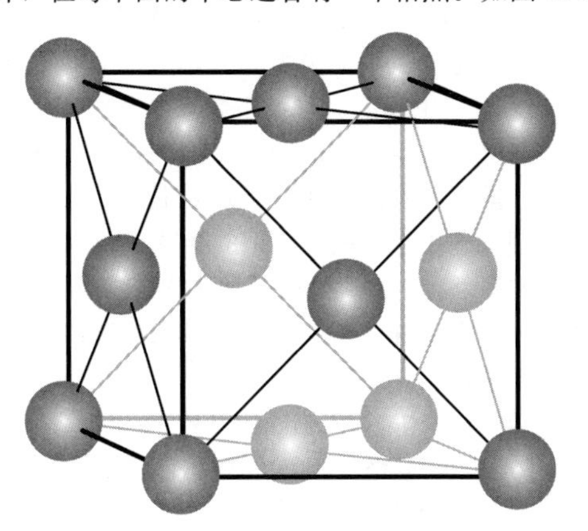

图 F.1　面心立方结构

Falicov-Kimball model　法利可夫-金博尔模型　此模型考虑可以忽略自旋作用的电子在晶格中与经典粒子（离子）发生相互作用。事实上，这个模型是在哈伯德模型（Hubbard model）的基础上，增加了一些额外的复杂条件，方便研究稀土材料和过渡金属化合物中的金属-绝缘体相变。这些相变被假设由两种电子态的电子之间的相互作用所调控，一种是非局域态（巡游电子），另一种是局域在对应于晶体中离子的位置附近的电子态（静电电子）。

这两种粒子在紧束缚方法（tight-binding approach）下的晶格中起一定的作用。第一种粒子包括可以忽略自旋的量子化费米子（可称为“电子”），第二种则包括局域空穴或电子，可以看做经典粒子。电子会在最近邻位之间跳跃，但经典粒子不会。两种粒子都遵循费米-狄拉克统计（Fermi-Dirac statistics）。泡利不相容原理（Pauli exclusion principle）则不允许一个以上的特定种类的粒子占据同一位置。由于相互作用是在位的（on-site），所以涉及不同种类的粒子，相互作用可能是排斥的或是吸引的。

这个模型可以看作描述量子粒子与经典场相互作用的最简单的模型。

首次描述：L. M. Falicov，J. C. Kimball，*Simple model for semiconductor-metal transi-*

tions：*SmB_6 and transition-metal oxides*，Phys. Rev. Lett. **22** (19)，997～999 (1969)。

详见：//arxiv.org/PS_cache/cond-mat/pdf/9811/9811299v1.pdf。

Fang-Howard wave function　方-霍华德波函数　此波函数形式为 $\psi(x) = x\exp[(1/2)bx]$，在 $x=0$ 时函数值为零，且 x 趋于零时大致上以类指数形式衰减。

首次描述：F. F. Fang，W. E. Howard，*Negative field-effect mobility on* (100) *Si-surfaces*，Phys. Rev. Lett. **16** (18)，797～799 (1966)。

Fano factor　法诺因子　在电子器件中描述散粒噪声的无量纲特征量。此因子定义为 $\gamma=S_I/(2eI)$，S_I是低频率下电流波动的谱密度，I 为通过器件的电流，e 是决定电流的电荷的基本量子。当电流脉冲间缺少关联时，$\gamma=1$，对应于全散粒噪声。与这种理想情况的偏离说明了在不同的脉冲间存在着一定的关联：负的关联对应于 $\gamma<1$ 和被抑制的散粒噪声，而当 $\gamma>1$ 时为正的关联且散粒噪声被加强。

Fano interference　法诺干涉　参见 Fano resonance（法诺共振）。

Fano parameter　法诺参数　参见 Fano resonance（法诺共振）。

Fano resonance　法诺共振　此共振来源于一个离散能态与一个连续谱的简并耦合［即法诺干涉（Fano interference)］。这种属于离散谱的组态与连续谱组态的混合引起了自电离（autoionization）现象。自电离能级在连续吸收谱中表现为非对称的峰，这是因为在形成能量为 E 的定态的组态混合中，当 E 通过自电离能级时，系数发生急剧变化。在原子和分子电离连续谱中，吸收曲线的形状可以用方程 $\sigma(\varepsilon) = \sigma_a[(q+\varepsilon)^2/(1+\varepsilon^2)] + \sigma_b$ 描述，其中 $\varepsilon = (E-E_r)/(\Gamma/2)$ 表明了入射光子能量 E 与理想化共振能 E_r 的偏离，这个共振能涉及原子的离散自电离能级，用来表示这个偏离的尺度单位则是线型的半宽 $\Gamma/2$。$\sigma(\varepsilon)$ 是能量为 E 的光子的吸收截面，σ_a 和 σ_b 是吸收截面的两部分，对应于向两种连续谱能级的跃迁，分别为与离散自电离能级相互作用的能级和不相互作用的能级，q 是一个表征谱线线型的特征参量，即法诺参数（Fano parameter)，如图 F.2 所示。

法诺共振现象在稀有气体（rare-gas）光谱、半导体中的杂质离子、电声子耦合、光离解、磁场中的 GaAs 块体以及电场中的超晶格（superlattice）等例子中都被普遍观察到。可以通过耦合振荡器模型半经典地理解这个现象：离散态驱动了连续谱的振荡器，其本征态由离散态和相邻的连续谱的混合组成。在离散态两边的连续谱振荡器以相反的相位运动，取决于驱动频率是大于还是小于它们的共振频率。因此，在其中一边它们与离散态发生相长干涉，而在另一边发生相消干涉，导致特征性的非对称法诺共振线型。

首次描述：U. Fano，*Sullo spettro di assorbimento dei gas nobili presso il limite dello spettro d'arco*，Nuovo Cimento **12** (2)，156 (1935)；U. Fano，*Effects of configuration interaction on intensities and phase shifts*，Phys. Rev. **124** (6)，1866～1878 (1961)。

详见：U. Fano，J. W. Cooper，*Spectral distribution of atomic oscillator strengths*，Rev. Mod. Phys. **40** (3)，441～507 (1968)；A. E. Miroshnichenko，S. Flach，Y. S. Kivshar，*Fano resonances in nanoscale structures*，Rev. Mod. Phys. 82 (3)，2257～2298 (2010)。

Faraday cell　法拉第室　一种由熔融的硅或者光学玻璃核插入螺线管形成的磁光器件。当一束线性偏振光穿过这个器件时，它的偏振方向会被旋转一个角度，这个角度与沿着光传播方向的磁通密度成正比。

"Faraday cell" 一词也常指以法拉第电磁感应定律［Faraday law (of electromagnetic induction)］为工作原理的法拉第电池。

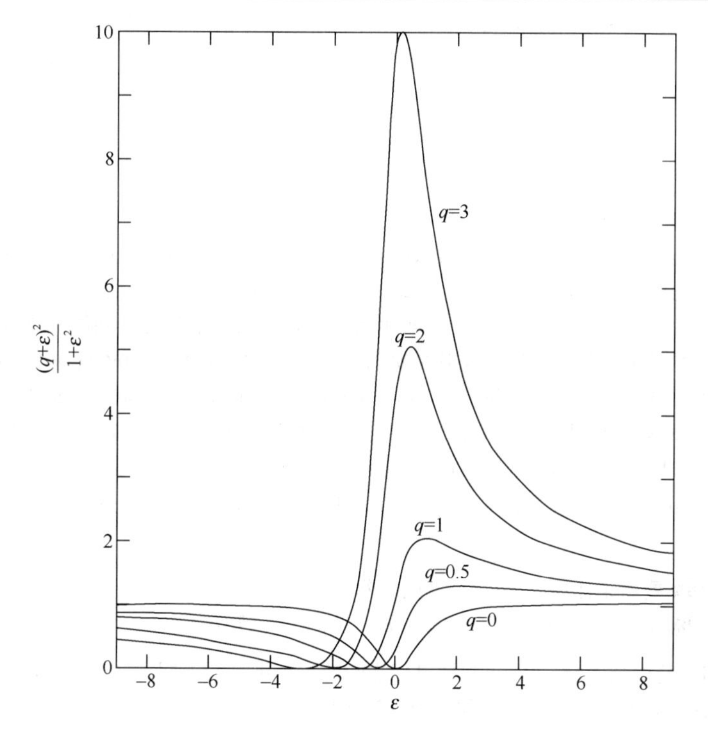

图 F.2 不同 q 值的固有线形

反转横坐标可以得到 q 为负值的线形

Faraday configuration 法拉第配置 此术语用于表示量子薄膜（quantum film）相对于外加磁场的一种特殊取向，也即磁场的方向垂直于薄膜平面。与之相对的取向称为沃伊特配置（Voigt configuration）。

Faraday effect 法拉第效应 当一束偏振光沿着磁场方向在均匀介质中传播时，它的偏振平面发生旋转的现象。这个磁旋转的大小和方向取决于磁场的方向和强度，但是与光穿过磁场的方向（即光是顺着磁场方向还是逆着磁场方向传播）无关。数学上可以用方程 $\theta = VHL$ 描述，其中 θ 是旋转的量，H 是磁场强度，L 是光穿过样品的路径长度。比例常数 V 亦称韦尔代常量（Verdet constant），它与光波长的平方的倒数大致成正比。这个常数可以是正的也可以是负的，正值代表的是在这种衬底中偏振平面的旋转方向与产生这个磁场的电流的方向一致，负值则代表相反的情形。

首次描述：M. 法拉第（M. Faraday）于 1845 年 9 月 13 日；首次提出并发表于：M. Faraday，*Experimental researches in electricity.-Nineteenth Series*. Phil. Trans. **136**，1～20（1846）；M. E. Verdet，*Recherches sur les propriétés optiques développées dans les corps transparents par l'action du magnétisme*，Ann. Chim. **41**，370～412（1854）。

Faraday law（of electrolysis） 法拉第电解定律 对于电解，此定律指出：①电流产生的化学作用的量与流过的电量成正比；②由相同电量沉积或者溶解的不同物质的量与它们的化学当量的比例相同。

首次描述：M. Faraday，*Experimental researches in electricity.-Seventh series*，Phil. Trans. **124**，77～122（1834）。

Faraday law (of electromagnetic induction)　法拉第电磁感应定律　指出一个电路中磁通量 Φ 的任何改变都会诱导一个电动势 E，这个电动势与通量的改变率成正比，即 $E \propto (\mathrm{d}\Phi/\mathrm{d}t)$。

首次描述：M. 法拉第（M. Faraday）于1931年；首次提出并发表于：M. Faraday，*Experimental researches in electricity.-Third series*，Phil. Trans. **123**，23～54（1834）。

fast Fourier transform (FFT)　快速傅里叶变换　简称FFT，一种在很多工程和物理学科中都有用的工具，它以一种更快、更有效的方法计算 N 个数序列的离散傅里叶变换（Fourier transform）和它的逆（离散傅里叶变换形式上是一个线性转换，把任何长度为 N 的复矢量映射到它的傅里叶转换）。它在一些应用领域相当重要，从数字信号处理到解偏微分方程，到为快速计算大整数的乘法发展算法。尤其是库利-图基算法（Cooley-Tukey algorithm），作为快速傅里叶变换的算法之一，把运算量从 $O(N^2)$ 减小到 $O(N\log N)$。有趣的是，最近提出的一种类似于FFT的算法被发现其本源是来自C. F. 高斯（Carl Friedrich Gauss）当年的工作。

详见：M. T. Heidemann，D. H. Johnson，C. Sidney Burrus，*Gauss and the history of fast Fourier transform*，IEEE Acoustic，Speech，and Signal Processing Magazine，**1**（10），14～21（1984）。

Fechner ratio　费希纳比值　微分亮度阈值除以亮度。

首次描述：G. T. Fechner，*Vorschule der Ästhetik*（1876）。

Feher effect　费埃尔效应　电子和核自旋之间的超精细耦合连同不同温度效应引起的动态核极化现象，其中温度影响电子速度和电子自旋布居。

首次描述：G. Feher，*Nuclear polarization via 'hot' conduction electrons*，Phys. Rev. Lett. **3**（3），135～137（1959）。

Felgett advantage　费尔盖特增益　当探测器噪声占优势时傅里叶变换（Fourier transform）光谱仪得到的信噪比。它超过同时的扫描光谱仪信噪比的倍数与被研究的谱元素数量的平方根成正比，其原因是傅里叶变换光谱仪具有同时观察所有谱元素的能力。

首次描述：P. Felgett，*A propos de la théorie du spectrometric interférentiel multiplex*，J. Phys. Radium **19**，187～222（1954）。

femto-　飞［母托］　十进制前缀，代表 10^{-15}，简写为f。

FeRAM　为 ferroelectric random access memory（铁电随机访问存储器）的缩写。

Fermat's principle (in optics)　费马光学原理　指出两点之间光束经过的实际路线是光束穿越时间最短的路径。但是费马原理的这种最原始形式是不完备的，它的一个改进后的形式为：在两点之间传播的光线，传播的光程长度相对于光路的变化是平稳的（也即光程的变分为零）。利用这种表述，路径可以是最大值、最小值或者鞍点。

首次提出：P. 费马（P. Fermat）于1635年。请参阅：P. Fermat，*Oeuvres*（Gauthier-Villars，Paris，1891）。

Fermi-Dirac distribution (statistics)　费米-狄拉克分布（统计）　理想电子气在温度为 T 时达到热平衡，则其中能量为 E 的电子态被占据的概率为

$$f(E)=\frac{1}{\exp[(E-\mu)/k_{\mathrm{B}}T]+1}$$

其中 μ 是化学势。不同于玻色-爱因斯坦统计（Bose-Einstein statistics），费米-狄拉克分布考虑了泡利不相容原理（Pauli exclusion principle）——在每个量子态上的粒子数不可能超过一

个。在热力学 0 K 时，化学势等于费米能量（Fermi energy）E_F。在费米-狄拉克分布中，费米能量经常被用来替代化学势，但是我们必须知道 E_F 是与温度有关的量。

首次描述：E. Fermi，*Zur Quantelung des idealen einatomigen Gases*，Z. Phys. **36**（11/12），902～912（1926）；P. A. M. Dirac，*Theory of quantum mechanics*，Proc. R. Soc. Ser. A. **112**，661～677（1926）。

获誉：1933 年，P. A. M. 狄拉克（P. A. M. Dirac）和 E. 薛定谔（E. Schrödinger）因为发现原子理论的新形式而获得诺贝尔物理学奖。

另请参阅：www.nobelprize.org/nobel_prizes/physics/laureates/1933/。

Fermi energy 费米能量 亦称费米能，即热力学 0K 下的电子体系处于基态时，最高的被填充能级的能量。更多细节参见 Fermi-Dirac distribution（费米-狄拉克分布）。

Fermi gas 费米气体 一种不存在相互作用的费米子（fermions）体系。

Fermi glass 费米玻璃 一种固态体系，其费米能级（Fermi level）处的态密度（density of states）是有限的、其状态为局域化。因为相关状态必须局域化，因此这种体系不能表现为类似金属（metal）。另一方面，常规绝缘体（insulator）在费米能级不具有有限密度，但存在能隙。因此，费米玻璃既不是金属也不是经典的绝缘体。同时，费米玻璃材料被视为具有能隙的特殊绝缘体，这是一种扩展态的带隙，并且在这个带隙内存在一组局域化的状态。此外，由于费米能级处于这些局域态的范围之内，在 0 K 时局域态被部分填充、部分为空态。

首次描述：P. W. Anderson，*The Fermi glass: theory and experiment*，Comments Solid State Phys. **2**，193～198（1970）。

详见：B. I. Shklovskii，A. L. Efros，*Electronic Properties of Doped Semiconductors*（Springer，Heidelberg，1984）。

Fermi level 费米能级 也即 Fermi energy（费米能量）。

Fermi liquid 费米液体 一种存在相互作用的费米子（fermion）体系。此体系的低能激发或者说准粒子（quasiparticle）的行为几乎就像完全自由的电子一样，运动时完全不受另一个准粒子的影响。

fermion 费米子 能量分布遵循泡利不相容原理（Pauli exclusion principle）和费米-狄拉克统计（Fermi-Dirac statistics）的量子粒子。

Fermi's golden rule 费米黄金定则 如果一个电子（或者空穴）处在能量为 E_i 的态 $|i\rangle$，上，一个含时微扰 $\boldsymbol{H}$ 将会把它散射（转移）到能量为 E_f 的一个终态 $|f\rangle$ 上，则载流子在态 $|i\rangle$ 上的寿命为

$$\frac{1}{\tau_i}=\frac{2\pi}{h}\sum_f\left|\langle f|\boldsymbol{H}|i\rangle\right|^2\delta(E_f-E_i)$$

因此，这条定律描述了一个处在特定态的粒子在一个随时间变化的势下被散射时的寿命。

此公式是 P. A. M. 狄拉克（P. A. M. Dirac）首先提出的。20 多年后，费米（Fermi）在他的芝加哥讲座中把这个公式称为黄金定则。

首次描述：P. A. M. Dirac，*The quantum theory of emission and absorption of radiation*，Proc. R. Soc.（London）A **114**，243～265（1927）；E. Fermi，*Nuclear Physics*（University of Chicago Press，1950）。

Fermi sphere 费米球 把费米子（fermion）近似为自由粒子，这样的费米子的一个集合的费米面（Fermi surface）称作费米球。

Fermi surface 费米面 由费米能量（Fermi energy）定义的，在包含态的波矢的空间（即 k 空间）中的等能量面。

Fermi-Thomas approximation 费米-托马斯近似 此近似假设在一个固体中的电子的总势能 V 在对应于电子波长的距离 r 的尺度上没有很大的变化，则局域的费米动能 E_F 也必须变化以弥补势能的变化，以至于有 $V+E_F=$ 常数。

Fermi wavelength 费米波长 即 $\lambda_F = 2\pi/k_F$，其中 k_F 是费米波矢（Fermi wave vector）。

Fermi wave vector 费米波矢 与费米能量（Fermi energy）对应的动量。

ferric wheel 铁轮 参见 molecular nanomagnet（分子纳米磁体）。

ferrimagnetic 亚铁磁体 亦指亚铁磁（性）的，在这种物质中，原子的磁矩以一种特定的方式排列，导致还存在一个合磁矩，这个合磁矩是某些邻近原子的磁矩有反平行取向的趋势的后果，也即仅仅部分抵消。参见 magnetism（磁性）。

ferrite 铁素体 亦称铁氧体，即一种以 Fe_2O_3 作为主要成分的非金属磁性化合物。例如，$MeFe_2O_4$（Me＝Mn、Fe、Co、Ni、Zn、Cd、Mg）——尖晶石型铁氧体；$R_3Fe_5O_{12}$（R是稀土金属或钇）——石榴子石。

ferritin 铁蛋白 一种自组装多亚单元的蛋白质，它参与生物学功能比如铁元素的储存和血红素的生产。它的直径大概有 12 nm。这种蛋白质是由 24 种几乎已经相同的亚单元构成，组成了一个球状外壳，其内部空穴直径为 8 nm，最多可以容纳 4500 个铁原子，存在形式为结晶程度较差的 Fe（Ⅲ）的羟基氧化物矿物质——水铁矿。水铁矿核的大小受到 8 nm 大小的蛋白质内部空穴的约束。

详见：E. L. Mayers，S. Mann，*Mineralization in nanostructured biocompartments：biomimetic ferritins for high density data storage*，in：*Nanobiotechnology. Concepts，Applications and Perspectives*，edited by C. M. Niemeyer and C. A. Mirkin（Wiley-VCH，Weinheim，2004）。

ferrocene 二茂铁 典型的茂金属（metallocene）化合物 Fe（C_2H_5）$_2$，是由两个环戊二烯基环（cyclopentadienyl ring）束缚在一个中心铁原子的两边，形成了三明治结构，如图 F.3 所示。

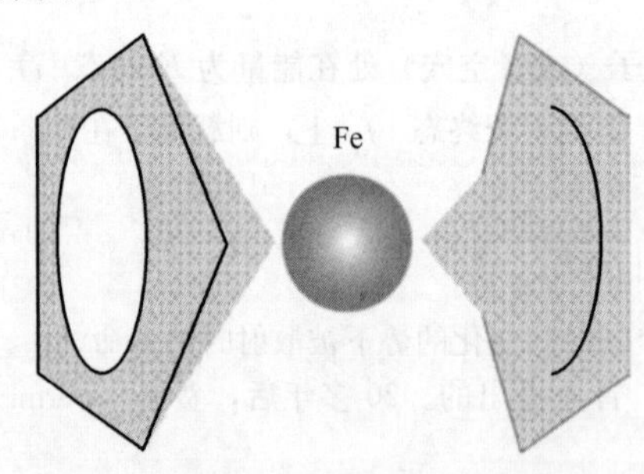

图 F.3 二茂铁分子

它含有两个互相平行的五元碳环，之间夹着铁离子，环上的 π 轨道和 Fe^{2+} 上的 d 轨道之间成键。这样形成了类似惰性气体中的电子组态，使其化学上较为稳定。

此化合物具有电化学可逆的单电子氧化还原（redox）行为。由二茂铁氧化而形成的二茂铁离子在空气中也很稳定，易于操作。

二茂铁可以在燃料中用作燃烧控制添加剂，在汽油中作为抗爆剂，也可以在油脂和塑料中用于提高热稳定性。其氧化还原敏感度还可用于分子器械的设计。

首次描述：T. J. Kaely，P. L. Pauson，*A new type of organo-iron compound*，Nature **168**，1039～1040（1951）。

ferroelastic 铁弹性 在施加机械应力（stress）下，物质表现出自发变形，这种变形是稳定的并且可以通过滞后方式来转变。它是铁电体（ferroelectrics）和铁磁体（ferromagnetics）的机械当量。

详见：A. K. Tagantsev，L. E. Cross，J. Fousek，*Domains in Ferroic Crystals and Thin Films*（Springer，New York，2010）。

ferroelectric 铁电体 亦指铁电（性）的，即一种电介质，在特定的温度区间内，它的极化（polarization）和外电场之间存在非线性的滞后关系。它可以被认为是铁磁体（ferromagnetic）的电学对应。所有的铁电体都是压电性的（piezoelectric）和热释电的（pyroelectric），但没有外电场时它们具有可反转的、非易失性的宏观自发电偶极矩。铁电晶体可以看作具有特殊取向的电池的集合，如果不外加电场改变它们方向时，可以保持稳定不变。从高温高对称性的顺电相位到低温低对称性的铁电相位的结构转变造成了它们这种极性状态。这些材料也常表现为高介电常数的绝缘体，用于电容器和能量存储材料。

首次描述：J. Valasek，*Piezo-electric and allied phenomena in Rochelle salt*，Phys. Rev. **17**（4），475～481（1921）。

ferroelectric random access memory（FeRAM） 铁电随机访问存储器 一种固态随机存取存储器类型，利用铁电（ferroelectric）薄膜作为电容器，实现信息的电存储。它是一种非易失存储器。

ferromagnetic 铁磁体 亦指铁磁（性）的，即具有以下性质的物质：①在弱磁场中有高的磁化值，随着场强的增加达到饱和；②反常高的磁导率，磁导率取决于场强和先前的磁经历（磁滞）；③剩磁和自发磁化。所有这些特性在某一个特定的温度［称为居里点（Curie point）］以上时消失，此时物质表现为类似顺磁体（paramagnetic），参见 magnetism（磁性）。

ferroics 铁性体学 是关于铁电性（ferroelectric）、铁磁性（ferromagnetic）、铁弹性（ferroelastic）和铁螺性（ferrotoroidic）材料研究和利用的科学与技术。从本质上讲，这些研究和应用的基础是去理解和利用这些材料在很窄温度范围内物理性质发生的急剧变化。

详见：A. K. Tagantsev，L. E. Cross，J. Fousek，*Domains in Ferroic Crystals and Thin Films*（Springer，New York，2010）。

ferromagnetic resonance 铁磁共振 指铁磁体（ferromagnetic）从外部高频圆极化磁场中共振吸收能量，当磁场的频率等于内部的进动频率时发生。注意，如果样品的总磁矩偏离它的平衡位置，它将沿着外加的单向磁场方向产生进动。

首次描述：V. K. Arkadiev 于 1912 年（预言）；J. H. E. Griffiths，*Anomalous high frequency resistance of ferromagnetic metals*，Nature **158**，670～671（1946）（实验观测）。

ferrotoroidic 铁螺（环）性 一种对磁化或极化卷曲表现出稳定自发有序参数的物质。该有序参数预期可以被转变。

Feshbach resonance 费什巴赫共振 多体系统的一种共振，其自由度大于 1，当一些自由度和与碎裂相关的自由度之间的耦合设为零时，会变成束缚态。

比如，在一个含有两个中性原子的系统中，电子与原子核之间存在的静电相互作用产生了一个在长程时为吸引力、短程时为排斥力的势阱。在费什巴赫共振中，用磁场的改变来模拟势阱深度的改变。关键是当势阱很深时两个原子的束缚态是存在的。不仅如此，如果占领束缚态的原子是费米子（fermion），这个原子对就具有整数的自旋，从而整体是一个玻色子（boson）。通过将这个系统冷却到玻色-爱因斯坦凝聚（Bose-Einstein condensation）发生的临界温度，复合的玻色子可以发生相变成为超流态。

这个现象在费米气体（Fermi gas）的研究中非常重要，因为这些共振使得玻色-爱因斯坦凝聚的发生成为可能。在这种系统中，当原子间势的束缚态能量与原子碰撞对［具有通过库仑或交换作用（exchange interaction）耦合的超精细结构］的动能相同时，共振发生。这样的情况很少，但是在超冷碱金属中可能会出现这种情况。

首次描述：H. Feshbach，*Unified theory of nuclear reactions*，Ann. Phys. **5**（4），357～390（1958）。

详见：C. Chin，R. Grimm，P. Julienne，E. Tiesinga，*Feshbach resonances in ultracold gases*，Rev. Mod. Phys. **82**（2），1225～1286（2010）。

Feynman diagram　费恩曼图　为散射矩阵（scattering matrix）元或者其他与粒子相互作用相关的物理量的微扰展开中的一项的一种直观图像：在图中每条线代表一个粒子，每个顶点代表一个相互作用。

首次描述：R. P. Feynman，*Space-time approach to quantum electricity*，Phys. Rev. **76**（6），769～787（1949）。

Feynman-Hellman theorem　费恩曼-赫尔曼定理　指出一个态 n 的能量 E_n 相对于某参量 q 的偏导等于哈密顿量 $\boldsymbol{H}$ 的偏导在这个态中的期望值：

$$\frac{\partial E_n}{\partial q}=\langle\frac{\partial \boldsymbol{H}}{\partial q}\rangle_n=\langle n\left|\frac{\partial \boldsymbol{H}}{\partial q}\right|n\rangle$$

首次描述：H. Hellman，*Einführung in die Quanten Chemie*（Leipzig，1937）；R. P. Feynman，*Forces in molecules*，Phys. Rev. **56**（4），340～343（1939）。

Feynman integral　费恩曼积分　为散射矩阵（scattering matrix）元的微扰展开中的一项。它是各种粒子在闵可夫斯基空间（Minkowski space）中的积分，或者是这些粒子传播函数和代表粒子间相互作用的物理量的乘积在对应的动量空间中的积分。

首次描述：R. P. Feynman，*Space-time approach to non-relativistic quantum mechanics*，Rev. Mod. Phys. **20**（2），367～387（1948）。

Feynman propagator　费恩曼传播子　与费恩曼图（Feynman diagram）中连接两个定点的线对应的跃迁振幅中的一个因子，具有形式$(p+m)/(p^2-m^2+i\varepsilon)$,这代表一个虚粒子。

首次描述：R. P. Feynman，*Space-time approach to non-relativistic quantum mechanics*，Rev. Mod. Phys. **20**（2），367～387（1948）。

Fibonacci sequence　斐波那契数列　由前面两项相加得到的整数序列：1，2，3，5，8，13，21 这个序列在自然界一个引人注目的实例是它预言了一对兔子在饲养几个月后兔子的总数目，后项与前项的比趋近于黄金分割率 1.618，这是一个在整个自然界中以不同几何外观（如海贝壳、松果、花椰菜）出现的数字。

首次描述：L. P. Fibonacci，*Liber Abbaci*（1202）。

fibrous protein　纤维蛋白质　亦称纤维状蛋白质、纤维蛋白，参见 protein（蛋白质）。

Fick's law　菲克定律　参见 diffusion（扩散）。

首次描述：A. Fick，*Über Diffusion*，Ann. Phys. **94**，59～86（1855）。

field emission　场致发射　亦称场发射，由外加电场引起的电子从固体表面的发射。

field ion microscopy（FIM）　场离子显微术　简称 FIM，一种投影型的显微术。其中针状样品表面突出的单个原子通过成像气体（通常为 He 或 Ne）的预电离在突出点成像。

被分析的样品被处理成针尖状的形状。针尖被施加一个正的势，所以针尖存在非常大的电场。针尖附近的环境气体，也就是成像气体，通常是减压的 He 或 Ne。气体原子在与表面突出的原子碰撞过程中被离子化。然后它们被加速并远离针尖，撞击到荧光屏上。大量气体原子的净作用是在荧光屏上产生图像，图像中的亮点对应于针尖表面的单个原子。

首次描述：E. W. Müller，*Das Feldionenmikroskop*，Z. Phys. **131**（1），136～142（1951）。

详见：C. T. Tsong，*Atom－Probe Field Ion Microscopy：Field Ion Emission and Surfaces and Interfaces at Atomic Resolution*（Cambridge University Press，Cambridge，1990）。

figure of merit 优值系数 亦称品质因素、质量因素、性能因数，一种考绩标准，决定在特定情形下器件的选择。例如，材料无量纲的热电特性（ZT）被用作评估材料是否适于热电发电的优值系数，定义为 $ZT=(S^2T)/(\kappa\rho)$，其中 S 是泽贝克系数（Seebeck coefficient），κ 是总的热导率，ρ 是电阻率。

FIM 为 field ion microscopy（场离子显微术）的缩写。

fine structure constant 精细结构常数 用于散射理论的无量纲的常数 $\alpha=e^2/(hc)$。

在量子电动力学中，它代表着电子（electron）与光子（photon）相互作用的强度。$\alpha=0.007\ 297\ 352\ 533$，经常用其倒数值 $\alpha^{-1}=137.035\ 999\ 77$。

Finnis-Sinclair potential 芬尼斯-辛克莱势 一种基于紧束缚方法（tight-binding approach）中二阶矩近似的原子间短程势。它具有以下形式：

$$V=0.5\sum_{ij}V(r_{ij})-A\sum_i\sqrt{\rho_i}$$

其中 $V(r_{ij})$ 是对势，r_{ij} 是原子 i 和 j 之间的距离，A 是拟合参数。原子 i 位置处的总电子密度 ρ_i 是由相邻原子的电子密度贡献线性叠加而成的：

$$\rho_i=\sum_{i\neq j}\phi(r_{ij})$$

其中原子 j 对原子 i 的电子密度贡献可以表示为：当 $r_{ij}\leqslant d$ 时，$\phi(r_{ij})=(r_{ij}-d)^2$；当 $r_{ij}>d$ 时，$\phi(r_{ij})=0$。d 是拟合的截断距离。

这个势经常用于嵌入原子法。

首次描述：M. W. Finnis，J. E. Sinclair，*A simple empirical N-body potential for transition metals*，Phil. Mag. A **50**（1），45～55（1984）。

详见：G. A. Mansoori，*Principles of Nanotechnology：Molecular-based Study of Condensed Matter in Small Systems*（World Scientific，Singapore，2005）。

Firsov potential 菲尔索夫势 半经典的原子间对势，具有以下形式：

$$V(r)=\frac{Z_1Z_2e^2}{r}\chi(x)$$

其中

$$\chi(x)=\chi\left[(Z_1^{1/2}+Z_2^{1/2})^{2/3}\ \frac{r}{a}\right]$$

是托马斯-费米（Thomas-Fermi）屏蔽函数，而菲尔索夫标度因子（Firsov scale factor）为 $A=(3.05\times10^{-16}Z_1Z_2)/(Z_1^{1/2}+Z_2^{1/2})^{2/3}$。这里 r 是原子间的距离，Z_1 和 Z_2 是相互作用原子的原子序数，a 是拟合参数。

首次描述：O. B. Firsov，*Calculation of the interaction potential of atoms*，Zh. Exp. Teor. Fiz. **33** (3), 696～699 (1957) (俄文)。

Firsov scale factor **菲尔索夫标度因子** 参见 Firsov potential (菲尔索夫势)。

FISH 为 fluorescence *in situ* hybridization (荧光原位杂交) 的缩写。

FLAPW method **FLAPW 法** 也即 full potential augmented plane wave (FLAPW) method (完全势能增广平面波法)。

Fleming tube **弗莱明管** 第一个真空二极管，由加热灯丝和冷金属电极放在一个真空玻璃管里构成。

首次描述：J. A. Fleming (J. A. 弗莱明)。于 1904 年 11 月 16 日申请专利。

flexoelectricity **弯曲电性** 一种电现象，发生在非极性量子系统的机械变形导致净偶极矩的出现，从而使线性机电耦合与局部曲率成比例关系。这种耦合在电介质 (dielectric) 中非常显著。

首次描述：S. V. Kalinin, V. Meu, *Electronic flexoelectricity in low-dimensional systems*, Phys. Rev. B **77**, 033403 (2008)。

flicker noise **闪烁噪声** 直流电流 (I) 流过真空管和半导体器件时产生的噪声。它的频谱是 $S(f)=KI^n/f^a$，其中 K 是一个取决于材料的常数，$n\approx2$，a 在 0.5～2 变化。这个噪声亦称 $1/f$ 噪声 (**1**/*f* noise) 或者粉红噪声 (pink noise)。它在半导体器件中出现的主要原因可以追溯到材料的表面特性，表面能态中载流子的产生和复合是最重要的因素。

首次描述：J. B. Johnson, *The Schottky effect in low-frequency circuits*, Phys. Rev. **26** (1), 71～85 (1925)。

fluctuation-dissipation theorem **涨落耗散定理** 此定理描述给定体系对外界扰动的响应和体系在不受到扰动时的内部涨落之间的一般性关系。这样的一个响应由响应函数或者由等同的导纳或阻抗来表征，而内部的涨落由涨落于热平衡的体系相应物理量的相关函数或者它们的涨落谱来描述。这个定理最具震撼力的特点是它以基本的方式，把一个涉及给定体系平衡态的物理量的涨落与一个耗散过程联系起来，实际上，只有当体系被施加一个外力使得它偏离平衡态时这个耗散过程才会实现。这意味着给定体系对外界扰动的响应 (非平衡特性) 可以由体系在热平衡时的涨落特性 (平衡特性) 来表达。

也许涨落耗散定理的最初的形式之一是由爱因斯坦关系 (Einstein relationship) 给出的，这个关系把一个布朗粒子的黏滞摩擦与粒子的扩散常数通过公式 $D=k_BT/m_\gamma$ 联系起来，其中 D 是扩散常数，m_γ 是摩擦常数。爱因斯坦关系也可以被写作 $\mu=1/m_\gamma=D/k_BT=(1/k_BT)\int_0^\infty\langle u(t_0)u(t_0+t)\rangle dt$，这意味着迁移率 μ 也即摩擦常数的倒数，与布朗运动 (Brownian motion) 速度 $u(t)$ 的涨落有关，这实际上就是涨落耗散定理。

这一理论可被应用于两个方面：根据导纳或阻抗的已知特征，人们可以预言体系本征的涨落或者噪声的性质；或者根据对体系热涨落的分析，人们可以得到导纳或者阻抗。涨落耗散定理的一般性证明是在现代由线性响应理论给出的。

首次描述：难以确切地说这个理论首次被提出是在什么时候，它在不同的应用领域出现过几次。对于上面提到的两种应用，参见：H. Nyquist, *Thermal agitation of electrical charge in conductors*, Phys. Rev. **32** (1), 110～113 (1928); L. Onsager, *Reciprocal relations in irreversible processes. I*, Phys. Rev. **37** (4), 405～426 (1931)。对于用线性响应理论的证明，参见：H. B. Callen, T. A. Welton, *Irreversibility and generalized noise*, Phys.

Rev. **83** (1), 34～40 (1951)。

详见：R. Kubo, *The fluctuation-dissipation theorem*, Rep. Prog. Phys. **29**, 255～284 (1966)。

获誉：1968 年，L. 昂萨格（L. Onsager）因为发现以他名字命名的倒易关系而获得诺贝尔化学奖，这个关系是不可逆过程热力学的基本原理。

另请参阅：www.nobelprize.org/nobel_prizes/chemistry/laureates/1968/。

fluorescence 荧光 经典的概念是指被激发的物质具有特征波长的辐射发射，发生在激发移除后的 10^{-8} s 时间内。更长的光发射被称为磷光（phosphorescence）。用现在的说法，它是激发态（excited state）自旋允许的辐射去激活作用所导致的发射光。

首次描述：G. Stokes, *On the change of refrangibility of light*, Proc. Roy. Soc. London **6**, 195～199 (1852)。

fluorescence *in situ* hybridization (FISH) 荧光原位杂交 简称 FISH，一种利用荧光分子标记探测杂交到染色体（chromosome）或染色质上的探针的分析技术。它经常用于基因图谱的描绘和染色体异常的探测。

详见：J. Nath, K. L. Johnson, *A review of fluorescence in situ hybridization (FISH): current status and future prospects*, Biotech. Histochem. **75** (2), 54～78 (2000)。

fluorescence microscopy 荧光显微术 一种光学成像技术，用某一波长的光照射被分析样品以激发自然的或人工引入的荧光分子也即荧光团。然后通过一个滤光片研究图像，这个滤光片使得光在荧光波长时可以传播，而在激发波长时光被吸收。

fluorescence nanoscopy 荧光纳米显微术 一系列用来克服所谓的衍射极限（diffraction limit）或者说阿贝分辨率极限（Abbe's resolution limit）的技术。

在共焦荧光显微术（confocal fluorescence microscopy）中，球冠上由透镜产生的激发光波会产生一个三维衍射点，在共焦区域有荧光发生。一个点状的探测器记录了大部分来自主要极大值的荧光，因此相对于传统的荧光显微术（fluorescence microscopy），它提供了略微改善的分辨率（在共焦平面大于 200 nm，沿着光轴大于 450 nm）。

在结构光学显微术（structured illumination microscopy, SIM）中，一个衍射光栅放在激发光的路径上，激发光在样品上产生衍射图案。这种光的精细图案与样品上的精细图案相互作用，并产生了干涉图案，其周期远大于原来的图案。因此，之前在阿贝分辨率极限（Abbe's resolution limit）以下的精细图案现在就可以被观察到。

通过结合两个相对的透镜上的波阵面冠，发射光可以被样品周围球状的大部分捕捉到，这种所谓的 4Pi 显微术［FourPi (4Pi) microscopy］沿着光轴形成了一个较为狭小的点，并因此获得了沿着光轴的改善了的分辨率（80～150 nm）。

受激发射损耗显微术［stimulated emission depletion (STED) microscopy］使用了一个被环状 STED 光束叠加的常用聚焦激发光束，这个 STED 光束在激发点外围将被激发分子退激发，因此限制荧光发射到环形上。饱和的退激发导致一个荧光点远低于衍射，其样品扫描形成了亚衍射分辨率图像。

在非相干干涉照明显微术（incoherent interference illumination microscopy, I^3M）中，来自两个物镜的光在聚焦平面上相长干涉，导致有效激发的更强的集中。如果通过两个物镜的激发光被收集和相长结合到一个探测器上，就得到了更明锐的图像。这种技术被称为成像干涉显微术（image interference microscopy, I^2M）。这两种技术可以结合起来，就成为成像干涉加非相干干涉照明显微术［image interference microscopy (I^2M) ＋incoherent interference illumination (I^{3}M) microscopy, I^{5}M]。达到的分辨率与 4Pi 显微术 [FourPi (4Pi) microscopy] 在同一量级。

其他的技术使用亮和暗的分子态来克服衍射极限。

并行 STED、基态耗尽显微术 (ground-state depletion microscopy) 和饱和模式激发显微术 (saturated pattern excitation microscopy, SPEM, 相似于 SSIM) 这些方法都是用了两个分子态之间的可逆饱和的或光致的转换。特别是它们使用了光物理的转换。这里一个限制是两个态之间的转换周期数量是有限的。这些手段可以用来分辨分子的集合。

如果我们采用光化学变换，在其中原子会发生重新分布，或者出现键的形成或断裂，这样就可以用光活化定位显微术 (photoactivable localization microscopy, PALM) 和随机光学重建显微术 (stochastic optical reconstruction microscopy, STORM) 来分辨单个分子。

另外，可逆饱和光学线性荧光跃迁显微术 [reversible saturable optically linear fluorescence transitions (RESOLFT) microscopy] 现在被用于所有这些技术。

详见：W. A. Wells, *Man the nanoscopes*, J. Cell. Biol. **164** (3), 337～340 (2004); S. W. Hell, *Far-field optical nanoscopy*, Science **316**, 1153～1158 (2007)。

fluxon 磁通量子 磁通量的一个量子：$\Phi_0 = h/(2e) = 2.07 \times 10^{-15}$ Wb。

FMM 为 force modulation microscopy (力调制显微术) 的缩写。

Fock exchange potential 福克交换势 参见 Hartree-Fock approximation (哈特里-福克近似)。

Fock space 福克空间 量子场论中的空间，其中粒子数通常是不固定的。有时通过无限大的一组波函数表示一个体系的态是很方便的，其中的每一个波函数涉及一个固定的粒子数。

focused ion beam (FIB) system 聚焦离子束系统 简称 FIB 系统，一种在纳米尺度通过离子减薄塑形或离子束诱导沉积来制备和制作样品的系统。而且，通过让敏感表面暴露在聚焦粒子束下，使得能够制造和写入抗蚀材料中 20 nm 以下的尺度，这实际上就是 FIB 光刻技术。这种技术通常采用一束单电荷离子 (Ga^+)。典型的 FIB 设备在几个 pA 的电流下的聚焦光斑小于 5 nm，实际的分辨率为几十纳米。FIB 光刻的邻近效应要远弱于电子束光刻 (electron beam lithography)，因为曝光粒子 (离子) 的射程更短，更小的侧向扩散，更弱的二次电子产生率以及更低的二次级电子能量。一系列采用离子束或衬底扫描的写过程被用于曝光整个衬底表面。这使得这种技术的吞吐量很有限，在批量生产中效果不好。

Fogden-White theory 福格登-怀特理论 此理论通过引入可凝结蒸汽的大气，将摩擦力理论 (赫兹理论) [friction force theory (Hertz theory)] 和约翰逊-肯德尔-罗伯茨理论 (Johnson-Kendall-Roberts theory) 推广到描述接触弹性，其中毛细管凝结众所周知对于固体之间的附着 (adhesion) 力有重要影响。

首次描述：A. Fogden, L. White, *Contact elasticity in the presence of capillary condensation: I. The nonadhesive Hertz problem*, J. Coll. Inter. Sci. **138** (2), 414～430 (1989)。

Foiles potential 富瓦勒斯势 描述两个不同的原子之间的对相互作用，通过单体原子的对相互作用的几何平均来近似。对于相隔距离 r 的原子 A 和原子 B，它具有形式 $V(r) = Z_A(r) \cdot Z_B(r)/r$，其中 $Z(r) = Z_0 \exp(-ar)$。Z_0 的值由原子的外层电子数得出，a 是拟合参数。

首次描述：S. M. Foiles, *Calculation of the surface segregation of Ni-Cu alloys with the use of embedded-atom method*, Phys. Rev. B **32** (12), 7685～7689 (1985)。

Fokker-Planck equation 福克尔-普朗克方程 描述气体或者液体中粒子的分布函数 $f(r,$

p，t）的一种方程，类似于玻尔兹曼分布（Boltzmann distribution），但其应用的场合中力是长程的，碰撞不是两体的。方程为

$$\frac{\partial f}{\partial t}+\frac{p}{M}\frac{\partial f}{\partial r}-\frac{\partial V}{\partial r}\frac{\partial f}{\partial p}=\frac{\partial}{\partial p}\xi\left(\frac{p}{M}f+k_{\mathrm{B}}T\frac{\partial f}{\partial p}\right)$$

其中 r 是坐标，p 是动量，M 是气体粒子的质量，t 是时间，T 是温度，V 是外力作用在粒子上形成的势，ξ 是摩擦系数。它描述了分布函数在扩散和驱动力存在的情形下的演化。

首次描述：A. Einstein，*Über die von molekularkinetischen Theorie der Wärme geforderte Bewegung von in ruhenden Flüssigkeiten suspendierten Teilchen*，Ann. Phys. **17**，549～560（1905）；之后提出于：A. Fokker，*Die mittlere Energie rotierender elektrischer Dipole im Strahlungsfeld*，Ann. Phys. **43**，810～820（1914）和 M. Smoluchowski，*Über Brownsche Molekularbewegung unter Einwirkung äusserer Kräfte und deren Zusammenhang mit der verallgemeinerten Diffusionsgleichung*，Ann. Phys. **48**，1103～1112（1915）；最终形式出现：M. Planck，*Über einen Satz der statistischen Dynamik and Seine Erweiterung in der Quantentheorie*，Sitzungsber，Preuss. Akad. Wiss. Berlin **24**，324～341（1917）。

folded spectrum method　折叠谱法　替代寻找含时薛定谔方程（Schrödinger equation）的解，此方法假设解可以通过另一种方程来获得，即 $(\boldsymbol{H}-E_{\mathrm{ref}})^2\psi_{n,k}=(E_{n,k}-E_{ref})^2\psi_{n,k}$，其中基准能量 E_{ref} 可以选择在基本能隙间，因此价带（valence band）和导带（conduction band）边缘能级会从任意的高能态转为最低能态。这种方法可以用来最小化期望值 $\langle\psi|(\boldsymbol{H}-E_{\mathrm{ref}})^2|\psi\rangle$，其中可以采用标准经验赝势算符。

首次描述：L. W. Wang，A. Zunger，*Solving Schrödinger's equation around a desired energy：application to quantum dots*，J. Chem. Phys. 100（3），2394～2397（1994）。

f orbital　f 轨道　参见 atomic orbital（原子轨道）。

force modulation microscopy（FMM）　力调制显微术　一种原子力显微术（AFM）技术，利用接触模式，即探针垂直振动于分析表面。对样品上的力进行调制，使得样品上的平均力与接触模式时的力相等。样品表面阻碍振动并出现悬臂弯曲。在相同力的作用下，硬表面区域的变形小于软区域，从而引起悬臂弯曲差异。这种悬臂偏转幅度的变化就是对表面相对刚度的一种测量。

这种技术用于非均匀表面的探测，表明各种表面上的相变、复合物不同组成和污染物。

首次描述：P. Maivald，H. J. Butt，S. A. C. Gould，C. B. Prater，B. Drake，J. A. Gurley，V. B. Elings，P. K. Hansma，*Using force modulation to image surface elasticities with the atomic force microscope*，Nanotechnology **2**（2），103～106（1991）。

Ford-Kac-Mazur formalism　福特-卡茨-马祖尔形式化　此种形式化最初被提出是用于研究在耦合振子中的布朗运动。之后它被扩展为一种通用方法，用于分析与量子力学热库耦合的量子粒子。在这种形式中，热库被认为是一种振子的集合，其初始处于平衡态。它的自由度之后被消除，导致了整个系统剩余自由度的量子朗之万（Langevin）方程。因此，这样的热库可以看成是系统中噪声和耗散的来源。它可用于在无序谐波链中经典热输运的模拟，也可以用于在无序电子和声子系统中量子输运的细致研究。

首次描述：W. Ford，M. Kac，P. Mazur，*Statistical mechanics of assemblies of coupled oscillators*，J. Math. Phys. **6**（4），504～515（1965）。

Förster energy transfer　福斯特能量传递　库仑作用导致的长程的光激发激子（exciton）的转移。

首次描述：Th. Förster，*Transfer mechanisms of electronic excitation*，Disc. Faraday Soc. **27**，7～17（1959）。

详见：Th. Förster，*Delocalized excitation and excitation transfer*，in：Modern Quantum Chemistry，IIIB，edited by O. Sinanoglu（Academic Press，New York，1965），93～137。

Foucault current 傅科电流 亦称涡电流，参见 eddy current（涡流）。

FourPi（4Pi）microscopy 4Pi 显微术 参见 fluorescence nanoscopy（荧光纳米显微术）。

首次描述：S. W. Hell，E. H. Stelzer，*Properties of a 4PI-confocal fluorescence microscope*，J. Opt. Soc. Am. A **93**，277～282（1992）。

fountain effect 喷泉效应 当两个装有超流态氦的容器由一个毛细管连接起来，并且其中一个容器被加热时，氦会通过毛细管向更高温度的方向流动。

Fourier analysis 傅里叶分析 一种数学工具，可以使不连续的周期函数通过连续函数的形式来表示。如果 $f(x)$ 在区间 $a<x<b$ 内单值并且分段连续，即它在这个区域只包含有限个不连续点，且这些点在大小上是有限的，那么就可以通过数量无限大的且在这个区间内正交的一组函数序列展开 $f(x)$。通过合适的标度，这个区间可以取为 $-\pi<x<\pi$，而且为方便起见可以选择三角函数来展开，形式为 $f(x)=A_0+\sum_{k=1}^{\infty}(A_k\cos kx+B_k\sin kx)$，即傅里叶展开（Fourier expansion）或傅里叶级数（Fourier series）。系数为 $A_0=1/2\pi\int_{-\pi}^{\pi}f(x)\mathrm{d}x, A_k=1/\pi\int_{-\pi}^{\pi}f(x)[\cos kx]\mathrm{d}x, B_k=1/\pi\int_{-\pi}^{\pi}f(x)[\sin kx]\mathrm{d}x$。如果 $f(x)$ 为偶函数，B_k 就为 0。如果 $f(x)$ 为奇函数，则 A_k 为 0。

除了用正弦和余弦函数展开，人们还可以用具有虚数辐角的指数函数来展开：$f(x)=\sum_{-\infty}^{\infty}C_k\exp(ikx)$，其中 $C_k=1/2\pi\int_{-\pi}^{\pi}f(x)\exp(-\mathrm{i}kx)\mathrm{d}x$。傅里叶级数可以逐项积分，但是一般来说不可以求微分。

首次描述：J. Fourier，*La Thèorie Analytique de la Chaleur*（Didot，Paris，1822）。

Fourier equation 傅里叶方程 当热输运是仅由传导机理引起时，在任意位置和任意时间的温度 T 的微分方程。如果不存在内部热源，对于非均匀材料，具有形式 $\rho C(\partial T/\partial t)=\nabla\cdot(K\nabla T)$，其中 ρ 是材料密度，C 是材料的比热容，t 是时间，K 是材料的热导率。

Fourier law 傅里叶定律 指出通过一个无穷小区域 S 传导的热流率正比于垂直于这一区域的温度梯度：$\mathrm{d}Q\mathrm{d}T=-KS\mathrm{d}T\mathrm{d}r$，其中 Q 是热量，t 是时间，K 是在所考虑位置的材料热导率，r 是沿着温度降低方向垂直于 S 测得的距离。

首次描述：J. Fourier，*La Theorie Analytique de la Chaleur*（Didot，Paris，1822）。

Fourier series 傅里叶级数 参见 Fourier analysis（傅里叶分析）。

Fourier transform 傅里叶变换 对于函数 $f(x)$，它的傅里叶变换为

$$F(\xi)=1/\sqrt{2\pi}\int_{-\infty}^{\infty}f(x)\exp(\mathrm{i}\xi x)\mathrm{d}x$$

如果一个函数的傅里叶变换 $F(\xi)$ 已知，这个函数自身可以通过傅里叶反演定理求出：

$$f(x)=1/\sqrt{2\pi}\int_{-\infty}^{\infty}F(\xi)\exp(-\mathrm{i}\xi x)\mathrm{d}x$$

首次描述：J. Fourier，*La Theorie Analytique de la Chaleur*（Didot，Paris，1822）。

four-wave mixing 四波混频 一种光-物质相互作用类别，入射波频率为 ω_1、ω_2、ω_3 的 3 种激光产生频率为 $\omega_4=\omega_1\pm\omega_2\pm\omega_3$ 的第四波。它在非线性光学（nonlinear optics）中起主要作用。

当 3 个入射频率相同以及输出频率 $\omega_4=3\omega$ 时，则有三次谐波产生（third-harmonic generation）。当频率合并 $\omega_1+\omega_2$ 接近于电子的本征频率 ω_2 时，则 $\omega_4=2\omega_1+\omega_2$，这种类型的共振通常称为双光子吸收［two-photon absorption（TPA）］。如果频率差 $\omega_2-\omega_1$ 调整到与非线性材料的拉曼活性模式出现共振时，则 $\omega_4=\omega_1-\omega_2+\omega_3$ 过程称为三色相干反斯托克斯拉曼散射（coherent anti-Stokes Raman scattering）。

当 $\omega_3=\omega_1$ 和 $\omega_4=2\omega_1-\omega_2$ 时，具有相干反斯托克斯拉曼散射［coherent anti-Stokes Raman scattering（CARS）］。在特殊情况下，即 $\omega_1=\omega_2=\omega_3$，则 $\omega_4=\omega=\omega-\omega+\omega$，该过程称为简并四波混频［degenerate four-wave mixing（DFWM）］，亦称光相位共轭（optical-phase conjugation），这是由于所产生的频率与入射频率中的一个具有相位共轭关系。

首次描述：W. Kaiser，G. C. Garret，*Two-photon excitation in* CaF_2：Eu^{2+}，Phys. Rev. Lett. **7**（6），229～231（1961）。

详见：A. Zeltikov，A. L'Huillier，F. Krausz，*Nonlinear optics*，in：*Handbook of Lasers and Optics*，edited by F. Traeger（Springer，Berlin，2007）；R. Boyd，*Nonlinear Optics*. 3rd ed.（Academic Press，Burlington，2008）；Y. Wong，C-Y. Lin，A. Nikolaenko，V. Raghutan，E. O. Potma，*Four-wave mixing microscopy of nanostructures*，Adv. Opt. Photonics **3**（1），1～52（2011）。

Fowler-Nordheim tunnelling 福勒-诺德海姆隧穿 此隧穿描述穿过绝缘体的载流子输运。电流密度为 $J=CE^2\exp(-E_0/E)$，其中 C 和 E_0 为常数且与有效质量和势垒高度相关，E 是绝缘体中的电场（单位为 $V\cdot m^{-1}$）。

首次描述：R. H. Fowler，L. Nordheim，*Electron emission in intense electric fields*，Proc. R. Soc. A **119**，173～181（1928）。

fractal 分形体 亦指分形，一种粗糙的或成碎片状的几何形状，可以再细分成更小的部分，每一部分（至少是近似）为整个形状的尺寸缩小版。作为一个几何物体，分形体由以下几个特性来表征：①在任意小的尺度上都有精细的结构；②形状很不规则，用传统的欧几里得（Euclidean）几何语言不容易描述；③它是自相似的，至少是近似上；④它有一个豪斯多夫（Hausdorf）维数，这种维度比拓扑维度大，而这种要求并不被空间填充的曲线如希尔伯特（Hilbert）曲线所满足；⑤它有一个简单而递归的定义。

首次描述：B. Mandelbrot，*Les objets fractals*：*forme*，*hasard et dimension*（Flammarion，Paris，1975）。

详见：K. Falconer，*Fractal Geometry*：*Mathematical Foundations and Applications*（John Wiley and Sons，Chichester，2003）。

fractional quantum Hall effect 分数量子霍尔效应 参见 Hall effect（霍尔效应）。

Franck-Condon excited state 弗兰克-康登激发态 适应基态的势中电子的一种激发。

Franck-Condon principle 弗兰克-康登原理 因为核子作为重粒子比电子重得多，所以电子跃迁比核子能反应快得多。此原理也指出，为了使跃迁概率不可忽略，必须满足下列两点：①在参与跃迁的态的经典允许坐标区域之间需要有交叠；②对于这些态，交叠区域内重粒子的经典速度之间差别很大。这一原理解释了在固体中发光中心发出的光的波长大于它吸收的光波长的现象，以及从一个杂质能级用光学手段激发电子到导带所需的最小能量，比导带底与这个杂质能级之间的能隙大的现象。

首次描述：J. Franck，*Elementary processes of photochemical reactions*，Trans. Faraday Soc. **21**（3），536～542（1925）；E. Condon，*A theory of intensity distribution in band systems*，Phys. Rev. **28**（6），1182～1201（1926）。

Franck-Hertz experiment　弗兰克-赫兹实验　此实验首次证明原子的热力学能不能瞬时改变。这个实验记录了电子在与原子的非弹性碰撞中的动能损失。

首次描述：J. Franck，G. Hertz，*Über Zusammenstösse zwischen Elektronen und den Molekülen des Quecksilberdampfes und die Ionisierungsspannung desselben*，Verh. Deutsche Phys. Ges. **15**（20），929～934（1914）。

获誉：1925年，J. 弗兰克（J. Franck）和G. 赫兹（G. Hertz）因为发现电子和原子碰撞的规律而获得诺贝尔物理学奖。

另请参阅：www. nobelprize. org/nobel_prizes/physics/laureates/1925/。

Frank partial dislocation　弗兰克不全位错　亦称弗兰克局部位错，这种不全位错或者说局部位错的伯格斯矢量（Burgers vector）与断层面不平行，因此它只能扩散而不能滑移，与肖克利不全位错（Shockley partial dislocation）形成对照。

首次描述：F. C. Frank，W. T. Read，*Multiplication processes for slow moving dislocations*，Phys. Rev. **79**（4），722～723（1950）。

Frank-Read source　弗兰克-里德源　位错的一种自重建的构造，在施加的应力作用下，位错的连续同心回路可以在一个滑移面上从这个构造散发出来。它提供了晶体中持续滑移的机理，还引起了位错容量的增加，方式是通过塑性形变，且没有实质的限制。

首次描述：F. C. Frank，W. T. Read，*Multiplication processes for slow moving dislocations*，Phys. Rev. **79**（4），722～723（1950）。

Frank-van der Merwe growth mode（of thin films）（薄膜的）弗兰克-范德梅韦生长模式　薄膜在沉积过程中的逐层生长，如图F.4所示。

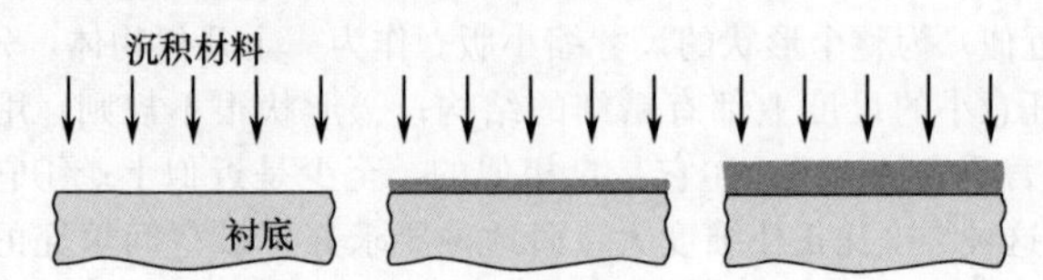

图F.4　在薄膜沉积过程中的弗兰克-范德梅韦生长模式

这种模式出现在当沉积原子与衬底之间的相互作用比原子间的连接更强时。

首次描述：F. C. Frank，J. H. van der Merwe，*One-dimensional dislocation*，*II. Misfitting monolayers and oriented overgrowth*，Proc. R. Soc. A **198**，216～225（1949）。

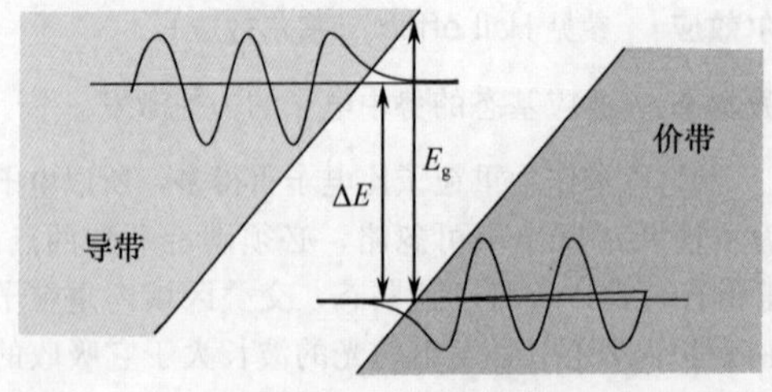

图F.5　在外加偏置电压的半导体中决定光吸收的带间电子跃迁

Franz-Keldysh effect　弗兰兹-凯尔迪什效应　电场对半导体中光学吸收边的一种影响。如图F.5所示，图中表示了半导体在外部偏压下的能带结构。原状半导体中光诱导的电子从价带到导带的跃迁只能当两个态之间的能级差$\Delta E \leqslant h\nu$时才能发生，其中ν是光频率。而且，这些态在空间上必须存在交叠。如果$h\nu$小于带隙E_g，半导体中的带间光吸收是不可能的，因为不存在对应这种电子跃迁的态。

半导体的外加偏置电压改变了价带和导带的态，使得这些态在所有的能量都存在。它们在空间上的重叠取决于能量的差异。如果 $\Delta E > E_g$，则波函数的振荡部分发生重叠，这种重叠很强。而如果 $\Delta E < E_g$，则只有波函数的尾部重叠，并且随着 $E_g - \Delta E$ 的增加，重叠会快速衰减。这样，吸收边就有一个尾部隧穿进之前的禁带中，这也是因为波函数的改变。在这种情况下的电子跃迁被认为是光助场诱导的跨越带隙的隧穿，这导致吸收边移向较低的能量区域。介电函数的虚部在带隙以上的相关振荡就被称作弗兰兹-凯尔迪什振荡（Franz-Keldysh oscillation）。

首次描述：W. Franz，*Einfluss eines elektrischen Felds auf eine optische Absorptionskante*，Z. Naturforsch. A **13**（6），484～489（1958）（德文）；同时期的独立工作：L. V. Keldysh，*Effect of a strong electric field on the optical properties of non conducting crystals*，Zh. Eksp. Teor. Fiz. **34**（5），1138～1141（1958）（俄文）。

Franz-Keldysh oscillation 弗兰兹-凯尔迪什振荡 参见 Franz-Keldysh effect（弗兰兹-凯尔迪什效应）。

Fraunhofer diffraction 夫琅禾费衍射 辐射穿过一个孔径的衍射，记录信号处距离孔径很远，以至于从孔径处虚拟源发出的波同相到达用于记录信号的屏幕的法线上的一点。

Fraunhofer lines 夫琅禾费谱线 出现在连续太阳光谱的明亮背景上的一系列暗线。这些谱线主要来源于光被太阳外层大气中较冷气体吸收，其频率对应于组成这些气体的特殊化学元素的原子跃迁频率。其中还有一些谱线是由于地球大气层中氧气的光吸收产生的。主要的夫琅禾费谱线的特征在表 F. 1 中列出。

表 F. 1 主要的夫琅禾费谱线

标识	元素	波长/nm	标识	元素	波长/nm
y	O_2	898.765	c	Fe	495.761
Z	O_2	822.696	F	H_β	486.134
A	O_2	759.370	d	Fe	466.814
B	O_2	686.719	e	Fe	438.355
C	H_α	656.281	G′	H_γ	434.047
a	O_2	627.661	G	Fe	430.790
D_1	Na	589.592	G	Ca	430.774
D_2	Na	588.595	h	H_δ	410.175
D_3（或 d）	He	587.5618	H	Ca^+	396.847
e	Hg	546.073	K	Ca^+	393.368
E_2	Fe	527.039	L	Fe	382.044
b_1	Mg	518.362	N	Fe	358.121
b_2	Mg	517.270	P	Ti^+	336.112
b_3	Fe	516.891	T	Fe	302.108
b_4	Fe	516.751	t	Ni	299.444
b_4	Mg	516.733			

由 W. H. 沃拉斯顿（W. H. Wollaston）于 1802 年首次描述，之后由 J. von 夫琅禾费（J. von Fraunhofer）于 1814 年系统研究，发表于：J. Fraunhofer，Gilberts Ann. **56**，264（1817）。

Fredkin gate　弗雷德金门　参见 quantum logic gate（量子逻辑门）。

free electron laser　自由电子激光器　一种激光器，通过让一束自由电子（不被分子或原子所束缚）穿过波荡器或者"摆动器"而产生的受激发射（stimulated emission）。波荡器产生极性交替变化的磁场（在另一个版本中它引导电子经过螺旋形的路径），导致电子"摆动"并释放辐射。它覆盖了一个很宽的波长区域，从软 X 射线区域一直到毫米区域。

free energy　自由能　被考察的体系的一种态函数。通常使用两种物理量来表示自由能：一个是亥姆霍兹自由能（Helmholtz free energy）$F=U-TS$，其中 U 是热力学能，S 是熵（entropy），T 是温度；另一个是吉布斯自由能（Gibbs free energy）$G=H-TS=U+pV-TS=F+pV$，其中 H 是体系的焓（enthalpy），p 是压力，V 是体系的体积。这些函数能立刻给出体系在等温过程中能做出的最大功。

Frenkel defect　弗仑克尔缺陷　包括一个晶格空位和一个宿主间隙原子的晶格缺陷。英文有时也用 Frenkel pair（弗仑克尔缺陷）。

首次描述：J. Frenkel，*Über die Wärmebewegung in festen und flüssigen Körpern*，Z. Phys.，**35**（8～9），652～669（1926）。

Frenkel excitation　弗仑克尔激发　一种电子-空穴对的激发，其中电子和空穴之间的距离，也即激子玻尔半径（exciton Bohr radius），小于晶格单胞（unit cell）的长度。这样的被激发的电子-空穴对就称为弗仑克尔激子（Frenkel exciton）。与之相对的另一种情形则是万尼尔激发（Wannier excitation）和万尼尔激子（Wannier exciton）。

首次描述：J. Frenkel，*On the transformation of light into heat in solids. I*，Phys. Rev. **37**（1），17～44；J. Frenkel，*On the transformation of light into heat in solids. II*，Phys. Rev. **37**（10），1276～1294（1931）。

Frenkel exciton　弗仑克尔激子　参见 Frenkel excitation（弗仑克尔激发）。

Frenkel pair　弗仑克尔对　参见 Frenkel defect（弗仑克尔缺陷）。

Frenkel-Poole emission　弗仑克尔-普尔发射　电场辅助的固体中被俘获电子到导带的热激发。亦称弗仑克尔-普尔定律（Frenkel-Poole law）或者场诱导发射。在高电场中，绝缘体或者半导体会出现电导率的增加，最终导致击穿。普尔（Poole）通过一种指数形式即普尔定律（Poole law）表示了电导率对电场的依赖性。弗仑克尔-普尔定律与普尔定律不同，它用电场的平方根取代普尔定律中的电场项。最终，与弗仑克尔-普尔发射相关的电流定义为：

$$J = CE\exp\left[-\frac{e}{k_{\mathrm{B}}T}\left(\phi_{\mathrm{b}}-\sqrt{\frac{eE}{\pi\varepsilon_i}}\right)\right]$$

其中 C 是绝缘体（或半导体）中俘陷密度相关的常数，E 是电场强度，ϕ_{b} 是势垒高度，ε_i 是动态介电常数。

首次描述：H. H. Poole，*On the dielectric constant and electrical conductivity of mica in intense field*，Phil. Mag. **32**，112～129（1916）；J. Frenkel，*On the theory of electrical breakdown of dielectrics and semiconductors*，Technical Physics USSR **5**，685～687（1938）；J. Frenkel，*On pre-breakdown phenomena in insulators and electronic semiconductors*，Phys. Rev. **54**（8），647～648（1938）。

Frenkel-Poole law 弗仑克尔-普尔定律 参见 Frenkel-Poole emission（弗仑克尔-普尔发射）。

Fresnel diffraction 菲涅耳衍射 离孔径一段距离来研究衍射场，和衍射辐射的波长与孔径尺度相比，这段距离很远，但是又不足够大到以至于从孔径源出来的波之间的相位差可以忽略，即使是沿着用于记录的屏幕的法线。它与夫琅禾费衍射（Fraunhofer diffraction）形成对照。

Fresnel law 菲涅耳定律 此定律指出了偏振光干涉的条件为：①来自于一个公共的偏振波束的两束光，且在同一个平面内偏振，则它们干涉的方式与寻常光相同；②来自于一个公共的偏振波束的两束光，且偏振方向互相垂直，则仅当它们在同一偏振平面内时才发生干涉；③一个寻常光源发出的两束偏振方向互相垂直的光，如果处于同一偏振平面内则不会发生干涉。

首次描述：A. J. 菲涅耳（A. J. Fresnel）于 1823 年。

friction force theory（Hertz theory） 摩擦力理论（赫兹理论） 此理论描述了两球体相接触时严格弹性的、非黏附的情况。假设此两球体的半径分别为 R_1 和 R_2，杨氏模量（Young's modulus）分别为 E_1 和 E_2，泊松比分别为 ν_1 和 ν_2，外加载荷为 N，这样摩擦力为 $F_f = \tau\pi(R^*/K)^{2/3}N^{2/3}$，其中 τ 是剪切模量（shear modulus），$R^* = R_1R_2/(R_1+R_2)$，$1/K = (3/4)\left(\frac{1-\nu_1^2}{E_1}+\frac{1-\nu_2^2}{E_2}\right)$。这里实际接触面积（real contact area）A_R 和外加载荷 N 之间通过以下公式相关联：$A_R = \pi(R^*/K)^{2/3}N^{2/3}$。当 $R_2=\infty$ 时，这个接触相当于发生在一个球面和一个平面间，且 $R^* = R_1$。

这个理论没有将界面上的附着（adhesion）力考虑在内。

首次描述：H. Hertz，*Über die Berührung fester elastischer Körper*，J. Reine Angew. Math **92**，156～171（1881）。

friction force microscopy 摩擦力显微术 测量沿着扫描方向的力的一种原子力显微术（atomic force microscopy）。它被用于摩擦与润滑的原子尺度和微尺度研究。

详见：B. Bushan，*Nanotribology and Nanomechanics：An Introduction*（Springer，Berlin，2008）。

详见：B. Bhushan，*Micro/nanotribology and materials characterization studies using scanning probe microscopy*，in：Springer Handbook of Nanotechnology，edited by B. Bhushan（Springer，Berlin，2004），pp. 497～541。

Friedel law 费里德定律 指出 X 射线或者电子衍射测量不能决定一个晶体是否具有对称中心。

首次描述：G. Friedel，*Sur les symmétries cristallines que peut révéler la diffraction des rayons X*，C. R. **157**，1533～1536（1913）。

Friedel oscillation 费里德振荡 距离一个点电荷 r 处屏蔽势 $\cos(2k_F r)/(k_F r)^3$ 的振荡行为，其中 k_F 是费米波矢（Fermi wave vector）。这一现象起源于介电函数在 $q=2k_F$ 处的奇异性。这些振荡出现在许多现象中，依赖于它们所处的环境，也被称作鲁德尔曼-基特尔振荡（Ruderman-Kittel oscillation）。

首次描述：J. Friedel，*The distribution of electrons around impurities in univalent metals*，Phil. Mag. **43**（2），153（1952）；M. A. Ruderman，C. Kittel，*Indirect exchange coupling* *of nuclear magnetic moments by conduction*，Phys. Rev. **99**（1），96～102（1954）。

Fröhlich interaction　弗洛利希相互作用　参见 phonon（声子）。

***f*-sum rule　*f* 求和规则**　参见 Kuhn-Thomas-Reiche sum rule（库恩-托马斯-赖歇求和规则）。

Fulcher bands of hydrogen　氢的富尔彻带　分子氢的一个能带体系，被低电压所优先激发。它们包括红光和绿光谱区内的很多间距整齐的谱线。

首次描述：G. S. Fulcher，*Spectra of low-potential discharges in air and hydrogen*，Astrophys. J. **37**，60（1913）。

fullerene　富勒烯　一种由 60 或 70 个碳原子结合在一起形成的封闭空心笼状的纳米结构，具有球的形状。富勒烯的名称取自一个美国建筑师 R. 巴克敏斯特·富勒（R. Buckminster-Fuller）的名字，他在 1967 年为蒙特利尔国际博览会设计了一个足球状的圆屋顶。

标准的富勒烯是 C_{60}，由 60 个分布在一个直径为 0.7 nm 的球面上的碳原子组成的分子。这些碳原子以截去顶端的十二面体，且多面体的每个角都有一个碳原子的形式聚集在一起。如图 F. 6 所示。

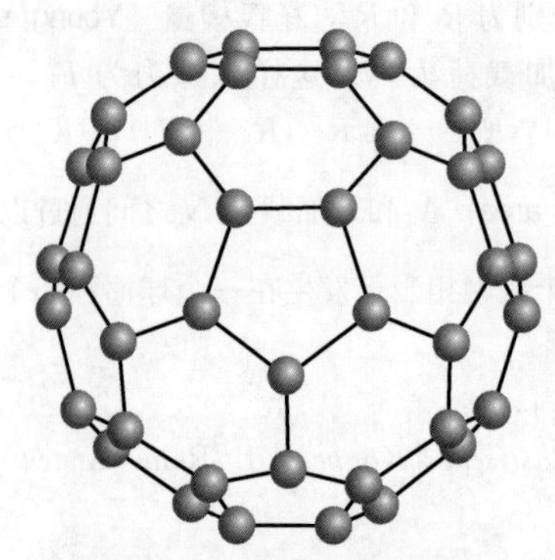

图 F. 6　C_{60} 富勒烯的结构

这些碳原子组成了 20 个六边形和 12 个五边形，五边形引起了曲率，因此导致分子的闭合准球形结构。碳原子的价电子主要是 sp^2 杂化。同样也存在一些典型出现在金刚石中的 sp^3 杂化，这是由分子的有限曲率引起的。

首次描述：E. Osawa，Kagaku（Kyoto）**25**，854～863（1970）（日文，预言了 C_{60} 的截角二十面体异构体）；D. A. Bochvar，E. G. Gal'perin，*About hypothetical systems：carbondodekaedr，s-icosahedron and carbo-s-icosaderdron*，Dokl. Akad. Nauk SSSR **209**，610～612（1973）（俄文），Proc. Acad. Sci. USSR **209**，239～241（1973）（英文，C_{60} 团簇的首次理论模拟）；H. W. Kroto，R. F. Curl，R. E. Smalley，J. R. Heath，*C-60 buckminsterfullerene*，Nature **318**（6042），162～163（1985）（C_{60} 富勒烯的制造和实验研究的开始）。

获誉：1996 年，H. W. 克鲁托（H. W. Kroto）、R. F. 柯尔（R. F. Curl）和 R. E. 斯莫利（R. E. Smalley）因为发现富勒烯而获得诺贝尔化学奖。

另请参阅：www.nobelprize.org/nobel_prizes/chemistry/laureates/1996/。

fullerite　富勒体　为富勒烯（fullerene）和相关的碳纳米结构的一种固态紧凑致密的表现形式，其中这些碳纳米单元形成了晶体状晶格。

纯的固体 C_{60} 富勒体有一个具有相对较小范德瓦尔斯（van der Waals）内聚能的面心立方（fcc）晶格结构。富勒体一般不会熔化，但是在低压下会升华。在结构相变点（～257 K）之下，富勒体的结构变成简单立方结构。在这个结构中，不同取向的分子组成了一个比面心立方单胞还大的结构单元：顶角分子和面心分子不再等价，也就是说在一个结构单元中有四个 C_{60} 分子。

富勒体比金刚石更坚硬。超硬富勒体的硬度为 310 GPa±40 GPa，而金刚石最大的硬度只有 230 GPa。

纯 C_{60} 富勒体是一种半导体，其带隙为 1.6 eV，这个值接近于自由分子的 HOMO-LUMO 能隙。

full potential augmented-plane-wave (FLAPW) method 完全势能增广平面波法 简称FLAPW法，一种强有力的在密度泛函理论（density functional theory）框架内的固体电子结构计算方案。它基于增广平面波法（augmented plane wave method），通过假设没有电荷密度和势的形状近似而扩展得到。电荷密度和有效单电子势都用同样的解析展开来表达，也即在间隙区域以傅里叶表示展开，在球内以球谐函数展开，对表面和薄膜计算则在真空区域以二维傅里叶级数展开。这样，电荷密度 $\rho(\boldsymbol{r})$ 被以如下形式（类似有效势能）表示：

$$\rho(\boldsymbol{r})=\begin{cases}\sum_j \rho_j \exp(i\boldsymbol{G}_j\cdot\boldsymbol{r}) & \text{对于间隙点 } \boldsymbol{r}\\ \sum_{lm}\rho_{lm}^{\alpha}(r_\alpha)Y_{lm}(r_\alpha) & \text{对于球 } \alpha \text{ 内的点 } \boldsymbol{r}\\ \sum_q \rho_q(z)\exp(i\boldsymbol{K}_q^{\parallel}\cdot\boldsymbol{r}) & \text{对于真空中点 } \boldsymbol{r}\end{cases}$$

其中 $\boldsymbol{G}_j$ 表示体内的倒格矢，$\boldsymbol{K}_q$ 表示真空中的倒格矢，Y_{lm} 是球谐函数。方程中的系数被用于在每次迭代中由泊松方程（Poisson equation）的解来得到库仑势（Coulomb potential），并构造交换-相关势。这些输入和输出密度的系数也被用于自洽过程中每次迭代时输入和输出密度的混合。

首次描述：E. Wimmer，H. Krakauer. M. Weinert，A. J. Freeman，*Full-potential self-consisted linearized-augmented-plane-wave method for calculating the electronic structure of molecules and surfaces*：*O_2 molecule*，Phys. Rev. B **24** (2)，864～875 (1981)。

详见：E. Wimmer，A. J. Freeman，*Fundamentals of the electronic structure of surfaces*，in：Handbook of Surface Science，Vol. 2，edited by K. Horn，M. Scheffler，(Elsevier，Science B. V.，2000)，pp. 1～92。

functionalization (of surfaces) （表面）功能化 表面的设计、剪裁和制备，能定义、诱导和控制独特的结构和产物。特别是在生物功能表面的例子中，必须能够把生物系统在纳米尺度复杂的生物识别（recognition）能力匹配到更大尺度。

FWHM 半峰全宽 亦称半高宽，为“full width at half maximum”（半高全宽）的缩写，是描述光谱线的参数之一。

从 gain-guided laser（增益导引激光器）到 gyromagnetic frequency（旋磁频率）

gain-guided laser　增益导引激光器　参见 double heterostructure laser（双异质结激光器）。

galvanoluminescence　电流发光　在合适的电解质溶液中浸入由特定金属（如铝、钽等）构成的电极，电流流经这种电解质溶液时光发射的现象。

gamma function　Γ 函数　形式为 $\Gamma(x)=\int_0^{\infty} y^{x-1}\exp(-y)\mathrm{d}y$，此处 x 是一个大于 0 的实数。它也可以被表示为围道积分：

$$\Gamma(x)=\frac{1}{\exp(i2\pi x)-1}\int_C y^{x-1}\exp(-y)\mathrm{d}y$$

此处周线 C 表示一条始于实轴上的 $+\infty$，沿着正方向环绕原点并止于实轴上的 $+\infty$ 的路径，幅角的初始和最终的值分别取 0 和 2π。

gas immersion laser doping (GILD)　气体浸入激光掺杂　简称 GILD，通过激光辐照使得半导体表面形成无定形结构的办法，把包含在气体（如 BCl_3）环境中的掺杂原子引入到半导体材料（如硅）中去。掺杂层的厚度一般小于 20 nm，具有一个非常陡峭的掺杂浓度曲线。

首次描述：G. Kerrien, J. Boulmer, D. Débarre, D. Bouchier, A. Grouillet, D. Lenoble, *Ultra-shallow, super-doped and box-like junctions realized by laser-induced doping*, Appl. Surf. Sci. **186** (1～4), 45～51 (2002)。

Gaussian distribution　高斯分布　描述某种特性在一个群体的成员中如何分布的函数，当成员对某些指定值的偏差是大量小偏差的代数和时也称为频率分布。它的形式是 $f(x)=(\sqrt{2\pi}\sigma)^{-1}\exp\left\{-\frac{1}{2}[(x-\bar{x})/\sigma]^2\right\}$，其中 $\bar{x}=\frac{1}{n}\sum_{k=1}^{n}x_k$ 是 x 的均值，$\sigma^2=\frac{1}{n}\sum_{k=1}^{n}(x_k-\bar{x})^2$ 是 x 的均方差。此分布亦称正态分布（normal distribution）。

首次描述：K. F. 高斯（K. F. Gauss）于 1809 年。

Gauss theorem　高斯定理　一个电荷 q 的总的电通量是 $\int_S D\mathrm{d}S=\int_V \nabla D\mathrm{d}v=4\pi\int_V\rho\mathrm{d}v=4\pi q$，其中 D 是电感应强度，ρ 是体电荷密度，S 是任意围绕着包含电荷在内的体积 V 的表面。对于磁场的情况，因为 $\nabla B=0$，所以有 $\int_S B\mathrm{d}S=0$。

首次描述：K. F. 高斯（K. F. Gauss）于 1830 年。

gel　凝胶　参见 sol-gel technology（溶胶-凝胶技术）。

gel point　凝胶点　液体开始表现出增强的黏性和弹性特性的时刻。

gene　基因　为染色体（chromosome）中的组成部分或区域单元。它代表的 DNA 的核苷酸

(nucleotide) 序列是蛋白质的结构编码。它决定了生物的性状特征。

gene mapping 基因图谱 亦称基因作图，一种描述基因（gene）沿着染色体（chromosome）或质粒的相对位置的线性图。距离由连锁分析确定并以连锁单元为单位测得。

generalized gradient approximation (GGA) 广义梯度近似 简称GGA，此近似假定固体中的相关交换能是电子密度 n 与其梯度 ∇n 的函数，也就是 $E_{xc}=\int n(\boldsymbol{r})\varepsilon_{xc}(n(\boldsymbol{r}),\nabla n(\boldsymbol{r}))\mathrm{d}\boldsymbol{r}$，其中 ε_{xc} 为位于空间中 $\boldsymbol{r}$ 处的电子气中每个电子的相关交换能。相关交换能函数可以被分解成两个相加的部分，即 ε_x 和 ε_c，分别表示交换部分和相关部分。

首次描述：D. C. Langreth, J. P. Perdew, *Theory of nonuniform electronic systems. I. Analysis of the gradient approximation and a generalization that works*, Phys. Rev. B **21** (12), 5469～5493 (1980).

详见：J. P. Perdew, *Density functional approximation for the correlation energy of the inhomogeneous electron gas*, Phys. Rev. B **33** (12), 8822～8824 (1986); J. P. Perdew, Y. Wang, *Accurate and simple density functional for the electronic exchange energy: generalized gradient approximation*, Phys. Rev. B **33** (12), 8800～8802 (1986).

genetics 遗传学 研究单个基因（gene）或是基因群组的特性的科学领域。

genome 基因组 生物体的一套染色体（chromosome）的完整的 DNA 序列。染色体组是基因组 DNA 携带的具有特定基因数量和连锁群的片断。

genomics 基因组学 研究生物体的一个基因组（genome）也即 DNA 序列的整体性质的科学领域。

***g*-factor *g* 因子** 一个粒子的磁矩与其力学动量的比值。它由 $g\mu_B\equiv-\gamma\hbar$ 定义，其中 γ 为旋磁比（磁矩与角动量的比值）。对于单电子自旋，$g=2.0023$。

GGA 为 generalized gradient approximation（广义梯度近似）的缩写，是一种用于计算固体的电子能带结构的方法。

GHZ theorem GHZ 定理 参见 Greenberger-Horne-Zeilinger theorem（格林伯格-霍恩-蔡林格定理）。

giant magnetoresistance effect 巨磁电阻效应 在两层磁化的铁磁性材料中间有一层非磁性材料且如此交替叠合而组成的层状磁性薄膜结构，当它位于磁场中时，电阻会有奇异的变化。测量此种结构的电阻时，当电流的流动方向平行于每一层（平面内电流，英文为“current in plane”，称为 CIP 结构）或者垂直于层平面（垂直平面电流，英文为“current perpendicular plane”，称为 CPP 结构）时都可观察到巨磁电阻效应。

图 G. 1 显示了用电流平行于层面的方法观察巨磁电阻效应的薄膜结构。

通过分别在相反方向的磁场中沉积生长，可以使得不同的铁磁层具有相反的磁化方向。在无外磁场的情况下，当交替排列的材料层中的磁矩是相反方向排列的时候，用电流通过材料层平面的方法测得的阻抗是最大的。自旋排斥导致高界面散射，使得电流只能在较窄的通道中流动。

在外磁场中，各层磁矩的取向都趋于一个方向，这时电阻最小。要达到全部平行同方向的磁化状态（最小电阻）的磁场一般称为饱和场。在低温下电阻的减小最大可至好几倍。在 Fe/Cr 和 Co/Cu 的多层结构中可以很明显地观察到这种现象。电阻的减小会随着材料层层数的增加而增大，并在材料层厚度增加到几纳米也即大约 100 层周期时达到最大值。

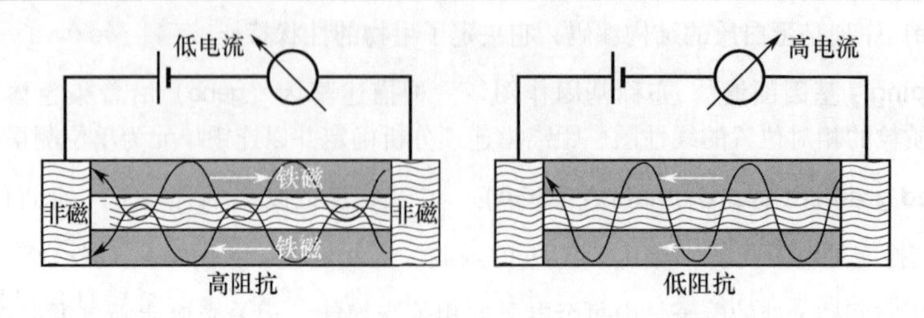

图 G.1　利用在磁性材料夹层结构的平面中流动的电流来测量巨磁电阻效应
反向磁矩——高阻抗；同向磁矩——低阻抗

在垂直几何构型时，因为通过分隔铁磁层的中间非磁性层的分流电流的消除，磁电阻的测量会产生一个特殊效应。在这种情况下，所有的载流子在横穿材料层时，在每一个界面处都会发生自旋散射。然而全金属结构的低电阻要求应用纳米光刻（nanolithography）技术去制造具有很小横断面的垂直元件以便获得可探测的电阻变化。图 G.2 示意性地表示了垂直输运的主要特征。当两个铁磁层的磁化方向反向排列时，从一个铁磁材料层进入非磁性材料层的自旋极化的载流子并不能被另一个铁磁材料层所容纳，它们在界面处被散射导致了高电阻。相反的，两个铁磁材料层有相同的磁化方向将确保注入电子的自旋极化和下一个铁磁材料层的电子态的同一性，这样界面散射达到最小，对应着材料结构的最低垂直电阻。

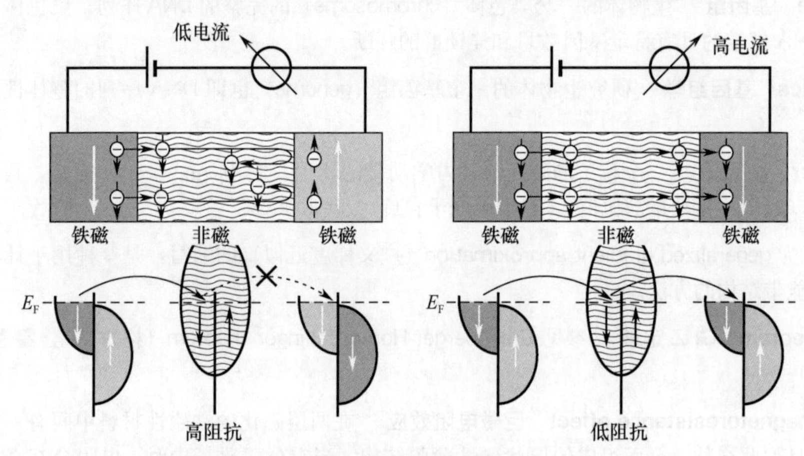

图 G.2　铁磁/非磁/铁磁结构中的自旋极化输运
反向磁矩——高阻抗；同向磁矩——低阻抗

已经证明自旋弛豫长度远大于典型的材料层总厚度（约 10 nm），一个电子在它的自旋方向被改变之前可以穿过许多材料层。在这个长度内，每个磁性界面发挥着自旋过滤器的作用。一个电子与越多的散射界面相互作用，散射界面的过滤效应就会越强。这就解释了巨磁电阻效应随着材料层层数的增加而增强的效应。

界面的自旋散射自身从根本上说是起源于相互接触的材料的晶格匹配程度以及界面处它们在费米能级（Fermi level）处的导带的匹配程度。举个例子，常见的 Fe/Cr 结构的界面是由两种相匹配的金属 bbc 晶格构成的，并且铬（顺磁性金属）的 d 导带与铁的少子（自旋向下）d 导带十分匹配，而对于共轭的铁的多子（自旋向上）d 导带没有很好的匹配。这就暗示了界面处自旋向上的和自旋向下的电子之间的重要区别，导致我们能观察到意义重大的巨磁电阻效应。

由两种不同磁特性的铁磁材料层构成的一个薄膜结构被称为自旋阀（spin valve）。在自旋阀结构中，为了让两个磁性薄膜达到反平行方向磁化方向，最一般的方法是对应于不同的磁场沉积两种铁磁性材料，如钴和镍铁导磁合金（$Ni_{80}Fe_{20}$）。镍铁导磁合金的矫顽磁力要小于钴。因此，如果镍铁导磁合金薄膜和钴薄膜最初都在相同方向上达到饱和（低电阻态），之后加上一个翻转磁场，其强度比镍铁导磁合金薄膜的矫顽磁力大但是小于钴薄膜的矫顽磁力，就将实现反平行的磁化方向（高电阻态）。

在制作两个拥有不同磁性行为的磁性材料层上的改进是用一个反铁磁材料层与那些铁磁材料层中的一层相接触以有效的“钉扎”铁磁材料层中的磁化方向。在适当的沉积和退火条件下，反铁磁材料层和铁磁材料层在界面处耦合。这种耦合将钉扎铁磁材料层，典型可以到约 $10^4\ \mathrm{A\cdot m^{-1}}$的磁场强度，并且即使施加更高的场强，被钉扎的材料层的初态也能通过场的过弛豫而恢复。

钉扎反铁磁更进一步的精细技术涉及了两层具有很强的反平行磁化耦合的磁性薄膜之间加入由另一个某些金属构成的薄的中间层，如钌。一对铁磁薄膜可以反平行耦合，其等效场约 $10^5\ \mathrm{A\cdot m^{-1}}$（大于正常的在大多数装置中使用的场）。这种结构一般称为合成反铁磁。当合成反铁磁结构中的一个铁磁材料层在外表面被一个反铁磁材料层钉扎时，这样的结构对于很大的场强和接近反铁磁的奈尔温度（Néel temperature）时都是非常稳定的。这就允许在较宽的磁场区域内此结构可以存在于高电阻态。

自旋阀结构有另一个变种，被称为赝自旋阀（pseudo-spin valve）。两个磁性材料层有不相匹配的特性，以至于一个会比另一个更趋向于在较低的场中切换。不使用钉扎层，同时如果复合薄膜层被刻蚀成小区域，那么两个磁性材料层可能由相同的成分构成，但是有不同的厚度。在这种情况下，这种结构的小的截面尺寸会提供退磁场，这使得两个薄膜层中较薄的层与较厚的层相比会在更低的磁场中切换。保持“硬”材料层磁化方向不切换，我们可以操作“软”材料层的磁化方向使得它平行或是反平行于“硬”材料层。当两个材料层的磁化彼此一致时，电阻最低。

在室温下，通常自旋阀和赝自旋阀结构的磁电阻值为 5%～10%，饱和场在 800～80 000 $\mathrm{A\cdot m^{-1}}$。

首次描述：M. N. Baibich, J. M. Broto, A. Fert, F. N. Van Dau, F. Petroff, *Giant magnetoresistance of（001）Fe/（001）Cr magnetic superlatices*, Phys. Rev. Lett. **61**（21），2472～2475（1988）；G. Binasch, P. Grünberg, F. Saurenbach, and W. Zinn, *Enhanced magnetoresistance in layered magnetic structures with antiferromagnetic interlayer exchange*, Phys. Rev. B **39**（7），4828～4830（1989）。

获誉：A. 费尔（A. Fert）和 P. 格林贝格（P. Grünberg）凭借对巨磁阻的发现，获得了 2007 年诺贝尔物理学奖。

另请参阅：www.nobelprize.org/nobel_prizes/physics/laureates/2007/。

giant magnetoresistance nonvolatile memory　巨磁电阻非易失性存储器　一种利用巨磁电阻效应的薄膜存储器。巨磁电阻元件被制作成阵列以便成为一个元件网络发挥存储记忆的功能。图 G.3 显示了其原理。

这些元件在本质上是自旋阀结构，它们通过导电的间隔装置串联在一起，构成一个传感线路。传感线路存储信息，其电阻是构成其元件的电阻的总和。电流通过传感线路，同时在线路末端的放大器会探测总电阻的变化量。操纵元件磁化所需的磁场由额外的通过元件上方和下方的蚀刻导线提供。这些导线横穿传感线路的每个巨磁电阻信息存储元件，其截面为 xy 格子图样。那些平行于传感线路的导线作为字节写入线路，而垂直跨越传感线路的导线作为

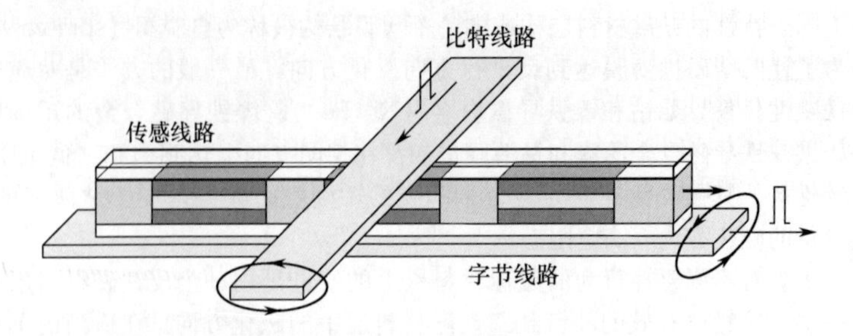

图 G.3 巨磁电阻元件串联而成的随机存储器的片段

比特写入线路。所有的线路都是相互电绝缘的。当电流脉冲通过字节和比特线路时，它们产生的磁场控制了巨磁电阻元件的电阻。

一个典型的寻址方案利用字节和比特线路中的半选脉冲。这意味着与字节线路脉冲相关联的场是反转巨磁电阻元件磁化所需的场的一半。当任意两条线路在某个 xy 格子处交叠时，两个半脉冲可以产生一个合成场，足以选择性反转一个“软”材料层，或者在更高的电流级别上，足以反转一个“硬”材料层。典型情况下，一个脉冲将材料层磁化旋转 90°。通过这个 xy 格子，一个阵列的任一元件可以被寻址，或者存储信息，或者查询元件。

精确的信息存储和寻址方案可能是极其变化多样的。一个方案可能在“软”材料层存储信息，同时使用“破坏”和恢复过程来查询。作为另一种选择方案，可以构建单个的巨磁电阻元件以便于高电流脉冲用于在“硬”材料层中存储信息。低电流脉冲可以用于“摆动”“软”材料层，通过检测电阻的变化量来查询元件，而无需破坏和恢复信息。这些方案还可能有许多额外的变化，使用的精确方案经常是私人或者组织专有的，同时依赖于存储器应用的特定要求。

giant magnetoresistance read head 巨磁电阻读出磁头 一种利用巨磁电阻效应（giant magnetoresistance effect）的薄膜读出磁头。也称为自旋阀（spin-valve）读出磁头。磁头读取存储在磁盘或磁带表面的磁比特信息，这些磁比特信息以取向不同的小到 10～100 nm 的磁畴形式存在。在两个具有相反磁化方向的磁畴的首部相接处，未补偿的正电极产生一个磁场穿出介质垂直于畴表面，也就是正畴壁。在两个畴的尾部相接的位置，包含未补偿的负电极的畴壁可产生返回介质的磁力线，这就是负畴壁。读出磁头探测畴壁处在磁场方向上的变化。

读出磁头的原理和它的工作方式如图 G.4 所示。典型的读出磁头感应元件是由两个材料层组成的一个自旋阀：一个可以轻易反转磁化，用“↕”表示；另一个有固定的（或是难以反转的）磁化，由“↓”表示。

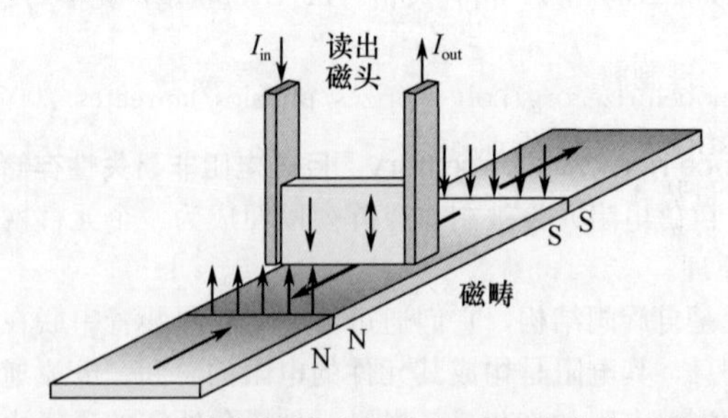

图 G.4 巨磁电阻读出磁头经过包含磁化区域的记录介质时的示意图

在磁性“软”材料层中的磁矩平行于在零场情况下也具有磁畴的介质平面。在磁性“硬”材料层中的磁矩是垂直于介质平面的。当读出磁头扫过正畴壁时，存在于那里的磁场推动易反转材料层的磁化方向向上。当读出磁头扫过负畴壁时，磁矩则被推动朝下。一旦“软”材料层的磁化方向由向上或向下反转的方法与从介质发射出的场方向达到一致，就可以通过流经自旋阀结构的电流测得电阻变化。自旋阀读出磁头使得硬盘能够具有非常高的空气中堆积密度，甚至达到每平方英寸 25 Gbit。

详见：*Magnetic Multilayer and Giant Magnetoresistance：Fundamentals and Industrial Applications*，edited by U. Hartmann，Springer Series in Surface Science，Vol. **37**（Springer，Berlin，2000）。

Gibbs distribution（statistics） 吉布斯分布（统计） 此分布表明找到一个处于温度为 T 能量为 E 的 N 粒子定态的 N 粒子系统的热平衡概率是与 $\exp(-E/k_B T)$ 成正比的。它对经典或是量子系统一般而言都是有效的，不管它们是否为弱相互作用。表征弱相互作用粒子的单粒子能级或是激发态的占据分布的麦克斯韦-玻尔兹曼分布（Maxwell-Boltzmann distribution）、费米-狄拉克分布（Fermi-Dirac distribution）和玻色-爱因斯坦分布（Bose-Einstein distribution），都可以在某些合适的特殊情况下从吉布斯分布得到。

首次描述：J. W. Gibbs，*On the equilibrium of heterogeneous substances*，Trans. Conn. Acad. **3**，108～248（1875）；227～229（1876）；343～524（1877）。

Gibbs-Duhem equation 吉布斯-杜安方程 此方程联系包含 n_i 摩尔的成分 i 的混合物中各个成分的化学势 μ_i，在给定的温度和压力下有形式：$\sum_i n_i \mathrm{d}\mu_i = \sum_i x_i \mathrm{d}\mu_i = 0$，其中摩尔分数 $x_i = n_i \Big/ \sum_i n_i$。

首次描述：J. W. Gibbs，*On the equilibrium of heterogeneous substances*，Trans. Conn. Acad. **3**，108～248（1875）；227～229（1876）；343～524（1877）；P. Duhem，*Traité d'énergétique ou de thermodynamique générale*，（Gauthier-Villars，Paris，1911）。

Gibbs free energy 吉布斯自由能 参见 free energy（自由能）。

首次描述：J. W. Gibbs，*On the equilibrium of heterogeneous substances*，Trans. Conn. Acad. **3**，108～248（1875）；227～229（1876）；343～524（1877）。

Gibbs theorem 吉布斯定理 体积为 V 的理想气体 A 和体积为 V 的理想气体 B 等温地混合形成总体积为 V 的混合理想气体，这个过程的熵（entropy）的变化量为零。

首次描述：J. W. Gibbs，*On the equilibrium of heterogeneous substances*，Trans. Conn. Acad. **3**，108～248（1875）；227～229（1876）；343～524（1877）。

giga 吉［咖］ 一种十进制前缀，代表千兆（10^9），缩写为 G。

Ginzburg-Landau equations 金兹堡-朗道方程 一对联立的微分方程，描述超导电子的波函数 Ψ，在 $\boldsymbol{r}$ 点处的矢量势 $\boldsymbol{A}$（表示在这一点处的微观场），以及超导电流 $\boldsymbol{J}$ 之间的关系：

$$\frac{1}{2m}\left(-i\hbar\nabla-\frac{e}{c}\boldsymbol{A}\right)^2\psi+\frac{\partial F}{\partial\psi^*}=0$$

$$\boldsymbol{J}=-\frac{ie\hbar}{mc}(\psi^*\nabla\psi-\psi\nabla\psi^*)-\frac{e^2}{mc}\psi^*\psi\boldsymbol{A}$$

其中 F 是超导体的自由能，用级数表示为 $F=F_0+\alpha|\psi|^2+\frac{\beta}{2}|\psi|^4$，$\alpha$ 和 β 是唯象参量。

虽然这个方程具有一些局限性，但是它们对于不同超导体的重要的特征长度尺度的计算是十分有用的，如磁场的穿透深度。一般来说，它们提供了对于固体中空间变化的超导态最一般理解的基础。

首次描述：V. L. Ginzburg，L. D. Landau，*To the theory of superconductivity*，Zh. Exp. Teor. Fiz. **20**（12），1064～1082（1950）（俄文）。

获誉：V. L. 金兹堡（V. L. Ginzburg）凭借对于超导和超流理论的开拓性贡献而获得了2003年诺贝尔物理学奖。

另请参阅：www. nobelprize. org/nobel_prizes/physics/laureates/2003/。

glass 玻璃 由各种金属氧化物与玻璃原料（如氧化硅、硼或磷的氧化物）一起加热熔合而成的一种非晶的无机混合物。绝大多数的玻璃在可见光段是透明的，一直可以到约2.5 μm的红外部分，但是一部分是不透明的，如天然的黑曜石，然而它们可以作镜坯。微量的元素（如钴、铜和金）可以在玻璃中产生强染色作用。激光玻璃包含少量的钕镨氧化物。乳白玻璃是不透明和白色的，具有漫反射光的特性。一些乳白玻璃是在普通玻璃的表面有一薄层的蛋白石材料涂层。回火玻璃有由于快速冷却引起的高的内在张力，这可以赋予其增强的机械强度。

globular protein 球状蛋白质 参见 protein（蛋白质）。

glycolipid 糖脂 参见 lipid（类脂）。

glycoluril 甘脲 参见 cucurbituril（葫芦脲）。

GNR 为 graphene nanoribbon（石墨烯纳米带）的缩写。

Goldschmidt law 戈尔德施米特定律 指出晶体结构是由各个组元的数量的比例、它们尺寸的比例和它们的极化特性决定的。

首次描述：V. M. Goldschmidt，T. Barth，G. Lunde，W. Zachariasen，*Geochemische Verteilungsgesetze*：*VII*：*Die Gesetze der Krystallochemie*，Skr. Norsk. Vid. Akademie，Oslo，Mat. Nat. Kl. **2**（1926），and *Geochemische Verteilungsgesetze*：*VIII*：*Undersuchungen über Bau und Eigenschaften von Krystallen*，Skr. Norsk. Vid. Akademie，Oslo，Mat. Nat. Kl. **8**（1926）。

***g* permanence rule *g* 不变定则** 指 *g* 因子（*g*-factor）的和对于有相同的磁量子数的值的强和弱磁场都是相同的。

首次描述：W. Pauli，*Über die Gesetzmässigkeiten des anomalen Zeeman Effektes*，Z. Phys. **16**（3），155～164（1923）。

Goodenough-Kanamori rule 古迪纳夫-金森规则 此规则表明当有效电子转移发生在半填充的重叠轨道之间时，超交换（superexchange）相互作用为反铁磁性，但有效电子从一个半填充到空轨道或从填满到半满轨道转移时，超交换相互作用为铁磁性。

首次描述：J. B. Goodenough，*Theory of the role of covalence in the perovskite-type manganites* [*La*，*M*（*II*）] MnO_3，Phys. Rev. **100**（2），564～573（1955）；*J. B. Goodenough*，*An interpretation of the magnetic properties of the perovskite-type mixed crystals* $La_{1-x}Sr_xCoO_{3-y}$，*J. Phys. Chem. Solids* 6（2～3），287～297（1958）；J. Kanamori，*Superexchange interaction and symmetry properties of electron orbitals*，J. Phys. Chem. Solids. **10**（2～3），87～98（1959）。

详见：J. B. Goodenough，Magnetism and Chemical Bond（Interscience，New York，1963）。

Goos-Hänchen effect　戈斯-亨兴效应　一种光学现象，当全内反射时线性偏振光发生小移位的现象。这种移位垂直于传播方向，存在于入射光束和反射光束所构成的平面内。发生这一现象是由于有限尺度光束的反射在平均传播方向的横向直线上发生了干涉。

首次描述：F. Goos，H. Hänchen，*Ein neuer und fundamentaler Versuch zur Totalreflexion*，Ann. Phys.（Leipzig）**1**，333～346（1947）。

Grätzel solar cells　格雷策尔太阳电池　参见 dye-sensitized solar cell（染料敏化太阳电池）。

graphene　石墨烯　定义为碳原子单层，其碳原子密集堆积成苯环结构，构成了由 sp^2 键碳原子组成的二维蜂巢网格结构［石墨烯图像参见碳纳米管（carbon nanotube）］。它广泛用于描述多种碳基材料的性质，包括石墨、大富勒烯（fullerene）和碳纳米管。石墨烯的晶胞是菱形，平移距离（点阵常数）$a=\sqrt{3}a_{\text{C-C}}$，其中 $a_{\text{C-C}}=0.142$ nm 为碳键长度。图 G.5 所示为晶胞的电子能带结构。

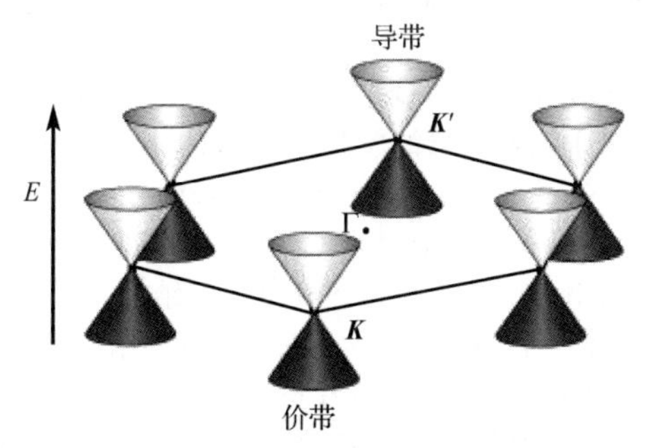

图 G.5　石墨烯的电子能带

电子能量分布具有线性形式（锥形能量表面）

$$E(k)=\pm \hbar(k_x^2+k_y^2)^{\frac{1}{2}}v,$$

式中，$v=\frac{\sqrt{2}}{3}\frac{a\Delta}{h}$ 为恒电子速度，Δ 是共振或期望积分。估计值 $v=5.46\times10^5$ m/s，而围绕蜂巢环运动的电子速度计算值为 3.64×10^5 m/s。

石墨烯中电子输运由碳原子对电子的散射来决定。沿 C—C 键运动的电子受到在此路径上周期性出现的碳原子的反向散射。结果只有具有一定能量的电子才可以在这个方向上传播下去。从而使材料有了类似于半导体的能隙。电子在垂直于 C—C 方向的迁移受到不同原子的散射。它们的干涉相消时，抑制了反向散射并表现出类金属行为。

通过实验估计的电子有效质量为 $0.02\sim0.05m_0$。实验获得的室温电子迁移率高达 15 000 $cm^2/(V\cdot s)$，而理论预算为 100 000 $cm^2/(V\cdot s)$。

2004 年首次分离出石墨烯。用胶带从石墨晶体上逐层剥离出碳原子层，直到剩下单层片。石墨烯的电导率从未低于电导量子单位的最小值，即使当电荷载流子浓度趋于零时也是如此。石墨烯中的量子霍尔效应（quantum Hall effect）发生在半整数填充因子时。电子输运实际上由狄拉克相对论方程所控制，也观察到了贝里相位（Berry phase）。

首次描述：K. S. Novoselov，A. K. Geim，S. V. Morozov，D. Jiang，Y. Zhang，S. V. Dubonos，I. V. Grigorieva，A. A. Firsov，*Electric effect in atomically thin carbon films*，Science **306**，666～669（2004）；K. S. Novoselov，D. Jiang，F. Schedin，T. J. Booth，V. V. Khotkevich，S. V. Morozov，and A. K. Geim，*Two-dimensional atomic crystals*，PNAS，**102**（30），10451～10453（2005）；K. S. Novoselov，A. K. Geim，S. V.

Morozov, D. Jiang, M. I. Katsnelson, I. V. Grigorieva, S. V. Dubonos, A. A. Firsov, *Two-dimensional atomic crystal gas of massless Dirac fermions in graphene*, Nature **438**, 197～200 (2005)；Y. Zhang, Y.-W. Tan, H. L. Stormer, P. Kim, *Experimental observation of the quantum Hall effect and Berry's phase in graphene*, Nature **438**, 201～205 (2005)。

详见：M. Terrones, A. R. Botello-Mendez, J. Campos-Delgado, F. Lopez-Urias, Y. I. Vega-Cantu, F. J. Rodriguez-Macias, A. L. Elias, E. Munoz-Sandoval, A. G. Cano-Marquez, J. C. Charlier, H. Terrones, *Graphene and graphite nanoribbons: Morphology, properties, synthesis, defects and applications*, Nano Today **5** (4), 351～372 (2010), *Graphene: Synthesis and Applications*, edited by W. Choi, J. -W. Lee (CRC Press, Boca Raton, 2011)。

获誉：2010 年，诺贝尔物理学奖授予英国曼彻斯特大学两位科学家 A. 盖姆 (A. Geim) 和 K. 诺沃肖罗夫 (K. Novoselov)，他们因在二维空间材料石墨烯 (graphene) 方面的开创性实验而获奖。

另请参阅：www.nobelprize.org/nobel_prizes/physics/laureates/2010/。

graphene nanoribbon (GNR)　石墨烯纳米带　简称 GNR，结构上沿某一个方向刻蚀了的石墨烯 (graphene)，实际上是一个石墨烯的条带，具有准一维的结构。石墨烯纳米带的结构与碳纳米管 (carbon nanotube) 结构紧密相关，因为它可以被看做是没有卷曲的单壁碳纳米管，因此石墨烯纳米带可以用两个指数来描述其整体的结构。石墨烯纳米带分为扶手椅型 (armchair) 和锯齿型两种结构。它们相对于纳米管和石墨烯结构最主要的拓扑区别与其有限的宽度有关，这就导致两种不同的原子位：一个碳原子有三个最近邻的块体位，和只有两个 C—C 键的带边位。扶手椅型带边结构的石墨烯纳米带由穿过带宽度方向的二聚体线的数目来分类，而锯齿型带边结构的石墨烯纳米带由穿过带宽度方向的锯齿链的数目描述。石墨烯纳米带的这些简单结构特征对其对称性和电子结构有很大影响，例如，其带隙的大小与带宽成反比。

首次描述：M. Fujita, K. Wakabayashi, K. Nakada, K. Kusakabe, *Peculiar localized state at zigzag graphite edge*, J. Phys. Soc. Jpn **65** (7), 1920～1923 (1996)；M. Y. Han, B. Özyilmaz, Y. Zhang, P. Kim, *Energy band-gap engineering of grapheme nanoribbons*, Phys. Rev. Lett. **98** (20), 206805 (2007)。

Greenberger-Horne-Zeilinger states　格林伯格-霍恩-蔡林格态　具有理想的相关性以至于与经典的局域性概念不兼容的多粒子量子态：$|\Psi^{\pm}\rangle=\frac{1}{\sqrt{2}}(|00\cdots0\rangle\pm|11\cdots1\rangle)$。

首次描述：D. M. Greenberger, M. A. Horne, A. Shimony, A. Zeilinger, *Bell's theorem without inequalities*, Am. J. Phys. **58** (12), 1131～1143 (1990)。

Greenberger-Horne-Zeilinger theorem　格林伯格-霍恩-蔡林格定理　此定理是贝尔定理 (Bell's theorem) 在三个或是更多粒子情况下的扩展，它表明了爱因斯坦-波尔多斯基-罗森悖论 (Einstein-Podolsky-Rosen paradox) 的假设导出的预言与量子理论完全相反。

首次描述：D. M. Greenberger, M. A. Horne, A. Zeilinger, *Going beyond Bell's theorem*, in: *Bell's Theorem, Quantum Theory, and Conceptions of the Universe*, edited by M. Kafatos (Kluwer, Dordrecht 1989), 73～76。

Green's function　格林函数　此函数起源于满足一定边界条件的微分方程 $\boldsymbol{L}w=f(\boldsymbol{x})$ 的解 w。算符 $\boldsymbol{L}$ 是线性微分算符，$f(\boldsymbol{x})$ 是区域 Ω 中唯一定义的 n 个变量 $(x_1,x_2,\cdots,x_n)=\boldsymbol{x}$ 的指定

函数，在这个区域边界上满足指定边界条件。如果能找到一个函数 $G(\boldsymbol{\xi},\boldsymbol{x})$，使得微分方程的解可以写成 $w(\boldsymbol{x})=\int_{\Omega}G(\boldsymbol{\xi},\boldsymbol{x})f(\boldsymbol{\xi})\mathrm{d}\boldsymbol{\xi}$ 形式，那么函数 $G(\boldsymbol{\xi},\boldsymbol{x})$ 就被称为对应于算符 $\boldsymbol{L}$ 和指定边界条件的格林函数。

引入 n 维狄拉克 δ 函数（Dirac delta function）也即 $\delta(\boldsymbol{x}-\boldsymbol{\xi})=\delta(x_1-\xi_1)\cdots\delta(x_n-\xi_n)$，很明显 $G(\boldsymbol{\xi},\boldsymbol{x})$ 是微分方程 $\boldsymbol{L}w=\delta(\boldsymbol{x}-\boldsymbol{\xi})$ 的合适解。

将这种函数命名为“格林函数”似乎是由 H. 伯克哈特（H. Burkhardt）于 1894 年首次提出的，因为它在某些方面类似于 1828 年 G. 格林（George Green）在关于电学和磁学的论文集中提出的函数。

首次描述：G. Green，*An essay on the application of mathematical analysis to the theories of electricity and magnetism*（1828）。由开尔文爵士（Lord Kelvin）重新发表于：J. Reine Angew. Math. **39**，73～89（1850），**44**，356～374（1852），**47**，161～221（1854）。

Green's theorem 格林定理 如果矢量 $\boldsymbol{A}=(P,Q,R)$ 的每个分量是在由表面 S 围成的体积为 V 的空间里的每一点上都有连续导数的以 x、y、z 为变量的连续函数，那么

$$\int_V\iint(\partial P/\partial x+\partial Q/\partial y+\partial R/\partial z)\mathrm{d}x\mathrm{d}y\mathrm{d}z=\int_S\int(lP+mQ+nR)\mathrm{d}S$$

其中 $(l,m,n)=\boldsymbol{n}$ 是垂直于 S 向外的法线的方向余弦。

首次描述：G. Green，*An essay on the application of mathematical analysis to the theories of electricity and magnetism*（1828）. Reissued by Lord Kelvin in J. Reine Angew. Math. **39**，73～89（1850），**44**，356～374（1852），**47**，161～221（1854）。

Greenwood-Williamson theory 格林伍德-威廉森理论 此理论综合了阿蒙东定律（Amontons' law）和鲍登-塔博尔定律（Bowden-Tabor law）。通过许多凹凸体连接两个粗糙表面，即多凹凸体接触模型（multi-asperity contact model），这样就推断出实际接触面积（real contact area）线性依赖于负重。

这一理论没有包含附着（adhesion）力。

首次描述：J. A. Greenwood，J. B. P. Williamson，*Contact of nominally flat surfaces*，Proc. R. Soc. London A，**295**，300～319（1966）。

Grimm-Sommerfeld rule 格林-索末菲规则 一个原子的绝对化合价在数值上等于与其他原子成键的电子的数量。

首次描述：H. G. Grimm，A. Sommerfeld，*Über den Zusammenhang des Abschlusses der Elektronengruppen im Atom mit den chemischen Valenzzahlen*，Z. Phys. **36**（1），36～59（1926）。

ground state 基态 整个系统能量最小的态，因此在基态中，每个电子由对应于最低可占据能级的能量本征态（eigenstate）来描述。

ground state depletion（GSD）microscopy 基态耗尽显微术 简称 GSD 显微术，参见 fluorescence nanoscopy（荧光纳米显微术）。

首次描述：S. W. Hell，M. Kroug，*Ground-state depletion fluorescence microscopy，a cpncept for breaking the diffraction resolution limit*，Appl. Phys. B **60**，495～497（1995）。

group velocity 群速度 参见 wave packet（波包）。

Grover algorithm 格罗弗算法 一种搜索未分类整理的 N 个元素的数据库的量子力学算法，

在所用时间上大约正比于 $N^{1/2}$，比任何可能的经典搜索算法都要快。它采取如下步骤：

步骤 1：将系统初始化到以下叠加：

$$1/N^{1/2}, 1/N^{1/2}, \cdots, 1/N^{1/2}$$

也即在 N 个态中的每一个态都有相同的振幅。这个叠加能在 $M(\log N)$ 步内获得。

步骤 2：将以下一元运算重复 $M(N^{1/2})$ 次（重复的精确次数是重要的）。

2a. 令系统处于任意态 S：如果 $C(S)=1$，将相位旋转 π 弧度；如果 $C(S)=0$，则系统不变。

2b. 应用扩散变换 D，其由矩阵 $\boldsymbol{D}$ 定义：如果 $i \neq j$ 则 $D_{ij}=2/N$，否则 $D_{ij}=-1+2/N$（矩阵 $\boldsymbol{D}$ 可以分解为三个基本矩阵的乘积）。

步骤 3：测量所得到的态。这个态至少有 0.5 的概率可能为 S_v 态［也即期望的满足 $C(S_v)=1$ 的态］。

注意步骤 1 和步骤 2 是一元运算的序列。步骤 2a 是相位旋转，在一次执行中它涉及了感应态以及决定是否旋转位相的量子系统的一部分。这样做以至于在这次操作之后没有系统的态的轨迹能留下来，以便确保得到相同终态的路径是不可分辨的以及可干涉的。

通过在态的量子叠加中的输入和输出，可以用仅仅 $M(N^{1/2})$ 次的量子力学步骤去发现需用 $M(N)$ 次的经典步骤才能发现的目标。这个发现引发了探寻量子计算机的应用理论研究活动的风暴。

首次描述：L. K. Grover，*Quantum mechanics helps in searching for a needle in a haystack*，Phys. Rev. Lett. **78**（2），325～328（1997）。

Grüneisen equation of state　格吕奈森物态方程　参见 Grüneisen rules（格吕奈森定律）。

Grüneisen rule　格吕奈森定律　此定律基于固体的格吕奈森物态方程（Grüneisen equation of state）也即 $pV+G(V)=\gamma E$，其中 p 是压力，V 是摩尔体积，$G(V)$ 依赖于原子间的势能，E 是原子振动的能量，γ 是无量纲的量。第一定律决定了固体体积的变化量为 $\Delta V=\gamma K_0 E$，其中 K_0 是固体在 0K 的等温压缩系数。第二定律显示热膨胀体积系数 β 和固体的摩尔比热容 C_V 之间的关系为 $\beta=\gamma K_0 C_V/V$。

首次描述：E. Grüneisen，*Theorie des festen Zustandes einatomiger Elemente*，Ann. Phys. **39**，257～306（1912），and in *Handbuck der Physik*，**10**（Springer，Berlin 1926）。

GSD　为 ground state depletion（GSD）microscopy（基态耗尽显微术）的缩写。

Gudden-Pohl effect　古登-坡尔效应　当电场作用于已由紫外辐射激发过的磷光体时，会产生闪光。

首次描述：B. Gudden；R. W. Pohl，*Über Ausleuchtung der Phosphoreszenz durch Elektrische Felder*，Z. Phys. **2**（2），192～196（1920）。

Gunn effect　耿氏效应　当一个超过每厘米几千伏的临界阈值的恒定电场施加于随机取向的短的 n 型 GaAs 或 InP 样品时会产生相干微波。振动频率近似等于载流子穿越样品长度的时间的倒数。观测到的振动机制是场诱导的导带电子从低能量、高迁移率的能谷到高能量、低迁移率的卫星能谷的迁移。

首次描述：J. B. Gunn，*Microwave oscillations of current in III-V semiconductors*，Solid State Commun. **1**（4），88～91（1963）。

Gurevich effect　古列维奇效应　在有明显的电声相互作用的电导体中，当存在温度梯度时，携带热流的声子会拖曳电子随它们一起从温度高处移动到温度低处。

首次描述：L. Gurevich，*Thermoelectric properties of conductors*，J. Phys. **9**，477～488；ibid. **10**，67～80（1945）。

GW approximation（GWA） GW近似 简称GWA，运用格林函数（Green's function）G和屏蔽库仑相互作用W计算固体中电子系统的自能的一种近似方法。GWA可以被看做哈特里-福克近似（Hartree-Fock approximation，HFA）的推广，但是考虑了动力学屏蔽库仑相互作用。在HFA中非局域交换势是$\sum^{x}(\boldsymbol{r},\boldsymbol{r}')=\sum_{kn}^{occ}\psi_{kn}(\boldsymbol{r})\psi_{kn}^{*}(\boldsymbol{r}')v(\boldsymbol{r}-\boldsymbol{r}')$。在格林函数理论中，交换势被写为$\sum^{x}(\boldsymbol{r},\boldsymbol{r}',t-t')=\mathrm{i}G(\boldsymbol{r},\boldsymbol{r}',t-t')v(\boldsymbol{r}-\boldsymbol{r}')\delta(t-t')$，对其进行傅里叶变换就得到前面的方程。GWA对应于用以下的屏蔽库仑相互作用W来取代非屏蔽的库仑相互作用：$\sum(1,2)=\mathrm{i}G(1,2)W(1,2)$。此近似具有较好的物理依据，特别是在金属中，HFA因为缺乏屏蔽而导致了金属的一些非物理结果，例如，费米能级处态密度为零等。

GWA成功预言了准粒子系统，例如，类似金属的自由电子、半导体、莫特绝缘体以及d带和f带金属。GWA对于类似NiO这样的强关联系统的能带间隙也给出了相当好的描述。

首次描述：L. Hedin，*New method for calculating the one-particle Green's function with application to the electron-gas problem*，Phys. Rev. A **139**（3），796～823（1965）。

详见：F. Aryasetiawan，O. Gunnarsson，*The GW method*，Rep. Prog. Phys. **61**（3），237～312（1998）。

gyromagnetic effect 旋磁效应 亦称回转磁效应，在一个物体中由其磁化的改变引起的旋转或是由旋转产生磁化。

gyromagnetic frequency 旋磁频率 位于磁场强度为H的磁场中的质量为m的带电旋转粒子的进动频率。此频率为$qHp/(2mch)$，其中q是电荷，p是粒子的角动量。

从 habit plane（惯态面）到 hyperelastic scattering（超弹性散射）

habit plane　惯态面　亦称惯习面，晶体学平面或平面系统，沿着这些平面会发生某些现象，如孪晶。

Hadamard gate　阿达马门　参见 Hadamard transformation（阿达马变换）和 quantum logic gate（量子逻辑门）。

Hadamard operator　阿达马算子　此算子产生自逆操作，形成了相同系数的态叠加。参见 Hadamard transformation（阿达马变换）。

Hadamard product　阿达马乘积　定义两个幂级数的乘积为一个新的幂级数：$P\times Q=\sum_{n=0}^{\infty}a_nb_nx^n$，其中 $P=\sum_{n=0}^{\infty}a_nx^n$，$Q=\sum_{n=0}^{\infty}b_nx^n$。

Hadamard transformation　阿达马变换　一种幺正的、正交的实变换。基函数的值只能为 1 或 −1。矩阵形式可写为

$$H=\frac{1}{\sqrt{2}}\begin{pmatrix}1 & 1\\ 1 & -1\end{pmatrix}$$

因此就能得到如下的结果：

$$H\,|0\rangle=\frac{1}{\sqrt{2}}\,|0\rangle+\frac{1}{\sqrt{2}}\,|1\rangle$$

$$H\,|1\rangle=\frac{1}{\sqrt{2}}\,|0\rangle-\frac{1}{\sqrt{2}}\,|1\rangle$$

阿达马变换矩阵亦称阿达马门（Hadamard gate），是广义量子位（qubit）旋转的特殊情况。

首次描述：J. Hadamard，Bull. Sci. Math. **17**，240～248（1893）。

Hagen-Rubens relation　哈根-鲁本斯关系　决定固体的反射率与辐射波频率和固体传导率之间关系的方程：$R_{\rm opt}=1-(f/\sigma)^{1/2}$。其中 f 为光的频率，σ 为电导率。

这个关系应用于波长足够长以至于频率和弛豫时间的乘积远小于 1 的情况。

首次描述：E. Hagen，H. Rubens，*Über Beziehungen des Reflexions- and Emissionsvermögens der Metalle zu ihrem elektrischen Leitvermögen*，Ann. Phys. **11**（8b），873～901（1903）。

half-metallic material　半金属材料　此材料的电学性质可以被认为是金属和半导体或绝缘体之间的混杂。它的主要特征是费米能级处的电子完全处于一种单向自旋极化。因此，半金属合金或者化合物具有非常好的铁磁（ferromagnetic）性，成为自旋电子学器件的首选。

类似 $A^{II}B^{VI}$ 和 $A^{III}B^{V}$ 型的稀磁半导体（diluted magnetic semiconductor），具有 AB_2O_4 形

式（如 $Fe_3O_4=FeFe_2O_4$）的三元化合物，形如 A_2MnB（如 Co_2MnSi）的霍伊斯勒合金（Heusler alloys），像 NiMnSb 这样的半霍伊斯勒合金，以及二元化合物 CrO_2 都是典型的半金属材料。见图 H.1。

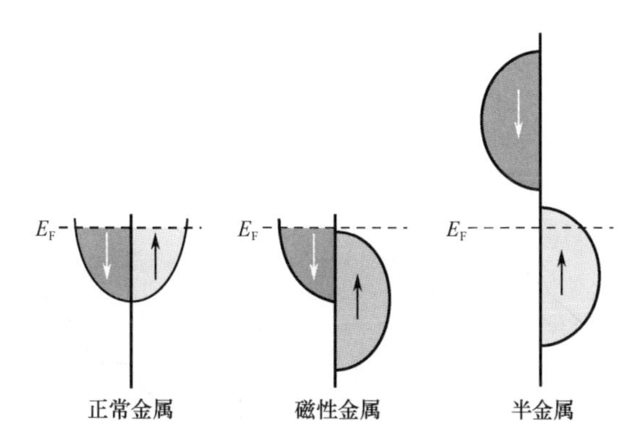

图 H.1 正常金属、磁性金属和半金属

首次描述：R. A. De Groot，F. M. Mueller，P. G. van Engen，K. H. J. Buschow，*New class of materials*：*half-metallic ferromagnets*，Phys. Rev. Lett. **50** (25)，2024～2007 (1983)（创造了半金属现象的名词）。

详见：*Half-metallic Alloys-Fundamentals and Applications*，*Lecture Notes in Physics*，edited by P. H. Dederichs，I. Galanakis (Springer-Verlag，Berlin，2005)。

halide 卤化物 一种元素和一种卤素形成的化合物。

Hall effect 霍尔效应 对于一个导电条带施加磁场，磁场方向垂直于它的电流流动方向（图 H.2），则横穿电流路径的电阻线性地依赖于磁场强度。电子受到垂直于磁场方向及其初始运动方向的洛伦兹力（Lorentz force）的作用。它们被推向样品的一边（依赖于磁场的方向），使得电荷在一边比另一边聚集更多。沿着电流方向的电压降 V 表征了材料电阻 $R=V/I$。而由磁场引起的横穿电流路径的电压 V_H 称为霍尔电压（Hall voltage），相应的霍尔电阻（Hall resistance）定义为 $R_H=V_H/I$。

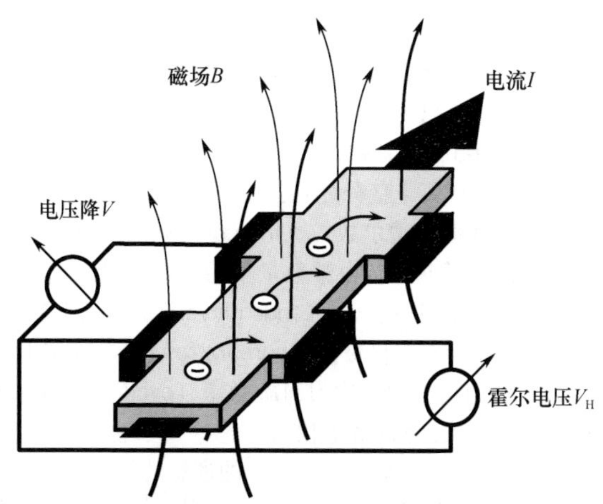

图 H.2 霍尔效应测量时的样品构型

在经典霍尔效应中 $R_H = B/(en)$，其中 B 是磁感应强度，e 是电子电荷，n 是条带中每单位面积的电子密度。最显著的特性是，霍尔电阻并不依赖于样品的形状，它随磁场强度线性增加，而纵向的电阻 R 被预言基本上不依赖于磁场，如图 H. 3 左边所示。因为独立于样品的几何形状，经典霍尔效应已经成为在金属和半导体中自由载流子的类型、密度和迁移率判定的标准技术。

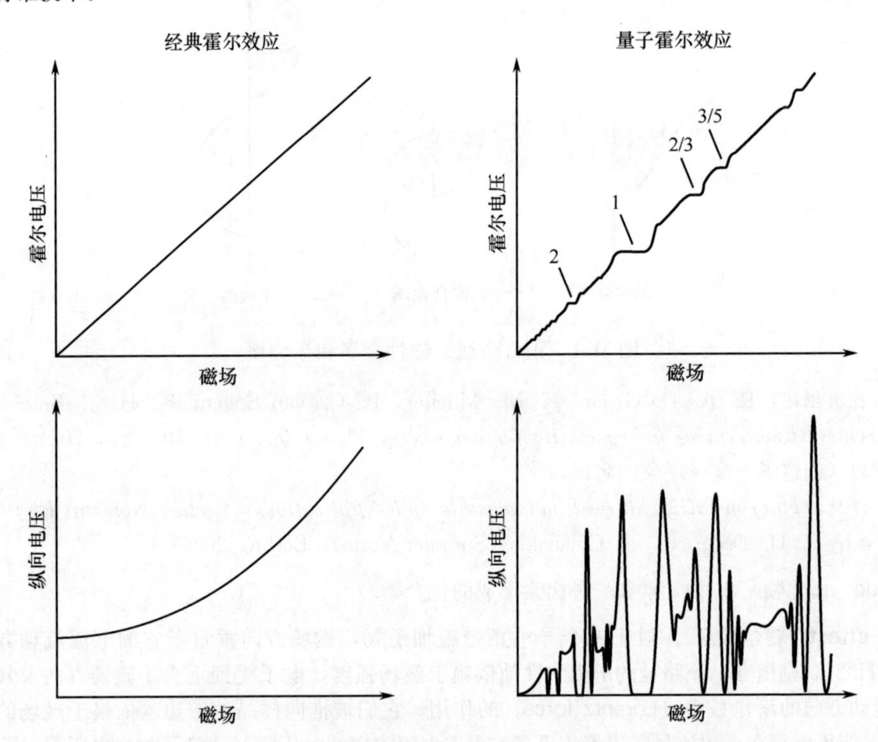

图 H. 3　在经典霍尔效应和量子霍尔效应中，纵向电压降和霍尔电压与磁场的关系曲线

当在低温下测量一个包含限制电子仅仅在平面内运动的二维电子气（two-dimensional electron gas，2DEG）的样品的霍尔效应时，霍尔电阻被发现与经典中的情况大有不同。在足够高的磁场中，一系列平坦的台阶出现在霍尔电压-磁场强度曲线图中（图 H. 3 右边），此种情况被称为量子霍尔效应（quantum Hall effect，QHE）。在霍尔电压的平台处纵向电压为零。台阶平台上的霍尔电阻被量子化成每十亿分之几：$R_H = h/(ie^2)$。其中 h 是普朗克常量，i 为整数。相应的，此效应被称为整数量子霍尔效应（integer quantum Hall effect，IQHE）。此效应与材料种类明确无关。电阻的量子 h/e^2，由整数量子霍尔效应可以高精度可重复地测量，已经成为电阻的标准。此效应可以由朗道能级（Landau level）的占据来解释。

垂直于磁场方向移动的电子会在洛伦兹力（Lorentz force）的作用下进入圆周轨道做回旋运动，角频率为 $\omega_c = eB/m$ 的回旋运动，称为回旋频率（cyclotron frequency），其中 m 是电子质量。这样，电子的可占据能级变为量子化的，这些量子化能级就是朗道能级，公式为 $E_i = (i + 1/2)\hbar\omega_c$，$i$=1，2，…。在一个包含 2DEG 的理想的完美系统中，这些能级有 δ 函数的形式，如图 H. 4 所示。在最近邻能级间的间隙由回旋能量 $\hbar\omega_c$ 决定，而能级随着温度的增加会有展宽，则我们须要 $k_B T \ll \hbar\omega_c$ 才能观察到分辨率较好的朗道能级。

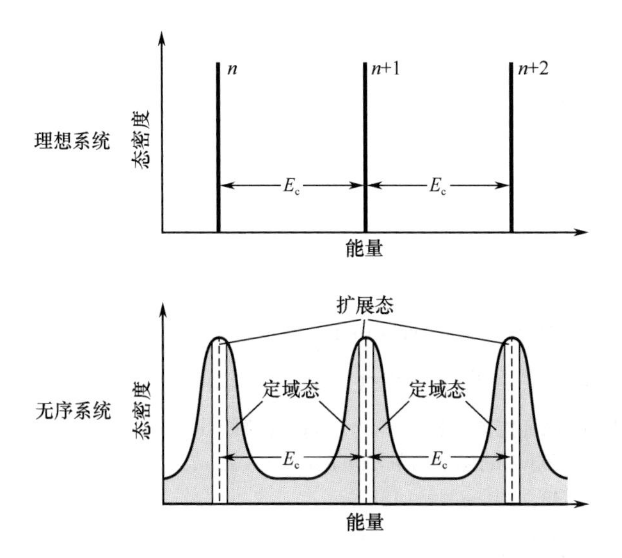

图 H.4 0K，位于磁场中的 2DEG 的朗道能级电子占据示意图

$$E_c = \hbar\omega_c$$

电子只能处于朗道能级的能量上，不能处于它们之间的能隙处。能隙的存在对于量子霍尔效应的出现是至关重要的。此处 2DEG 与三维的电子是截然不同的。沿着磁场在第三维的运动，可以在朗道能级的能量上增加任意值的能量，这样就填满了能隙。因此，在三维情况下是没有能隙的，量子霍尔效应引起背景消失。

在发现整数量子霍尔效应两年后，发现量子数 i 可以为分数，如 1/3、2/3、2/5、3/5 等。一般来说，$i=p/q$，p 和 q 为整数，q 为奇数。此现象被称为分数量子霍尔效应（fractional quantum Hall effect，FQHE）。分数量子霍尔效应的一个解释为假定位于强磁场中的 2DEG 中的电子浓缩成一个外来的新的集体态，即量子液体，类似于超流态氦中集体态形成的方式。磁通量子和电子作为携带分数电荷的准粒子（quasiparticle）存在，这样的粒子并不服从费米-狄拉克统计（Fermi-Dirac statistics）或是玻色-爱因斯坦统计（Bose-Einstein statistics），而是遵循特殊的被称为分数统计（fractional statistics）的统计规律。

首次描述：E. H. Hall，*On a new action of the magnet on electric currents*，Am. J. Math. **2**，287～292（1879）（经典效应）；K. von Klitzing，G. Dorda，M. Pepper，*New method for high-accuracy determination of the fine-structure constant based on quantized Hall resistance*，Phys. Rev. Lett. **45**（6），494～497（1980）（整数量子霍尔效应）；D. C. Tsui，H. L. Störmer，A. C. Gossard，*Two-dimensional magnetotransport in the extreme quantum limit*，Phys. Rev. Lett. **48**（22），1559～1562（1982）and R. B. Laughlin，*Anomalous quantum Hall effect：an incompressible quantum fluid with fractionally charged excitations*，Phys. Rev. Lett. **50**（18），1395～1398（1983）（分数量子霍尔效应）。

获誉：K. 冯·克利青（K. von Klitzing）因为发现量子化的霍尔效应而荣获 1985 年诺贝尔物理学奖；R. B. 劳克林（R. B. Laughlin）、H. L. 施特默（H. L. Störmer）和崔琦（D. C. Tsui）因为发现一种新形式的具有分数电荷激发的量子液体而荣获 1998 年诺贝尔物理学奖。

另请参阅：www.nobelprize.org/nobel_prizes/physics/laureates/1985/。

另请参阅：www.nobelprize.org/nobel_prizes/physics/laureates/1998/。

Hall effect of light　光的霍尔效应　固体中在垂直于介电常数梯度方向上光束轨迹的一种偏离。它被认为是轨道和自旋角动量之间的相互作用，也就是光的总角动量保持守恒。这会导致在垂直于介电常数梯度的方向上波包运动发生偏移。

这种效应不同于光学霍尔效应（optical Hall effect）和光自旋霍尔效应（optical spin Hall effect）。

首次描述：M. Onoda，S. Murakami，N. Nagaosa，*Hall effect of light*，Phys. Rev. Lett. **93**（8），083901（2004）。

Hall resistance　霍尔电阻　参见 Hall effect（霍尔效应）。

Hall voltage　霍尔电压　参见 Hall effect（霍尔效应）。

Hallwachs effect　哈尔瓦克斯效应　紫外辐射使得真空中一个带负电体放电的能力。

首次描述：W. Hallwatchs，*Über den Einfluss des Lichtes auf electrostatisch geladene Körper*，Ann. Phys. **33**，301～344（1888）。

halogens　卤素　包括元素 F、Cl、Br、I 和 At。

Hamilton equations of motion　哈密顿运动方程　一组描述经典动力学系统的运动的一阶对称方程：

$$\dot{q}=\frac{\partial H}{\partial p_i}$$

$$\dot{p}=-\frac{\partial H}{\partial q_i}$$

其中 $i=1, 2, \cdots$，而 q_i 是系统的广义坐标，p_i 是与 q_i 共轭的动量，H 是哈密顿算符（Hamiltonian）。上两式也即为正则运动方程。哈密顿算符决定了系统的时间演化。

首次描述：W. R. Hamilton，*Second essay on a general method in dynamics*，Phil. Trans. R. Soc. **125**，95～144（1835）。

Hamiltonian operator（简写：Hamiltonian）　哈密顿算符　亦称哈密顿量，典型的用于描述支配量子粒子行为的能量关系的微分算子（operator）。它表示为

$$H=-\frac{\hbar^2}{2m}\nabla^2+V(\boldsymbol{r})$$

包含了假设粒子质量为 m 的动能部分以及势能部分 $V(\boldsymbol{r})$。此算符取一个函数的二阶导数（在 $-\hbar^2/2m$ 相乘后），然后加上函数与 $V(\boldsymbol{r})$ 的乘积。

首次描述：W. R. Hamilton，*Theory of systems of rays*，Trans. R. Irish Acad. **15**，69（1828）；*Supplement to an essay on the theory of systems of rays*，Trans. R. Irish Acad. **16**，1～61（1830）；*Second supplement to an essay on the theory of systems of rays*，Trans. R. Irish Acad. **16**，93～125（1831）。

Hamilton-Jacobi equation　哈密顿-雅可比方程　即以下方程：

$$H\left(q_1,\cdots q_n,\frac{\partial \phi}{\partial q_1},\cdots,\frac{\partial \phi}{\partial q_n},t\right)+\frac{\partial \phi}{\partial t}=0$$

其中 q_1，…，q_n 是广义坐标，t 是时间坐标，H 是哈密顿算符，ϕ 是产生一种变换的函数，借助这种变换，旧的广义坐标和动量可以通过新的广义坐标和动量表达，也即 ϕ 为运动常数。

首次描述：W. R. Hamilton，*On a General Method of Expressing the Paths of Light, and by the Coefficients of a Characteristic Function*（Dublin，1833）；C. G. Jacobi，*Opuscula mathematica* (Berlin，1846～1857)。

Hanle effect 汉勒效应 磁场诱导的固体中发光（luminescence）的退极化，和电子围绕磁场进动引起的电子自旋移相相关。分为线性效应和非线性效应。

线性汉勒效应（linear Hanle effect）指磁场中原子或者分子样品的共振发光的极化自由度的变化。非线性汉勒效应（nonlinear Hanle effect）指原子或者分子样品的非线性吸收系数随着外加磁场的改变。它和外场导致次能级简并消除有关，所以也被称为受激零场能级交叉。

首次描述：W. Hanle，*Über magnetische Beeinflussung der Polarisation der Resonanzfluoreszenz*，Z. Phys. **30**，93～105 (1924)。

详见：G. Moruzzi，F. Strumia，*The Hanle Effect and Level-Crossing Spectrscopy*.（Plenum Press，New York，1991)。

haploid 单倍体 遗传互补包含每个核染色体的一份复制的细胞或是个体。

hard-sphere potential 硬球势 具有以下形式的经典的原子间对势：

$$V(r)=\begin{cases}0 & \text{如果 } r>r_0\\ \infty & \text{如果 } r\leqslant r_0\end{cases}$$

其中 r_0 是原子半径。

Hardy-Schulze rule 哈代-舒尔策规则 能有效地使得溶胶发生沉积反应的离子，其电荷与胶体粒子上的相反，且其效果随离子化合价的增加而显著增强。

首次描述：H. Schulze，*Schwefelarsen in wässriger Lösung*，Journal für Praktische **25**，431～452 (1882)；W. B. Hardy，*A preliminary investigation of the conditions which determine the stability of irreversible hydrosols*，Proc. R. Soc. Lond. **66**，110～125 (1900) and J. Phys. Chem. **4** (4)，235～253 (1900)。

harmonic function 调和函数 一种在某个区域内自身及其一阶导数都是连续函数的函数。它必须也满足拉普拉斯方程（Laplace equation)。球谐函数为特殊情况，此时在变量 x、y、z 轴上情况相同，例如勒让德多项式（Legendre polynomial)。

harmonic oscillation 谐波振荡 在力的作用下，一个粒子围绕一个点振荡的最简单形式。这个力趋向于将粒子拉回平衡点，且正比于粒子偏离平衡点的位移。在任意时刻 t，粒子的位移为 $A\cos(\omega t+\phi)$，其中 A 是振幅，ω 是频率，ϕ 是运动的相位。

Hartman paradox 哈特曼佯谬 粒子隧穿（tunneling）通过势垒的时间与势垒宽度无关。对于金属/绝缘体/金属结构，电子隧穿时间等于 $\hbar(E_F W)^{1/2}$，E_F 为金属费米能（Fermi energy)，W 为真空功函数。对于大多数材料这个时间范围在 10^{-13}-10^{-16} s。

首次描述：T. E. Hartman，*Tunneling of a wave packet*，J. Appl. Phys. **33** (12)，3427～3433 (1962)。

Hartree approximation 哈特里近似 一种独立粒子近似，其中总的波函数被近似成标准正交分子轨道的乘积，用于简化求解多电子体系的薛定谔方程（Schrödinger equation)。它假设每个电子在其自己的轨道内独立运动，且只受其他全部电子产生的平均场的作用。哈特里波函数（对于一个 N 电子体系）为 $\Psi=\psi_1(\boldsymbol{r})\psi_2(\boldsymbol{r}_2)\cdots\psi_N(\boldsymbol{r}_N)$，其中 $\psi_N(\boldsymbol{r}_N)$ 是标准正交的单电子波函数，由一个空间轨道和表示自旋向上态或是自旋向下态的两个自旋函数中的一个组成的。

首次描述：D. R. Hartree，*Wave mechanics of an atom with a non Coulomb central field*.

Part I. Theory and methods, Proc. Cambridge Phil. Soc. **24**, 89～110 (1928); D. R. Hartree, *Wave mechanics of an atom with a non Coulomb central field. Part II. Some results and discussion*, Proc. Cambridge Phil. Soc. **24**, 111～132 (1928)。

Hartree-Fock approximation 哈特里-福克近似 此近似考虑用势场表述的多电子体系的电子间相互作用。为了包括粒子间相互作用，让每个粒子被一个由所有其他粒子产生的有效势所作用。一个电子的有效势场包括两个相加部分，通常称为哈特里势（Hartree potential）和福克交换势（Fock exchange potential）。第一项是由于其他电子电荷分布而产生的静电势，容易理解。第二项是由于电子与其他电子之间的交换相互作用而引起的非局域势。

就数学上来说，此近似方法在描述基态的斯莱特行列式（Slater determinant）中寻找最好的单电子轨道组态。根据变分原理（variational principle），最好的一组单电子轨道对于相互作用系统而言能实现最低的总能量。最后得到的轨道由一组修正的单粒子薛定谔方程（Schrödinger equation）给出：

$$\left[-\frac{\hbar^2}{2m}\nabla^2+V(\boldsymbol{r})+\int \mathrm{d}\boldsymbol{r}'\,\frac{e^2}{|\boldsymbol{r}-\boldsymbol{r}'|}n(\boldsymbol{r}')\right]\psi_i(\boldsymbol{r})-\int \mathrm{d}\boldsymbol{r}'\,\frac{e^2}{|\boldsymbol{r}-\boldsymbol{r}'|}n(\boldsymbol{r},\boldsymbol{r}')\psi_i(\boldsymbol{r}')=E\psi_i(\boldsymbol{r})$$

被称为哈特里-福克方程（Hartree-Fock equation）。它表明每个电子都是在外势场 $V(\boldsymbol{r})$、哈特里势和福克交换势的联合作用下运动的。在这里哈特里势被表示为电子密度分布 $n(\boldsymbol{r})$ 通过库仑相互作用 $e^2/|\boldsymbol{r}-\boldsymbol{r}'|$ 产生的静电势。非局域福克交换势来自于作为泡利原理（Pauli principle）后果的单粒子密度矩阵 $n(\boldsymbol{r},\boldsymbol{r}')$。密度和密度矩阵都由上面方程的 N 个最低能量轨道给出。在哈特里和福克项中都不计入一个轨道电子与其自身的相互作用。多电子波函数 ψ 近似为单粒子波函数 ψ_i 的乘积，即 $\Psi(\boldsymbol{r}_1,\boldsymbol{r}_2,\cdots)=\psi_1(\boldsymbol{r}_1)\psi_2(\boldsymbol{r}_2)\cdots\psi_N(\boldsymbol{r}_N)$。除了基态外，方程得出的轨道还可用于构造激发态。激发态高于基态的能量是基态简单地加上轨道的单粒子能量的和，或是从基态减去轨道的单粒子能量的差。注意哈特里-福克近似并不考虑多电子体系中所谓的相关效应。

首次描述：D. R. Hartree, *Wave mechanics of an atom with a non Coulomb central field. Pert I. Theory and methods*, Proc. Camb. Phil. Soc. **24**, 89～110 (1928); D. R. Hartree, *Wave mechanics of an atom with a non Coulomb central field. Part II. Some results and discussion*, Proc. Camb. Phil. Soc. **24**, 111～132 (1928); V. Fock, *Approximate method of solution of the problem of many bodies in quantum mechanics*, Z. Phys. **61** (1/2), 126～148 (1930)。

Hartree-Fock equation 哈特里-福克方程 参见 Hartree-Fock approximation（哈特里-福克近似）。

Hartree method 哈特里方法 一种用于寻找多电子体系的近似波函数的迭代变分方法。在这种方法中尝试寻找单粒子波函数的乘积，每一个单粒子波函数都是从所有其余电子产生的电荷密度分布产生的场的薛定谔方程（Schrödinger equation）的解。

首次描述：D. R. Hartree, *Wave mechanics of an atom with a non Coulomb central field. Part I. Theory and methods*, Proc. Cambridge Phil. Soc. **24**, 89～110 (1928)。

Hartree potential 哈特里势 参见 Hartree-Fock approximation（哈特里-福克近似）。

Hartree wave function 哈特里波函数 参见 Hartree-Fock approximation（哈特里-福克近似）。

Heaviside step function 赫维赛德阶跃函数 自变量为正时函数等于 1，自变量为负时函数等于 0。

首次描述：O. 赫维赛德（Oliver Heaviside）于 1880 年。

hecto- 百 一种十进制前缀，表示 10^2，缩写为 h。

Heggie potential 赫吉势 基于紧邻晶胞［维格纳-塞茨原胞（Wigner-Seitz primitive cell）］的一种半经典原子间多体势。它引入每个原子的三个内在自由度，表示没有参与 sp 杂化的 p 轨道的大小和方向。这个势的一种变体有如下形式：

$$V(r_{ij})=\left(\frac{1}{2}t^{-4}+\frac{1}{4}\mid \boldsymbol{p}'_{ij}\mid^{-4}+\frac{1}{4}\mid \boldsymbol{p}''_{ij}\mid\right)^{-1/4}$$

$$t=[1-f(\Delta_{ij},\Delta_t,\Delta_u)][\boldsymbol{p}_i\boldsymbol{p}_j\mid \boldsymbol{p}'_{ij}\parallel \boldsymbol{p}''_{ij}\mid(2-\mid \boldsymbol{p}'_{ij}\mid)(2-\mid \boldsymbol{p}''_{ij}\mid)]^4,$$

其中 $\boldsymbol{p}_i$ 是 i 原子未杂化的 p 轨道的方向，取值在 0（sp^3 杂化，如金刚石）和 1（sp^2 杂化，如石墨）之间，矢量 $\boldsymbol{p}'_{ij}$ 和 $\boldsymbol{p}''_{ij}$ 表示 $\boldsymbol{p}_i$ 在结合面上和 $\boldsymbol{p}_j$ 在后者方向上的投影，分别为 $\boldsymbol{p}'_{ij}=\boldsymbol{p}_i-(\boldsymbol{p}_i\cdot\hat{\boldsymbol{r}}_{ij})\hat{\boldsymbol{r}}_{ij}$，$\boldsymbol{p}''_{ij}=(\boldsymbol{p}_i\cdot\hat{\boldsymbol{p}}'_{ij})\hat{\boldsymbol{p}}'_{ij}$，而 $\boldsymbol{r}_{ij}=\boldsymbol{r}_j-\boldsymbol{r}_i$ 是原子 i 和 j 之间的距离。

首次描述：M. I. Heggie，*Semiclassical interatomic potential for carbon and its application to the self-interstitial in graphite*，J. Phys.：Condens. Matter 3（18），3065～3078（1991）。

Heisenberg equation of motion 海森伯运动方程 此方程给出了在海森伯表象（Heisenberg representation）中与某物理量相对应的算子（operator）的变化率。

首次描述：W. Heisenberg，*Über quantentheoretische Umdeutung kinematischer und mechanischer Beziehungen*，Z. Phys. **33**（1），879～893（1925）。

Heisenberg exchange interaction 海森伯交换相互作用 参见 exchange interaction（交换作用）。

首次描述：W. Heisenberg，*Mehrkörperproblem und Resonanz in der Quantenmechanik*，Z. Phys. **38**（67），411～426（1926）；P. A. W. Dirac，*On the theory of quantum mechanics*，Proc. R. Soc. Lond.，Series A **112**，661～677（1926）。

Heisenberg force 海森伯力 两个核子之间的一种力，源自含有交换粒子位置与自旋（spin）的算子（operator）的势。

首次描述：W. Heisenberg，*Über den Bau der Atomkerne*. I. Z. Phys. **77**（1～2），1～11（1932）；W. Heisenberg，*Über den Bau der Atomkerne*. II. Z. Phys. **78**（3～4），156～164（1932）；W. Heisenberg，*Über den Bau der Atomkerne*. III. Z. Phys. **80**（9～10），587～596（1933）。

Heisenberg representation 海森伯表象 一种系统描述模式，它用固定的矢量表示动态状态和随时间演化代表物理量的算子（operator）。

首次描述：W. Heisenberg，*Über quantentheoretische Umdeutung kinematischer und mechanischer Beziehungen*，Z. Phys. **33**（1），879～893（1925）；M. Born，P. Jorden，*Zur Quantenmechanik*，Z. Phys. **34**（1），858～888（1925）；M. Born，P. Jorden，*Zur Quantenmechanik II*，Z. Phys. **35**（8～9），557～615（1925）。

Heisenberg's uncertainty principle 海森伯不确定性原理 指出不可能同时以任意精度得到一个量子粒子的动量 p 与位置 r。位置-动量测不准关系的定量形式为 $\Delta p\Delta r\geqslant\hbar/2$，或者等同地，对于时间 t 与能量 E 有 $\Delta t\Delta E\geqslant\hbar/2$。

首次描述：W. Heisenberg，*Über den anschaulichen Inhalt der quantentheoretischen Kine-*

matik und Mechanik，Z. Phys. 43（3/4），172～198（1927）。

获誉：W. 海森伯（W. Heisenberg）因为量子力学的创立，以及量子力学连同其他贡献导致氢的同素异形体的发现，而荣获1932年诺贝尔物理学奖。

另请参阅：www. nobelprize. org/nobel_prizes/physics/laureates/1932/。

Heitler-London method 海特勒-伦敦方法 一种描述分子和分子态的方法，它假设每个分子是由原子构成，它们的电子结构由组成原子的原子轨道描述，之后演变为原子轨道的叠加。此方法是相对于分子轨道方法［参见 Hund-Mulliken theory（洪德-马利肯理论）］的另一种备选方案，这两种方法都是严格解的近似。考察从远处开始靠近的两个原子，我们可以考虑和区分三个区域：第一个位于远距离，那里原子保持着自身特征，但是彼此极化；第二个为中间区域，开始有“真实的”分子，同时原子失去它们的部分特性；第三个在短距离处，原子们开始表现得像一个单独的联合原子。海特勒-伦敦方法的分子描述尝试从第三个区域开始描述分子态，而洪德-马利肯理论是从第一个区域开始的。

首次描述：W. Heitler，F. London，*Wechselwirkung neutraler Atome and homopolare Bindung nach der Quantenmechanik*，Z. Phys. **44**，455～472（1927）。

详见：J. C. Slater，*Molecular orbital and Heitler-London Methods*，J. Chem. Phys. **43**（10），S11～S17（1965）；C. A. Coulson，*Valence*（Oxford University Press，Oxford 1961）。

helium I 氦 I 液态^{4}He的一个相，此相在λ点（lambda point）（2.178 K）之上的温度时是稳定的且具有正常液体的性质，除了低密度。

helium II 氦 II 液体^{4}He的一个相，此相在0K与λ点（lambda point）（2.178 K）之间的温度时是稳定的，显示了诸如黏度消失也即超流性（superfluidity）和非常高的热传导性这样的异常性质。它也可以表现出喷泉效应（fountain effect）。

首次描述：P. L. Kapiza，*Viscosity of liquid helium below λ-point*，Comptes Rendus（Doklady）de l'Acad. des Sciences USSR **18**（1），21～23（1938）（实验）；L. Landau，*Theory of the superfluidity of helium II*，Phys. Rev. **60**（4），356～358（1941）（理论）。

获誉：L. D. 朗道（L. Landau）凭借在凝聚态特别是液氦方面的开拓性贡献而荣获1962年诺贝尔物理学奖。

另请参阅：www. nobelprize. org/nobel_prizes/physics/laureates/1962/。

helium-neon laser 氦氖激光器 一种含有电离的氦气和氖气的混合物作为激活介质的离子激光器（ion laser）。它产生的光的波峰在633 nm（红光）。

Hellman-Feynman theorem 赫尔曼-费恩曼定理 指出在波恩-奥本海默近似（Born-Oppenheimer approximation）下，如果电子概率密度被处理为负电荷的静态分布，那么分子或是固体中作用在原子核上的力就是由这种静电效应引起的。

首次描述：H. Hellman，*Zur Rolle der kinetischen Elektronenenergie für die zwischenatomaren Kräfte*，Z. Phys. **85**，180（1933）；R. P. Feynman，*Forces in molecules*，Phys. Rev. **56**（4），340～343（1939）。

Helmholtz double layers 亥姆霍兹双层 出现在两种不同材料的接触界面处的由正电荷和负电荷组成的带电双层，厚度为一个分子。

Helmholtz equation 亥姆霍兹方程 椭圆偏微分方程，形式为$\nabla^2\phi+k^2\phi=0$，其中ϕ是某个函数，∇^2是拉普拉斯算符，k是某个数。当$k=0$时，此方程简化为拉普拉斯方程。在k为虚数的情况下，此方程变为扩散方程的空间部分。

首次描述：H. Helmholtz，*Die Thermodynamik chemischer Vorgänge*，*Sitzungsber*. Berlin Akad. Wissen. **1**，21，825（1882）；H. Helmholtz，*Versuch an Chlorzinkelementen*，Sitzungsber. Berlin Akad. Wissen. **2**，958，1895（1883）；H. Helmholtz，*Folgerungen die galvanische Polarisation betreffend*，Sitzungsber. Berlin Akad. Wissen. **3**，92（1883）。

Helmholtz free energy　亥姆霍兹自由能　参见 free energy（自由能）。

首次描述：H. Helmholtz，*Über die Erhaltung der Kraft*，（Berlin 1847）。

Hermann-Mauguin symbol（notation）　赫-莫符号（记号）　代表32种对称性晶类的符号。它们包含有给出对称轴多重性的以降阶排列的序列号，而其他符号显示反演轴和镜面。它们在晶体学中被广泛使用。首先由C. 赫尔曼（C. Hermann）提出这种符号类型，后来被C. 莫甘（C. Mauguin）大大简化，成为现在使用的形式。

首次描述：C. Hermann，*Zur systematischen Strukturtheorie I. Eine neue Raumgruppensymbolik*，Z. Kristallogr. **68**，257～287（1928）；C. Hermann，*Zur ystematischen Strukturtheorie II*. Z. Kristallogr. **68**，377～401（1928）；C. Hermann，*Zur ystematischen Strukturtheorie III. Ketten-und Netzgruppen*，Z. Kristallogr. **69**，259～270（1929）；C. Hermann，*Zur systematischen Strukturtheorie. IV. Untergruppen*，Z. Kristalogr. **69** 533～555（1929）；C. Mauguin，*Sur le sysbolisme des groups de répétition ou de symmétrie des assemblages cristallins*，Z. Kristallor. **76**，542～558（1931）。

详见：F. A. Cotton，*Chemical Applications of Group Theory*，3rd edition（Wiley，New York 1990）。

Hermite equation　埃尔米特方程　形式为 $d^2y/dx^2-2xdy/dx+2uy=0$ 的微分方程，其中 u 为常数，不一定要是整数。引入算子 $D=d/dx$，则方程可重写为 $(D^2-2xD+2u)y=0$。

Hermite polynomial　埃尔米特多项式　此多项式形式为

$$H_n(x)=(2x)^n-n\frac{n-1}{1!}(2x)^{n-2}+\frac{(n-1)(n-2)(n-3)}{2!}(2x)^{n-4}\cdots$$

其中 n 是它的级数。最初几个埃尔米特多项式为：$H_0(x)=1, H_1(x)=2x, H_2(x)=4x^2-2, H_3(x)=8x^3-12x, H_4(x)=16x^4-48x^2+12$。它们是 $n=u$ 时埃尔米特方程（Hermite equation）的解。

首次描述：C. Hermite，*Sur un nouveau développement en série des fonctions*，Compt. Rend. **58** 93～100（1864）。

Hermitian conjugate operator　埃尔米特共轭算子　参见 adjoint operator（伴随算子）。

Hermitian operator　埃尔米特算子　作用于希尔伯特空间（Hilbert space）中矢量上的一种线性算子（operator）A，如果 x 与 y 在 A 的范围内，那么内积 (Ax,y) 与 (x,Ay) 相同，或者对于函数 $\psi(r)$ 的例子有 $\int\psi^*(r)A\psi(r)=\int(A\psi(r))^*\psi(r)$。

Herring's γ plot　赫林伽马图　参见 Wulff's theorem（乌尔夫定理）。

首次描述：C. Herring，*Some theorems on the free energies of crystal surfaces*，Phys. Rev. **82**（1），87～93（1951）。

Hertzian vector　赫兹矢量　描述电磁波的单独矢量，电场和磁场的强度均可从它通过推导求得。此矢量由方程 $\boldsymbol{Z}=\int\boldsymbol{A}dt$ 描述，此处 $\boldsymbol{A}$ 为矢量势。因此电场强度为

$$\boldsymbol{E}=\nabla(\nabla \boldsymbol{Z})-\frac{1}{c^{2}}\frac{\partial^{2}\boldsymbol{Z}}{\partial t^{2}}$$

磁场强度为

$$\boldsymbol{H}=\frac{1}{c}\nabla\times\frac{\partial \boldsymbol{Z}}{\partial t}$$

Hess's law　赫斯定律　指出在一个化学反应中放出的或是吸收的热量是相同的，无论反应是一步完成还是几步完成。

首次描述：G. H. Hess，*Recherches thermochimiques*，Bull. Sci. Acad. Imp. Sci. St Petersburg **8**，257～272（1840）.

heterojunction　异质结　两种不同材料的界面。

heterojunction solar cell　异质结太阳电池　此太阳电池利用由不同的 $A^{III}B^{V}$ 型化合物或者它们的合金形成的异质结（heterojunction）来制造整流隧道结。这种电池的总电流等于不同材料产生的电流之和，不过偏压由两个带隙的最小值决定。同样，双结或者三结器件［参见 multijunction solar cell（多结太阳电池）］已经发展为多个电池单片电路，允许一个在另一个上的堆积，每一个可以有效地改变声子能量的范围，使其与相应的带隙符合。

首次描述：Zh. I. Alferov，V. M. Andrew，M. B. Kagan，I. I. Protasov，V. G. Trosfim，*Solar-energy converters based on p-n* Al_xGaAs_{1-x} *− GaAs heterojunctions*，Sov. Phys. Semicond. **4**，2047（1971）。

获誉：2000 年，Zh. I. 阿尔费罗夫（Zh. I. Alferov）凭借对半导体异质结在高速和光电器件的应用的研究成果，而与 H. 克勒默（H. Kroemer）、J. S. 基尔比（J. S. Kilby）一起分享了诺贝尔物理学奖。

另请参阅：www. nobelprize. org/nobel_prizes/physics/laureates/2000/。

heteronuclear Overhauser effect spectroscopy（HOESY）　异核奥佛豪泽效应光谱学　参见 nuclear Overhauser enhancement spectroscopy（核奥弗豪泽增强光谱学）。

heterostructure　异质结结构　亦称异质结构，即包含一种以上材料的结构。它由多个异质结（heterojunctions）构成。

heterostructure field effect transistor（HFET）　异质结构场效应晶体管　简称 HFET，参见 high electron mobility transistor（高电子迁移率晶体管）。

Heusler alloy　霍伊斯勒合金　亦称哈斯勒合金，组成这种合金的金属在它们的纯态中仅仅部分磁化排列，但是在合金状态下，室温时它们所有原子的自旋都有序磁化排列。

首次描述：F. Heusler，Verh. Dtsch. Ges. **5**，219（1903）。

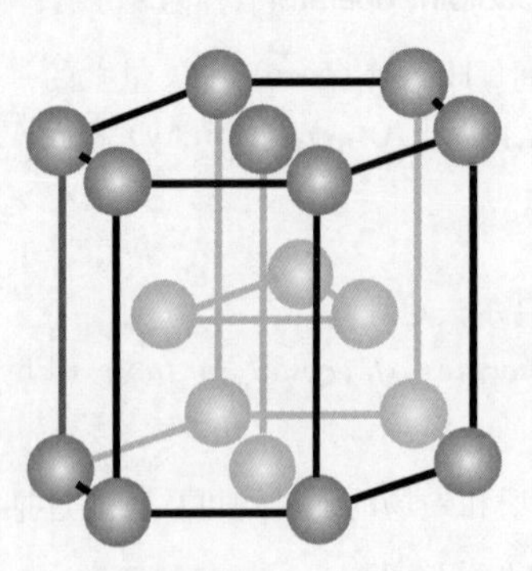

图 H. 5　hcp 结构

hexagonal close-packed（hcp）structure　六方密堆积结构　亦称六角密堆积结构，图 H. 5 中用包含三层原子的单胞（unit cell）来表示这种结构。

上下两层在六角形的顶角有六个原子，六角形中心有一个原子，中间层包含三个介于上下两层原子空隙里面的原子。很多金属都属于这种晶格结构。

hexagonal lattice　六方点阵　亦称六方晶格、六方点格，一种特殊类型的布拉维点阵（Bravais lattice），其晶胞是有六边形底面的直立棱柱，格点位于晶胞的顶点处和六边形的中心。

Heyd-Scuseria-Ernzerhof (HSE) functional 海德-斯库塞里亚-恩泽霍夫泛函 简称 HSE 泛函，一种杂化泛函，它用屏蔽的短程哈特里-福克（Hartree-Fock）交换代替完整的精确交换。交换相关能写为

$$E_{xc}^{HSE}=aE_x^{HF,SR}+(1-a)E_x^{PBE,SR}+E_x^{PBE,LR}+E_c^{PBE}$$

其中 $E_x^{HF,SR}$ 是短程的哈特里-福克交换能，$E_x^{PBE,SR}$ 和 $E_x^{PBE,LR}$ 分别是佩卓-伯克-恩泽霍夫（Perdew-Burke-Ernzerhof，PBE）交换泛函的短程和长程分量，$a=1/4$ 是哈里特-福克交换项的混合参数，一般由微扰论来定。泛函的形式可以看做是交换项短程部分的绝热关联，而长程的交换关联用 PBE 泛函来处理。

首次描述：H. Heyd，G. E. Scuseria，M. Ernzerhof，*Hybrid functional based on a screened Coulomb potential*，J. Chem. Phys. **118** (15)，8207～8215 (2003)。

hidden variable 隐变量 除量子态外的一个假定的变量，它对于量子系统的可观测量指定一个确定的数值。

high electron mobility transistor (HEMT) 高电子迁移率晶体管 简称 HEMT，利用在调制掺杂异质结附近的电子的高平面内迁移率的晶体管。同义词有：异质结构场效应晶体管（heterostructure field effect transistor，HFET），调制掺杂场效应管（modulation doped field effect transistor，MODFET），二维电子气场效应晶体管（two-dimensional electron gas field effect transistor，TEGFET）。

high-T_c superconductor 高温超导体 亦称高 T_c 超导体，参见 superconductivity（超导性）。

Hilbert space 希尔伯特空间 一种多维的赋范线性矢量空间，具有使其完备的内积。实希尔伯特空间的点是数 $x_1,x_2,\cdots$ 的序列，使得无限求和 $\sum x_i^2$ 是有限的。基矢的元素位于一个球的内部，在这个球内，$p=(x_1,x_2,\cdots)$ 和 $q=(y_1,y_2,\cdots)$ 之间的距离是 $\sum(y_i-x_i)^2$ 的平方根。希尔伯特空间是用于求解系统能级随时间演化的抽象的数学工具。这个演化发生在通常的时空尺度。它被广泛用于量子力学中确定一个希尔伯特空间中算子的可观测值。

详见：D. Hilbert，*Grundlagen der Geometrie* (Teubner，Leipzig-Berlin，1930).

Hilbert transform 希尔伯特变换 函数 $f(x)$ 的希尔伯特变换为 $g(\xi)=\frac{1}{\pi}\int_{-\infty}^{+\infty}f(x)/(\xi-x)\mathrm{d}x$，其中积分被理解为柯西主值（Cauchy principal value）。如果一个函数的变换已知，那么反变换为 $f(x)=-\frac{1}{\pi}\int_{-\infty}^{+\infty}g(\xi)/(\xi-x)\mathrm{d}\xi$。

Hill-Langmuir equation 希尔-朗缪尔方程 参见 Langmuir theory of adsorption（朗缪尔吸附理论）。

HOESY 为 heteronuclear Overhauser effect spectroscopy（异核奥弗豪泽效应光谱学）的缩写。

Hohenberg-Kohn theorems 霍恩伯格-科恩定理 该定理涉及任意含有在外势场影响下运动的电子的系统。定理 1：在外势作用下系统总能量是电子密度的泛函。定理 2：基态能量可以由变分法得到，即能量最小时的电子密度是基态电子密度。

值得指出的是，对于一个给定哈密顿算符（Hamiltonian）的电子体系，它具有一个基态

能量和基态波函数（wave function），可以由作为波函数泛函的总能量的最小化来决定。另外，外势和总电子数完整地决定体系的哈密顿量以及所有的基态性质。

该定理成为托马斯-费米理论（Thomas-Fermi theory）的形式依据，同时也是密度泛函理论（density functional theory）的基础。它们把寻找波函数的 $3N$ 维度最小化问题有效地转化为求解电子密度的三维最小化问题。

首次描述：P. Hohenberg，W. Kohn，*Inhomogeneous electron gas*，Phys. Rev. **136** (3B)，B864～B871（1964）。

获誉：W. 科恩（W. Kohn）因为发展了密度泛函理论而获得1998年诺贝尔化学奖。

另请参阅：www.nobelprize.org/nobel_prizes/chemistry/laureates/1998/。

Hofstadter butterfly　霍夫斯塔特蝴蝶　表示二维晶体中的能级随外加磁场变化的图。在某种意义上它看起来像蝴蝶。

首次描述：D. R. Hofstadter，*Energy levels and wave functions of Bloch electrons in rational and irrational magnetic fields*，Phys. Rev. B **14**（6），2239～2249（1976）。

hole-burning　烧孔　参见 spectral hole-burning（光谱烧孔）。

Hologram　全息图　一种记录在高分辨平板上的干涉图样，从激光器出来的一束相干光分成两束光，其中一束光被一个物体散射，然后和另一束光在平板上干涉合成图样。如果处理后，用单色光正确地观察平板，将会看见那个物体的三维图像。这个名字是1947年D. 伽博（D. Gabor）取的，源于希腊语“holos”（整体），因为这一干涉图样包含了所有的信息。

首次描述：D. Gabor，*A new microscopic principle*，Nature **161**，777～778（1948）；D. Gabor，*Microscopy by reconstructed wavefronts*，Proc. R. Soc.（Lond.）A **197**，454～487（1949）。

获誉：由于D. 伽博（D. Gabor）发明和发展了全息图方法，他获得了1971年的诺贝尔物理学奖。

另请参阅：www.nobelprize.org/nobel_prizes/physics/laureates/1971/。

holon　空穴子　一种准粒子，用来描述极度充满电子的低维固态结构中的电子行为。当电子被极度严格限制在接近绝对零度的温度时，它们的输运就要通过隧穿方式而彼此跨越。为此电子将形成综合模式，分别用称为空穴子的准粒子来代表它们的电荷、而用称为自旋子（spinon）的准粒子来代表它们的自旋。

首次描述：Y. Jompol，C. J. B. Ford，J. P. Griffiths，I. Farrer，G. A. C. Jones，D. Anderson，D. A. Ritchie，T. W. Silk，A. J. Schofield，*Probing spin-charge separation in a Tomonaga-Luttinger liquid*，Science **325**，597～601（2009）。

HOMO　为“highest occupied molecular orbital”（最高占据分子轨道）的缩写。

homopolar bond　同极键　出现在分享一对有相反自旋的电子的两个原子之间的键。

Hooke's law　胡克定律　此定律最初表达为任意弹性物体的功率正比于其伸长量，在现在的修正形式中，它指出弹簧的伸长量 Δl 和它的张力 F（而不是功率）是线性相关的，即 $F=k\Delta l$，其中 k 为弹性常数。此定律存在上限，称为弹性限度，超过此限度后弹簧发生塑性变形，一直到塑性极限，再往后弹簧就会断裂。之后柯西（Cauchy）把胡克定律推广到三维弹性物体，指出应力的六个分量与应变的六个分量线性相关，矩阵形式为 $\boldsymbol{\varepsilon}=\boldsymbol{S}\times\boldsymbol{s}$ 和 $\boldsymbol{s}=\boldsymbol{C}\times\boldsymbol{\varepsilon}$，其中 $\boldsymbol{\varepsilon}$ 是六分量的应力矢量，$\boldsymbol{s}$ 是六分量的应变矢量，$\boldsymbol{S}$ 是柔度矩阵（36个分量），$\boldsymbol{C}$ 是刚度矩阵（stiffness matrix）（36个分量）。显然有 $\boldsymbol{S}=\boldsymbol{C}^{-1}$。一般来说，上面的应力-应变关系被认为是本构关系（constitutive relation）。

首次描述：R. Hooke，*A description of helioscopes and some other instruments*，Phil. Trans. **10**，440～442（1675）。

hopping conductivity 跳跃电导性 电荷输运的一种机理，其中电导率由未激发到导带的电子通过定域态（localized state）跳跃来决定。如果对于定域电子，不是跳跃到最近邻杂质中心而是更加远处能量上更加有利，以至于平均跳跃长度超过了它们之间的平均距离，变程跳跃导电就出现在体系中。对于费米能级（Fermi level）附近电子态定域化的无序系统，平均跳跃长度随着温度的降低而增加。跳跃电导率与温度的关系由莫特定律（Mott law）即 $\ln\sigma \sim T^{-1/4}$ 描述，它的一般形式类似 $\ln\sigma \sim T^{-1/n}$，其中参量 n 依赖于系统的维度 d，即 $n=d+1$。莫特定律推导过程中要假设系统费米能级附近的态密度是常量。

如果考虑到在体系费米能级附近的态密度有宽度为 ΔE_C 的抛物线能隙，由于电子-电子库仑相互作用，得出依赖温度的跳跃电导率的什克洛夫斯基-叶夫罗斯定律（Shklovskii-Efros law）：$\ln\sigma \sim T^{-1/2}$。这个关系在低温下当 $\Delta E_C > k_B T$ 时可观测到。温度的幂指数不依赖于系统的维度。

综合莫特和什克洛夫斯基-叶夫罗斯的两种跳跃体制，就可完整理解观测到的跳跃电导率依赖于温度的函数。

首次描述：N. F. Mott，*Conduction in non-crystalline materials. III. Localized states in a pseudogap and near extremities of conduction an valence bands*，Phil. Mag. **19**（160），835～852（1969）。

获誉：P. W. 安德森（P. W. Anderson）、N. F. 莫特（N. F. Mott）和 J. H. 范弗莱克（J. H. van Vleck）由于对磁性和无序体系中电子结构的基本理论研究而获得 1977 年诺贝尔物理学奖。

另请参阅：www. nobelprize. org/nobel_prizes/physics/laureates/1977/。

hot carrier 热载流子 一种电荷载流子，可能是电子或是空穴，其能量比一般能在材料中找到的电荷载流子要高。

hot-carrier solar cell 热载流子太阳电池 这种电池被设计来收集半导体中由于辐照诱导的电子-空穴对，必须在它们热能化到各自带边之前收集。这需要一个具有载流子冷化性质的吸收体以及超出一定能量范围的载流子集合体，使得外接触下的冷的载流子不会冷却被吸取的热载流子。

详见：R. T. Ross，A. J. Nozik，*Efficiency of hot-carrier solar energy converters*，J. Appl. Phys. **53**（5），3813～3818（1982）。

HSE functional HSE 泛函 也即 Heyd-Scuseria-Ernzerhof functional（海德-斯库塞里亚-恩泽霍夫泛函）。

Hubbard Hamiltonian 哈伯德哈密顿算符 描述固体中强电子关联性质的一种常用的模型唯象哈密顿算符。在这个模型即哈伯德模型（Hubbard model）中，强相互关联的电子在晶格中移动。相关的哈密顿算符有两项：第一项是描述紧束缚电子能带；第二项包括相互排斥的电子-电子相互作用。因此这个哈密顿算符可以研究局域性和关联性互相竞争引起的效应。

电子间的相互作用仅仅当它们位于相同的位置时才会产生。每个位置只需考虑一个轨道。因此哈密顿量由 $H=\sum_{i,j,\sigma} t_{ij} a_{i\sigma}^{+} a_{j\sigma} + U\sum_{i} n_{i\uparrow} n_{i\downarrow}$ 给出，其中 $n_{i\sigma}=a_{i\sigma}^{+}a_{i\sigma}$ 是占据数算符，$a_{i\sigma}^{+}$ 和 $a_{i\sigma}$ 分别是在晶格的第 i 个格点上产生和湮灭一个自旋为 σ 的电子，U 表示有效占位相互作用，

t_{ij}是第 i 个和第 j 个格点之间的紧束缚跳跃积分。当相互作用 U 与体系的带宽 W 相比足够大，也即相互作用强度 U/t 很大时，将会产生强关联。此模型成功地描述了巡游磁性和金属-绝缘体转变［参见 Mott-Hubbard transition（莫特-哈伯德转变）］。尽管这个模型的哈密顿量很简单，但是除了一维外其余的情况下尚未找到严格解。然而，已经证明了哈伯德模型在更高的维度有一个非平凡限制。

首次描述：J. Hubbard，*Electron correlations in narrow energy bands. I*，Proc. R. Soc. A **276**，238～257（1963）；J. Hubbard，*Electron correlations in narrow energy bands. II*，Proc. R. Soc. A **277**，237～259；J. Hubbard，*Electron correlations in narrow energy bands. III*，Proc. R. Soc. A **281**，401～419（1964）；J. Hubbard，*Electron correlations in narrow energy bands. IV*，Proc. R. Soc. A **285**，542～560（1965）。

Hubbard model　哈伯德模型　参见 Hubbard Hamiltonian（哈伯德哈密顿算符）。

详见：F. H. L. Essler，H. Frahm，F. Göhmann，A. Klümper，V. E. Korepin，*The One-Dimensional Hubbard Model*（Cambridge University Press，Cambridge，2005）。

Hückel approximation　休克尔近似　此近似用于计算分子轨道。所作的假设如下：

（1）如果原子 i 和 j 没有直接联结在一起，那么 H_{ij}（原子 i 和 j 之间的键能）为 0。

（2）如果在一个分子里的所有的原子和键长都是相同的，那么所有直接成键的原子对的 H_{ij} 的值是相等的，并且由符号 β_{ij} 表示。

（3）如果所有的原子都是相同的，那么所有的 H_{ii} 积分是相等的并且由符号 α 表示。

（4）原子轨道是归一化的，因此 $\int \phi_i \phi_i \mathrm{d}\tau = 1$。

（5）原子轨道是相互正交的，因此 $\int \phi_i \phi_j \mathrm{d}\tau = 0$。

则可以写出以下形式的休克尔久期方程：

$$\begin{gathered} c_{11}(\alpha - E) + \cdots + c_{1n}\beta_{1n} = 0 \\ \vdots \qquad\qquad \vdots \\ c_{n1}\beta_{n1} + \cdots + c_{nn}(\alpha - E) = 0 \end{gathered}$$

休克尔特征行列式为

$$\begin{vmatrix} (\alpha - E) & \cdots & \beta_{1n} \\ \vdots & & \vdots \\ \beta_{n1} & \cdots & (\alpha - E) \end{vmatrix} = 0$$

要注意的是第一个假设指出非直接成键的原子有 $H_{ij}=0(\beta_{ij}=0)$。原子轨道数等于久期方程的数目和分子轨道数。

首次描述：E. Hückel，*Quantentheoretische Beiträge zum Benzolproblem*，Z. Phys. **70**，204～286（1931）。

Hund-Mulliken theory　洪德-马利肯理论　此理论假设在一个原子的情况下，原子轨道就是基于原子核对电子的引力和其余所有电子的平均斥力的单电子薛定谔方程（Schrödinger equation）的本征函数。分子轨道可以由相同的方法决定，这种情况下单电子薛定谔方程是基于两个或更多原子核的引力加上所有其余电子的平均斥力。此理论也即分子轨道理论（molecular orbital theory）。

就像在原子理论中一样，可以依据构造原理（aufbau principle）将电子填入分子轨道。例如，在双原子分子的情况中，束缚电子占据了一个具有特定扩展化学键的量子态，因此洪德引入希腊字母 Σ、Π 和 Δ 来构造分子电子态，而马利肯则是使用 S、P 和 D。与价键方法或海特勒-伦敦方法（Heitler-London method）不同的是，分子轨道方法将一个分子视为自给自足的单元而不仅仅是原子的组合。

首次描述：F. Hund, *Zur Deutung der Molekelspektren I*, Z. Phys. **36**, 657 (1926); F. Hund, *Zur Deutung der Molekelspektren II*, Z. Phys. **37**, 742 (1927); F. Hund, *Zur Deutung der Molekelspektren III*, Z. Phys. **42**, 93 (1927); F. Hund, *Zur Deutung der Molekelspektren IV*, Z. Phys. **43**, 805 (1927); R. S. Mulliken, *The assignment of quantum numbers for electrons in molecules. I*, Phys. Rev. **32** (2) 186～222 (1928); R. S. Mulliken, *The assignment of quantum numbers for electrons in molecules. II. Correlation of molecular and atomic electron states*, Phys. Rev. **32** (5) 730～7472 (1929)。

详见：R. S. Mulliken, *Molecular scientists and molecular science: some reminiscences*, J. Chem. Phys. **43** (10), S2～S11 (1965); J. C. Slater, *Molecular orbital and Heitler-London methods*, J. Chem. Phys. **43** (10), S11～S17 (1965)。

获誉：凭借用分子轨道理论来处理分子电子结构以及化学键问题的基础性研究成果，R. S. 马利肯（R. S. Mulliken）获得了1966年诺贝尔化学奖。

另请参阅：www.nobelprize.org/nobel_prizes/chemistry/laureates/1966/。

Hund rule 洪德定则 此定则给出了全同电子构成的原子态的能量排序的规则：①在全同电子给出的态中，那些具有最大多重数的态有最低的能量，而其中具有最大轨道角动量的态能量最低；②如果壳层少于半充满，那么总角动量最小的态能量最低，如果壳层多于半充满，那么总角动量最大的态可以给出具有最低能量的态。

首次描述：F. Hund, *Deutung von spektra*, Z. Phys. **33** (5/6), 345～371 (1925)。

Huntington potential 亨廷顿势 原子间对势为以下玻恩-迈耶势（Born-Mayer potential）的形式：

$$V(r) = A\exp\left(a\frac{r_0 - r}{r_0}\right)$$

其中 r 是原子间距，r_0 是理想晶体中原子间的平衡距离，A 和 a 是由实验数据确定的拟合参量。

首次描述：H. B. Huntington, *Mobility of interstitial atoms in a face-centered metal*, Phys. Rev. **91** (5), 1092～1098 (1953)。

Huygens principle 惠更斯原理 指出传播中的波前上的每一个点都可以视为球形次级子波的波源，这样在之后时间里的波前就是这些子波的包络面。如果传播的波有一定的频率且以一定的速度通过媒介，那么次级子波会有相同的速度和频率。

首次描述：C. Huygens, *Traité de la lumière* (Leyden, 1690)。

hybridization 杂化 一个原子的大量组元轨道（orbital）通过线性组合（杂化）以构成相同数量的等价定向轨道（混合物）的过程。

hybrid solar cell 共混型太阳电池 一种光伏电池，基于半导体纳米粒子与半导电聚合物之间的混合。它结合了聚合物太阳电池（polymer solar cell）（有机）和纳米粒子基太阳电池（nanoparticle-based solar cell）（无机）的优点，在低成本和提高太阳能转换方面表现出巨大潜力。另请参阅紧凑型混合动力太阳电池（compact hybrid solar cell）。

详见：B. R. Saunders, M. L. Turner, *Nanoparticle－polymer photovoltaic cells*, Adv. Colloid Interface Sci. **138** (1), 1～23 (2008)。

hydride 氢化物 一种元素和氢形成的化合物。氢化物适合半导体电子器件制造的技术应用，一些产品列在表 H.1 中。

表 H.1 用于半导体化学气相沉积的氢化物

元素	化合物		熔点/℃	沸点/℃	分解温度/℃
	化学式	名称			
硅（Si）	SiH_4	甲硅烷	−185	−111.9	450
	Si_2H_6	乙硅烷	−132.5	−14.5	
	Si_3H_8	丙硅烷	−117.4	52.9	
	Si_4H_{10}	四硅烷	−108	84.3	
锗（Ge）	GeH_4	甲锗烷	−165	−88.5	350
	Ge_2H_6	乙锗烷	−109	29	215
	Ge_3H_8	丙锗烷	−105.6	110.5	195
磷（P）	PH_3	膦	−133	−87.8	
砷（As）	AsH_3	胂	−116	−62.5	
硫（S）	H_2S	硫化氢	−85.5	−59.6	
硒（Se）	H_2Se	硒化氢	−65.7	−41.3	

hydrocarbon 碳氢化合物 亦称烃，是完全由碳和氢组成的化合物，原子间通过共价键连接。存在饱和碳氢化合物的和非饱和碳氢化合物。

饱和碳氢化合物（saturated hydrocarbon）包含单键，亦称烷（alkane）。烷也即石蜡，有直的或是有分链的组合式，碳原子间均为共价单键。烷一般的分子式为 C_nH_{2n+2}，其中 n 为分子中的碳原子数。每个碳原子通过共价单键连接着 4 个其他原子，这些键彼此间的夹角为 109.5°（从四面体的中心到顶点的各条线之间的夹角）。烷分子只包含碳-碳键和碳-氢键，这些从四面体的中心指向顶点的键是对称的，因此烷是基本非极性的。

失去一个氢原子的烷称为烷基（alkyl group），这些基的一般分子式为—C_nH_{2n+1}。失去的氢原子可能从烷里的任一个碳原子上分开。把相关烷的英文名字中的后缀“-ane”改成“-yl”，即可获得基的名字，例如，甲烷（methane，CH_4）变成甲基（methyl，—CH_3）。

非饱和碳氢化合物（unsaturated hydrocarbon）由三类化合物组成，其包含的氢原子比相同碳原子数的饱和碳氢化合物要少，并且在碳原子间包含多键，包括：具有碳-碳双键的烯（alkene）；具有碳-碳叁键的炔（alkyne）；具有苯环的芳香化合物（aromatic compound），也称芳香环（aromatic ring），此环为每个碳原子带有一个氢原子和具有三个碳-碳双键的六元环结构，如图 H.6 所示。

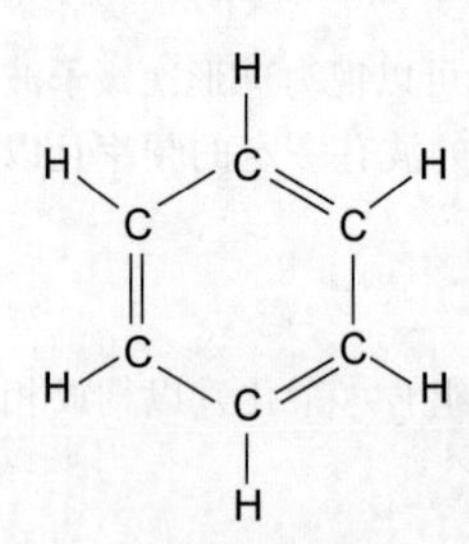

图 H.6 芳香环

hydrogen bond 氢键 一种配合键对，出现在不同分子中的氢原子和氮（或氧、氟）原子的孤对电子之间，氮、氧或氟原子是周期表中电负性最大的原子。这种成键主要是静电相互作用，因为带正电的氢原子的较小半径使得它可能非常趋近电负性原子。氢键是最强的分子之间力，因为有它们存在的分子都具有很强的极性。

氢键能形成于分子内部的不同部分之间（比如在蛋白质和核酸中），也可能形成于分子之间（如在水中）。

图 H.7 表示了一些氢键的例子。

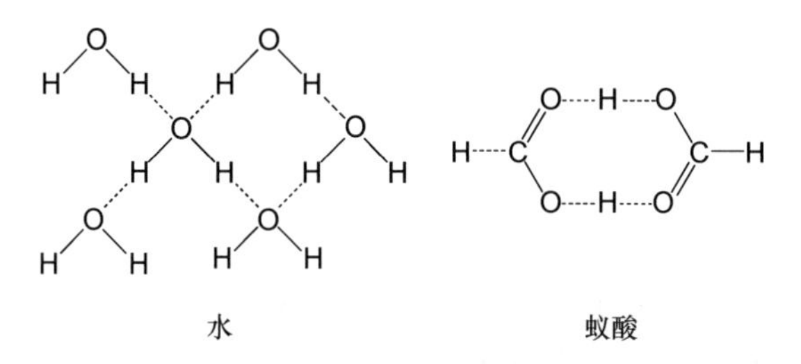

图 H.7 不同化合物中的氢键（用虚线表示）

详见：Y. Maréchal，*The Hydrogen Bond and the Water molecule：The Physics and Chemistry of Water，Aqueous and Bio-Media*，(Elsevier Science，Amsterdam，2006)。

hydrolysis 水解 一种化学反应，其中水作为反应物发生了键断裂。

hydronium ion 水合氢离子 参见 protonated water cluster（质子化水簇）。

hydrophilic 亲水的 来自希腊语，意思是水喜爱的。亲水性化合物“喜欢”水，极易溶解到水中。容易形成氢键（hydrogen bond）或者带电荷的化合物具有亲水性。大多数无机盐和一些有机分子，包括乙醇和二乙醚，都是亲水性的。反义词是疏水的（hydrophobic）。

hydrophobic 疏水的 来自希腊语，意思是水恐惧的。疏水性化合物“讨厌”水，很难在水中溶解。这种化合物几乎没有形成氢键（hydrogen bond）的可能性，也不带电荷。大多数有机分子是疏水性化合物。反义词为亲水的（hydrophilic）。

hydroxide 氢氧化物 含有一个或是多个氢氧基（—OH）的无机化合物。

hyperelastic scattering 超弹性散射 一种散射过程，在此过程中一个受激重粒子（如原子），与一个轻粒子（如自由电子）相碰撞，后者的动能增加几乎就是重粒子从激发态回到正常（非激发）态过程中失去的激发能的大小。

I

从 IBID（ion-beam-induced deposition）（离子束诱导沉积）到 isotropy（of matter）[（物质的）各向同性]

IBID 为 ion-beam-induced deposition（离子束诱导沉积）的缩写。

ideality factor 理想因子 半导体二极管电流-电压关系式 $j=j_0\left[\exp\left(\frac{eV}{nk_{\mathrm{B}}T}\right)-1\right]$ 中的参数 n。其中 j_0 是饱和电流密度，V 是外加电压。对于一个理想二极管，当载流子扩散支配电流流动时，这个因子为 1，而对于复合电流支配电流流动的理想结构这个因子接近 2。

I^2M 为 image interference microscopy（成像干涉显微术）的缩写。

I^3M 为 incoherent interference illumination microscopy（非相干干涉照明显微术）的缩写。

I^5M 为 image interference＋incoherent interference illumination microscopy（成像干涉加非相干干涉照明显微术）的缩写。

image force 镜像力 电荷在周围固体上诱导出电荷或者极化，这些诱导出的电荷或者极化又反过来作用到初始电荷上的力即为镜像力。

image interference microscopy（I^2M） 成像干涉显微术 简称 I^2M，参见 fluorescence nanoscopy（荧光纳米显微术）。

首次描述：M. G. L. Gustafsson，*Extended resolution fluorescence microscopy*. Curr. Opin. Struct. Biol. **9**，627～634（1999）。

image interference（I^2M）＋incoherent interference illumination（I^3M）microscopy（I^5M） 成像干涉加非相干干涉照明显微术 简称 I^5M，参见 fluorescence nanoscopy（荧光纳米显微镜）。

首次描述：M. G. L. Gustafsson，D. A. Agard，J. W. Sedat，*I^5M: 3D wide-field light microscopy with better than 100 nm axial resolution*，J. Microsc. **195**，10～16（1999）。

Imbert-Fedorov effect 英伯特-费奥多罗夫效应 一种光学现象，当全内反射时，圆或椭圆偏振光发生一个小的转变。这种转变垂直于传播方向，存在于由入射光和反射光所构成的平面内。

这种效应类似于戈斯-亨兴效应（Goos-Hänchen effect）的圆偏振光。

首次描述：F. I. Fedorov，*To the theory of complete reflection*，Dokl. Akad. Nauk SSSR **105**，465～468（1955）（俄文）；C. Imbert，*Calculation and experimental proof of the transverse shift induced by total internal reflection of a circularly polarized light beam*，Phys. Rev. D **5**（4），787～796（1972）。

imide 二酰亚胺 包含和两个羰基（carbonyl group）或等效基团相连的 $>$NH 基团的化合物。

impact 撞击 两体间的强烈碰撞，在一个十分短的间隔时间内存在一个很大的接触力。

impact ionization 撞击电离 一种俄歇型过程，发生在受激载流子衰变为低能状态时，这种能量用于产生一对额外的电子-空穴对。碰撞电离可以认为是俄歇复合（Auger recombination）的一种相反过程。碰撞电离在多激子产生（multiple exciton generation）和载流子倍增（carrier multiplication）方面有很大作用。

impedance 阻抗 操作在交流电模式下的两端电网的电压与电流幅度的比值。这个量是一个复数，它的实部称为电阻，虚部称为电抗（reactance）。

implicit function theorem 隐函数定理 如果一个函数在一点的斜率不为零，那么这个函数在该点处可以由一个线性函数来近似。

imprinting 压印 一种用于形成纳米条纹和花样的光刻技术。这项技术需要两步来实现：第一步是把在橡胶印上自组装的单分子层直接印到衬底上，这种被称为墨水接触印刷或者简称为墨迹式画图（inking）；第二步是使用这个单分子层做的模具，在一定的压力下，通过升高温度来得到想得到的纳米样品，这被称为压模（embossing）。在图样形成过程中，没有辐照参与。所以，这两种技术都可以有效避免与波的衍射和散射有关的缺点。

印刷技术的一个共同特征是它们实际上是一种复制技术。所以纳米条纹的原本必须存在，即底版或者印模。和传统的印刷术一样，可以做正纹印刷，也可以做反纹印刷。样品原本必须借助类似电子束刻蚀或扫描探针等工具，用纳米光刻（nanolithography）来制作。在此技术中，印模等效于传统投影光刻中的光掩模板，而且一个步进电机可以用于制造过程中。

impurity photovoltaic effect solar cell 杂质光伏效应太阳电池 一种太阳电池（solar cell），它通过能隙间杂质态进行二步载流子生成，以利用次能带带隙光子（photon），增强太阳电池性能。在这类体系中有三种跃迁存在，原则上使得电池能更好地匹配太阳光光谱。这种太阳电池被预期具有很高的效率，目前具有挑战性的问题是寻找一个结合有有效发射效率杂质的合适的宽带隙半导体。

首次描述：M. A. Green，A. S. Brown，*Impurity Photovoltaic effect: fundamental energy conversion efficiency limit*，J. Appl. Phys. **92**，1326～1329（2002）；G. Beaucarne，A. S. Browns，M. J. Keenvers，R. Corkish，M. A. Green，*The impurity photovoltatic（IPV）effect in wide-bandgap semiconductors: an opportunity for very-high-efficiency solar cells?*，Prog. Phot. Res. Appl. **10**，345～353（2002）。

incoherent interference illumination microscopy（I^3M） 非相干干涉照明显微术 简称I^3M，参见 fluorescence nanoscopy（荧光纳米显微术）。

首次描述：M. G. L. Gustafsson，*Extended resolution fluorescence microscopy*. Curr. Opin. Struct. Biol. **9**，627～634（1999）。

incoherent light 非相干光 电磁辐射波的光波范围内如果含有不同的相位（波长也可能不同），则称为非相干光。

incoherent scattering 非相干散射 散射中心彼此独立运作的粒子或波的散射过程，导致在散射束的不同部分之间没有绝对的相位关联。

independent electron approximation 独立电子近似 在求解固体中电子的薛定谔方程（Schrödinger equation）时引入的一种近似。在这种近似下，复杂的电子之间的相互作用被一个时间平均势场所代替。

index guided lasers　折射率引导激光器　参见 double heterostructure laser（双异质结激光器）。

inductance　电感　当一个线圈中的电流变化时，通过电磁感应，这个线圈本身或者它旁边的线圈中会有感应电磁力，这种特性即为电感。

inelastic collision　非弹性碰撞　碰撞后碰撞粒子总的动能减小的碰撞过程。损失的动能转化成另外类型的能量，如热能、激发能等。

inelastic electron tunneling spectroscopy　非弹性电子隧道显微术　通过记录和分析一个金属-绝缘体-吸附物-金属结构的隧穿电流和电压，来得到体系中金属、绝缘体和吸附物的精确的振动信息和电子波谱信息，如磁振子（magnon）和声子（phonon）。

这种方法的优点在于：①超高灵敏度，产生这个谱所需要的吸附分子数可以少于 10^{13}；②这个方法中谐波和组合能带很弱，使得这个谱的标识比红外或者拉曼（Raman）光谱要简单；③可以观测到光学禁绝跃迁；④氧化带的强度比吸附物带的强度要低，所以可以在氧化谱的“红外不透明”区域得到吸附物谱。非弹性电子隧穿谱所覆盖的范围很大，为 50～19 000 cm^{-1}，分辨率好于 5 cm^{-1}。这个方法在催化、生物、示踪探测和电子激发研究中已获得成功的应用。

详见：K. W. Hipps，U. Mazur，*Inelastic electron tunneling spectoscopy*，in *Handbook of Vibrational Spectroscopy*，edited by J. M. Chalmers，P. R. Griffiths（John Wiley and Sons，Chichester，2002）。

inelastic scattering　非弹性散射　在此散射过程中，相互作用粒子的总动量守恒，但是总的动能不守恒。一部分动能转化成了其他类型的能量，如热能或者激发能。与之相对的是弹性散射（elastic scattering）。

inert gas　惰性气体　包括元素 He、Ne、Ar、Kr、Xe、Rn，亦称稀有气体（rare gas）。

inhibitor　抑制剂　加入到一个反应体系中可以减慢其反应速率的物质。

injection laser　注入式激光器　参见 semiconductor injection laser（半导体注入式激光器）。

inking　墨迹式画图　通过压印来形成纳米条纹和花样的方法之一。过程如图 I.1 所示。

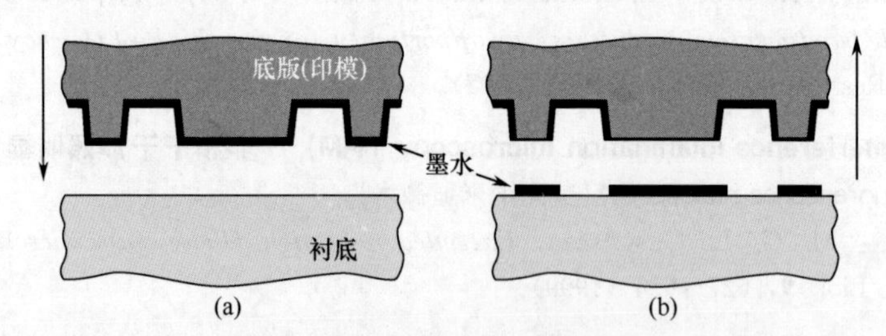

图 I.1　墨迹式画图过程的步骤

(a) 被单体覆盖的印模（上）和在压印之前的衬底（下）；(b) 印模被移走后，自组装单体形成的图形留在衬底上

一个表面有着花纹的弹性印模被蘸上墨水，并且压到衬底上。墨水的成分必须是在衬底上能形成自组装（self-assembled）的单分子层。这个单分子层随后被作为刻蚀或表面反应的模具使用。表面反应是很有吸引力的，因为功能化对于墨迹式画图是固有的。

弹性印模通常是由聚二甲硅氧烷（PDMS）来做的。硫醇和链烷硫醇盐是可供选用的墨水。一些技术上的挑战来自于对自组装单分子层的校准和分散，还有印模的变形。

PDMS 印模中的力学张力，墨水和衬底接触时中的重力，都对校准起不良的作用。另外，因为印模的热膨胀效应（对于 PDMS 是 10^4 K^{-1} 量级），环境中甚至很小的热涨落都会使得有效控制印模的尺寸很困难。一种解决办法是把这个印模样品薄膜（小于 10 μm 厚度的 PDMS）放到一个坚硬的载体上，比如一个硅芯片上，这样就可以减小作用到印模样品上的扭曲作用。

墨水的扩散发生在压印的过程中，即把印模和表面接触的过程中。这个扩散作用是由一系列复杂的相互作用组成的，包括气体扩散、墨水分子的移动，还有被化学吸附的墨水的移动。减少扩散意味着更高的分辨率由此可以操纵更小的尺寸。一种很直接的解决办法是使用重的墨水进行印刷。可是长链硫醇分子的扩展是有限制的，因为硫醇越长越容易无序，抗蚀刻单层就越少。通过使用硫醇，分辨能力大概能达到 100 nm。

首次描述：A. Kumar，G. M. Whitesides，*Features of gold having micrometer to centimetre dimensions can be formed through a combination of stamping with an elastomeric stamp and an alkanethiol ‘ink’ followed by chemical etching*，Appl. Phy. Lett. **63**（14），2002～2004（1993）。

in situ **原位**　拉丁语，意思是“在原来的位置”、“在内部”。习惯用语“*in situ* analysis of experimental samples”经常用来指样品在它们被制作的位置被分析，比如在同一个真空腔里。反义词是 ***ex situ***（非原位），也是拉丁语，意思是“离开那个位置”。“*ex situ* analysis”是指样品分析不是在制作它的地方进行的。

insulator　绝缘体　高度抵抗电流流动的物质。它一般具有高于 10^{10} Ω·cm 的电阻率和高的介电强度。一个固体绝缘体的特征是：在它的导带（conduction band）和价带（valence band）之间有一个能隙，而且导带上是没有电子占据的。

integrated circuit　集成电路　一种电子固态电路，由半导体晶体管和二极管、电阻和电容、其他电子元件，以及它们之间的互连线组成，在一次技术过程中制造，并且集成到一块衬底上。单晶硅是目前最常用的衬底。集成电路的发明引发了电子和信息技术的革命。

首次描述：J. S. 基尔比（J. S. Kilby）于 1958 年。

详见：J. S. Kilby，*Invention of the integrated circuits*，IEEE Trans. Electron. Dev. **23**（7），648～654（1976）。

获誉：凭借对集成电路发明作出的贡献，J. S. 基尔比（J. S. Kilby）和 Z. I. 阿尔费罗夫（Zh. I. Alferov）、H. 克勒默（H. Kroemer）一起分享了 2000 年诺贝尔物理学奖。

另请参阅：www. nobelprize. org/nobel_prizes/physics/laureates/2000/。

interface　界面　两种材料之间的共享边界。

interference　干涉　由两列频率相同或近似相同的波，通过波的代数或者矢量叠加而产生的波振幅随着距离或者时间的变化。

intermediate band solar cell　中带太阳电池　一种太阳电池（solar cell），当它吸收太阳光时，电子激发不止发生在电池中半导体材料的价带（valence band）和导带（conduction band）之间，而且发生在这些能带和位于正常禁止带隙中的一些附加能带之间。所以，由于这种多步激发，在不减少开路电压的情况下，通过增加光生电流，这类器件有可能达到很高的光电转化效率。

详见：A. S. Brown，M. A. Green，*Intermediate band solar cell with many bands*：*Ideal performance*, J. Appy. Phys. **94** (9), 6150～6158 (2003) (理论); A. Luque, A. Marti, N. Lopez, E. Antolin, E. Canovas, C. Stanley, C. Farmer, L. J. Caballero, L. Cuadra, J. L. Balenzategui, *Experimental analysis of quasi-Fermi level split in quantum dot intermediate-band solar cells*, Appl. Phys. Lett. **87**, 083505 (2005) (实验)。

internal photoelectric effect　内光电效应　半导体中的电子由于吸收光子，获得能量，从而由价带（valence band）激发到导带（conduction band）上去。

internal quantum efficiency　内量子效率　参见 quantum efficiency（量子效率）。

interstitial　间隙　晶格中原子正常占据位之间的位置。这个名词一般用于一个原子占据了间隙位置。

intrinsic semiconductor　本征半导体　亦称内禀半导体，如果一个半导体的载流子浓度是材料本身的特征量，而不是依赖于掺杂和缺陷浓度，那么这个半导体我们称之为本征半导体。

intron　内含子　介于外显子（exon）（编码区域）之间的核苷酸（nucleotide）序列，它在RNA 加工过程中被从基因转录中切除出去。

invariance　不变性　物理量和物理规律在某些变换或者操作［比如空间反映、时间反演、电荷共轭、旋转和洛伦兹变换（Lorentz transformation）等］下保持不变。

inverse spin Hall effect　反自旋霍尔效应　由非磁性半导体或金属中的自旋极化电子流诱导产生一种电流，源于与自旋-轨道相互作用有关的空间自旋极化。它是常规自旋霍尔效应的一种反转。它提供了检测固体结构中自旋电流的一种电学方法。

首次描述：A. A. Bakun, B. P. Zakharchenya, A. A. Rogachev, M. N. Tkachuk, V. G. Fleisher, *Detection of a surface photocurrent due to electron optical orientation in a semiconductor*, Sov. Phys. JETP Lett. **40**, L1293～L1295 (1984)。

详见：*Spin Physics in Semiconductors*, edited by M. I. Dyakonov (Springer, Heidelberg, 2008)。

inversion symmetry　反演对称性　物理定律在反演操作下保持不变的性质。

ion-beam-induced deposition (IBID)　离子束诱导沉积　一种化学气相沉积工艺，利用离子束分解汽化或气态分子，在衬底上沉积非挥发性剩余组分，主要为原子和原子团簇。本质上与电子束诱导沉积（electron-beam-induced deposition, EBID）相类似，主要区别在于利用了 30 keV Ga^+ 离子以取代电子。在这两种技术中，都不是初级射束效应，而是二次电子导致的沉积过程。前驱体和沉积材料基本上相同。

与 EBID 相比较，IBID 的主要优点在于具有较高的沉积速率和较高的沉积纯度。缺点为二次电子的较大角展度从而降低空间分辨率、离子轰击对衬底的辐射损伤、以及产生大量独立的聚焦离子光束所带来的装置复杂性等。

首次描述：R. Lariviere Stewart, *Insulating films formed under electron and ion bombardment*, Phys. Rev. **45** (7), 488～490 (1934)。

ionic bond　离子键　原子之间的一种化学键合方式，在成键过程中，电子从一个原子转移到其他原子上，这样使得中性原子变成带电的离子。

ionic crystal　离子晶体　各原子或原子团以离子键键合的晶体。

ionization energy (of an atom)　(原子) 电离能　从基态电离一个原子所需要的最小能量。

ion laser 离子激光器 一种激光器（laser），它通过电离气体的两个能级间的跃迁产生辐射的受激发射。惰性气体中的一种（He、Ar、Ne或Kr）被用作激活介质。装置如图 I.2 所示。

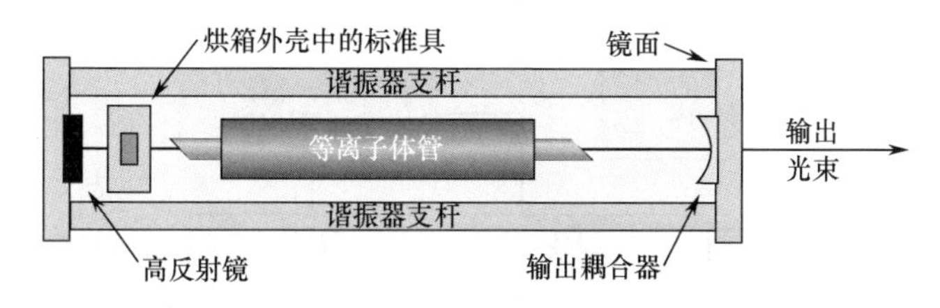

图 I.2 离子激光器

气体在等离子体管中被电激发，等离子体管是由氧化铝或陶瓷制造的，两端用两个布儒斯特窗或者一个布儒斯特窗加上一个腔镜真空密封。光学腔由一个 100%反射镜和一个部分可传送的输出耦合镜组成。这个装置可以提供能量从 1 mW 到 10 W 的连续波输出。若要产生单频激光，只需要将高反射镜换成一个布儒斯特棱镜加一个校准器。

irradiance 辐照度 单位时间内穿过垂直于光照方向的单位面积的能量。此术语经常用来描述光束。

isodesmic structure 等键结构 亦称均键结构，由离子组成的晶体结构，其中没有相互不同的原子团出现，也即各个键的强度一样。参见 anisodesmic structure（非均键结构）和 mesodesmic structure（中键结构）。

isoelectronic atoms 等电子原子 具有相同价电子数的原子。

isoelectronic principle 等电子原理 等电子分子具有相似的分子轨道。具有相同数目电子，且电子分布在相似的分子框架上的分子是等电子的。

isomer 异构体 亦称同分异构体，即具有相同化学式但是性质不同的分子。有两种形式的异构体：结构异构体和空间异构体［也即立体异构体（stereoisomer）］。异构体的树形分类如图 I.3 中所示。在结构异构体（structural isomer）中，原子和官能团链接的方式各不相同，如丙基乙醇。这一类包括烃链具有不同分支的链异构体（chain isomer），官能团位于不同位置的位置异构体（position isomer），和一个官能团分离成不同小官能团的官能团异构体（functional group isomer）。

在立体异构体（stereoisomer）中，键价结构是相同的，但是原子和官能团的几何位置在空间上不一样。这类异构体包括互为镜像异构的对映体（enantiomer）和不互为镜像异构的非对映体（diastereomer）。非对映体又可分为通过化学键旋转而互相转换的保角异构体（conformer）（也常用英文名“conformal isomer”），和无法这样互相转换的顺反异构体（*cis-trans* isomer）。值得注意的是，虽然保角异构体是非对映异构关系，但不是所有的都是非对映体，在保角异构体中通过旋转化学键，可以使得它们互为镜像，这类保角异构体称为旋转异构体（rotamer）。

首次描述：J. J. 贝尔塞柳斯（J. J. Berzelius）和 F. 韦勒（F. Woehler）于 1827 年。

isomorphic solids 同构固体 一类晶体，它们具有相同的对称性、相似的晶面和十分相似的界面角。同一类的这种晶体经常形成混合化合物。

isotope 同位素 具有同样原子序数因而属于同一元素，但质量不同的两个或者多个核素。不同质量的同位素是由原子核内含有不同中子数引起的。

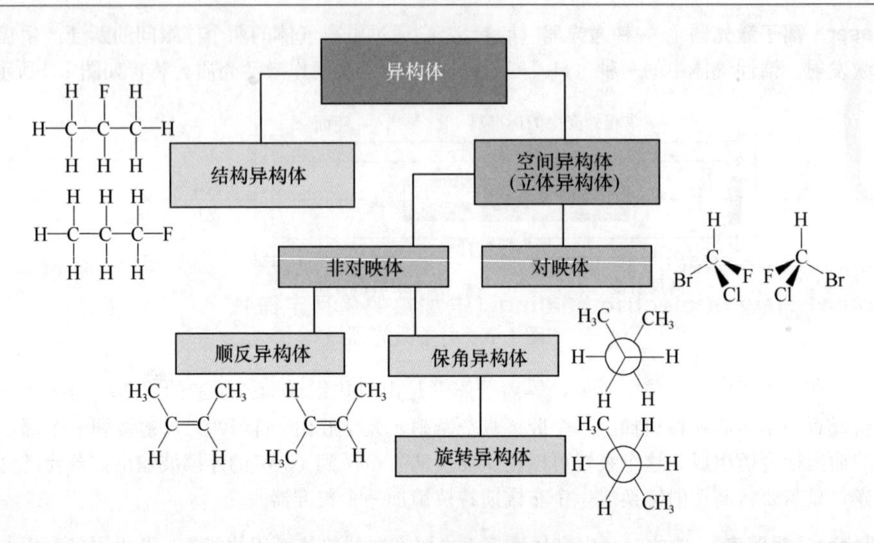

图 I.3 分子的各种异构体形式

（来源：维基百科）

isotropy（of matter）（物质的）各向同性 在各个方向上物理性质都相同的物质。与之相对的是各向异性（anisotropy）。

J

从 Jahn-Teller effect（扬-特勒效应）到 Joule's law of electric healing（电加热的焦耳定律）

Jahn-Teller effect 扬-特勒效应 参见 Jahn-Teller theorem（扬-特勒定理）。

Jahn-Teller theorem 扬-特勒定理 如果非线性分子的特殊对称性构型使得它具有轨道简并基态，则这种构型相对于具有更低对称性的不会引起轨道简并基态的构型是不稳定的。这样，一个具有轨道简并基态的体系将自发转化成低对称性的构型，除非这种简并仅仅是自旋简并。

当电子简并存在时，分子体系改变构型（扭曲、拉伸等）的趋势就称为扬-特勒效应（Jahn-Teller effect）。

首次描述：H. A. Jahn，E. Teller，*Stability of polyatomic molecules in degenerate electronic states. Part I. Orbital degeneracy*，Proc. R. Soc. London，Ser. A **161**，220～235（1937）。

Janus particle 雅努斯粒子 一种具有两个能表现出相反或不同性质的面的粒子。这些粒子可以模仿分子行为，例如表面活性剂分子，同时具有完全不同的功能性［如疏水性（hydrophobic）和亲水性（hydrophilic）］，它们可用于进行出神入化的自组装行为。

首次描述：C. Casagrande，M. Veyssie，"Grains Janus''：*Réalisation et premièeres observations des propriétès interfaciales*，C. R. Acad. Sci.（Paris），306II，1423～1425（1988）。

详见：M. Lattuada，T. A. Hatton，*Synthesis，properties and applications of Janus nano-particles*，Nano Today **6**（3），286～308（2011）。

Jastrow correlation factor 贾斯特罗关联因子 参见 Slater-Jastrow wave function（斯莱特-贾斯特罗波函数）。

Jaynes-Cummings model 杰恩斯-卡明斯模型 此模型描述一个两能级的原子体系和一个光学共振腔的量子化模式的相互作用，有光和无光情况都包括。描述体系的哈密顿算符（Hamiltonian）是 $H=H_{\text{field}}+H_{\text{atom}}+H_{\text{JC}}$，其中 H_{field} 是指自由场的哈密顿算符，H_{atom} 是原子激发态的哈密顿算符，杰恩斯-卡明斯相互作用哈密顿算符假设零场下的能量是 $H_{\text{JC}}=g\ (A_{\text{C}}\sigma_{+}\text{e}^{\text{i}\delta t}+A_{\text{a}}\sigma_{-}\text{e}^{-\text{i}\delta t})$，其中 $g=d\ [\omega/\ (\hbar V\varepsilon_0)]^{1/2}$，$\delta=|\omega-\nu|$，这里 d 指的是原子的跃迁矩，V 是光学共振腔的模体积，ω 是指原子的跃迁频率，ν 是辐射场的角频率。A_{C} 和 A_{a} 是玻色子产生和湮灭算符，$\sigma_{+}=\sigma_x+\text{i}\sigma_y$ 和 $\sigma_{-}=\sigma_x-\text{i}\sigma_y$ 是能级升降算符或者用泡利矩阵（Pauli matrx）描述的原子自旋翻转算符。

这个模型是为了解释与光-原子相互作用的半经典理论相比，辐射场的量子化是如何影响两能级系统的态演化的。

首次描述：E. R. Jaynes，F. W. Cummings，*Comparison of quantum and semiclassical radiation theories with application to the beam maser*，Proc. IEEE **51**（1），89～109（1963）。

详见：C. C. Gerry，P. L. Knight，*Introductory Quantum Optics*（Cambridge University

Press, Cambridge, 2005)。

Johnsen-Rahbek effect 约翰森-拉贝克效应 此效应是当一个半导体材料放置到两个电极之间时发现的。当两电极间施加电压时，半导体和两电极之间的摩擦力变大。这个效应在悬浊液情况下尤其强烈，也即当我们把高介电常数的半导体粉末悬浮于低黏滞性的油中时，会显著地增大油的黏滞度。

首次描述：A. Johnsen, K. Rahbek, *A Physical Phenomenon and its applications to telegraphy, telephony, etc.*, J. Sci. Inst. Elect. Eng. **61**, 713～725 (1923)。

Johnson and Lark-Horowitz formula 约翰逊与拉克-霍罗威茨公式 此公式定义金属或简并半导体的电阻率 ρ 和杂质密度 N 之间的关系为 $\rho\sim N^{1/3}$。

首次描述：V. A. Johnson, K. Lark-Horowitz, *Electronic mobility in germanium*, Phys. Rev. **79** (2), 409～410 (1950)。

Johnson-Kendall-Roberts force 约翰逊-肯德尔-罗伯茨力 参见 Johnson-Kendall-Roberts theory（约翰逊-肯德尔-罗伯茨理论）。

Johnson-Kendall-Roberts theory 约翰逊-肯德尔-罗伯茨理论 此理论在摩擦力理论（赫兹理论）[friction force theory (Hertz theory)] 基础上，进一步考虑了附着（adhesion）力。对于一个平的表面和一个球相接的界面，把界面能考虑进来，我们可以得到摩擦力 $F_{\mathrm{f}}=\tau\pi(R/K)^{2/3}F_{\mathrm{JKR}}^{2/3}$，其中 τ 是剪切模量（shear modulus），$F_{\mathrm{JKR}}=N+3\pi R\gamma+\sqrt{6\pi R\gamma N+(3\pi R\gamma)^2}$ 定义了约翰逊-肯德尔-罗伯茨力（Johnson-Kendall-Roberts force）。在这个力中，N 是所加负载，R 是球的半径，$\gamma=\gamma_1+\gamma_2-\gamma_{1,2}$ 是界面能（γ_1 是球的表面能，γ_2 是平面的表面能，$\gamma_{1,2}$ 是界面的能量）。K 的含义参见 friction force theory（摩擦力理论）。附着效应的加入是把外加负载 N 改成包括附着力总负载。这样即使外加负载为零，由于附着力的存在，接触面积和摩擦力也并不是零。在零外加负载下，摩擦力减小到 $F_{\mathrm{f0}}=\tau\pi[(6\pi R^2\gamma)/K]^{2/3}$，接触半径是 $a_0=[(6\pi R^2\gamma)/K]^{1/3}$。这个附着力可以通过用原子力显微术（atomic force microscopy, AFM）来测量，收回探针直到接触被打破时即可测量。此时作用在探针上的负的吸引力称为拉脱力（pull-off force），为 $F_{\mathrm{JKR}}^{\mathrm{PO}}=-(3/2)\pi R\gamma$。

此理论对于刚度较低、（针尖）半径较大的高附着力体系是很有用的。

首次描述：K. L. Johnson, K. Kendall, A. D. Roberts, *Surface energy and the contact of elastic solids*, Proc. R. Soc. Lond. A **324**, 301～313 (1971)。

详见：B. Bushan, *Nanotribology and Nanomechanics: An Introduction* (Springer, Berlin, 2008)。

Johnson-Nyquist noise 约翰逊-奈奎斯特噪声 亦称热噪声，在零偏压下导体内电势的平衡涨落。它是由载流子的随机热运动引起的。它不同于散粒噪声（shot noise），后者描述的是有外加电压和宏观电流时出现的附加电流涨落。

首次描述：J. Johnson, *Thermal agitation of electricity in conductors*, Phys. Rev. **32** (1), 97～109 (1928)（实验）；H. Nyquist, *Thermal agitation of electric charge in conductors*, Phys. Rev. **32** (1), 110～114 (1928)（理论）。

Johnson-Silsbee effect 约翰逊-西尔斯比效应 一种在适当条件下，从铁磁性到非磁性金属转变时，自旋极化电子的非平衡态密度的变化。在铁磁材料中，上自旋和下自旋亚能带之间的强烈不等价性，导致了铁磁和邻近非磁性金属界面上电荷和自旋之间的耦合。

首次描述：M. Johnson, R. H. Silsbee, *Interfacial charge－spin coupling: Injection and detection of spin magnetization in metals*, Phys. Rev. Lett. **55** (17) 1790～1793 (1985)。

详见：I. Zutic, J. Fabian, S. D. Sarma, *Spintronics: Fundamentals and applications*, Rev. Mod. Phys. **76** (2), 323～410 (2004)。

Josephson effect　约瑟夫森效应　此效应发生在当超导电子对从一个超导体经过一层绝缘体隧穿到另一个超导体时。

直流约瑟夫森效应（direct current Josephson effect）：超导体间的隧穿结由于聚合对的隧穿导致了零偏压下的超导电流，即没有外部的电场或磁场时，就会有一个直流产生。

交流约瑟夫森效应（alternating current Josephson effect）：当电压 V 加在隧穿结上时，电流是一个以 $2eV/h$ 为频率的交流电流，即隧穿结上施加恒定电压将引起穿越隧穿结的高频电流振荡。

宏观长程量子干涉（macroscopic long-range quantum interference）：一个稳恒磁场作用到由两个隧穿结组成的超导电路上，会导致极大超导电流的出现，这是由于作为磁场强度的函数的干涉效应导致的。此效应用于设计灵敏的磁力计。

首次描述：B. D. Josephson, *Possible new effects in superconductive tunneling*, Phys. Lett. **1** (7), 251～253 (1962)。

详见：A. Barone, G. Paterno, *Physics and Applications of Josephson Effects* (John Wiley, New York, 1982)。

获誉：凭借对于流经隧穿势垒的超导电流特性的理论预言，特别是众所周知的约瑟夫森效应的物理现象，B. D. 约瑟夫森（B. D. Josephson）获得了 1973 年诺贝尔物理学奖。

另请参阅：www.nobelprize.org/nobel_prizes/physics/laureates/1973/。

Joule's law of electric heating　电加热的焦耳定律　在 t 时间内电流 I 通过电阻 R 产生的热效应和 I^2Rt 成正比。

首次描述：J. P. Joule, *On the heat evolved by metallic conductors of electricity*, Phil. Mag. **19**, 260～265 (1841)。

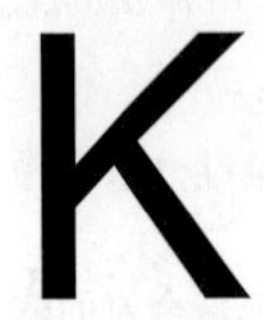

从 Kadowaki-Woods ratio（门胁-伍兹比率）到 Kuhn-Thomas-Reiche sum rule（库恩-托马斯-赖歇求和规则）

Kadowaki-Woods ratio 门胁-伍兹比率 利用 $R_{KW}=\frac{A}{\gamma^2}$ 关系式比较金属电阻率和热容两者与温度的依赖关系。其中 A 为电阻率与温度关系式 $\rho(T)=\rho_0+AT^2+CT^5$ 中的二次项，γ 为热容与温度关系式 $c_V(T)=\gamma T+\alpha T^3$ 中的线性项。$\frac{A}{\gamma^2}$ 关系式的普适性首次在过渡金属（transition metals）中发现，后来扩展到了含重费米子（fermions）的化合物。

首次描述：M. Rice，*Electron-electron scattering in transition metals*，Phys. Rev. Lett. **20**（25），1439～1441（1968）；K. Kadowaki，S. B. Woods，*Universal relationship of the resistivity and specific heat in heavy-fermion compounds*，Solid State Commun. 58（8），507～509（1986）。

Kane model 凯恩模型 当材料在第一布里渊区（Brillouin zone）里有窄的直接能隙时，可以用这个模型来考虑问题。Γ 点附近的能带被假设成是非抛物线形的、球形的，方程是 $\hbar^2\boldsymbol{k}^2/2m^*=E(1+\alpha E)$，其中 $\boldsymbol{k}$ 是波矢，E 是能量，m^* 是有效质量，$\alpha=(1-m^*/m_0)^2/E_g$ 是非抛物线型系数，E_g 是能隙。

首次描述：E. O. Kane，*Band structure of indium antimonide*，J. Phys. Chem. Solids **1**，249～261（1957）。

Keesom potential 凯索姆势 在伦纳德-琼斯势（Lennard-Jones potential）的基础上考虑偶极矩相互作用贡献的分子间势：

$$V(r_{ij})=\varepsilon[(r_0/r_{ij})^{12}-2(r_0/r_{ij})^6]-\frac{\mu_i^2\mu_j^2}{3k_B Tr_{ij}^2}$$

其中 r_{ij} 是两个分子 i 和 j 间的距离，μ_i 和 μ_j 是这些分子的偶极矩。第一项是经典的非极化伦纳德-琼斯势（Lennard-Jones potential），第二项是偶极矩的相互作用，这个势对于相平衡模拟很有用，尤其对于气-液系统。

首次描述：W. H. Keesom，*Die van der Waalschen Kohäsionskräfte*，Phys. Z. **22**，129～141（1921）。

详见：J. Israelachvili，*Intermolecular and Surface Forces*，2nd Edn.（Academic Press，London，1991）。

Kekulé structure 凯库勒结构 以芳香族化合物（aromatic compounds）为代表，其中的碳原子之间形成固定的单键和双键，假设不存在多键之间的相互作用。苯分子（C_6H_6）是这种结构的典型单元［参考碳氢化合物（hydrocarbons）结构图］。它是一种平面分子结构（所有原子在同一个平面内），单键长度为 0.154 nm，双键长度为 0.134 nm。

首次描述：A. Kekulé，*Sur la constitution des substances aromatiques*，Bull. Soc. Chim.

Paris **3** (2), 98～110 (1865); A. Kekulé, *Untersuchungen über aromatische Verbindungen*, Ann. Chem. Pharm. **137** (2), 129～136 (1866)。

Keldish theory 凯尔迪什理论 描述多光子电离过程的一个理论。原子在快速吸收一系列光子以后发生电离，电离速率是可以预测出来的，它依赖于平均束缚电场和外加电磁场峰强的比值，以及束缚能和电磁场中光子能量的比值。

首次描述：L. V. Keldysh, *Ionization in the field of a strong electromagnetic wave*, Sov. Phys. JETP **20** (5), 1018～1027 (1965)。

详见：V. S. Popov, *Tunnel and multiphoton ionization of atoms and ions in a strong laser field (Keldysh theory)*, Phys. Usp. **47** (9), 855～885 (2004)。

Kelvin equation 开尔文方程 物质在温度 T 下的蒸气压是随着表面曲率的增加而增加的：$p_s/p_f=(2\sigma v)/(rR_0T)$，$p_s$和 p_f分别是球形表面和平坦表面的蒸气压，σ 是表面张力，v 是凝聚相的分子体积，r 是平均表面曲率。这个方程解释了小液滴比大液滴的蒸发率要高，还解释了小固体颗粒比大固体颗粒的溶解性要高。

首次描述：W. Thomson (Lord Kelvin), *On the equilibrium of vapor at a curved surface of liquid*, Phil. Mag. **42**, 448～452 (1871)。

Kelvin method 开尔文方法 参见 Kelvin probe force microscopy（开尔文探针力显微术）。

Kelvin probe force microscopy (KPFM) 开尔文探针力显微术 亦称表面势显微术（surface potential microscopy） 一种原子力显微术［atomic force microscopy (AFM)］技术，以非接触模式利用 AFM 探针振荡扫描实现接触势差的测量。

使用名词“开尔文”是由于此项技术利用了被称为开尔文方法（1861 年由开尔文勋爵提出）的操作原理，在这种技术中电容器的两个电极之间的接触势差［contact potential difference (CPD)］是通过调整直流偏流而获得，即利用两极间的加载器调节电容使产生的电流为零。这种接触势差是测量电极材料功函数差异的一种方法。

在 KPFM 中，探针尖端起到了参比电极的作用，与样品表面形成一个电容器，在它上面以恒间距横向扫描。支撑探针的悬臂不是压电驱动产生机械共振频率，而是如同传统 AFM，通过施加对应二次共振频率的交流（AC）电压而实现。在探针与样品之间同样施加了直流（DC）电位。交流与直流电压的偏移引起悬臂的振动。检测由此产生的悬臂振动，并利用零电路使针尖的直流电势达到使振动最小化的一个值。这种由指零直流电势和探针横向位置所构成的图形构成了表面功函数的图像。如果利用已知功函数的参考样品对针尖进行第一次校准，则可获得样品功函数的绝对值。

首次描述：M. Nonnenmacher, M. P. O'Boyle, H. K. Wickramasinghe, *Kelvin probe force microscopy*, Appl. Phys. Lett. **58** (25), 2921～2923 (1991)。

详见：*Kelvin Probe Force Microscopy: Measuring and Compensating Electrostatic Forces*, edited by S. Sadewasser, T. Glatzel (Springer, Heidelberg, 2012)。

Kelvin problem 开尔文问题 此问题可以表述为：每个泡沫是什么样的形状才能使得泡沫材料具有最小的总的内部接触表面积。开尔文爵士于 1887 年认为必须用扭曲的 14 边形单胞组成的面心立方结构，随后，1994 年 D. 威尔莱（D. Weaire）和 R. 费伦（R. Phelan）发现同时填充有一种 14 边和另一种 12 边的单胞的泡沫材料具有更小的表面积。

首次描述：W. Thomson (Lord Kelvin), *On the division of space with minimum partitional area*, Phil. Mag. **24** (151), 503 (1887); D. Weaire, R. Phelan, *A counter example to Kelvin's conjecture on minimal surfaces*, Phil. Mag. Lett. **69**, 107～110 (1994)。

Kelvin relation 开尔文关系式 亦称汤姆孙关系式，描述在热力学温度 T 下由两种材料 A 和 B 组成的一个回路中的热电效应的系数之间的相互关系：$\alpha_{AB}T=\pi_{AB}$，和 $Td\alpha_{AB}/dT=\tau_A-\tau_B$，$\alpha_{AB}$是泽贝克系数（Seebeck coefficient），π_{AB}是佩尔捷系数（Peltier coefficient），τ_A和 τ_B是汤姆孙系数（Thomson coefficient）。

首次描述：W. Thomson（Lord Kelvin），*On a mechanical theory of thermoelectric currents*，Proc. R. Soc. Edinburgh：91～98（1851）。

Kennard packet 肯纳德波包 位置均方根差和动量均方根差的乘积尽可能小到等于 $\hbar/(4\pi)$ 的波包。

首次描述：W. Thomson（Lord Kelvin），*On a mechanical theory of thermoelectric current*，Proc. R. Soc. Edinburgh：91～98（1851）。

Kerr effects：Electro-optical Kerr effect 克尔效应：电光克尔效应 透明的各向同性的介质在外加电场下显现出双折射的现象。它的光学性质类似于光学轴沿着电场方向的双折射晶体。磁光克尔效应（magnetooptic Kerr effect）指当被磁化时，铁磁体（ferromagnetic）反射面的光学性质会发生改变。这种效应特别应用于反射光的椭圆极化，而金属表面反射的通常规则是仅仅产生平面极化光。

首次描述：J. Kerr，*A new relation between electricity and light：dielectrified media birefringent*，Phil. Mag. **50**，337～348 and 446～458（1857）；J. Kerr，*On rotation of the plane of polarization by reflection from the pole of a magnet*，Phil. Mag. **3**（Ser. 5），321～343（1877）；J. Kerr，*On reflection of polarized light from the equatorial surface of a magnet*，Phil. Mag. **5**（Ser. 5），157～161（1878）；J. Kerr，*Measurement and law in electro-optics*，Phil. Mag. **9**（Ser. 5），157（1880）。

ket 右矢 参见 Dirac notation（狄拉克符号）。

ketone 酮 一种有机化合物，含有一个与羰基（carbonyl group）（即 $\gt C=O$）相连接的烷基（alkyl group）（即—C_nH_{2n+1}）或芳香环（aromatic ring）。这类化合物可以是 RCOR′、ArCOR 或者是 ArCOAr 形式，其中 R 和 R′代表烷基，Ar 代表芳香环。

Kikoin-Noskov effect 基科因-诺斯科夫效应 光照在磁场中的半导体上时，会产生一个电场。这个电场垂直于磁场方向，也垂直于光生载流子从光照表面到体内扩散的方向。

首次描述：I. K. Kikoin，M. M. Noskov，*Hall effect internal photoelectric effect in cuprous oxide*，Phys. Z. Sowjetunion **4**（3），531～550（1933）。

kilo- 千 一个十进制的前缀，代表 10^3，简写成 k。

kinematics 运动学 只研究物体的运动，而不管作用到物体上的力。

kinetics 动理学 亦称动力学，出自希腊语，意思是"运动"。此术语用于描述一个过程或者一个化学反应在一个时间尺度内如何演化。

Kirchhoff equation 基尔霍夫方程 常压下一个过程（如化学反应）的热量 ΔH 随温度的变化速率由下式给出：

$$\left(\frac{\partial \Delta H}{\partial T}\right)_p=\Delta\left(\frac{\partial H}{\partial T}\right)_p=\Delta C_p$$

其中 ΔC_p是同一过程中常压下热容的改变。此式同样适用于等体积的情形。

Kirchhoff law (for electrical circuits)　基尔霍夫（电路）定律　此定律涉及一个电路网络中的电压和电流。电流定律（current law）指在流经一个结点处的所有电流的代数和是零，即 $\sum_n I_n = 0$。电压定律（voltage law）是指在通过一个闭合环路遍历电路网络时，所有经过的电压的代数和是 0，即 $\sum_n V_n = 0$。

首次描述：G. R. Kirchhoff，*Über den Durchgang eines elektrischen Stromes durch eine Ebene，insbesondere durch eine kreisförmige*，Ann. Phys. **64**，497～514（1845）；G. R. Kirchhoff，*Über die Auflösung der Gleichungen，auf welche man bei Untersuchung der linearen Vertheilung galvabuscher Ströme geführt wird*，Ann. Phys. **72**，497～508（1847）。

Kirchhoff law (for radiation)　基尔霍夫（辐射）定律　在同一温度的所有物体给定波长热辐射的发射能力与吸收率之比都是相同的，且等于在同一温度下黑体的发射能力。

首次描述：G. R. Kirchhoff，*Über einen Satz der mechanischen Wärmetheorie und einige Anwendungen desselben*，Ann. Phys. **103**，177～205（1858）。

Kirkendall effect　柯肯德尔效应　不同相成分的高温相互扩散导致的相之间的界面移动。实验发现，当把示踪原子放在合金和金属的界面上时，原子会由于金属中合适的浓度梯度的原因而向合金处移动。这种现象支持原子扩散的晶格空位交换机理。

研究这种效应具有很重要的应用价值，其中之一是可以防止合金-金属界面处的空孔的产生，这些空隙被称为柯肯德尔孔洞（Kirkendall void）。

首次描述：A. D. Smigelskas，E. O. Kirkendall，*Zinc diffusion in alpha brass*，Trans. AIME **171**，130～142（1947）。

详见：K. Nakajima，*The Discovery and acceptance of the Kirkendall effect：the result of a short research career*，JOM **49**（6），15～19（1997）。

Kirkendall void　柯肯德尔孔洞　参见 Kirkendall effect（柯肯德尔效应）。

KKR method　KKR 方法　参见 Korringa-Kohn-Rostoker method（科林伽-科恩-罗斯托克方法）。

Klein-Gordon equation　克莱因-戈尔登方程　即为 $\mathrm{d}^2\psi/\mathrm{d}t^2 = -(\boldsymbol{c}^2\boldsymbol{p}^2 + m^2\boldsymbol{c}^4)\psi$，其中 $\boldsymbol{p}$ 是静止质量为 m 的粒子的动量算符。此方程考虑了相对论效应，用于自旋为 0 或 1 的粒子的量子化场的理论。同一时代的多个学者都对此公式有贡献。

首次描述：E. Schrödinger，*Quantisierung als Eigenwertproblem.（Vierte Mitteilung）*，Ann. Phys. **81**，109～139（1926）；J. Kudar，*Zur vierdimensionalen Formulierung der undulatorischen Mechanik*，Ann. Phys. **81**，632～636（1926）；O. Klein，*Quantentheorie und fünfdimensionale Relativitätstheorie*，Z. Phys. **37**（12），895～906（1926）；V. Fock，*Zur Schrödingerschen Wellenmechanik*，Z. Phys. **38**（3），242～250（1926）；V. Fock，*Über die invariante Form der Wellen- und der Bewegungsgleichungen für einen geladenen Massenpunkt*，Z. Phys. **39**（2～3），226～232（1926）；W. Gordon，*Der Comptoneffekt nach der Schrödingerschen Theorie*，Z. Phys. **40**（1～2），117～133（1926）。

详见：H. Kragh，*Equation with the many fathers. The Klein-Gordon equation in* 1926，Am. J. Phys. **52**（11），1024～1033（1984）。

Klein-Nishina formula　克莱因-仁科公式　此公式给出了一个 x 光子或伽马光子与一个未束缚电子发生康普顿散射（Compton scattering）的差分截面和立体角的关系：

$$d\phi=\left(\frac{r_0\nu}{2\nu_0}\right)^2\left(\frac{\nu_0}{\nu}+\frac{\nu}{\nu_0}-2+4\cos^2\theta\right)d\Omega$$

其中ν和ν_0代表入射和散射光子的频率，θ是极化矢量之间的夹角，$r_0=e^2/mc^2$是电子的经典半径。

首次描述：O. Klein，I. Nishina，*Scattering of radiation by free electrons on the new relativistic quantum dynamic of Dirac*，Z. Phys. **52**（11/22），853～868（1929）。

Klein paradox　克莱因佯谬　参见 Klein tunneling（克莱因隧穿）。

Klein tunneling　克莱因隧穿　由狄拉克方程（Dirac equation）所描述的相对论粒子（relativistic particle）的隧穿（tunneling）。对于一个无质量相对论性粒子，当其接近高于自身能量的势阶能垒时，这个方程的解表明如果能垒高度为电子质量（m）的数量级，即$eV\sim mc^2$，则其透射系数总是大于零并且在电势阶跃趋于无穷大时接近1。将此称为克莱因佯谬（Klein paradox），因为在非相对论量子力学中电子隧穿通常描述为指数衰减。这个佯谬的一种解释是，电势阶跃不能使无质量相对论粒子的群速度方向发生反转。

固态结构中的克莱因隧穿，假设导带中类电子态的一个电子隧穿势垒进入到价带中的类空穴态，起到了狄拉克海（Dirac sea）的作用。它成功地用于描述石墨烯（graphene）中的电子输运。

首次描述：O. Klein，*Die Reflexion von Elektronen an einem Potentialsprung nach der relativistischen Dynamik von Dirac*，Z. Angew. Phys. **53**（3～4），157～165（1929）。

详见：C. W. J. Beenakker，*Andreev reflection and Klein tunneling in graphene*，Rev. Mod. Phys. **80**（4），1337～1354（2008）。

Knight shift　奈特位移　在金属环境中的核在外磁场下的核磁共振（nuclear magnetic resonance）频率相对于在非金属化合物中同一核在同样外磁场下的核磁共振频率的分数增加。它是由金属中导电电子的取向引起的。

首次描述：C. H. Townes，C. Herring，C. Knight，*The effect of electronic paramagnetism on nuclear magnetic frequencies in metals*，Phys. Rev. **77**（6），852～853（1950）。

Knudsen cell　克努森池　参见 effusion（Knudsen）cell［泻流（克努森）室］。

Knudsen cosine rule　克努森余弦定律　单个气体分子被不规则固体表面反射后的出射方向完全不依赖于入射方向。设气体分子反射的立体角是$d\omega$，这个立体角和固体表面垂线之间夹角为θ，分子沿着立体角$d\omega$离开表面的概率为ds，这几个量的关系是$\pi ds=d\omega\cos\theta$。

Kohlrausch law　科尔劳乌施定律　它由以下定律组成：①离子独立运动定律（law of the independent migration of ions），即在无限稀释的溶液里，每种离子对电解质的当量电导的贡献是彼此独立的，与其他离子的存在无关；②科尔劳乌施平方根定律（Kohlrausch's square root law），即一个很稀释的溶液中的强电解质的当量电导与离子浓度的平方根成线性关系。

首次描述：F. Kohlrausch，*Über das Leistungvermögen einiger Electrolyte in äusserst verdünnter wässriger Lösung*，Ann. Phys. **26**，161～225（1885）。

Kohlrausch's square root law　科尔劳乌施平方根定律　参见 Kohlrausch law（科尔劳乌施定律）。

Kohn-Sham equation　科恩-沈方程　此方程促进了密度泛函理论（density functional theory，DFT）的实际应用，它把多体问题变成一个在有效势场中的独立粒子问题。在 DFT 中，总能量的表达式是

$$E[n] = T_s[n] + E_H[n] + E_{ext}[n] + E_{xc}[n]$$

其中 $T_s[n]$ 是非相互作用电子的动能，属于独立粒子的，能够用单电子轨道 $\psi_i(\boldsymbol{r})$ 明确表达；$E_H[n]$ 是描述静电势场中电子间库仑相互作用的哈特里能量；$E_{ext}[n]$ 是外势场引起的能量；$E_{xc}[n]$ 是交换相关能量的泛函。使用变分原理（variation principle）得到科恩-沈方程：

$$\left(-\frac{\hbar^2}{2m}\nabla^2 + V_H(\boldsymbol{r}) + V_{ext}(\boldsymbol{r}) + V_{xc}(\boldsymbol{r})\right)\psi_i(\boldsymbol{r}) = \varepsilon_i\psi_i(\boldsymbol{r})$$

其中 ε_i 是拉格朗日参量，经常能被解释为激发能。

这个方程等价于单粒子薛定谔方程（Shrödinger equation），其有效势场包含哈特里势 V_H：

$$V_H(\boldsymbol{r}) = e^2\int\frac{n(\boldsymbol{r}')}{|\boldsymbol{r}-\boldsymbol{r}'|\,\mathrm{d}^3\boldsymbol{r}'}$$

外势场 V_{ext} 以及交换相关势 V_{xc}：

$$V_{xc}(\boldsymbol{r}) = \frac{\delta E_{xc}[\boldsymbol{r}]}{\delta n(\boldsymbol{r})}$$

首次描述：W. Kohn，L. J. Sham，*Self-consistent equations including exchange and correlations effects*，Phys. Rev. A **140**（4），1133～1137（1965）。

Kondo cloud　近藤云　参见 Kondo effect（近藤效应）。

Kondo effect　近藤效应　在接近 0K 时，块体样品的电阻反而随温度降低而增加的现象，这是由非零的总电子自旋引起的。在包含少量磁性杂质（Fe、Co 和 Ni）的块体金属和在量子点中，都能观察到这种效应。只是在量子点中，是电导作为温度的函数具有极小值。电阻发生转变的这个温度 T_K 称为近藤温度（Kondo temperature）。

近藤效应的一个解释是采用磁性杂质模型，此模型由 P. W. 安德森（P. W. Anderson）在 1961 年提出。示意图如图 K.1 所示。

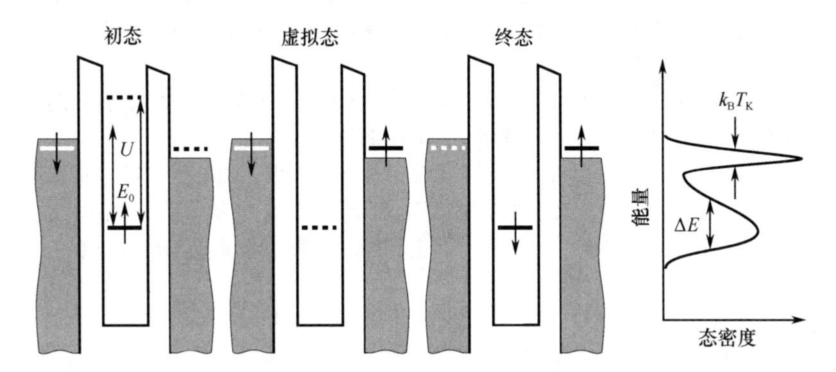

图 K.1　在电偏压下金属样品中磁性杂质原子的安德森模型

在非磁性金属中掺杂的磁性原子由一个量子阱代替，在金属的费米能级以下，只有一个电子能级 E_0。这个能级被一个具有某种自旋的电子所占据，如图中所示的向上。杂质原子被金属原子的电子海所包围，而在金属中，所有费米能级以下的态都是被占据的，费米能级以上的态都是空的。当偏压作用到样品上时，量子阱两端的电子海中的占据能级会有所不同。

把一个电子加到量子阱里去，需要克服库仑排斥相互作用 U。把电子从量子阱中拿走，需要至少 E_0 的能量。由海森堡测不准原理（Heisenberg's uncertainty principle），可知电子可以在大概 h/E_0 的时间内离开量子阱。所以电子会隧穿出势阱，并暂时占据势阱外的一个传统禁止的虚拟态。外面电子海的电子会填充这个量子阱中的空能级，这个新来的电子具有和以前的那个电子所相反的自旋，由此会导致杂质自旋的翻转。所以，就出现了杂质自旋初态和终态的不同。

自旋交换定性地改变了体系中态密度的能量依赖性。许多这样的过程同时发生，就称为近藤共振（Kondo resonance）。而且会产生一个新的态，称为近藤态（Kondo state），能量和费米能级一致。因为这个态附着于费米能级，所以一直处于“共振”的。因为近藤态是由磁性掺杂原子附近的电子和金属中电子的交换作用引起的，所以近藤效应是一个典型的多体效应。与相同磁性杂质相互作用的电子形成近藤云（Kondo cloud）。因为每个电子都含有这个掺杂态的信息，它们不可避免地携带彼此的信息，所以近藤云中的电子是相互关联的。

低温电阻有极小值的现象是近藤态存在的第一个证据。这个态增强了费米能级附近的电子散射。传导电子与杂质态电子之间的杂化是导致低温下电阻升高的原因。总电阻和温度的函数关系是 $\rho=AT^5-B\ln T+C$，其中 A、B、C 是依赖于磁性杂质浓度、交换能和交换散射强度的常数。近藤温度是

$$T_K=\frac{\sqrt{\Delta EU}}{2}\exp\left[\frac{\pi E_0(E_0+U)}{\Delta EU}\right]$$

其中 ΔE 是指杂质能级由于电子隧穿的展宽。近藤温度和磁性杂质浓度的 1/5 次幂成正比。在金属体系中，它的范围是 1～100 K。

在近藤系统中，实际电阻和零温下电阻的比值只和温度 T 有关系，即 $R/R_0=f(T/T_K)$。所有包含自旋为 1/2 的杂质态的材料可以用相同的温度依赖函数 $f(T/T_K)$ 来表示，所以系统可以用近藤温度 T_K 代替 U、E_0 和 ΔE 来刻画。

量子点（quantum dot）是输运性质可以被近藤效应影响的另一类系统，量子点的系统参数比稀磁合金的掺杂浓度具有更高控制度。限制了明确电子数目的量子点可以看做是磁性杂质。总的自旋是零或整数（偶数个电子的情形），或者是半整数（奇数个电子的情形）。自旋为半整数的情形是观察近藤效应的典型情形，只考虑占据最高能态的电子，其他电子都忽略，也即单个孤立自旋 $s=1/2$ 的情况。

在一个量子点上施加门电压，那么可以观测到当量子点上的电子数由奇数变成偶数时，量子点由一个近藤体系变成一个非近藤体系。如图 K.2 所示。

量子点连接到两端的金属电极上，隧穿电流由加在两电极上的电压控制。量子点和源极、漏极之间的耦合造成了量子点上能级的展宽 ΔE。量子点上的电子数和电子的能级是由加在中心电极上的门电压调制的。所以当一个单粒子能态接近于费米能量（Fermi energy）时，可以通过调整门电压来调整近藤温度。

量子点和具有磁性金属杂质的块体金属的不同之处在于电子态的性质。在金属中，电子态是平面波，于是和杂质原子的散射，导致了不同动量的平面波的混合。这种电子动量的改变增加了材料的电阻。

在量子点中，所有的电子都必须隧穿过量子点，在这种情况下，近藤共振使得两电极中能态的混合变得容易。这种混合增加了电导，降低了电阻。所以就电阻这方面的性质来讲，量子点和体金属中的近藤效应是不同的。图 K.2 显示了在两个不同的低温下，量子点的电导随着调节量子点中电子数目的门电压的变化。当量子点上具有偶数个电子时，随着温度的降低，电导也降低，这表明偶电子数量子点中没有近藤效应。相反的，可以看到含有奇数个电子的量子点体系中是有近藤效应的。

和块体样品中的电阻一样，在近藤机制下，量子点的电导也只依赖于 T/T_K。在极低温度下，电导的量子极限是 $2e^2/\hbar$。如果电导达到这个极限值，就意味着电子完美通过量子点。近

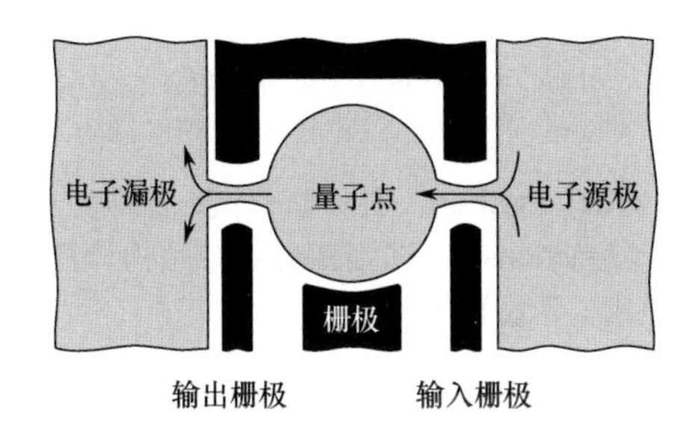

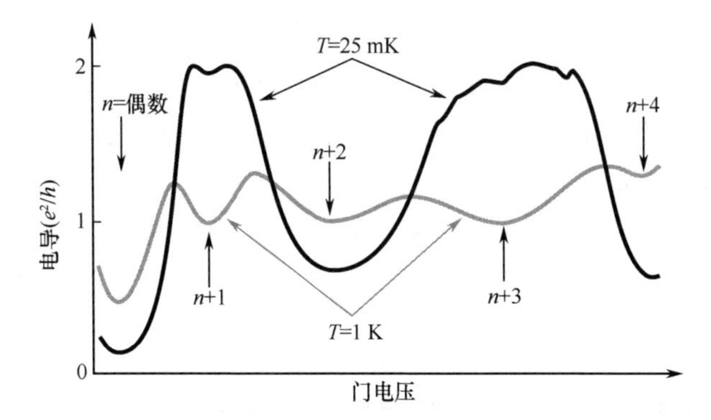

图 K.2 通过外加偏压可控的量子点，以及两种不同温度下电导作为门电压的函数的变化曲线

门电压的变化能改变受约束电子数目 n

藤效应可以使得量子点变得完全可穿越。

含有偶数个电子的量子点体系也可以观测到近藤效应，只要把量子点置于外磁场下使得有一定的自旋分裂和能级占据就可以了。

首次描述：J. Kondo，*Resonance minimum in dilute magnetic alloys*，Prog. Theor. Phys. **32**（1），37～49（1964）。

详见：S. Andergassen，D. Feinberg，S. Florens，M. Lavagna，S. Shiau，P. Simon，R. Van Roermund，*New trends for the Kondo effect in nanostructures*，Int. J. Nanotechnol. **7**（4～8），438～455（2010）。

Kondo resonance 近藤共振 参见 Kondo effect（近藤效应）。

Kondo temperature 近藤温度 参见 Kondo effect（近藤效应）。

Koopmans theorem 库普曼斯定理 闭壳层分子的电离势可以由相应的哈特里-福克计算的轨道能的负值来近似。这就给计算出的轨道能赋予了物理含义。所以，中性分子的最低电离势就等于分子体系的最高占据分子轨道（HOMO）能量的负值。这就是所谓的垂直电离能。“垂直”意味着假设在电离过程中分子的结构和电子结构没有发生改变。所以在这个模型下，阳离子的波函数和相应的中性原子的波函数是一样的。

首次描述：T. Koopmans，*Über die Zuordnung von Wellenfunktionen und Eigenwerten zu den einzelnen Electronen eines Atoms*，Physica **1**，104～113（1934）。

Kopp law 柯普定律 在常温常压下，固态化合物的摩尔热容近似等于组成化合物的单质的摩尔热容之和。

首次描述：H. Kopp，*Untersuchungen über die spezifische Wärme der starren und tropfbar-flüssigen Körper*，Ann. Chem. Pharm. Suppl. **3**，289（1864）。

Korringa-Kohn-Rostoker（KKR）method 科林伽-科恩-罗斯托克方法 简称KKR方法，是一种用格林函数（Green's functions）来进行固体能带结构计算的方法，它把薛定谔方程（Schrödinger equation）转化成了等效的积分方程。

在这个方法中，波函数 $\psi(\boldsymbol{k},\boldsymbol{x})$ 是由满足自由粒子薛定谔方程的格林函数 $G(\boldsymbol{k},\boldsymbol{x}-\boldsymbol{x}';E)$ 计算得来的：

$$\left(\frac{\hbar^2}{2m}\nabla^2+E\right)G(\boldsymbol{k},\boldsymbol{x}-\boldsymbol{x}';E)=\delta^3(\boldsymbol{x}-\boldsymbol{x}'),$$

以描述对于 δ 函数 δ^3（$\boldsymbol{x}-\boldsymbol{x}'$）的反应。最后的波函数积分方程是

$$\psi(\boldsymbol{k},\boldsymbol{x})=\int d^3\boldsymbol{x}'G(\boldsymbol{k},\boldsymbol{x}-\boldsymbol{x}';E)V(\boldsymbol{x}')\psi(\boldsymbol{k},\boldsymbol{x}'),$$

其中 $V(\boldsymbol{x})$ 是晶体势函数。

首次描述：J. Korringa，*On the calculation of the energy of a Bloch wave in a metal*，Physical **13**，392～400（1947）；W. Kohn，N. Rostoker，*Solution of the Schrödinger equation in periodic lattices with an application to metallic lithium*，Phys. Rev. **94**（5），1111～1120（1954）。

Kossel crystal 科塞尔晶体 原子填充发生在台阶处的晶体。二维情形的普遍情形如图 K.3 所示。

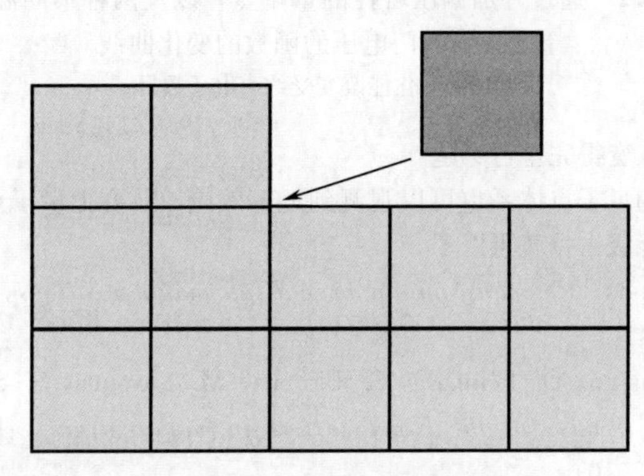

图 K.3 二维科塞尔晶体

这种晶体经常是简单立方格子，组成元素之间的附加相互作用力是中心对称的。

首次描述：W. Kossel，*Zur Theorie des Kristallwachstums*，*Nachr. Akad. Wiss. Göttingen*，Math. Phys. Kl. **27**，135～143（1927）。

Kossel effect 科塞尔效应 单晶中的原子产生的特征X射线会引起一系列的圆锥状的反射X射线。

Kossel-Stranski surface 科塞尔-斯特兰斯基表面 通过逐步复制构建的晶体表面。它在科塞尔晶体（Kossel crystal）中非常典型。

首次描述：W. Krossel，*Molecular forces in crystal growth*，Phys. Z. **29**，553～555（1928）；I. N. Stranski，*Zur Theorie des Kristallwachstums*，Z. Phys. Chem. **136**（3/4），259～278（1928）。

KPFM 为 Kelvin probe force microscopy（开尔文探针力显微术）的缩写。

Kramers-Anderson superexchange 克拉默斯-安德森超交换 参见 superexchange（超交换）。

Kramers theorem 克拉默斯定理 在没有磁场的情况下，一个含有奇数个电子的原子体系的定态一直是简并的，简并度是一个偶数。如果体系含有偶数个电子，那么能量在一阶近似下将不会被磁场影响。

首次描述：H. A. Kramers，*General theory of paramagnetic rotation in crystals*，Proc. K. Akad. Amsterdam **33**（9），959～972（1930）。

Kramers-Kronig dispersion relation 克拉默斯-克勒尼希色散关系 把介电函数（dielectric function）的实部 $\varepsilon_1(\omega)$ 和虚部 $\varepsilon_2(\omega)$ 联系起来的一个关系式：

$$\varepsilon_1(\omega) = 1 + (2/\pi)P\int \varepsilon_2(\omega')\omega' \mathrm{d}\omega' / (\omega'^2 - \omega^2)$$

其中 P 表示积分主值。这个色散关系是基于因果性原理。

首次描述：R. L. Kronig，*Theory of dispersion of X-rays*，J. Opt. Soc. Am. **12**（6），547～557（1926）；H. A. Kramers，*La diffusion de la lumiere par les atomes*，Estratto degli Atti del Congresso Internazionale dei Fisici，Como，vol. **2**（Bologna，1927）p. 545～557。

Kreibig model 克赖比希模型 描述金属纳米粒子中尺寸与其固有光学响应之间的关系的模型。它说明了一个事实，即粒子尺寸（r）的减小提高了粒子表面的散射作用。根据此模型，介电函数中阻尼速率与尺寸之间的关系为 $\Gamma(r) = \Gamma_0 + \frac{Av_F}{r}$，其中 Γ_0 为块体材料的阻尼速率，A 为代表特定表面散射机制的唯象因子，v_F 为费米速度。这种尺寸与介电函数之间的关系，在分散有小于 50 nm 金属粒子的介电介质中被观察到。

首次描述：U. Kreibig，*Electronic properties of small silver particles*：*The optical constants and their temperature dependence*，J. Phys. F. Metal Phys. **4**（7），999～1014（1974）。

详见：U. Kreibig，M. Vollmer，*Optical Properties of Metal Clusters*（Springer，Berlin，2010）。

Kretschmann-Raether configuration 克雷奇曼-雷特尔构型 参见 Kretschmann configuration（克雷奇曼构型）。

Kretschmann configuration 克雷奇曼构型 实际上为 Kretschmann-Raether configuration（克雷奇曼-雷特尔构型）。在基面上沉积金属膜的透明棱柱。它用于激发和研究一端为棱柱而另一端为空气的金属膜的表面等离子激元（plasmon）。

首次描述：E. Kretschmann，H. Raether，*Radiative decay of nonradiative surface plasmons excited by light*，Z. Naturforsch. A **23**，2135～2136（1968）。

Kronecker delta function 克罗内克 δ 函数 记为 $\delta_{m,n}$，在 $m=n$ 时值为 1，在其他情况下值为 0。亦称克罗内克符号（Kronecker symbol）。

首次描述：L. 克罗内克（L. Kronecker）于 1866 年。

Kronecker product 克罗内克积 一种特殊的两个任意大小矩阵的张量积。如果 $\mathbf{A}$ 是一个 m 乘 n 的矩阵，$\boldsymbol{B}$ 是一个 p 乘 q 的矩阵，那么它们的克罗内克积是 mp 乘 nq 的矩阵：

$$
A \otimes B = \begin{bmatrix}
a_{11}b_{11} & \cdots & a_{11}b_{1q} & \cdots & a_{1n}b_{11} & \cdots & a_{1n}b_{1q} \\
a_{11}b_{21} & \cdots & a_{11}b_{2q} & \cdots & a_{1n}b_{21} & \cdots & a_{1n}b_{2q} \\
\vdots & & \vdots & & \vdots & & \vdots \\
a_{11}b_{p1} & \cdots & a_{11}b_{pq} & \cdots & a_{1n}b_{p1} & \cdots & a_{1n}b_{pq} \\
\vdots & & \vdots & & \vdots & & \vdots \\
a_{m1}b_{11} & \cdots & a_{m1}b_{1q} & \cdots & a_{mn}b_{11} & \cdots & a_{mn}b_{1q} \\
a_{m1}b_{21} & \cdots & a_{m1}b_{2q} & \cdots & a_{mn}b_{21} & \cdots & a_{mn}b_{2q} \\
\vdots & & \vdots & & \vdots & & \vdots \\
a_{m1}b_{p1} & \cdots & a_{m1}b_{pq} & \cdots & a_{mn}b_{p1} & \cdots & a_{mn}b_{pq}
\end{bmatrix}
$$

Kronecker symbol　克罗内克符号　参见 Kronecker delta function（克罗内克 δ 函数）。

Kronig-Penney model　克勒尼希-彭尼模型　晶体的理想化一维模型，其中电子势能是周期性间隔分布的方势垒的无穷序列。这种周期性分布的方势垒称为克勒尼希-彭尼势（Kronig-Penney potential）。

首次描述：R. de L. Kronig，W. G. Penney，*Quantum mechanics of electrons in crystal lattices*，Proc. R. Soc. A **130**，499～513（1931）。

Kronig-Penney potential　克勒尼希-彭尼势　参见 Kronig-Penney model（克勒尼希-彭尼模型）。

Kubo formalism　久保形式化　使用这种技术可以不用解动力学方程而形式计算多个输运系数。这套方法是假设系统可以用一个哈密顿量来表示，而且系统的平衡热动力学性质是由系统的平衡态密度矩阵 $\rho^{(0)}$ 来决定。现在系统置于一个和时间有关的外场 $AF(t)$ 中，A 是一个任意算子（operator），F 是一个含时的函数。系统的含时特性由密度矩阵 $\rho(t)$ 描述，$\rho(t)$ 满足冯・诺依曼方程（von Neumann equation）$i\hbar\, \partial \rho / \partial t = [H_t, \rho]$，其中 $H_t \equiv H + AF(t)$。至此为止，所有的量都是传统和精确的。在计算 $\Delta\rho \equiv \rho(t) - \partial^{(0)}$ 时所作的基本近似是把 $\Delta\rho$ 或 A 中的二次项忽略，来求解冯・诺依曼方程。这就允许在这个近似中求解对于 $\Delta\rho$ 的方程。一个量 B 在这个新的含时态 $\rho_0 + \Delta\rho$ 中的平均值假定有以下形式：

$$\langle B(t) \rangle = B_0 + Tr(B\Delta\rho) = B_0 + \int_0^{\infty} dt' \phi_{BA}(t-t') F(t')$$

其中 B_0 是 B 的平衡态值，ϕ_{BA} 是响应函数

$$\phi_{BA}(\tau) = \frac{1}{i\hbar} Tr \rho^{(0)} [A, B(\tau)]$$

而

$$B(\tau) \equiv \exp\left(\frac{1}{i\hbar} H\tau\right) B \exp\left(-\frac{1}{i\hbar} H\tau\right)$$

久保形式化具有线性响应理论的特征。如果一个电场 A 和 $F(t)$ 引起的电流类似函数 $\exp(i\omega t)$ 变化，那么由以上公式可以导出和频率有关的电导张量是

$$\sigma_{\mu\nu} = \frac{1}{k_B T} \int_0^{\infty} dt \exp(i\omega t) \langle j_\nu j_\mu(t) \rangle$$

首次描述：R. Kudo，*Statistical-mechanical theory of irreversible process. I. General theory and simple applications to magnetic and conduction problems*，J. Phys. Soc. Japan. **12**（6），570～586（1957）。

Kubo oscillator　久保振荡器　一个以随机频率振荡的振荡器。

Kuhn-Thomas-Reiche sum rule（or *f*-sum rule）　库恩-托马斯-赖歇求和规则（或 *f* 求和规则）　对于原子中任一能级（标示为2），原子的电子经历了所有可能的有能级2参与的跃迁，则有关系式 $\sum_{1} f_{21} + \sum_{3} f_{23} = n$，其中 f 表示相应的能级跃迁的振子强度，1表示所有低于2的能级，3表示所有高于2的能级（包括连续区），n 是指光电子的数目。吸收和发射的振子强度的关系是：$\omega_1 f_{12} = -\omega f_{21}$，$\omega$ 是权重因子。

首次描述：W. Kuhn，*Über die Gesamtstärke der von einem Zustande ausgehenden Absorptionslinien*，Z. Phys. **33**（1），408～410（1925）；W. Thomas，*Über die Zahl der Dispersionselektronen，die einem stationären Zustande zugeordnet sind*（*Vorläufige Mitteilung*），Naturwissen. **13**，627（1925）；F. Reiche，W. Thomas，*Über die Zahl der Dispersionselektronen，die einem stationären Zustande zugeordnet sind*，Z. Phys. **34**（1），510～525（1925）。

L

从 lab-on-a-chip（芯片上的实验室）到 Lyman series（莱曼系）

lab-on-a-chip　芯片上的实验室　亦称微流控芯片全分析系统，把流控器件、传感器、探测器和信号处理器集成到一个芯片上使得它能进行一个完整的化学反应或一个生物医学分析。简单的样品配制、适当的反应以及产物的分离和鉴别可以用这种器件来实现。

Lagrange equation of motion　拉格朗日运动方程　方程如下：

$$\frac{\mathrm{d}}{\mathrm{d}t}\left(\frac{\partial \boldsymbol{L}}{\partial v_i}\right)-\frac{\partial \boldsymbol{L}}{\partial r_i}=0,\quad i=1,2,\cdots,n$$

其中 $\boldsymbol{L}$ 是拉格朗日量。给定一组独立的广义坐标 r_i 和广义速度 v_i，它们可以用来描述保守体系（其中所有力都由势能函数 U 得到）的状态，所以 $\boldsymbol{L}=\boldsymbol{L}(r_i,v_i,t)$。

首次描述：J. Lagrange，*Mécanique Analytique*（1788）。

Lagrangian function（简写：Lagrangian）　拉格朗日函数（量）　一个粒子或者体系的动能与势能之差。这个函数使得经典力学体系的运动方程和哈密顿原理可以写成一个简单的形式。对于含有相对论速度和存在外磁场的情况，这个量具有更加复杂的形式。参见 Lagrange equation of motion（拉格朗日运动方程）。

lambda point　λ点　为氦Ⅰ（helium Ⅰ）和氦Ⅱ（helium Ⅱ）的转变点，也即温度等于 2.178 K 时。此术语“λ点”是 1932 年在 P. 埃伦菲斯特（P. Ehrenfest）建议下由 W. H. 凯索姆（W. H. Keesom）和 A. P. 凯索姆（A. P. Keesom）引入，原因是液氦比热和温度的关系曲线的形状类似于希腊字母“λ”。

Lambert law　朗伯定律　表面的照度（受光照射的表面上任一点单位面积上的通光量）是随着光束入射角（入射光线与表面垂直方向的夹角）的余弦值而变化的。

首次描述：J. H. Lambert，*Photometria*（Augsburg，1760）。

Lambert surface　朗伯面　一种理想的漫射表面，其反射的光强在各个方向上都是一样的。

Lamb shift　兰姆移位　氢原子或者类氢离子能级相对于狄拉克电子理论所预言的能级值的很小的移动。这种移位可以由量子电动力学原理推导出。

首次描述：W. E. Lamb Jr.，R. C. Reserford，*Fine structure of the hydrogen atom by a microwave method*，Phys. Rev. **72**（3），241～243（1947）。

获誉：1955 年，W. E. 兰姆（W. E. Lamb）凭借对于氢光谱精细结构的发现而获得诺贝尔物理学奖。

另请参阅：www.nobelprize.org/nobel_prizes/physics/laureates/1955/。

Landau damping　朗道阻尼　一个系统不是由体系内粒子的碰撞而是由粒子和波的相互作用引起的激子衰减。

首次描述：L. D. Landau，*On the vibrations of the electronic plasma*，Zh. Eksp. Teor. Fiz.，**16**，574（1946）（俄文）；J. Phys. USSR，**10**，25（1946）。

Landauer-Büttiker formalism 兰道尔-布蒂克形式化 此方法使用电子的透射波和反射波来描述和考察电子在低维结构中的输运。从这一点来看，电导是由为从相位随机接触点入射的载流子提供的一维通道的数目和每个通道的结构输运性质来决定的。图 L.1 中的示意性多端点器件可以说明这种方法。

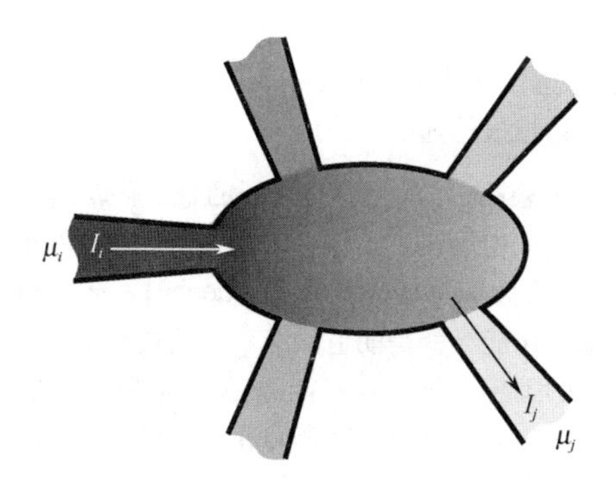

图 L.1 用于说明兰道尔-布蒂克形式化的多端点低维结构

这个器件具有 i 个端点，分别连接 i 个电子存储器。每个存储器由化学势 μ_i 表征。流过第 i 个端点的净电流是 $I_i=(2e/h)[(1-R_i)\mu_i-\sum_{i\neq j}T_{ij}\mu_j]$。只是因为注入第 i 个端点的电流会有一部分被反射回来（反射系数是 R_i），还有一部分是从其他电子存储器透射的（电子从第 j 个存储器透射到第 i 个存储器的透射概率由透射系数 T_{ij} 表示）。公式中的 2 代表计入了电子自旋简并。

对于第 i 个端点的多模式机制，如果有 N_i 个通道位于费米能量（Fermi energy）处，那么电流的表达式是 $I_i=(2e/h)[(N_i-R_i)\mu_i-\sum_{i\neq j}T_{ij}\mu_j]$，这就是计算多端点器件电导的兰道尔-布蒂克公式（Landauer-Büttiker formula）。假设存储器等同地向各个通道输送电子到给定端点的各自费米能量上，此时在不同的 m 和 n 模式中反射和透射的电子必须通过求和来考虑：$R_i=\sum_{mn}^{N_i}R_{i,mn}$，$T_{ij}=\sum_{mn}^{N_i}T_{ij,mn}$。由电流守恒可以得到反射和透射系数的求和法则：$R_i+\sum_{i\neq j}T_{ij,mn}=N_i$。

在许多方面，兰道尔-布蒂克公式可以看作欧姆定律在低维体系中的形式。它对于定性解释一些实验现象是很有用的。这个公式可以很好地描述开放体系，在这些体系中非相互作用电子波的图像是有效的，相互作用仅仅通过有限移相时间起作用。对于封闭的量子点体系，充电能是很重要的，因此这个公式只在一些特殊情况下成立。

首次描述：R. Landauer，*Spatial variation of currents and fields due to localized scatters in metallic conduction*，IBM J. Res. Dev. **1**（6），223～231（1957）；M. Büttiker，*Four-terminal phase-coherent conductance*，Phys. Rev. Lett. **57**（14），1761～1764（1986）。

详见：S. Datta，*Electronic Transport in Mesoscopic Systems*（Cambridge University Press，Cambridge，1995）。

Landauer-Büttiker formula 兰道尔-布蒂克公式 参见 Landauer-Buttiker formalism（兰道

尔-布蒂克形式化)。

Landauer formula **兰道尔公式** 此公式定义单模式一维导电通道的电阻是

$$r=\left(\frac{h}{2e^2}\right)\frac{R}{1-R}$$

其中 R 是电子波的反射概率。

首次描述：R. Landauer，*Spatial variation of currents and fields due to localized scatters in metallic conduction*，IBM J. Res. Dev. **1** (6)，223～231 (1957)。

Landau fluctuation **朗道涨落** 在薄层探测器中不同粒子的能量损失的变化，这是由于粒子碰撞数的随机和每次碰撞能量损失的随机造成的。

Landau level **朗道能级** 磁场中晶体的自由载流子的量子化轨道。

电子在垂直于外磁场的平面中运动，在洛伦兹力（Lorentz force）的作用下做圆周运动。角频率是 $\omega_c=eB/m$，称为回旋频率（cyclotron frequency），m 为电子质量。在这种情况下，电子能级被量子化，这些量子化能级就是朗道能级，表达式是 $E_i=(i+1/2)\hbar\omega_c$，i 为正整数。

在一个包含二维电子气的理想系统，这些能级是 δ 函数的形式，最近邻两个能级间的差值由回旋能量 $\hbar\omega_c$ 决定。能级会随着温度的升高而展宽。只有在 $k_B T\ll\hbar\omega_c$ 时，才能观测到高分辨的朗道能级。电子只能存在于朗道能级上，而不能位于两能级之间。

Landé equation **朗德方程** 此方程给出了自由原子的 g 因子（g-factor），如下所示：

$$g=1+\frac{J(J+1)+S(S+1)-L(L+1)}{2J(J+1)},$$

其中 J 代表总的角动量量子数，S 代表自旋角动量量子数，L 代表轨道角动量量子数。

首次描述：A. Landé，*Über den anomalen Zeemaneffekt* (*Teil I*)，Z. Phys. **5** (4)，231～241 (1921)；A. Landé，*Über den anomalen Zeemaneffekt* (*Teil II*)，Z. Phys. **7** (1)，398～405 (1921)。

Landé *g*-factor **朗德 *g* 因子** 一个考虑了自旋-轨道耦合的原子在力学矩方向上的总磁矩表达式是 $M=-g_L(e/2mc)J$，其中 g_L 即为朗德 g 因子，m 是电子质量，J 是合成角动量。事实上，朗德 g 因子明确决定着磁性物质在外磁场下的劈裂能。也请参见 g-factor（g 因子）和 Zeeman effect（塞曼效应）。

首次描述：A. Landé，*Über den anomalen Zeemaneffekt* (*Teil I*)，Z. Phys. **5** (4)，231～241 (1921)；A. Landé，*Über den anomalen Zeemaneffekt* (*Teil II*)，Z. Phys. **7** (1)，398～405 (1921)。

Landé interval rule **朗德间隔定则** 当自旋-轨道耦合足够弱以至于可以作为微扰处理时，一个具有确定自旋角动量和轨道角动量的能级劈裂成不同总角动量的能级，则相邻能级之间的间隔正比于它们中较大的总角动量。

首次描述：A. Landé，*Termstruktur und Zeemaneffekt der Multipletts I*，Z. Phys. **15** (1)，189～205 (1923)；A. Landé，*Termstruktur und Zeemaneffekt der Multipletts II*，Z. Phys. **19** (1)，112～123 (1923)。

Landé γ-permanence rule **朗德 γ 不变定则** 由自旋轨道耦合引起能级移动的加和与外磁场强度没有关系，求和是对于所有的有着相同自旋与轨道角动量量子数但不同总角动量，和有着相同总的磁量子数的态进行。

Langevin-Debye formula **朗之万-德拜公式** 此公式给出了物质平均每个分子的总极化率为

$\alpha=\alpha_0+(p^2/3k_BT)$，其中 α_0 是考虑了电子和离子贡献的变形极化率，p 是分子的偶极矩。由 P. 朗之万（P. Langevin）于 1905 年研究顺磁（paramagnetic）磁化率时首次描述，最终由 P. 德拜（P. Debye）于 1912 年确定其最终形式。

首次描述：P. Langevin，*Sur la theory du magnetism*，J. Phys. Radium，**4**，678～693（1905）；P. Langevin，*Magnetism et theory des electrons*，Ann. Chim. Phys. **5**，70（1905）；P. Debye，*Einige Resultate einer kinetischen Theorie der Isolatoren*，Phys. Z. **13**，97（1912）。

获誉：1936 年，P. 德拜（P. Debye）凭借对于偶极矩和 X 射线与电子在气相中的衍射的研究而获得了诺贝尔化学奖。

另请参阅：www. nobelprize. org/nobel_prizes/chemistry/laureates/1936/。

Langevin function 朗之万函数 即 $L(a)=\coth a-1/a$。对于 $a\ll1$，$L(a)=a/3$。这个公式用于传统磁偶极子集合的顺磁磁化率，或者用于具有永久电偶极矩的分子的极化率。

Langmuir adsorption constant 朗缪尔吸附常数 参见 Langmuir theory of adsorption（朗缪尔吸附理论）。

Langmuir adsorption equation 朗缪尔吸附方程 参见 Langmuir theory of adsorption（朗缪尔吸附理论）。

Langmuir-Blodgett film 朗缪尔-布洛杰特膜 亦称 L-B 膜，是指固体基片上形成的一种有机薄膜，当把基片蘸向表面上有一层有机薄膜的液体（通常为水）时，有机薄膜就会在基片表面沉积形成朗缪尔-布洛杰特膜。固体基片蘸向液体时，会形成第一层膜，当把固体基片从液体中拿出时，会形成第二层薄膜。这种沉积薄膜的方法，称为朗缪尔-布洛杰特方法（Langmuir-Blodgett method）。所用的有机分子在两端分别含有两种类型的官能团，一端是包含有一个酸根或者是醇基的烃链，这样的末端上是亲水的（hydrophilic），另一端是含有难溶的烷烃基，这样的末端是疏水的（hydrophobic）。这种有机分子，称为两亲分子，它在水的表面上形成的膜是亲水末端连在水中，疏水末端在空气中，这种膜就是朗缪尔膜（Langmuir film）。两亲分子的典型例子就是硬脂酸（$C_{17}H_{35}CO_2H$），它的长烃尾部（$C_{17}H_{35}$）是疏水的，而羧酸头基（$-CO_2H$）是亲水的。

朗缪尔膜在固体表面有三种类型的沉积方式，如图 L. 2 所示。

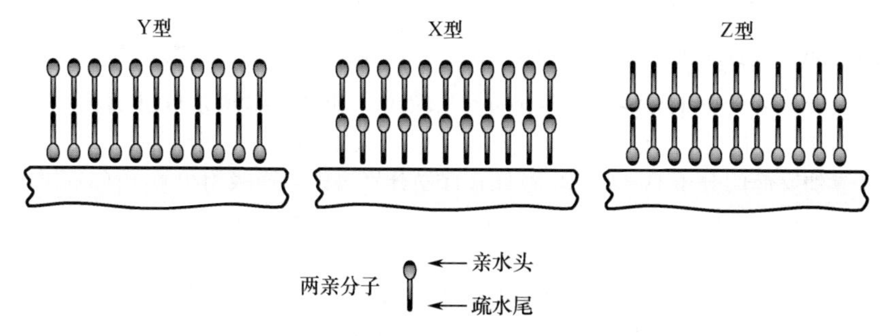

图 L. 2 朗缪尔-布洛杰特膜的沉积类型

当衬底穿过水表面的单分子层时，单分子层将在浸入或者拿出过程中转移。如果衬底是疏水的，那么在衬底往水中蘸时就会由于疏水基和衬底表面的相互作用而形成单分子层。另外，如果衬底表面是亲水的，那么在衬底从水中拿出时，亲水基团吸附到衬底表面上，形成单分子层。所以在经过第一次浸入-拿出的过程之后，亲水表面会有一个疏水的表层。第二个单分子层将在第二次浸入时形成。经过一系列浸入-拿出过程，会形成一个头对头、尾对尾结构的多分子层，这种类型的沉积是 Y 型（Y-type）的。这是多层沉积的最主要的模式，所用的两亲分子具有十分亲水的基团（—COOH、—PO_3H_2），而尾部是烷烃链。这样沉积的多层膜是中心对称的。

当一个疏水的表面，如纯净硅表面，从空气蘸入水中时，那么疏水基团将粘到表面上。如果现在把这个衬底样品放到没有单分子层的水中，并且拿出，那么在拿出过程中，将会在衬底表面形成头对尾的构型。这种类型的沉积是 X 型（X-type）的。第三种沉积方式是 Z 型（Z-type）的，这种头对尾的沉积方式仅仅在衬底拿出的过程中形成。形成 X 型和 Z 型的沉积时，亲水基团的亲水性可以不是太强（如—COOMe），或者疏水基团尾部是一个弱极性的基团（如—NO_2），这两种沉积的单分子层之间的相互作用是亲水-疏水相互作用。所以这种类型的多层结构不如 Y 型的稳定。X 型和 Z 型的多层膜不是中心对称的。

朗缪尔-布洛杰特膜的一个独特性质是它可以在非晶衬底上形成十分规则的结构。

首次描述：K. B. Blodgett，*Films built by depositing successive monomolecular layers on a solid surface*，J. Am. Chem. Soc. **57**（6），1007～1022（1935）；I. Langmuir，K. B. Blodgett，*Methods of investigation of monomolecular films*，Kolloid Z. **73**，257～263（1935）。

详见：A. Ulman，*An Introduction to Ultrathin Organic Films. From Langmuir-Blodgett to Self-Assembly*（Academic Press，Boston，1991）。

Langmuir-Blodgett method　朗缪尔-布洛杰特方法　参见 Langmuir-Blodgett film（朗缪尔-布洛杰特膜）。

Langmuir effect　朗缪尔效应　当和具有高的功函数的热金属接触时，具有低电离势的原子发生电离。

首次描述：I. 朗缪尔（I. Langmuir）于 1924 年。

获誉：凭借对于表面化学作出的贡献，I. 朗缪尔（I. Langmuir）获得了 1932 年诺贝尔化学奖。

另请参阅：www.nobelprize.org/nobel_prizes/chemistry/laureates/1932/。

Langmuir equation　朗缪尔方程　参见 Langmuir theory of adsorption（朗缪尔吸附理论）。

Langmuir film　朗缪尔膜　参见 Langmuir-Blodgett film（朗缪尔-布洛杰特膜）。

Langmuir-Hinshelwood-Hougen-Watson mechanism　朗缪尔-欣谢尔伍德-霍根-沃森机理　一种表面催化作用过程中的化学反应机理，这种反应发生在表面上吸附的分子之间。根据这种机理，参加反应的分子 A（g）和 B（g）首先分别占据表面吸附位点 S（s）：A（g）+S（s）$\rightleftharpoons$AS（s）和 B（g）+S（s）$\rightleftharpoons$BS（s）。随后吸附分子发生双分子反应：AS（s）+BS（s）$\longrightarrow$产物。

产物形成速率是反应物、吸附特性、以及催化剂表面上吸附分子扩散的复变函数。

详见：J. M. Thomas，W. J. Thomas，*Principles and Practice of Heterogeneous Catalysis*（Wiley-VCH，Weinheim，1997）。

Langmuir isotherm　朗缪尔等温线　参见 Langmuir theory of adsorption（朗缪尔吸附理论）。

Langmuir theory of adsorption　朗缪尔吸附理论　描述在一定温度下吸附气体的表面覆盖率与气体压力之间的关系。在下面的假设条件下发展成为单层分子吸附理论：

- 固体表面的空位或吸附位数量为确定值。

· 吸附剂表面上空位的大小和形状相同。

· 每个吸附位上最多可以容纳一个气体分子，在这个过程中释放出等量的热量。

· 被吸附的气态分子与自由气态分子间存在动态平衡。

· 吸附是单层或单分子层

一定温度下，固体表面的气体分子覆盖率或吸附与固体表面上的气压 P 之间的关联方程为

$$\Theta = \frac{\alpha P}{1+\alpha P},$$

式中，Θ 表示被气体分子所覆盖的表面位点数目，α 为常数。这就是朗缪尔方程（Langmuir equation）[朗缪尔吸附方程（Langmuir adsorption equation）、朗缪尔等温线（Langmuir isotherm）、希尔-朗缪尔方程（Hill-Langmuir equation）]。

常数 α 被称为朗缪尔吸附常数（Langmuir adsorption constant）。它随着吸附键能增大和温度的降低而变大。

首次描述：I. Langmuir，*The constitution and fundamental properties of solids and liquids. Part I. Solids*，J. Am. Chem. Soc.，**38**，2221～2295 (1916)。

详见：P. C. Hiemenz，R. Rajagopalan，*Principles of Colloid and Surface Chemistry* (Marcel Dekker Inc.，New York，1997)。

获誉：1932 年，诺贝尔化学奖授予美国化学家 I. 朗缪尔（I. Langmuir），以表彰他在表面化学领域的研究和发现。

另请参阅：www.nobelprize.org/nobel_prizes/chemistry/laureates/1932/。

Lanthanides 镧系元素 参见 rare earth element（稀土元素）。

Laplace equation 拉普拉斯方程 位势理论中的基本方程：

$$\frac{\partial^2 \phi}{\partial x^2}+\frac{\partial^2 \phi}{\partial y^2}+\frac{\partial^2 \phi}{\partial z^2}=0$$

或者用拉普拉斯算子（Laplace operator ∇^2）的形式写成 $\nabla^2\phi=0$。满足拉普拉斯方程的函数称为调和函数。

首次描述：P. S. Laplace，Mem. Acad. R. Sci. 249～267 (1787～1789)。

Laplace operator（简写：Laplacian） 拉普拉斯算子 具有如下形式的线性算子：

$$\nabla^2=\frac{\partial^2}{\partial x^2}+\frac{\partial^2}{\partial y^2}+\frac{\partial^2}{\partial z^2}$$

Laplace transform 拉普拉斯变换 设函数 $f(x)$ 对于所有的正实数 x 有定义，则 $L[f(s)]=G(s)=\int_0^\infty f(x)\exp(-px)\mathrm{d}x$ 称为函数 $f(x)$ 的拉普拉斯变换，其中 $p=s+\mathrm{i}t$ 是一个复参量。关于一个函数的拉普拉斯变换，只有在拉普拉斯积分是收敛的情况下才存在。也就是说，$f(x)$ 必须是在每一个有限区间内都是片断性连续的，且当 x 趋于无穷大的时候，$f(x)$ 是指数阶地变化。拉普拉斯变换和傅里叶变换可以通过一个简单的变量替换联系起来：如果 $p=-\mathrm{i}\omega$，那么有 $G(s)=(2\pi)^{1/2}F(\omega)$，其中 $F(\omega)$ 是 $f(x)$ 的傅里叶变换。

Laplacian 拉普拉斯算子 也即 Laplace operator（拉普拉斯算子）。

Laporte selection rule 拉波特选择定则 电偶极跃迁只发生在相反宇称的态之间。

首次描述：O. Laporte，G. Wentzel，*"Dashed" and displaced terms in spectra*，Z.

Phys. **31** (1～4), 335～338 (1925); O. Laporte, W. F. Meggers, *Some rules of spectral structure*. J. Opt. Soc. Am. **11** (5), 459 (1925)。

LAPW 为"linearized augmented plane wave"(线性增广平面波)的缩写，用于计算固体能带结构的线性增广平面波方法[linearized augmented plane wave(LAPW)method]之中。

Larmor frequency 拉莫尔频率 参见 Larmor theorem(拉莫尔定理)。

Larmor theorem 拉莫尔定理 在磁场 H 下，对于一级近似来说，原子中的电子的运动与无磁场情况下的运动相比，差别仅仅在于叠加了一个角频率为 $\omega_L = -eH/(2mc)$ 的普通进动，其中 m 为电子质量。这个进动频率就是拉莫尔频率(Larmor frequency)。

首次描述：J. Larmor, *On the theory of the magnetic influence on spectra and on the radiation from moving ions*, Phil. Mag. **44**, 503～512 (1897)。

laser 激光器 为"a device producing light amplification by stimulated emission of radiation"(通过受激辐射发射产生光放大的器件)的缩写，也常指光放大本身即激光。激光器和微波激射器(maser)的原理都采用了物质中辐射的受激发射(stimulated emission)。

一个激光器包括一个包含在光学腔中的增益媒介，和一种给增益媒介提供能量的方法。增益媒介是具有合适光学特性的材料(气体、液体、固体或者自由电子)，光学腔至少包括两个反射镜用于在它们之间来回反射光，每次反射的光都经过一次增益媒介，其中一个反射镜为输出耦合器，它是部分透明的，以便让光射出仪器。出射光具有很好的强度和相干性(单频)，很容易聚焦。

首次描述：T. H. Maiman, *Stimulated optical radiation in ruby*, Nature **187**, 493-494 (1960)(实验)。

获誉：1964 年，诺贝尔物理学奖一半授予美国的 C. H. 汤斯 (C. H. Townes)，另一半授予苏联的 N. G. 巴索夫 (N. G. Basov) 和 A. M. 普罗霍罗夫 (A. M. Prokhorov)，以表彰他们从事量子电子学方面的基础工作，这些工作导致了基于微波激射器和激光原理制成的振荡器和放大器。1981 年，诺贝尔物理学奖的一半授予美国 N. 布隆姆贝根 (N. Bloembergen) 和 A. L. 肖洛 (A. L. Schawlow)，以表彰他们在发展激光光谱学中所作的贡献；另一半授予瑞典的 K. M. 西格班 (K. M. Siegbahn)，以表彰他在高分辨率电子能谱学领域所作的贡献。

另请参阅：www.nobelprize.org/nobel_prizes/physics/laureates/1964/。
www.nobelprize.org/nobel_prizes/physics/laureates/1981/。

laser ablation 激光切除 亦称激光消融，用一个强激光束直接把材料蒸发。这项技术用于蒸发复杂组分的目标材料并且沉积到衬底上，以便让目标材料的成分在衬底上重现。

latent heat 潜热 1mol 或者单位质量的物质，在恒温恒压下的物态变化时(比如溶解、升华、蒸发等过程)所吸收或释放的热的量。

lateral force microscopy (LFM) 横向力显微术 简称 LFM，这种技术探测 AFM 扫描针尖的扭转力矩，与局域摩擦力相关。这是 AFM 接触工作模式的一种扩展，附加的一个参数是依赖于摩擦力的悬臂的扭转力矩。LFM 可以通过摩擦力的不同分辨出物质的不同组分。这项技术也有助于得到锐度加强的图像。

图 L.3 给出了悬臂的两类横向偏离的来源，可以看出探测结果随着表面摩擦力和表面结构斜率的变化而改变。在第一种情况下，当针尖穿过某些区域时，会感受到更大的摩擦力，进而使得悬臂扭曲得更厉害。在第二种情况下，悬臂在遇到陡峭的斜坡时也会扭转。为了把以上两种情况分开，LFM 和 AFM 图像测量必须同时进行。

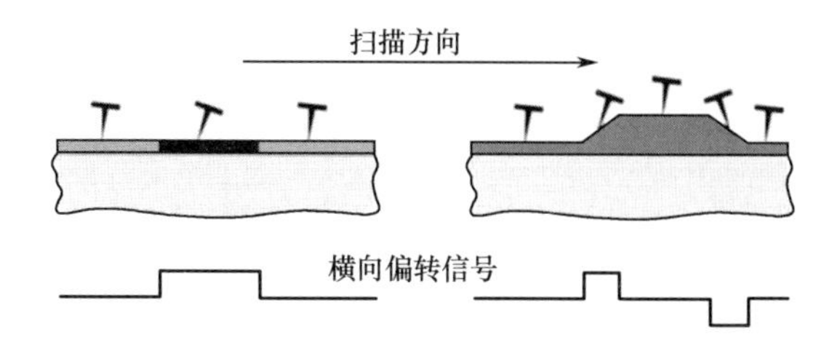

图 L.3 由于表面摩擦和表面结构倾斜度的不同导致的扫描悬臂的横向偏转

首次描述：C. M. Mate，G. M. McClelland，R. Erlandsson，S. Chiang，*Atomic-scale friction of a tungsten tip on a graphite surface*，Phys. Rev. Lett.，**59**（17），1942～1945（1987）；R. Erlandsson，G. M. McClelland，C. M. Mate，S. Chiang，*Atomic force microscopy using optical interferometry*，J. Vac. Sci. Technol. A，**6**（2），266～270（1988）。

lattice（of a crystal）（晶）格 亦称点阵，由点（原子）组成的平行网状排列，具有一个特殊性质：每个点（原子）的环境在各方面都是相同的。

Laue equation 劳厄方程 此方程给出了一组决定 X 射线束在晶体中衍射的条件，亦称劳厄条件。如图 L.4 所示。

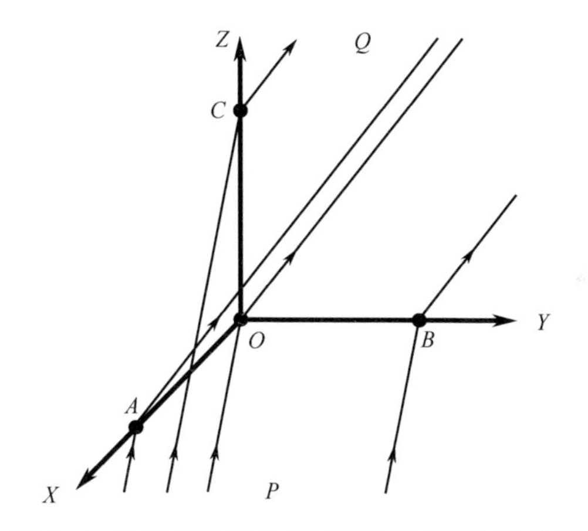

图 L.4 X 射线被晶体中的等效格点散射示意图

O 点是晶体单胞的原点，A、B、C 分别是沿着 OX、OY、OZ 方向的等价点，$OA=a$，$OB=b$，$OC=c$，其中 a、b、c 是晶格参数。考虑一个单色 X 射线的平面波从远处某点 P 发射过来，落到这些点的集合上，于是我们来推导在 Q 方向上出现衍射波的条件，设 OP 的方向角余弦是 α_1、β_1、γ_1，OQ 的方向角余弦是 α_2、β_2、γ_2。

以波长 λ 入射的射线，如果在三个方向上满足 $a(\alpha_1-\alpha_2)=h\lambda$，$b(\beta_1-\beta_2)=k\lambda$，$c(\gamma_1-\gamma_2)=l\lambda$，其中 h、k、l 是整数，那么从 O 点散射的射线和从 A、B、C 点散射的射线的相位分别一致。这三个方程就称为劳厄方程，一起构成了 Q 方向衍射束的条件。一般来说，对于任意一组方向余弦，三个方程不可能同时满足，因为任意方向的衍射被它的方向余弦中的两个就能完全确定。这意味着只有在某些入射角的情况下，才会观测到任意的衍射光束。

射线从晶体中等效点散射增强的劳厄方程等价于决定晶面衍射的布拉格方程（Bragg

equation)。

首次描述：W. Friedrich，P. Knipping，M. Laue，*Interferenzerscheinungen bei Föntgenstrahlen*，Sitzungsber. Bayer. Akad. Wiss. (Math. Phys. Klasse)，303 (1912)。

获誉：由于发现了伦琴射线在晶体中的衍射，M. von 劳厄（M. von Laue）获得了1914年诺贝尔物理学奖。

另请参阅：www. nobelprize. org/nobel_prizes/physics/laureates/1914/。

Laves phase 拉夫斯相 一种具有 AB_2 成分的金属间相。依据晶体结构对这种相进行分类可分为：立方型、六角 $MgZn_2$ 型和六角 $MgNi_2$ 型。后两种类型是六角排列的独特形式，但具有相同的基本结构。在所有的这种相中，A 原子的排列结构如金刚石、六角金刚石或相关结构，而 B 原子形成围绕 A 原子的四面体。

首次描述：F. Laves，H. Witte，*Die Kristallstruktur des* $MgNi_2$ *und seine Beziehung zu den Typen des* $MgCu_2$ *und* $MgZn_2$，Metallwirtschaft **14**，645～649 (1935)；F. Laves，H. Witte，*Der Einfluss der Valenzelektronen auf die Kristallstruktur ternrer Magnesium-Legierungen*，Metallwirtschaft，**15**，840～842 (1936)。

law of rational intercepts 有理截距定律 参见 Miller law（米勒定律）。

law of the independent migration of ions 离子独立运动定律 参见 Kohlrausch law（科尔劳乌施定律）。

首次描述：F. Kohlrausch，*Über das Leistungvermögen einiger Electrolyte in äusserst verdünnter wässriger Lösung*，Ann. Phys. **26**，161～225 (1885)。

LCAO 为 linear combination of atomic orbitals（原子轨道线性组合）的缩写，是计算固体能带结构的一种方法。

LDA 为 local density approximation（局域密度近似）的缩写，是计算固体能带结构所采用的一种方法。

LDA+U 此方法是指在局域密度近似（local density approximation）方法的基础上，再加上一个和轨道有关的 LDA 势修正。它的基本思想是：把电子分成两类来处理：一类是局域化的 d 电子或 f 电子，通过占位库仑相互作用 U 而在模型哈密顿算符（Hamiltonian）中考虑 d-d、f-f 电子库仑相互作用；第二类是非局域化的 s 和 p 电子，描述它们只需使用和轨道无关的单电子势即 LDA。和轨道有关的势可以写成 $V_i(\boldsymbol{r})=V_{LDA}(\boldsymbol{r})+U(1/2+n_i)$，其中 n_i 是指第 i 个轨道上的电子占据数。LDA+U 可以认为是哈特里-福克近似（Hartree-Fock approximation）的一种推广，只不过 LDA+U 考虑了轨道有关的屏蔽库仑相互作用。至少对于局域电子态（比如过渡金属和稀土金属离子的 d 和 f 轨道），LDA+U 方法可以认为是 GWA 方法的一种近似。这个方法在描述莫特绝缘体（Mott insulator）（如过渡金属和稀土化合物）的能隙时是很成功的。

首次描述：V. I. Anisimov，J. Zaanen，O. K. Andersen，*Band theory and Mott insulators*: *Hubbard U instead of Stoner I*，Phys. Rev. B，**44** (3)，943～954 (1991)。

LED 为 light-emitting diode（发光二极管）的缩写。

LEED 为 low-energy electron diffraction（低能电子衍射）的缩写。

Legendre polynomial 勒让德多项式 具有以下形式：

$$L_n(x)=\frac{(2n)!}{n!^2 2^n}\left[x^n-\frac{n(n-1)}{2(2n-1)}x^{n-2}+\frac{n(n-1)(n-2)(n-3)}{2\cdot 4(2n-1)(2n-3)}x^{n-4}\cdots\right]$$

n 是它的阶数，例如，$L_0(x)=1, L_1(x)=x, L_2(x)=1/2(3x^2-1), L_3(x)=1/2(5x^3-3x)$，$L_4(x)=1/8(35x^4-30x^2+3)$。

首次描述：A. M. Legendre，*Recherches sur la figure des planetes* (Paris 1784).

Lennard-Jones-Keesom potential　伦纳德-琼斯-凯索姆势　也即 Keesom potential（凯索姆势）。

Lennard-Jones potential　伦纳德-琼斯势　此势描述了间距为 r 的两原子的总势能（最初是为液氩体系设计的）为 $V(r)=\varepsilon[(r_0/r)^{12}-2(r_0/r)^6]$，其中，$\varepsilon$ 是势能阱最小处的能量，r_0 是在最小值处的原子间距，也就是原子间平衡距离。$(1/r)^{12}$ 和 $(1/r)^6$ 项分别代表排斥和吸引力。

参数 ε 决定了相互作用的强度，而 r_0 定义了作用尺度。这个势能函数代表在距离由小变大的过程中，两原子先排斥，然后是吸引，最后在一定间隔以外相互作用可以忽略不计。强的排斥相互作用来源于电子云的非键重叠，可以具有任意形式（有时用其他幂和函数形式），而吸引相互作用的尾部代表了来源于电子关联的范德瓦尔斯（van der Waals）相互作用。计算这种相互作用，要把每一对原子间的相互作用都单独处理。实际上，ε 和 r_0 可以考虑为所处理的特殊原子体系的拟合参数。

首次描述：J. E. Lennard-Jones，*Cohesion*，Proc. Phys. Soc. **43**，461～482 (1931)。

详见：I. G. Kaplan，*Intermolecular Interactions: Physical Picture，Computational Methods and Model Potentials* (John Wiley & Sons，Chichester，2006)。

Lenz law　楞次定律　当环形电流线圈中的磁场通量发生改变时，线圈中会产生感应电流，电流是方向是沿着阻止磁通变化的方向。

首次描述：H. F. E. Lenz，Mem. Acad. Imp. Sci. (St. Petersbourg) **2**，427 (1833)；H. F. E. Lenz，*Über die Bestimmung der Richtung der durch elecktrodynamische Vertheilung erregten Ströme*，Ann. Phys. **31**，483～493 (1834)。

Leonardo da Vinci law　列奥纳多·达芬奇定律　两个物体之间的摩擦力与它们的接触面积无关。另请参见 Amonton's law（阿蒙东定律）。

LET　为 light-emitting transistor（发光晶体管）的缩写。

levitation　悬浮　在没有任何可见的支托的情况下，支撑起一个物体。

Lévy process　莱维过程　一种在空间的随机行走，它具有无穷大的步长概率二次矩，或者是一种随机过程，其事件之间等待时间分布的一次矩无穷大。

首次描述：P. Lévy，*Sur les integrals dont les elements sont des variables aléatoires indépendentes*，Ann. R. Scuola Norm. Super. Pisa，Sez. Fis. e Mat.，Ser. **2**，337～366 (1934)，Ser. **4**，217～218 (1935)。

LFM　为 lateral force microscopy（横向力显微术）的缩写。

Lie algebra　李代数　一种作用到流形上的矢量场的代数，加法运算是使用李括号（Lie bracket）逐点相加和相乘。

首次描述：S. 李 (S. Lie) 于1888年。

另请参阅：S. Lie，F. Engel，*Theorie der Transformationsgruppen* (Teubner，Leipzig，1888～1893)。

详见：B. Hall，*Lie Groups，Lie Algebras，and Representations* (Springer，Berlin，2004)。

Lie bracket **李括号** 对任意矢量 X、Y，进行如下操作：矢量场 $Z=[X, Y]=XY-YX$。

Lie group **李群** 一种拓扑群，同时也是一种微分流形，群操作就是它们自身的解析函数。

lift-off process **剥离工艺** 参见 electron-beam lithography（电子束光刻）。

light-emitting diode（LED） **发光二极管** 简称 LED，一种在偏压下可以激发出非相干单色光的半导体器件。激发出的光的颜色是和所使用的半导体的材料有关，有黄色、橙色、绿色、青绿色、蓝紫色，甚至白色。

首次描述：O. V. 洛谢夫（O. V. Losev）于 1927 年对于 SiC 的研究（原理可能性）；N. Holonyak Jr，S. F. Bevaqua，*Coherent（visible）light emission from Ga（$As_{1-x}P_x$）junctions*，Appl. Phys. Lett. **1**（1），82～83（1962）（器件实现）。

获誉：小霍伦亚克（Nick Holonyak Jr.）被誉为“西方半导体发光技术之父”，他是同时获得美国国家科学奖章（1990 年）和美国国家技术奖章（2002 年）的 13 个美国人的其中之一。

light-emitting silicon **发光硅** 硅是最重要的半导体元素，以金刚石结构（diamond structure）结晶，晶格常数是 0.5341 nm。硅具有一个 1.12 eV 的非直接能隙，这个能量对应红外区域，这个能隙对于室温下操作是很理想的，其氧化物允许把超过 10^8 个晶体管集成到一个芯片上。硅微电子工业可以生产高集成度芯片，具有高速和高连接度的特点。连接度的限制导致了连接传导的延迟、器件过热和信息延迟。为了突破这个瓶颈，光子集成电路（photonic integrated circuit）和光子材料（就是光可以在其中产生、传导、调制、放大和被探测的材料）需要被集成到标准的电子电路中，来把电子数据的信息传递能力和光的速度结合起来应用。特别是芯片与芯片之间和芯片内部的光学传输需要发展有效的光学器件，并且需要把它们有效地集成到的电子器件中去。硅是首选的材料，因为硅的光电子学为低成本下的快速数据传输和高集成度开启了大门。硅的微光子学在这几年蓬勃发展。几乎所有的硅光子器件都已被展示，但目前硅光子学的主要限制源自于缺少一个可实际应用的基于硅的光源。在其他的非直接能隙半导体材料中也进行了许多设计发光跃迁的尝试。尤其是在 1990 年，多孔硅（porous silicon）的光致发光效应被观测到以后，纳米结构的硅受到更多的关注。人们主要关心从纳米晶体硅中获得相关光电子特性的可能性。一般认为，对于硅纳米结构中可见光发射来说，量子限域（quantum confinement）是本质因素。把硅的纳米颗粒植入 SiO_2 基体中可以观测到光增益，这一成果进一步推动了这个方向的研究。

详见：S. Ossicini，L. Pavesi，F. Priolo，*Light Emitting Silicon for Microphotonics*，Springer Tracts on Modern Physics **194**（Springer-Verlag，Berlin，2003）；L. Pavesi，L. Dal Negro，C. Mazzoleni，G. Franzó，F. Priolo，Nature **408**，440～446（2000）；L. Dai Negro，M. Cazzanelli，L. Pavesi，S. Ossicini，D. Pacifici，G. Franzó，F. Priolo，F. Iacona，*Dynamics of stimulated emission in silicon nanocrystals*，Appl. Phys. Lett. **82**，4636～4638（2003）（硅中光增益的首次观测）。

light-emitting transistor（LET） **发光晶体管** 简称 LET，不光包含传统晶体管中的电子输入端和电子输出端，这种晶体管也包含一个红外光输出端，如图 L.5 所示。这样就可以连接光学和电子学信号，无论是用于显示还是通信的目的。

LET 是使用铟化镓的磷化物和砷化镓制造成的。虽然它和发光二极管（light-emitting diode）产生光的机理是一样的，但是它调制光的速度可以更快。目前，已经可以进行 1 MHz 的频率调制，而更高的速度理论上也是可行的。

首次描述：M. Feng，N. Holonyak Jr.，W. Hafez，*Light-emitting transistor：Light*

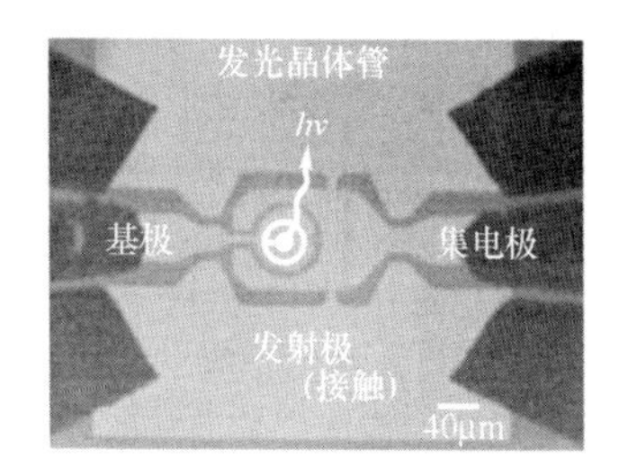

图 L.5 发光晶体管

弯曲箭头代表从光输出端发射出的一个红外光子［来源：M. Feng，N. Holonyak Jr.，W. Hafez，*Light-emitting transistor：Light emission from InGaP/GaAs heterojunction bipolar transistors*，Appl. Phys. Lett. **84**（1），151～153（2004）］

emission from InGaP/GaAs heterojunction bipolar transistors，Appl. Phys. Lett. **84**（1），151～153（2004）。

Linde rule 林德规则 单价金属被杂质置换导致的每原子百分比杂质的电阻率增加是 $a+b(v-1)^2$，其中 a、b 是和杂质在周期表中行数以及金属有关的常数，v 是杂质的化合价。

首次描述：J. O. Linde，*Elektrische Eigenschaften verdünnter Mischkristalllegierungen. I. Goldlegierungen*，Ann. Phys. **10**，52（1931）；J. O. Linde，*Elektrische Eigenschaften verdünnter Mischkristalllegierungen. III. Widerstand von Kupfer- und Goldlegierungen. Gesetzmässigkeiten der Widerstandserhöhungen*，Ann. Phys. **15**，219～248（1932）。

linear combination of atomic orbitals（LCAO） 原子轨道线性组合 简称 LCAO，计算固体电子能带结构的紧束缚方法（tight-binding approach）的一种典型的实现途径。它假设固体中的电子都局域于所属的原子周围，近邻的波函数只有很少量的重叠。这样，固体中的总波函数是 $\psi_k(\boldsymbol{r})=\sum_n \exp(\mathrm{i}\boldsymbol{k}\cdot\boldsymbol{r}n)\phi(\boldsymbol{r}-\boldsymbol{r}_n)$，能量是 $E=\int\psi_k^*(\boldsymbol{r})H\psi_k(\boldsymbol{r})\mathrm{d}r\Big/\int\psi_k^*(\boldsymbol{r})\psi_k(\boldsymbol{r})\mathrm{d}r$，其中 r_n 是指向第 n 个原子的矢径，$\phi(\boldsymbol{r}-\boldsymbol{r}_n)$ 为原子的单电子波函数。质量为 m 的电子的哈密顿量是 $H=-\frac{h^2}{2m}\nabla^2+\sum_n V(\boldsymbol{r}-\boldsymbol{r}_n)$，包含了各个单原子势 $V(\boldsymbol{r}-\boldsymbol{r}_n)$ 之和。

详见：N. Peyghambarian，S. W. Koch，A. Mysyrowicz，*Introduction to Semiconductor Optics*（Prentice Hall，Englewood Cliffs，New Jersey，1993），pp. 27～34。

linear Hanle effect 线性汉勒效应 参见 Hanle effect（汉勒效应）。

linearized augmented plane wave（LAPW）method 线性增广平面波法 简称 LAPW 法，一种十分精确的计算固体电子结构的方法。它使用密度泛函理论（density functional theory）来处理交换和相关效应。

这个方法是通过引入一种特别适应相关问题的基组求解科恩-沈方程（Kohn-Sham equation），来得到多电子体系的基态密度、总能量和本征值。所谓适应是把单胞分成两部分，即以原子位置为中心的互不重叠的原子球，和间隙区域。在这两个不同的区域内采用不同的基组：

（1）在原子球内，是径向波函数乘以球谐函数 $Y_{lm}(\hat{r})$ 的线性组合：

$$\phi_{k_n}=\sum_{lm}[A_{lm}u_l(r,E_l)+B_{lm}\dot{u}_l(r,E_l)]Y_{lm}(\hat{r})$$

其中 $u_l(r,E_l)$ 是能量为 E_l（选择在具有类 l 特征的对应能带中间）和球内势球面部分的径向薛定谔方程的正则解，$\dot{u}_l(r,E_l)$ 是 $u_l(r,E_l)$ 在同样的能量 E_l 处的能量导数。这两个函数的线性组合构成了径向波函数的线性化。组合系数 A_{lm}、B_{lm} 是 k_n 的函数，由球内基函数匹配间隙区域对应基函数的每一个平面波这个条件决定的。

（2）在间隙区域，采用平面波展开的方法：$\phi_{k_n}=1/\sqrt{\omega}\exp(\mathrm{i}k_n r)$，其中 $k_n=k+K_n$，K_n 是倒格矢，而 k 是第一布里渊区内的波矢。在每个原子球内，每个平面波都被一个原子类型函数缀加。科恩-沈方程的解就是在这组线性增广平面波的组合基组上展开后，然后通过线性变分法来获得的。通常，LAPW 方法对势的展开如下：

$$V(\boldsymbol{r})=\begin{cases}\sum_{lm}V_{lm}(\boldsymbol{r})Y_{lm}(\hat{r}) & \text{球内}\\ \sum_{k}V_k\exp(\mathrm{i}\boldsymbol{Kr}) & \text{球外}\end{cases}$$

首次描述：O. K. Andersen，*Linear methods in band theory*，Phys. Rev. B **12**（8），3060～3083（1975）；D. D. Koelling，G. O. Arbman，*Use of energy derivative of the radial solution in an augmented plane wave method：application to copper*，J. Phys. F：Met. Phys. **5**（11），2041～2054（1975）。

详见：D. J. Singh，L. Nordstrom，*Planewaves，Pseudopotentials，and the LAPW Method*（Springer，Berlin，2006）。

linearly polarized light　线偏振光　参见 polarization of light（光的偏振）。

linear muffin-tin orbital（LMTO）method　线性糕模轨函法　简称 LMTO 法，固体电子性质自洽计算的一种很有效的方法。利用不依赖于能量的基函数对薛定谔方程（Schrödinger equation）应用变分原理（variational principle），久期方程在能量上就变成线性的，即所有的本征值和相应的本征矢可以通过对角化过程同时得到。而试探基函数是与能量无关的糕模轨道（muffin-tin orbital）的线性组合。

最开始的近似是把完整晶体势场用糕模势来代替，糕模势是指在原子附近半径 r 以内，势是球对称的，在半径 r 以外的原子之间的空间，势是一个常数。在原子球近似（LMTO-ASA）中，糕模球半径 r 等于维格纳-塞茨半径，这样球彼此相互重叠，间隙区域可以忽略。另外，在 ASA 近似中，球外的电子动能选择为零。

LMTO 方法对于密堆积结构十分有效。如果晶体不是密堆积结构的，那么需要包含空球来减少糕模球之间的交叠。这套方法综合了原子轨道线性组合（linear combination of atomic orbitals）、科林伽-科恩-罗斯托克方法（Korringa-Kohn-Rostoker method）和元胞法的特点。

在全电子势 LMTO（FP-LMTO）方法中，单胞被分成互不交叠的糕模球和间隙区域。在球里面，势场和电子密度展开的方式导致不再要求是球对称的了。和 FLAPW 方法不同的是，FP-LMTO 方法描述间隙区域是通过散射理论推出的局域函数（比如汉克尔函数），而不是平面波。

首次描述：O. K. Anderson，*Linear methods in band theory*，Phys. Rev. B **12**（8），3060～3083（1975）（LMTO 方法）；M. Methfessel，C. O. Rodriguez，O. K. Andersen，*Fast full-potential calculations with a converged basis of atom-centered linear muffin-tin orbitals：Structural and dynamic properties of silicon*，Phys. Rev. B **40**（3），2009～2012（1989）（FP-LMTO 方法）。

详见：H. L. Skriver，*The LMTO Method*（Springer-Verlag，Berlin，1984）。

linewidth enhancement factor　线宽增强因子　载流子引起的磁化率的实部和虚部的变化值

之比：

$$\alpha = \frac{\partial[\mathrm{Re}\chi(n)]}{\partial n} \Big/ \frac{\partial[\mathrm{Im}\chi(n)]}{\partial n}$$

其中磁化率 χ (n) 是载流子浓度 n 的函数。

Liouville's equation　刘维尔方程　参见 Liouville's theorem in statistical mechanics（刘维尔统计力学定理）。

Liouville's theorem in statistical mechanics　刘维尔统计力学定理　对于一个用确定相空间中分布函数 f $(r_1, \cdots, r_n, p_1, \cdots, p_n)$（具有广义坐标 $r_1, \cdots, r_n$ 和广义动量 $p_1, \cdots, p_n$）来描述的经典系综，有 $\mathrm{d}f/\mathrm{d}t=0$，这就是刘维尔方程（Liouville's equation）。

首次描述：J. Liouville, *Mémoire sur la détermination des Intégrals dont la valeur est algébrique*, J. Ecole Polytechn. **14**（22），124～193（1833）；J. Liouville, *Mémoire sur les transcendantes elliptiques de première et de seconde espéce considérés comme fonctions de leur amplitude*, J. Ecole Polytechn. **14**（23），37～83（1834）。

lipid　类脂　脂肪酸及其衍生物。包含了一类相对不溶于水的有机分子，是生物膜的基本组成部分。

类脂分子具有一个极性的或者说亲水的（hydrophilic）头部和一到三个非极性或者说疏水的（hydrophobic）尾巴。因为类脂具有以上两种基团，所以被称为两亲分子。疏水性的尾巴包括一个或两个（在三酸甘油酯中是三个）脂肪酸。它们是一些无支链的碳链，如果都是以单键连接，就是饱和脂肪酸，如果同时以单键和双键连接，就是不饱和脂肪酸。这个链通常含有 14～24 个碳原子。

由于亲水的头部的不同，在生物膜领域，类脂被分为以下三类：①糖脂（glycolipid），含有由 1～15 个糖基组成的低聚糖；②磷脂（phospholipid），头部包含一个正电荷的基团，它通过一个带负电荷的磷酸盐基团和尾部相连；③固醇（sterol），头部包括一个平面甾环，比如动物体内的胆固醇。

在一个水环境里，类脂的头部朝向水成环境，尾部转向另一个分子的疏水区域。在亲水力和疏水力的驱动下，非极性的尾部倾向于聚集在一起，形成类脂双分子膜或者胶束（micelle），如图 L. 6 所示。具有极性的头部伸向水成环境。胶束是球形的，它的大小是有极限的，但是双分子膜的延展没有限制。它们也可以形成小细管。

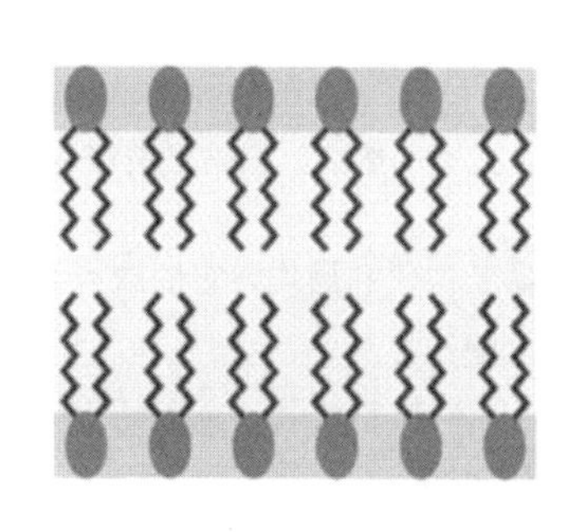
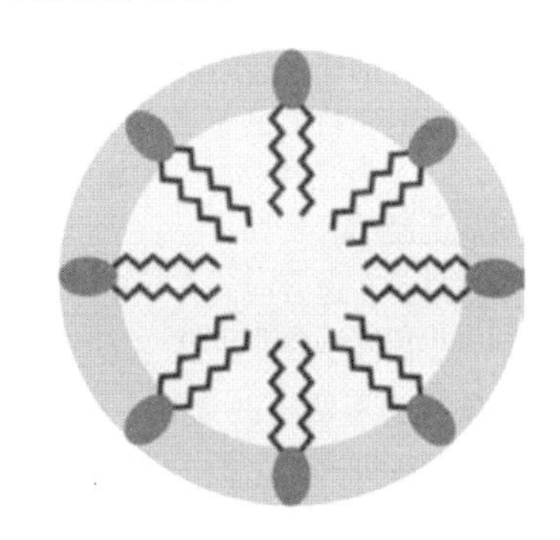

图 L. 6　自组织类脂结构

Lippmann effect　李普曼效应　由于穿越两个不互溶的导体之间界面的势差，引起的表面张力的改变。

首先描述：G. Lippmann，*Relations entre les phénomènes électriques et capillaires*，Ann. Chim. Phys. **5**，494（1875）。

Lippmann-Schwinger equation　李普曼-施温格方程　此方程描述了非相对论粒子的散射，其形式为 $\boldsymbol{T}=\boldsymbol{V}+\boldsymbol{VGV}$，其中 $\boldsymbol{T}$ 是散射算子，$\boldsymbol{V}$ 是散射势，$\boldsymbol{G}$ 是体系的完整格林函数。这个方程很适合模拟单粒子和双粒子的散射。

首次描述：B. A. Lippmann，J. Schwinger，*Variational principles for scattering processes*，Phys. Rev. **79**（3），469～480（1950）。

liquid crystal　液晶　一类分子，在某些条件下，它们处于像液体一样的各向同性的相，而且几乎没有长程序。在其他条件下，它们的相具有显著的各向异性的结构，并且显现出长程有序，但仍然有流动能力。液晶在显示器中应用广泛，其原理是通过改变外加电场来调制液晶分子的光学性质。在外加电场的情况下，分子沿着电场排列，可以用确定的方式来改变光的偏振。液晶分子的有序性在分子尺度上是大范围的，但不会扩展到类似经典晶体那样的宏观尺度。液晶分子可以在一个方向上延伸其有序性，但在另外一个方向上是完全无序的。比较重要的液晶包括向列相液晶（大多数向列相是单轴的，但也发现了双轴的）、胆甾型液晶、近晶相液晶（近晶A相、近晶C相和六角相）、柱状相液晶。

首次描述：F. Reinitzer，*Beiträge zur Kenntnis des Cholesterins*，Monatsh. Chem. **9**，421（1888）。

获誉：1991年诺贝尔物理学奖被授予P. G. 德让纳（P. G De Gennes），以表彰他把研究简单体系中有序现象的方法推广到物质的更复杂形式，如液晶和聚合物。

另请参阅：www.nobelprize.org/nobel_prizes/physics/laureates/1991/。

liquid-phase epitaxy　液相外延　一种把液相的材料通过外延沉积的方式变成固态薄膜的方法，典型方式是通过先把材料熔化，然后再放到合适的固体衬底上。外延沉积是在一个加热的盒子里进行的，如图L.7所示。

图 L.7　一种用于液相外延的装置

石墨是做这种盒子的很合适的材料。在盒子的上面滑行部分中有填充不同熔融液的孔洞。熔融液的熔点远低于衬底材料的熔点。比如，对于 $\mathrm{A^{III}B^{V}}$ 型半导体的外延生长，第Ⅲ主族的金属（通常是Ga、In）被用作是第Ⅴ主族元素和掺杂元素的熔剂。当熔融液接触衬底表面时，熔化的材料在衬底上凝结。

液相外延的优点是它需要的装置是很廉价的，易于构建和操作。它的缺点是不好控制外延生长的条件和沉积薄膜的杂质污染。

lithography　光刻　图形结构制备的一种工艺。关于在电子学中的应用的更多细节，参见 electron-beam lithography（电子束光刻）、optical lithography（光学光刻）。

LMTO method　LMTO 法　也即 linear muffin-tin orbital（LMTO）method（线性糕模轨函法）。

local density approximation（LDA）　局域密度近似　简称LDA，此近似可以表达为：位于某点的电子势能是此处的电子密度的函数。这个函数是利用凝胶模型的总能量表达式推导得到的，其中核电荷被均匀分散到整个空间。

此近似可以用来描述交换势，把不均匀的电子情形处理成局域均匀，对于交换-相关能，表达式是 $E_{xc}=\int n(\boldsymbol{r})\varepsilon_{xc}(n(\boldsymbol{r}))\mathrm{d}\boldsymbol{r}$，其中 ε_{xc} 是密度为 $n(\boldsymbol{r})$ 的均匀电子气中每个电子的交互相关能。

首次描述：W. Kohn，L. J. Sham，*Self-consistent equation including exchange and correlation effects*，Phys. Rev. **140**（4A），A1133～1138（1965）。

localized state　定域态　亦称局域态，在强的随机势场中的单电子的一种量子力学态，它局域于空间某处，以至于这个态的振幅就集中在样品的某一点附近。

local spin-density approximation（LSDA）　局域自旋密度近似　简称 LSDA，此近似在描述交换势时计入电子自旋：

$$E_{xc}=\int n(\boldsymbol{r})\varepsilon_{xc}(n_{\uparrow}(\boldsymbol{r}),n_{\downarrow}(\boldsymbol{r}))\mathrm{d}\boldsymbol{r}$$

其中 ε_{xc}（$n_{\uparrow}$（$\boldsymbol{r}$），$n_{\downarrow}$（$\boldsymbol{r}$））是具有两种自旋密度的自旋极化均匀电子气中单个粒子的交换相关能。

logic gate　逻辑门　实现布尔代数（Boolean algebra）的逻辑算子（logic operator）功能的一种器件。每个实现一种特殊的逻辑算子的逻辑门都有其特殊的符号用于画图。图 L.8 所示为一些基本的逻辑门的符号。就像布尔代数（Boolean algebra）的基本算子组成了复杂的表达式一样，这些基本的逻辑门组成了复杂的电路。必须注意的是扇出门（FANOUT gate）或者说复制门（输出等于输入）经常是需要的，在经典的计算中，复制门用于把信号复制到各枝节点，这是一个简单的操作。

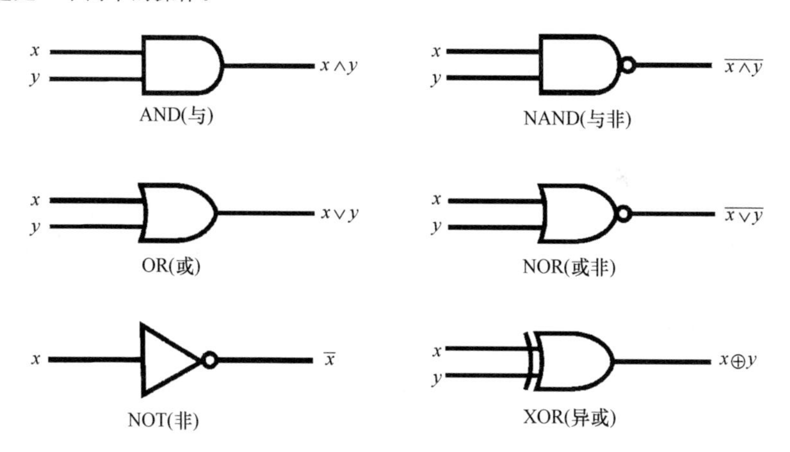

图 L.8　逻辑门的表示示意图

另请参阅：quantum logic gate（量子逻辑门）。

详见：A. Galindo，M. A. Martin-Delgado，*Information and computation*：*Classical and quantum aspects*，Rev. Mod. Phys. **74**（2），347～423（2002）。

logic operator（function）　逻辑算子（函数）　亦称逻辑算符，即对逻辑变量的一个操作。一个逻辑操作或者函数 $f:\{0,1\}^n\rightarrow\{0,1\}^m$ 把 n 位赋值的输入变成 m 位赋值的输出。当 f 的目标空间是 {0，1} 时，通常把 f 称为布尔算子或者说布尔函数。

具有一个操作数的称为一元算子，具有两个操作数的称为二元算子。有三种基本的布尔算子或者说逻辑算子：①一元算子 NOT，有 NOT$x=\overline{x}=1-x$，经常由上划线表示；②二元算子 AND，$x\text{AND}y = x \wedge y = xy$，经常由记号“∧”表示；③二元算子 OR，$x\text{OR}y = x \vee y = x + y - xy$，经常由记号“∨”表示。逻辑算子的计算结果由真值表（truth table）表示。真值表的列数是输入操作数和输出位（bits）数之和，行数是 2 的操作数次幂，输入在左边，输出在右边（表 L. 1～表 L. 3）。

表 L. 1 一元逻辑算子 NOT 的真值表

x	NOTx
0	1
1	0

表 L. 2 二元逻辑算子 AND、OR 的真值表

x	y	xANDy	xORy
0	0	0	0
0	1	0	1
1	0	0	1
1	1	1	1

表 L. 3 二元逻辑算子 NAND、NOR 和 XOR 的真值表

x	y	xNANDy	xNORy	xXORy
0	0	1	1	1
0	1	1	0	1
1	0	1	0	1
1	1	0	0	0

采用包含 NOT、AND 和 OR 等算子的基组就可以构建任何逻辑函数，所以它们被当做一组通用集。进一步，把 NOT 对 AND 和 OR 进行操作，可得到另外一组通用的操作，包括 NAND 和 NOR 算子。

London equations　伦敦方程　此方程确定了超导电流 $\boldsymbol{I}_s$ 和磁场 $\boldsymbol{H}$、电场 $\boldsymbol{E}$ 之间的关系：

$$\Lambda \nabla \times \boldsymbol{I}_s = -\frac{1}{c}\boldsymbol{H}, \qquad \Lambda \frac{\partial}{\partial t}\boldsymbol{I}_s = \boldsymbol{E}$$

其中 Λ 是一个和温度有关的标示超导体的特征量。当把这个方程与超导体中给定点的超导电流联系起来时，方程就具有局域有效性。

首次描述：F. London，H. London，*The electromagnetic equations of the superconductor*，Proc. R. Soc. A **149**（866），71～88（1935）。

longitudinal acoustic mode　纵向声学模　参见 phonon（声子）。

longitudinal optical mode　纵向光学模　参见 phonon（声子）。

Lorentz force　洛伦兹力　电子在方向垂直于其轨迹的磁场中运动时所受的力，大小为 $e(\boldsymbol{v} \times \boldsymbol{B})$，$e$ 是电子的电量，$\boldsymbol{v}$ 是电子的速度，$\boldsymbol{B}$ 是磁场强度（$\boldsymbol{v}$ 和 $\boldsymbol{B}$ 都是矢量）。

首次描述：H. A. Lorentz，*Versuch einer Theorie der electrischen und optischen Erscheinungen in bewegten Körpern*，（Leiden，1895）；H. A. Lorentz，*Simplified theory of elec-*

trical and optical phenomena in moving systems, Konik. Akad. Wetensch. Amsterdam, **1**, 427～442 (1899)。

Lorentz frame 洛伦兹框架 狭义相对论中具有三个空间坐标和一个时间坐标的惯性坐标系的集合中的任意一个。每个框架相对于所有其他洛伦兹框架是均匀运动的，在所有这些坐标系中，任何两个事件的距离都是一样的。

Lorentz gauge 洛伦兹规范 决定电磁场的标量势 ϕ 和矢量势 $\mathbf{A}$ 的关系式：

$$\nabla \cdot \mathbf{A} + \frac{1}{c^2}\frac{\partial \phi}{\partial t} = 0$$

Lorentzian 洛伦兹类型 一个和频率有关的函数，表达式如下：

$$\frac{A(\Gamma/2)^2}{(v-v_0)^2+(\Gamma/2)^2}$$

其中 A 是总强度，Γ 是半高宽，v 是频率，v_0 是中心频率。

Lorentz invariance 洛伦兹不变性 物理定律和一些物理量在任意的洛伦兹框架（Lorentz frame）中保持不变的特性，也就是说经过洛伦兹变换（Lorentz transformation）而能保持不变。

Lorentz-Lorenz formula 洛伦兹-洛伦茨公式 即物质折射率 n 与单位体积分子数 N 之间的数学关系式：

$$\frac{n^2-1}{n^2+1} = \frac{4\pi}{3}\alpha N,$$

式中，α 为平均极化率。

首次描述：由洛伦茨（L. Lorenz）于 1869 年、洛伦兹（H. Lorentz）于 1878 年分别独立提出。

Lorentz rule 洛伦兹规则 在一个包含同类物种（l_{ii}，l_{jj}）和异类物种（l_{ij}）的混合体中，各个种间距离之间的关系式是 $l_{ij} = (l_{ii} + l_{jj})/2$。

Lorentz transformation 洛伦兹变换 一种惯性参考系的时空坐标转换的群操作。设有一个惯性参考系 S，另一个惯性参考系 S'以速度 u 沿着 x 轴相对 S 参考系运动，如果事件在 S 参考系中的坐标点是（x，y，z，t），在 S'参考系中的坐标点是（x'，y'，z'，t'），那么这些量的关系如下：$x' = \gamma(x-ut), y' = y, z' = z, t' = \gamma(t-ux/c^2)$，其中 $\gamma = (1-u^2/c^2)^{-1/2}$。这套关系式很容易通过旋转 u 而推广到 u 沿着任意方向的情形。另外，两套坐标系的原点必须一致。这个变换是狭义相对论的基础。光速在所有的参考系中保持不变。

首次描述：H. A. Lorentz, *Electromagnetic phenomena in system moving with velocity less than that of light*, Konik. Akad. Wetensch. Amsterdam **12**, 986～1009 (1904)。

Lorenz number 洛伦茨常量 参见 Wiedemann-Franz-Lorenz law（维德曼-弗兰兹-洛伦茨定律）。

Lorenz relation 洛伦茨关系 此关系给出磁场的标量势 ϕ 和矢量势 $\mathbf{A}$ 的关系式为

$$\nabla \cdot \mathbf{A} + \frac{1}{c}\frac{\partial \phi}{\partial t} = 0 \quad \text{（在厘米-克-秒单位制下）}$$

$$\nabla \cdot \mathbf{A} + \varepsilon_0\mu_0\frac{\partial \phi}{\partial t} = 0 \quad \text{（在米-千克-秒单位制下）}$$

首次描述：L. Lorenz, *On the identify of the vibrations of light with electrical currents*, Phil. Mag. **34**, 287～301 (1867)。

low-energy electron diffraction (LEED) **低能电子衍射** 简称 LEED，在 5～500 eV 能量范围内的电子被固态晶体表面的几个原子层相干反射。发生衍射是因为由公式 $\lambda=1.22638/V^{1/2}$（V 为发射电压，单位为伏）决定的低能电子波长 λ（单位为纳米）可以与晶体中的原子间距的值相比。

LEED 测量的示意图如 L. 9 所示。

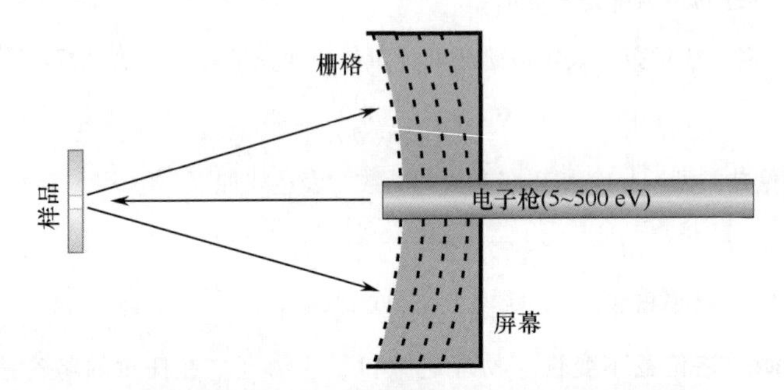

图 L. 9 低能电子衍射配置原理图

从电子枪射出的电子打到样品上，然后反射回电子枪周围的接受屏上，中间用能量设置成略低于电子束能量的栅格阻止非弹性散射电子。电子在打到屏幕上之前，被屏幕的 0～7 keV电压加速过，屏幕上有磷，所以电子打到屏幕上时，会发出绿色的光，形成可以在仪器尾端观测到的图样。LEED 是测定晶体表面以及其上面的规则覆盖层的原子构型的实验方法之一。

首次描述：C. J. Davisson，C. H. Kunsman，*The scattering of low-speed electrons by platinum and magnesium*，Phys. Rev. **22**（1），242～258（1923）；G. P. Thomson，A. Reid，*Diffraction of a cathode ray by a thin film*，Nature **119**，890（1927）。

获誉：1937 年诺贝尔物理学奖被授予 C. J. 戴维孙（C. J. Davisson）和 G. P. 汤姆孙（G. P. Thomson），因为他们在实验中发现了晶体的电子衍射。

另请参阅：www. nobelprize. org/nobel_prizes/physics/laureates/1937/。

low pressure chemical vapor deposition (LPCVD) **低压化学气相沉积** 一种在低气压条件下，通常为 0.2～20 Torr（1 Torr＝133.3224 Pa），完成的化学气相沉积（chemical vapor deposition）方法。低气压可以限制不必要的气相反应，减少污染，提高衬底与薄膜的均匀性。

详见：H. O. Pierson，*Handbook of Chemical Vapor Deposition*，*Second Edition*：*Principles*，*Technology and Applications*（Noyes Publications，New York，1999）；*Principles of Chemical Vapor Deposition*，edited by D. M. Dobkin，M. K. Zuraw（Kluwer Academic Publishers，Dordrechecht，2010）。

LPCVD 为 low pressure chemical vapor deposition（低压化学气相沉积）的缩写。

luminescence **发光** 处于激发态的体系发出光子以弛豫到低能态的过程。它包括三个分开的步骤：①由于外部能量的介入，提供电子和空穴的介质被激发；②被激发的电子和空穴的热化导致能量弛豫，而达到准热平衡态；③电子和空穴通过辐射机理重新复合，导致了光发射。考虑到激发机理的不同，发光过程分为由光激发的光致发光（photoluminescence）、由电子和（或）空穴的电注入激发的电致发光（electroluminescence）、通过加热激发的热致发光（thermoluminescence）、通过电子辐射激发的阴极射线发光（cathodoluminescence）、利用声波激发的声致发光（sonoluminescence），和化学反应激发的化学发光（chemiluminescence）。

luminophor 发光体 一个发光的材料，它把部分吸收的能量转化成了光能辐照出去。

LUMO 为“lowest unoccupied molecular orbital”（最低非占据分子轨道）的缩写。

Luttinger liquid 拉廷格液体 一类液体，它们的谱性质和在拉廷格模型（Luttinger model）中的相关指数之间的关系是 $v_j v_n / v_s^2 = 1$，其中 v_j、v_n 和 v_s 是三个不同的参量，它们都具有速度的量纲。v_s 是系统总能量对总动量的变分（$v_s = \delta E/\delta P$），v_j 是总能量对动量空间中所有粒子偏移的变分，也即重整化的费米速度，v_n 是化学势对费米波矢 k_F 的变分（$\delta\mu = v_n \delta k_F$）。所以决定这个系统低能特性的唯一参数是 $\exp(-2\phi) = v_n/v_s = v_s/v_j$。

此概念用在具有相互作用的一维量子体系中，这种体系具有高维体系所不具有的独特性质。尤其是没有能隙（金属性）的一维的相互作用费米子体系，并不表现为正常的费米液体（Fermi liquid）。拉廷格液体中所有的电子的行动都是一致的，引起整个电子体系的低能集体激发。

可以认为是拉廷格液体的晶格模型包括一维的哈伯德模型（Hubbard model），以及其他的变化形式，例如，t-J 模型或者扩展哈伯德模型。另外，一维的电声相互作用体系、含杂质的金属和量子霍尔效应（quantum Hall effect）中的边界态，都是拉廷格液体。

首次描述：F. D. M. Haldane，*General relation of correlation exponents and spectral properties of one-dimensional Fermi systems: applications to the anisotropic S=1/2 Heisenberg chain*，Phys. Rev. Lett. **45** (16)，1358～1362 (1980)。

详见：J. Voit，*One-dimensional Fermi liquids*，Rep. Prog. Phys. **58** (9)，977～1116 (1995)。

Luttinger model 拉廷格模型 此模型是说明以下事实：一维的自旋为零的费米子（fermion）系统表现出不寻常的基态反常现象，即基态的能态密度在费米动量处不是不连续的，但它的能态图像出现无穷大斜率（费米面反常）。朝永振一郎（Tomonaga）提出一个方法，通过这些量子系统低能性质的一个精确可解模型，来阐明这个理论。此模型包括了成对费米子之间相当真实的相互作用。哈密顿算符（Hamiltonian）的形式是：

$$H = \int_{-L/2}^{L/2} \mathrm{d}x \sum_{\omega=\pm} \psi_{\omega,x}^{+} v_F (\mathrm{i}\omega\partial_x - p_F) \psi_{\omega,x}^{-} + \lambda \int_{-L/2}^{L/2} \mathrm{d}x\mathrm{d}y\, \psi_{+,x}^{+} \psi_{+,x}^{-} \psi_{-,y}^{+} \psi_{-,y}^{-} v(x-y)$$

其中 λ 是耦合常数，$v(x-y)$ 是一个平滑的短程对势，v_F 是费米面处的速度。$\psi_{\omega,x}^{a}$ 是场，其中 $a=\pm$ 分别指位于 $[-L/2, L/2]$ 区间内的 x 处的费米子的产生和湮灭算子，又区分为 $\omega=+$ 和 $\omega=-$。用这套理论计算出的基态动量分布在费米面处没有不连续点，而且费米面处的斜率为无穷大。

首次描述：S. Tomonaga，*Remarks on Bloch's method of sound waves applied to many fermion problems*，Prog. Theor. Phys. **5**，544～569 (1950)；J. M. Luttinger，*An exactly soluble model of a many-fermion system*，J. Math. Phys. **4** (9)，1154～1162 (1963)。

历史小注：拉廷格（Luttinger）获得的精确解是不正确的，因为正则交换关系在无穷维的情况下，不能用唯一的表示。正确的精确解是由“D. Mattis，E. Lieb，*Exact solution of a many-fermion system and its associated boson field*，J. Math. Phys. **6**，304～310 (1965)”一文得到的，文章得到的反常处的实值和拉廷格（Luttinger）的结果在 λ 的二阶上是一致的，在更高阶是不同的。

详见：G. Gallavotti，*The Luttinger model: in the RG-theory of the one-dimensional many-body Fermi system*，J. Statist. Phys. **103** (2)，459～483 (2001)。

Luttinger theorem 拉廷格定理 动量空间中分隔开非占据准粒子（quasiparticle）态和占据

准粒子态的费米面（Fermi surface）包络的体积和独立粒子近似下费米面包络的体积是相等的。

Lyddane-Sachs-Teller relation **利丹-萨克斯-特勒关系** 亦称 LST 关系，参见 phonon（声子）。

首次描述：R. H. Lyddane，R. G. Sachs，E. Teller，*On the polar vibrations of alkali halides*，Phys. Rev. **59**（8），673～676（1941）。

Lyman series **莱曼系** 参见 Rydberg formula（里德伯公式）。

首次描述：Th. Lyman，*The spectrum of hydrogen in the region of extremely short wave lengths*，Astrophys. Jour. **23**，181～210（1904）；Th. Lyman，*An extension of the spectrum in the extreme ultra-violet*，Nature **93**，241（1914）。

M

从 Mach-Zehnder interferometer（马赫-曾德尔干涉仪）到 Murrell-Mottram potential（默雷尔-莫特拉姆势）

Mach-Zehnder interferometer 马赫-曾德尔干涉仪 一种光学器件，它从相干光源发射两条准直光束，当一个小样品放置在其中一条光束的传播路径上时，就可以探测样品产生的相移。图 M. 1 是在校准模式下（即干涉仪里没放样品时）的示意图。

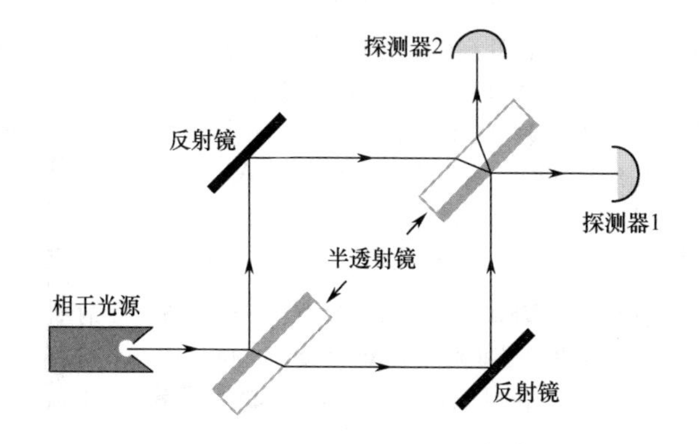

图 M. 1 马赫-曾德尔干涉仪

把对两条未被扰动的路径的所有贡献加起来，我们可以看到它们是相同的。因此，通过两条路径进入探测器 1 的光是同相的，结果是对于进入探测器 1 的光有相长干涉。对于到达探测器 2 的光做同样的分析，发现光会产生一个半波长的附加相移，这样就是完全的相消干涉，没有光进入探测器 2。因此，不管光的波长如何，如果没有样品放置在光的传播路径上，那么光都进入探测器 1。但如果有样品，那么样品产生的相移就会改变两条光束的相位关系，在探测器 2 处不再是完全的相消干涉。测量光进入探测器 1 和 2 的相对量，就可以计算样品产生的相移。

首次描述：L. Zehnder，*Ein neuer Interferenzrefraktor*，Z. Instrumentenkunde **11**，275～285（1891）；L. Mach，*Über einen Interferenzrefraktor*，Z. Instrumentenkunde **12**，89～93（1892）。

macroscopic long-range quantum interference 宏观长程量子干涉 参见 Josephson effect（约瑟夫森效应）。

Madelung constant 马德隆常量 当我们表达每摩晶体的能量时，对于双原子晶体来说，来自于库仑相互作用的能量为 $E = \alpha N(q^{+} \cdot q^{-})/d$，其中 α 就是马德隆常量，N 是阿伏伽德罗常量，q^{+} 和 q^{-} 分别代表正负离子的电荷，d 是最近邻距离。马德隆常量是无量纲的，量级为 1，仅仅取决于晶体结构的类型，与晶格的大小无关。

首次描述：E. Madelung，*Molekular Eigenschwingungen*，Gesell. Wiss. Göttingen，Narchr.，Math.-Phys. Klasse **1**，43～58（1910）；E. Madelung，*Das elektrische Feld in Systemen von regelmässig angeordneten* Punktlaungen，Phys. Z. **19**，524～532（1918）。

Madelung energy　马德隆能量　每个离子对的静电能：

$$E = \frac{1}{2N_{\mathrm{p}}} \sum_{i,j} \frac{(\pm)e^2}{r_{ij}}$$

其中 $i \neq j$，N_{p} 是离子对的数目。

首次描述：E. Madelung，*Das elektrische Feld in Systemen von regelmässig angeordneten Punktladungen*，Phys. Z. **19**，524～532（1918）。

Maggi-Righi-Leduc effect　马吉-里吉-勒迪克效应　导体放入到磁场中所引起的本身热导率的变化。

首次描述：G. A. Maggi，Arch. de Genève **14**，132（1859）；A. Righi，Mem. Acc. Lincei **4**，433（1887）；M. A. Leduc，J. Phys. 2e Série **6**，378（1887）。

Magnéli phase　芒内利相　一种具有稳定的亚化学计量成分的氧化物相。晶体学切变是可以改变化学计量的一种方式，而无需放弃阳离子的主要配位要求。因此围绕化学计量氧化物可以形成一系列这种相。过渡金属（transition metal）氧化物清楚地体现了这种趋势。

获誉：1989 年，瑞典皇家科学院（Royal Swedish Academy of Sciences）授予 A. 芒内利（A. Magnéli）爱明诺夫奖（Gregori Aminoff Prize），以表彰他在氧化物化合物晶体学构筑原理上的重要研究，这对以往无机化学中的化学计量与结构的关系具有决定性的改变。

magnetic force microscopy（MFM）　磁力显微术　一种在微米和纳米尺度对磁场成像的扫描探针技术。它是原子力显微术（atomic force microscopy，AFM）的派生技术，采用磁化针尖。这种技术使用基于磁秤和 AFM 的精细磁探针，已被发展用于微磁杂散场成像。它的主要特征是：①通过使用小的磁探针可以检测到非常小的磁力（10^{-13} N）或它的梯度（约 10^{-4} N $\cdot$ m^{-1}），探针在近场范围内对来自样品表面（磁畴）的杂散场产生很强的作用；②能获得杂散场磁畴的分布图像。

图像由测量磁性针尖和磁性样品之间的相互作用力而获得。当针尖在样品上恒定高度处的光栅图中扫描时，场梯度可通过针尖受力的变化所侦测到。由于磁相互作用是长程作用，它们可以与形貌信息分离开，此时针尖置于样品上方某一恒定高度处（20 nm 左右），样品杂散场的 z 分量在此高度处被探测。因此，任何磁力显微镜总是在非接触模式下操作的。z 反馈关闭时，来自于悬臂的信号被直接记录下来。磁力显微镜可以使用静态或动态模式，常规的横向分辨率可以达到 50 nm 以下。

首次描述：Y. Martin，H. K. Wickramasinghe，*Magnetic imaging by "force microscopy" with* 1000 *Å resolution*，Appl. Phys. Lett. **50**（20），1455～1457（1987）；J. J. Sáenz，N. García，P. Grütter，E. Mayer，H. Heinzelmann，R. Wiesendanger，L. Rosenthaler，H. R. Hidber，H. J. Güntherodt，*Observation of magnetic forces by the atomic force microscope*，J. Appl. Phys. **62**（10），4293～4295（1987）。

详见：D. Rugar，H. J. Mamin，P. Gruenthner，S. E. Lambert，J. E. Stern，I. McFadyen，T. Yogi，*Magnetic force microscopy*：*General principles and application to longitudinal recording media*，J. Appl. Phys. **68**（3），1169～1183（1990）；*Roadmap of Scanning Probe Microscopy*，edited by S. Morita（Springer-Verlag，Berlin Heidelberg，2007）。

magnetic group **磁群** 也即 Shubnikov group（舒布尼科夫群）。

magnetic hyperthermia **磁热疗法** 一种医疗处置方法，将磁性材料粒子放置在活体中，在交变磁场作用下产生局部热量。磁性纳米粒子是用于这种方法的典型实例。例如，如果将磁性纳米粒子放入肿瘤中，并将患者置于一个具有适当幅度和频率的交变磁场中，肿瘤的温度就会升高。

当局部温度接近42℃时，就能充分提高化疗效率。当局部温度达到45℃时，就开始杀灭肿瘤细胞。

首次描述：R. K. Gilchrist，R. Medal，W. D. Shorey，R. C. Hanselman，J. C. Parrott，C. B. Taylor，*Selective inductive heating of lymph nodes*，Ann. Surg. **146**（4），596～606（1957）。

magnetic metallic molecular sieve **磁性金属分子筛** 一种由分子筛（molecular sieve）、磁石（magnetite）、金属纳米粒子组成的复合材料，很容易通过磁分离方法进行回收、再生或安全处置。

详见：J. Dong，Z. Xu，S. M. Kuznicki，*Magnetic multi-functional nanocomposites for environmental applications*，Adv. Funct. Mater. **19**（8），1268～1275（2009）。

magnetic resonance force microscopy（MRFM） **磁共振力显微术** 一种原子力显微术[atomic force microscopy（AFM）]，该技术利用具有铁磁性（ferromagnetic）粒子探针的悬臂，直接探测样品自旋和针尖之间的调制自旋梯度力。

当铁磁针尖接近样品时，针尖产生的非均匀磁场使样品表面原子的核自旋发生极化。外部施加振荡磁场以激发样品原子的自旋共振。由于针尖产生不均匀磁场，仅有样品的一小部分能够满足磁共振条件。通过降低外部磁场频率或调制振幅，对样品共振部分的核磁化进行调整，从而调节样品和磁探针之间的力。这个力使悬臂偏转产生振荡，并在样品或悬臂扫描时对其进行测定，这样可以获得具有纳米分辨率的样品表面典型磁图像，甚至可以达原子级分辨率。

首次描述：J. A. Sidles，*Noninductive detection of single-proton magnetic resonance*，Appl. Phys. Lett. **58**（24），2854～2856（1991）。

详见：*Magnetic Resonance Microscopy：Spatially Resolved NMR Techniques and Applications*，edited by S. Codd，J. D. Seymour（Wiley-VCH，Weinheim，2009）。

magnetic resonance imaging **磁共振成像** 通过一系列连续实验，沿不同方向施加梯度磁场，在梯度方向上会产生大量的核自旋投影，从而能够再现物体的图像。

详见：P. V. Prasad，*Magnetic Resonance Imaging：Methods and Biologic Applications*（Humana Press，Totowa，NJ，2006）。

获誉：2003年，诺贝尔生理或医学奖授予美国科学家P. C. 劳特布尔（P. C. Lauterbur）和英国科学家P. 曼斯菲尔德（P. Mansfield），以表彰他们将磁共振成像技术引入医学诊断和研究领域中所取得的成就。

另请参阅：www.nobelprize.org/nobel_prizes/medicine/laureates/2003/。

magnetic tunnel junction **磁隧道结** 一种由两种磁性材料组成的层状固态结构，它们之间存在隧道绝缘体。它表现出隧道磁电阻效应（tunneling magnetoresistance effect）。

magnetism **磁性** 亦称磁学，代表物质对外加磁场响应的一系列现象。材料的磁状态主要是依照其磁化率的符号、大小以及对温度的依赖性而区分的，定义磁化率为 $\chi = M/H$，其中

M 是诱导的磁化强度，H 是外加的磁场。物质的四种基本的磁状态是抗磁性、顺磁性、铁磁性和反铁磁性。它们的主要特征在表 M.1 中列出。

表 M.1　按照磁化率对材料的分类

磁化率 χ→ 态↓	符号	量级	温度依赖性
抗磁	−	小	$\chi \neq f(T)$
顺磁	+	小到中等 大	$\chi \neq f(T)$ χ=常数/T
铁磁	+	大	对于 $T<T_C^*$，χ 为复数 对于 $T>T_C$，χ=常数/($T-T_C$)
反铁磁	+	小	对于 $T>T_C$，χ=常数/(T+常数)

* T_C 是居里点(Curie point)，对反铁磁是奈尔点(Neél point)。

亚铁磁态（表 M.1 中未列出）类似于反铁磁态，但在细节上有所不同。在居里点（Curie point）或者奈尔点（Neél point）以下的温度时，铁磁、亚铁磁和反铁磁材料中的每个原子相关的磁矩发生有序排列，如图 M.2 所示。

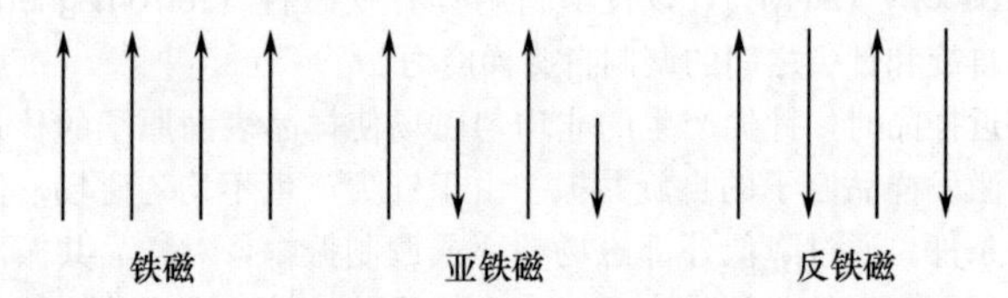

图 M.2　在居里温度以下，不同磁性材料中的磁矩排布

当温度高于居里点或者奈尔点时，这些材料呈现出顺磁性的行为。

获誉：L. 奈尔（L. Neél）凭借他在反铁磁和亚铁磁方面的基础性工作与发现，以及这些成果在固体物理方面的重要应用，获得了 1970 年诺贝尔物理学奖。

另请参阅：www.nobelprize.org/nobel_prizes/physics/laureates/1970/。

magnetite　磁铁矿　化学式为 Fe_3O_4 的二价-三价铁氧化物，也可以写成 $FeO \cdot Fe_2O_3$。具有亚铁磁性。居里温度为 585℃。

magnetooptical Kerr effect（MOKE）　磁光克尔效应　简称 MOKE，参见 Kerr effects（克尔效应）。

magnetoresistance　磁电阻　亦称磁阻、磁致电阻，存在磁场时测量的材料或结构的电阻。磁电阻效应通常是以百分比 $\Delta R/R_0$ 来衡量的，ΔR 是电阻的变化量，R_0 是零磁场下的电阻。正的磁电阻表明在施加磁场时电阻增加，负的磁电阻则与之相反。

首次描述：W. Thomson（Lord Kelvin），*On the electro-dynamic qualities of metals: effects of magnetization on the electric conductivity of nickel and of iron*，Proc. R. Soc. Lond. **8**，546～550（1856）。

magnetoresistive random access memory（MRAM）　磁电阻随机存取存储器　一种固态非易失性随机存储器，利用巨磁电阻效应（giant magnetoresistance effect）或隧道磁电阻效应

（tunneling magnetoresistance effect）进行信息的电子存储。

magneto-Seebeck effect　磁泽贝克效应　一种在类似于自旋阀（spin valve）或磁隧道（magnetic tunnel）结的层状固态结构中，由复合磁性层中的磁化方向所控制而产生的温度梯度诱导电压现象。泽贝克系数（Seebeck coefficient）随层中从平行磁化到反平行磁化的转变而发生变化。这是由固体中电子输运时电子自旋的影响而产生的结果。耦合磁性材料 A 和 B 的磁泽贝克系数可由下式估计：

$$\alpha_{AB}=\frac{\alpha_{A\uparrow B\uparrow}-\alpha_{A\uparrow B\downarrow}}{\min(\alpha_{A\uparrow B\uparrow},\alpha_{A\uparrow B\downarrow})},$$

式中，箭头表示材料中相对磁化方向。

需要注意磁泽贝克效应与自旋泽贝克效应（spin Seebeck effect）之间的区别，从传输性质做比较，自旋泽贝克效应是电子自旋由于温度梯度而诱发的电子空间分离的结果。

首次描述：L. Gravier，S. Serrano-Guisan，F. Reuse，J.-Ph. Ansermet，*Thermodynamic description of heat and spin transport in magnetic nanostructures*，Phys. Rev. B **73**，024419（2006）。

magnetostriction effect　磁致伸缩效应　当在某一特定方向施加外磁场时，铁磁体的线性尺度的变化。

magnetotactic bacteria　趋磁细菌　一类具有奇特能力的细菌，可以使自己的取向沿着地球磁场的磁场线方向。它们含有反铁磁性的（antiferromagnetic）纳米晶体 Fe_3O_4（即磁铁矿）或 Fe_3S_4（即硫铁矿）的线性阵列，阵列取向平行于细菌较长的方向。趋磁螺旋菌（magnetospirillum magnetotacticum）就是趋磁细菌的一个例子。

首次描述：S. Bellini，*Su di un particolare comportamento di batteri d'acqua dolce*，Instituto di Microbiologia dell'Universitá di Pavia（1963）（首次观测）；R. P. Blakemore，*Magnetotactic bacteria*，Science **190**，377～379（1975）（重新发现，术语 magnetotactic 的产生）。

magnetotaxis　趋磁性　细菌的特殊取向和它们沿着一个磁场方向的导向。有这种性质的微生物被称为趋磁细菌（magnetotactic bacteria）。

首次描述：R. P. Blakemore，*Magnetotactic bacteria*，Science **190**，377～379（1975）。

magnon　磁振子　亦称磁波子，自旋波能量的单位。

Mahan effect（MND effect）　马汉效应（MND 效应）在简并半导体（degenerate semiconductors）带到带的光学吸收过程中，费米海对于芯区空穴的动态响应。来源于电子-空穴库仑吸引的激子（exciton）态被认为会对光学吸收产生影响。计算表明激子态在伯斯坦（Burstein）边吸收时产生对数奇点（singularity）。这种奇点出现在简并带具有中等程度的电子或空穴密度时，并在高密度极限时逐渐消失。高密度情况下的寿命展宽使得这种对数奇异难以被观察到。

首次描述：J. D. Mahan，*Excitons in degenerate semiconductors*，Phys. Rev. **153**（3），882～889（1967）；P. Noziéres，C. T. De Dominicis，*Singularities in the X-ray absorption and emission of metals*. Ⅲ. *One-body theory exact solution*，Phys. Rev. **178**（3），1097～1107（1969）（更完备的理论）。

详见：J. D. Mahan，*Many-Particle Physics*，2nd edition（Plenum，New York，1990）。

majorization　优化　涉及两个实的 m 维矢量 $\boldsymbol{x}=(x_1,\cdots,x_m)$ 和 $\boldsymbol{y}=(y_1,\cdots,y_m)$ 的数学过程。如果对于在 1 到 m 之间的任意整数 n 有 $\sum_{j=1}^{n}x_j^{\uparrow}\leqslant\sum_{j=1}^{n}y_j^{\uparrow}$，等式在 $n=m$ 时保持，则矢量 $\boldsymbol{x}$

就被 $\boldsymbol{y}$ 优化（等价于 $\boldsymbol{y}$ 优化 $\boldsymbol{x}$），表示为 $\boldsymbol{x} \prec \boldsymbol{y}$。上标 ↑ 表示元素按照降序排列，例如，$x_1^{\uparrow}$ 是 $(x_1, \cdots, x_m)$ 中最大的元素。优化关系是实矢量的一个偏序，当且仅当 $x^{\uparrow} = y^{\uparrow}$ 时有 $\boldsymbol{x} \prec \boldsymbol{y}$ 和 $\boldsymbol{y} \prec \boldsymbol{x}$。

详见：R. Bhatia，*Matrix Analysis*（Springer-Verlag，New York，1997）。

MALDI 为 matrix-assisted laser desorption/ionization（基质辅助激光解吸/电离）的缩写。

Marangoni effect 马兰戈尼效应 由于表面张力差而在液体层上或层内产生的质量传递。由于有较大表面张力的液体与有较小表面张力的液体相比，能对周围的液体产生更大的拉力，一个表面张力梯度的存在就会使得液体自然地从有较小表面张力的区域处流出。表面张力梯度可以由浓度梯度和温度梯度引起。

首次描述：J. Thomson，*On certain curious motions observable on the surfaces of wine and other alcoholic liquours*，Phil Mag. **10**，330（1855）；C. Marangoni，*Sull'espansione delle goccie di un liquido galleggiante sulla superficie di altro liquido*，（Fusi，Pavia，1865）；C. Marangoni，*Über die Ausbreitung der Tropfen einer Flüssigkeit auf der Oberfläche einer anderen*，Ann. Phys. **219**，337～354（1871）。

Marcus formula 马库斯公式 此公式给出了分子中在施主和受主之间的电荷转移率，其中施主和受主都具有许多离散的局域振动态，则电荷转移率为以下形式：$k_{da} = 2\pi/\hbar \mid V_{da} \mid^2 F$。这里 V_{da} 代表电子耦合，核因子 F 包含考虑了振动效应的重组能。

首次描述：R. A. Marcus，N. Sutin，*Electron transfer in chemistry and biology*，Biochim. Biophys. Acta **811**（3），265～322（1985）。

获誉：1992 年，R. A. 马库斯（R. A. Marcus）凭借对于化学体系中电子转移反应理论作出的贡献而获得诺贝尔化学奖。

另请参阅：www.nobelprize.org/nobel_prizes/chemistry/laureates/1992/。

Markov process 马尔可夫过程 一种随机过程（stochastic process），它假设在一系列随机过程中每个事件的发生概率仅仅依赖于即刻之前那个结果。该过程用一个跃迁概率矩阵来表征，它衡量的是从一个态转变到另一个态的概率。

首次描述：A. A. Markov，*Rasprostranenie zakona bol'shih chisel na velichiny，zavisyaschie drug ot druga*，Izvestiya Fiziko-matematicheskogo obschestva pri Kazanskom universtiete，2-ya seriya，**15**，135～156（1906）。

Marx effect 马克斯效应 被光照的表面发射的光电子，如果表面同时被别的频率更低的光照亮，则其能量会减小。

首次描述：E. Marx，*On a new photoelectric effect in alkali cells*，Phys. Rev，**35**（9），1059～1060（1930）。

maser 微波激射器 为"a device producing microwave amplification by stimulated emission of radiation"（通过受激辐射发射产生微波放大的器件）的缩写。

首次描述：N. G. Basov，A. M. Prokhorov，*The theory of a molecular oscillator and a molecular power amplifier*，Disc. Faraday Soc. **19**，96～99（1955）；A. L. Schawlow，C. H. Townes，*Infrared and optical masers*，Phys. Rev. **112**（6），1940～1949（1958）；A. M. Prokhorov，*A molecular amplifier and generator of submillimetre waves*，Zh. Eksper. Teor. Fiz. **34**（6），1658～1659（1958）（俄文）；N. G. Basov，B. M. Vul，Y. M. Popov，*Quantum-mechanical semiconductor generator and amplifiers of electromagnetic oscilla-*

tions, Sov. Phys. JEPT **37** (2), 416 (1960)。

获誉：1964年，C. H. 汤斯（C. H. Townes）、N. G. 巴索夫（N. G. Basov）和A. M. 普罗霍罗夫（A. M. Prokhorov）凭借他们在量子电子学领域的基础性工作而获得诺贝尔物理学奖，这些工作导致了基于微波激射器-激光原理制成的振荡器和放大器。

另请参阅：www.nobelprize.org/nobel_prizes/physics/laureates/1964/。

mass-detection NEMS 质量检测纳机电系统 用于检测超小质量的纳机电系统（nano-electromechanical system）。这个设备由一个细小的振荡悬臂组成，当一个小粒子吸附在悬臂上时，它会改变悬臂振动频率，频率改变可以通过从悬臂上反射的激光来测量，因而可以计算出粒子的质量。此设备已经实现了 10^{-18} g数量级的灵敏度，而也可以预见将来能实现 10^{-21} g数量级灵敏度，这样就可用来探测病毒。

详见：K. L. Ekinci, X. M. Huang, M. L. Roukes, *Ultra-sensitive nanoelectromechanical mass detection*, Appl. Phys. Lett., **84** (22), 4469～4471 (2004); B. Ilic, H. G. Craighead, S. Krylov, W. Senaratne, C. Ober, P. Neuzil, *Attogram detection using nanoelectromechanical oscillators*, J. Appl. Phys. **95** (7), 3694～4703 (2004); H. G. Craighead, *Nanomechanical systems-Measuring more than mass*, Nat. Nanotechnol. **2**, 18～19 (2007)。

mass spectrometry (MS) 质谱，质谱法 一种测量带电粒子质荷比的强有力分析技术。

master equation 主方程 一种唯象的一阶微分方程，用来描述一个系统占据每个分立态概率的时间演化：$\mathrm{d}P_k/\mathrm{d}T = \sum_l T_{kl} P_l$。其中 P_k 是系统处于 k 态的概率，T_{kl} 矩阵是由一系列跃迁概率常数组成.

Matthiessen rule 马西森定则 此定则实证地说明固体的总电阻率是各种散射机理引起的电阻率之和。它意味着不同散射机理下固体中运动的电子散射率是可加和的，即 $\tau^{-1} = \sum_i \tau_i^{-1}$，$\tau$ 是能量弛豫时间。以电子迁移率的形式来描述则有：$\mu^{-1} = \sum_i \mu_i^{-1}$，其中 μ 是整体电子迁移率，μ_i 是不同散射机理引起的部分电子迁移率。当一种散射过程的结果影响到另一种散射过程的结果，以及一种或多种散射过程依赖于电子波矢时，此定则失效。

首次描述：A. Matthiessen, C. Vogt, *Über den Einfluss der Temperatur auf die elektrische Leitungsfähigkeit der Legierungen*, Ann. Phys. **122**, 19～78 (1864)。

matrix-assisted laser desorption/ionization (MALDI) 基质辅助激光解吸/电离 一种在固体激光解吸法（solid laser desorption method）中用于质谱的软离子化技术。首先将分析物与大摩尔过量基质化合物进行共结晶，继而用激光照射分析物-基质混合物，使与分析物结合的基质蒸发，避免其降解。它成为肽、蛋白质和其他生物分子的一种分析工具。

首次描述：M. Karas, F. Hillenkamp, *Laser desorption ionisation of proteins with molecular masses exceeding* 10 000 *daltons*, Anal. Chem. **60** (20), 2299～2301 (1988)。

详见：J. K. Lewis, J. Wei, G. Siuzdak, *Matrix-assisted laser desorption/ionization mass spectrometry in peptide and protein analysis*, *in*: *Encyclopedia of Analytical Chemistry*, edited by R. A. Meyers (John Wiley & Sons, Ltd, Chichester, 2000), pp. 5880～5894; *Mass Spectrometry of Proteins and Peptides*, *Methods in Molecular Biology*, Vol. **146**, edited by J. R. Chapman (Humana Press, Totowa, NJ, 2000)。

matrix element 矩阵元 符号 $H_{mn} = \langle m | \boldsymbol{H} | n \rangle \equiv \int \psi_m^* \boldsymbol{H} \psi_n$，其中 $\boldsymbol{H}$ 是算子，ψ_m 和 ψ_n 是对应

于态 m 和 n 的波函数。符号由狄拉克（Dirac）发明，$|n\rangle$ 被称为右矢（ket），表示一个态，左矢（bra）$\langle m|$ 是态 m 的复共轭。矩阵元将矩阵和用于算子的微分方程联系在一起。事实上，它是代表态的一组完全正交矢量集的一个组元和另一个矢量的内积，这个矢量是某个算子对在这个矢量集中的另一个组元进行操作得到。

matrix notations　基质符号　参见 Park-Madden notations（帕克-马登符号）。

Maxwell-Boltzmann distribution（statistics）　麦克斯韦-玻尔兹曼分布（统计）　在温度为 T 的热平衡理想气体中找到质量为 m、能量为 E 的粒子的概率为

$$f(E)=\frac{1}{\sqrt{2\pi mk_{\mathrm{B}}T}}\exp\left(-\frac{E}{k_{\mathrm{B}}T}\right)$$

它可以由更一般化的吉布斯分布（Gibbs distribution）所得到。麦克斯韦-玻尔兹曼统计只在温度和密度使得任意给定能级被占据概率都很小时才成立。

首次描述：L. Boltzmann，*Einige allgemeine Sätze über das Wärmegleich gewicht*，Sitzungsber. Akad. Wiss. Wien：Math. -Naturwiss. Klas. **63**（II），679（1871）。

Maxwell distribution（statistics）　麦克斯韦分布（统计）　此分布给出在温度为 T 的热平衡理想气体中找到质量为 m、速度为 v 的粒子的概率。麦克斯韦分布函数为

$$f(v_x,v_y,v_z)=\left(\frac{m}{2\pi k_{\mathrm{B}}T}\right)^{3/2}\exp\left[-\frac{m(v_x^2+v_y^2+v_z^2)}{2k_{\mathrm{B}}T}\right]$$

麦克斯韦速度分布为

$$N(r,v)\mathrm{d}^3r\mathrm{d}^3v=\frac{N}{V}\left(\frac{m}{2\pi k_{\mathrm{B}}T}\right)^{3/2}\exp\left(-\frac{mv^2}{2k_{\mathrm{B}}T}\right)\mathrm{d}^3r\mathrm{d}^3v$$

其中 N 是粒子的总数，V 是气体的体积。一个单速度分量的分布为

$$N(v_x)\mathrm{d}v_x=\frac{N}{V}\left(\frac{m}{2\pi k_{\mathrm{B}}T}\right)^{1/2}\exp\left(-\frac{mv_x^2}{2k_{\mathrm{B}}T}\right)\mathrm{d}v_x$$

速度分布为

$$N(v)\mathrm{d}v=4\pi\frac{N}{V}\left(\frac{m}{2\pi k_{\mathrm{B}}T}\right)^{3/2}v^2\exp\left(-\frac{mv^2}{2k_{\mathrm{B}}T}\right)\mathrm{d}v$$

首次描述：J. C. Maxwell，*Illustrations of the dynamical theory of gases*，Phil. Mag. **19**，19～32（1860），and **20**，21～37（1860）。

Maxwell equations　麦克斯韦方程　此方程描述任意介质中的电荷和电场、磁场之间的关系。其微分方程的形式如下：

$$\nabla\cdot\boldsymbol{D}=\rho,\quad \nabla\cdot\boldsymbol{B}=0$$

$$\nabla\times\boldsymbol{E}=-\frac{\partial\boldsymbol{B}}{\partial t},\quad \nabla\times\boldsymbol{H}=\boldsymbol{j}+\frac{\partial\boldsymbol{D}}{\partial t}$$

$$\boldsymbol{D}=\varepsilon_0\boldsymbol{E}+\boldsymbol{P},\quad \boldsymbol{B}=\mu_0\boldsymbol{H}+\boldsymbol{M}$$

其中∇为∇算子（Nabla-operator），$\boldsymbol{D}$ 是电位移，$\boldsymbol{B}$ 是磁感应强度或磁通密度，$\boldsymbol{E}$ 是电场强度，$\boldsymbol{H}$ 是磁场强度，$\boldsymbol{P}$ 是介质的极化密度（单位体积内的电偶极矩），$\boldsymbol{M}$ 是介质的磁化密度（单位体积内的磁偶极矩），$\boldsymbol{j}$ 是电流密度。

第一对方程说明，自由电荷 ρ 是电位移的源，而磁感应强度是无源的。第二对方程是说明随时变化的磁场和电场是如何互相产生的，而且磁场 $\boldsymbol{H}$ 可以由密度为 $\boldsymbol{j}$ 的宏观电流所产生。第三对方程是物质方程的一般形式，它表明，物质中的电位移是电场和极化之和，而磁感应强度是磁场和磁化之和。

首次描述：J. C. Maxwell，*A Treatise on Electricity and Magnetism*，vol. II（Clarendon Press，1873)。

Maxwell's demon　麦克斯韦妖　此名字由 W. 汤姆孙也即开尔文爵士 [W. Thomson (Lord Kelvin)] 所取，来源于 J. C. 麦克斯韦 (J. C. Maxwell) 的思想实验，即某神秘创造物通过分子的速度来分离它们。小妖开关一个气体腔的两个分隔间之间的门，并奉行一种叛逆的行为，即仅当快的分子从右腔接近门或慢的分子从左腔接近门时，小妖才将门打开。通过这种方式，小妖就可以实现两腔之间的温差，而没有做任何可见的功，这是违反了热力学第二定律的，从而引起了很多矛盾。

事实上，第二定律没有被违背，正如在 20 世纪科学家所显示的那样。当人们利用信息处理的概念来考虑小妖的诡计时，这个问题就变得很清楚了。为了选择分子，小妖要存储它所观察到的分子的随机结果。分子的位置信息必须存在于小妖的记忆体当中。于是小妖的记忆体越来越热。不可逆的步骤不是信息的获取，而是后来当小妖清除它的记忆时信息的丢失。按照热力学第二定律，信息擦除过程增大了环境的熵。这就是基本信息操作的热力学代价。

首次描述：J. C. Maxwell，*Theory of Heat* (Longmans，Green and Co.，London，1871)。

Maxwell triangle　麦克斯韦三角形　在三色合成中用来表达组分的三色变量的一种图。

首次描述：J. C. Maxwell，*On the theory of compound colours，and the relations of the colours of the spectrum*，Phil. Trans. R. Soc. London **150**，57～84 (1860)。

Maxwell-Wagner polarization　麦克斯韦-瓦格纳极化　包含导电晶粒和绝缘晶界的材料中的一种空间电荷极化。

首次描述：K. W. Wagner，*Erklärung der dielectrischen Nachwirkungsvorgänge auf Grund Maxwellscher Vorstellung*，Arch. Electrotech. **2**，371～387 (1914)；J. C. Maxwell，*A Treatise on Electricity and Magnetism*，vol. I (Clarendon Press，1873)。

Maxwell-Wagner relaxation　麦克斯韦-瓦格纳弛豫　用一组不同的弛豫时间来表征的电荷极化 (polarization) 的弛豫。这种弛豫在具有不同电导率区域的非均匀电介质中比较典型，经常发生在陶瓷中，这些陶瓷包含带有绝缘晶界的不同尺寸的导电晶粒。这种系统中总的弛豫电流可以理解为依照德拜弛豫 (Debye relaxation) (单一的弛豫时间) 的指数衰减之和，因此产生了电流对时间的非指数依赖性。

首次描述：K. W. Wagner，*Erklärung der dielectrischen Nachwirkungsvorgänge auf Grund Maxwellscher Vorstellung*，Arch. Electrotech. **2**，371～387 (1914)；J. C. Maxwell，*A Treatise on Electricity and Magnetism*，vol. I (Clarendon Press，1873)。

McFarland and Tang solar cell　麦克法兰-唐太阳电池　一种太阳电池 (solar cell)，其中电子-空穴对的产生不发生在半导体中。这种电池模型基于多层光伏 (photovoltaic) 器件，此器件中光子在感光层中被吸收，一种情况由半导体量子点 (quantum dot) 组成，另一种情况由沉积在超薄金属-半导体肖特基 (Schottky) 二极管 (diode) 表面的光敏染料 (dye) 组成。光激发电子转移到金属层，弹道式地迁移通过肖特基势垒 (Schottky barrier)。在 Au 中热载流子的高弹道平均自由程和 TiO_2 半导体的高介电常数，使得 Au/TiO_2 界面成为实现这种光伏器件的合适候选材料.

首次描述：E. W. McFarland，J. Tang，*A photovoltaic device structure based on internal electron emission*，Nature 421，616～618 (2003)。

mean free path　平均自由程　运动粒子在两次散射事件之间所经过的平均距离。

mechanic molecular machines **机械分子机器** 化学驱动、光化学驱动和（或）电化学驱动的分子集合。

详见：V. Balzani，M. Venturi，A. Credi，*Molecular Devices and Machines：A Journey into the Nanoworld*（Wiley-VCH，Weinheim 2003）。

MEG 为 multiple exciton generation（多激子产生）的缩写。

mega- **兆** 十进制前缀，表示 10^6，简写为 M。

Meissner-Ochsenfeld effect **迈斯纳-奥克森费尔德效应** 当一个超导样品放在不太高的磁场中，然后冷却通过超导转变温度，原先存在的磁通量就会被排斥到样品之外。

首次描述：F. W. Meissner，R. Ochsenfeld，*Ein neuer Effekt bei Eintritt der Supraleitfähigkeit*，Naturwiss. **21**，787～788（1933）。

MEMS 为微机电系统（micro-electromechanical system）的缩写。它是微米尺度下的半导体处理和机械工程相结合的产物。MEMS 的主要组成部分是机械单元（如悬臂）和传感器。传感器将机械能转换为电学或光学信号，也可以反过来转换。目前的 MEMS 技术已经制造出了一些产品，从包含数百万电驱动微镜的数字投影仪一直到气囊上使用的微尺度运动传感器。

mesodesmic structure **中键结构** 亦称介强键体结构，离子晶体的一种结构，其中的某一个阳离子-阴离子键比其他的强很多。参见 anisodesmic structure（非均键结构）和 isodesmic structure（等键结构）。

mesoscopic **介观** 这个概念用来表示固态结构和器件的尺度介于微观原子尺度和宏观可见尺度之间，标准的玻尔兹曼输运（Boltzmann transport）理论应用于其中。这种结构和器件的尺寸可与电子的弹性散射长度相比。在这种状况下，一个电子在受到随机改变其电子波函数相位的散射之前可以运动较长的路程。

metal **金属** 这种材料以其高的热导率、电导率和光学反射能力以及不透明性而区别于其他物质。

metal carbonyl **羰基金属** 一种金属与一氧化碳形成的化合物，$Me(CO)_x$。部分羰基金属有毒性，这是由于它们能使血红蛋白羰基化，从而限制了血红蛋白绑定并输送氧气到活细胞的能力。

metallocene **茂金属** 亦称金属茂（合物），一种有机金属化合物（organometallic compound)，由束缚在金属上的平行的环戊二烯环组成，形成环戊二烯基配合物（cyclopentadienyl complex）。分子环提供或接受一对电子，与配位化合物和有机金属化合物的中心金属原子形成配位共价键.

存在很多种有机金属配位化合物，它们可以由与中心过渡金属原子成键的环戊二烯环数目（有取代或无取代）、过渡金属（transition metal）的类型、桥的类型等来区分。茂金属的过渡金属原子的成键类型包括了金属的 ns、(n－1) d 和 np 轨道与每个芳香环的有合适对称性的分子轨道之间的重叠。能形成茂金属配合物的已知金属有 Ti、Zr、Hf、V、Cr、Mo、W、Mn、Fe、Ru、Os、Co、Rh 和 Ni。

在系统分子结构中有催化部位的茂金属，被用作聚合催化剂产生有独特结构和物理性质的均一聚合物。而且茂金属在很多领域，如电化学技术、高温化学、光解化学、结构化学、有机发光器件、生物化学和药物制造中，都具有实用价值。

详见：N. J. Long，*Metallocenes：An Introduction to Sandwich Complexes*（Blackwell

Science，1998）。

metalloid 准金属 亦称非金属、类金属，指某些同时具有金属性和非金属性的元素，如 Sb 和 Se。准金属的化合物也可以有类似这样的中间性质。

metal-organic chemical vapor deposition（MOCVD） 金属有机气相沉积 简称 MOCVD，一种利用金属有机化合物（metal-organic compound）作为前体的化学气相沉积（chemical vapor deposition）技术，用于制备高质量的可具有突变界面、层厚可低至单层范围的半导体超晶格。术语“metal-organic”指代多类化合物，如含有金属-碳键的化合物（有机金属化合物），含有金属-氧-碳键的化合物（醇化物），以及金属和有机分子的配位化合物等。实际上，烷基金属，特别是带有甲基（CH_3）和乙基（C_2H_5）自由基的烷基金属，是主要使用的对象。合适的化合物在金属有机化合物部分会提到。它们多数在室温条件下是液态的，利用蒸气饱和的载体气体通过引水口引入反应腔。沉积可以在大气压力条件下或者更低压条件下进行。MOCVD 的设备简图如图 M.3 所示，显示了典型的适合生长 GaAs 和 GaAlAs 异质结的设计。三甲基镓［$(CH_3)_3Ga$］和三甲基铝［$(CH_3)_3Al$］通过气泡提供金属引入反应腔形成化合物。V 族元素组分经常通过氢化物的形式引入，比如图 M.3 的 AsH_3。其他广泛应用的氢化物在氢化物（hydride）部分讨论。氢气经常作为载体气体提供氢化环境以防止烷基分子和氢化物分子的高温分解。在加热衬底表面发生化学反应的整合方案如下：

$$(CH_3)_3Ga + AsH_3 \xrightarrow{650℃} GaAs \downarrow + 3CH_4$$

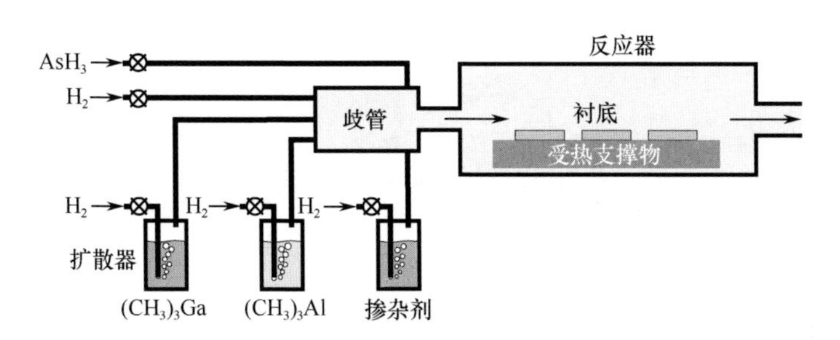

图 M.3 MOCVD 设备的简化示意图

受主杂质，如 Zn 或 Cd，可以通过烷基物被引入到反应腔里来；施主杂质，如 Si、S 或 Se，可以通过氢化物引入。对于Ⅲ族氮化物（AlN、GaN、InN）的沉积，氨（NH_3）可以作为氮源。

为了形成突变的界面，对于固态成分或者掺杂浓度的改变，气态环境成分的变化是通过关闭某个气态反应物的输运线实现的。为了改变气体的成分，混合系统和反应器的体积必须合理地最小化，因而材料生长迅速，从而形成了突变的界面。气体混合物必须在不影响通过反应腔的总流量的条件下改变。当采用快速的热处理方案时，也可以形成改良的突变界面。短至 30～60 s 的热循环给材料沉积提供了合适的条件，但是也消除了界面处的原子的相互扩散混合。

MOCVD 可以沉积高化学计量的材料，事实上涵盖了所有 $A^{Ⅲ}B^{Ⅴ}$ 型半导体以及基于它们的三重物和四重物。MOCVD 也成功用于生长其他半导体，如 $A^{Ⅱ}B^{Ⅵ}$ 型和氧化物。连续的外延薄膜，和量子线（quantum wire）与量子点（quantum dot）结构，也可以通过这种技术生长，借助的生长机制在 self-organization（during epitaxial growth）［（外延生长中的）自组织］部分中有描述。MOCVD 还有在大量的晶片上同步生长的可能性，符合商业化大规模生产的要求。它的局限性主要体现在碳的污染，以及与有高度毒性和易爆的氢化物的管理相关的严重的实际安全问题。

首次描述：H. M. Manasevit，*Single-crystal gallium arsenide on insulating substrates*，Appl. Phys. Lett. **12** (4)，156～159 (1968)。

详见：M. Razeghi，*The MOCVD Challenge：A Survey of GaInAsP-InP and GaInAsP-GaAs for Photonic and Electronic Device Applications* (CRC Press，Boca Raton，2010)。

metal-organic compound (for chemical vapor deposition)　(用于化学气相沉积的) 金属有机化合物　金属和有机分子相连的化合物，至少有一个基本的金属-碳键。适合用于化学气相沉积的金属有机化合物如表 M.2 所列举。

首次描述：R. 本生 (R. Bunsen) 于1839年。

表 M.2　用于半导体和金属的化学气相沉积的金属有机化合物

元素	化合物		熔点/℃	沸点/℃	蒸气压方程① $\lg p=A-B/T$	
	化学式	名称			*A*	*B*
铍(Be)	$(C_2H_5)_2Be$	二乙基铍	室温下是固态 85℃时分离		14.496	5102
镁(Mg)	$(C_2H_5)_2Mg$	二乙基镁	室温下是固态 175℃时分离		9.121	2832
	$(C_5H_4CH_3)_2Mg$	联甲苯镁			20℃时为 0.2*T* 70℃时为 1.8*T*	
锌(Zn)	$(CH_3)_2Zn$	二甲基锌	−29.2	44.0	7.802	1560
	$(C_2H_5)_2Zn$	二乙基锌	−30.0	117.6	8.280	2109
镉(Cd)	$(CH_3)_2Cd$	二甲基镉	−4.5	105.5	7.764	1850
铝(Al)	$(CH_3)_3Al$	三甲基铝	15.4	126.1	8.224	2135
	$(C_2H_5)_3Al$	三乙基铝	−52.5	185.6	8.999②	2361
	iso-$(C_4H_9)_3Al$	三异丁基铝	4.3		7.121③	1710
	$(CH_3)_2NH_2CH_2Al$	三甲胺铝				
镓(Ga)	$(CH_3)_3Ga$	三甲基镓	−15.8	55.7	8.07	1703
	$(C_2H_5)_3Ga$	三乙基镓	−83.2	142.8	8.224	2222
铟(In)	$(CH_3)_3In$	三甲基铟	88.4	135.8	10.52	3014
	$(C_2H_5)_3In$	三乙基铟	−32	144	8.930	2815
	$(C_3H_7)_3In$	三丙基铟	−51	178		
硅(Si)	$(CH_3)_4Si$	四甲基硅	−99.1	26.6		
	$(C_2H_5)_4Si$	四乙基硅		153.7		
锗(Ge)	$(CH_3)_4Ge$	四甲基锗	−88	43.6		
	$(C_2H_5)_4Ge$	四乙基锗	−90	163.5		
锡(Sn)	$(CH_3)_2Sn$	二甲基锡			7.445	1620
	$(C_2H_5)_2Sn$	二乙基锡	室温下是液态 150℃时分离		6.445	1973

续表

元素	化合物		熔点/℃	沸点/℃	蒸气压方程① $\lg p=A-B/T$	
	化学式	名称			A	B
磷(P)	$(CH_3)_3P$	三甲基磷		37.8		
	$(C_2H_5)_3P$	三乙基磷		127		
	$(t\text{-}C_4H_9)_3In$	叔丁基磷		215	7.586	1539
砷(As)	$(CH_3)_3As$	三甲基砷		51.9	7.405	1480
	$(C_2H_5)_3As$	三乙基砷		140		
	$(CH_3)_4As_2$	四甲二砷		170		
	$(C_4H_9)_4As$	四丁基砷			7.500	1562
锑(Sb)	$(CH_3)_3Sb$	三甲基锑		80.6	7.707	1697
	$(C_2H_5)_3Sb$	三乙基锑		160		
碲(Te)	$(CH_3)_2Te$	二甲基碲	−10	82	7.970	1865
	$(C_2H_5)_2Te$	二乙基碲		137.5		
铁(Fe)	$(C_5H_5)_2Fe$	二茂铁	室温下是固态 179℃时升华			

① p 的单位为 Torr*，T 的单位为 K。
② $\lg p=A-B/(T-73.82)$。
③ $\lg p=A-B/(T-73.82)$。

metal-organic molecular beam epitaxy (MOMBE)　金属有机分子束外延　简称 MOMBE，参见 molecular beam epitaxy（分子束外延）。

metamaterial　超材料　一种人工结构材料，它的电磁性质由在宏观尺度上形成图样的单元所控制，这种单元代替了天然存在的材料中的原子或分子。因此它可以被设计成具有更宽范围的电磁响应，包括拥有负折射率，参见 negative-index material（负折射率材料）。沉积在电路板衬底上的铜环和线可作为超材料的一个例子。

Metropolis algorithm　米特罗波利斯算法　此算法目标是在相空间中产生一条轨迹（假定为 $\boldsymbol{R}$），当数值评估多维积分时，这个轨迹从一个选定的统计系综中取样。为了完成评估，需要在多维空间中取样复杂的概率分布。这些分布的归一化是未知的，而且它们复杂到不能直接取样。米特罗波利斯抑制算法允许一个概率密度为 $P(\boldsymbol{R})$ 的任意复杂分布可以通过一种直接的方式取样，而无需知道其归一化信息。通过如下步骤移动单个运动者，它产生了一个采样点序列 $\boldsymbol{R}_m$：

第一步：运动者开始在一个随机的位置 $\boldsymbol{R}$。

第二步：按照某个概率密度函数 $T(\boldsymbol{R}'\leftarrow\boldsymbol{R})$ 试探移动到一个新的位置 $\boldsymbol{R}'$。在这次试探移动后，初始时在 $\boldsymbol{R}$ 的运动者现在在体积元 $\mathrm{d}\boldsymbol{R}'$ 中的概率为 $\mathrm{d}R'\times T(\boldsymbol{R}'\leftarrow\boldsymbol{R})$。

第三步：接受到 $\boldsymbol{R}'$ 的试探移动，其概率为

$$A(\boldsymbol{R}'\leftarrow\boldsymbol{R})=\min\left\{1,\frac{T(\boldsymbol{R}'\leftarrow\boldsymbol{R})P(\boldsymbol{R}')}{T(\boldsymbol{R}'\leftarrow\boldsymbol{R})P(\boldsymbol{R})}\right\}$$

* 1Torr=1.33322×10^2Pa，下同。

如果试探移动被接受，点 $\boldsymbol{R}'$ 成为移动路径上的下一个点；如果被否定，点 $\boldsymbol{R}$ 成为路径上的下一个点。如果 $P(\boldsymbol{R})$ 比较大，大多数离开 $\boldsymbol{R}$ 的试探移动都将被否定，在形成随机运动过程的这组点序列中点 $\boldsymbol{R}$ 将出现很多次。

第四步：转到第二步，重复此过程。

这种算法产生的初始的一些点取决于最开始的点，这些点要丢弃掉。最终，模拟稳定下来，从随机运动截取出来的点便根据 $P(\boldsymbol{R}')$ 来分布。

首次描述：N. Metropolis，A. W. Rosenbluth，M. N. Rosenbluth，A. H. Teller，E. Teller，*Equation of state calculations by fast computing machines*，J. Chem. Phys. **21** (6)，1087～1092 (1953)。

详见：D. Frenkel，B. Smit，*Understanding Molecular Simulation* (Academic Press，San Diego 1996)；W. M. C. Foulkes，L. Mitas，R. J. Needs，G. Rajagopal，*Quantum Monte Carlo simulations of solids*，Rev. Mod. Phys. **73** (1)，33～83 (2001)。

Meyer-Neldel rule 梅耶-内德尔规则 一种经验规则，表明直流条件下测量的半导体电导率与温度的关系为：

$$\sigma = \sigma_0 \exp\left(\frac{\Delta E}{k_B T_0}\right)\left[\exp\left(-\frac{\Delta E}{k_B T}\right)\right],$$

式中，σ_0 和 T_0 为与半导体种类有关的常量，ΔE 为活化能。

首次描述：W. Meyer，H. Neldel，*Beziehungen zwischen der Energiekonstanten E und der Mengenkonstanten a in der Leitwerts Temperaturformel bei oxydischen Halbleitern*，Z. Tech. Phys. **18** (12)，588～593 (1937)。

MFM 为 magnetic force microscopy（磁力显微术）的缩写。

micella 胶束 也即 micelle（胶束）。

micelle（micella） 胶束 分散在液体胶体（colloid）中的表面活性剂（surfactant）分子的聚集体。水溶液中一种典型的胶束形成的聚集体中，其亲水性的（hydrophilic）“头部”区域和周围溶剂接触，而疏水性的（hydrophobic）尾部区域被隔绝在胶束中心。这种类型的胶束即为正常相胶束（水包油胶束），反转胶束则是头部在中心、尾部朝外伸出（油包水胶束）。胶束形状上近似为球形，也可能出现其他相，包括椭圆、圆柱和双层结构的形状。胶束的形状和大小是表面活性剂分子的几何形状和溶液条件作用的结果，后者如表面活性剂浓度、温度、pH 和离子强度。

胶束（micelle） 是多种分子包括肥皂和洗涤剂加到水里时形成的。分子可能是脂肪酸、脂肪酸盐（肥皂）、磷脂（phospholipid）和别的类似分子。形成胶束的过程即为胶束化（micellization）。这是许多类脂（lipid）依照其多态性而引起的相行为的一部分。

胶束系统的一个特殊性质在于它既能溶解疏水性的（hydrophobic）化合物，也能溶解亲水性的（hydrophilic）化合物。

micellization 胶束化 参见 micelle（胶束）。

Michelson interferometer 迈克尔逊干涉仪 此仪器通过分离一束相干光进入两个路径，然后反弹光束使它们重新结合，由此产生干涉条纹。如图 M.4 所示。

不同的路径可能长度不同，或者由不同材料组成，以此在探测器上产生交替干涉条纹。

干涉对于波的相位的差别非常敏感，而对可见光来说波相位在小于 1 微米的距离即可能发生变化，这对应着很短的时间（约 2 fs）。因此这是一种可以用来探测和测量小的形变、位

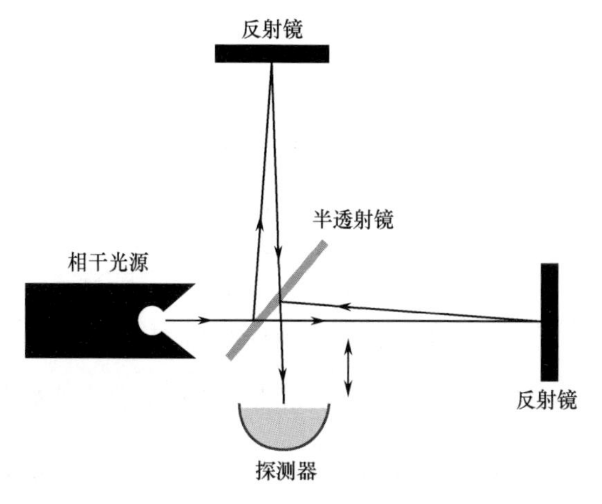

图 M.4 迈克尔逊干涉仪

移等的灵敏方法。

另请参阅：www.phy.davidson.edu/StuHome/cabell_f/diffractionfinal/pages/Michelson.html。

首次描述：A. A. Michelson，*The relative motion of the earth and luminiferous ether*，Am. J. Sci.（3）**22**，120～129（1881）。

获誉：1907 年，A. A. 迈克尔逊（A. A. Michelson）凭借他设计的光学精密仪器和利用它们开展的光谱学和计量学研究，而获得了诺贝尔物理学奖。

另请参阅：www.nobelprize.org/nobel_prizes/physics/laureates/1907/。

micro- 微 十进制前缀，代表 10^{-6}，简写为 μ。

Microcavity（in a semiconductor light emitting structure） （半导体光发射结构中的）微腔 夹在两个反射光效率超过 99%的多层半导体镜之间的量子阱（quantum well）。当光进入包含量子阱的微腔中时，倘若其波长是微腔厚度的两倍，就将被囚禁于其中。光在两个镜面之间来回反射，在每次反射中，只有少于 1%的光透过镜面漏出。这种微腔中捕获光子和电子的能力被用来构建垂直腔面发射激光器（vertical-cavity surface-emitting laser）和其他光电器件。

micro-electromechanical system 微机电系统 参见 MEMS。

Mie solution（theory） 米氏求解方法（理论） 最初用于描述基于麦克斯韦方程（Maxwell equations）的单个孤立球的光散射。目前它的应用更为广泛，扩展到分层球、无限圆柱体的光散射，或处理一般性散射问题，即利用精确麦克斯韦方程可以得到与辐射状和角状相关的独立方程。

对于一个半径为 r 的球形颗粒，米氏理论中的散射过程如图 M.5 所示。引入两个主要参数来描述：颗粒和介质之间折射率的失配量 $n_r=\dfrac{n_p}{n_m}$，折射率失配的表面尺寸 $x=\dfrac{2\pi r}{\left(\dfrac{\lambda}{n_m}\right)}$，其中 n_p 和 n_m 分别为颗粒材料和周围介质的折射率，λ 是入射光波长。

散射的横截面积 $\sigma_s=AQ_s$，其中 $A=\pi r^2$ 是颗粒的真实几何横截面积，Q_s 是散射效率。

最终，含有散射颗粒浓度为 ρ_s 的介质的散射系数可以表示为 $\mu_s=\rho_s\sigma_s$。在含有球形颗粒

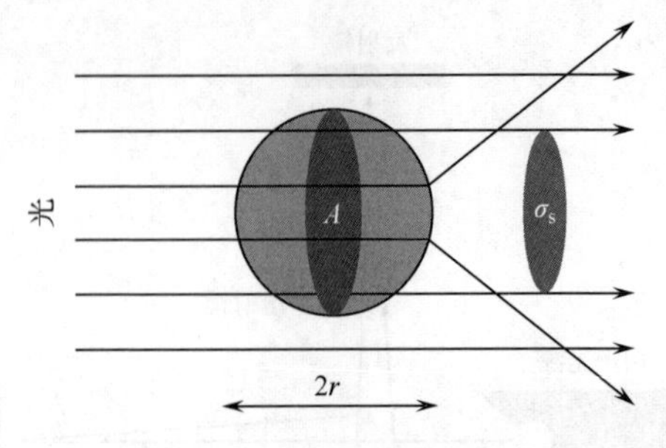

图 M.5 球形颗粒的光散射

的介质中，光通过长度 l 且不发生由于散射带来方向变化，则光的透射概率为 $T=\exp(-\mu_s l)$。

首次描述：G. Mie, *Beiträge zur Optik trüber Medien, speziell kolloidaler Metallösungen*, Ann. Phys. **25**, 377～445 (1908)。

详见：M. Mishchenko, L. Travis, A. Lacis, *Scattering, Absorption, and Emission of Light by Small Particles* (Cambridge University Press, New York, 2002)。

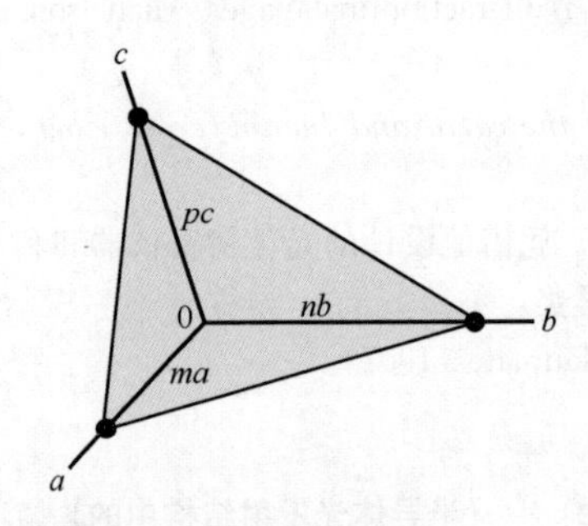

图 M.6 具有米勒指数的晶格平面在轴上的截距

Miller index 米勒指数 用于定义晶体中各种平面和方向的一组数。对于一个平面来说，米勒指数的确定方法如下：首先寻找平面与三个基轴的截距 $m\boldsymbol{a}$、$n\boldsymbol{b}$、$p\boldsymbol{c}$，其中 $(\boldsymbol{a},\boldsymbol{b},\boldsymbol{c})$ 为晶格常数，如图 M.6 所示。然后取这些数的倒数，找到最小的三个整数 h、k、l，其比率满足 $h:k:l=(1/m):(1/n):(1/p)$。这样得到的用圆括号包起来的 (hkl) 就是单个平面及一系列平行平面的米勒指数。当平面在轴上的截距为负时，在相应指数上面加一负号。标识 $\{hkl\}$ 用来表示具有等价对称性的平面［如立方对称性中的 $\{100\}$ 包含 (100)、(010)、$(\bar{1}00)$、$(0\bar{1}0)$ 和 $(00\bar{1})$］。立方晶体中一些重要的低指数平面如图 M.7 所示。

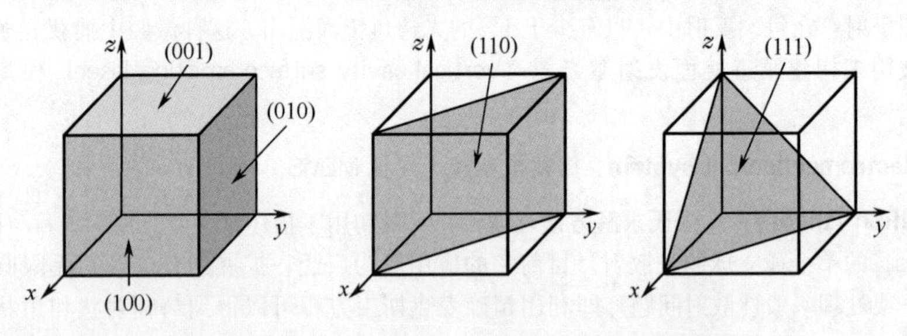

图 M.7 立方晶体中几个重要平面的米勒指数

晶向表示为 $[hkl]$，有 $h:k:l=\cos\alpha:\cos\beta:\cos\gamma$，其中 α,β,γ 为晶向与三个晶轴的夹角。标识 $\langle hkl\rangle$ 表示一整套的等价晶向。在立方晶体中，$[hkl]$ 方向垂直于 (hkl) 平面。

首次描述：W. H. Miller, *A Treatise on Crystallography* (Deighton, Cambridge, 1839)。

Miller law 米勒定律 当晶体的三个面相交形成的边取作参考轴时，那么第四个面在三条轴上的截距除以第五个面在同样的轴上的截距得到的三个数，可化为简单整数比，其数字很少超过 6。这就是有理截距定律（law of rational intercepts）。

首次描述：R. -J. Haüy，*Essai d'une Théorie sur la Structure des Cristaux*，(1784) and *Traité de Minéralogie* (1801)，W. H. Miller，*A Treatise on Crystallography* (Deighton，Cambridge，1839)。

milli- 毫 十进制前缀，表示 10^{-3}，简写为 m。

Minkowski space 闵可夫斯基空间 包括时间的四维空间。在这个空间里，长度单位随着测量发生的不同方向而显著改变。它的度量符号为（+，−，−，−），常常等价地选为（−，+，+，+）。如果定义闵可夫斯基空间中的点为（t，x，y，z），那么这个点和原点之间的长度 l 就定义为 $l^2=t^2-x^2-y^2-z^2$。这四项的符号对应于度量的符号。注意等式右边可能为负值，使得距离为虚数。

它被用于狭义相对论中。

首次描述：H. Minkowski，*Die Grundgleichungen für die elektromagnetischen Vorgänge in bewegten Kärpern*，Gött. Nachr. **2**，53 (1908)。

MND effect MND 效应 也即 Mahan effect（马汉效应）。

mobility edge 迁移率边 在局域态与扩展态之间的尖锐边界，局域态中电子是局域的，且电子仅能通过热激发跳跃至另一个局域态，而扩展态则允许电子的自由运动，尽管只有很短的自由程。

MOCVD 为 metal-organic chemical vapor deposition（金属-有机化学气相沉积）的缩写。

modality 模态 系统在相同或者近相同条件下展示的独特类型的行为。

modulation doped field effect transistor (MODFET) 调制掺杂场效应管 简称 MODFET，参见 high electron mobility transistor (HEMT)（高电子迁移率晶体管）。

modulation-doped structure 调制掺杂结构 一种基于半导体异质结的结构，其中生成载流子的重掺杂半导体区和所需要的载流子低散射输运区在空间上被分隔开。所用的异质结是由具有不同带隙的两种半导体形成。图 M.8 是这种结构的示意图。

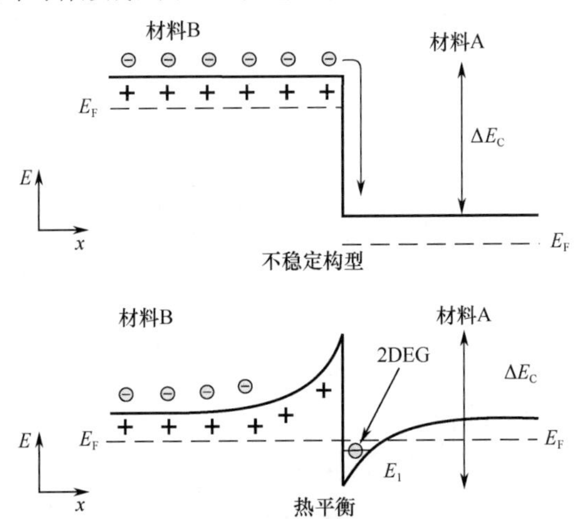

图 M.8 由小能隙半导体 A 和大能隙半导体 B 构成的异质结附近的导带剖面图

在调制掺杂结构中，较大带隙的半导体内掺入施主杂质。只要电子位于它们的施主原子上，结构中就处处都是电中性的。一旦被释放，电子会扩散离开，穿过异质结落入附近势能较低的区域。在那里电子失去能量而被束缚住，因为它们无法克服 ΔE_C 的势垒。因此，电子与产生它们的带正电的施主在空间上被分隔开了。这些被俘获的电子产生了一种静电势，倾向于驱动它们回去。最终，在异质结处产生了一个粗糙的三角势阱，势阱宽度在纳米量级。类似于方势阱，电子在这个势阱内沿 x 方向运动的能级也被量子化，常常只有其最低能级被电子占据。因此，对于沿 x 方向的运动，所有电子占据相同态，而沿着其他两个方向电子是自由的，就形成了二维电子气（two-dimensional electron gas）。

由 n-AlGaAs（拥有较大带隙的材料）和未掺杂的 GaAs 形成的超晶格异质结是一种典型的调制掺杂结构，其电子迁移率呈现了几个数量级的增长。对于 GaAs 类的异质结，低温下观察到的迁移率可高达 $2\times10^7\ \mathrm{cm^2\cdot V^{-1}\cdot s^{-1}}$，同时二维电子气中实现的电子密度大约是 $5\times10^{11}\ \mathrm{cm^{-2}}$。

调制掺杂有两个好处：①它将电子和施主原子分开，因而减少了电子受到的杂质离子的散射；②它以二维的形式将电子限制在异质结附近区域。

首次描述：R. Dingle，H. L. Störmer，A. C. Gossard，W. Weigmann，*Electron mobilities in modulation doped semiconductor heterojunction superlattices*，Appl. Phys. Lett. **33**（7），665～667（1978）。

MOKE 为 magnetooptical Kerr effect（磁光克尔效应）的缩写。

molecular antenna 分子天线 分子组元的一个阵列，它能够吸收光，传递引起的电子能量到一个预先决定好的阵列组分。

molecular battery 分子电池 能够积累电荷的分子。

molecular beam epitaxy（MBE） 分子束外延 简称 MBE，一种在超高真空中材料沉积的技术。原则上，它是化学气相沉积（chemical vapor deposition）的高级变体，能保证更好的纯度和结晶完整性，同时还能更好地调控形成的外延异质结构的成分和厚度。分子束外延是在超高真空的腔体内进行的，腔内压强一般在 10^{-11} Torr 量级或者更低，原子和分子在如此低压的环境里会沿入射方向直线运动而不遇到碰撞，直到它们到达衬底或者腔壁。图 M.9 是一张 MBE 设备示意图。

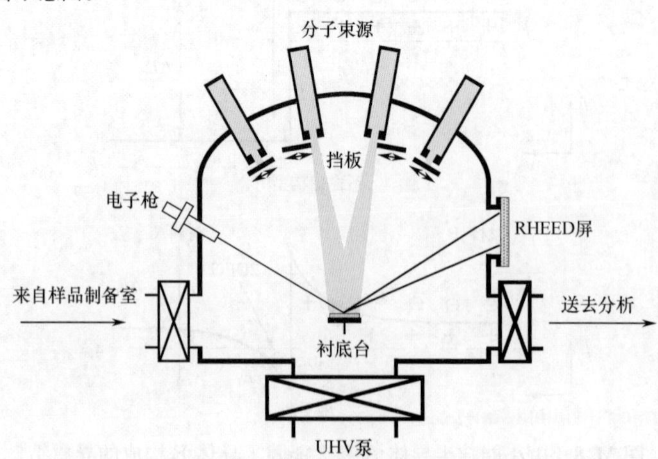

图 M.9 MBE 设备的简化示意图

分子束通常是在装在设备内的泻流室（effusion cell）产生的。在生长过程中为了得到半导体和进行掺杂，常常要沉积多种成分，因此一套 MBE 设备都会有多个泻流室对应于不同成分，它们的喷口方向都是朝向加热的衬底。打开泻流室的挡板后外延生长即可开始，改变各源的温度可调节各组分的流量，进而调控外延膜各组分的比例。衬底的温度对沉积层的组分和质量很重要：温度过低的话沉积引起的各种生长缺陷无法通过充足的退火来除去；而温度过高的话表面层各组分蒸发不一致会导致组分比例改变，也可能造成不必要的界面处原子间相互扩散。生长过程中旋转衬底的话可以使得沉积层组分和厚度分布更均匀。

超高真空生长环境是 MBE 技术的重要特点，因此许多基于电子束和离子束的诊断技术可以用来监测薄膜生长过程和原位分析薄膜。一些常用的电子束探测技术包括俄歇电子能谱（AES）、低能电子衍射（LEED）、反射高能电子衍射（RHEED），以及 X 射线和紫外光电子能谱（XPS 和 UPS），而二次离子质谱法（SIMS）是常用的基于离子的探测技术。

MBE 中监测生长过程最常用的是 RHEED 技术。这种技术是将电子束以很小的角度掠入射到样品表面上，通过另一边的荧光屏观察衍射电子的干涉纹样。薄膜生长过程中，随着表面周期性地沉积新的单层，可以看到 RHEED 信号在强度和干涉花样上的周期性变化。衍射纹样揭示了表面的结构。

在基本的 MBE 技术上还衍生了许多新的方法，如化学束外延（chemical beam epitaxy，CBE）和金属有机分子束外延（metal-organic molecular beam epitaxy，MOMBE），它们把传统 MBE 中的固体靶材替换成了类似于 CVD 和 MOCVD 过程中用的前驱物。新出现的这些技术都是为了更好地控制沉积层的厚度和组分，从而改进目标器件的性能。

MBE 及其相关技术常被用来构造基于 $A^{III}B^{V}$ 型和 Si-Ge 异质结构的用于量子阱（quantum well）的高质量超晶格（superlattice），优点是可得到不同材料间的高度突变结和能精确控制特殊层的厚度。而且，在（外延生长时的）自组织［self-organization（during epitaxial growth）］条件下，能够得到这些材料周期性排列的自组织量子线（quantum wire）和量子点（quantum dot）。阻碍 MBE 技术商业化的主要问题是它的低处理量和高消耗。

首次描述：B. A. Unvala，*Epitaxial growth of silicon by vacuum evaporation*，Nature **194**，966（1962）（首次尝试用类似于 MBE 的技术外延生长硅）；J. R. Arthur Jr.，*Interaction of Ga and As_2 molecular beams with GaAs surfaces*，J. Appl. Phys. **39**（8），4032～4034（1968）（演示了现在称为 MBE 的技术）；20 世纪 60 年代晚期，贝尔实验室的卓以和（A. Cho）和 J. 阿瑟（J. Arthur Jr.）发展了 MBE 技术用来生长具有原子级突变界面的多层异质结结构，并能够在短至十几埃的长度内精确控制组分和掺杂剖面。

molecular crystal　分子晶体　由不活泼原子（如惰性气体）形成，并由分子（如氢气、丙酮和苯）饱和的固体。它们通常借助弱的静电力结合在一起，有低的熔点和沸点，一般以稳定的分子形式蒸发。

molecular device　分子器件　许多离散的分子组元的一种组装集合（即超分子（supramolecule）），被设计用于完成特定功能。

详见：V. Balzani，M. Venturi，A. Credi，*Molecular devices and Machines：A journey into Nanoworld*（Whiley-VCH，Weinheim，2003）；A. Credi，*Artificial nanomachines based on interlocked molecules*，J. Phys. Condens. Matter **18**，S1779～S1795（2006）。

molecular dynamics（simulation）　分子动力学（模拟）　一种用来计算经典多体系统的平衡态特性和输运性质的技术。所谓“经典”意味着组成系统的粒子运动遵循经典力学的定律。

假设体系达到平衡时各原子受到的静态力为零，通过一步步移动原子的位置，分子动力

学模拟就可以寻找最优的原子构型。这个构型有最低的能量，因而是稳定的。根据牛顿方程第 i 个原子的运动方程为

$$\frac{\mathrm{d}\boldsymbol{r}_i(t)}{\mathrm{d}t} = \boldsymbol{v}_i(t)$$

$$\frac{\mathrm{d}\boldsymbol{v}_i(t)}{\mathrm{d}t} = \frac{1}{M}\boldsymbol{F}_i[\boldsymbol{r}_1(t),\cdots,\boldsymbol{r}_N(t);\boldsymbol{v}_i(t)]$$

其中 $\boldsymbol{r}_i(t)$ 是坐标，$\boldsymbol{v}_i(t)$ 是速度，M 是第 i 个原子的质量，体系的总原子数为 N。经典 N 体问题没有普适的解析解，只能通过数值积分来求解。

由所研究体系中原子间相互作用的多体势，能计算作用在每个原子上的力 $\boldsymbol{F}_i$ 。如果这个势能函数未知，则利用第 i 个原子和其余原子（第 j 个）间成对的相互作用的加和来代表多体情况，即

$$\boldsymbol{F}_i = \sum_j \boldsymbol{F}_{ij}$$

这个力依赖于所有原子的位置和第 i 个原子的速度。而代表第 i 个原子和第 j 个原子间相互作用的力 $\boldsymbol{F}_{ij}$，可由多体势求得，更容易的办法是由原子对相互作用势 U_{ij} 计算得到：

$$\boldsymbol{F}_{ij} = \frac{\mathrm{d}U_{ij}}{\mathrm{d}r_{ij}}\frac{\boldsymbol{r}_{ij}}{r_{ij}}$$

其中 $\boldsymbol{r}_{ij} = \boldsymbol{r}_i - \boldsymbol{r}_j$ 。原子对相互作用势 U_{ij} 可采用伦纳德-琼斯势（Lennard-Jones potential）、玻恩-迈耶势（Born-Mayer potential）、屏蔽库仑势（screened Coulomb potential）或者其他适合模拟原子间相互作用特性的形式。

只要作用在原子间的所有力都能被描述，牛顿运动方程就能被积分求解。一旦给定相互作用粒子间力的定律，解也就被完全指定。在开始模拟之前，要给体系中各个粒子分配初始位置和初速度。选择的原子的初始位置必须与要模拟体系的结构兼容，一个简单方法就是将原子放在规则的未受扰动的格点位置上。初速度的方向是随机给定的，大小依据体系温度而固定。所有粒子初速度的分布要保证整个体系的质心是静止的，从而消除整体移动。

数字积分时，特殊运算法则的选择取决于要模拟结构的复杂性、所能采用的计算设备和所要求达到的精度。同时，积分程序假设每一步模拟之后计算原子的新位置，它们的坐标被同步更新。求解牛顿运动方程，直到静态作用力不再随时间改变，这时就可认为整个结构处于平衡状态。从而可以得到平衡结构中原子的实际位置。

详见：D. C. Rapaport，*The Art of Molecular Dynamics Simulation*（Cambridge University Press，Cambridge，1995）。

molecular electronics　分子电子学　该领域研究并开发基于单分子的信息处理器件。其基本思想是利用单个分子制成线、开关、整流器和存储器件。分子电子学推动的另一个概念性思想变革是从自上而下法（top-down approach）到自下而上法（bottom-up approach）的转变，前者指从单个大尺度结构单元中加工出器件，后者则是将小的基础结构单元通过识别（recognition）、构建和自组装（self-assembly）来构成整个体系。分子电子学的一个很大优势是其分子结构单元内禀的纳米尺度，使得这一技术和通常的集成电路技术相比有潜在的竞争优势。

首次描述：A. Aviram，M. A. Ratner，*Molecular rectifiers*，Chem. Phys. Lett. **29**（2），277～283（1974）。

详见：A. Aviram，M. A. Ratner（eds），*Molecular electronics science and technology*，Annals of the New York Academy of Sciences，vol. 852（The New York Academy of Sciences，New York，1998）；A. Aviram，M. A. Ratner，V. Mujica（eds），*Molecular electronics II*，

Annals of the New York Academy of Sciences, vol. 960 (The New York Academy of Sciences, New York, 2002); *Introducing Molecular Electronics*, edited by G. Guniberti, G. Fagas, K. Richter (Springer-Verlag, Berlin Heidelberg, 2005)。

molecular engineering　分子工程　在分子尺度上对物质结构的控制，或者任何制造加工分子的方法。

molecular machine　分子机械　亦称分子机器，一种特殊类型的分子器件，其中组分的相对位置会由于某些特定的外部刺激而改变。

详见：V. Balzani, M. Venturi, A. Credi, *Molecular Devices and Machines: A journey into Nanoworld* (Whiley-VCH, Weinheim, 2003); A. Credi, *Artificial nanomachines based on interlocked molecules*, J. Phys. Condens. Matter **18**, S1779～S1795 (2006)。

molecular mechanics (simulations)　分子力学（模拟）　一种用来计算固体的平衡态原子排列的技术。它在寻找平衡分布时假设没有原子的持久运动。使用这种方法时要进行一个静态弛豫过程，弛豫方法基于对结构总势能的分析，这个总势能根据不同原子排列计算得到，当某种原子构型的总势能最低时，该种构型就被认为是平衡构型。

采用与分子动力学模拟同样的标准，给定各原子初始位置和它们的成对相互作用势能以用于计算。原子的坐标可以同时改变，也可以逐个改变。模拟计算出的平衡原子构型的精确度很大程度上依赖于模拟人员的经验和直觉，也与计算的可能排布数目有关。分子力学模拟不仅可用于经典力学情况下，而且也可用于进行所考虑结构的总能量的量子力学计算。应用蒙特卡罗方法（Monte Carlo method）可使得到的结果具有统计权重。

molecular nanoelectronics　分子纳米电子学　也即 molecular electronics（分子电子学）。

molecular nanomagnet　分子纳米磁体　一个具有专用磁特性的分子纳米物体。如果磁体是由单分子形成的，术语单分子磁体（single molecule magnet）也适用于它。合成化学在制造新型金属-有机化合物方面的能力已经获得了很大的发展。分子纳米磁体是一个团簇（cluster），典型大小约为 1 nm，其中有限数目的磁中心［过渡金属（transition-metal），稀土（rare-earth）离子，或者有机自由基（radical）］通过有机桥强耦合，这种有机桥作为交换作用（exchange interaction）的途径。大多数情况，团簇内磁相互作用比团簇之间的强，因此分子的承载与环境无关。这样，这种自下而上法（bottom-up approach）就允许我们从分子的层次开始构建磁性材料。分子被堆垛成典型的宏观尺度的有序晶体。单分子磁体行为的一个特征是在块体晶体中观察到的性质本质上反映了这些单分子的性质，对块体样品的测量技术因而可以深入涉及微观性质。由于其可能用于高密度信息存取，以及这个材料家族中的某些成员可以提供量子计算（quantum computation）所必需的量子位（qubit），人们对于这种材料的兴趣与日俱增。十二锰乙酸［$Mn_{12}O_{12}(CH_3COO)_{16}(H_2O_4)$］的反铁磁（antiferromagnetic）自旋团簇由于具有高自旋（$S=10$），是被研究最多的体系，它的高自旋来自于团簇内锰原子间铁磁（ferromagnetic）相互作用和反铁磁相互作用的相互影响，以及它的高度各向异性的势垒。另一类有趣的磁性分子由反铁磁环组成，包括铁轮（ferric wheel）如 Fe_6、Fe_{10}、Fe_{12}、Fe_{18}［具有 Fe^{3+} ($s=5/2$)］，铬基分子环（Cr-based molecular ring）［亦称铬轮（chromic wheel）］如 Cr_8 和 Cr_{10}［包含 Cr^{3+} ($s=3/2$)］，和钒基分子环（V-based molecular ring）如 V_8 和 V_{10}［包含 V^{3+} ($s=1$)］也已经被合成。$\{Cr_8F_8[O_2CC(CH_3)_3]_{16}\}_{0.25}C_6H_{14}$ 被称作 Cr_8［图 M.10(a)］，代表了一类分子纳米磁体的范例，在这个类别中羧酸盐（carboxylate）和氟化物桥在 8 个 Cr^{3+} 之间形成了平面的规则八面体。这些体系的普遍特征是较少数量 n 的顺磁（paramagnetic）离子和最近邻海森伯交换相互作用（Heisenberg exchange interaction）。由于环内自旋中心间的精确补偿［图 M. 10（b）］，自旋中心的耦合导致特有的基态总自旋 $S=\sum_{i=1}^{n} s_i=0$。

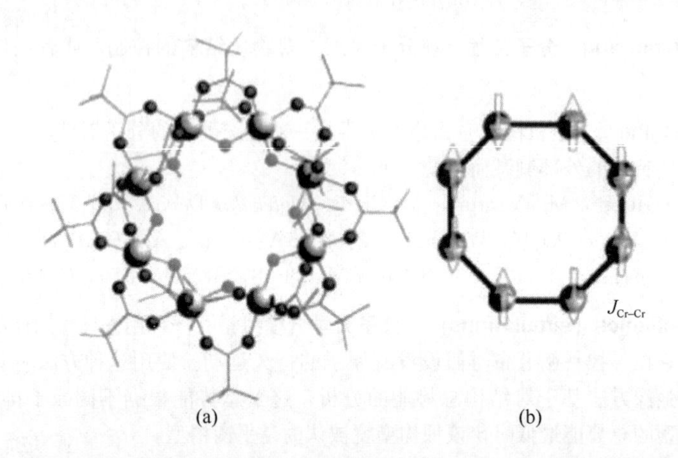

图 M. 10 X 射线衍射获得的 Cr_8 的结构（a）（八个 Cr^{3+} 之间通过两个羧基盐和一个氟桥成键。为清楚起见略去了 H 原子）和 Cr^{3+} 之间的海森堡交换相互作用示意图（b）

（由 A. Ghirri 和 M. M. Affronte 提供）

详见：O. Kahn，*Molecular Magnetism*，（Wiley-VCH，New York，1993）；D. Gatteschi，R. Sessoli，J. Villain，*Molecular Nanomagnets*，（Oxford University Press，2006）。

molecular orbital　分子轨道　原子耦合成分子时，由原子轨道形成的一种轨道。

σ 轨道（σ 态）是沿着原子核之间连线的轴具有圆柱对称性的分子轨道。沿着轴向看它与 s 原子轨道（atomic orbital）很相像。s 轨道组合没有围绕分子轴的角动量。

π 轨道（π 态）是垂直于原子核之间连线的轴的分子轨道，符号 π 类似于原子的 p 轨道。

产生分子轨道的原子轨道可以建设性地重叠，也可以破坏性地重叠，相应的就分别形成了成键轨道和反键轨道。

同核双原子分子的分子轨道可以用下标 g 或者 u 标注，用于指定它们的宇称（parity），显示它们在反演作用下的行为。下标 g 代表“gerade”即偶态（德语中的“偶”），u 代表“ungerade”即奇态（德语中的“奇”），分别表示通过原子核连线中点反演后分子轨道波函数是偶的或者奇的。σ 轨道的成键组合是偶态，而对于 π 轨道，成键组合是奇态。偶态 π 轨道波函数在键的中分面上的值为零。图 M. 11 是原子轨道的成键组合和生成的分子键名称的例子的示意图。

molecular orbital theory　分子轨道理论　参见 Hund-Mulliken theory（洪德-马利肯理论）。

molecular rectifier　分子整流器　在分子水平上的二极管（diode），参见 Aviram-Ratner model（阿维拉姆-拉特纳模型）。

首次描述：A. Aviram，M. A. Ratner，*Molecular rectifiers*，Chem. Phys. Lett. **29**（2），277～283（1974）。

详见：A. Aviram，M. A. Ratner（eds），*Molecular electronics science and technology*，Annals of the New York Academy of Sciences，vol. 852（The New York Academy of Sciences，New York，1998）；A. Aviram. M. A. Ratner，V. Mujica（eds），*Molecular electronics*

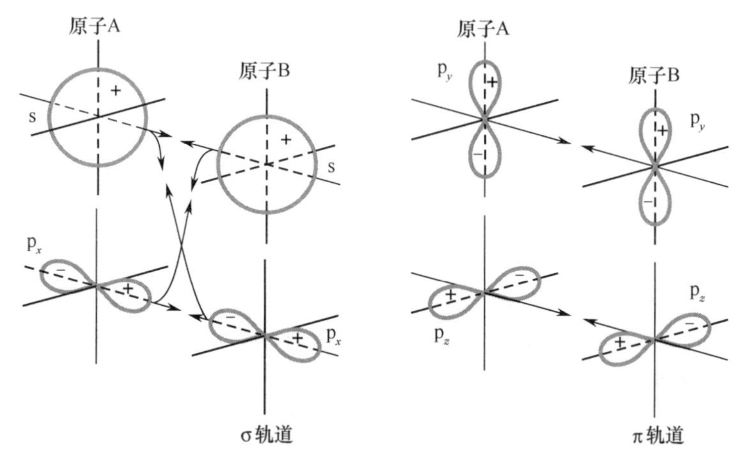

图 M.11 双原子分子中原子轨道的耦合

II，Annals of the New York Academy of Sciences，vol. 960（The New York Academy of Sciences，New York，2002）。

molecular sieve 分子筛 一种具有精确和均匀微孔的材料，用作气体和液体的吸附剂。例如沸石（zeolite）。

详见：R. Szostak，*Molecular Sieves：Principles of Synthesis and Identification*（Springer，Berlin，1998）。

Möller scattering 默勒散射 电子被电子散射。

首次描述：C. Möller，*Über den Stoss zweier Teilchen unter Berücksichtigung der Retardation der Kräfte*，Z. Phys. **70**（11～12），786～795（1931）；C. Möller，*Zur Theorie des Durchgangs schneller Elektronen durch Materie*，Ann. Phys. **14**，531（1932）。

momentum operator 动量算符 亦称动量算子，即算符

$$\boldsymbol{p} = \frac{\hbar}{i}\nabla = \frac{\hbar}{i}\left(\frac{\partial}{\partial x} + \frac{\partial}{\partial y} + \frac{\partial}{\partial z}\right)$$

Monkhorst-Pack points 蒙克豪斯特-帕克点 为布里渊区（Brillouin zone）内的一组特殊的 $\boldsymbol{k}$ 点，提供了波矢积分周期函数的一种有效方法。这个积分可以是在整个布里渊区或指定的部分。

首次描述：H. J. Monkhorst，J. D. Pack，*Special points for Brillouin-zone integrations*，Phys. Rev. B，**13**（12），5188～5192（1976）。

monoclinic lattice 单斜点阵 亦称单斜晶格、单斜点格，一种布拉维点阵（Bravais lattice），其单胞有一个单个的二次对称轴或者一个单个的对称面。

monochromatic 单色的 只有一种单独的颜色。这个术语一般是用来指代单一波长的电磁辐射。

monolayer（ML） 单层 简称 ML，具有原子完全化学计量比的最薄的层，也即只有单分子厚度。

monomer 单体 一个（单个）分子单元。

Monte Carlo method 蒙特卡罗方法 一种通过对构型组态的随机取样来得到物理量平均值的近似值的数值模拟技术。可采用米特罗波利斯算法（Metropolis algorithm）进行取样。因为在计算时要大量使用随机数，故取名为“蒙特卡罗”（摩纳哥的一个著名赌城）。

该方法可以用于自然随机过程（如物质中的粒子输运）的模拟和一些数值计算（如多维积分、求和、积分和矩阵方程）。

首次描述：N. Metropolis，S. Ulam，*The Monte Carlo method*，J. Am. Stat. Ass. **44** (247)，335～341 (1949)。

详见：D. Frenkel，B. Smit，*Understanding Molecular Simulation*（Academic Press，San Diego，1996）。

Moore's law 摩尔定律 指出可以集成到最先进的单个硅芯片上的单集成电路元件的最大数目，每隔一年①就要翻一番（图 M. 12）。

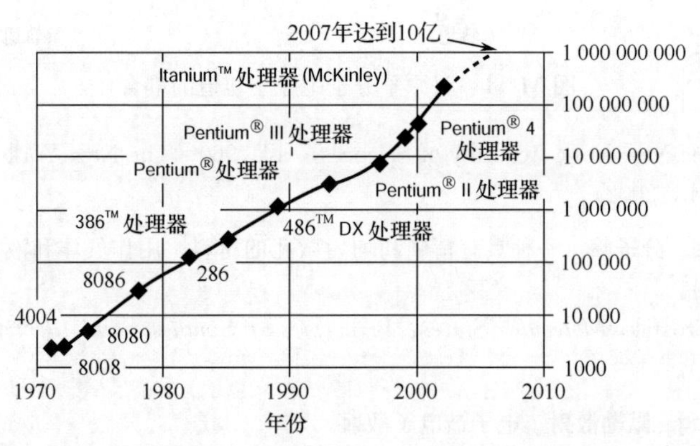

图 M. 12 单个 CPU（中央处理器）中晶体管数目随年份的变化

（此图基于 Intel CPU）

首次描述：G. E. Moore，*Cramming more components onto integrated circuits*，Electronics **38** (8)，114～116 (1965)。

Morse potential 莫尔斯势 具有以下形式的原子间对势：$V(r) = A\exp(-ar) + B\exp(br)$。其中 r 为原子间距，A、a、B、b 为拟合参数。

首次描述：P. M. Morse，*Diatomic molecules according to the wave mechanics. II. Vibrational levels*，Phys. Rev. **34** (1)，57～64 (1929)。

详见：I. G. Kaplan，*Intermolecular Interactions：Physical Picture，Computational Methods and Model Potentials*（John Wiley & Sons，Chichester，2006）。

Morse rule 莫尔斯规则 双原子分子中平衡原子间距 r 和平衡振动频率 ω 之间的一种经验关系：$\omega r^3 = (3000 \pm 120)\ \text{cm}^{-1}$。

MOS 为“metal/oxide/semiconductor structure or electron device”（金属-氧化物-半导体结构或电子器件）的缩写。

---

① “每隔一年”是摩尔（C. E. Moore）本人于 1965 年论文中对于未来十年预测时的原话。1975 年摩尔回顾十年发展时把“每隔一年”修订为“每隔两年”，但他的这一陈述被其他人修改成“每隔 18 个月”，并成为大多数人的共识。

MOSFET 为“metal/oxide/semiconductor field effect transistor”（金属-氧化物-半导体场效应管）的缩写。

Mössbauer effect 穆斯堡尔效应 原子核对γ射线的无反冲共振吸收和发射，其物理机制示于图 M. 13 中。

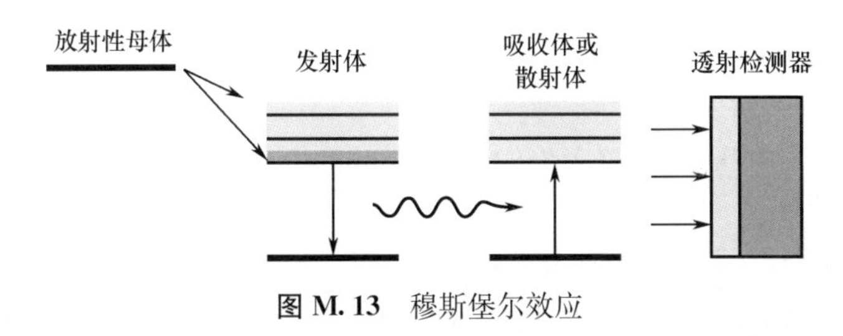

图 M. 13 穆斯堡尔效应

由放射性同位素母体β衰变后的核激发产生的γ射线，通过共振重激发另一个或同一物种，被从准直束中消除。发射出的辐射被靶原子核吸收或散射，透射部分被探测器记录。

将放射性同位素放入材料中时会发射相对能量较低的γ射线，而不会产生或者湮灭任何声子。γ射线带着跃迁的总能量，可以在反向过程中以无反冲形式被原子核吸收，因此两个原子核之间就发生共振。每个含穆斯堡尔同位素（Mössbauer isotope）的相显示出具有特定的精细相互作用参数的能量吸收谱，即为这个相的指纹。因此这种技术可被用于物质的相分析。穆斯堡尔同位素包括^{57}Fe、^{119}Sn、^{121}Sb、^{125}Te、^{129}I（放射性）、^{151}Eu、^{161}Dy、^{170}Yb、^{197}Au 和^{237}Np（放射性）。

首次描述：R. L. Mössbauer，*Kernresonanzabsorption von Gammastrahlung in Ir^{191}*，Naturwiss. **45**（22），538～539（1958）；R. L. Mössbauer，*Kernresonanzfluoreszenz von Gammastrahlung in Ir^{191}*，Z. Phys. **151**（2），124～143（1958）。

获誉：1961 年，R. L. 穆斯堡尔（R. L. Mössbauer）因发现γ辐射的共振吸收和与之相关的并以他名字命名的效应而获得诺贝尔物理学奖。

另请参阅：www. nobelprize. org/nobel_prizes/physics/laureates/1961/。

Mössbauer isotope 穆斯堡尔同位素 参见 Mössbauer effect（穆斯堡尔效应）。

Mott-Hubbard transition 莫特-哈伯德转变 在固体中发生的一种金属到绝缘体特性的转变，起源于很强的电子与电子相互作用。在一个平均格点电子数为整的体系中，这种电子间的强相互作用会产生一个载流电荷激发的能隙。考虑一个由氢原子构成的简单立方格子模型，它具有可调的格子参数 a_0。多体波函数通过紧束缚机制由以核 R_i 为中心的原子 1s 轨道来描述。由于电子跳跃至相邻位而引起的对总能量的影响是可以估计的。如果电子具有更多的空间，也即增大格子常数，就会导致它们动能的减少。另外，电子的库仑排斥能对每个双占据态增加一个能量 U。如果 a_0 超过一个临界值 a_c，系统将转变为绝缘体。这个思想起源于莫特（Mott），参见 Mott metal-insulator transition（莫特金属-绝缘体转变），它也能够用单能带哈伯德模型来理解，参见 Hubbard Hamiltonian（哈伯德哈密顿算符）。当每个晶格位平均有一个电子而且相互作用 U 与能带宽度 W 相比较大时，系统中就将产生一个量级为 $\Delta=U-W$ 的电荷能隙。这种金属-绝缘体转变因此就称为莫特-哈伯德转变。

首次描述：N. F. Mott，*The basis of the electron theory of metals, with special reference to the transition metals*，Proc. Phys. Soc. A **62**，416～422（1949）；J. Hubbard，*Electron correlations in narrow energy bands. I*，Proc. R. Soc. A **276**，238～257（1963）；J.

Hubbard, *Electron correlations in narrow energy bands. II*, Proc. R. Soc. A **277**, 237～259 (1963); J. Hubbard, *Electron correlations in narrow energy bands. III*, Proc. R. Soc. A **281**, 401～419 (1964); J. Hubbard, *Electron correlations in narrow energy bands. IV*, Proc. R. Soc. A **285**, 542～560 (1965)。

Mott insulator 莫特绝缘体 一种由电子与电子之间的相互作用而具有绝缘性能的固态材料。从金属到绝缘体的相关转变，称为莫特金属-绝缘体转变（Mott metal-insulator transition），是许多电子现象产生的结果。

详见：F. Gebhard, *The Mott Metal-Insulator Transition: Models and Methods* (Springer, Heidelberg, 2010)。

Mott law 莫特定律 参见 hopping conductivity（跳跃电导性）。

Mott metal-insulator transition 莫特金属-绝缘体转变 当固体中的电子浓度小到使得平均电子间隔 $n^{-1/3}$ 增加到明显比4倍的玻尔半径还大，也即 $n^{-1/3} \gg 4a_B$ 时，固体失去金属性。在临界电子密度以上，屏蔽长度变得很短以至于电子不再保持在束缚态，由此导致了金属性行为。低于此临界电子密度值时，屏蔽场的势阱扩展得足够远使得束缚态成为可能。这样就存在一个晶格常数的临界值用来区分金属态（较小值）和绝缘态（较大值），对于0K下的氢原子的晶格，这个值为 $a_c = 4.5a_B$。当传导电子开始感受到核质子的库仑屏蔽相互作用时出现金属态。

首次描述：N. F. Mott, *On the transition to metallic conduction in semiconductors*, Can. J. Phys. **34** (12A), 1356～1368 (1956)。

获誉：1977年，P. W. 安德森（P. W. Anderson）、N. F. 莫特（N. F. Mott）和 J. H. 范弗莱克（J. H. van Vleck）凭借对磁性和无序体系的基础理论研究而获得诺贝尔物理学奖。

另请参阅：www.nobelprize.org/nobel_prizes/physics/laureates/1977/。

Mott scattering 莫特散射 起因于库仑力（Coulomb force）的相同粒子的散射。这种散射对于d带仅仅部分占据的过渡金属非常典型，在这些金属中费米能级（Fermi level）不仅仅贯穿导带而且贯穿d带。此外，因为d能级的原子波函数比更外层的能级更加局域化，它们彼此重叠更少，因此意味着d带是狭窄的，而且相应的态密度更高。这就开启了一个新的非常有效的散射传导电子到d带中的通道。这个散射机制解释了为什么所有的过渡金属与贵金属相比导电性要差。

首次描述：N. F. Mott, *Electrons in transition metals*, Adv. Phys. **13**, 325～422 (1964)。

Mott-Wannier exciton 莫特-万尼尔激子 也即 Wannier-Mott exciton（万尼尔-莫特激子）。

MRAM 为 magnetic random access memory（磁性随机存取存储器）的缩写。

MRFM 为 magnetic resonance force microscopy（磁共振力显微术）的缩写。

mRNA 信使 RNA 参见 RNA。

MS 为 mass spectrometry（质谱，质谱法）的缩写。

muffin-tin approach 糕模法 固体中对于原子势的一种近似，采用半径为 r_{mt} 的球对称函数，此半径就称为糕模半径，而在球体之间区域的势则取为一个常数。这种势函数就称为糕模势（muffin-tin potential）。两个相邻原子的势互不重叠。

首次描述：J. C. Slater，*Wave functions in a periodical potential*，Phys. Rev. **51** (10)，846～851 (1937)。

muffin-tin orbital 糕模轨道 一种分段函数，在给定半径的球内为孤立原子的薛定谔方程（Schrödinger equation）的解，在此球形区域之外则是一个零动能尾的函数。

muffin-tin potential 糕模势 参见 muffin-tin approach（糕模法）。

Mulliken transfer integral 马利肯转移积分 将一个电子从晶体中的一个位置转移到一个最近邻位置的能量。

首次描述：R. S. Mulliken，*Overlap integrals and chemical binding*，J. Am. Chem. Soc. **72** (10)，4493～4503 (1950)。

multi-asperity contact model 多凹凸体接触模型 参见 Greenwood-Williamson theory（格林伍德-威廉森理论）。

multiferroic 多铁性体 同时具有至少两个主要铁性（ferroic）性质的单相材料，这些性质包括典型的铁电性（ferroelectric）、铁磁性（ferromagnetic）、铁弹性（ferroelastic）或铁螺性（ferrotoroidic）。

首次描述：H. Schmid，*Multi-ferroic magnetoelectrics*，Ferroelectrics **162** (1)，317～338 (1994)。

multiferroic material 多铁性材料 在同一个相中，一个材料既有铁磁（ferromagnetic）也有铁电（ferroelectric）的性质。它具有自发磁化，并可以通过外加磁场进行转变，也具有自发极化并可以通过外加电场进行转变，经常是两种方式的特定耦合。

一般来说，作为磁性本质来源的过渡金属 d 电子，减小了偏离中心的铁电畸变的趋势。这样就需要存在一个额外的电子或者结构的驱动力使得铁电和铁磁同时产生。

多铁性材料的一些例子包括 $Ni_3B_7O_{13}I$、$Pb_2(CoW)O_6$、$Pb_2(FeTa)O_6$ 和 $(1-x)Pb(Fe_{2/3}W_{1/3})O_3-xPb(Mg_{1/2}W_{1/2})O_3$。

首次描述：G. A. Smolensky，A. I. Agranovskaya，V. A. Isupov，*New complex ferroelectrics of the* $A_2^{2+}(B_I^{3+}B_{II}^{5+})O_6$ *type I*，Fiz. Tverdogo Tela **1** (1)，170～171 (1959)（俄文，预测）；Sov. Phys. Sol. Stat. 1 (1)，149 (1959)（英文，预测）；E. Ascher，H. Rieder，H. Schmid，H. Stössel，*Some properties of ferromagnetoelectric nickeliodine boracite*，$Ni_3B_7O_{13}I$，J. Appl. Phys. **37** (3)，1404～1405 (1966)（实验观测）。

详见：R. Ramesh，N. A. Spladin，*Multiferroics: a magnetic twist for ferroelectricity*，Nature Materials **6**，13～20 (2007)；R. Ramesh，N. A. Spladin，*Multiferroics: progress and prospects in thin films*，Nature Materials **6**，21～29 (2007)。

multijunction solar cell 多结太阳电池 一种把多个太阳电池（solar cell）以递减的能带间隙的顺序彼此堆垛在一起的器件。第一个材料吸收高能光子，透射过的低能光子由下边的电池吸收。总电压是所有的电压之和，但是电流是由子电池中最差的决定。

multimodal nanoparticle 多模式纳米粒子 一种纳米粒子，它们能够被磁共振成像［即核磁共振（nuclear magnetic resonance）］和光学成像［即荧光显微术（fluorescence microscopy）］同时探测到。这些纳米粒子集成了光学成像的高灵敏度的优势和磁共振探测的三维成像的潜力。这样它们就能够对在分子层面上理解生物过程和改进诊断工具起重要作用。染料（dye）掺杂的硅纳米粒子、金纳米粒子和量子点（quantum dot）就是典型的例子。

详见：P. Sarma，S. Brown，G. Walter，S. Santra，B. Moudgil，*Nanoparticles for bioimaging*，Adv. Coll. Int. Sci. 123～126，471～485 (2006)。

multiplet　多重态　由于相对较弱的相互作用，一个单能级分裂成的一组紧密间隔分布的能级集合。

multiquantum well　多量子阱　参见 quantum well（量子阱）。

Murrell-Mottram potential　默雷尔-莫特拉姆势　在三体级别上截断的势能函数的多体展开。对于 N 个相互作用的原子，它有如下形式：

$$V=\sum_{i}^{N-1}\sum_{j>i}^{N}V_{ij}^{(2)}+\sum_{i}^{N-2}\sum_{j>i}^{N-1}\sum_{k>j}^{N}V_{ijk}^{(3)}$$

其中 $V_{ij}^{(2)}$ 和 $V_{ijk}^{(3)}$ 分别为二体和三体项。

二体项是里德伯能量函数 $V_{ij}^{(2)}=-D(1+a\rho_{ij})\exp(-a\rho_{ij})$，其中 $\rho_{ij}=(r_{ij}-r_e)/r_e$，$D$ 是能量标度参数，决定势阱深度，a 是决定相互作用范围的参数，r_{ij} 是原子间距，r_e 是平衡时间距。三体项采用在三个原子之间距离 r_{ij}、r_{ik} 和 r_{jk} 的多项式的形式表示了排斥相互作用。这一项对于相似原子的相互交换必须是对称的，因此多项式不是距离的简单函数，而是以对称坐标 Q_i 的方式展开：

$$\begin{pmatrix}Q_1\\Q_2\\Q_3\end{pmatrix}=\begin{pmatrix}\sqrt{1/3}&\sqrt{1/3}&\sqrt{1/3}\\0&\sqrt{1/2}&-\sqrt{1/2}\\\sqrt{2/3}&-\sqrt{1/6}&-\sqrt{1/6}\end{pmatrix}\begin{pmatrix}\rho_{ij}\\\rho_{jk}\\\rho_{ki}\end{pmatrix}$$

三体项就变成了 $V_{ijk}^{(3)}=DP(Q_1,Q_2,Q_3)F(b,Q_1)$。这里 $P(Q_1,Q_2,Q_3)$ 是对称坐标的多项式，$F(b,Q_1)$ 是阻尼函数（阻尼参数为 b），当 Q_1 变大时它强制三体项接近 0。

所有的完全对称多项式可以写成如下三个函数的乘积之和：$Q_1Q_2^2+Q_3^2Q_3-3Q_3Q_2^2$。

在 $V_{ijk}{}^{(3)}$ 中多项式的项可以是三次方的或者是四次方的。三次方项是 $P(Q_1,Q_2,Q_3)=c_0+c_1Q_1+c_2Q_1^2+c_3(Q_2^2+Q_3^2)+c_4Q_1^3+c_5Q_1(Q_2^2+Q_3^2)+c_6(Q_3^3-3Q_3Q_2^2)$，四次多项式有额外的项 $c_7Q_1^4+c_8Q_1^2(Q_2^2+Q_3^2)+c_9(Q_2^2+Q_3^2)^2+c_{10}(Q_3^3-3Q_3Q_2^2)$。

阻尼函数可以是下面函数中的任意一个：$F(b,Q_1)=\exp(-bQ_1)$，$F(b,Q_1)=\exp(-bQ_1^2)$，$F(b,Q_1)=0.5-0.5\tanh(0.5bQ_1)$，或 $F(b,Q_1)=\mathrm{sech}(bQ_1)$，虽然它们有不同的短程行为，但长程都是以指数型衰减。

因为势是经验型的，参数就从实验数据拟合得到。

这个势能函数已经成功地用于描述很多原子体系中的相互作用，包括元素周期表中第Ⅱ主族和第Ⅲ主族的金属、第Ⅳ主族的半导体和过渡金属。

首次描述：J. N. Murrell，R. E. Mottram，*Potential energy functions for atomic solids*，Mol. Phys. **69** (3)，571～585 (1990)。

详见：G. A. Mansoori，*Principles of Nanotechnology：Molecular-based Study of Condensed Matter in Small Systems*（World Scientific，Singapore，2005）。

N

从 NAA（neutron activation analysis）（中子活化分析）到 Nyquist-Shannon sampling theorem（奈奎斯特-香农采样定理）

NAA 为 neutron activation analysis（中子活化分析）的缩写。

Nabla-operator ∇算子 微分算子，在笛卡儿坐标系中表示为 $\boldsymbol{\nabla}=\left(\frac{\partial}{\partial x}+\frac{\partial}{\partial y}+\frac{\partial}{\partial z}\right)$。它应用在标量 $f(\boldsymbol{r})$ 或矢量 $\boldsymbol{A}(\boldsymbol{r})$ 场上则有：$\boldsymbol{\nabla}f(\boldsymbol{r})=\mathrm{grad}f,\boldsymbol{\nabla}\cdot\boldsymbol{A}(\boldsymbol{r})=\mathrm{div}\boldsymbol{A},\boldsymbol{\nabla}\times\boldsymbol{A}(\boldsymbol{r})=\mathrm{curl}\boldsymbol{A}$。

NAND operator 与非算子 参见 logic operator（逻辑算子）。

nano- 纳［诺］ 一种十进制前缀，表示 10^{-9}，简写为 n。

nanoantenna 纳米天线 参见 optical antenna（光学天线）。

nanobiotechnology 纳米生物技术 为纳米技术（nanotechnology）的一个专业领域，主要研究纳米尺度下生物对象的新颖的和改良的物理、化学和生物学特性。

详见：*Nanobiotechnology：Concepts，Applications and Perspectives*，edited by C. M. Niemeyer，C. A. Mirkin（Wiley-VCH，Weinheim，2004）。

nanocomposite 纳米复合材料 包含有几种致密组分的材料，这些组分在纳米尺度或分子尺度上形成了材料的空间组织结构。

nanocrystallite 纳米晶 尺度在纳米（$1\ \mathrm{nm}=10^{-9}\ \mathrm{m}$）量级的晶体。

nano-electromechanical system 纳机电系统 参见 NEMS。

nanoelectronics 纳米电子学 属科学与工程领域，涉及处理信息所用纳米尺寸（一般在1～100 nm范围）电子器件的研发、制造、研究和应用，工作原理通常是由量子现象所决定。三个主要量子现象，即量子限域（quantum confinement）、弹道输运（ballistic transport）、纳米结构（nanostructure）内电荷载流子的隧穿（tunneling），共同形成了纳米电子学的基础（图N. 1）。电荷载流子在弹道输运过程中产生的电子波干涉拓展了这些现象。此外，所包含的电荷载流子的特定自旋使上述现象具有独特性。

详见：R. Companó（ed.），*Technology Roadmap for Nanoelectronics*，Office for Official Publications of the European Communities：Luxembourg 2000。

nanoethics 纳米伦理学 与纳米技术的社会的、伦理的和更广泛的人文内涵相关的领域。

详见：J. Moor，J. Weckert，*Nanoethics：Assessing the Nanoscale from an Ethical Point of View in Discovering the Nanoscale*，edited by D. Baird，A. Nordmann，J. Schummer（IOS Press，Amsterdam，2004）。

nano-flash memory device 纳米闪速存储器件 一种闪速存储器件，它在结构上类似于MOS场效应晶体管（参见 MOSFET），区别仅在于它是有两个门电极的三端器件，其中一个门

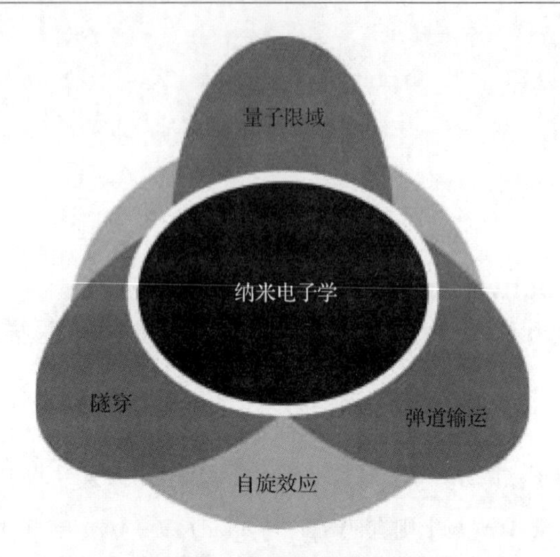

图 N.1　纳米电子学基础

电极在另外一个门电极之上。最顶端的电极是控制门，在其下方的浮动门与控制门电极电容性耦合在一起。存储单元操作通过从浮动门存放或者移走电荷来实现，对应于两个逻辑电平。纳米闪存器件利用单个或者多个纳米粒子作为电荷储存元件。

详见：B. G. Streetman，S. Banerjee，*Solid State Electronic Devices*（Prentice Hall，New Jersey，2000）；R. Companó（ed.），*Technology Roadmap for Nanoelectronics*，Office for Official Publications of the European Communities：Luxembourg 2000。

nanografting　纳米嫁接法　一种将纳米修剪（nanoshaving）和新分子自组装（self-assembly）结合在一起后再进行修剪的纳米光刻（nanolithography）技术。如图 N.2 所示，这是利用原子力显微镜（atomic force microscope）的扫描针尖在液体介质中实现。

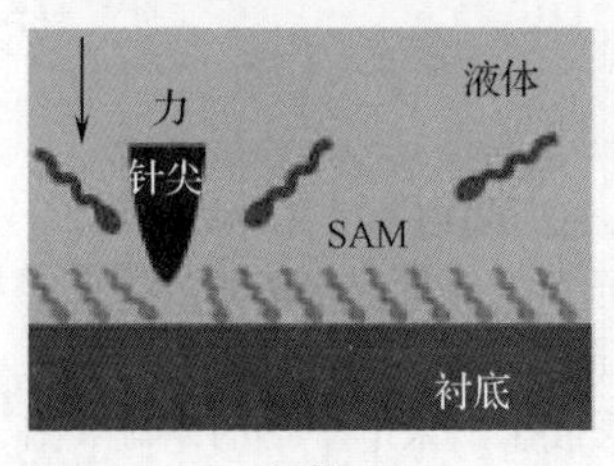

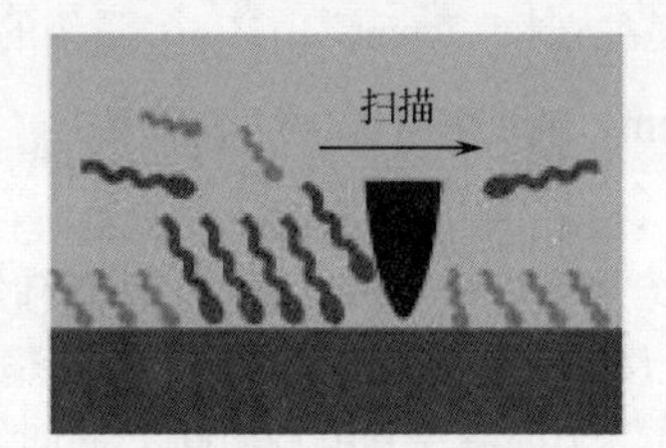

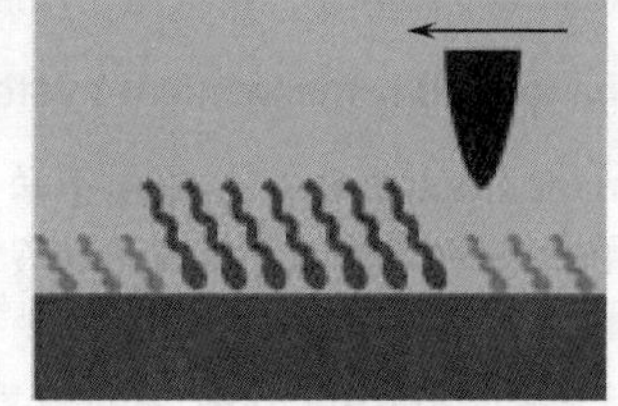

加载　　扫描　　图案观察

图 N.2　利用纳米嫁接法形成的图案

第一步是纳米修剪，利用扫描探针将自组装分子［self-assembled molecule（SAM）］从衬底表面转移到溶剂中。然后，将来自于覆盖表面的溶剂新分子迅速沉积或自组装到开放区域。伴随着探针的扫描轨迹形成了纳米图案。利用较小力作用于针尖的工作模式，在同一原子力显微镜（atomic force microscope）下可以观察到这个图案。

首次描述：G.-Y. Liu，S. Xu，Y. Qian，*Nanofabrication of self-assembled monolayers using scanning probe lithography*，Acc. Chem. Res. **33**（7），457～466（2000）。

详见：L. G. Rosa，J. Liang，*Atomic force microscope nanolithography：dip-pen，nanoshaving，nanografting，tapping mode，electrochemical and thermal nano-lithography*，J.

Phys. Condens. Matter **21** (48), 483001 (2009)。

nanoimprinting 纳米压印 参见 imprinting (压印)。

nanolithography 纳米光刻 在纳米尺度的光刻 (lithography)。

nanomagnetism 纳米磁学 纳米科学的一个子领域，研究大小在纳米量级的磁性结构。它对于数据存储、感应器和器件技术都很重要，而且越来越多地被应用于生命科学和医学。

详见：D. L. Mills, J. A. C. Bland, *Nanomagnetism* (Elsevier, Amsterdam, 2006); S. D. Bader, *Colloquium: Opportunities in nanomagnetism*, Rev. Mod. Phys. **78** (1), 1～15 (2006)。

nanomedicine 纳米医学 此概念包括在单分子或分子组装体水平上对人体的医学诊断、检测和治疗，这些单分子或分子组装体能提供纳米尺度下的结构、控制、信号发送、动态平衡和运动功能。更一般地说，纳米医学是指医学的纳米尺度结构材料和器件、生物技术器件、分子机械 (molecular machine) 系统和纳米机器人技术等方面的重要挑战和进步。

详见：R. A. Freitas Jr, *What is nanomedicine?*, Nanomedicine: Nanotech. Biol. Med. **1** (1), 2～9 (2005)。

nanoparticle 纳米粒子 尺寸在纳米 (nanometer) 范围内的粒子，通常为 1～100 nm。可以包括 10 到 10^7 个原子。

nanoparticle-based solar cell 基于纳米粒子的太阳电池 依赖于纳米结构 (nanostructure) 特性的一种光伏 (photovoltaic) 器件。参见 Grätzel solar cell (格兰泽尔太阳电池)、intermediate band solar cell (中带太阳电池)、McFarland and Tang solar cell (麦克法兰-唐太阳电池)、plasmonic effects based solar cell (基于等离子激元效应的太阳电池)、up- and down-conversion solar cell [上 (下) 转换太阳电池]。

nanopeapod 纳米豆荚 一种其内部空间被外来原子或分子填充的纳米结构。典型例子如内含掺杂物的碳纳米管 (carbon nanotube) 和富勒烯 (fullerene)。

首次描述：P. M. Ajayan, S. Iijima, *Capillarity-induced filling of carbon nanotubes*, Nature **361**, 333～334 (1993)。

nanophotonics 纳米光子学 光子学 (photonics) 的一种拓展，包括光产生、吸收、发射、捕获的独特性；纳米 (nanometer) 尺度物体的光加工；以及在各种器件上的应用。

详见：S. V. Gaponenko, *Introduction to Nanophotonics* (Cambridge University Press, Cambridge, 2009)。

nanopiezotronics 纳米压电电子学 属科学与工程领域，涉及有关纳米尺度上耦合压电 (piezoelectric) 和半导体现象的制造、研究和应用。纳米线和纳米带可以认为是最好的例子，它们在纳米电子机械和自供电系统的环境中进行有效传感和能量的捕获/循环。

详见：Z. L. Wang, *Nanopiezotronics*, Adv. Mater. **19**, 889～892 (2007)。

nanopolymer 纳米聚合物 一种新型材料，代表聚合物 (polymer) 在纳米尺度下的等价物。可通过在球形金属纳米颗粒表面的两个相对的区域引入缺陷制得，这些二价的纳米颗粒链接在一起形成自支撑薄膜.

首次描述：G. A. DeVries, M. Brunnbauer, Y. Hu, A. M. Jackson, B. Long, B. T. Neltner, O. Uzun, B. H. Wunsch, F. Stellacci, *Divalent metal nanoparticles*, Science

315，358～361（2007）。

nanopotentiometry　纳米电势测定法　参见 scanning voltage microscopy（扫描电压显微术）。

nanosilicon-based explosive　纳米硅基炸药　一种含硅纳米颗粒的炸药，可产生非常快速和有效的化学反应。现代大多数炸药都是基于碳材料，利用了燃料（碳）和氧化剂（氧气）的反应。块体硅不能被认为是易爆材料，这是由于它的反应产物是固体并且其氧化速率有限。2001年，科瓦列夫和他的同事们发现了低温氧气氛下多孔硅（porous silicon）的爆炸反应，表明存在具有能量输出高、反应温度高、反应时间非常短、冲击波（shock wave）快速传播的纳米硅基复合炸药。

首次描述：D. Kovalev，V. Yu. Timoshenko，N. Künzner，N. Gross，F. Koch，*Strong explosive interaction of hydrogenated porous silicon with oxygen at cryogenic temperature*，Phys. Rev. Lett. **87**（6），068301（2001）。

详见：D. Clément，D. Kovalev，*Nanosilicon-based explosives*，in：*Silicon Nanocrystals-Fundamental*，*Synthesis and Applications*，edited by L. Pavesi，R. Turan（Wiley-VCH，Weinheim，2010），pp. 537～554。

nanoshaving　纳米修剪　一种纳米光刻（nanolithography）技术，利用原子力显微镜（atomic force microscope）的扫描探针对自组装单层膜［self-assembled monolayer（SAM）］进行机械刻划。在这个过程中，针尖从衬底表面取代自组装分子，也获取了制备图案的成像。如图 N. 3 所示。

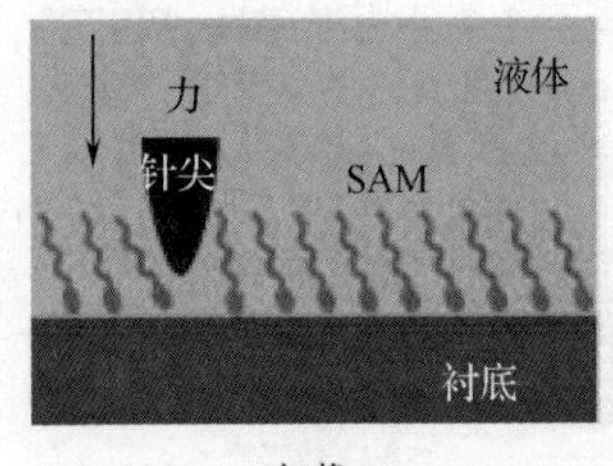

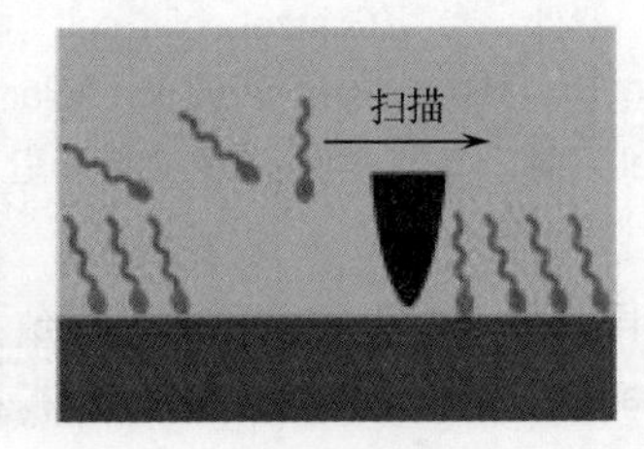

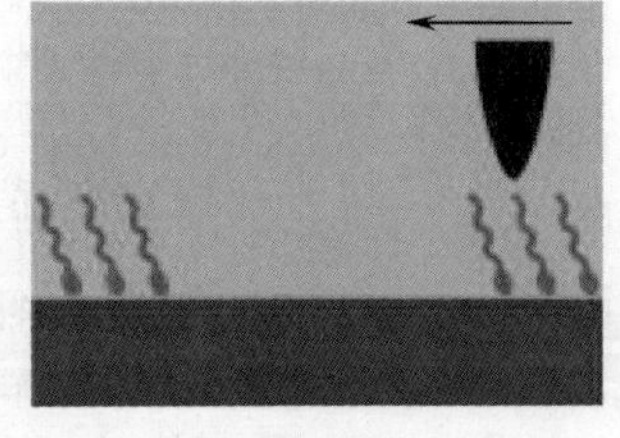

图 N. 3　利用纳米修剪形成的图案

纳米修剪在液体介质中进行。水、乙醇、丁醇、硫醇或其他液态有机化合物均可以用作溶剂。通过在针尖上加载适当力，将自组装分子的选定部分从衬底表面移除。如果这些分子在溶剂中的溶解度足够高，脱附分子将从针尖-表面接触区域中被去除。

选择吸附物键合的机械断裂有几个要求：自组装单层的分子单元应该牢固地固定于衬底上，刚性分子骨架至少要有一个相当弱的键使其能够被针尖剪切掉。此外，如果被切断部分既有易失性又有“黏性”，则修剪区域基本不产生缺陷，如同留在表面上的碎片。

该技术已经在金属、半导体、聚合物表面上进行了成功测试。

首次描述：S. Xu，G. Liu，*Nanometer-scale fabrication by simultaneously nanoshaving and molecular self-assembly*，Langmuir **13**（2），127～129（1997）。

详见：L. G. Rosa，J. Liang，*Atomic force microscope nanolithography：dip-pen，nanoshaving，nanografting，tapping mode，electrochemical and thermal nano-lithography*，J. Phys. Condens. Matter **21**（48），483001（2009）。

nanostructure　纳米结构　键合原子堆砌而成的一种集合体，这种结构至少有一个维度的尺寸在一纳米到几百纳米之间（1 nm=10 Å=10^{-9} m）。

nanotechnology　纳米技术　利用单个的原子、分子或者大分子模块构造结构的一组方法和技术，所涉及的尺度在 1～100 nm 范围内。它被应用在物理、化学和生物体系，目的是探究这些体系在物质临界尺度低于 100 nm 时出现的新颖和不同的特性及功能。

nanotoxicology　纳米毒理学　属科学领域，它涉及和纳米结构材料的使用和发展相关的，给人类带来的潜在的环境暴露、危害和风险。除了尺寸调节风险外，对许多其他参数也形成了共识，包括粒子形状、孔隙、表面积和化学。

详见：V. Stone，K. Donaldson，*Nanotoxicology：signs of stress*，Nature Nanotechnology **1**（1），23～24（2006）；A. D. Maynard，D. B. Warheit，M. A. Philbert，*The new toxicology of sophisticated materials：nanotoxicology and beyond*，Toxicol. Sci. **120**（1），S109～S129（2001）。

nanotribology　纳米摩擦学　研究在原子级的长度和时间尺度上的摩擦、磨损和润滑。

详见：J. Krim，*Friction at the nanoscale*，Physics World **18**，31～34（2005）。

nanotube radio　纳米管收音机　用单根碳纳米管（carbon nanotube）制成的一个全功能、完全整合的无线电接收器，其尺度比先前任何收音机都要小。碳纳米管同时起着天线、调谐器、放大器和解调器等所有无线电的主要部件的作用。天线和调谐器通过与传统收音机完全不同的方法实现，信号的接收是利用纳米管的高频机械振动，而不是借助传统的电学方法。

首次描述：K. Jensen，J. Weldon，H. Garcia，A. Zettl，*Nanotube radio*，Nano Lett. **7**（11），3508～3511（2007）。

nanotube random access memory（NRAM）　纳米管随机存取存储器　一种利用静电力激发碳纳米管（carbon nanotube）结构中的可控可逆变化，制备的固态非易失性随机访问存储器类型。至少满足三个概念架构：悬浮纳米管、悬臂碳纳米管和伸缩扩展的多壁碳纳米管。

悬浮纳米管的概念如图 N. 4 右侧部分所示。它假设存储单元由悬浮交叉单壁纳米管所构成。当上层纳米管自由悬浮并有限分离时产生弹性能势能最小值，而当悬浮纳米管偏转到较低纳米管时范德瓦尔斯（van der Waals）力相关的吸引能产生二次能量最小值，这种弹性能和吸引能之间的相互作用形成体系的双稳定性。这两种最小值分别与明确确定的关（OFF）和开（ON）状态相对应，对应于上下分隔的碳纳米管结的高电阻和接触结的低电阻。单元通过对纳米管瞬时充电而产生静电引力或斥力，从而实现在关（OFF）和开（ON）状态之间的切换。

如图 N. 4 左侧部分所示，也可以使用一个外部栅极结构控制悬浮纳米管的曲率。

图 N. 5 说明存储单元中碳纳米管的悬臂性能。它是由放置在硅台阶衬底上的导电纳米管并连接到固定源电极所组成的三端器件。栅电极装配在纳米管下部，以便它可以通过加载栅电压对纳米管进行充电。由此在纳米管和栅极之间的电容式力使管道发生弯曲，并将管道末端在较低台阶上与漏极相接触。因此，开路和短路的源-漏电路分别代表了“关”和“开”状态。

另一个概念是利用多壁碳纳米管的伸缩延展，这是由静电驱使纳米管内芯滑动移出其套管。如图 N. 6 所示。

存储单元由 2 个末端开口的多壁碳纳米管连接源极和漏极所构成。纳米管最初由安装在它们之间的栅极分隔为纳米尺度的间隙。栅极电压控制内芯纳米管的反向滑移，在漏极和源极之间的“高”或“低”电阻率状态分别对应着单元的“关”和“开”状态。

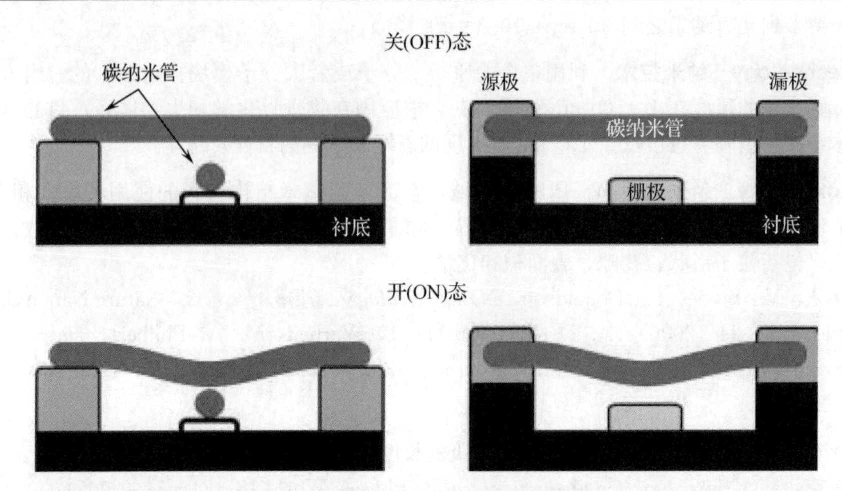

图 N.4 利用悬浮交叉纳米管和外部栅极结构形成的纳米管随机访问存储器单元的概念结构

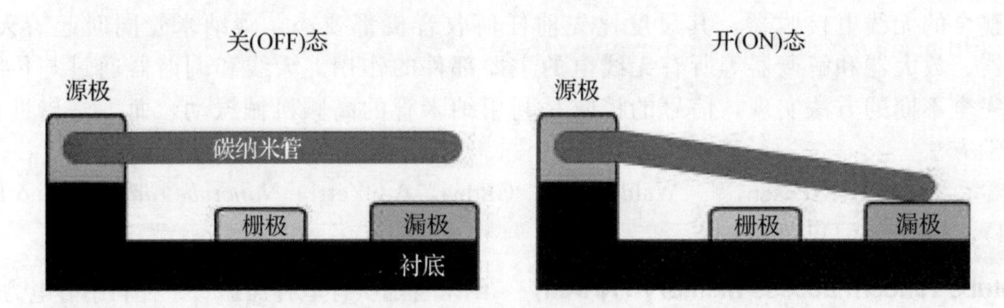

图 N.5 利用悬臂碳纳米管形成的纳米管随机访问存储器单元的概念结构

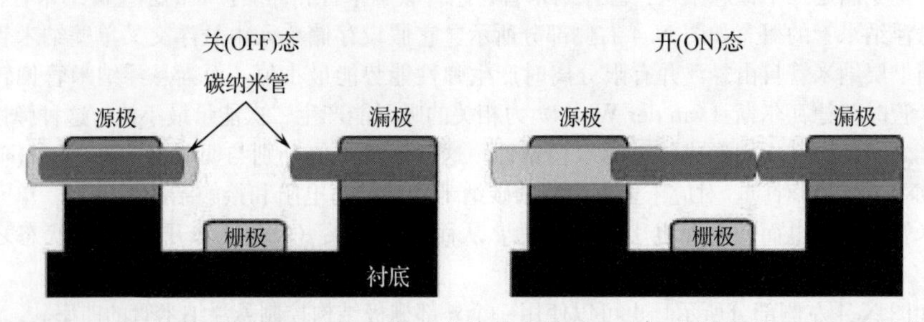

图 N.6 利用伸缩延展多壁碳纳米管形成的纳米管随机访问存储器单元的概念结构

上述存储单元可以由高达每平方厘米 10^{12} 个元素所集成，它们的工作频率可达到 100 GHz。

首次描述：T. Rueckes，K. Kim，E. Joselevich，G. Y. Tseng，C. L. Cheung，C. M. Lieber，*Carbon nanotube-based nonvolatile random access memory for molecular computing*，Science **289**，94～97（2000）（悬浮交叉纳米管概念）；J. M. Kinaret，T. Nord，S. Viefers，*A carbon-nanotube-based nanorelay*，Appl. Phys. Lett. **82**（8），1287～1289（2003）（悬臂碳纳米管概念）；V. V. Deshpande，H. Y. Chiu，H. W. Ch. Postma，C. Mikó，L. Forró，M. Bockrath，*Carbon nanotube linear bearing nanoswitches*，NanoLett. **6**（6），1092～1095（2006）（伸缩延展多壁纳米管概念）。

详见：E. Bichoutskaia，A. M. Popov，Y. E. Lozovik，*Nanotube based data storage devices*，Mater. Today **11**（6），38～43（2008）。

nanowire 纳米线 “纳米线”一词通常用来描述直径在 1～100 nm、大长径比的棒状物质。另请参阅量子限域（效应）[quantum confinement（effect）]。

nascent state 初生态 亦称新生态，化学元素由于化学反应完成而被析出瞬间时的状态。在一些例子中，这些元素在呈现出正常的分子态之前会在原子态保持一段可测量的时间。在这个时间间隔内进一步的化学反应会变得容易。

natural motor 天然发动机 它在细胞内部起到了发动机的作用。典型的例子有：线性发动机，如动力蛋白、驱动蛋白和肌凝蛋白；旋转式发动机，如 ATP 合酶。

详见：V. Balzani，M. Venturi，A. Credi，*Molecular Devices and Machines：A Journey into the Nanoworld*（Wiley-VCH，Weinheim，2003）；E. L. Wolf，*Nanophysics and Nanotechnology-Second Edition*（Wiley-VCH，Weinheim，2006）。

near-field region 近场区 最靠近光圈孔径或者电磁波源的区域，此处的衍射花样实质上不同于在无限远处观察到的。

near-field scanning optical microscopy（NSOM） 近场扫描光学显微术 简称 NSOM，一种扫描探针显微术，用来描绘在纳米尺度的半导体结构的近场电学和光学特性的方法。在 NSOM [也常被称作 SNOM，即 scanning near-field microscopy（扫描近场显微术）] 技术中，一个锥形光纤保持在样品上面距离为分数倍波长的位置处，并扫描样品表面，因此成功避开了远场波动物理学及其限制 [参见 Abbe's principle（阿贝原理）]。其图解见图 N. 7。

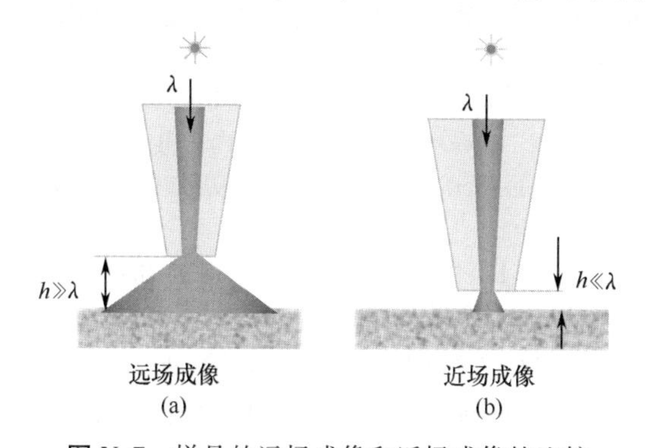

图 N. 7 样品的远场成像和近场成像的比较

(a) 远场成像，光线是衍射的，所以被照亮的面积比光圈大，损失了低于光波长 λ 的图像细节；(b) 近场成像，被照亮的面积和光学装置的光圈很好地对应

（来源：http://www.thermomicro.com/products/aurora.html）

在扫描的每个点上，样品发射出的光辐射通过锥形光纤尖端的小孔被近场收集。这就是一种光圈型的 NSOM。扫描的空间分辨取决于光纤尖端与样品之间的距离和尖端的尺寸。对于应用最广泛的光圈探针，分辨率已经能够达到 100 nm 以下。

另外，还发展出了各种无光圈技术，其中一些能达到几个纳米的分辨率，比如散射型 NSOM。它用削尖的均相金属针尖作为探针。当针尖受到平行于针尖轴向偏振的光照射后，由于顶点处的表面电荷积累较大，顶点处电场被诱导和增强。这样就可以期望达到由顶点直径定义的空间分辨率。场增强效应也可能有助于探测极弱信号，例如，单个纳米大小的物体的拉曼散射信号。但是由于照明的面积受到产生不必要背景的衍射的限制，消除来自强背景的信号是获得有足够对比度的图像的关键。

光子发射扫描隧道显微术（scanning tunneling microscopy，STM）和光照明扫描隧道显微术可被归类为 NSOM（从光对它们的关键作用来看）。它们可以通过 STM 的操作获得原子级分辨率。当在隧穿间隙上施加外加偏压时，电子经非弹性隧穿发出光子，可以被光子发射 STM 探测到。光子发射谱可以提供纳米尺度区域内的电子态信息，如局域态密度。光照明 STM 测量光激发载流子的隧道电流。利用高度受控的光，可以测量局域电子态的精确谱。通过采用偏振的光子，还可以与特定的自旋态耦合。超快光脉冲使得人们能够以很高的空间和时间分辨率来观察电子动力学。

首次描述：E. H. Singe，*A suggested method for extending microscopic resolution into the ultra microscopic region*，Phil. Mag. J. Sci. **6**，356～362（1928）（提出建议）；E. A. Ash，G. Nicholls，*Super-resolution aperture scanning microscope*，Nature **237**，510～512（1972）（在微波辐射情况下的证明示范）；D. W. Pohl，W. Fischer，M. Lanz，*Optical stethoscopy：image recording with resolution* $\lambda/20$，Appl. Phys. Lett. **44**（7），651～653（1984）and E. Betzig，A. Lewis，A. Q. Harootunian，M. Isaacson，E. Kratschmer，*Near-field scanning optical microscopy*（*NSOM*），Biophys. J. **49**，269～279（1986）（实际发展用于光学波段）。

详见：R. C. Dunn，*Near-field scanning optical microscopy*，Chem. Rev. **99**（10），2891～2927（1999）；*Roadmap of Scanning Probe Microscopy*，edited by S. Morita（Springer Verlag，Berlin Heidelberg，2007）。

Néel point（temperature）　奈尔点（温度）　高于此温度时，物质将失去其特殊的反铁磁（antiferromagnetic）特性。

首次描述：L. Néel，*Influence of the fluctuations of the molecular field on the magnetic properties of the bodies*，Ann. Phys.（Paris）**18**，1～105（1932）；*Propriétés magnétiques de l'état métallique et énergie d'interaction entre atomes magnétiques*. Ann. Phys. （Paris）**5**，232～279（1936）.

获誉：1970 年，L. 奈尔（L. Néel）凭借他在反铁磁性和亚铁磁性方面的基础性工作与发现，获得了诺贝尔物理学奖，这些成果在固体物理方面具有重要应用。

另请参阅：www. nobelprize. org/nobel_prizes/physics/laureates/1970/。

Néel relaxation time　奈尔弛豫时间　由热波动引起的磁性粒子两个磁化方向之间的随机翻转平均时间。它是温度 T 的函数

$$\tau_{\mathrm{N}} = \tau_0 \exp\left(\frac{KV}{k_{\mathrm{B}}T}\right),$$

式中，预指数因子 τ_0 称为尝试时间或尝试周期，通常在 10^{-9}～10^{-10} s 范围，K 为磁各向异性能密度，V 为粒子体积。乘积 KV 代表磁各向异性能量。

Néel wall　奈尔壁　薄膜材料中两个磁畴之间的一种边界，其中磁化矢量在通过畴壁发生过渡变化时保持平行于薄膜表面。

首次描述：L. Néel，*Energies des parois de Bloch dans les couches minces*，Compt. Rend. **241**，533～536（1955）。

negative differential resistance　负微分电阻　某些电路组元和线路具有的一种特性，该特性使得它们表现类似电源，能够为连接于其终端的系统供给能量。它通常是由显示于图 N. 8

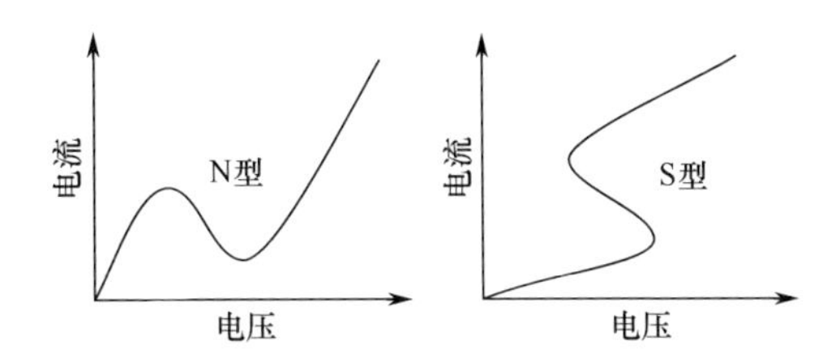

图 N.8 电子元件或电路的两种类型负微分电阻的代表性电流-电压特性

中的伏安特性所代表的一种动力效应。

negative index material 负折射率材料 具有负数折射（refraction）率的材料。这种材料也被称为左手材料。对于通常的“正”折射率材料，折射光与入射光出现在垂直折射界面的法线的不同侧，而当光入射进负折射率材料时，折射光与入射光出现在界面法线的同一侧（如图 N.9 所示）。沉淀在电路板衬底上的由铜线和铜环组成的材料就是一个负折射率材料的例子。

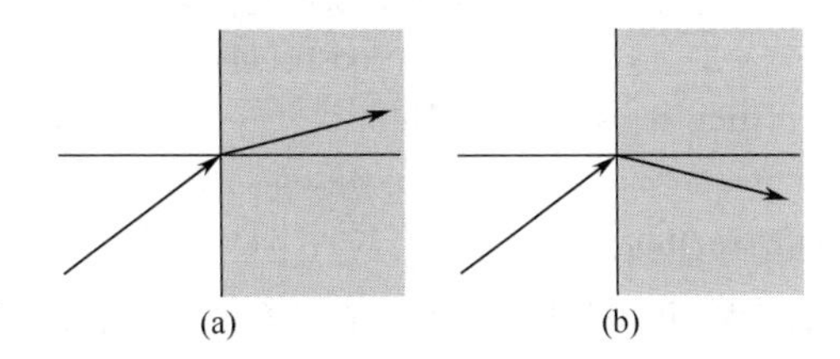

图 N.9 波在真空与正折射率介质界面处的折射（a)和波在真空与负折射率介质界面处的折射（b）

一个负折射率材料平板可以用来聚焦来自其附近一个光源的光线，如图 N.10 所示。

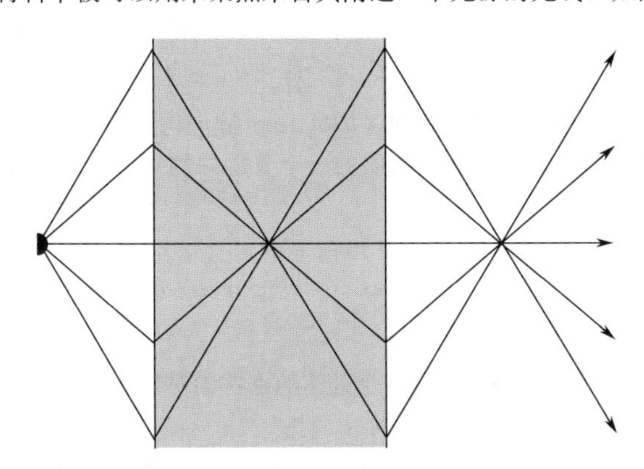

图 N.10 波穿过负折射率材料平板时的聚焦

如果光源放在负折射率（假设 $n=-1$）材料平板的一侧，光线折射方式会使得最后在平板内部和平板另一侧都形成一个聚焦点，聚焦能力比用正折射率材料光学聚焦的强很多，后者受到衍射的限制。因此用负折射率材料可能做出完美的透镜。

首次描述：V. G. Veselago，*The electrodynamics of substances with simultaneously neg-*

ative values of e and μ，Uspekh Fizicheskih Nauk **92**（3），517～526（1967）（俄文，理论预测）；Sov. Phys. Uspekhi **10**（4），509～514（1968)(英文，理论预测）；R. A. Shelby，D. R. Smith，S. Schultz，*Experimental verification of a negative index of refraction*，Science **292**，77～79（2001)（实验观测）。

nematic phase 丝状相 亦称向列相，是一种液晶（liquid crystal）形态，具有流动的线状结构外貌，当用偏振光观测厚样品时是明显可见的。在这种相中，晶体的分子是平行排列的，而且能够沿着分子纵向轴方向互相穿过。这种相具有一个占据外加磁场方向的光轴。由各向同性液态到丝状相的转变是一阶相变。

NEMS 为“nano-electromechanical system”（纳机电系统）的缩写。类似 MEMS 也即微机电系统，它是半导体处理和机械工程的结合，但是是在纳米尺度下。NEMS 使得人们可以实现超高频机械器件、超低功率信号处理和对外力的高灵敏度感应。

详见：K. L. Ekinci，M. L. Roukes，*Nanoelectromechanical systems*，Rev. Sci. Inst. **76**，61～101（2005）。

Nernst effect 能斯特效应 对于一个零电流通过的电导体，当在导体中有温度梯度存在和施加了横向磁场时，会产生一个横向电场。这个电场定义为 $\boldsymbol{E} = Q\nabla T \times \boldsymbol{H}$，$Q$ 称为能斯特系数。此效应也被称为埃廷斯豪森-能斯特效应（Ettingshausen-Nernst effect）。

首次描述：A. von Ettingshausen，W. Nernst，*Über das Auftreten electromotorischer Kräfte in Metallplatten，welche von einem Wärmestrome durchflossen werden und sich im magnetischen Felde befinden*，Ann. Phys. **265**（10），343（1886）。

Nernst-Thomson rule 能斯特-汤姆孙规则 指出在具有高介电常数的溶剂中，阴阳离子之间的吸引力非常小，以至于有利于解离过程的发生，而对于低介电常数的溶剂来说，相反的机理成立。

首次描述：W. Nernst，*Dielektrizitätskonstante und chemisches Gleichgewicht*，Z. Phys. Chem. **13**，531（1894）；J. J. Thomson，*On the effect of electrification and chemical action on a steam-jet and of water-vapor on the discharge of electricity through gases*，Phil. Mag. **36**，320（1893）。

Neumann-Kopp's rule 诺伊曼-柯普规则 指出 1mol 固态物质的热容量大约等于形成这个物质的各种元素的每克原子的热容量乘以物质的一个分子中的对应元素的原子数并对所有元素求和。

首次描述：F. E. Neumann，*Untersuchung über die speccifische Wärme der Mineralien*，Ann. Phys. **23**，1～60（1851）；H. Kopp，*Geschichte der Chemie*，*Dritter Theil*，（1845）p. 138。

Neumann principle 诺伊曼原理 指出一个晶体的点群的对称元素包含在晶体任意特性的对称元素之中。

首次描述：F. E. Neumann，*Vorlesungen über die Theorie der Elastizität der festen Körper und des Lichtäthers*（Teubner-Verlag，Leipzig，1885）。

neural network 神经网络 一种计算模式，试图采用类似脑神经系统的方式处理信息。它区别于人工智能在于它不依靠预先编程，而是依靠结点间相互连接的获取和演化。

neutron 中子 一种不带净电荷、自旋为 $\hbar/2$、质量为 $1.674\,954\,3\times10^{-27}$ kg［比质子（proton）质量稍大］的亚原子粒子。中子被归类为重子（baryon），包含两个下夸克和一个上夸克。

首次描述：J. Chadwick，*Possible existence of neutron*，Nature **129**，312（1932）。

获誉：1935 年，J. 查德威克（J. Chadwick）因为发现中子而获得诺贝尔物理学奖。

另请参阅：www. nobelprize. org/nobel_prizes/physics/laureates/1932/。

neutron activation analysis（NAA） 中子活化分析 简称 NAA，这种技术基于利用中子轰击样品的方法，导致所研究元素的放射性同位素的产生。通常使用的是热中子（能量约为 0.025 eV），然后分析由放射性同位素产生的 γ 射线，辐射的能量是放射性同位素的特征。这种方法通常用于化学元素识别等定性分析中。所放射的 γ 射线数量与样品中的特殊原子数量相关，因此也适用于进行定量分析。

Newton-Raphson iteration 牛顿-拉弗森迭代 一种寻找满足方程 $f(E)=0$ 的解的方法。在这种方法中，如果 E_n 是方程解的第一个猜测，那么更好的猜测解为 $E_{n+1}=E_n-\dfrac{f(E_n)}{f'(E_n)}$，然后新的猜测解 E_{n+2} 被用作产生又一个猜测解 E_{n+3}，以此类推，直到连续的猜测解收敛至所需要的精度。

首次描述：I. Newton，*Methodus fluxionum et serierum infinitarum*（1664～1671）；J. Raphson，*Analysis aequationum universalis*（London，1690）。

Newton's laws of motion 牛顿运动定律 此定律包含以下三个定律：①一个质点如果不受外力，将保持静止或者匀速直线运动；②质点的加速度与质点所受的合力成正比而与质点的质量成反比；③如果两个质点相互作用，第一个质点施加在第二个质点上的力（称为作用力）与第二个质点施加于第一个质点上的力（称为反作用力）数量相等方向相反。这三个定律形成了经典力学或者说牛顿力学的基础，而且被证明对于除了在速度与光速可比的情况之外的所有力学问题都是正确的。

首次描述：I. Newton，*Philosphiae Naturalis Principia Mathematica*（The Mathematical Principles of Natural Philosophy），1687。

Nielsen theorem 尼尔森定理 指出当且仅当 λ_ψ 被 λ_ϕ 优化［参见 majorization（优化）］时，使用局部运算和经典通信，一个态 $|\psi\rangle$ 可以转变到另外一个态 $|\phi\rangle$。简而言之，如果 $\lambda_\psi \prec \lambda_\phi$，则 $|\psi\rangle \to |\phi\rangle$。其中 λ_ψ 表示态 $\rho_\psi \equiv \mathrm{tr}_B(|\psi\rangle\langle\psi|)$ 的特征值的矢量。

首次描述：M. F. Nielsen，*Conditions for a class of entanglement transformations*，Phys. Rev. Lett. **83**（2），436～439（1999）。

nitrate 硝酸盐 硝酸（HNO_3）的盐。对于无机盐，硝酸盐的一般化学式是 $Me(NO_3)_n$，其中 Me 是金属或 NH_3^+ 基团，n 反映了金属 Me 的化合价（$Me=NH_3^+$ 时 $n=1$）。

nitride 氮化物 由一种元素与氮结合形成的化合物。

nitrite 亚硝酸盐 亚硝酸（HNO_2）的盐。

NMR 为 nuclear magnetic resonance（核磁共振）的缩写。

noble gas 惰性气体 也即 inert gas（惰性气体）。

noble metal 贵金属 能够抵抗一般化学试剂腐蚀的一些金属，包括 Hg、Ag、Au、Pt、Pd、Ru、Rh、Ir、Os。

NOESY 为 nuclear Overhauser enhancement effect spectroscopy（核奥弗豪泽增强效应光谱）的缩写。

Noether theorem **诺特定理** 指出每次一个物理系统在连续变换下不变化，都有一个守恒量与之对应。

首次描述：E. Noether，*Invariante Variationsprobleme*，Gött. Nachr.，Math. Phys. Klasse，235～252 (1918)。

noiseless coding theorem **无噪编码定理** 参见 Shannon's theorems（香农定理）。

noisy channel coding theorem **噪声信道编码定理** 参见 Shannon's theorems（香农定理）。

noncloning theorem **不可克隆定理** 指出量子力学的线性度禁止精确复制量子态。这意味着量子信息不能被复制或克隆（精确复制）。

首次描述：W. K. Wootters，W. H. Zurek，*A single quantum cannot be cloned*，Nature **299**，802～803 (1982)。

noncrossing rule **不相交规则** 亦称不交叉规则，指出相同电子核素的双原子分子的势能曲线绝不相交。

首次描述：J. von Neumann，E. Wigner，*Über merkwürdige diskrete Eigenwerte*，Phys. Z. **30**，465～467 (1929)。

nonlinear Hanle effect **非线性汉勒效应** 参见 Hanle effect（汉勒效应）。

nonlinear optics **非线性光学** 光学中处理光与物质相互作用的部分，在此范畴内材料对于外加电磁场振幅呈非线性。如同克尔效应（Kerr effect）和泡克耳斯效应（Pockels effect），非线性光学效应在激光（laser）出现之前就已被熟知。然而非线性光学领域的真正巨大发展是在 1960 年激光的首次出现以后。

在非线性光学实验中报道了许多新现象，产生了大量效应和技术，如二次谐波产生（second-harmonic generation）、和频产生（sum-frequency generation）、双光子吸收（two-photon absorption）、三次谐波产生（third-harmonic generation）、受激拉曼散射（stimulated Raman scattering）、相干反斯托克斯拉曼光谱（coherent anti-Stokes Raman spectroscopy）和四波混频（four-wave mixing）。

详见：A. Zeltikov，A. L'Huillier，F. Krausz，*Nonlinear optics*，in：*Handbook of Lasers and Optics*，edited by F. Traeger (Springer，Berlin，2007)；R. Boyd，*Nonlinear Optics*，*3rd ed.* (Academic Press，Burlington，2008)；Jin Z. Zhang，*Optical Properties and Spectroscopy of Nanomaterials* (World Scientific，Singapore，2009)。

获誉：1981 年，诺贝尔物理学奖的一半授予 N. 布隆姆贝根（N. Bloembergen）和 A. L. 肖洛（A. L. Schawlow），以表彰他们在发展激光光谱学所作的贡献；另一半授予 K. M. 西格班（K. M. Siegbahn），以表彰他在高分辨率电子能谱学所作的贡献。

另请参阅：www.nobelprize.org/nobel_prizes/physics/laureates/1981/。

Nordheim's rule **诺德海姆定则** 指出由摩尔分数为 x 的一种元素和摩尔分数为 $1-x$ 的另外一种元素构成的二元合金的剩余电阻率正比于 $x(1-x)$。

首次描述：L. Nordheim，*Zur Elektronentheorie der Metalle. II*，Ann，Phys. **9**，641～678 (1931)。

normal distribution **正态分布** 也即 Gaussian distribution（高斯分布）。

NOR operator **或非算子** 参见 logic operator（逻辑算子）。

NOT operator **非算子** 参见 logic operator（逻辑算子）。

Notre Dame architecture　圣母建构　参见 quantum cellular automata（量子细胞自动机）。

NRA　为 nuclear reaction analysis（核反应分析）的缩写。

NRAM　为 nanotube random access memory（纳米管随机存取存取器）的缩写。

NSOM　为 near-field scanning optical microscopy（近场扫描光学显微术）的缩写。

nuclear magnetic resonance（NMR）　核磁共振　简称 NMR，放置在静磁场中的某些原子核从特定频率的射频场共振吸收能量。磁场驱使样品中所有这种原子核的磁矩，也就是自旋，排列起来并且围绕磁场方向作进动。所有的自旋以相同的频率但不同的位相进动。作用在样品上的射频辐射干扰了自旋的排列，并且导致产生一个相位相干的态。因此，共振频率与在磁场中的原子核的进动拉莫尔频率（Larmor frequency）一致，与场强成正比。

核磁共振谱被用于研究物质的分子结构。

首次描述：E. M. Purcell，H. C. Torrey，R. V. Pound，*Resonance absorption by nuclear magnetic moments in a solid*，Phys. Rev. **69**（1），37～38（1946）；F. Bloch，*Nuclear induction*，Phys. Rev. **70**（7/8），460～474（1946）。

详见：C. P. Slichter，*Principles of Magnetic Resonance*（Springer-Verlag，Berlin，1990）。

获誉：1952 年，F. 布洛赫（F. Bloch）和 E. M. 珀塞尔（E. M. Purcell）凭借发展了用于核磁精确测量的新方法以及随之而来的发现而获得诺贝尔物理学奖；2003 年，P. C. 劳特伯（P. C. Lauterbur）和 P. 曼斯菲尔德（P. Mansfield）因为在核磁成像方面的发现而获得诺贝尔生理学或医学奖。

另请参阅：www. nobelprize. org/nobel_prizes/physics/laureates/1952/。

另请参阅：www. nobelprize. org/nobel_prizes/medicine/laureates/2003/。

nuclear magnetic resonance Fourier transform spectroscopy（NMRFTS）　核磁共振傅里叶变换光谱学　一种谱学技术，该技术通过采用傅里叶变换（Fourier transform）方法以提高核磁共振谱（nuclear magnetic resonance spectroscopy）的灵敏度。它使用射频信号并将其快速记录。这种技术为物体的两维或多维分析和磁共振成像开辟了道路。

首次描述：R. R. Ernst，W. A. Anderson，*Application of Fourier transform spectroscopy to magnetic resonance*，Rev. Sci. Instrum. **37**，93～102（1966）。

详见：R. R. Ernst，G. Bodenhausen，A. Wokaun，*Principles of Nuclear Magnetic Resonance in One and Two Dimensions*（Clarendon Press，Oxford，1990）。

获誉：1991 年，诺贝尔化学奖授予了瑞士化学家 R. R. 恩斯特（R. R. Ernst）教授，以表彰他对于高分辨率核磁共振分光法的发展所做出的突出贡献。

另请参阅：www. nobelprize. org/nobel_prizes/chemistry/laureates/1991/。

nuclear magnetic resonance spectroscopy　核磁共振谱　参见 nuclear magnetic resonance（核磁共振）。

nuclear Overhauser effect spectroscopy（NOESY）　核奥弗豪泽效应光谱　利用核奥弗豪泽效应［奥弗豪泽效应（Overhauser effect）的推广］进行核磁共振（NMR）结构测定，主要用于蛋白质和核酸。基于 NOESY 技术的还有异核奥弗豪泽增强效应光谱［heteronuclear Overhauser effect spectroscopy（HOESY）］、旋转框架核谱［rotational frame nuclear spectroscopy（ROESY）］、转换核奥弗豪泽效应［transferred nuclear Overhauser effect（TRNOE）］、双脉冲场梯度自旋回波实验［double pulsed field gradient spin echo NOE（DPFGSE-NOE）experiment]。

首次描述：W. A. Anderson，R. Freeman，*Influence of a second radiofrequency field on high-resolution nuclear magnetic resonance spectra*，J. Chem. Phys. **37**（1），411～415（1962）；R. Kaiser，*Use of the nuclear Overhauser effect in the analysis of high-resolution nuclear magnetic resonance spectra*，J. Chem. Phys. **39**（1），2435～2442（1963）。

详见：A. E. Derome，*Modern NMR Techniques for Chemistry Research*（Pergamon，Oxford，1987）。

nuclear reaction analysis（NRA）　核反应分析　简称 NRA，利用加速到大约十分之一倍光速的轻离子探测样品，然后测量所导致的核反应产物的能量和产率。当基体包含的元素比感兴趣的同位素重时，这种技术经常被用于替代卢瑟福背散射谱（Rutherford backscattering spectroscopy）。通常使用的粒子-粒子核反应列表见表 N. 1。

表 N. 1　通常使用的粒子-粒子核反应

与质子	与氘核	与氦-3 离子
^{6}Li(p,^{4}He)^{3}He	D(d,p)T	D(^{3}He,p)^{4}He
^{7}Li(p,^{4}He)^{4}He	D(d,n)^{3}He	^{12}C(^{3}He,d)^{14}N
^{11}B(p,^{4}He)^{8}Be	^{3}He(d,p)^{4}He	^{12}C(^{3}He,^{4}He)^{11}C
^{15}N(p,^{4}He)^{12}C	^{6}Li(d,^{4}He)^{4}He	^{13}C(^{3}He,p)^{15}N
^{18}O(p,^{4}He)^{15}N	^{11}B(d,^{4}He)^{9}Be	^{13}C(^{3}He,d)^{14}N
	^{12}C(d,p)^{13}C	^{13}C(^{3}He,^{4}He)^{12}C
	^{12}C(d,^{4}He)^{10}B	^{14}N(^{3}He,p)^{16}O
	^{14}N(d,p)^{15}N	^{14}N(^{3}He,^{4}He)^{13}N
	^{14}N(d,^{4}He)^{12}C	^{16}O(^{3}He,^{4}He)^{15}O
	^{16}O(d,p)^{17}O	^{16}O(^{3}He,p)^{18}F
	^{16}O(d,^{4}He)^{14}N	
	^{19}F(d,^{4}He)^{17}O	
	^{28}Si(d,p)^{29}Si	
	^{31}P(d,p)^{32}P	
	^{32}S(d,p)^{33}S	

对于许多元素，如氧、氮、碳、铝、镁和硫，使用氘探测束（而不是质子或氦）能够增强敏感性和精确性，这归功于其更大的核反应碰撞截面、更好定义的谱特征和更少的背景干涉。

因为这个技术是对于同位素有效的，因此它独立于化学效应或基体效应，提供了无损深度剖面的信息。

nucleon　核子　为质子（proton）和中子（neutron）的统称，这两种粒子是原子核的主要组成部分。

nucleotide　核苷酸　核酸的组成单元，由一个杂环碱、一个糖（核糖或脱氧核糖）和一个磷酸组成，参见 DNA。

nutation　章动　由于受到外来的冲击或陀螺的质量重新分布造成的陀螺的转轴在进动（precession）圆锥附近做"点头"式运动。

Nyquist criterion　奈奎斯特判据　在获取图像时，采样的频率必须至少是使得任何细节都可分辨所要求的亮度变化速率的两倍。

首次描述：H. Nyquist，*Thermal agitation of electric charge in conductors*，Phys. Rev. **32** (1)，110～114 (1928)。

Nyquist formula　奈奎斯特公式　此公式描述噪声的热产生，亦称约翰逊-奈奎斯特噪声[Johnson-Nyquist (or Nyquist) noise]，即电阻 R 在温度 T 时与电荷涨落相关的噪声的幅度为 $\overline{\Delta V^2}=4k_B TR\Delta f$。电荷涨落可被认为由一个零阻抗的电压发生器 ΔV 产生，此电压发生器与在一个窄的带宽 Δf 内产生频率组分的电阻串联。

首次描述：H. Nyquist，*Thermal agitation of electric charge in conductors*，Phys. Rev. **32** (1)，110～114 (1928)。

Nyquist frequency　奈奎斯特频率　一个信号的最高频重要谱分量的频率的两倍。参见 Nyquist-Shannon sampling theorem（奈奎斯特-香农采样定理）。理论上，当采样频率高于奈奎斯特频率时，信号可以从样本数据中正确地重建。

Nyquist interval　奈奎斯特间隔　参见 Nyquist-Shannon sampling theorem（奈奎斯特-香农采样定理）。

Nyquist noise　奈奎斯特噪声　参见 Johnson-Nyquist noise（约翰逊-奈奎斯特噪声）。

Nyquist-Shannon interpolation formula　奈奎斯特-香农插值公式　如果一个函数 $s(x)$ 的傅里叶变换满足 $F[s(x)]=S(f)=0$（当 $|f|>W$ 时），则它可以通过它的样本 s_n 恢复：

$$s(x)=\sum_{n=-\infty}^{+\infty}s_n\frac{\sin[\pi(2Wx-n)]}{\pi(2Wx-n)}$$

Nyquist-Shannon sampling theorem　奈奎斯特-香农采样定理　当一个模拟信号被转换成数字信号（或通过分立时间间隔采样信号）时，采样频率必须从被采样信号中严格产生。如果采样频率小于这个限度，原信号中高于采样速率一半的频率就会被“混叠”，在结果中以低频出现。所以在采样前，要使用一个模拟低通滤波器（称为抗混叠滤波器）来确保没有高于采样频率一半的频率残留。该定理也用于减少一个已存在数字信号的采样频率。

如果一个函数 $s(x)$ 的傅里叶变换（Fourier transform）满足 $F[s(x)]=S(f)=0$（当 $|f|>W$ 时），则它可就被一系列间隔为 $1/(2W)$ 的点的函数值 s_n 完全确定。$s_n=s(n/(2W))$ 称为 $s(x)$ 的样本。函数 $s(x)$ 可以从它的样本利用奈奎斯特-香农插值公式（Nyquist-Shannon interpolation formula）来恢复。

能够重建原信号的最小采样频率，即每单位距离 $2W$ 个样本，就称为奈奎斯特频率（Nyquist frequency）或奈奎斯特速率，相应的采样间隔称为奈奎斯特间隔（Nyquist interval）。

必须注意的是，虽然“最高频率的两倍”这个概念被更经常使用，但它不是绝对的。实际上定理应该是对“两倍带宽”成立，两者完全不同。带宽与代表信号的最低和最高频率之间的范围有关。带宽和最高频率只对基带信号（即延续至直流）而言才是等价的。这个概念导致了软件无线电系统（用软件对无线电信号进行调制和解调的无线电通信系统）中经常用到的被称为欠采样的问题。

该定理是信息理论领域的一个基本原则。

首次描述：H. Nyquist，*Certain topics in telegraph transmission theory*，Trans. AIEE **47** (4)，617～644 (1928)（首次公式阐述）；C. E. Shannon，*Communication in the presence of noise*，Proc. Inst. Radio Eng. **37** (1)，10～21 (1949)（正式证明）。

从 octet rule（八隅规则）到 oxide（氧化物）

octet rule　八隅规则　亦称八隅律、八角定则，指出原子组合成分子的方式使得每个原子的外壳层都有八个电子，即八隅体。

首次描述：I. 朗缪尔（I. Langmuir）于1919年。

获誉：1932年，I. 朗缪尔（I. Langmuir）因在表面化学方面的研究和发现而获得诺贝尔化学奖。

另请参阅：www.nobelprize.org/nobel_prizes/chemistry/laureates/1932/。

Ohm's law　欧姆定律　物质的电流密度 $\boldsymbol{J}$ 和被施加的电场 $\boldsymbol{E}$ 满足线性关系 $\boldsymbol{J}=\sigma\boldsymbol{E}$，其中 σ 为物质的电导率。

首次描述：G. S. Ohm, J. Chem. Phys.（Schweigger's J.）**46**，137（1826）；*Diegalvanische Kette mathematisch gearbeitet*（Berlin，1827）。

OLED　为 organic light emitting diode（有机发光二极管）的缩写。

oligomer　低聚物　由有限数目的分子亚单元或者说分子单体（monomer）链接在一起组成的分子，与聚合物（polymer）的区别是，后者由非常多的亚单元组成。低聚物中实际的单体数目是有争论的，一般认为在10～100。

oligonucleotide　寡核苷酸　由少量核苷酸（nucleotide）形成的一种聚合物（polymer）。

one-atom laser　单原子激光器　用单个原子运作的激光器（laser）。一个原子（如铯）被冷却并捕获到光学共振腔里。一束激光用来激发该原子，原子衰退到中间态时会发射出一个光子到共振腔，再用另一束激光把原子激发到另外一个激发态（excited state），然后原子从该激发态衰退到基态（ground state），如此反复。与传统激光器不同的是，它没有激光发射阈值。从腔模的输出通量大于十倍的原子荧光（fluorescence）。运作模式如图 O.1 所示。

首次描述：J. McKeever，A. Boca，A. D. Boozer，J. R. Buck，H. J. Kimble，*Experimental realization of one-atom laser in the regime of strong coupling*，Nature **425**，268～271（2003）。

opal glass　乳白玻璃　一种玻璃，体内的小颗粒处于分散相，小颗粒的折射率与基体不同，且它们决定了光在玻璃中的反射和散射。

OPC　为 optical phase conjugation（光学相位共轭）的缩写。

operator（mathematical）　算子（数学上）　亦称算符，一个数学术语，表示作用于一个函数的某物。

optical antenna　光学天线　一种被设计用于将自由传播的光学辐射高效转化为局域能量（或相反过程）的器件。光学天线具有纳米尺度，应用于纳米尺度的成像和光谱学、时间分辨

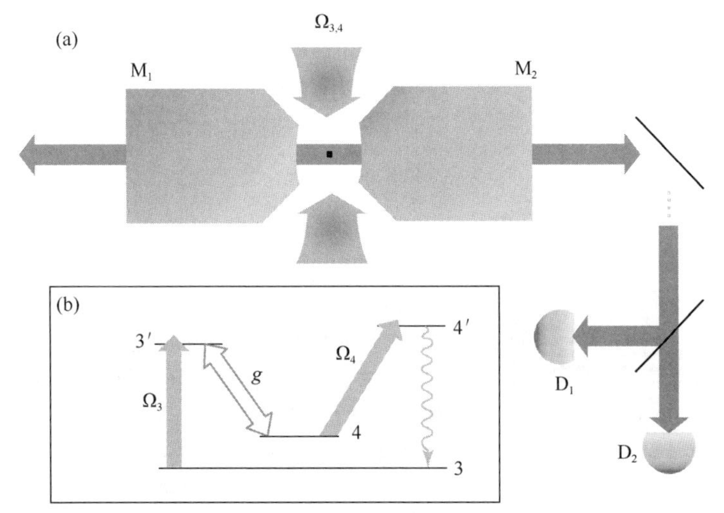

图 O.1 单原子激光器工作的简化示意图

(a) 一个铯原子（黑点）被捕获在一个高精密光学腔内，高精密光学腔由镜面 M_1 和 M_2 的弯曲反射表面组成。原子与共振腔模相互作用而产生的光作为高斯光束传播到达单光子检测器 D_1 和 D_2；(b) 相关跃迁包括原子铯在 852.4 nm 的 D_2 线的 $6S_{1/2}$，$F=3$，$4\leftrightarrow 6P_{3/2}$，$F'=3'$，$4'$。对于在腔共振附近的激光跃迁 $F'=3\rightarrow F'=4$，实现了耦合率为 g 的强耦合。上能级 $F'=3$ 的泵浦由场 Ω_3 提供，而下能级 $F=4$ 的再循环通过提供场 Ω_4 和自发衰减到 $F=3$ 的方式实现

[来源：J. McKeever，A. Boca，A. D. Boozer，J. R. Buck，H. J. Kimble，*Experimental realization of one-atom laser in the regime of strong coupling*，Nature **425**，268～271 (2003)]

光谱学（time-resolved spectroscopy）、光发射和光伏（photovoltaics）领域。

详见：P. Bharadwaj，B. Deutrsch，L. Novotny，*Optical antennas*，Adv. Opt. Photonics，**1** (3)，438～483 (2009)。

optical confinement factor　光限制因子　存在于半导体激光器（laser）有源区的导模的电磁能量的分数比。它是有源区内的发射截面与腔内的发射截面之比。

optical Hall effect　光学霍尔效应　是光学双折射现象，源于在外磁场条件下由长波电磁辐射和层状半导体结构中束缚和半束缚电荷载流子之间相互作用而产生。

这种效应不同于光学自旋霍尔效应（optical spin Hall effect）和光的霍尔效应（Hall effect of light）。

首次描述：M. Schubert，T. Hofmann，C. M. Herzinger，*Generalized far-infrared magneto-optic ellipsometry for semiconductor layer structures：determination of free-carrier effective-mass，mobility，and concentration parameters in n-type GaAs*，J. Opt. Soc. Am. A **20** (2)，347～356 (2003)。

optical lithography　光学光刻　一种在表面制作化学图案的过程。实际上，光学光刻是目前占主导的一种光刻技术。利用投影光学，图案的分辨率依赖于光源的波长，减小波长就能减小图案形成的临界尺寸。而利用光学临近修正和相移掩膜技术，可以做出比临界尺寸还小的结构。光学光刻的最小尺寸可以达到 100 nm 范围。极紫外光刻是传统光学光刻技术向更短波长的自然延续。掩膜则应用在波长 10～15 nm 范围和反射光学。波长在 1 nm 量级的 X 射线临近光刻技术代表了纳米光刻（nanolithography）技术减小光子波长努力的最后一步。

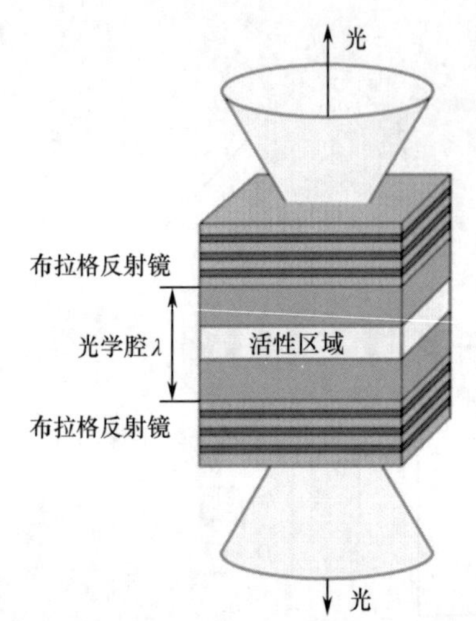

图 O.2 光学微腔

optical microcavity 光学微腔 用来限制光学波段特定波长的电磁辐射发生的结构。它在发光器件中用来选择和放大某个特定波长的光。其基本原理是：当一个光学活性材料或发光结构被放置在一个光学谐振腔中，腔中只有一个单光子模与发射带有谱重叠。材料中的辐射复合只能发生在该光子模。发射出的光具有该光子模的谱特征，谱宽极窄，仅取决于腔中的光子模的寿命。所有能量和动量与光子模不匹配的电子-空穴对，只能以非辐射方式复合。或在非辐射复合发生前通过动量和能量弛豫变成与光子模匹配的态。

半导体微腔结构有一个简单的一维实现方式：平面的法布里-珀罗谐振腔（Fabry-Pérot resonator）。如图 O.2所示，它的反射镜是多个四分之一波长堆叠的分布式布拉格反射镜（distributed Bragg reflector）。

法布里-珀罗谐振腔（Fabry-Pérot resonator） 通常的多通道干涉（interference）描述显示，腔中所有反射波同相的模，即共振光子模的强度会增加到原来的 $4/(1-R)$ 倍，而非共振的光子模受到抑制，强度变为原来的（$1-R$）倍，其中 R 为反射镜的反射率。腔的作用是类似把来自于非共振模的电场集中到共振模。净效果是：只要向与光子耦合的电子空穴态的有效弛豫能防止过强的烧孔（hole-burning）现象，自发寿命就几乎不会改变。

optical phase conjugation（OPC） 光学相位共轭 参见 degenerate four-wave mixing（简并四波混频）。

optical phonon 光频声子 亦称光学声子，与固体中原子振动的光学模相关的激发的量子，参见 phonon（声子）。

optical spin Hall effect 光学自旋霍尔效应 是在半导体微腔中光的瑞利散射（Rayleigh scattering）与光偏振之间的关系。在线偏振激发下，散射光变为圆偏振，这意味着光子获得了一个非零平均自旋。这个自旋方向对散射方向和激发光的线性偏振方向非常敏感。

这种光学效应与电子的外在自旋霍尔效应（spin Hall effect）非常类似。这被认为是激子极化声子（exciton polaritons）的弹性散射结果：如果初始极化声子状态为零自旋并且以一些线性偏振为特征，则散射极化声子变为强自旋极化。散射态的偏振可以正向或负向依赖于初始态线性偏振方向和散射方向。按顺时针和逆时针散射的极化声子自旋极化具有不同的符号。这可能源于由于微腔中激子极化声子的纵-横向分裂和有限寿命。

这种效应不同于光学霍尔效应（optical Hall effect）和光的霍尔效应（Hall effect of light）。

首次描述：A. V. Kavokin，G. Malpuech，M. M. Glazov，*Optical spin Hall effect*，Phys. Rev. Lett. **95**（13），136601（2005）。

optical tweezers 光镊 利用高度聚焦的激光光束中的光压来捕获微小物体的装置。它可以在纳米精度下操控微米大小的介电颗粒和单个分子，测量亚皮牛量级的力，使得人们可以探索之前在实验上无法研究的领域。光镊也被朱棣文（S. Chu）用于冷却和捕获原子。目前，光镊已成为研究生物分子的物理性质的最有力工具之一。

首次描述：A. Ashkin，*Acceleration and trapping of particles by radiation pressure*，

Phys, Rev. Lett. **24**, 156～159 (1970)。

详见：A. Ashkin, *Optical trapping and manipulation of neutral particles using laser*, PNAS **94**, 4853～4860 (1997)；M. J. Padgett, J. Molloy, D. McGloin, *Optical Tweezers: Methods and Applications* (Taylor and Francis, London, 2009)。

获誉：1997年，朱棣文（S. Chu）、C. 科昂-塔诺季（C. Cohen-Tannoudij）和W. D. 菲利普斯（W. D. Phillips）凭借发展了用激光冷却和捕获原子的方法而获得诺贝尔物理学奖。

另请参阅：www.nobelprize.org/nobel_prizes/physics/laureates/1997/。

optics 光学 研究光的行为的科学。

optoelectronics 光电子学 是电子学（electronics）和光子学（photonics）的共生结合，涉及电-光或光-电转换器件的发展、制造、研究和应用。

OPW 为 orthogonalized plane wave（正交化平面波）的缩写。

orbital 轨道 亦称轨函数，参见 atomic orbital（原子轨道）。

organelle 细胞器 生物细胞中有着特殊功能的分立部分。

organic light-emitting diode (OLED) 有机发光二极管 简称OLED，一种固态发光二极管，采用使电流通过有机材料的方法来产生光。它与半导体发光二极管（light-emitting diode）十分类似，不同之处在于有源半导体区域被一层或几层堆叠的有机薄膜所取代。当有机分子被电激发时就会发光。

首次描述：C. W. Tang, US Patent 4356429 (1980)。

organic radical battery 有机自由基电池 亦称有机基电池，是一种新型电池，引人注目的是它的灵活性、快速充电和小尺寸。与传统金属电池不同的是，它采用有机自由基聚合物（polymer）来产生能量，所以称为有机自由基电池。这种电池是由NEC公司在2005年开发的。

organic solar cell 有机太阳电池 参见 polymer solar cell（聚合物太阳电池）。

organic spin valve 有机自旋阀 由一薄层有机半导体夹在两个铁磁（ferromagnetic）电极之间组成的三明治结构的自旋阀（spin valve）。已经证明，在有机纳米线（nanowire）自旋阀中自旋弛豫时间（spin relaxation time）是其他任何已报道的体系中自旋弛豫时间的至少1000倍以上。这类材料可能是自旋电子学（spintronics）的理想材料。

首次描述：S. Pramanik, C.-G. Stefanita, S. Patibandla, S. Bandyopadhyay, K. Garre, N. Harth, M. Cahay, *Observation of extremely long spin relaxation times in organic nanowire spin valve*, Nature Nanotechnology **2**, 216～219 (2007)。

organometallic compounds 有机金属化合物 参见 metal-organic compound（金属有机化合物）。

orientation polarization 取向极化 参见 polarization of matter（物质的极化）。

OR operator 或算子 参见 logic operator（逻辑算子）。

orthogonal 正交 垂直或类似的概念。

orthogonalized plane wave 正交化平面波 一种平面波（plane wave）函数，正交于原子的芯电子波函数。

orthogonalized-plane-wave method 正交化平面波方法 仅用少量的进行平面波（traveling plane wave）组合成波函数来解原子中的电子的薛定谔方程（Schrödinger equation）的方法。每个这样的平面波都本征地与芯电子波函数正交。对比于用简单的平面波，正交平面波方法极大地改进了收敛特性。

首次描述：A. Sommerfeld，H. Bethe，*Handbuch der Physik*，Vol. 24（Springer，Berlin，1933）（提出思路）。

orthogonal transformation 正交变换 为以下的一个线性变换：

$$y_1 = p_{11}x_1 + p_{12}x_2 + \cdots + p_{1n}x_n$$
$$y_2 = p_{21}x_1 + p_{22}x_2 + \cdots + p_{2n}x_n$$
$$\cdots$$
$$y_n = p_{n1}x_1 + p_{n2}x_2 + \cdots + p_{nn}x_n$$

其中对任意的自变量 x 满足：

$$y_1^2 + y_2^2 + \cdots + y_n^2 = x_1^2 + x_2^2 + \cdots + x_n^2$$

orthogonal wave function (orbital) 正交化波函数（轨道） 一组波函数（轨道）[wave function (orbital)]，其重叠积分（overlap integral）为 0，或者更一般地说它们满足

$$\int_a^b \psi_m(x)\psi_n(x)\mathrm{d}x = 0 \quad m \neq n$$

同一原子的两个不同原子轨道总是正交的。

orthohydrogen 正氢 两个氢原子核自旋方向相同的一种氢分子形态。在通常条件下，正氢含量占 75%，其余的是仲氢（parahydrogen）。

orthorhombic lattice 正交点阵 亦称正交晶格、正交点格，一种布拉维点阵（Bravais lattice），其中单胞的三个轴互相垂直，任意两边长不等。与之同义的是 rhombic lattice（正交点阵）。

oscillator strength 振子强度 一个无量纲的量，用于表征电子从能态 i 到能态 j 的跃迁。本质上表示频率为 ω_{ji} 的振子的“数目”：

$$f_{ij} = 2\frac{|P_{ij}|^2}{m\hbar\omega_{ji}} = 2h^2\frac{|\langle\psi_i \mid \partial/\partial x \mid \psi_j\rangle|^2}{m(E_i - E_j)}$$

其中 P_{ij} 是偶极矩阵元，m 为电子质量。

实际上，它是谱带强度的一个无量纲度量，是一个经典的概念（给定了参与某个跃迁的有效电子数）在被调整后用于量子力学。它被定义为原子或分子跃迁的强度与采用谐振子模型的单电子的理论跃迁强度之比。

oscillatory exchange coupling 振荡交换耦合 这种耦合出现在一个多层结构中，在这种结构中磁性层被一定厚度的非磁性层分隔开。这就导致随着非磁性层的厚度变化，磁性层间的磁矩取向在平行排列也即铁磁（ferromagnetic）和反平行排列也即反铁磁（antiferromagnetic）之间振荡变化。

首次描述：S. S. P. Parkin，N. More，K. P. Roche，*Oscillations in exchange coupling magnetoresistance in metallic surface structures*：*Co/Ru*，*Co/Cr and Fe/Cr*，Phys. Rev. Lett. **64** (19)，2304～2307 (1990)。

osmosis 渗透 化学物质通过半透膜自发地由高浓度区流向低浓度区域。半透膜与普通的膜不同的是它们具有选择性：允许一种或几种分子种类通过，其他的则不可渗透。

Ostwald ripening 奥斯特瓦尔德熟化 在薄膜中以小岛消失为代价而生成大岛的过程。

首次描述：W. Ostwald，*Lehrbuch der Allgemeinen Chemie*，vol. **2**，part 1（Leipzig，1896）。

Overhauser effect 欧沃豪斯效应 当一个无线电频率场施加到处于外磁场中的物质上时，若该物质有未成对电子且核自旋为 1/2，则在电子自旋共振频率处，引起的原子核的极化非常大，就好像原子核有一个很大的电子磁矩一样。

首次描述：A. W. Overhauser，*Paramagnetic relaxation*，Phys. Rev. **89**（4），689～700（1953）（理论预言）；T. R. Carver，C. P. Slichter，*Polarization of nuclear spins in metals*，Phys. Rev. **91**（1），212～213（1953）（实验证实）。

overlap integral 重叠积分 此积分形式为 $\int \psi(\mathrm{A})^* \psi(\mathrm{B})\mathrm{d}\tau$，用于度量属于不同的原子 A 和 B 的两个波函数（轨道）的重叠程度。

Ovshinsky effect 奥弗辛斯基效应 一种特殊的薄膜固体开关的特性，对正、负极性外加电压的响应完全相同，因此电流可以在两个方向上等价地流动。

首次描述：S. R. Ovshinsky，*Reversible electrical switching phenomena in disordered structures*，Phys. Rev . Lett. **21**（10），1450～1453（1968）。

oxide 氧化物 一种元素与氧形成的化合物。

从 PALM（photoactivable localization microscopy）（光活化定位显微术）到 pyrrole（吡咯）

PALM 为 photoactivable localization microscopy（光活化定位显微术）的缩写。

paraffin 石蜡（烃） 一种碳和氢的饱和化合物，通式为 C_nH_{2n+2}。最简单的例子是甲烷 CH_4 和乙烷 C_2H_6。

parahydrogen 仲氢 两个氢原子核自旋方向相同的一种氢分子形态。在正常条件下，仲氢含量约为 25%，其他为 orthohydrogen（正氢）。

首次描述：K. F. Bonhoeffer，P. Harteteck，*Experimente über Para- und Orthowasserstoff*，Naturwiss. **17**，182（1929）。

paramagnetic 顺磁体 亦指顺磁（性）的，在外部磁场作用下显示出与外场同向的磁化的物质。磁化强度与外场成正比。参见 magnetism（磁性）。

首次描述：M. Faraday，*Experimental researches in electricity.—Twentieth Series*. Phil. Trans. **136**，31～40（1846）；M. Faraday，*Experimental researches in electricity.—Twenty-first Series*. Phil. Trans. **136**，41～62（1846）。

parity 宇称 波函数的一种对称性质。如果在坐标系反演（相对于原点的反映）变换下波函数不变，则其宇称为 1（或者偶）。如果在坐标系反演下波函数只改变符号，则该值为−1（或者奇）。所有的简并态都有确定的宇称。参见 molecular orbital（分子轨道）。

parity conservation law 宇称守恒定律 如果描述系统初始状态的波函数拥有偶（奇）的宇称，那么描述最终状态的波函数也有偶（奇）的宇称。但这个定律会被弱相互作用破坏。

Park-Madden notations 帕克-马登符号 用于描述具有衬底的晶体的表面重构（surface reconstruction），建立重构表面和未受干扰衬底晶格面的平移基矢之间的关系。如果 $\boldsymbol{a}$ 和 $\boldsymbol{b}$ 为块体二维晶格的平移基矢，$\boldsymbol{a}_s$ 和 $\boldsymbol{b}_s$ 为表面重构平面上的平移基矢，则这两组矢量间的关系可以表示为

$$\boldsymbol{a}_s = G_{11}\boldsymbol{a} + G_{12}\boldsymbol{b},$$
$$\boldsymbol{b}_s = G_{21}\boldsymbol{a} + G_{22}\boldsymbol{b}$$

这样，二维重构可以用如下矩阵来描述：

$$\boldsymbol{G} = \begin{pmatrix} G_{11} & G_{12} \\ G_{21} & G_{22} \end{pmatrix}。$$

矩阵元 G_{ij} 表现表面原子排列是否与衬底相称或不相称。相称性意味着可以确定 $\boldsymbol{a}_s$、$\boldsymbol{b}_s$ 和 $\boldsymbol{a}$、$\boldsymbol{b}$ 之间的合理关系。如果表面和块体中单位矢量之间没有合理的关系，则表面结构就是不相称。这意味着平面内的表面结构与下层的衬底晶格不相干。

另一种描述晶体重构表面的近似方法是利用伍德符号（Wood notations）。

首次描述：R. L. Park，H. H. Madden，*Annealing changes on the* (100) *surface of palladium and their effect on CO adsorption*，Surf. Sci. **11** (2)，188～202 (1968)。

详见：K. Oura，V. G. Lifshits，A. A. Saranin，A. V. Zotov，M. Katayama，*Surface Science* (Springer，Berlin，2003)。

PAS 为 positron annihilation spectroscopy（正电子湮没谱）的缩写。

Paschen-Back effect 帕邢-巴克效应 在外加磁场强度到达一定的临界值之后，塞曼效应（Zeeman effect）中发生的变化。当磁劈裂达到与双重线和三重线自然劈裂可比的值时，就会产生一种新的复杂的线型图样。在这样的条件下，电子的轨道-自旋角动量之间的耦合被减弱，新的谱线主要由于电子轨道的能级之间的跃迁而产生。

首次描述：F. Paschen，E. Back，*Normale und anomale Zeeman effekte*，Ann. Phys. **39** (5)，897～932 (1912)。

Paschen series 帕邢系 参见 Rydberg formula（里德伯公式）。

首次描述：F. Paschen，*Zur Kenntnis ultraroter Linienspektra. I.* (*Normalwellenlängen bis* 27 000 Å.-*E.*)，Ann. Phys. **332** (13)，537～570 (1908)。

Pauli exclusion principle 泡利不相容原理 原子中不存在两个或者更多的所有量子数都相同的等价电子。

首次描述：W. Pauli，*Über den Zusammenhang des Abschlusses der Elektronengruppen im Atom mit der Komplextruktur der Spektren*，Z. Phys. **31** (10)，765～783 (1925)。

获誉：由于发现不相容原理，即泡利原理，W. 泡利（W. Pauli）于 1945 年获得诺贝尔物理学奖。

另请参阅：www.nobelprize.org/nobel_prizes/physics/laureates/1945/。

Pauling rule 鲍林定则 亦称鲍林法则，指出在离子晶体（ionic crystal）中，一个给定离子附近的电性相反的离子的数目与结构的局域电中性的要求相符合。

首次描述：L. Pauling，*The principles determining the structure of complex ionic crystals*，J. Am. Chem. Soc. **51** (4)，1010～1026 (1929)。

详见：L. Pauling，*The Nature of the Chemical Bond and the Structure of Molecules and Crystals; An Introduction to Modern Structural Chemistry* (1960)。

获誉：由于对化学键本质和对阐明复杂物质结构的应用的研究，L. 鲍林（L. Pauling）于 1954 年获得诺贝尔化学奖。

另请参阅：www.nobelprize.org/nobel_prizes/chemistry/laureates/1954/。

Pauli principle 泡利原理 参见 Pauli exclusion principle（泡利不相容原理）。

Pauli spin matrix 泡利自旋矩阵 此矩阵产生于当把电子自旋引入到非相对论波动力学时。在引入电子自旋后，单电子系统的波函数 ψ 因而不仅是时间 t 和位置 $\boldsymbol{r}$ 的函数，还与一个附加的变量 σ 有关。这个自旋变量不像其他变量一样连续变化，而是被限制在两个值±1。自旋在原则上是一种角动量。因此有必要引入三个自旋角动量算子 $\hbar s_x$、$\hbar s_y$ 和 $\hbar s_z$，对应于类似

$$\hbar l_x = -\mathrm{i}\hbar\left(y\frac{\partial}{\partial z} - z\frac{\partial}{\partial y}\right)$$

这样的轨道角动量算子。这些算子可以用以下方程定义：

$$\sigma_x\psi(\sigma,\boldsymbol{r},t) = \psi(-\sigma,\boldsymbol{r},t)$$

$$\sigma_y\psi(\sigma,\boldsymbol{r},t) = -\mathrm{i}\sigma\psi(-\sigma,\boldsymbol{r},t)$$

$$\sigma_z\psi(\sigma,\boldsymbol{r},t)=\sigma\psi(\sigma,\boldsymbol{r},t)$$

现在不再把 ψ 看作有一个额外变量 σ 的普通函数，而是等价地把它看作原有变量的两分量函数：

$$\psi(\sigma,\boldsymbol{r},t)=\begin{pmatrix}\psi_1(\boldsymbol{r},t)\\ \psi_2(\boldsymbol{r},t)\end{pmatrix}$$

其中 $\psi_1(\boldsymbol{r},t)=\psi(+1,\boldsymbol{r},t)$，$\psi_2(\boldsymbol{r},t)=\psi(-1,\boldsymbol{r},t)$。当如同上个方程排列时，两个组分就构成了一个列向量，也是一个（在现在的联系中）2-旋量（spinor）。产生的列矢被 σ_x、σ_y 或者 σ_z 作用时，会得到由最初量进行线性组合的组分，因此可以通过在最初向量上乘一个矩阵来获得。这个矩阵表象如下：

$$\sigma_x\equiv\begin{pmatrix}0&1\\1&0\end{pmatrix},\quad\sigma_y\equiv\begin{pmatrix}0&-\mathrm{i}\\ \mathrm{i}&0\end{pmatrix},\quad\sigma_z\equiv\begin{pmatrix}1&0\\0&-1\end{pmatrix}$$

此即为泡利矩阵，它们的一个特性是，它们与单位矩阵一起形成一个完备集，任意 2×2 矩阵可以被它们的线性组合所表示。不管是作为矩阵或者算子，它们也满足重要的代数关系：

$$\sigma_x\sigma_y=-\sigma_y\sigma_x=\mathrm{i}\sigma_z$$
$$\sigma_y\sigma_z=-\sigma_z\sigma_y=\mathrm{i}\sigma_x$$
$$\sigma_z\sigma_x=-\sigma_x\sigma_z=\mathrm{i}\sigma_y$$

首次描述：W. Pauli，*Zur Quantenmechanik des magnetischen Elektrons*，Z. Phys. **43** (9/10)，601～623 (1927)。

Paul trap 保罗陷阱 亦称保罗捕获，一种用于自由离子的动态稳定化的器件。它最初被称为“Ionenkäfig”，即“离子陷阱”的德语。这个陷阱允许长时间观察孤立的离子，甚至是一个单个的离子，因此就可以对这些离子的性质进行非常高精度的测量。陷阱的势能构造由一个包含两部分的结构产生，如图 P.1 所示。

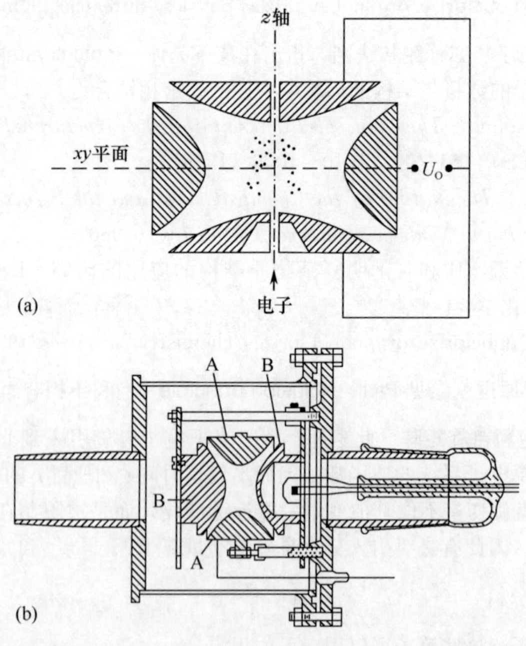

图 P.1 保罗陷阱的示意图（a）和第一个保罗陷阱（1955 年）的截面图（b）

［来源：W. Paul，*Eletromagnetic traps for charged and neutral particles*，Rev. Mod. Phys. **62** (3)，531～540 (1990)］

第一部分由一个双曲线形状的环给出，这个环的对称性是相对于 $z=0$ 处的 $x-y$ 平面。环电极的内表面是一个依赖于时间的等电势表面。这样就有了两个双曲线形旋转对称的端盖。从原点到双曲面的环焦点的距离为 d，而从原点到两条双曲线端盖的焦点的距离通常为 d 的平方根。两个端盖的表面是依赖于时间的与环电势符号相反的等电势表面。因此陷阱电场是一个四极场。通过利用振荡电势，可以实现带电粒子的动态稳定。

根据保罗（Paul）自己的说法，保罗陷阱中离子的动态稳定化可以借助一个力学上的相似例子来理解。陷阱中的等电势线形成了一个马鞍面。一个力学上的球放置在马鞍面的中央。如果马鞍面不运动，小球就会下落。但是如果以合适的频率绕与面正交的轴旋转马鞍面，就会使球稳定。小球会有微小的振荡，但是会在很长的一段时间内保持稳定。

首次描述：W. Paul，H. Steinwedel，Z. Naturforschung Teil A **8**，448（1953）；W. Paul，H. Steinwedel. German Patent No. 944 900；US Patent 2939958（1953）。

详见：W. Paul，*Electromagnetic traps for charged and neutral particles*，Rev. Mod. Phys. **62**（3），531～540（1990）。

获誉：凭借对于离子陷阱技术的发展，W. 保罗（W. Paul）与 H. 德默尔特（H. Dehmelt）分享了 1989 年诺贝尔物理学奖。

另请参阅：www.nobelprize.org/nobel_prizes/physics/laureates/1989/。

Pawlow law 鲍罗定律 预言晶体熔点随其半径 R 的倒数而降低：

$$\frac{T}{T_\mathrm{m}}=1-\frac{2(\gamma_\mathrm{s}\rho_\mathrm{s}^{-\frac{2}{3}}-\gamma_\mathrm{l}\rho_\mathrm{l}^{-\frac{2}{3}})}{LR\rho_\mathrm{s}^{-\frac{1}{3}}},$$

式中，T_m 为块体熔点，γ 和 ρ 分别为表面能和固相（或液相）密度，注意下标 s 和 l 代表固相和液相，L 为熔化潜热。这个现象反映了在熔化过程中表面原子的作用。实验证实该定律适用于大于 5 nm 的晶粒。

首次描述：P. Pawlow，*Über die Abhängigkeit des Schmelzpunktes von der Oberflächenenergie eines festen Körpers (Zusatz)*，Z. Phys. Chem. **65**，545～548（1909）。

PCR 为 polymerase chain reaction（聚合酶链反应）的缩写。

PCRAM 为 phase change random access memory（相变随机存取存储器）的缩写。

peak-to-valley ratio 峰谷比 参见 resonant tunneling（共振隧穿）。

PECVD 为 plasma enhanced chemical vapor deposition（等离子体增强化学气相沉积）的缩写。

Peierls gap 派尔斯能隙 参见 Peierls transition（派尔斯相变）。

Peierls insulator 派尔斯绝缘体 一种固态材料，其绝缘性质定义为电子与晶格相互作用即电子-声子相互作用。这种相互作用的结果使初始晶格对称性受到破坏，形成稳态周期性晶格畸变和相关的电荷密度电子波。这种情况下，经历派尔斯相变（Peierls transition）的金属表现为一种特殊绝缘体。这种从金属到绝缘体的转变是热力学相变的一个例子，其电荷激发的带隙不再与周期性晶格畸变共同存在。

详见：F. Gebhard，*The Mott Metal-Insulator Transition：Models and Methods*（Springer，Heidelberg，2010）。

Peierls-Nabarro force 派-纳力 使位错沿其滑移面移动所需要的力。

首次描述：R. Peierls，*The size of a dislocation*，Proc. R. Phys. Soc. **52**，34～37

(1940)；F. R. N. Nabarro，*Dislocations in a simple cubic lattice*，Proc. R. Phys. Soc. **59**，256～272（1947）。

Peierls temperature 派尔斯温度 参见 Peierls transition（派尔斯相变）。

Peierls transition 派尔斯相变 在固体中，由于电声相互作用引起的电子分布的非均匀性而导致的一种结构畸变或者相变。它由派尔斯温度（Peierls temperature）T_P 来表征。

以原子链为例，在温度 T_P 以下，会发生二聚化形成两组不同的粒子间距 d_1 和 d_2 并导致周期 $d=d_1+d_2$，或者发生其他的结构畸变。电荷密度波的形成降低了原子链的电子能量。它们的 X 射线信号是漫反射，与倒晶格中的热漫散射条纹类似。这个相变在能量色散关系中产生了一个能隙，被称为派尔斯能隙（Peierls gap）。在温度 T_P 以下，传导电子在 $2k_F$ 或 $4k_F$ 时被锁定的（稳定的）电荷密度波与晶格中其他原子或分子电子耦合，这里 k_F 是费米波矢（Fermi wave vector）。引起的轻微的晶格畸变导致了额外的 X 射线衍射峰。

派尔斯畸变打乱了晶格的周期性，可以将一些金属（在温度 T_P 以上）转化为半导体或绝缘体（温度 T_P 以下）。

首次描述：R. Peierls，*On Ising's model of ferromagnetism*，Proc. Camb. Phil. Soc. **32**，477～481（1936）。

详见：R. E. Peierls，*Quantum Theory of Solids*（Clarendon，Oxford，1955）。

Pekar mechanism 佩卡尔机理 在外加电场作用下，晶体中出现了有效交流电场和相关额外的声频声子（phonon）和电子（electron）耦合。这种机制和材料介电常数对应变的依赖性联系在一起。这种电声相互作用的机制与电致伸缩（electrostriction）效应直接相关。感应的交流电场像压电性一样依赖于声子波矢，而且能够粗略地由有效压电常数 $\beta_{eff}\sim\varepsilon^2 Ep$ 描述，ε 是晶体无应变时的介电常数，E 是外加电场，p 是光弹性常数。

当 ε 很大时，佩卡尔机理变得很重要。在体材料的半导体中，它只出现在载流状态中；然而，在纳米结构中经常存在非常强的垂直电场，它并不产生电流，但是，它使得佩卡尔相互作用甚至在普通介电参数的材料中也很重要。

首次描述：S. I. Pekar，*Electron-phonon interaction proportional to the external applied field and sound amplification in semiconductors*，Zh. Eksp. Teor. Fiz. **49**（2），621～629（1965）（俄文），Sov. Phys. JETP **22**（2），431～438（1966）；A. A. Demidenko，S. I. Pekar，V. N. Piskovoi，B. E. Tsekvava，*Voltage current curve of a semiconductor with electron-phonon coupling proportional to the applied field*，Zh. Eksp. Teor. Fiz. **50**（1），124～130（1966）（俄文），Sov. Phys. JETP **23**（1），84～89（1966）。

Peltier coefficient 佩尔捷系数 参见 Peltier effect（佩尔捷效应）。

Peltier effect 佩尔捷效应 当电流流过两种不同材料组成的结时，热的释放或吸收，如图 P. 2 所示。

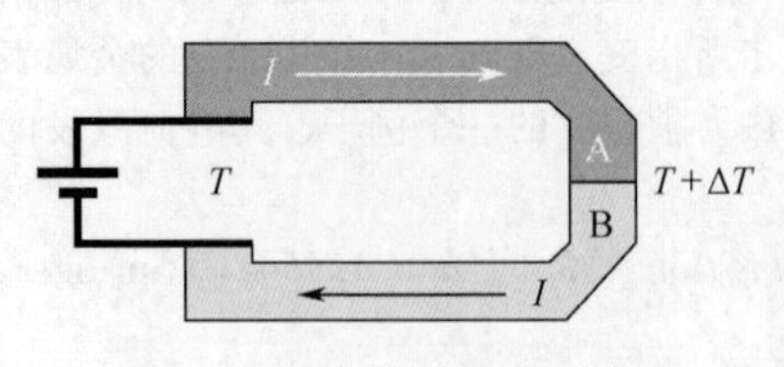

图 P. 2 佩尔捷效应的示意图

当两种不同的材料，比如导体和半导体，在两个点相接触形成了回路，并且有电流通过这个回路的时候，热就在一个接触点产生并在另一个点被吸收。单位结面积上吸收或释放的热由电流密度和佩尔捷电动势（Peltier e. m. f.）的乘积来表述，后者也被称为佩尔捷系数（Peltier coefficient），是材料的一种特征量。

首次描述：J. C. Peltier，*Nouvelles experiences sur la caloricité des courants electriques*，Ann. Chim. Phys.（2nd Ser.）**56**，371（1834）。

Peltier e. m. f. 佩尔捷电动势 英文全称为“Peltier electromotive force”，参见 Peltier effect（佩尔捷效应）。

Penn gap 佩恩能隙 一个用于计算依赖于波数的介电函数（dielectric function）的平均能隙。它来自于各向同性版本的近自由电子模型，其中包括了布拉格反射（Bragg reflection）和U过程（Umklapp process）。介电函数只依赖于这个参数，它可以由光学数据确定。对于小波数，U过程对介电函数起主要贡献，而在大波数情况下，常态过程起主要作用。

首次描述：D. R. Penn，*Wave number dependent dielectric function of semiconductors*，Phys. Rev. **128**（5），2093～2097（1962）。

Penning ionization 彭宁电离 气体原子或分子与亚稳态原子碰撞时的电离。

首次描述：F. M. Penning，*Über Ionisation durch metastabile Atome*，Naturwiss. **15**，818（1927）。

Penning trap 彭宁阱 一种带电粒子的四极陷阱，如图 P.3 所示。如果给陷阱只加一直流电压使得离子在 z 方向上稳定振荡，则在 xy 平面内离子是不稳定的。通过在轴向方向上外加磁场，z 轴方向的运动没有改变，但是由于受到指向中心的洛伦兹力（Lorentz force）作用，离子会在 xy 平面内做回旋运动。这个力会被径向电场力部分抵消。只要磁场力远大于电场力，离子在 xy 平面内也会保持稳定。

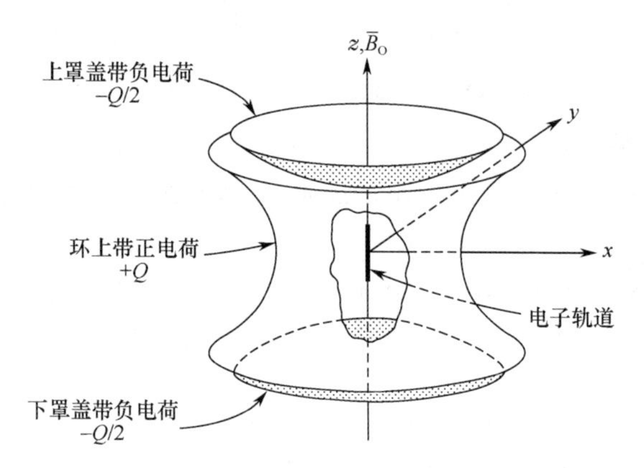

图 P.3 彭宁阱

电子在阱中最简单的运动是沿着阱的对称轴，沿着磁场线。每当它靠近两个带负电荷的罩盖其中之一就回转，从而产生了简谐振动

[来源：H. Dehmelt，*Experiments with an isolated subatomic particle at rest*，Rev. Mod. Phys. **62**（3），525～530（1990）]

彭宁阱和保罗陷阱（Paul trap）最主要的差别在于它利用了静态场来约束带电粒子。这有助于克服在保罗陷阱中被称为“射频加热”的问题，这样就可以进行激光冷却。1973 年，H. 德默尔特（H. Dehmelt）第一次在该陷阱中成功观察到单电子。

首次描述：F. M. Penning，*Introduction of an axial magnetic field in the discharge between two coaxial cylinders*，Physica **3**，867～894（1936）。

详见：H. Dehmelt，*Experiments with an isolated subatomic particle at rest*，Rev. Mod.

Phys. **62**（3），525～530（1990）。

获誉：由于发展离子陷阱技术的贡献，H. 德默尔特（H. Dehmelt）与 W. 保罗（W. Paul）分享了 1989 年诺贝尔物理学奖。

另请参阅：www.nobelprize.org/nobel_prizes/physics/laureates/1989/。

peptide 肽 包含两个或多个氨基酸（amino acid）的天然或人工合成的化合物，由一个氨基酸的羧基（carboxyl group）与另一个氨基酸的氨基相互连接起来。

peptide bond 肽键 由一个分子中的羧基（carboxyl group）与另一个分子中的氨基（amino group）形成的 C—N 化学键，如图 P.4 所示。

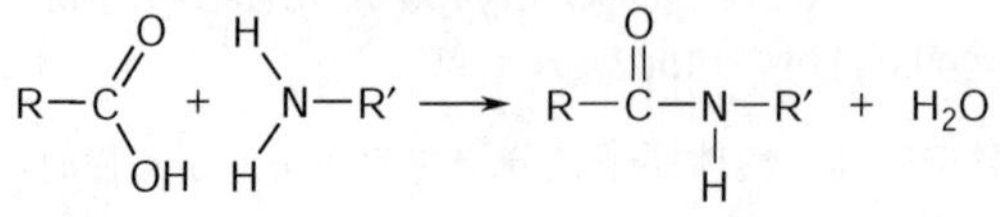

$$\mathrm{R{-}C(=O){-}OH} + \mathrm{H{-}N(H){-}R'} \longrightarrow \mathrm{R{-}C(=O){-}N(H){-}R'} + H_2O$$

图 P.4 脱水合成反应中肽键的形成

反应中释放一个水分子，这就是经常发生在氨基酸（amino acid）之间的脱水合成反应，生成的分子称为酰胺（amide）。

肽键有部分的双键性质（氮原子得到了部分正电荷，氧原子得到了部分负电荷），分子通常不能绕着肽键旋转。4 个原子即碳、氧、氮、氢和与肽键相连的 2 个碳原子的排布位于一个平面内。

peritectic 包晶体 一种二元合金的结晶结构，其中冷却过程中形成的二次结晶包围了初次结晶体并阻止了其与熔体的接触。因此，此结构不在平衡态，不遵守相律。

permanent spectral hole-burning 永久光谱烧孔 参见 spectral hole-burning（光谱烧孔）。

permanganate 高锰酸盐 通式为 $XMnO_4$ 的盐，这里 X 是单价的。

permeability（absolute permeability of medium） 磁导率（介质的绝对磁导率） 介质中磁感应强度 B 与施加在介质上的磁化力 H 之比：$\mu=B/H$。

permittivity（absolute permittivity of medium） 电容率（介质的绝对电容率） 也即介质的介电常数，介质中电位移 D 与外加电场强度 E 的比值：$\varepsilon=D/E$。它是衡量介质被极化的能力的参数。参见 polarization（极化）。

perovskite structure 钙钛矿结构 化学组成为 ABO_3 的晶体所具有的一种立方对称结构。典型的例子为 $CaTiO_3$（钙钛矿）和 $BaTiO_3$（120℃以上）。

peroxide 过氧化物 每分子包含一个氧氧单键以致形成阴离子 O_2^{2-} 的化合物。在无机化学中过氧化氢（H_2O_2）和过氧化钠（Na_2O_2）是代表性的例子。在有机化学中，过氧化物包含了一个特别的官能团或一个含有氧-氧单键的分子（R—O—O—R′）。

过氧化物是很强的氧化剂，通常情况下相当不稳定。离子性的过氧化物可以与水或稀酸溶液反应生成过氧化氢。甚至在常温下，有机化合物也可被氧化形成碳酸盐。

persistent reversible hole-burning 持久可逆烧孔 参见 spectral hole-burning（光谱烧孔）。

Persson-Tosatti model 佩尔松-托萨蒂模型 此模型研究粗糙度对弹性固体表面附着力（adhesion）的影响。分析中考虑到了绝大多数实际的表面都具有许多不同长度尺度下的粗糙度的事实。当详细考虑表面粗糙度能够被描述为一个自仿射分形（fractal）的情况时，人们可以得到：当分形维度 D_f 大于 2.5 时，附着力消失或急剧地减小。

首次描述：B. N. J. Persson and E. Tosatti，*The effect of surface roughness on the adhesion of elastic solids*，J. Chem. Phys. **115** (12)，5597～5610 (2001)。

perturbation method　微扰法　亦称扰动法、摄动法，一种求复杂系统方程近似解的方法，先解另一个相对容易求解的类似系统的方程，然后考虑一个小的变化或微扰对这个解的影响。

Pettifor map　佩蒂弗图　一种富有启发式的图，给每个元素分配一个数值的化学标度值，然后以元素 A 和 B 的化学标度值为笛卡儿坐标轴，二元合金 A_xB_y 就能被映射到这个坐标系中。图中具有相似的稳定结构的合金会聚集在一起，因此，一个新的未知的稳定合金体系可以通过检查该未知结构附近的稳定结构来被预测。

首次描述：D. G. Pettifor，*Structure maps for pseudobinaries and ternary phases*，Mater. Sci. Technol. **4** (8)，675～691 (1988)。

详见：http://www.tothcanada.com/PettiforMaps/。

PFM　为 piezo response force microscopy（压电响应力显微术）的缩写。

phage　噬菌体　参见 virus（病毒）。

phase change random access memory (PCRAM, PRAM)　相变随机存取存储器　一种基于合金的随机存取存储器类型，可以存在两种电导状态。这些状态的代表性例子为高电导率晶态和低电导率非晶态。两种状态之间可以通过电子脉冲或激光辐射而快速转换。

phase coherence length　相位相干长度　电子保持其相位记忆的距离。

phase velocity　相速　参见 wave packet（波包）。

phenols　酚　羟基（—OH）链接在芳香环（aromatic ring）即苯环上的一类有机物。

Phillips model　菲利普斯模型　此模型利用局域在共价键的中点位置处的点电荷来描述共价晶体中的电子空间分布。它用于模拟原子间相互作用。

首次描述：J. C. Phillips，*Covalent bond in crystals*，Phys. Rev. **166** (3)，832～838，917～921 (1968)。

phonon　声子　晶格振动的量子。声子具有类似波动的性质，使得它们可以用波动力学描述。有四种不同的振动模式，如图 P.5 所示。

特征为相邻原子同相振动的两种模式，被称为声学的，相应的声子就是声学声子。在纵向声学模（longitudinal acoustic mode）（简写为 LA）中，原子位移与能量转移方向（$\boldsymbol{k}$ 矢量方向）相同。在横向声学模（transverse acoustic mode）（简写为 TA）中，原子的位移与该方向垂直。

另外两种模式中相邻原子的位移是反相的，就被称为光学的，用光学声子来代表。它们可分为纵向光学模（longitudinal optical mode）（简写为 LO）和横向光学模（transverse optical mode）（简写为 TO）。在极性晶体中，一个长波纵向光学声子与原胞中带电原子的一致的位移有关。该相反电性原子的相对位移就产生了一个宏观电场。这个电场会与电子相互作用，这被称作弗洛利希相互作用（Fröhlich interaction）。LO 和 TO 声子频率（ω_L 和 ω_T）之比由利丹-萨克斯-特勒关系（Lyddane-Sachs-Teller relation）$\omega_L/\omega_T=(\varepsilon_0/\varepsilon_\infty)^{1/2}$ 控制，这里 ε_0 和 ε_∞ 分别是材料的低、高频介电常数（高频指远高于振动频率但是低于与电子激发能相对应的频率）。与一个电偶极矩相符合的光学晶格振动被称为极性光频声子（polar optical phonon）。作为量子粒子，声子属于玻色子，因此他们的能量分布遵循玻色-爱因斯坦统计（Bose-Einstein statistics）。

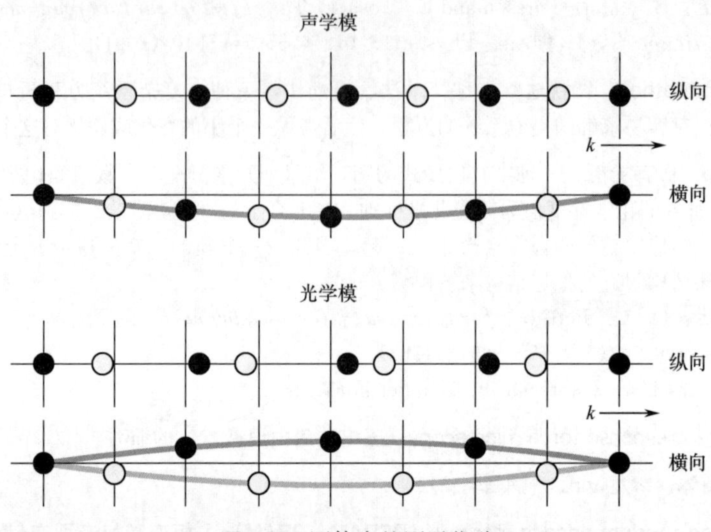

图 P.5 固体中的原子位移

首次描述：J. Frenkel, *Wave Mechanics* (Clarendon, Oxford, 1932), p. 267。

phosphide 磷化物 一种金属与磷形成的化合物，其中磷为三价。

phosphite 亚磷酸盐 指二元亚磷酸［H_3PO_3 或 $HPO(OH)_2$］的盐。

phospholipid 磷脂 参见 lipid（类脂）。

phosphor 磷光体 也即 luminophor（发光体）。

phosphorescence 磷光 此概念的经典定义是物质在被激发（通常为 10^{-8} s 时间）后连续发射特征辐射的现象。用今天的话说，它是激发态（excited state）的自旋禁阻辐射去激活作用导致的光发射。

photoactivable localization microscopy (PALM) 光活化定位显微术 简称 PALM，参见 fluorescence nanoscopy（荧光纳米显微术）。

首次描述：E. Betzig, G. H. Patterson, R. Sougrat, O. W. Lindwasser, S. Olenych, J. S. Bonifacino, M. W. Davidson, J. Lippincott-Schwartz, H. F. Hess, *Imaging intracellular fluorescent proteins at nanometer resolution*, Science **313**, 1642～1645 (2006); S. T. Hess, T. P. K. Girirajan, M. D. Mason, *Ultra-high resolution imaging by fluorescence photoactivation localization microscopy*, Biophys. J. **91** (11), 4258～4272 (2006)。

photochemistry 光化学 关于光引起的化学反应的研究。

photoconduction 光电导 固体中由光（从紫外线到红外线）的影响引起的电导。

photodissociation 光解离 由光（从紫外线到红外线）的作用引起的化学化合物分解成更简单分子或自由原子的过程。

photoelectric effect 光电效应 物质在光照射下电子特性的变化。它可以是外部的（当光照射时固体的表面释放出电子），或者是内部的（当物质受到照射时它内部的电子特性发生改变）。外部光电效应也被称为光电发射。

首次描述：H. Hertz，*Über einen Einfluss des ultravioletten Lichtes auf die electrische Entladung*，Ann. Phys. (Leipzig) **31**，293 (1887)。首次利用量子力学描述于：A. Einstein，*Zur allgemeinen molekularen Theorie der Wärme*，Ann. Phys. **14**，354～362 (1904)；A. Einstein，*Über einen die Erzeugung und Verwandlung des Lichtes betreffenden heuristischen Gesichtspunkt*，Ann. Phys. **17**，132～148 (1905)。

获誉：A. 爱因斯坦（A. Einstein）凭借对于理论物理的贡献，特别是发现光电效应的原理而获得1921年诺贝尔物理学奖。

另请参阅：www.nobelprize.org/nobel_prizes/physics/laureates/1921/。

photoemission 光电发射 固体吸收光子并放出电子的过程。光发射电子脱离固体有一个最大能量 $E=h\nu-E_I$，其中 ν 是光子频率，E_I 是光阈值能或者说电离能。

photoluminescence 光致发光 半导体或电介质在受到能量高于它们能隙的光子激发时放出光的现象。释放出的光子的能量低于激发光子的能量，这就是斯托克斯光致发光定律（Stokes law of photoluminescence）。

photon 光子 代表光的一个量子的粒子。它具有能量 $E=h\nu$，其中 ν 是辐射能的频率。光子的静止质量为零。

首次描述：A. Einstein，*Über einen die Erzeugung und Verwandlung des Lichtes betreffenden heuristischen Gesichtspunkt*，Ann. Phys. **17**，132～148 (1905)；A. Einstein，*Strahlungs-Emission and Absorption nach der Quantentheorie*，Verh. Dtsch. Phys. Ges. **18**，318～323 (1916)；A. Einstein，Zur Quantentheorie der Strahlung，Phys. Z **18**，121～128 (1917)。

photonic band gap 光子带隙 参见 photonic crystal（光子晶体）。

photonic crystal 光子晶体 具有介电函数的周期性空间调制的结构，其周期为光子波长。粒子态的容许能带的形成和禁带能隙在它们之间的出现，是通常在传统固体中出现的现象，其机制并不是由电子所带电荷特性决定的，而基本上是周期势场中所有波的普遍性质。在光波情况下，折射率的空间调制与电子情况下的静电势是类似的。图 P.6 给出了几个简单的不同维度的光子晶体的例子。

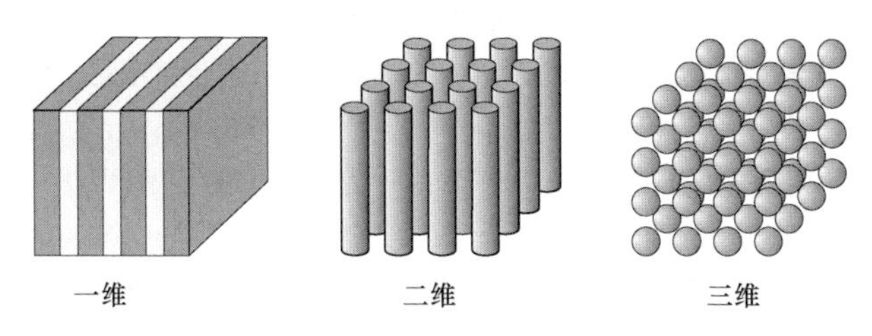

图 P.6 光子晶体

在一维、二维或三维的晶格中，层、柱或球交替的排列会显著改变光子的态密度（density of states）。所谓“一维、二维或三维的”是指结构在所指数量的方向上的折射率中产生周期变化。

一个一维的光子晶体不是别的什么，而正是众所周知的有交替的 $\lambda/2$ 层的介电反射镜面。由布拉格条件［参见布拉格方程（Bragg equation）］，某些波数与驻波相关。这些波只能被反射回来因为它们不能在介质中传播。这样就形成了一个对应着禁止波长的光子带隙，如图 P.7

所示。

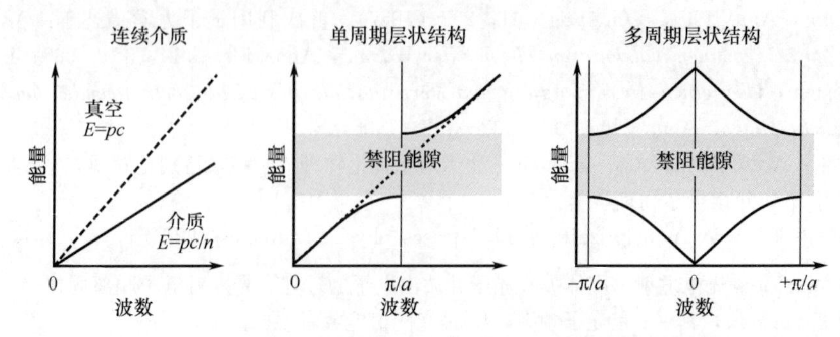

图 P. 7 一维光子晶体中表示光子带隙形成的能量-波数关系

如果结构由两种不同折射率（n_1 和 n_2）的材料以相同的厚度 $a/2$ 交替层叠组成，则带隙出现在波数 $k_m=m\pi/a$ 处，m 是整数。较大的 n_1/n_2 比对应于较宽的光子带隙。由于结构的周期性，波数差为 $2m\pi/a$ 的波数是等价的。因此，光子带结构可以如同在右边图中一样，由波数在 $-\pi/a$ 到 π/a 区间（光子的第一布里渊区）的约化形式来表述。二维或三维光子晶体中的光子带隙以相同规则形成。

一个光子晶体是电子的周期性晶体势的光学类似体，其中对光而言，势的角色由宏观介电介质的晶格代替原子来扮演。如果构成晶格的材料的介电常数相差很大，而且材料吸收的光很小，那么对光子来说，界面处产生的散射就产生很多如同原子势对电子所做的现象。

首次描述：E. Yablonovitch，*Inhibited spontaneous emission in solid-state physics and electronics*，Phys. Rev. Lett. **58** (20)，2059～2062 (1987)；S. John，*Strong localization of photons in certain disordered dielectric superlattices*，Phys. Rev. Lett. **58** (23)，2486～2489 (1987)。

详见：J. D. Joannopoulos，R. D. Meade，J. N. Winn，*Photonic Crystals* (Princeton University Press，Princeton，1995)。

photonics 光子学 包括与光产生、吸收、发射、捕获、加工以及在各种器件中应用相关的科学和技术。这个术语特指波长大约在 300～1200 nm 范围的紫外光、可见光、红外光的现象。

详见：S. V. Gaponenko，*Introduction in Nanophotonics* (Cambridge University Press，Cambridge，2009)。

photonic stopband 光子阻带 亦称光子抑止带，参见 distributed Bragg reflector（分布布拉格反射镜）。

photon scanning tunneling microscopy (PSTM) 光子扫描隧道显微术 一种扫描探针显微术（scanning probe microscopy）技术，利用样品在渐逝光场中的光子（photon）隧穿，使其进入玻璃纤维针尖，以实现样品表面结构的成像。如图 P. 8 所示。

样品放置在光学棱镜的顶面，利用激光束辐射棱镜的另一个面。顶面的瞬逝波由穿过棱镜透明面的光和镀金属棱面的反射光而形成。玻璃纤维针尖在样品表面极近距离进行扫描并收集隧穿进入其中的来自瞬逝波的光子。局部受抑的全内反射光子隧穿通过针尖-样品间隙。

该技术产生样品的光学形貌图像，样品在所使用的波长下是光薄或透明。对于充分平整

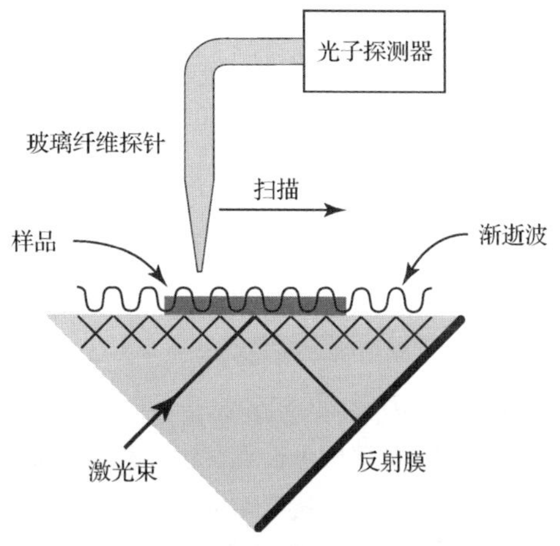

图 P.8 光子扫描隧道显微镜中探针-样品几何图

的样品，能够被成像的样品尺寸范围拓宽到远低于衍射极限，这对常规光学显微镜来说是一个传统限制。它的成像灵敏度在光学显微镜中是最高的，垂直分辨率可以达到 1 nm。

首次描述：E. H. Synge, *A suggested method for extending microscopic resolution into the ultramicroscopic region*, Philos. Mag. **6**, 356～362 (1928) (基本思想)；E. A. Ash, G. Nicholls, *Super resolution aperture scanning microscope*, Nature **237**, 510～512 (1972) (在微波范畴首次验证)；D. W. Pohl, W. Denk, M. Lanz, *Optical stethoscopy: image recording with resolution* $\lambda/20$, App. Phys. Lett. **44** (7), 651～653 (1984) (在光学范畴首次验证)；T. L. Ferrell, R. J. Warmack, R. C. Reddick, *Photon scanning tunneling microscopy*, US Patent 5018865 (1991) (技术层面)。

详见：C. Bai, *Scanning Tunneling Microscopy and Its Application* (Springer, Heidelberg, 2010)。

photorefractive effect 光折变效应 介质的折射系数随着光强度的改变而变化的现象。具有这种特性的材料被称为光折变材料 (photorefractive materials)。

首次描述：S. J. Wawilov, W. L. Lewschin, *Die Beziehungen zwischen Fluoreszenz und Phosphoreszenz in festen und flüssigen Medien*, Z. Phys. **35**, 920～936 (1926)。

photorefractive materials 光折变材料 参见 photorefractive effect (光折变效应)。

photovoltaic cell 光电池 也即 solar cell (太阳电池)。

photovoltaic effect 光伏效应 亦称光生伏打效应，材料或结构在被光照射时产生电流的现象。

首次描述：E. Becquerel, *Mémoire sur les effets électriques produits sous les influences des rayons solaires*, C. R. **9**, 561～567 (1839)。

phthalocyanine 酞菁 如图 P.9 所示，一种大环化合物，含有由氮原子和碳原子交替组成的环结构。

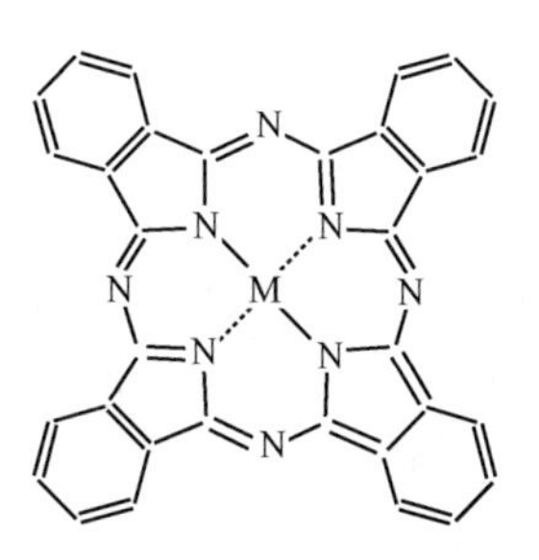

图 P.9 酞菁分子
M 为金属 (Ni、Co、Cu、Fe、Zn) 或者 2 个 H

在这种分子中，4 个异吲哚氮原子通过配位键可以与分子中心的氢或金属的阳离子结合。中心的原子也能够荷载附加的配体。许多元素都能够与酞菁大环配位结合，因此就形成了不同种类的酞菁络合物。酞菁基本上都是有色的化合物，有广泛的商业应用。

详见：A. L. Thomas，*Phthalocyanine Research and Applications*（CRC，1990）。

physisorption　物理吸附　由在被吸附原子与吸附表面的衬底原子之间弱的范德瓦尔斯力（van der Waals forces）表征的吸附（adsorption）过程。

pi or π theorem　π定理　参见 Buckingham's theorem（白金汉定理）。

pico-　皮［可］　表示 10^{-12} 的十进制前缀，简写为 p。

piezoelectric　压电体　亦指压电（性）的，当在一定方向上受到压力或张力时其内部会产生电荷的材料，通常为介电体。相反的效应也被观察到，也即如果对由该种材料制成的样品施加一个外部电场，样品内部就会产生一个能使它尺寸产生变化的机械应变。

首次描述：J. Curie，P. Curie，*Sur l'électricité polaire dans les cristaux hémièdres à faces inclinées*，C. R. **91**，294～295（1880）。

piezoresponse force microscopy（PFM）　压电响应力显微术　一种利用反压电（piezoelectric）效应的原子力显微术［atomic force microscopy（AFM）］技术，在电场作用下压电材料产生扩展或收缩。

它可以对具有压电特性的铁电（ferroelectric）畴进行成像和操纵。这是通过将原子力显微镜的导电尖锐探针与压电或铁电样品表面相接触，在探针尖端加载振荡电压，并利用反压电效应来激发样品的变形。检测探针悬臂产生的偏转并进行调整，这样就可获得表面形貌，同时对铁电畴以纳米尺寸分辨率进行成像。如果探针上加载足够高的偏压，这个技术也可以用来切换铁电畴的选择区域。这一技术带来了以纳秒时间分辨率研究铁电畴形成的一个机遇。

首次描述：A. Gruverman，*Domain structure and polarization reversal in ferroelectrics studied by atomic force microscopy*，J. Vac. Sci. Techn. B **13**（3），1095～1099（1995）。

详见：*Nanoscale Characterization of Ferroelectric Materials*，edited by M. Alexe，A. Gruverman（Springer，Heidelberg，2004）。

pink noise　粉红噪声　也即 flicker noise（闪烁噪声）和 **1**/*f* noise（**1**/*f* 噪声）。

Piranha solution　食人鲳溶液　一种 H_2SO_4 和 H_2O_2 的混合溶液。典型溶液为 H_2SO_4 ∶ H_2O_2＝3∶1（体积比），而酸性部分可以提高到 7∶1。它用于清除有机残留物和羟化硅晶片表面，使其极度亲水（hydrophilic）。

pixel　像素　为"picture element"即图像元素的缩写。一个场景图像的一个最小单位，通常是可分辨的最小区域，其中一个平均亮度值被定义而且用来表述那部分图像。像素以矩形阵列的方式排列而形成一个完全的图像。

Planck law　普朗克定律　与电磁射线相关的能量是以不连续的量发射或吸收的，这个离散量与辐射的频率成正比。

首次描述：M. Planck，*Zur Theorie des Gesetzes der Energieverteilung im Normalspektrum*，Verh. Dtsch. Phys. Ges. **2**，237～245（1900）。

获誉：凭借发现能量量子而对物理学发展所作出的贡献，M. 普朗克（M. Planck）被授予 1918 年诺贝尔物理学奖。

另请参阅：www.nobelprize.org/nobel_prizes/physics/laureates/1918/。

Planck length 普朗克长度 参见 Planck scale（普朗克尺度）。

Planck mass 普朗克质量 参见 Planck scale（普朗克尺度）。

Planck scale 普朗克尺度 单个粒子间的引力相互作用变得和其他相互作用强度差不多时的尺度。在此尺度下，由于引力的不可重整性，用量子场论对亚原子粒子相互作用的描述不再成立。

普朗克标度由以下尺度表示：能量尺度约为 1.22×10^{19} GeV［对应于普朗克质量（Planck mass）$m_P=[hc/(2\pi G)]^{1/2}=2.2\times10^{-5}$ g］，普朗克长度（Planck length）由 $L_P=(hG/2\pi C^3)^{1/2}$算出为 1.616×10^{-35} m，普朗克时间（Planck time）由 $t_P=[hG/(2\pi C^5)]^{1/2}$算出为 5.4×10^{-44} s。其中 G 为引力常数。

在普朗克尺度下，引力的强度与其他力可比拟，理论上所有的基本力在此尺度下被统一了。但是这种统一的确切机理尚未完全清楚。

Planck's radiation formula（for energy distribution） 普朗克辐射（能量分布）公式 此公式定义了温度为 T 的黑体在 $\lambda\sim\lambda+\mathrm{d}\lambda$ 范围内辐射的能量密度为

$$\mathrm{d}U=\frac{8\pi hc}{\lambda^5}\left[\exp\left(\frac{hc}{\lambda k_B T}\right)-1\right]^{-1}\mathrm{d}\lambda$$

首次描述：M. Planck，*Zur Theorie des Gesetzes der Energieverteilung im Normalspektrum*，Verh. Deutsch. Phys. Ges. **2**，237～245（1900）。

Planck time 普朗克时间 参见 Planck scale（普朗克尺度）。

plane wave 平面波 在与传播方向垂直的任意平面内为常数，且沿平行于传播方向的轴线呈现出周期性的波。

plasma enhanced chemical vapor deposition（PECVD） 等离子体增强化学气相沉积 一种化学气相沉积（chemical vapor deposition）方法，是利用等离子体提高前驱体化学反应的薄膜制备技术。可在 250～400℃温度下进行材料合成和沉积，比常压化学气相沉积（atmospheric pressure chemical vapor deposition）和低压化学气相沉积（low-pressure chemical vapor deposition）的温度要低，通常在半导体集成电路和器件的制备中很重要。

如图 P.10 所示，等离子体通常在充满反应气体的反应室内两个电极之间产生。使用振荡和/或恒电压激发的等离子体。尽管常压下可以点燃电弧和感应等离子体，但通常是在几毫托到几托的气压下处理等离子体。

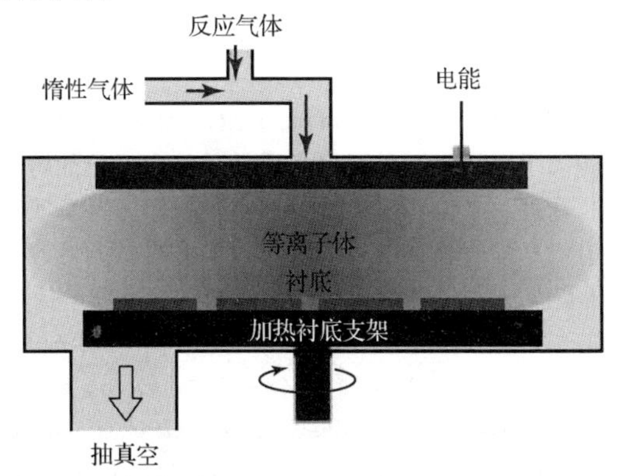

图 P.10 射频等离子体激发 PECVD 仪器原理简图

低频范围内的激发频率通常约 100 kHz，在技术上适宜的混合气体中需要以几百伏特电压来维持等离子体放电。高电压导致表面的高能离子轰击。工业化高频等离子体通常广泛使用 13.56 MHz 标准频率来激发。在高频条件下，低电压足以达到较高的等离子体密度。这样就可以通过改变激发频率或在双频反应器中使用高频和低频混合信号，来调节沉积中的化学和离子轰击。

沉积过程得益于等离子体中激发和电离的原子或分子。这些激发和电离产物能够诱导很多在低温条件下极不可能发生的过程。此外，沉积过程中生长薄膜的离子轰击可提高其密度、去除污染物、提高薄膜的电学和力学性能。如果使用高密度等离子体，沉积材料的离子溅射变得显著，从而使薄膜表面平整并可填充沟槽和孔洞。

详见：H. O. Pierson，*Handbook of Chemical Vapor Deposition*，*Second Edition*：*Principles*，*Technology and Applications*（Noyes Publications，New York，1999）；*Principles of Chemical Vapor Deposition*，edited by D. M. Dobkin，M. K. Zuraw（Kluwer Academic Publishers，Dordrechecht，2010）。

plasmon　等离子激元　在由正电子和实质上自由的电子构成的类等离子体系统中，由于集体激发而产生的等离子体振荡的量子。

plasmonic effects based solar cell　基于等离子激元效应的太阳电池　一种太阳电池（solar cell），金属纳米粒子被沉积在它的表面，以致表面等离子激元（plasmon）可以在纳米粒子层中被激发。这样的表面等离子激元激发导致了金属表面附近电磁场的增强和光子吸收的增加。改变纳米粒子的形状和大小可以增强光子的吸收。

首次描述：O. Stenzel，A. Stendal，K. Voigtsberger，C. von Borczyskowski，*Enhancement of the photovoltaic conversion efficiency of copper phthalocyanine thin film devices by incorporation of metal clusters*，Solar Energy Materials and Solar Cells **37**，337～348（1995）。

plasmonics　等离子激元光子学　光学中处理所谓表面等离子激元（surface plasmon）的一个新领域。正如 2008 年由 S. 博热沃尔内（S. Bozhevolnyi）和 F. 加西亚-比达尔（F. Garcia-Vidal）所定义，表面等离子激元的非凡特性在于从基础角度上的分析和对众多技术应用的探索。

20 世纪 50 年代，卢夫斯·里奇（Rufus Ritchie）发现表面等离子激元伴随表面电子密度振动，可修饰金属/电介质界面。从 70 年代，电磁场的亚波长禁闭和表面等离子激元的固有增强在光谱学中得以广泛应用。纳米制备、表征和模型技术的发展，使得对与亚波长场定位和波导有关的这些表面电磁模式的特殊性质进行了探索，开启了通往真正的纳米尺度等离子激元光学器件的道路。

这个研究领域与光子带隙（photonic band gap）材料和光学亚稳材料（metamaterials）存在着有趣的关联。现在等离子激元光子学可以被看做是一个成熟的跨学科研究领域，很多有着不同学科背景（化学、物理、光学和工程学）的科学家们努力发现和探索与表面等离子激元相关的新奇现象。已有的和即将获得的发现将会对很多科技领域产生影响，不仅包括光子学（photonics）、纳米光子学（nanophotonics）和材料科学，也包括计算学、生物学、医药学等。

详见：S. Bozhevolnyi，F. Garća-Vidal，*Plasmonic "focus on plasmonics"*，New J. Phys. 10（10），105001（2008）；S. Maier，*Plasmonics*：*Fundamentals and Applications*（Springer，Berlin，2007）；*Surface Plasmon Nanophotonics*，edited by M. L. Brongersma，P. G. Kik（Springer，Berlin，2007）。

PMMA　为 poly (methylmethacrylate) [聚甲基丙烯酸甲酯，$(C_5O_2H_8)_n$] 的缩写；一种在晶片图案中作为电子或光刻胶材料的有机化合物。

Pockels effect　泡克耳斯效应　在外加电场下特定晶体的折射性质的变化，且这种变化与外场的强度成正比。

首次描述：F. Pockels，*Über den Einfluss des electro-statischen Feldes auf das optische Verhalten piezoelektrischer Kristalle*，Abh. Göttingen Ges. Wiss.，Math. Physik. Kl. **39**，1～204 (1893)。

Poincaré sphere　庞加莱球　为描述光偏振而建立的一种模型。它利用了斯托克斯 (Stokes) 坐标系。斯托克斯参量 (Stokes parameter) S、Q、U 和 V 是实数，直接与光强相关：

$$S = I_x + I_y = I$$
$$Q = I_x - I_y$$
$$U = I_{45^\circ} - I_{-45^\circ}$$
$$V = I_{\mathrm{LCP}} - I_{\mathrm{RCP}}$$

其中 S 是光的总强度，Q 是水平和垂直两种线偏振组分的强度差，U 是 45°和－45°两种曲线的线偏振组分的强度差，V 是左旋和右旋两种圆偏振光的强度差。斯托克斯参量是可以测量的量。对于完全偏振的光：

$$Q^2 + U^2 + V^2 = S^2$$

对于完全非偏振的光：

$$Q^2 + U^2 + V^2 = 0$$

因此，可以将参数 Q、U 和 V 作为球体上一个点的坐标，半径对应着偏振部分的强度，如图 P.11 所示。

在庞加莱球上，每个点代表了一个明确的偏振态。在赤道上的点定义了线偏振态，南北两极分别代表左旋和右旋圆偏振态。在上下半球上的点分别代表了左旋和右旋椭圆偏振态的程度。球上任何一对对径点定义了两个正交偏振的态。

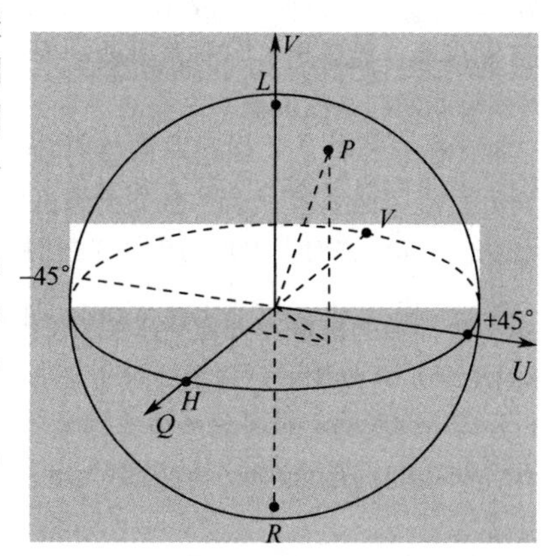

图 P.11　庞加莱球和斯托克斯坐标系
P 点位于球面上，表示一个特定的偏振态

首次描述：G. G. Stokes，*On the composition and resolution of streams of polarized light from different sources*，Trans. Camb. Phil. Soc. **9**，399～423 (1852)　(引入斯托克斯参量)；H. Poincaré，*Theorie Mathématique de la lumiére*，Georges Carrié Ed. Paris 1892，Vol. 2，Chap. 12，pp. 275～285 (描述庞加莱球)。

point group　点群　晶体的一些对称操作的集合，这些对称操作作用在晶体中一个点上，使得晶体结构在操作前后保持不变。点群不包括任何平移操作。

详见：G. F. Koster，J. O. Dimmock，R. G. Wheeler，H. Statz，*Properties of the Thirty-Two Point-Groups* (MIT Press，Cambridge，MA，1963)。

Poisson distribution　泊松分布　一种概率分布，它的平均值和方差都等于 k，它的频率是 $f(n) = k^n \exp(-k)/n!$，$n=0，1，2，\cdots$。

首次描述：S. D. Poisson，*Recherches sur la Probabilité des Jugements en Matière Crim-*

inelle et en Matière Civile，Paris（1837）。

Poisson equation　泊松方程　即$\nabla^2\phi=f(x, y, z)$。此方程出现在静电学中，其中ϕ是由于体积密度为ρ的电荷分布所引起的电势，且$f(x, y, z)=-4\pi\rho$。当$\rho=0$时，泊松方程简化为拉普拉斯方程（Laplace equation）。

首次描述：S. D. Poisson，*Remarques sur une équation qui se présente dans la théorie des attractions des sphéroïdes*，Nouveau Bull. Soc. Philomathique de Paris **3**，388～392（1813）。

Poisson ratio　泊松比　在机械拉伸样品中，收缩或横向应变ε_{tr}（垂直于外加载荷）与扩展或轴向应变ε_{ax}（平行于外加载荷）的比值：$\nu=-\frac{d\varepsilon_{tr}}{d\varepsilon_{ax}}$。

polariton　极化声子　亦称极化激元、偏振子、电磁声子、电磁耦子等，是通过激子-光子耦合（exciton-photon coupling）形成的一种量子准粒子（quasiparticle）。实际上，它是与电磁场耦合的弹性振动晶体晶格的振荡。极化声子拥有在激子或光子中都看不到的新的特性，部分类似光，部分类似物质。一个激子与一个光子结合可以产生一个高能量的极化声子，也被称为上极化声子（upper polariton），或者一个低能量的极化声子，被称为下极化声子（lower polariton）。

polarization of light　光的偏振　光的偏振由电场矢量方向决定，不考虑磁场，因为磁场基本上总是垂直于电场。光可以是线偏振、圆偏振或椭圆偏振。

当电场E的振动方向固定时，就可以说光是线偏振（linearly polarized）的。有两种可能的线偏振态，它们的电场E方向相互正交。任何其他角度的线偏振都可以由这两个态的叠加来获得。光的偏振方向相对于它自己来说是任意的。通常依照一些其他外部参考条件来标定这两个线偏振态。例如，当光在自由空间中传播时，一般采用术语“水平偏振”和“垂直偏振”。相应地，如果光与一个表面相互作用，术语“s偏振”和“p偏振”就被用来确定径向平面偏振和切向平面偏振。

如果电场E的方向不固定而是随光的传播而旋转，那么光就被称为圆偏振（circularly polarized）的。存在两个可能的独立的圆偏振态，被称为左旋圆偏振和右旋圆偏振，这取决于向光传播的方向看去时，电场的旋转是逆时针的还是顺时针的。

椭圆偏振（elliptical polarization）是圆偏振和线偏振的组合。

polarization of matter　物质的极化　形成电偶极的束缚电荷的正电荷重心与负正电荷重心之间的分离。物质的宏观极化由组成物质的原子、分子、离子和更大的带电原子粒子的单个偶极矩的矢量和来决定。单个偶极矩为$\boldsymbol{p}=\alpha\boldsymbol{E}_{loc}$，其中$\alpha$为极化率，$\boldsymbol{E}_{loc}$是极化粒子位置处的局域电场。

固体中有四种主要的极化机理：

（1）电子极化（electronic polarization）：与原子带负电的电子壳层相对于带正电的原子核的位移有关。它对于介电体来说是典型的极化机制。电子极化率近似与电子壳层的体积成正比。实际上它与温度无关。

（2）离子极化（ionic polarization）：发生在有离子键的材料中，且当正离子和负离子的亚晶格在电场的作用下相互错位时。因为晶格的热膨胀，离子极化率通常是很小的正数。

（3）取向极化（orientation polarization）：是由外加电场时物质中永久偶极的对齐所引起。偶极的取向平均对齐程度是施加的电场与温度的函数。这种情况中的平均极化率由下式给出：$\langle\alpha\rangle=p^2/(3k_BT)$，其中$p$是永久偶极矩的值。很强的温度依赖性是该机理的标志。

（4）空间电荷极化（space charge polarization）：是介电体材料中由于电荷载流子密度的空间不均匀性而导致的极化效应。也发生在有导电晶粒和绝缘晶界的陶瓷中，这里被称为麦克斯韦-瓦格纳极化（Maxwell-Wagner polarization），也通常在金属离子被聚合物或玻璃基质所隔离的复合材料中发生。

polarizer 起偏器 亦称偏振器、偏光器，一种光学器件，用来透过入射光中电场矢量平行于器件的透射轴的部分。

polar molecule 极性分子 亦称有极分子，在这种分子中，电子云的负电中心和所有核的正电中心不在一个点上，且它们处于相对于空间中某固定点附近振动的态。

polaron 极化子 固体中电子或空穴与其诱导产生的极化电场的一种平衡组合。

首次描述：L. D. Landau，*Über die Bewegung der Elektronen im Kristallgitter*，Phys. Z. Sowjetunion **3**，644～666（1933）。

polar optical phonon 极性光频声子 参见 phonon（声子）。

polyelectrolyte 聚电解质 其重复单元含有电解质基团的聚合物（polymer）。这些基团在水溶液中离解，使得聚合物带电荷。因此，聚电解质的性质既类似于电解质又类似于聚合物，所以有时称高分子电解质为聚合盐。像盐类一样，它们的溶液是导电的，同时又像聚合物一样，它们的溶液又常是黏性的。许多生物分子是聚电解质。

polymer 聚合物 由数目不限的子单元分子或者说单体（monomer）分子连接在一起组成的大分子，不同于有限数目的子单元分子组成的低聚物（oligomer）。

polymer-clay nanocomposite 聚合物-黏土纳米复合材料 参见 clay-polymer nanocomposite（黏土-聚合物纳米复合材料）。

polymer nanocontainer 聚合物纳米容器 一种内部为空的聚合物粒子。在受限反应腔、酶（enzyme）的保护壳层、生物转化作用或聚合酶链式反应产物的选择性恢复的俘获阱，或传递药物的载体等生物医学应用方面，这种纳米容器是很有用的。

详见：A. Graff，S. M. Benito，C. Verbert，W. Meier，*Polymer nanocontainer*，in：*Nanobiotechnology. Concepts，Applications and Perspectives*，edited by C. M. Niemeyer and C. A. Mirkin（Wiley-VCH，Weinheim，2004）。

polymer-pen lithography 聚合物笔光刻 一种改进的蘸笔纳米光刻（dip-pen nanolithography）技术，依据平行书写的聚合物纳米笔大阵列。

首次描述：F. Hou，Z. Zheng，G. Zheng，L. R. Giam，H. Zhang，C. Mirkin，*Polymer pen lithography*，Science **321**，1658～1660（2008）。

polymer solar cell 聚合物太阳电池 由有机半导体（如聚合物和小分子化合物）薄膜构造而成的太阳电池（solar cell）。

详见：J. J. M. Halls，R. H. Friend，*Organic photovoltaic devices*，in：*Clean Electricity from Photovoltaics*，*Series on Photoconversion of Solar Energy*，Vol. **1**，edited by M. D. Archer，R. Hill，（Imperial College Press，2001）pp. 377～432。

polymerase chain reaction（PCR） 聚合酶链反应 简称 PCR，无限复制 DNA 或 RNA 的任何一个片段的方法。PCR 利用了被称为聚合酶的酶的天然作用。聚合酶存在于所有的活体中，它们的作用是复制遗传物质。PCR 通过三个步骤工作，如图 P. 12 所示。

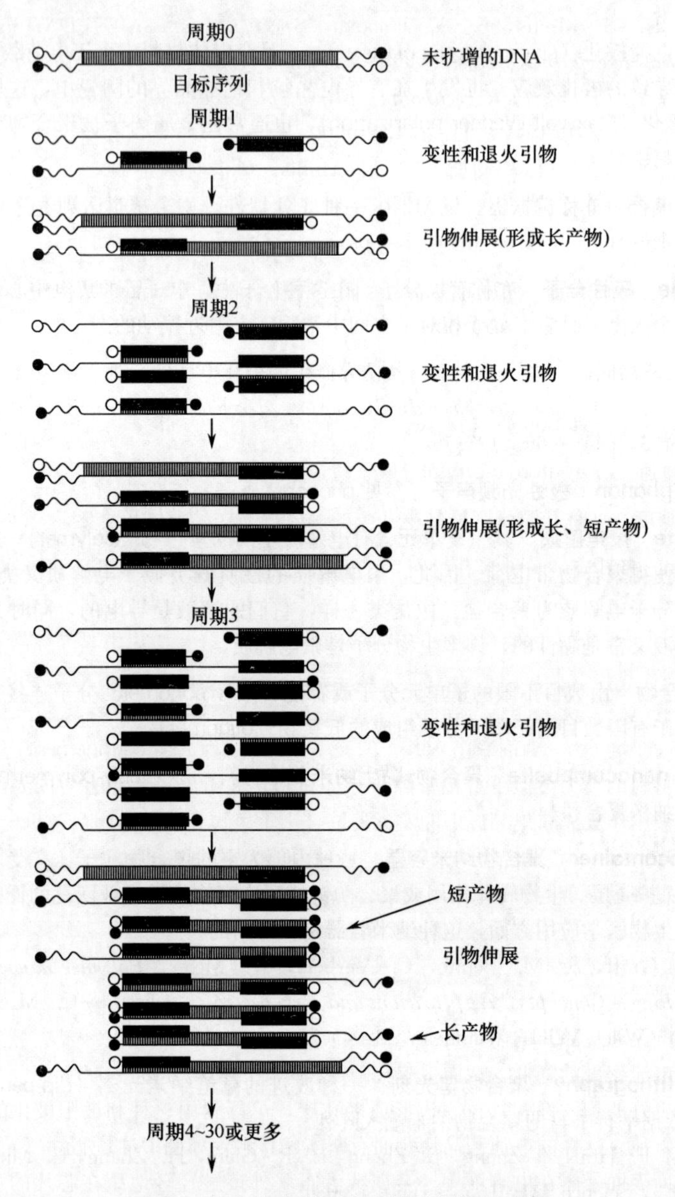

图 P. 12　聚合酶链反应的放大周期示意图

首先，使目标遗传物质变性，即其螺旋线必须通过加热被解螺旋并且分离开；第二步，通过杂交或退火，两种引物（由构成任何遗传物质链的四种不同的化学物质组成的短链）连接到其在一个单链 DNA 上的互补碱基；最后，DNA 合成通过聚合酶而实现，从引物开始，聚合酶可以读出模板链并且使之与互补核苷相配对。

首次描述：R. K. Saiki，S. J. Scharfs，F. A. Faloona，K. B. Mullis，G. T. Horn，H. A. Ehrlich，N. Arnheim，*Enzymatic amplification of β globin genomics sequences and restriction site analysis for diagnosis of sickle-cell anaemia*，Science **230**，1350～

1354 (1985)；K. B. Mullis，F. A. Faloona，*Specific synthesis of DNA in vitro via a polymerase catalyzed chain reaction*，Meth. Enzymol. **155**，335～350 (1987)。

详见：H. A. Erlich，*PCR Technology - Principles and Application for DNA Amplification* (Oxford University Press，London，1999)。

获誉：1993年，K. B. 穆利斯 (K. B. Mullis) 凭借对基于DNA的化学发展的贡献，尤其是发明了聚合酶链反应方法，与M. 史密斯 (M. Smith) 分享了诺贝尔化学奖。

另请参阅：www.nobelprize.org/nobel_prizes/chemistry/laureates/1993/。

polymorphism 同质多晶 亦称为多晶型，同一种化合物的不同晶体结构的现象。对于单一元素固体，被称为同素异形 (allotropy)。

polyrotaxane 聚轮烷 参见 rotaxane (轮烷)。

polysalt 聚合盐 也即 polyelectrolyte (聚电解质)。

p orbital p轨道 参见 atomic orbital (原子轨道)。

porosity 孔隙度 亦称孔隙率，样品中孔隙的净体积与样品总体积之比。

porous silicon 多孔硅 一种多孔材料，一般是通过单晶硅在氢氟酸 (HF) 溶液中的阳极电化学蚀刻得到。也可以通过硅在 $HF-HNO_3$ 混合剂中的染色腐蚀和氢或惰性气体 (noble gas) 的离子注入来制备。它拥有独特的物理和化学性质，这些性质由其晶体基质中的纳米大小孔洞的密集网络和孔壁的特殊表面结构决定。依赖于孔洞尺寸，结构被分成：大孔 ($>$50 nm)、介孔 (2～50 nm) 和纳孔 ($\leqslant$2 nm)。形成在多孔硅中的纳米结构，如量子点 (quantum dot) 和量子线 (quantum wire) 的量子限域 (quantum confinement) 效应与表面效应，使得该种材料的行为类似于直接带隙半导体材料，展示出了相当有效的光致发光和电致发光能力。它被用作集成在单晶硅中的发光器件，用于生物和医学应用、微机电系统 (microelectromechanical system) 和纳机电系统 (nano-electromechanical system) 以及燃料电池。

阳极电镀过程最简单的装置包括一个化学惰性室，其中装满了HF的水或乙醇溶液，硅晶片和铂电极被放入。为了初始化电化学刻蚀，晶片被相对于铂电极阳极化。该过程通常通过阳极电流的监控来进行，因为它允许对孔隙度和厚度进行恰当的控制，而且有良好的可重复性。如果晶片被简单地浸入溶液中，多孔层就会在晶片接触溶液的两侧表面和裂开的边缘形成。而因为电流通过晶片的内部，在晶片的顶部和底部之间会产生一个电势降，这会导致从顶部到底部电流密度的降低，从而引起孔隙度和厚度的梯度分布。

为了达到更好的均一性和只在一边形成多孔层，可以利用一种和被阳极化的硅晶片有平面型电接触的电池。这样的电池和晶片背面有坚实的接触，如图P.13所示。

样品只有前表面暴露在电解液中。金属或者石墨外接触轻轻地压在芯片的背面。对于低电阻率硅 (通常低于几毫欧·厘米) 可以获得非常好的均一性，不需要在背表面层上加入另外的金属薄膜或特殊的掺杂层，而这些措施对于提供高电阻率晶片中均一的电流密度是非常重要的。多孔层的均匀性也可以通过搅拌电解液去除气泡和溶解的反应产物而改进。硅在HF溶液中的局域电化学溶解反应假设一个空穴 (h^+) 和一个电子 (e^-) 由如下的方式进行交换：

$$Si + 2HF + l h^+ \longrightarrow SiF_2 + 2H^+ + (2-l)e^-$$

$$SiF_2 + 2HF \longrightarrow SiF_4 + H_2\uparrow$$

$$SiF_4 + 2HF \longrightarrow SiH_2F_6$$

其中 l 是基元步骤中交换电荷的数量。硅溶解需要HF和空穴。通常要求对阳极表面进行光照，以便在硅中产生足够的空穴和电子，这对于n型以及轻掺杂 (低于 10^{18} cm^{-3}) p型材料

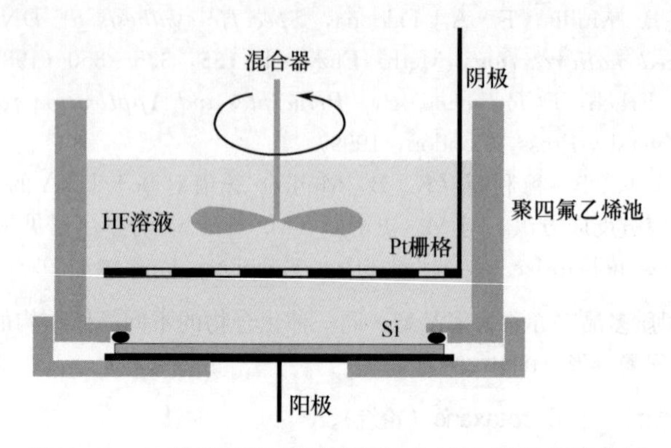

图 P. 13 一种常规的单槽式阳极电镀池的简化示意图

尤为重要。气态的氢和可溶的 H_2SiF_6 是反应的主要产物。当使用纯的 HF 水溶液时，氢气泡会滞留在表面并引起多孔层侧向和纵向的不均匀性。一种最有效的去除气泡的方法是向溶液中添加表面活性剂，不低于 15%浓度的无水乙醇就很好。乙酸是另外一种有效的表面活性剂，它使得人们能更好地控制溶液 pH，去除气泡只需要百分之几的这种酸。

多孔层的所有性质，如厚度、孔隙度（层中孔洞的比例）、孔隙直径和它们的结构强烈，依赖于硅晶片的特性和阳极处理的条件。最重要的影响因素是电导率的类型、硅的电阻率和结晶取向，以及 HF 的浓度、溶液的 pH 和它的化学组分、温度、电流密度、阳极处理时间、搅拌条件和阳极处理中的光照。只有考虑到这些因素，才可能优化控制生产过程和可重复性。

多孔层结构有三种主要类型，如图 P. 14 所示。它们是：①具有有序不相连孔隙通道的类柱状结构；②具有准有序分枝孔隙通道的类树状结构；③具有随机连接孔隙网络的类海绵状结构。类柱状结构通常是在低掺杂的 n 型和 p 型单晶硅在暗处（没有光照）阳极刻蚀而形成。它以小的分枝密度为特征，对应着孔隙度低于 10%。类树状结构由直径约 10 nm 垂直于表面的长空洞组成，形成于 n 型或 p 型重掺杂的硅（电阻率低于 0.05 Ω · cm）之上，可以得到孔隙度高至 60%的多孔层。对于轻掺杂硅，情况就有所不同。在低掺杂 p 型晶片上和在光照的 n 型晶片上制造的多孔层，包含 2～4 nm 的很小空洞明显随机排列成的阵列。这样可以得到更高的孔隙度。

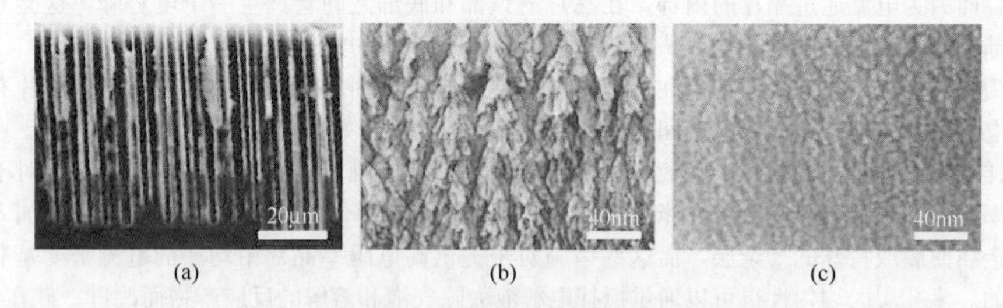

图 P. 14 多孔硅层的典型形态

(a) 类柱状结构；(b) 类树状结构；(c) 类海绵状结构

（由 V. V. Starkov 博士和 S. K. Lazarouk 博士提供）

结晶取向只在 n 型单晶硅中影响多孔层的形态，并决定主要孔通道的方向。在所有其他情况下，从具有同种类型和浓度主要电荷载流子的非晶、多晶和单晶硅所得到的多孔材料有非常类似的性质，尽管它们在阳极处理过程中行为不同。孔隙度随着阳极处理电流的增加而增加，尤其是在 10～200 mA・cm^{-2}范围内。电解液中 HF 浓度的增加会降低孔隙度。多孔层的厚度随阳极处理时间线性增加，可以获得厚度为几十纳米到几百微米的多孔层。组成图案的 Si_3N_4 薄膜或其他抗 HF 掩模腐蚀的材料用于在硅晶片和硅薄膜中局域形成多孔区域。

单晶硅基质中的孔间区域保留了它的晶体结构。因此，孔本身和它们的分枝产生了一系列晶体团簇和线形式的纳米晶。它们随机分布在多孔层中，密度和尺寸分布由基质材料和阳极处理条件决定。在多孔层中单独的纳米结构不可能被挑选出来。这就是为什么多孔硅的实际应用被基于量子尺寸粒子系综的统计行为的光电子器件所局限。

首次描述：A. Ulhir，Jr.，*Electrolytic shaping of germanium and silicon*，Bell Syst. Tech. J. **35**（2），333～347（1956）和 D. R. Turner，*Electropolishing silicon in hydrofluoric acid solutions*，J. Electronchem. Soc. **105**（7），402～408（1985）（首次制成多孔硅）；C. Pickering，M. I. J. Beale，D. J. Robbinson，P. J. Pearson，R. Greffs，*Optical studies of porous silicon films formed in p-type degenerate and non-degenerate silicon*，J. Phys. C **17**（35），6535～6552（1984）（首次在 4.2 K 温度下观察到多孔硅中明显的光致发光现象）；L. T. Canham，*Silicon quantum wire array fabrication by electrochemical and chemical dissolution of wafers*，Appl. Phys. Lett. **57**（10），1046～1048（1990）（首次在室温条件下观察到多孔硅中明显的光致发光现象）；A. Richter，P. Steiner，F. Kozlowski，W. Lang，*Current-induced light emission from a porous silicon device*，IEEE Electron Device Lett. **12**（12），691～692（1991）和 A. Halimaoui，C. Oules，G. Bomchil，A. Bsiesy，F. Gaspard，R. Herino，M. Ligeon，F. Muller，*Elecroluminescence in the visible range during anodic oxidation of porous silicon films*，Appl. Phys. Lett. **59**（3），304～306（1991）（分别首次利用固体和液体接触，由多孔硅的电致发光原理制造发光器件）；S. Lazarouk，P. Jaguiro，V. Borisenko，*Integrated optoelectronic unit based on porous silicon*，Phys. Stat. Sol.（a）**165**（1），87～90（1998）（第一个完整的硅光电子元件，包含了用氧化铝波导连接的多孔硅发光装置和多孔硅光检测装置）。

详见：*Properties of porous Silicon*，edited by L. Canham（INSPEC，The Institution of Electrical Engineers，London，1997）；O. Bisi，S. Ossicini，L. Pavesi，*Porous Silicon*，*a quantum sponge structure for silicon-based optoelectronics*，Surf. Sci. Rep. **38**（1～3），1～126（2000）。

porphyrin 卟啉 具有交替的氮原子-碳原子环结构的大环化合物，如图 P.15 所示。中心无金属离子的卟啉称为游离碱。

卟啉具有很强的光吸收性能，因此它在绿色植物光捕获过程中，在作为氧载体或氧化还原（redox）媒介的光合成反应中心处的光致电荷分离等过程中具有重要作用。它们能够用来作为基于分子的导体、磁体、光发射器件和分子存储器的元件分子。

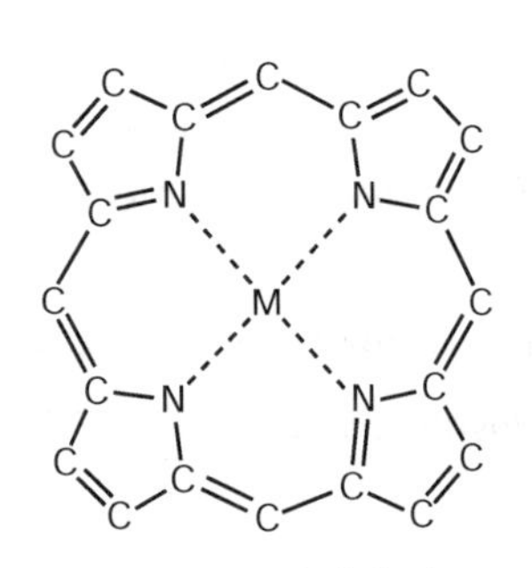

图 P.15 卟啉分子

M 为金属（Ni、Co、Cu、Fe、Zn）或者 2 个 H

Pöschl-Teller potential 珀施尔-特勒势 该势函数描述了有效质量为 m 的电荷载流子在由于杂质扩散而生成的势垒和类空穴势阱处的电势起伏：

$$V(z)=-\frac{\hbar^2}{2m}\alpha^2\frac{\lambda(\lambda-1)}{\cosh^2\alpha z}$$

其中 α 是宽度参数，λ 是深度参数。$0<\lambda<1$ 对应势垒，$\lambda=1$ 给出了一个平的带，$\lambda>1$ 对应势阱。对于一个宽为 a 的势

阱，这样得到的薛定谔方程（Schrödinger equation）的本征值为

$$E_n = -\frac{\hbar^2\alpha^2}{2m}(\lambda - 1 - n)^2$$

首次描述：G. Pöschl，E. Teller，*Bemerkungen zur Quantenmechanik des anharmonischen Oszillators*，Z. Phys. **83**（3～4），143～151（1933）。

详见：I. G. Kaplan，*Intermolecular Interactions：Physical Picture，Computational Methods and Model Potentials*（John Wiley & Sons，Chichester，2006）。

positron 正电子 为电子（electron）的反粒子，其质量、自旋与电子相同，但电荷、磁矩与电子相反。

positron annihilation spectroscopy（PAS） 正电子湮灭谱 简称 PAS，这种谱学技术基于正电子（positron）和凝聚态物质中电子（electron）湮灭过程中发射的 γ 光子的记录。这些 γ 光子能够携带正电子湮灭处的电子环境信息，尤其是晶体晶格缺陷的信息。最常用的正电子源是放射性同位素 ^{22}Na，半衰期为 2.6 a，其发射极限能量为 0.545 MeV 的正电子的同时，放出一个 1.28 MeV 的 γ 光子。

源发射正电子的穿透深度在探测固态样品块体时是足够的。正电子在固体中几个皮秒时间内减速和热能化。在晶体中扩散后，一个热能化的正电子与一个电子湮灭，产生 2 个能量均为 511 keV 的 γ 光量子，这等价于粒子的静质量。这两个光量子以接近相反的方向发射，发射夹角和 180°的偏差由电子的动量造成，因为正电子的动量由于热能化而可以忽略不计。原子的内层电子动量是较大的，而价电子的动量较小。

用正电子湮灭来表征缺陷的方法包括正电子湮灭寿命谱、二维角关联辐射（2D-ACAR）测量和多普勒展宽测量。

寿命实验可以区分不同种类的缺陷，但是不能提供化学变化的直接信息，在寿命谱中指数衰减项的数目为缺陷态数目加 1。由谱图推导出寿命，然后再对照已知缺陷的指纹值进行核对。

通过分析在缺陷的微扰场中导带和价带电子的动量分布，就可以利用 2D-ACAR 的数据表征缺陷。

通过测量电子的动量分布，正电子湮灭辐射的多普勒展宽提供了一种表征缺陷的灵敏方法。与主要对低动量电子灵敏的 2D-ACAR 方法不同，多普勒展宽可以允许对高动量的芯电子进行分析。缺陷位附近的原子芯电子保留了自由原子的性质，包括动量分布。这种方法的原理在于分析正电子湮灭的线形，其直接对应于正、负电子对的动量分布。动量本身可以由发射光子的多普勒频移的量进行测量。

详见：A. Harrich，S. Jagsch，S. Riedler，W. Rosinger，*Positron annihilation coincidence Doppler broadening spectroscopy*，American Journal of Undergraduate Research **2**（3），13～18（2003）。

power efficiency 功率效率 参见 quantum efficiency（量子效率）。

Poynting's vector 坡印亭矢量 此矢量 $\boldsymbol{S}$ 给出了电磁场中能量流的大小和方向：

$$\boldsymbol{S} = \frac{c}{4\pi}\boldsymbol{E}\times\boldsymbol{H}$$

其中 $\boldsymbol{E}$、$\boldsymbol{H}$ 分别是相互正交的电场和磁场矢量。如果在传播的过程中有能量耗散，$\boldsymbol{S}$ 变成复数，它的实部为平均的能量流。

首次描述：J. H. Poynting，*On the transfer of energy in the electromagnetic field*，Phil.

Trans. **175**，343 (1884)。

PRAM 为 phase change random access memory（相变随机存取存储器）的缩写。

precautionary principle 风险预防原则 此原则认为，我们不应该用新技术，或坚持原有的技术，除非证实了它们是安全的。它包含科学证据不充分、非决定性的或不确定的情况。这个原则在 20 世纪 70 年代末出现于欧洲环境政策中，已被许多国际性的条约和声明所信奉。通信技术的巨大进步已经促进了公众在科学研究能够完全阐明问题之前对新的危机出现的敏感性。在未来出现的新技术中这个原则将扮演越来越重要的角色。

详见：http：//europa. eu. int/comm/off/com/healthconsumer。

precession 进动 当转矩作用于旋转物体以至于倾向改变其旋转轴的方向时，旋转物体所表现出的一种现象。一般而言，如果旋转的速率和转矩的大小为常数，则旋转轴的运动形成了一个圆锥，它的运动方向在任何瞬时都垂直于转矩方向。

precipitation 沉淀，脱溶 在液体或固体中形成一个新的凝聚相，对于液体中的过程称为沉淀，对于固体中的过程称为脱溶。

precision chemical engineering 精密化学工程 为自上而下（top-down）光刻技术与自下而上（bottom-up）组装方法的一种结合。原理如图 P. 16 所描述。

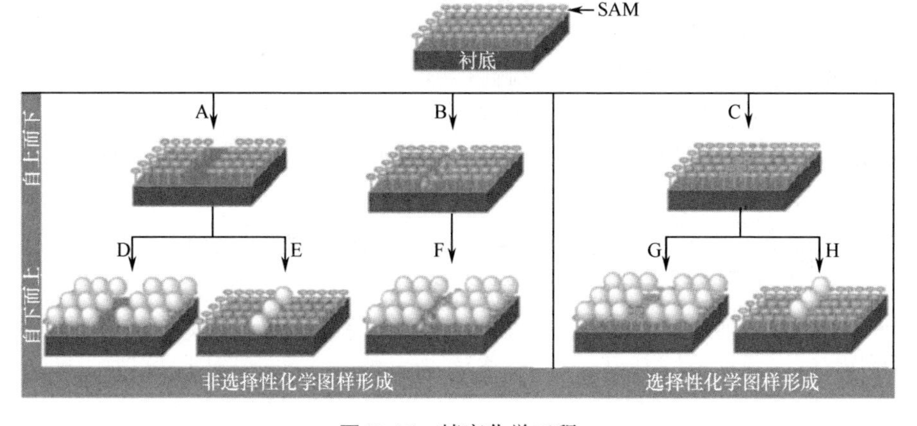

图 P. 16 精密化学工程

［来源：P. M. Mendes，J. A. Preece，Curr. Opin. Colloid Interfacial Sci. **9**，236～248 (2004)］

首先，在衬底上构造一个自组装单层膜（self-assembled monolayer），然后进行光刻处理，采用的是使用紫外光、X 射线或电子束的纳米光刻辐射技术。在辐射下，自组装单层膜里的分子或者完全移除（过程 A），或者交联、损坏、部分移除而不暴露任何新的表面化学官能度（过程 B），或者改变内部的和（或）末端的官能团（过程 C）。在第二阶段，在模板化的自组装单层膜上的纳米组元的选择性自组装能够在未经辐射的区域（过程 D、F、G）或经过辐射的区域（过程 E、H）中完成。

合适地选择自组装材料和光刻技术能够制造出横向分辨率最低可至 5 nm 的结构。

详见：P. M. Mendes，J. A. Preece，*Precision chemical engineering*：*integrating top-*

down and bottom-up methodologies, Cur. Opin. Colloid Interfacial. Sci. **9**, 236 ~ 248 (2004); N. P. Mahalik, *Micromanufacturing and Nanotechnology* (Springer, Berlin Heidelberg, 2005)。

pretzelane 桥联索烃 参见 catenane (索烃)。

primer 引物 为 DNA 或 RNA 的一个短片段，它退火到单链 DNA，以便通过 DNA 聚合酶的酶化作用引发模板导向合成和延伸一个新的 DNA 链，产生双链分子。

primitive cell 原胞 通过初始轴定义的最小平行六面体，可以通过平移它而复制出晶体结构。

primitive translations 素平移 亦称初基平移，它被用于理论上构造晶格。理想晶体可以用一系列晶格平移 $\boldsymbol{T}$ 来描述，当 $\boldsymbol{T}$ 作用于晶体时，可以使得每个离子（表面离子除外）到达平移以前被等效的离子所占据的位置。这样的最短的三个非共面平移，称为素平移 $\boldsymbol{\tau}_1$、$\boldsymbol{\tau}_2$、$\boldsymbol{\tau}_3$。晶体中的每个离子的位置都可以通过某个晶格平移 $\boldsymbol{T} = n_1\boldsymbol{\tau}_1 + n_2\boldsymbol{\tau}_2 + n_3\boldsymbol{\tau}_3$ 给出，其中 n_1、n_2、n_3 为整数。

principal function 织数 亦称主函数，积分 $P = \int_{t_1}^{t_2} L(r_i, v_i, t)\mathrm{d}t$ 的平稳值，其中 $L(r_i, v_i, t)$ 是拉格朗日量，r_i、v_i 是描述保守系统状态的广义坐标、广义速度。主函数的平稳值建立了系统穿过两个固定点 $r_i(t_1)$ 和 $r_i(t_2)$ 之间的路径。

projection operator 投影算子 把希尔伯特空间（Hilbert space）中的矢量向子空间投影或者说映射的算子（operator）。

prokaryote 原核生物 无细胞核的单细胞生物，如细菌、古生菌。此名称来源于希腊语词根"karyon"，意为"坚果"，加一个意为"在……之前"的前缀"pro-"即得到了这个词。

propagator 传播函数 亦称传播子，在量子场论中使用的，描述场从一点到另一点的一个相对论性场传播或一个量子传播的函数。

prosthetic group 辅基 共价地束缚在酶（enzyme）的一个催化中心的一种非蛋白质（protein）组元，它本质上涉及催化机理。

protein 蛋白质 通过肽（peptide）键连接的氨基酸（amino acid）的聚合物（polymer）构成的高相对分子质量的生物分子。这个名称起源于希腊语"proteios"，意为"优先权"、"保持第一"，这反映了蛋白质在所有生物活体中的重要性。蛋白质由 α-氨基酸 $RCHNH_2CO_2H$ 线形聚合形成，在相邻的氨基（—NH）和羧基（—CO—）间通过脱一个分子水形成肽链：—$CHR_1ONHCHR_2$—。

侧链 R 属于 20 种不同的极性和非极性的脂肪族和芳香族。所有氨基酸具有相同的主链，只是侧链不同。以下 7 个氨基酸具有一个脂肪族或芳香族的侧链，使得它们成为强烈疏水的（hydrophobic）：缬氨酸（V）、异亮氨酸（I）、亮氨酸（L）、苯丙氨酸（F）、蛋氨酸（M）、酪氨酸（Y）、色氨酸（W）。以下 6 个氨基酸具有一个强烈亲水的（hydrophilic）侧链：天冬氨酸（D）、谷氨酸（E）、天冬酰胺（N）、谷氨酰胺（Q）、赖氨酸（K）、精氨酸（R）。剩下的 7 个具有中间性质：丙氨酸（A）、半胱氨酸（C）、苏氨酸（T）、甘氨酸（G）、脯氨酸（P）、丝氨酸（S）、组氨酸（H）。这样的疏水性/亲水性分布提供了极其有用的一系列模块，用以构建具有特殊性质的大分子。

有两个氨基酸，其侧链与主链氮原子成键。肽的连接通常是平面性的，氮-氢键（N—H）

和碳-氧键（C═O）相对于短的碳-氮键（C—N）的取向是反式。

在正常的条件下，任何相对较长的多肽（从几十个到几百个氨基酸）在水中自发折叠成有稳定的三维结构的球状畴。它们中的一些也能够特定地折叠，在脂膜中通常形成螺旋状结构。在疏水性和亲水性之间的分离是这些过程的驱动力。

每个蛋白质中不同种类的氨基酸沿着聚合物排列的独特序列称为一级结构或一级序列。这个信息充分保证了多肽链在合适的媒质（主要是水）中采取稳定的和唯一的三维结构，虽然偶有例外。

存在两类经典的蛋白质群组：具有聚合物蛋白质特征的纤维蛋白质（fibrous protein），和分子的球状蛋白质（globular protein）。仅包含一种侧链的合成的多肽纤维是天然纤维蛋白质的更简单的类似物。在球状蛋白质中，链被折叠形成近似球状。通过这样一些相似的或不同的子单元的结合，可以形成更大的分子。

首次描述：G. J. 米尔德（G. J. Mulder）于1838年7月30日发表于*Bulletin des Sciences Physiques et Naturelles en Neerlande*上。米尔德采用“protein”这个词，是接受S. 贝尔塞柳斯（S. Berzelius）于同年7月10日的来信中的建议。

详见：T. Simonson，*Electrostatics and dynamics of proteins*，Rep. Prog. Phys. **66**（5）737～787（2003）；H. Bisswanger，*Proteins and enzymes*，in：*Encyclopedia of Applied Physics*，Vol. 15，edited by G. L. Trigg（Wiley-VCH，Weinheim，1996）。

protein engineering　蛋白质工程　基因工程的一种高度可视觉化表达和经典分子生物学的一种精粹发展。它主要应用于医学，即疾病预防和治疗，以及工业，特别是催化工业。

20世纪70年代末和80年代初M. 史密斯（M. Smith）开拓了这个领域。目前这个学科的基础由两个主要策略所支撑，分别是基于结构的工程（structure-based engineering），[亦称合理设计（rational design）] 和定向分子进化（directed molecular evolution）。

详见：J. A. Brannigan，A. J. Wilkinson，*Protein engineering 20 years on*，Nat. Rev. Molec. Cell Biol. **3**，964～970（2002）。

获誉：1993年，M. 史密斯（M. Smith）凭借建立基于低聚核苷酸的、位置定向的诱变及其对蛋白质研究的发展的根本性贡献，而获得了诺贝尔化学奖。

另请参阅：www.nobelprize.org/nobel_prizes/chemistry/laureates/1993/。

protein folding　蛋白质折叠　与自身的功能性三维结构有关的蛋白质（protein）链的自发重排。

protein unfolding　蛋白质去折叠　与自身的功能性三维结构有关的蛋白质（protein）链的受激重排。

proteome　蛋白质组　此术语常指特定的生物体系中蛋白质（protein）的集合。例如，在一个病毒（virus）中的所有蛋白质称为病毒蛋白质组。一个有机体的完全的蛋白质组能够被概念化为源于所有各种细胞蛋白质组的蛋白质的完全集。

通过与基因组的生化相互作用，一个蛋白质组经常发生变化。在不同部位和生命周期的不同阶段，一个生物体系将有根本上不同的蛋白质表现。

proteomics　蛋白质组学　研究蛋白质（protein），尤其是它们的结构和功能的领域。

proton　质子　带1个单位正电荷，自旋为1/2，质量为$1.672\,623\,1\times10^{-27}$ kg的亚原子粒子。它是一个重子（baryon），名称起源于希腊语“protos”即“第一”。

protonated water cluster　质子化水簇　一个质子（proton）即H^+与有限数目的水分子的联

合体，由分子式 H_3O^+ $(H_2O)_n$ 来描述。团簇的基本成分是水合氢离子（hydronium ion）H_3O^+，它由质子和氧之间的强共价键所形成。这个离子具有 C_{3v} 对称性，它的氧-氢键（O—H）的离解能约为 260 kcal① · mol^{-1}。尽管这个键的强度较大，在含水的酸基化学中，水合氢离子是分子间质子转移的关键要素。

pseudomorphic superlattice 赝晶超晶格 参见 superlattice（超晶格）。

pseudopotential 赝势 具有形式 $V_p = V(r) + V_R$ 的一种势，其中 $V(r)$ 为周期性的晶体势，V_R 具有排斥势的特征，它能够部分抵消较大的吸引性的库仑势（Coulomb potential）。因此在原子芯区，赝势 V_p 的高阶傅里叶系数足够小，以至于在一阶近似下可以被忽略。事实上，在很多计算方法中，真实的势被赝势这种有效势所取代，除了在接近离子实的地方，有效势产生了价电子的正确能量并给出了对应波函数的正确行为。

pseudopotential method 赝势方法 此方法假设晶体本征函数（eigenfunction）分离为离子实态和价电子态，且求解这样哈密顿算符（Hamiltonian）的薛定谔方程（Schrödinger equation）以获得在价电子态子空间中的能量和波函数。此方法应用于固体中电子能带结构的数值模拟。

pseudorotaxane 准轮烷 亦称类轮烷，参见 rotaxane（轮烷）。

pseudo-spin valve 赝自旋阀 参见 giant magnetoresistance effect（巨磁电阻效应）。

PSTM 为 photon scanning tunneling microscopy（光子扫描隧道显微术）的缩写。

pull-off force 拉脱力 参见 Johnson-Kendall-Roberts theory（约翰逊-肯德尔-罗伯茨理论）。

pump-probe spectroscopy 泵浦-探针光谱学 一种利用泵浦脉冲激发样品，并在可调延迟时间之后利用同步探针脉冲来探测样品的技术。它是研究快速和超快速现象最常见的光谱技术。在其最简单形式中，来自激光的输出脉冲被分裂成两束。一个脉冲序列（泵浦光）用来激发样品，另外一个即第二脉冲序列（探测光）用来探测样品在适当延迟时间之后产生的改变。这个方法被称为简并泵浦-探针光谱学（degenerate pump-probe spectroscopy）。在非简并泵浦-探针光谱学中，利用了两束不同波长的同步激光，或一束激光和一束同步连续白色光。

详见：J. Shah, *Ultrafast Spectroscopy of Semiconductors and Semiconductor Nanostructures*（Springer, Berlin, 1999）; W. Demtröder, *Laser Spectroscopy*, *Vol*. 1 *Basic Principle and Vol*. 2 *Experimental Techniques*（Springer, Berlin, 2008）。

Purcell effect 珀塞尔效应 通过放置受激原子于特别设计的腔中或放置于反射镜之间，以增强或抑制来自于这些原子的辐射的自发发射。它有如下的解释：一个两能级系统通过与真空连续区的相互作用而自发衰变，衰变速率正比于在跃迁频率处的单位体积中模式的谱密度。在一个腔中，模式密度被调控，其幅度发生大的变化。事实上，腔模式的最大密度发生在准模谐振频率处，和对应的自由空间密度相比也被增强。已经观察到在一个体积为 V 的腔中一个单模占据的谱线宽为 ν/Q，其中 Q 是腔的品质因数。把腔增强的单位体积模式密度用自由空间模式密度归一化，揭示了一个其跃迁落在此模式线宽中的原子的自发衰变速率会有因子为 $P = (3\lambda^3/4\pi^2)\ Q/V$ 的增强，这个因子 P 就称为珀塞尔自发发射增强因子（Purcell spontaneous emission enhancement factor）。

首次描述：E. M. Purcell, *Spontaneous emission probabilities at radio frequencies*,

---

① 1 cal=4.186 J，下同。

Phys. Rev. **69** (1/2), 681 (1946); E. M. Purcell, H. C. Torrey, R. V. Pound, *Resonance absorption by nuclear magnetic moments in a solid*, Phys. Rev. **69** (1/2), 37～38 (1946)。

获誉：1952年，E. M. 珀塞尔（E. M. Purcell）同F. 布洛赫（F. Bloch）分享了诺贝尔物理学奖，他们的贡献在于发展了核磁精确测量的新方法以及相关的发现。

另请参阅：www.nobelprize.org/nobel_prizes/physics/laureates/1952/。

Purcell spontaneous emission enhancement factor　珀塞尔自发发射增强因子　参见 Purcell effect（珀塞尔效应）。

pyridine　吡啶　一个简单的杂环芳香族有机化合物 C_5H_5N。结构上如图 P.17 所示，一个芳香族六元环的某一个 CH 原子团被一个氮原子取代。

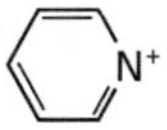

图 P.17　吡啶阳离子

吡啶在氮原子处有空间分布类似赤道面的孤对电子，它对芳香性 π 系统没有贡献。这使得吡啶在合成其他化合物时是一个良好的溶剂和原材料。

pyroelectric　热电体　亦称热释电体，也指热释电的，当加热时能自发产生电矩的材料。这种材料中的自发极化是依赖于温度的。因此，任何温度的变化 ΔT 都会产生极化的变化 $\Delta P=\alpha\Delta T$，其中 α 表示热电系数。

由 D. 布儒斯特（D. Brewster）于1824年首次描述。

pyrolysis　热解　通过加热分解化合物。

pyrrole　吡咯　具有五元二不饱和环结构的杂环有机化合物，环由4个碳原子和1个氮原子组成（C_4H_5N）。结构如图 P.18 所示。

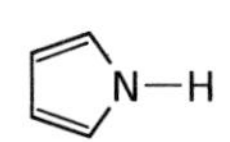

图 P.18　吡咯分子

吡咯环体系与有色的天然产物有关（绿色素在叶绿素中，红色在血红素中）。吡咯和它的衍生物在药物、医学、农用化学品、染料（dye）、摄影用的化学品、香水和其他有机化合物的合成中广泛用作中间体，它们也用于聚合反应过程中的催化剂、防腐剂、保护剂和作为树脂与萜类的溶剂。

从 *Q*-control（*Q* 控制）到 qubit（量子位）

***Q*-control　*Q* 控制**　参见 *Q*-factor（*Q* 因子）。

***Q*-factor　*Q* 因子**　全称为“quality factor”（品质因数），在动力显微术（dynamic force microscopy）中，Q因子指的是在没有外部激励的情况下，当悬臂的振动振幅衰减到初始振幅的e^{-1}倍时，悬臂振动的周期数目。$Q=m\omega_r/\alpha$，其中m为悬臂的有效质量，α为阻尼系数，ω_r为悬臂的共振频率。最小的可探测力梯度反比于$\sqrt{Q}$。

在动力显微镜中，采用一个附加的反馈回路可以控制品质因数Q，称为Q控制（Q-control）反馈。它使得人们可以对样品表面进行高分辨率、高速度、能探测微弱作用力的原子成像。

详见：A. Schirmeisen，B. Anczykowski，H. Fuchs，*Dynamic force microscopy*，in: *Springer Handbook of Nanotechnology*，edited by B. Bhushan（Springer，Berlin，2004），pp. 449～473。

QPCM　为 quantum point contact microscopy（量子点接触显微术）的缩写。

***Q*-switching　*Q* 开关**　亦称调Q，激光腔的共振特性的修正。命名来源于微波工程学中用于量度共振腔质量的Q因子。

quantum cascade disk-laser　量子级联薄片激光器　一种特殊的量子级联激光器，主要配置为从量子级联结构［参见 quantum cascade laser（量子级联激光器）］切下来的独立式的薄片。薄片结构可以实现器件小型化和低阈值电流。而且，在这种激光器中，激光以“whispering gallery”（耳语廊）模式发出，对应于光以大于折射临界角的入射角入射，并紧贴薄片的圆周传播，好像钉扎于盘的边缘。这样就形成一个高质量的共振器，只有来源于光隧穿、表面粗糙散射和波导本征的低损耗。

首次描述：J. Faist，C. Gmachl，M. Striccoli，C. Sirtori，F. Capasso，D. L. Sivco，C. Sirtori，and A. Y. Cho，*Quantum cascade disk lasers*，Appl. Phys，Lett. **69**（17），2456～2458（1996）。

quantum cascade distributed-feedback laser　量子级联分布反馈激光器　这种激光器是通过将光栅嵌入 quantum cascade laser（量子级联激光器）构造成的。它实现了在室温和更高温度下激光器的可调操作，同时线宽与相应的应用要求一致，如远程化学传感和污染监控。

首次描述：J. Faist，C. Gmachl，M. Striccoli，G. Capasso，C. Sirtori，D. L. Sivco，J. N. Baillargeon，and A. Y. Cho，*Distributed feedback quantum cascade lasers*，Appl. Phys. Lett. **70**（20），2670～2672（1997）。

quantum cascade laser　量子级联激光器　与普通的半导体激光器（laser）原理完全不同，

这种激光器只利用一种载流子，即电子，所以也被称为单极激光器。它工作起来像一个源于多量子阱（multiquantum well）结构的电子瀑布。电子在构建于多量子阱中的一系列完全相同的能量台阶上逐级下降，每经过一个台阶就发射一个光子。与跃迁相关的能级由量子阱的量子限域（quantum confinement）效应所产生，组成激光器的激活区（有源区）。

目前量子级联激光器有两种实现途径。最初的设计是用隧穿势垒将三量子阱激活区（有源区）和注入/弛豫区分开。另一种设计中，激活区由超晶格组成，这样能很好地补偿外电场（图 Q. 1）。

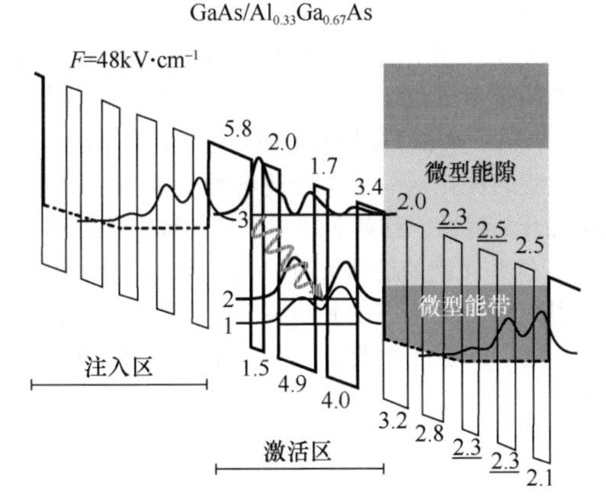

图 Q. 1 阈值电压下激光器异质结中一部分的导带示意图

层的厚度以纳米为单位显示，带下划线的数字标记四个 n 型掺杂的层。波状箭头指示出用于激光器工作的 3→2 跃迁。实线代表相关波函数的模方

［来源：C. Sirtori，P. Kruck，S. Barbieri，P. Collot，J. Nagle，*GaAs/Al*$_x$*Ga*$_{1-x}$*As quantum cascade lasers*，Appl. Phys. Lett. **73**，3486～3488（1998）］

两种设计都需要限制激光器的上能级，这要求激光器分为激活区和相继的注入/弛豫区。量子级联激光器已经用 AlInAs/GaInAs/InP 和 AlGaAs/GaAs 超晶格实现，它们已经能够进行室温下中红外（3～19 μm）波段的脉冲状态工作。

量子级联结构也被用于量子级联分布反馈激光器（quantum cascade distributed-feedback laser）和微腔量子级联薄片激光器（quantum cascade disk-laser）。

首次描述：R. F. Kazarinov，R. A. Suris，*Possibility of the amplification of electromagnetic waves in a semiconductor with a superlattice*，Fiz. Tekh，Poluprovodn. **5**（4），797～800（1971）（提出概念，俄文）；J. Faist，F. Capasso，D. L. Sivco，C. Sirtori，A. L. Hutchinson，and A. Y. Cho，*Quantum Cascade Lasers*，Science **264**，553～556（1994）（实现）。

详见：J. Faist，F. Capasso，C. Sirtori，A. Cho，in：*Intersubband Transitions in Quantum Wells：Physics and Device Applications II*，edited by H. Liu and F. Capasso，（Academic，New York，2000）vol. 66，pp. 1～83。

quantum cellular automata　量子细胞自动机　亦称量子元胞自动机，一种由量子点（quantum dot）元胞点阵组成的二进制逻辑器件和计算机，这些元胞通过被限制在量子点内的电子的库仑相互作用局域地连接在一起。这种结构也被称为圣母建构（Notre Dame architecture）。每个基本的元胞由四个（或五个）量子点组成一个正方形阵列，如图 Q. 2 所示，量子点之间

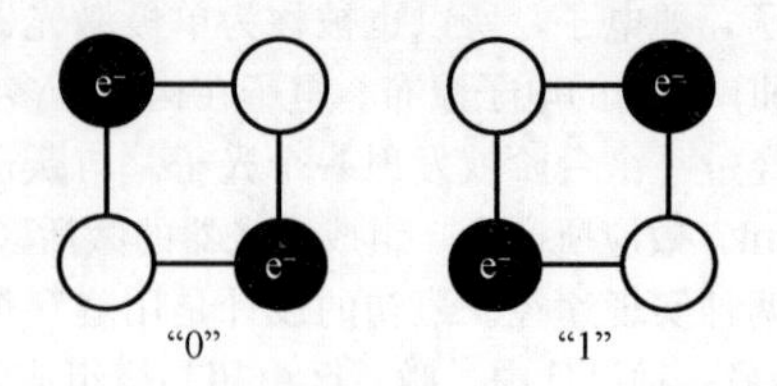

图 Q.2 量子细胞自动机的基本元胞和它的两个极化基态

通过隧穿势垒耦合在一起（五个点的情况中，第五个点在正方形的中心）。

电子可以在量子点之间隧穿，但不能离开元胞。当两个过剩电子被注入元胞时，库仑排斥作用把它们分开到对角的两个量子点上。这样就形成了两个能量相等的基态极化，可以标记为逻辑“0”和逻辑“1”。当两个元胞互相靠近时，电子之间的库仑作用使得两个元胞变成相同的极化。当其中一个元胞的极化从一个态被逐渐地变成另一种态时，另一个元胞显示出对自己极化的很高的双稳态开关特性。这就实现了信息的数字化处理。

图 Q.3 显示了一些基于这些元胞的逻辑元件。由于元胞与相邻元胞之间是电容耦合，输入元胞态的任何变化都会引起输出元胞态的相应变化。在线性排列的元胞中，只有一些元胞翻转的亚稳态是不可能存在的。二进制信息的传输、信号极性变换、多数表决、拆分和其他逻辑函数功能都能被实现。

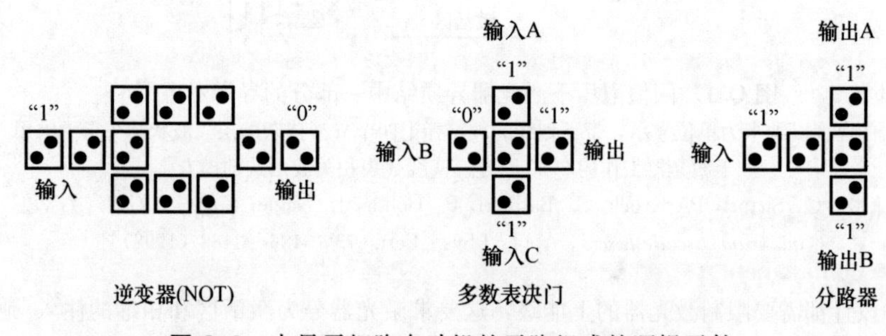

图 Q.3 由量子细胞自动机的元胞组成的逻辑元件

要实现量子细胞自动机将会遇到两个主要问题：每个元胞的个别调整和操作温度的限制。因为制造容差、杂散电荷的存在，以及需要每个元胞有 $4N+2$ 个过剩电子，所以个别调整是必需的。对 100 nm 量级大小的元胞，甚至小于十分之一纳米的设计误差都足以中断元胞的操作。操作温度的限制决定于元胞之间的偶极相互作用的强度，必须远大于 $k_B T$。除了基于半导体的纳米科技制造的量子点，单个双稳分子也有希望实现量子元胞自动机。后者更容易克服制造容差的限制，因为分子固有的精确性，而且束缚电子的高局域性使得它本身可以作为过剩电子而不需要外部的导入。

首次描述：P. D. Tougaw，C. S. Lent，W. Porod，*Bistable saturation in coupled quantum dot cells*，J. Appl. Phys. **74**（5），3558～3566（1993）。

详见：*Quantum Cellular Automata：Theory，Experimentation and Prospects*，edited by M. Macucci（Imperial College Press，London，2006）。

quantum computation　量子计算　运用量子态的量子叠加、量子相干性（coherence）和量子纠缠（entanglement）等特殊性质进行大规模的并行运算的过程。量子并行计算设想量子计算机作用于所有同步的输入形成的量子叠加态上，作用于不同输入数的相同计算操作在一个单一的量子计算步中完成，得到的结果是所有相应输出的叠加态。从量子计算机中抽取出信息不是一件简单的事，因为对一个有着非零振幅指数的量子态的简单测量将得到一个很随机的结果。然而，在一些特定的算法中，采用适当的量子逻辑门可以令振幅互相干涉，以至于到最后只剩下少数的振幅。在一次测量之后（或有限次数重复的相同测量），结果（或结果的分布）将只依赖于所有输入的整体性质。

并行量子信息处理很明显比任何经典的计算程序都更加高效。

首次描述：Yu. I. Manin，*Computed and Non-computed*（Sovetskoe Radio，Moscow，1980）（俄文）；R. P. Feynman，*Simulating physics with computers*，Int. J. Theor. Phys，**21**（6/7），467～488（1982）。

详见：M. A. Nielsen，I. L. Chang，*Quantum Computation and Quantum Information*（Cambridge University Press，Cambridge，2000）。

quantum computer　量子计算机　实现量子计算（quantum computation）的机器。

quantum-confined Stark effect　量子限制斯塔克效应　参见 Stark effect（斯塔克效应）。

首次描述：D. A. B. Miller，D. S. Chemla，T. C. Damen，A. C. Gossard，W. Wiegmann，T. H. Wood，C. A. Burrus，*Band-edge electroabsorption in quantum well structures: the quantum-confined Stark effect*，Phys. Rev. Lett. 53（22），2173～2176（1984）；S. A. Empedocles，M. G. Bawendi，*Quantum-confined Stark effect in single Cdse nanocrystallite quantum dots*，Science，**278**，2114～2117（1997）；M. Kulakci，U. Serincan，R. Turan，T. G. Finstad，*The quantum confined Stark effect in silicon nanocrystals*，Nanotechnology，**19**（45），455403（2008）。

详见：C. Bulutay，S. Ossicini，*Electronic and optical properties of silicon nanocrystals*，in：*Silicon Nanocrystals-Fundamental Synthesys and Applications*，edited by L. Pavesi，R. Turan（Wiley-VCH，Weinheim，2010），pp. 5～41。

quantum confinement（effect）　量子限域（效应）　亦称量子限制（效应），因电子被限制在有限空间中，导致的低维结构中有非零最低能级和能级量子化的现象。其解释如下。

在三维空间中，冲量空间组分为 p_x、p_y、p_z 的自由电子的能量为

$$E=\frac{1}{2m^*}(p_x^2+p_y^2+p_z^2)$$

或以波矢的形式：

$$E=\frac{\hbar^2}{2m^*}(k_x^2+k_y^2+k_z^2)$$

其中 m^* 是电子的有效质量，在固体中通常比电子的静止质量 m_0 略小，k_x、k_y、k_z 是波矢的空间分量。自由电子在低维结构中的运动至少在一个方向上受到限制，在这个方向（设为 x 方向）上，限制电子运动的力可以用无限深势阱来描述，如图 Q.4 所示。

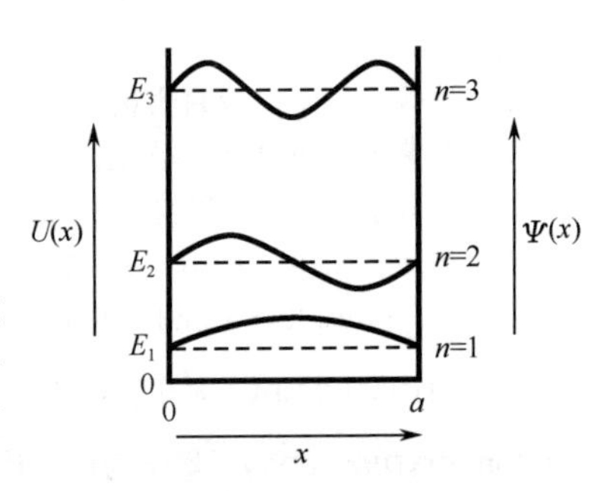

图 Q.4　势阱和被限域在其中的电子的波函数

设 a 为 x 方向上势阱的宽度，在 $0<x<a$ 区域内电子的势能为 0。无限高的无法渗透的势垒将电子限制在阱中，所以电子的波函数在 $x=0$ 和 $x=a$ 处的值降为 0。只有一组受限的波函数（wave function）满足这些要求，它们只能是一些波长为离散值 $\lambda_n=2a/n$（其中 $n=1$，2，…）的驻波，相应的波矢为 k_n

$=2\pi/\lambda_n=n\pi/a$。所以形成了一系列分立的电子能级：

$$E_n=\frac{\hbar^2 k_n^2}{2m}=\frac{\hbar^2\pi^2 n^2}{2ma^2}$$

整数 n 为标记量子态的量子数（quantum number）。这个公式表明限制在一个空间区域中的电子只能占据分立的能级。能量最低的态的能量为

$$E_1=\frac{\hbar^2\pi^2}{2ma^2}$$

总是大于 0。这与经典力学不同，在经典力学中，位于势阱底部的粒子的最低能态等于 0，这种行为违反了量子力学中的不确定性原理。为了满足不确定关系 $\Delta p\Delta x\geqslant \hbar/2$（这里 $\Delta x=a$），电子必有动量不确定度 $\Delta p\geqslant\hbar/(2a)$。后者对应于最小能量 $\Delta E=(\Delta p)^2/(2m)=\hbar^2/(8ma^2)$，与 E_1 差一个 $\pi^2/4$ 因子。

除了增加电子的最小能量外，限域效应还使得电子的激发态能级也是量子化的且正比于 n^2。

根据电子在限域下自由运动方向的数目，可将低维结构分为三类：量子薄膜、量子线和量子点。如图 Q.5 所示。

量子薄膜（quantum film）是一种二维（2D）结构，量子限域只在一个方向上起作用，图 Q.5 中是 z 方向，对应于薄膜厚度方向。载流子可在薄膜的 xy 平面内自由运动，因此总能量是由量子限域引起的那部分和动能部分之和：

$$E=\frac{\hbar^2\pi^2 n^2}{2ma^2}+\frac{\hbar^2 k_x^2}{2m}+\frac{\hbar^2 k_y^2}{2m}$$

在 k 空间中，这个式子表现为一系列抛物线型的能带，称为子带（sub-band）。可以看到子带间能量有重叠。第 n 个子带的最低能量为 $E_n=(\hbar^2\pi^2 n^2)/(2ma^2)$，对应于在平面内无运动。

量子薄膜的态密度（density of states）有一个特有的台阶形状和在三维（3D）空间中自由电子态密度的抛物线型不同。在量子薄膜中的电子通常被称为二维电子气（two-dimensional electron gas，2DEG）。

量子线（quantum wire）是一维（1D）结构。与量子薄膜相比，又多了一个方向因为尺寸太小而能够提供限域效应。载流子只能在沿着量子线的方向上自由运动。总能量中动能部分只有一个方向的分量。因此在受限方向上，对于两组分立能态的每一个，态密度的依赖关系为$\sqrt{E}$形式。

量子点（quantum dot）是零维（0D）结构，载流子在三个方向上的运动都受到限制。能态在三个方向上也都是量子化的，类似原子，它们的态密度由一系列分立的尖锐峰组成。因此量子点也被称为人工原子（artificial atom）。量子点通常由有限数目的原子组成，最典型的形式是原子团簇和纳米晶（nanocrystallite）。考虑量子点和外电路的耦合，它们可被分为开放量子点和近孤立量子点或封闭量子点。开放量子点与外电路的耦合很强，电子通过点-引线结的运动在经典力学机理下是被允许的。当量子点与外电路的点接触被夹断时，就形成了一个有效势垒，电子只能通过隧穿才能导电，这就是近孤立量子点或封闭量子点。

首次描述：A. L. Efros，A. L. Efros，*Interband absorption of light in a semiconductor sphere*，Sov. Phys. Semicond. **16**（7），772～775（1982）.

quantum critical point　量子临界点　参见 quantum phase transition（量子相变）。

quantum cryptography　量子密码　传递未被授权者无法理解的信息的技术，它利用了海森堡不确定性原理（Heisenberg's uncertainty principle）、量子纠缠（quantum entanglement）和量子系统被测量时必会受到扰动的特性。窃听者想窃取关于通讯的信息必会引入扰动，从而

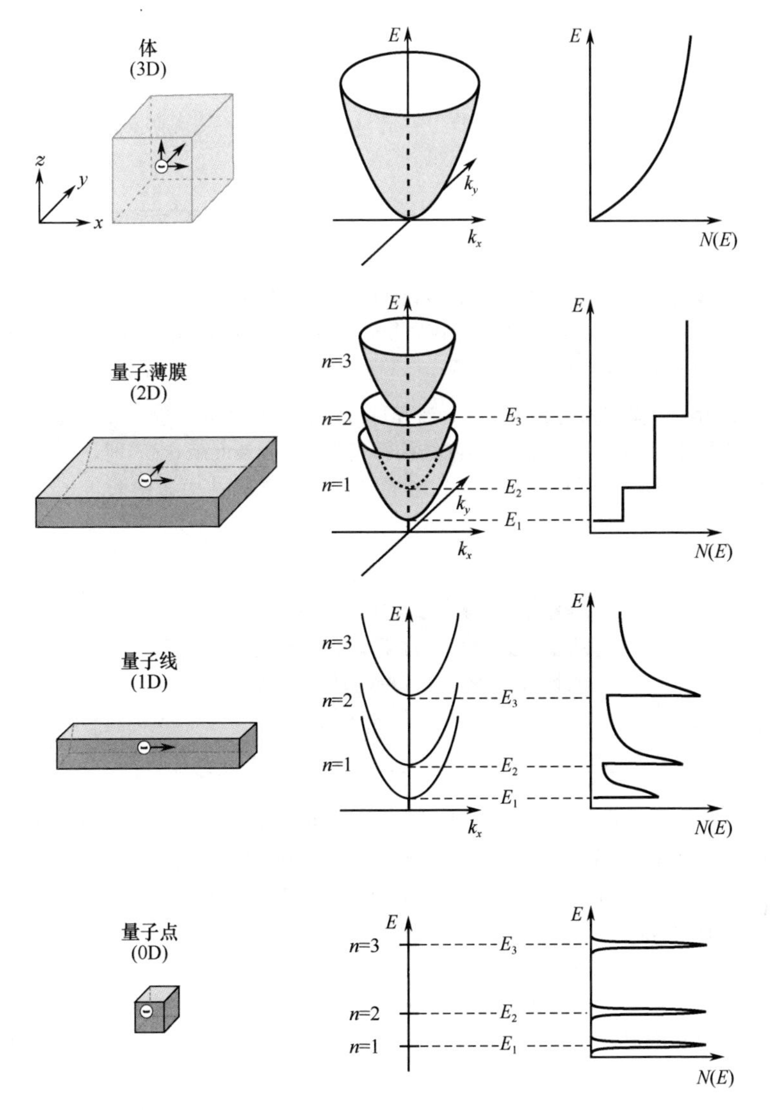

图 Q.5 基本低维结构，相应的电子能量图 $E(k)$ 与电子态密度 $N(E)$ 和三维情况的比较

暴露自己的存在。

通常，密码文本的安全性完全依赖于密钥的保密。密钥即一组定义加密和解密程序的特殊参数。密钥和纯文本作为加密算法的输入，密钥和密码文本作为解密算法的输入。用于密钥分配的一些主要量子密码体制包括：①基于两个非对易可观察量的编码，参见 **BB84** 协议（BB84 protocol）；②建立于量子纠缠（quantum entanglement）和贝尔定理（Bell's theorem）基础之上的编码，参见 **E91** 协议（E91 protocol）；③基于两个非正交状态向量的编码，参见 **B92** 协议（B92 protocol）。

量子密码提供了一个两方通过一个专用频道交换加密密钥的绝对安全的方法。经典的密码通过各种数学技巧来限制窃听者获得加密信息的内容，而在量子密码中，信息受到量子物理定律的保护。

首次描述：S. Wiesner，*Conjugate coding*，SIGACT News **15**（1），78～88（1983）。最初的文章撰写于1970年左右，但当时被杂志拒稿。

详见：N. Gisin，G. Ribordy，W. Tittel，H. Zbinden，*Quantum cryptography*，Rev. Mod. Phys. **74**（1）145～195（2002）。

quantum decoherence　量子退相干　亦称量子消相干，参见 decoherence（quantum）［退相干（量子）］。

quantum dot　量子点　参见 quantum confinement（量子限域）。

首次描述：A. L. Efros，A. L. Efros，*Interband absorption of light in a semiconductor sphere*，Sov. Phys. Semicond. **16**（7），772～775（1982）。

quantum dot laser　量子点激光器　这种激光器的工作原理建立在以下事实的基础上：当激活层材料由三维（体材料）缩小成为零维结构即量子点（quantum dot）时，半导体中发射激光所需的粒子布居反转将更有效地发生。激光器的激活层的结构如图 Q.6 所示，CaAs/InGaAs 体系是代表性的材料。

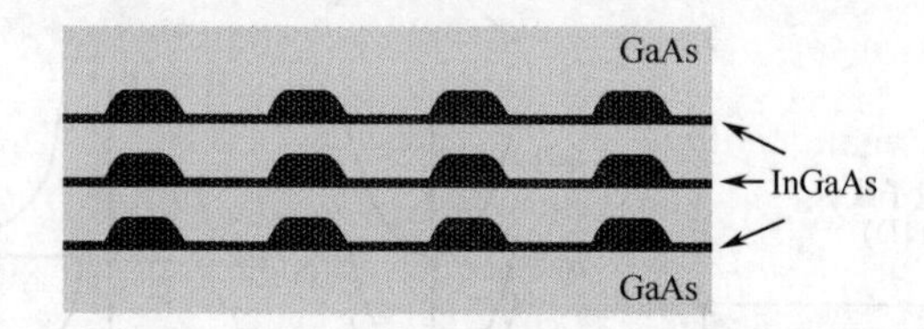

图 Q.6　一个量子点激光器的激活层的组成

实际上，量子点激光器结合了定义光子限域的长度标度（100 nm）和定义电子及空穴限域的长度标度（10 nm）。另外，量子点激光器降低了对温度的敏感性。在制造这种激光器时，激活层内必须形成高质量的、均一的量子点，这可通过斯特兰斯基-克拉斯坦诺夫生长模式（Stranski-Krastanov growth mode）下纳米尺度三维团簇的自组装得到。包含垂直方向上对准的量子点的层数可以是3～10层或者更多。

首次描述：Y. Arakawa，H. Sakaki，*Multidimensional quantum well laser and temperature dependence of its threshold current*，Appl. Phys. Lett. **40**（11），939～441（1982）（提出概念）；N. Kirstaedter，N. N. Ledentsov，M. Grundmann，D. Bimberg，V. M. Ustinov，S. S. Ruvimov，M. V. Maximov，P. S. Kopev，Z. I. Alferov，U. Richter，P. Werner，U. Gosele，J. Heydenrieich，*Low threshold，large T_0 injection laser emission from（InGa）As quantum dots*，Electron. Lett. **30**（17），1416～1417（1994）（实现）。

详见：N. N. Ledentsov，V. M. Ustinov，V. A. Schukin，P. S. Kopev，Z. I. Alferov，D. Bimberg，*Heterostructures with quantum dots：fabrication，properties，lasers（Review）*，Semiconductors **32**（4），343～365（1998）。

获誉：2000年，Z. I. 阿尔费罗夫（Z. I. Alferov）凭借在信息和通信技术中的基础性工作，特别是发展了用于高速和光电子学的半导体异质结，而获得诺贝尔物理学奖。

另请参阅：www.nobelprize.org/nobel_prizes/physics/laureates/2000/。

quantum dot solid　量子点固体　由量子点（quantum dot）在空间中周期性排列形成的集合，其中最近邻量子点间距也即体系周期与电子的德布罗意波长（de Broglie wavelength）相当或者更小。这种密集的量子点集合的基本特性应可再现固体的内禀性质，即：理想晶格中能带的形成，无序的量子点结构中局域态和扩展态的共存。量子点固体的电子性质和光学性质由每个量子点内的电子限域和量子点周期性特殊组织引起的集体效应所共同决定。量子点固体可被看成胶体晶体（colloidal crystal）的一种特殊形式。

首次描述：C. B. Murray，C. R. Kagan，M. G. Bawendi，*Self organization of CdTe nanocrystallites into three-dimensional quantum dot superlattices*，Science **270**，1335～1338（1995）。

quantum efficiency 量子效率 在发光器件（light emitting device，LED）中电子与空穴通过辐射复合产生光子的能力。分为内量子效率和外量子效率。

内量子效率（internal quantum efficiency）定义为产生的光子数与注入主要复合区域的少数载流子的数目之比。实际上，它是被表示为总复合率的分数的辐射复合受激载流子数：$v_{in}=R_r/R=\tau_{nr}/(\tau_{nr}+\tau_r)$，其中 R_r 和 R 分别是辐射复合率和总复合率，τ_{nr} 和 τ_r 分别为载流子的非辐射和辐射弛豫时间。内量子效率用来表征内部光子的产生，它未考虑：①注入 LED 中的载流子中有多少没有把材料激发到光子发射态；②有多少光子在发射出器件之前就已经损失（如重吸收过程）。实际上，即使对于已经产生的光子，可能在 LED 材料内部被吸收，光从半导体射到空气中因折射率的不同也会造成反射损失，当入射角大于由斯内尔定律（Snell's law）定义的临界角时会出现全内反射。

外量子效率（external quantum efficiency）是单位时间内 LED 实际发射光子数与进入 LED 的载流子数之比。用外量子效率 v_{ext} 就能导出功率效率（power efficiency），即 LED 发射的辐射通量（光束携带的功率）与所提供的输入电功率之比 $v_{pow}=v_{ext}h\omega/(2\pi eV)$，其中 V 为外电路提供的电压。用于实际显示的 LED 的功率效率应不少于 1%，而用于光互联时功率效率应不小于 10%，因为芯片要求较小的热预算（thermal budget）。前者操作电压可以很高，后者则必须较低（1～5 V）。

功率效率有时以流明/瓦特为单位。它也被称为墙插入效率（wall-in-plug efficiency），因为习惯上功率必须是通过插座直接获得的。应该注意到这个一般性的定义也可用于非电“泵浦”的发光机制。

quantum ensemble 量子系综 大量的全同制备出来的粒子。

quantum entanglement 量子纠缠 由 E. 薛定谔（E. Schrödinger）引入的描述不可分离的量子态的术语。它是量子体系显示出处于叠加的态之间关联的能力。假设有两个量子位（qubit），每个都处于 0 态和 1 态的叠加。如果对其中一个量子位的测量总是与另一个量子位的测量结果相关，我们就说这两个量子位是纠缠的。它意味着对于之前曾相互作用的两个量子体系，即使它们空间上被分隔开、现在已无相互作用，它们仍然共有着一些不可局域获得的信息——不能通过任何只对其中之一进行操作的实验而得到。

纠缠是量子体系的一个特性，它允许量子粒子之间有着比经典物理所允许的更强的关联。纠缠体系中，即使两个粒子空间上分隔很远，对其中一个粒子的测量将立即显示另一个粒子的性质。量子纠缠可用于信息的量子处理。

首次描述：E. Schrödinger，*Die gegenwärtige Situation in der Quantenmechanik*，Naturwiss. 23（48），807～812（1935）。

quantum film 量子薄膜 参见 quantum confinement（量子限域）。

quantum Fourier transform 量子傅里叶变换 此变换把一个量子态 $|\phi\rangle=\sum_x a_x|x\rangle$ 分解为

$$QFT|\phi\rangle=\sum_x a_x\sum_k\frac{1}{2^{N/2}}e^{i2\pi kx}|k\rangle=\sum_k\left(\sum_x\frac{1}{2^{N/2}}e^{i2\pi kx}a_x\right)|k\rangle$$

其中括号里的项是 a_x 的离散傅里叶变换，$|k\rangle$ 表象是 $|x\rangle$ 表象的位反转，它可以通过进行位反转操作得到，并且与 $|x\rangle$ 的位序相同。

详见：M. A. Nielsen，I. L. Chuang，*Quantum Computation and Quantum Information*（Cambridge University Press，Cambridge，2000）。

另请参阅：en. wikipedia. org/wiki/Quantum_Fourier_transform。

quantum (quantized) Hall effect　量子霍尔效应　参见 Hall effect（霍尔效应）。

quantum leap　量子跳跃　量子粒子在对于其典型的相互作用的影响下从一个态到另一个态的类跳跃式跃迁。这个术语经常用于显示突变、突增或者显著的推进。

首次描述：N. Bohr，*On the constitution of atoms and molecules. I*，Phil. Mag. **26**，1～25（1913）。

quantum logic gate　量子逻辑门　它是一种功能相当于作用在某一组量子位（qubit）的态上的量子酉算子（unitary operator）的器件。如果这样的量子位数目为 n，这个量子门的演化算子可以用一个 $2^n\times2^n$ 的矩阵以相同的酉群来表示。因此，它是一个可逆门：允许反转操作，可以从最终的量子态恢复得到最初的量子态。一般来说，量子逻辑门可以有许多输入量子位。量子逻辑门通常用一个盒子接着许多输入和输出线来表示，并在盒子里象征性地写上实施的操作。

下面由简单到复杂逐渐介绍一些有代表性的逻辑门。一量子位门是可能存在的最简单的门，因为它接受一个输入量子位，转换成一个输出量子位。图 Q. 7 是其示意图。

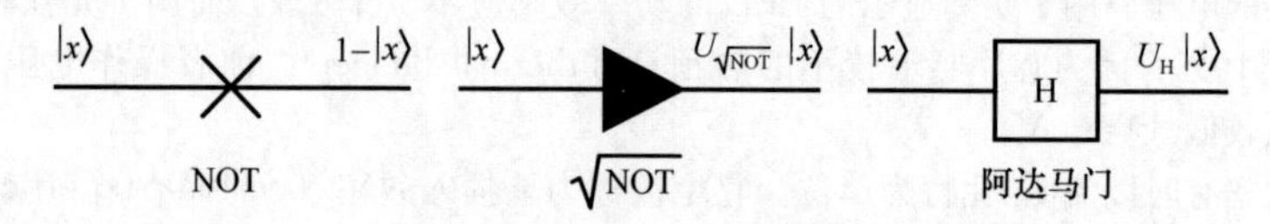

图 Q. 7　一量子位逻辑门

量子非门（NOT gate）是一种一量子位门。它的酉演化算符是 $\boldsymbol{U}_{\mathrm{NOT}}=\mathbf{PM}=\begin{pmatrix}0&1\\1&0\end{pmatrix}$，其中 **PM** 是泡利自旋矩阵（Pauli spin matrix）。这个量子逻辑门正好和它的经典对应［参见 logic gate（逻辑门）］相符。但是，它们之间存在着根本的差异：量子门是作用在量子位上的，而逻辑门对位进行操作。

这个差异使得我们引入一种真正意义上的一量子位门：平方根非门（$\sqrt{\mathrm{NOT}}$ gate）。它的矩阵表示为

$$\boldsymbol{U}_{\sqrt{\mathrm{NOT}}}=\frac{e^{i\pi/4}}{\sqrt{2}}(1-\mathbf{iPM})=\begin{bmatrix}\dfrac{1+i}{2}&\dfrac{1-i}{2}\\[2mm]\dfrac{1-i}{2}&\dfrac{1+i}{2}\end{bmatrix}$$

当把这个门连续作用两次时，就得到了非门，即 $\mathbf{NOT}=\boldsymbol{U}_{\sqrt{\mathrm{NOT}}}\boldsymbol{U}_{\sqrt{\mathrm{NOT}}}=\begin{pmatrix}0&1\\1&0\end{pmatrix}=\boldsymbol{U}_{\mathrm{NOT}}$。平方根非门在经典计算中没有对应，因为它实施的是基态的非平凡叠加。

另外一种在经典电路中没有对应，但在量子计算中经常使用的一量子位门是阿达马门（Hadamard gate）。它由算符 $\boldsymbol{U}_{\mathrm{H}}=\frac{1}{\sqrt{2}}(\mathbf{PM}+\mathbf{PM})=\frac{1}{\sqrt{2}}\begin{pmatrix}1&1\\1&-1\end{pmatrix}$ 定义，其中 **PM** 是对应的泡

利自旋矩阵（Pauli spin matrix）。

图 Q.8 给出了一些量子二元门的例子。

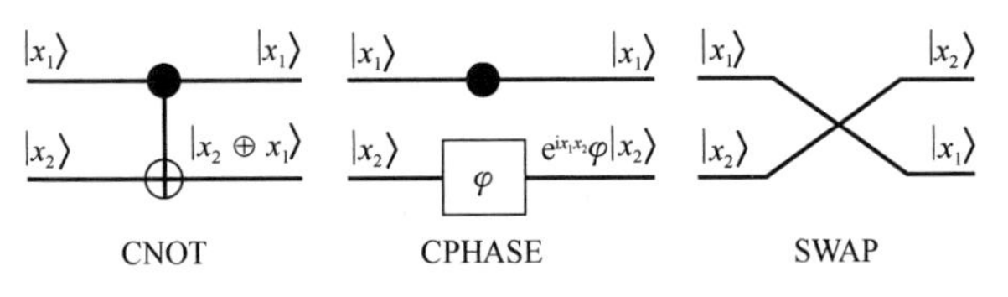

图 Q.8 量子二元逻辑门

二量子位的受控非门（CNOT gate）等价于异或门（XOR gate）。下面以几种形式给出这个门的酉操作。它作用在二量子位基态上的操作是：$U_{CNOT}|00\rangle=|00\rangle$、$U_{CNOT}|01\rangle=|01\rangle$、$U_{CNOT}|10\rangle=|11\rangle$、$U_{CNOT}|11\rangle=|10\rangle$。通过这些定义，这个门的名字意义就显得很明白了，它意味着当态中有第一个量子位时，对它的第二个量子位进行非门操作。它的矩阵表示为

$$\boldsymbol{U}_{CNOT}=\boldsymbol{U}_{XOR}=\begin{pmatrix}1&0&0&0\\0&1&0&0\\0&0&0&1\\0&0&1&0\end{pmatrix}$$

受控非门在量子计算机的理论和实验实现中都起到很重要的作用，它能在量子层次上实现条件逻辑。

不同于受控非门，还有一些没有经典对应的二量子位门。受控相位门（CPHASE gate）就是其中的一个例子：

$$\boldsymbol{U}_{CPHASE}=\begin{pmatrix}1&0&0&0\\0&1&0&0\\0&0&1&0\\0&0&0&e^{i\phi}\end{pmatrix}$$

它能实现对第二量子位的有条件的 $e^{i\phi}$ 相移。一个重要结果是可以通过对目标量子位进行以下操作以实现受控非门：一个取 $\phi=\pi$ 的受控相位门和两个阿达马变换（Hadamard transformation）。这可以从等式 $\boldsymbol{U}_H\mathbf{PM}\boldsymbol{U}_H=\mathbf{PM}$ 简单推出。另外一个有趣的二量子位门是交换门（SWAP gate），它能实现两个量子位的态之间的相互交换，还有就是平方根交换门（$\sqrt{\text{SWAP}}$ gate），它们的矩阵表示是：

$$\boldsymbol{U}_{SWAP}=\begin{pmatrix}1&0&0&0\\0&0&1&0\\0&1&0&0\\0&0&0&1\end{pmatrix},\quad \boldsymbol{U}_{\sqrt{SWAP}}=\begin{pmatrix}1&0&0&0\\0&\frac{1+i}{2}&\frac{1-i}{2}&0\\0&\frac{1-i}{2}&\frac{1+i}{2}&0\\0&0&0&1\end{pmatrix}$$

图 Q.9 显示了一些最有代表性的三量子位门。

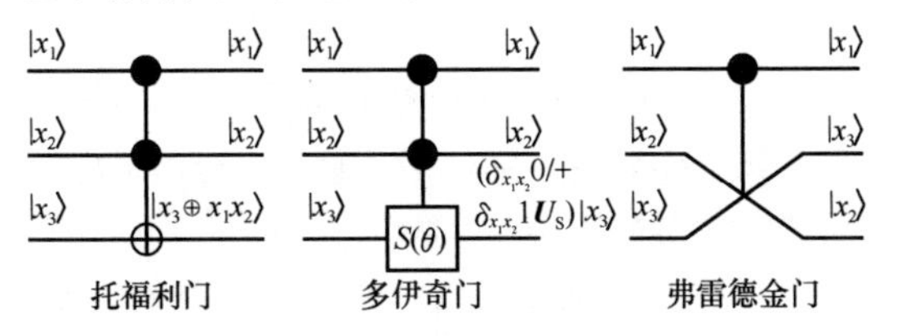

图 Q.9 三量子位逻辑门

把受控非门的结构直接拓展到三量子位就产生了受控受控非门［CCNOT（C^2NOT）gate］，亦称托福利门（Toffoli gate）[1]。它的矩阵表示是受控非门的一量子位扩展：

$$\boldsymbol{U}_{\text{CCNOT}}=\boldsymbol{U}_{\text{T}}=\begin{pmatrix}1&0&0&0&0&0&0&0\\0&1&0&0&0&0&0&0\\0&0&1&0&0&0&0&0\\0&0&0&1&0&0&0&0\\0&0&0&0&1&0&0&0\\0&0&0&0&0&1&0&0\\0&0&0&0&0&0&0&1\\0&0&0&0&0&0&1&0\end{pmatrix}$$

它的真值表（truth table）如表 Q.1 所示。

表 Q.1　托福利门的真值表

x	y	z	x'	y'	z'
0	0	0	0	0	0
0	0	1	0	0	1
0	1	0	0	1	0
0	1	1	0	1	1
1	0	0	1	0	0
1	0	1	1	0	1
1	1	0	1	1	1
1	1	1	1	1	0

前两个输出量子位 x'与 y'是直接复制前两个输入量子位 x、y 得到的，而第三个输出量子位 z'是第三个输入量子位 z 和前两个输入 x、y 的 **AND** 结果的异或（XOR）。多伊奇门（Deutsch gate）[2] 也是一种重要的三量子位门。它是实现受控的受控 S 的操作或者说 C_2S 操作，其中 $U_S = i\cos(\theta/2)+PM\sin(\theta/2)$，即把一个量子位绕着 x 轴转 θ 角，再乘上一个因子 i 的酉操作。这里要求 θ 对于 π 是无公度的，即不是 π 的有理数倍。

弗雷德金门（Fredkin gate[3]）　是另一个很有用的三量子位门。它进行一个受控的交换（SWAP）操作，矩阵表示为

$$\boldsymbol{U}_{\text{F}}=\begin{pmatrix}1&0&0&0&0&0&0&0\\0&1&0&0&0&0&0&0\\0&0&1&0&0&0&0&0\\0&0&0&1&0&0&0&0\\0&0&0&0&1&0&0&0\\0&0&0&0&0&0&1&0\\0&0&0&0&0&1&0&0\\0&0&0&0&0&0&0&1\end{pmatrix}$$

以上所述的酉线性门不仅仅可以对单个基态作用，还可以作用于它们的任意线性组合态。这些简单的逻辑门还可以整合排列成网络结构，这样就能进行比原始逻辑门能实现的操作复杂得多的量子操作。这就是量子电路[4] 的基本思想。

首次描述：[1]T. Toffoli，*Bicontinuous extension of reversible combinatorial functions*，Math. Syst. Theory **14**（1），13～23（1981）；[2]D. Deutsch，*Quantum computational network*，

Proc. R. Soc. London A **425**, 73～90 (1989);[3]E. Fredkin, T. Toffoli, *Conservative logic*, Int. J. Theor. Phys. **21**, 219～252 (1982)。

[4]详见：A. Galindo, M. A. Martin-Delgado, *Information and computation: Classical and quantum aspects*, Rev. Mod. Phys. 74 (2), 347 ～ 423 (2002); M. Nielsen, I. Chuang, *Quantum Computation and Quantum Information* (Cambridge University Press, Cambridge, 2000)。

quantum mirage 量子海市蜃楼 亦称量子幻影，在原子尺度布局中电子结构的相干投影现象。图 Q.10 是该现象第一次被观察到时的例子。

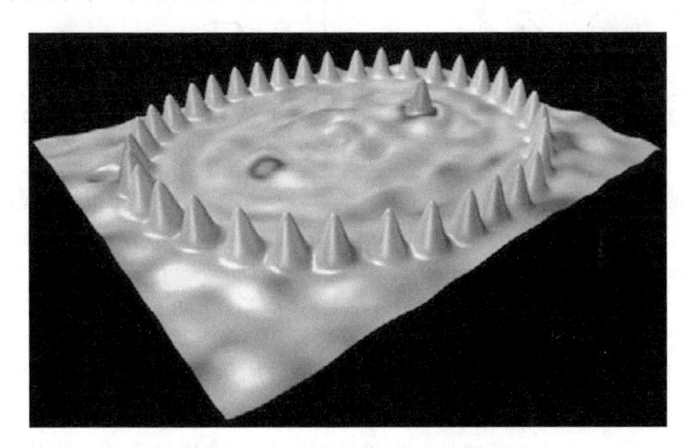

图 Q.10 量子海市蜃楼的可视化

用扫描隧道显微镜（scanning tunneling microscope，STM）将 36 个钴原子排列成椭圆环形，再放置一个钴原子到这个椭圆环中的一个焦点上。用 STM 可在该钴原子处和另一个没有钴原子的焦点上都测量到近藤效应（Kondo effect），只是后者比前者弱很多。这种现象看起来好像海市蜃楼一样，所以由此取名。

此现象表明不用传统的电线方法进行数据传输是可能的。

首次描述：H. Manoharan, C. Lutz. D. Eigler, *Quantum mirages formed by coherent projection of electronic structure*, Nature **403** (5), 512～515 (2000)。

quantum number 量子数 用来标记量子体系状态的整数（在自旋例子中可能为半整数）。

quantum phase transition 量子相变 在 0 K 发生的一种相变，它仅由海森堡不确定性原理（Heisenberg's uncertainty principle）相关的量子涨落来驱动。这种涨落本质上是量子力学的，具有空间和时间上的标度不变性。相变的位置用量子临界点来表示。在临界点，临界涨落将扩展到整个体系。经典的临界点处的临界涨落被限制在相变附近一个很小的区域内，而与其不同的是，量子临界点（quantum critical point）的影响能在量子临界点以上很宽的温度范围内被感受到，因此，甚至无需达到 0 K 也能感受到量子临界性的影响。

量子相变能够产生电子的非费米行为和物质的异常态。

详见：S. Sachdev, *Quantum Phase Transitions* (Cambridge University Press, Cambridge, 2001)。

quantum point contact 量子点接触 二维导电通道的一个缩窄部分。图 Q.11 显示了这种结构的一个例子及相关的电导曲线。用两个电连接的形状像相对的刀子的表面门极可形成对表面下的二维电子气（two-dimensional electron gas）的窄约束。门极电压设置为负，以耗尽它下面的二维电子气，形成一个窄的导电通道。对于有 N 个传输模式的通道，电导是 $G=N(2e^2/h)$，即是以 $2e^2/h$ 单位量子化。

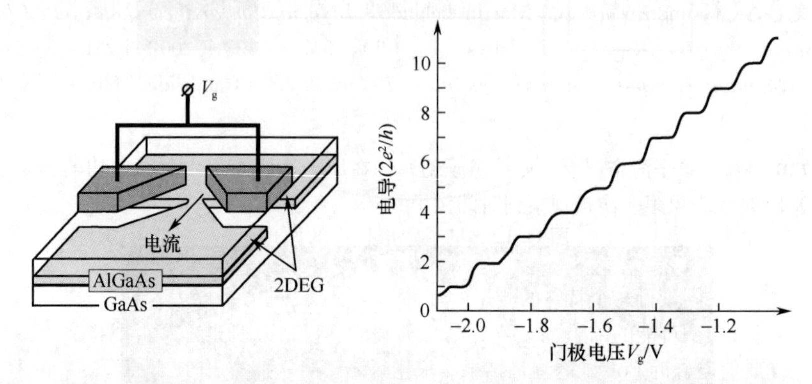

图 Q. 11 通过表面门极形成的下面二维电子气中量子点接触的布局示意图和电导［来源：B. J. van Wees，H. van Houten，C. W. J. Beenakker，J. G. Williamson，L. P. Kouwenhoven，D. Van der Marel，C. T. Foxon，*Quantized conductance of point contacts in a two-dimensional electron gas*，Phys. Rev. Lett. **60** (9)，848～850 (1988)］

外部施加的门极电压 V_g 可以控制通道的宽度。增加负偏压时，点接触的宽度逐渐减少，直到完全被夹断。当导电通道增宽时，费米能级下的横向本征态的数目增加。对应于 N 值增加的电导台阶就会出现。值得注意的是，如果处理的是非理想的通道，即其中会发生减少总电流的散射事件，则研究传输概率是很重要的。

quantum point contact microscopy (QPCM)　量子点接触显微术　扫描隧道显微术（scanning tunneling microscopy）的一种成像模式，取代了测量穿过隧道结的电流，记录通过单原子量子点接触针尖和表面之间的传输电流。单原子接触扫描表面，形成电导空间图谱。这项技术已经在铜、银、铂、金的表面得以证实，可以惯常解决表面的原子周期性。

首次描述：Y.-H. Zhang，P. Wahl，K. Kern，*Quantum point contact microscopy*，Nano Lett. **11** (9)，3838～3843 (2011)。

quantum teleportation　量子隐形传态　量子态（粒子）从一个地点到另一个地点的“非实体运输”。量子态在空间中是几乎无法直接移动的，退而求其次，就可采用这种量子隐形传态。直接传输要求沿着传输通道始终维持量子相干性，这要求被传输的量子目标完全被隔离。一种方法是基于对该量子系统的所有可观察量的测量，随后用传统的数字编码的形式传输，最后接收者在已测可观察量的基础上还原初始的量子系统。这种方法存在基础性缺陷，它不能用于未知量子系统的传输，因为任何对量子系统的测量都会无法控制地引入扰动，破坏初始的系统。对未知量子态的精确复制（克隆）也是不可能的，即不可克隆定理（non-cloning theorem），因为这相当于同时对系统的所有可观察量做精确的测量，包括非对易的可观察量，而这是被不确定性原理所禁止的。而量子隐形传态则避开了这些限制。

一个量子隐形传态系统必须有一个爱因斯坦-波多尔斯基-罗森粒子对［Einstein-Podolsky-Rosen (EPR) pairs］的源，一个与信息发送者（通常称为 Alice）相连的量子译码器，一个与接收者（通常称为 Bob）相连的量子合成器，后两者由通信通道相联系，如图 Q. 12 所示。为了把一个未知的态 Ψ（用一个量子粒子代表）从 Alice 处传输到 Bob 处，先给每人一个处于纠缠的 EPR 对的粒子。然后 Alice 把自己的粒子和处于未知态的粒子集合在一起，用量子译码

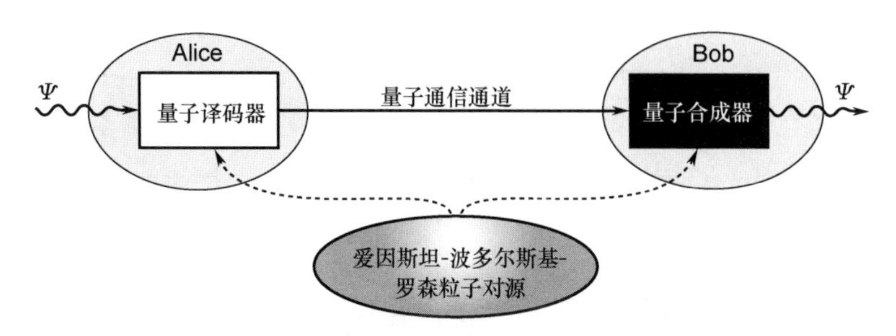

图 Q. 12 量子隐形传态的原理

器对这两个粒子共同进行一个特殊的测量。

这个测量有四个可能的结果，实际上在两位通信过程结束时也是进行同样的测量。然后 Alice 通过经典信道告诉 Bob 她的测量结果。根据这个结果，拥有 EPR 对的另一个粒子的 Bob 用量子合成器对自己的粒子做相应的四种操作之一后，这样得到的粒子的态和 Alice 的粒子初始时完全一样。所以只要 Alice 和 Bob 共享一对 EPR 粒子对，Bob 就能复制 Alice 的未知量子态，这过程只用到了 Alice 通过经典信道发送给 Bob 的信息的两个经典位。量子隐态传输实现了一个量子态从一个地方（消失的地方）到另一个地方（出现的地方）的传输，而没有实际穿越两者中间的空间。

首次描述：C. H. Bennett，G. Brassard，C. Crépeau，R. Jozsa，A. Peres，W. K. Wootters，*Teleporting an unknown quantum state via dual classical and Einstein-Podolsky-Rosen channels*. Phys. Rev. Lett. **70** (13)，1895～1899 (1993)（理论）；D. Bouwmeester，J. W. Pan，K. Mattle，M. Eibl，H. Weinfurter，A. Zeilinger，*Experimental quantum teleportation*，Nature **390**，575～579 (1997)（实验）。

quantum well　量子阱　被势垒限制形成的一个有限空间区域。在半导体电子学中，典型的量子阱是不同带隙的半导体或半导体和介电体组合成的结构，其中窄带隙的材料以低维形式置于宽带隙材料的区域之间。它对载流子来说好比是一个阱，即窄带隙材料形成阱，而宽带隙材料形成势垒。这样的结构在空间平移后能形成多量子阱（multiquantum well）。

通过沉积相异电子特性的半导体材料的方法制作的超晶格（superlattice）可以看成是固态量子阱的一个经典实例。不过，当半导体低维结构被嵌入介电基质中，即使两者晶格常数不匹配，也可形成量子阱。嵌入二氧化硅的硅纳米团簇就是一个例子。

根据电子和空穴约束能量机制的不同，量子阱通常可分为两类，称为第一类量子阱（type Ⅰ quantum well）和第二类量子阱（type Ⅱ quantum well），相应的能量关系如图 Q. 13 所示，其中材料 A 的带隙比材料 B 更窄。

在第一类量子阱（type Ⅰ quantum wells）也即横跨对齐结构中，势阱（材料 A）中的导带底能量上低于势垒（材料 B）中的导带底，而势阱中的价带顶又比势垒中的价带顶高，正好反过来。电子和空穴都局域和被限制在同一区域也即阱中。这种量子阱可以被称为“空间直接带隙半导体”，它的能级结构图和直接带隙半导体类似。

在第二类量子阱（type Ⅱ quantum wells）中，势阱中的导带底和价带顶能量上都比势垒中的低。这就导致电子局域和被限制在阱中，而空穴在势垒中。同时势阱中的导带底和势垒中价带顶之间的能量差可为正也可为负。能量差为正时，能隙在整个结构中是连通的，如图 Q. 13 中的第ⅡA 类量子阱的交错对齐结构所示，这种结构也被称为“空间间接带隙半导体”。能量结构如为负（或零），则如图 Q. 13 中的第ⅡB 类量子阱的未对齐结构所示，它被称为

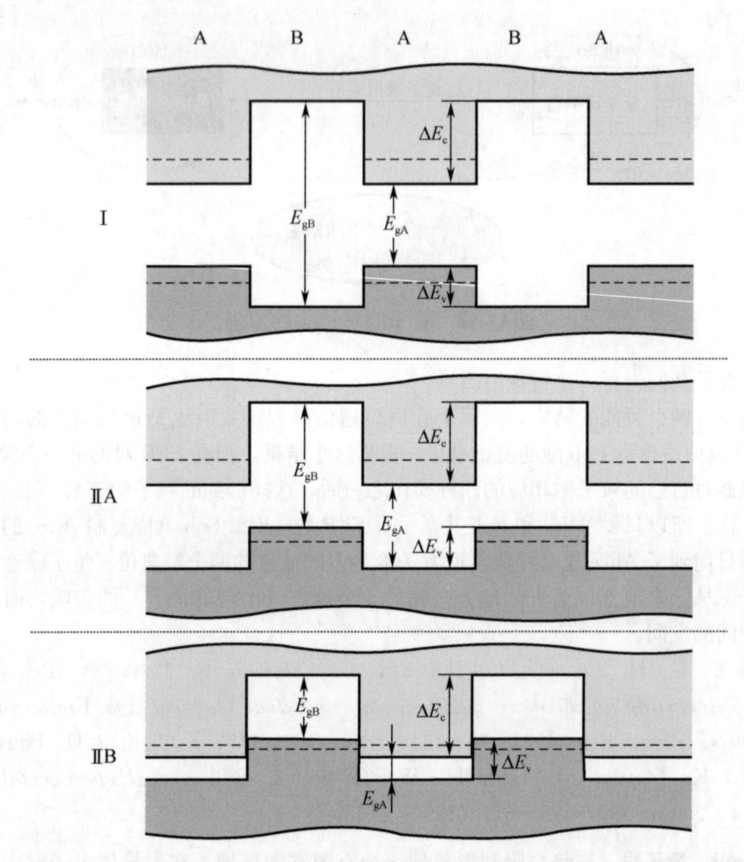

图 Q.13 由小能隙（E_{gA}）材料 A 和大带隙（E_{gB}）材料 B 构成的量子势阱中电子和空穴的受限示意图

“空间无带隙半导体”。

量子阱是众多纳米电子器件和光电子器件中的最重要组成部分之一。

quantum well laser 量子阱激光器 一种半导体激光器，它的激活区（有源区）由超薄层（~20 nm 或更少）组成，对注入载流子形成了一个窄势阱。与具有均一激活区的半导体激光器相比，量子阱激光器的阱中电子态的量子化具有降低阈值电流等有利因素。

首次描述：J. P. van der Ziel，R. Dingle，R. C. Miller，W. Wiegmann，W. A. Nordland，Jr，*Laser oscillations from quantum states in very thin GaAs-$Al_{0.2}Ca_{0.8}$As multilayer structures*，Appl. Phys. Lett. **26**（8），463～465（1975）（首次实验实现）。

quantum well solar cell 量子阱太阳电池 一种具有多带隙的光伏（photovoltaic）器件，它的特性介于异质结太阳电池（heterojunction solar cell）和叠层太阳电池（tandem solar cell）之间。

首次描述：K. W. J. Barnham，G. Duggan，*A new approach to high efficiency multi-band-gap solar cells*，J. Appl. Phys. **67**，3490～3493（1990）。

quantum wire 量子线 参见 quantum confinement（量子限域）。

quantum yield 量子产率 系统每吸收一个光子，所定义的辐射诱导事件发生的次数。它是被吸收的光产生某种效应的效率的量度。在大多数过程中，量子产率都是小于 1 的，因为并不是所有被吸收的光子都能诱导发生事件。对于由辐射诱导产生的雪崩反应，量子产率可能大于 1，其中一个光子可以触发一个长链式的转化过程。

quantum Zeno paradox 量子芝诺悖论 对量子系统的连续观察可以使得系统无法跃迁到其他态。这是 Zeno paradox（芝诺悖论）的一个推论。芝诺悖论认为，运动是不可能的，因为为了达到一个目标，必须先到达中点，而为了到达中点，又必须先到达起点与中点之间的中点，如此无限下去便无法到达目标。量子系统是根据薛定谔方程连续演化的，对它做一个测量后，波包就会发生一个不连续的塌缩。因此，如果对量子系统做一系列连续的测量，将会使该系统无法演化。该悖论的另一个名字是被监视的壶效应（watched-pot effect），来自于谚语“心急水不开”（A watched pot never boils）。

详见：B. Misra，E. C. G. Sudarshan，*The Zeno's paradox in quantum theory*，J. Math. Phys. **18**（4），756～765（1977）。

quasicrystal 准晶 亦称准晶体，一种不属于任何布拉维点阵（Bravais lattice）的结构，其对称性介于晶体和液体之间。它像晶体一样具有明确的、不连续的点群对称性，但没有晶体的周期性平移序，如经常具有五重、八重或者是十二重的对称轴。作为代替，准晶有着一种特殊的平移序，称为准周期序。

首次描述：D. Shechtman，I. Blech，D. Gratias，J. W. Cahn，*Metallic phase with long range orientational order and no translation symmetry*，Phys. Rev. Lett. **53**（20），1951～1953（1984）。

详见：R. McGrath，U. Grimm，R. D. Diehl，*The forbidden beauty of quasicrystals*，Phys. World **17**（12），23～27（2004）。

获誉：2011 年，诺贝尔化学奖授予以色列科学家 D. 谢赫特曼（D. Shechtman），以表彰他对准晶体的发现。

另请参阅：www.nobelprize.org/nobel_prizes/chemistry/laureates/2011/。

quasiparticle 准粒子 一种单粒子激发。

quasi-steady-state hole-burning 准稳态烧孔 参见 spectral hole-burning（光谱烧孔）。

qubit 量子位 亦称量子比特，为“quantum bit”的缩写。它是一个量子体系，像通常的计算机比特那样有两个可达到的态，但与经典体系不同的是它可以同时处于这两种态的叠加态。量子位就是一个量子两能级体系，例如，电子自旋、核自旋或者光子的偏振，并可由对应于“0”或“1”态的相干叠加态来制备。表 Q. 2 中列出了一些重要时间量，它们用以表征不同的两能级量子系统的性能。

时间 t_{sw} 是执行一个量子门操作的所需最小时间，它可以用 $h/\Delta E$ 来估算，其中 ΔE 是两能级体系中典型的能级分裂值。对于每个体系，一个 π 翻转脉冲的持续时间不能比这个不确定性时间短。相位相干时间 t_{ph} 是精确完成一个完整的量子计算所需的时间尺度的上限。这两个时间量之比给出了用这些量子位进行一次量子计算时所允许的最大步骤数。

首次描述：B. Schumacher，*Quantum coding*，Phys. Rev. A **51**（4），2738～2747（1995）。

表 Q.2 两能级量子体系的开关（t_{sw}）和相位相干（t_{ph}）时间

［来源：D. P. DiVincenzo，*Quantum computation*，Science 270，255～261（1995）］

量子体系	t_{sw}/s	t_{ph}/s	t_{ph}/t_{sw}
穆斯堡尔核	10^{-19}	10^{-10}	10^{9}
电子:砷化镓	10^{-13}	10^{-10}	10^{3}
电子:金	10^{-14}	10^{-8}	10^{6}
俘获离子:铟	10^{-14}	10^{-1}	10^{13}
光学腔	10^{-14}	10^{-5}	10^{9}
电子自旋	10^{-7}	10^{-3}	10^{4}
电子量子点	10^{-6}	10^{-3}	10^{3}
核自旋	10^{-3}	10^{4}	10^{7}

从 Rabi flopping（拉比振荡）到 Rydberg gas（里德伯气体）

Rabi flopping　拉比振荡　二能级系统内的正弦形式的粒子布居数转移。参见 Rabi frequency（拉比频率）。

Rabi frequency　拉比频率　此频率出现在二能级系统的分析中。二能级系统是一个基本模型，可以精确近似许多物理体系，尤其是有共振现象的体系。基本的二能级系统是一个自旋为 1/2 的粒子（自旋向上和自旋向下）。考虑自旋为 1/2 的粒子在均匀且时间依赖的磁场中运动，假设粒子的磁矩 $\boldsymbol{\mu}=\gamma\boldsymbol{S}$，$\gamma$ 是旋磁比，$\boldsymbol{S}$ 是自旋算子。在磁场强度 $\boldsymbol{B}_0$ 沿 z 轴方向的静磁场中，磁矩的运动表述如下：

$$\mu_x=\mu\sin\theta\cos\omega_0 t,\quad \mu_y=\mu\sin\theta\sin\omega_0 t,\quad \mu_z=\mu\cos\theta$$

θ 是 $\boldsymbol{\mu}$ 和 $\boldsymbol{B}_0$ 之间的夹角，$\omega_0=-\gamma B_0$ 是拉莫尔频率（Larmor frequency）。现在我们引进一磁场 $\boldsymbol{B}_1$，它在 xy 平面内以拉莫尔频率转动。总的磁场强度 $\boldsymbol{B}=(B_1\cos\omega_0 t,-B_1\sin\omega_0 t,B_0)$［称为拉比脉冲（Rabi pulse）］，我们将发现 μ 在磁场中运动，此解在转动坐标系下很简单，即磁矩 μ 绕着磁场发生进动，其速率为

$$\omega_{\mathrm{R}}=\gamma B$$

这个频率就是拉比频率（Rabi frequency）。如果磁矩最初沿 z 轴，则其尖端轨迹在 yz 平面上是环形。在 t 时刻它以 $\phi=\omega_{\mathrm{R}}t$ 角度进动，在 z 轴上的分量为 $\mu_z(t)=\mu\cos\omega_{\mathrm{R}}t$。在 $T=\pi/\omega_{\mathrm{R}}$ 时，动量指向 z 轴负方向，也即方向发生反转。这种现象就称为拉比振荡（Rabi flopping）。

如果磁场以一般的频率而不是共振频率 ω_0 转动，可以证明绕磁场进动的角频率［也即有效拉比频率（effective Rabi frequency）］为

$$\omega_{\mathrm{R}}^{\mathrm{eff}}=\sqrt{\omega_{\mathrm{R}}^2+(\omega_0-\omega)^2}$$

磁矩的 z 轴分量发生振荡，但除非 $\omega=\omega_0$，否则不可能完全反转。这种拉比振动（Rabi oscillation）的频率依赖旋转磁场的大小，而它的振幅依赖相对于 ω_{R} 的频差 $\delta=\omega-\omega_0$，称为去谐。磁场中的粒子磁矩以有效拉比频率在两个态之间振动，振动的衬度由去谐决定。

拉比共振方法可用来测量两态之间的能级分裂，它在量子光学中扮演很重要的角色，正在自旋量子位（qubit）体系的分析和设计中得到广泛的应用。

首次描述：I. I. Rabi，*On the process of space quantization*，Phys. Rev. **49**（4），324～328（1936）；I. I. Rabi，*Space quantization in a gyrating magnetic field*，Phys. Rev. **51**（8），652～654（1937）。

获誉：I. I. 拉比（I. I. Rabi）因为用共振方法记录原子核磁特性的贡献而获得了 1944 年诺贝尔物理学奖。

另请参阅：www.nobelprize.org/nobel_prizes/physics/laureates/1944/。

Rabi oscillation　拉比振动　二能级系统内的振动，参见 Rabi frequency（拉比频率）。

Rabi pulse　拉比脉冲　如果决定拉比频率（Rabi frequency）的振动磁场是共振的，即 $\omega = \omega_0$ 时，则此场称为拉比脉冲。参见 Rabi frequency（拉比频率）。

racemization　外消旋化　将一个对映体（enantiomer）转化成对映体的外消旋混合物的过程。

Rademacher functions　拉德马赫函数　一系列正交函数，形如 $f_n(x) = f_0(2^n x)$，其中 n 为正整数，而当 $0 \leqslant x < 1/2$ 时 $f_0(x) = 1$，当 $1/2 \leqslant x < 1$ 时 $f_0(x) = -1$，对于 $-\infty < x < \infty$ 都有 $f_0(x+1) = f_0(x)$。这个体系并不完备，它可以在沃尔什函数（Walsh functions）体系中实现完备化。

首次描述：H. A. Rademacher, *Einige Sätze über Reihen von allgeneinen Orthogonalenfunktionen*, Math. Ann. **87**, 112～138 (1922)。

radical (chemical)　根　亦称自由基，出现在不同的化合物当中且在化学反应中保持不变的一组原子。

Rafii-Tabar and Sutton potential　拉菲・塔瓦尔-萨顿势　在固体中，原子 i 由于与邻近原子之间的长程相互作用形成的势能，它具有下面的形式：$V_i = \varepsilon/2 \sum_j (a/r_{ij})^n - c\varepsilon\left[\sum_j (a/r_{ij})^m\right]^2$。其中 a 是晶格常数，r_{ij} 表示第 i 个原子与第 j 个原子之间的距离，而常数 c 的选取是使得如果 r_{ij} 是晶格常数为 a 的面心立方（face-centered cubic）晶格的相应值时，块状晶体中原子的能量能达到最小值。参数 ε、n 和 m 通过拟合内聚能和体积模量获得，n、m 必须是整数，且 m 不小于 6。这种势适合于合金。

首次描述：H. Rafii-Tabar, A. P. Sutton, *Long-range Finnis-Sinclair potentials for fcc metallic alloys*, Phil. Mag. Lett. **63**, 217～224 (1991)。

详见：G. A. Mansoori, *Principles of Nanotechnology: Molecular-based Study of Condensed Matter in Small Systems* (World Scientific, Singapore, 2005)。

Raman effect　拉曼效应　被固体散射的光包含了频率相对入射单色光频率有移动的组分。具体情况如图 R.1 所示。

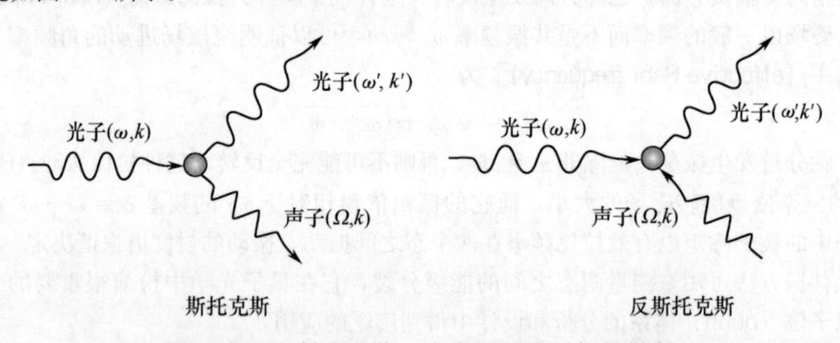

图 R.1　发射或吸收一个声子的光子拉曼散射

入射光子与散射光子（photon）的频差称为拉曼频率（Raman frequency）。这种移动是由于原子或者分子的旋转或者振动运动发生改变而使得光子获得或失去一定能量导致的。光散射涉及两个光子：一个频率为 ω；另一个 ω'。一个光子被晶体非弹性散射，产生或者湮灭一个频率为 Ω 的声子（phonon）或磁振子（magnon）。$\omega' = \omega - \Omega$ 的光子称为斯托克斯线（Stokes line），声子发射的过程是一个斯托克斯过程（Stokes process）。当一个声子在散射过程中被吸收，这个过程称为反斯托克斯过程（anti-Stokes process），相应的光子频率 $\omega' = \omega + \Omega$ 形成反斯托克斯线（anti-Stokes line）。

当涉及声频声子（acoustic phonon）时这个过程称为布里渊散射（Brillouin scattering），而涉及光学声子时称为极化声子（polariton）散射。相似的过程同样适合磁振子（magnon）。

散射辐射在某些确定的光极化以及散射几何的选择定则下会消失，这些所谓的 Raman selection rules（拉曼选择定则）是散射中涉及的介质和振动模式的对称性导致的结果。

首次描述：C. V. Raman，*A new radiation*，Indian J. Phys. **2**，387～398（1928）；G. Landsberg，L. Mandelstam，*Über die Lichtzstreuung in Kristallen*，Z. Phys. **50**（11/12），769～780（1928）。

获誉：1930 年，C. V. 拉曼（C. V. Raman）因他在光散射及发现以他命名的效应方面的工作而获得诺贝尔物理学奖。

另请参阅：www.nobelprize.org/nobel_prizes/physics/laureates/1930/。

Raman frequency　拉曼频率　参见 Raman effect（拉曼效应）。

Raman scattering　拉曼散射　参见 Raman spectroscopy（拉曼光谱学）。

Raman selection rules　拉曼选择定则　参见 Raman effect（拉曼效应）。

Raman spectroscopy　拉曼光谱　此技术探测分子或类分子结构内的振动频率。其思想是当一束强光照射在样品上时，由于拉曼效应（Raman effect），散射光的频率高于和低于入射光频。散射光与入射光的频率差等于分子键的振动频率，它是出现拉曼散射的原因。因此通过分析拉曼散射光谱，分子内不同的分子键和功能团就会被识别。

rapid single flux quantum device　快速单磁通量子器件　由约瑟夫森结［参见 Josephson effect（约瑟夫森效应）］构成的二端器件，它用一个磁通量子作为信息的一个比特（bit）。逻辑 1 与 0 分别用单个磁通量子的有无来表示。由于用来充当载流子的有整数自旋的库珀对（Cooper pair）的宏观量子性能，这类器件有不寻常的动力学性质。它的时钟频率可以超过十万兆赫兹，而能耗非常小。它在实际应用中最主要的劣势就是必须在 4～5 K 的低温下工作。

首次描述：D. Zinoviev，K. Likharev，*Feasibility study of RSFQ-based self-routing nonblocking digital switches*，IEEE Trans. Appl. Superconductivity 7（2），3155～3163（1997）。

rare earth element　稀土元素　元素周期表ⅢB 族的 17 种金属元素，从原子数为 21 的钪到原子数为 71 的镥。其中原子数从 57（镧）到 71（镥）的元素亦称镧系元素（lanthanides）。

首次描述：S. A. Arrhenius，Sitz. Ber. Wiener Akad.，II Abteilung **96**，831（1887）。

Rashba coupling　拉什巴耦合　也即 Rashba effect（拉什巴效应）。

Rashba effect　拉什巴效应　没有外加磁场时，因为材料内的自旋-轨道耦合增强导致固体内电子能级的自旋分裂。在块材固体中，它常与晶体势场缺少反演对称性有关。在低维结构，尤其在量子阱（quantum well）中这种效应与限域势的反演反对称性相叠加。因此，对于总的自旋分裂可能由两部分贡献：一部分是材料相关的自旋-轨道耦合；另一部分是量子限域。

一个反对称的量子阱一般有界面电场，其方向沿阱平面的法线，它通过电子自旋-轨道运动的耦合来消除二维电子能带的自旋简并。这种自旋-轨道耦合可由哈密顿算符（Hamiltonian）$H_{so}=\alpha_s(\boldsymbol{\sigma}\times\boldsymbol{k})\cdot\boldsymbol{z}$ 描述，其中 $\boldsymbol{\sigma}$ 是泡利自旋矩阵（Pauli spin matrix），$\boldsymbol{z}$ 为沿表面场方向的单位矢量，$\boldsymbol{k}$ 是沿平面方向的电子波矢。这个哈密顿算符通常被称为拉什巴项（Rashba term）。自旋-轨道耦合常数正比于内建表面电场的强度。带有自旋-轨道项的有效质量哈密顿算符表达式如下：

$$H = \frac{\hbar^2 k^2}{2m} + \alpha_s(\boldsymbol{\sigma} \times \boldsymbol{k}) \cdot \boldsymbol{z}$$

它遵从电子能量色散关系，该能量色散与平面内的运动相关，其形式如下：

$$E(k) = \frac{\hbar^2 k^2}{2m} \pm \alpha_s k$$

这个色散关系最重要的特征就是自旋在 $k=0$ 时是简并的，且自旋分裂随着 k 增大而线性增加，上式中 α_s 是自旋-轨道耦合常数，即反映耦合的强度。

首次描述：E. I. Rashba，*Properties of semiconductors with a loop of extrema*，Fiz. Tverd. Tela (Lenigra) 2 (6)，1224～1238 (1960) （俄文，自旋-轨道项的引入）；Y. A. Bychkov，E. I. Rashba，*Oscillatory effects and the magnetic susceptibility of carriers in the inversion layers*，J. Phys. C **17** (33)，6039～6045 (1984) （最先证明自旋耦合在二维结构中的作用）。

Rashba term 拉什巴项 参见 Rashba effect（拉什巴效应）。

rational design 合理设计 参见 structure-based engineering（基于结构的工程）。

Rayleigh-Jeans law 瑞利-金斯定律 黑体温度为 T 波长为 λ 时，黑体辐射的能量密度为 $P(\lambda) = 8\pi k_B T/\lambda^4$。

Rayleigh law of scattering 瑞利散射定律 参见 Rayleigh scattering (of light) [瑞利（光）散射]。

Rayleigh limit 瑞利限 关于波像差不能超过 1/4 波长的限制，以确保理想图形的质量。

Rayleigh line 瑞利线 散射辐射的谱线中与入射光有相同频率的光线，其原因是通常的散射或者说瑞利散射（Rayleigh scattering）。

Rayleigh range 瑞利长度 衍射受限透镜聚焦的高斯光束区域中，在最小光束腰点 W 与光束直径增加到 $(2W)^{1/2}$ 处之间的轴向距离。

首次描述：Lord Rayleigh (J. W. Strutt)，*Images formed without reflection or refraction*，Phil. Mag. **11**，214～218 (1881)。

Rayleigh scattering (of light) 瑞利（光）散射 描述光波被一个远小于其波长的粒子散射的现象。散射波振幅正比于粒子的体积反比于波长的平方，因此散射强度正比于波长的负四次方，即瑞利散射定律（Rayleigh law of scattering）。它预示着短波被包含微粒的媒介散射的效率比长波辐射的效率高。光散射的这个特性是有太阳时的天空呈蓝色和落日呈红色的原因。它源于天空污染，更广泛的说是熵涨落。蓝光波长是红光的波长的一半，它的散射是红光的 16 倍以上。红色的落日就是因为这种散射选择把更多的蓝光从直接光束中移去，大气层的横向厚度足以产生明显的红光效应。

首次描述：J. W. S. Rayleigh，*On the light from the sky，its polarization and colour*，Phil. Mag. **41**，107～120 and 274～279 (1871)。

Rayleigh's equation (for group velocity of waves) 瑞利（波群速）方程 此方程将波群速表示为波速 v 和波长 λ 的函数，即：$v_{gr} = v - \lambda(dv/d\lambda)$。

首次描述：J. W. S. Rayleigh，*On waves propagating along the plane surface of an elastic solid*，Proc. Lond. Math. Soc. **17**，4～11 (1887)。

RBS 为 Rutherford backscattering spectroscopy（卢瑟福背散射谱）的缩写。

reactance 电抗 参见 impedance（阻抗）。

real contact area 实际接触面积 参见 Bowden-Tabor law（鲍登-塔博尔定律）。

reciprocal lattice 倒易点阵 亦称倒易格子、倒易点格，由晶体正格子定义的一种不变的数学结构。若 $\boldsymbol{a}_i(i=1,2,3)$ 是晶体正格子空间的基矢，则它的倒格矢 $\boldsymbol{a}_j^*(j=1,2,3)$ 可通过 $\boldsymbol{a}_i \cdot \boldsymbol{a}_j^* = \delta_{ij}$ 表示，其中 $i=j$ 时 $\delta_{ij}=1$，$i \neq j$ 时 $\delta_{ij}=0$。正格子空间的格矢 $\boldsymbol{a}_i$ 和倒易空间的格矢 $\boldsymbol{a}_j^*$ 彼此是正交的。因此，倒格矢 $\boldsymbol{a}_1^* = (\boldsymbol{a}_2 \times \boldsymbol{a}_3)/V$，$\boldsymbol{a}_2^* = (\boldsymbol{a}_3 \times \boldsymbol{a}_1)/V$，$\boldsymbol{a}_3^* = (\boldsymbol{a}_1 \times \boldsymbol{a}_2)/V$，其中 $V = \boldsymbol{a}_1 \cdot (\boldsymbol{a}_2 \times \boldsymbol{a}_3)$ 是正格子空间晶胞的体积。晶体中的每一组晶面可用倒易空间的一个点表示。倒易点阵具有正格子所有的对称性。

reciprocity failure 倒易律失效 参见 Bunsen-Roscoe law（本生-罗斯科定律）。

recognition 识别 分子识别描述一个分子与别的分子或者衬底形成选择性的键的能力，这种能力基于存储在发生相互作用的两方的结构特征中的信息。分子识别在分子器件特别是分子电子学（molecular electronics）中起很重要的作用，它驱动着以下过程：利用基本结构单元来制造器件和集成电路，将它们组装成超分子阵列，允许对给定的物种进行选择性操作例如掺杂，以及控制对诸如相互作用、外加场之类的外部微扰的反映。

reconstruction 重构 参见 surface reconstruction（表面重构）。

redox 氧化还原 此术语来源于 oxidation（氧化）和 reduction（还原）两个概念。这两种过程总是同时发生，因为在化学反应中不可能只发生其中一种。一种化合物失去电子，必然会有另外一种化合物获得电子。还原可以看成原子正电荷的减少，氧化则相反（获得正电荷）。还原过程可以看成是分子、原子或离子摄取一个电子，氧化过程则是失去电子。

red shift 红移 光谱整体向红光波段方向的移动。

Reed-Muller algebra 里德-马勒代数 在通用基内的操作，包括对于布尔［参见 Boolean algebra（布尔代数）］变量的常数 1、或（OR）、与（AND）和非（NOT）的操作。在这种代数中，表达式可分为固定极性表达式与混合极性表达式。

首次描述：I. Reed，*A class of multiple-error-correcting codes and a decoding scheme*，IEEE Trans. Inform. Theory **4**，38～39（1954）；D. Muller，*Applications of Boolean algebra to switching circuit design and to error correction*，IRE Trans. Elec. Comp. **3**，6～12（1954）。

Reetz method 雷茨方法 此方法通过电解精练过程进行金属纳米晶体的电化学合成。它包括六个基本的步骤，如图 R.2 所示。

这些步骤是：①金属阳极的氧化溶解；②金属阳离子迁移到阴极；③离子还原到零价态；④通过成核、成长形成颗粒；⑤通过覆盖剂控制生长；⑥颗粒的沉淀。覆盖剂是典型的包含像四辛烷铵溴化物之类的长链烷的季铵盐。

纳米晶体的尺寸可以通过改变电流密度、电极间的距离、反应时间、温度和溶剂的极性来调整。一般来说，低的电流密度可产生较大的颗粒，而高电流产生的颗粒较小。

这种方法已经成功地用来合成 Ni、Co、Fe、Ti、Ag、Au 等纳米颗粒，还可通过在由不同金属组成的两电极合成像 Pd-Ni、Fe-Co、Fe-Ni 这样的双金属胶体。而且，单金属和双金属纳米颗粒还可以通过溶解有不同盐的电解液的还原过程制得。

首次描述：M. T. Reetz，W. Helbig，*Size-selective synthesis of nanostructured transition metal clusters*，J. AM. Chem. Soc. **116**（16），7401～7402（1994）。

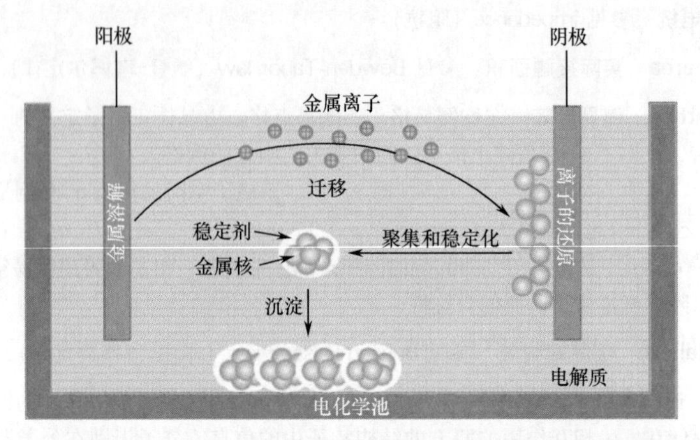

图 R.2 利用雷茨方法电化学合成金属纳米晶体示意图

reflection high-energy electron diffraction（RHEED） 反射高能电子衍射 简称 RHEED，当入射电子束（能量为 5～100 eV）掠射向固体表面时，从固体表面反射的电子的衍射。这种衍射图样常用来区别固体表面单晶、多晶和非晶结构。它被广泛用于通过表面原子粗糙度的改变监视单原子层生长。随着生长过程中薄膜厚度的增加，反射和衍射电子的强度以一定的周期振动，这个周期等于原子或分子层的厚度。高散射强度与当一层原子层完全长成时出现的平整表面相关，低强度则对应于原子级粗糙的表面，这样的表面存在很多单层厚的岛。这种技术在原位（*in situ*）监视超晶格（superlattice）薄膜的生长方面很有用。

详见：P. K. Larsen and P. J. Dobson（eds），*Reflection High-Energy Electron Diffraction and Reflection Electron Imaging of Surfaces*（Plenum Press，New York，1988）。

reflectivity 反射率 总的反射辐射强度和总的入射辐射强度的比率。

refraction 折射 当波通过两个具有不同折射率（refractive index）的介质之间的界面时，波的传播方向发生改变。在界面处波改变传播方向，它的波长增加或减少，但频率保持不变。

这种现象可通过图 R.3 阐述，把一个尺子放进水里，光波在水里传播的速度比空气中慢，结果出射光的波长减小，波在界面处弯折，这导致尺子末端看起来比实际位置浅。

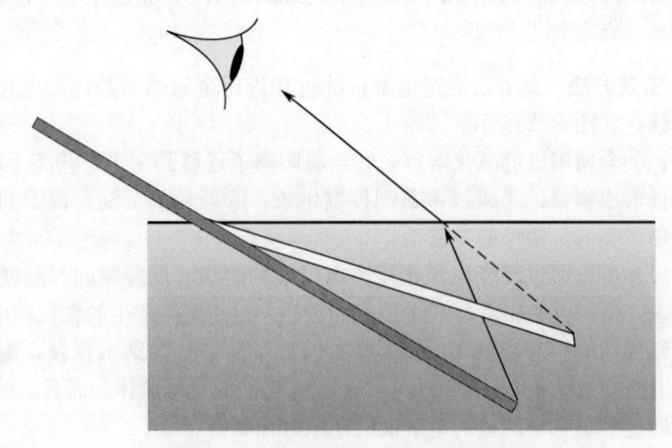

图 R.3 光波从水中出来时的折射

折射也是彩虹的产生和白光通过透明棱镜时分解为彩虹似的光谱的原因。不同频率的光的速度不同，这导致它们在棱镜表面以不同的角度折射，不同的频率对应观察到的不同颜色。

可以用斯涅耳定律（Snell's law）计算在折射过程中光的弯折量。

refractive index 折射率 此物理量以复数形式完整地描述了材料的线性光学响应。它的实部表示折射的实数指数，也即光在真空中的速度和光在材料中的速度之比，虚部是消光系数（extinction coefficient），参见 dielectric function（介电函数）。

refractory metal 难熔金属 熔点高于 1850℃的金属：铌、钼、钽、钨、铼、钒、钛、铬、锆、铪、钌、铑、锇、铱。

relativistic particle 相对论性粒子 运动速度可以和光速相比较的粒子。

remanent magnetism 剩磁 亦称剩余磁化强度，即撤掉磁场后样品中剩余的磁化强度。

Renner-Teller effect 伦纳-特勒效应 由于电子振动微扰展开的偶数项而导致的分子实体振动能级的分裂。对于非线性分子实体来说，这个效应与由奇数项导致的扬-特勒效应（Jahn-Teller effect）相比属于是次级效应。对于线性分子实体来讲，这是简并电子态唯一可能的振动效应特征。

首次描述：R. Renner，*Zur Theorie der Wechselwirkung zwischen Elektronen-und Kernbewegung bei dreiatomigen，stabförmigen Molekülen*，Z. Phys. **92**，172～193（1934）。

ReRAM 为 resistance random access memory（阻抗随机存取存储器）的缩写。

research misconduct 研究违规 亦称研究不当行为，即在提出、操作或评论研究工作，或报道研究结果时的伪造、窜改、剽窃等不当行为。其判定必须包括：与相关研究团体所公认的实践有显著的偏离；故意、有意、轻率地犯处理失当的错误；占多数的证据支持此论断。这一新的关于科学违规的定义在近些年开始得到认可，特别是在几次纳米科学领域的违规事件之后，包括纳米物理学者 J. H. 舍恩（Jan Hendrik Schön）于 1999～2002 年在贝尔实验室对于所谓新型纳米器件的发现，和韩国克隆技术研究者黄禹锡（Woo Suk Wang）在 2005～2006 年的培育胚胎干细胞造假事件。

resistance（electrical） 电阻 电路阻碍电流通过的性质，致使电能以热能形式散失。

resistance random access memory（ReRAM） 阻抗随机存取存储器 一种利用类电容结构的固态非易失随机存取存储器类型，包含一个绝缘或者半导体氧化物，当施加适合电子存储信息的脉冲电压时表现出可逆阻抗转换。

resistivity 电阻率 材料中的电场与通过它的电流密度的比值。从现象上来说，根据电阻率大小和对于温度的依赖关系，电阻可以被分为三类：①导体（conductor），电阻率为 $10^{-6}\sim10^{-4}\ \Omega\cdot cm$，其温度系数为正；②半导体（semiconductor），电阻率为 $10^{-4}\sim10^{9}\ \Omega\cdot cm$，其温度系数为负；③绝缘体（insulator），电阻率大于 $10^{9}\ \Omega\cdot cm$，其温度系数一般为负。

RESOLFT 为 reversible saturable optically linear fluorescence transitions microscopy（可逆饱和光学线性荧光跃迁显微术）的缩写。

resonance 共振 一个系统在外加周期性驱动力下呈现的现象，当驱动力的频率接近某一值（通常是系统的自由振动频率）时系统的振幅变得很大。

resonant scattering 共振散射 光子被一个量子力学体系（通常是一个原子或原子核）散射，在此过程中，这个体系首先吸收光子，从一个能态跃迁到较高能态，随后通过精确的逆跃迁而重发射一个光子。

resonant tunneling 共振隧穿 电荷载流子的一种隧穿过程，即电子通过一个结构的透射系数在某些能量处是尖锐的峰值，类似于通过光滤波器［如法布里-珀罗谐振腔（Fabry-Pérot resonator)］的透射光在某些波长时出现尖锐的峰。通常出现于当电荷载流子通过量子阱时，外电压增加导致量子阱中的量子化能级与注入电极的能级持平。

示意这种现象的最简单器件，也即共振隧穿二极管（resonant tunneling diode)，主要包括一个位于带有发射极和收集极的双隧道势垒结构中的量子阱（quantum well)，它的能带图和电流电压特征见图 R. 4。

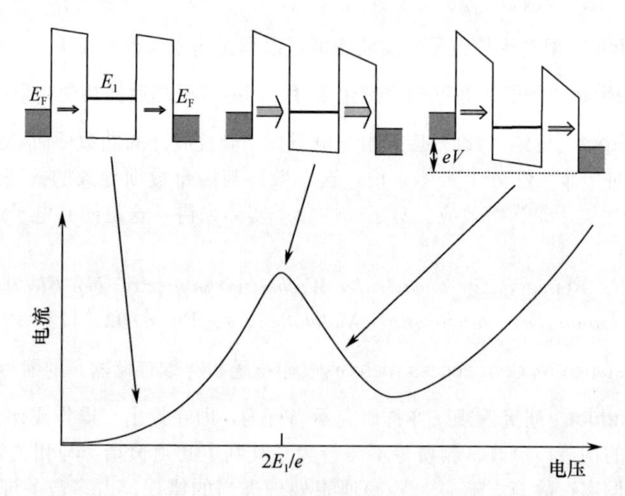

图 R. 4 共振隧穿二极管的导带图和电流-电压特性

势垒足够薄，因此在某些环境下电子可以从势垒的发射极隧穿到量子阱里。与此同时，量子阱也足够薄，以至于态密度可以分成许多二维子能带。假设量子阱内只有一个子能带，它位于导带边以上能量 $E_1 = \hbar^2\pi^2/(2m^* a^2)$ 处，其中 m^* 为电子的有效质量，a 为阱宽。零偏压时，E_1 比在势垒两边连接区域的费米能量（Fermi energy）E_F 要高，这一点很重要。因此，当一个很小的电压加在上面时，在量子阱内没有可供电子隧穿的态。结果，低偏压下唯一的电流就是由穿过势垒的热发射引起，而且在高势垒下这一点可以忽略。所加电压的电压降绝大部分落在在电阻区也即势垒处。随着所加电场增加，引起的电场会导致明显的能带弯曲，在发射极处向上弯曲，而在收集极处向下弯曲。

最终在某个电压下，发射极的费米能量达到了共振能级 E_1。因为费米能量和阱内共振态平齐，从发射极到收集极的透射会增加进而导致电流增大。电子通过量子阱时能量和动量都守恒，这使它们有高的透射概率。与此同时，电子在收集极区域遇到很大的势垒，它的回流会受到抑制。这些情况使得电流增加到峰值。

当电压进一步增加时，受限态的能量会低于发射极的费米能量。在这种情况下没有电子可以隧穿到量子阱内且能保持能量和动量守恒，通过器件的电流下降。电流-电压曲线的梯度现在变成负值，出现了负微分电阻（negative differential resistance）区域，这使得器件可以用作高频放大器。在更高的偏压下电流又会开始增加，因为通过势垒的热激发电子在强电场下对电流有很明显的贡献。

对具有相同势垒和接触点参数的理想双势垒结构，电流-电压曲线相对于原点是对称的，电流的峰值对应于电压为 $2E_1/e$ 处。而对于真实的结构，通常是反对称的，原因是与技术相关的几个因素，如杂质和缺陷浓度分布的反对称、界面粗糙度的不同。

对于很多实际应用来说，具有负微分电阻的器件必须具有很大的电流峰值和很小的谷值，后者是最小电流，随电压增加出现在电流峰值之后。因此，对于这种器件，一个很重要的优值系数就是峰谷比（peak-to-valley ratio）。对于共振隧穿二极管，峰谷比在室温下的数值是为60∶1～4∶1，依赖于几何构型和势垒/量子阱的材料。在低温下峰谷比要高很多。值得注意的是，随着温度的增加，峰谷比会下降，直到负微分电阻完全消失。这种降低与穿过势垒的非共振电流的增加相关，其来源是热电子发射以及分布函数在共振能量附近的展宽（使电流峰值下降）。电流谷值在高温下也会增加，这是声子协助隧穿的结果。峰值电流密度在室温下可能会超过 10^5 A·cm^{-2}。最高的峰值电流密度和最高的峰谷比不能在同一个结构中同时实现，这是因为器件设计时需要在这两个参数之间折中选择。

首次描述：D. Bohm，*Quantum Theory*（Prentice Hall，Englewood Cliffs，NJ，1951），p. 283（现象）；L. V. Iogansen，*On the possibility of resonance passage of electrons in crystals through a system of barriers*，Zh. Eksp. Teor. Fiz. **45**（2），207～213（1963）（俄文，理论描述）；L. Esaki，R. Tsu，*Superlattice and negative differential conductivity in semiconductors*，IBM J. Res. Dev. **14**（1），61～65（1970）（实验上实现共振隧穿二极管）。

获誉：1973 年，江崎玲于奈（L. Esaki）由于对半导体隧穿现象的实验发现而获得诺贝尔物理学奖。

另请参阅：www. nobelprize. org/nobel_prizes/physics/laureates/1973/。

rest mass　静质量　在具有三个空间坐标和一个时间坐标的惯性坐标系［即洛伦兹框架（Lorentz frame）］中静止粒子的质量。

Retger law　雷特格定律　同晶物质的晶状混合物的性质是它们的组成百分比的连续函数。

首次描述：雷特格（Retger）于 1889 年。

reversible logic　可逆逻辑　允许在三维空间内对逻辑可逆信号的任意模式进行处理的一种逻辑器件。对于每一个操作它不需要最小信号量限制。可逆或信息无损环路对于数字信号处理、通信、电脑制图和量子计算都很有用。

详见：A. N. Al-Rabadi，*Reversible Logic Synthesis*（Springer，Berlin，2003）。

reversible saturable optically linear fluorescence transitions（RESOLFT）microscopy 可逆饱和光学线性荧光跃迁显微术　参见 fluorescence nanoscopy（荧光纳米显微术）。

首次描述：M. Hofmann，C. Eggeling，S. Jakobs，S. W. Hell，*Breaking the diffraction barrier in fluorescence microscopy at low light intensities by using reversibly photoswitchable proteins*，Proc. Natl. Acad. Sci.（PNAS）**102**（49），17565～17659（2005）。

RHEED　为 reflection high-energy electron diffraction（反射高能电子衍射）的缩写。

rhombic lattice　正交点阵　亦称正交晶格、正交点格，参见 orthorhombic lattice（正交点阵）。

rhombohedral lattice　三方点阵　亦称三方晶格、三方点格、菱面体格，参见 trigonal lattice（三角点阵）。

ribosome　核糖体　一种细胞内的粒子，由蛋白质（protein）和核酸组成。它负责把编码在核酸中的基因信息转移到蛋白质的主序列中去。

Richardson constant　理查森常数　参见 Richardson equation（理查森方程）。

Richardson-Dushman equation　理查森-杜什曼方程　参见 Richardson equation（理查森方程）。

Richardson effect　理查森效应　参见 Einstein-de Haas effect（爱因斯坦-德哈斯效应）。

Richardson equation　理查森方程　此方程描述从温度为 T 的热金属发射出的电子的饱和电流密度为 $j = AT^{1/2}\exp[-\phi/(k_{\mathrm{B}}T)]$，其中 A 是常数，ϕ 是热电子功函数。后来它被杜什曼（Dushman）用量子理论修正为 $j = BT^2\exp[-\phi/(k_{\mathrm{B}}T)]$，$B$ 是依赖于材料的参数，称为理查森常数（Richardson constant）。这就是理查森-杜什曼方程（Richardson-Dushman equation）。两个方程都与实验吻合得很好，因为关系式主要由指数项决定。$\log(j/T^2)$ 相对于 $1/T$ 的曲线数据图称为理查森标绘图（Richardson plot），可以用来确定 ϕ。

首次描述：O. W. Richardson，*On the negative radiation from hot platinum*，Proc. Camb. Phil. Soc. **11**，286～295（1901）；S. Dushman，*Electron emission from metals as a function of temperature*，Phys. Rev. **21**（6），623～636（1923）。

详见：S. Dushman，*Thermionic emission*，Rev. Mod. Phys. **2**（4），381～476（1930）。

获誉：1928 年，O. W. 理查森（O. W. Richardson）由于在热电子方面的工作特别是以他名字命名的方程而获得诺贝尔物理学奖。

另请参阅：www. nobelprize. org/nobel_prizes/physics/laureates/1928/。

Richardson plot　理查森标绘图　参见 Richardson equation（理查森方程）。

Righi-Leduc coefficient　里吉-勒迪克系数　参见 Righi-Leduc effect（里吉-勒迪克效应）。

Righi-Leduc effect　里吉-勒迪克效应　把电导体放在强度为 $\boldsymbol{H}$ 的磁场中，沿磁场方向保持一个温差，这时会出现横向温度梯度。它可以用方程 $\boldsymbol{\nabla}_{\mathrm{tr}}T = S\boldsymbol{H}\times\boldsymbol{\nabla}_{\mathrm{long}}T$ 表示，其中 S 是里吉-勒迪克系数（Righi-Leduc coefficient）。

首次描述：A. Righi，Mem. Acc. Lincei 4，433（1887）；M. A. Leduc，J. Phys. 2e série 6，378（1887）。

Ritz procedure　里茨程序　参见 variation principle（变分原理）。

Rivest-Shamir-Adleman algorithm　里韦斯特-沙米尔-阿德勒曼算法　此算法形成了一种加密技术和解密技术的基础。它具有这样的性质，即公开揭示加密密钥并不会因此透露相应的解密密钥。在运算法则中首先产生两个大的素数，然后相乘，通过附加操作获得一组形成加密密钥的双数字和另外一组构成解密密钥的数字。一旦这两种密钥确定以后，就可以放弃最初的素数。加密和解密方法都需要这两种密钥，但是只有解密密钥的拥有者才需要知道它。这种算法的安全性依赖于因式分解大整数的难度。

首次描述：R. L. Rivest，A. Shamir，L. Adleman，*A method for obtaining digital signatures and public-key cryptosystems*，Commum. Assoc. Comput. Mach. **21**（2），120～126（1978）。

R-matrix theory　R 矩阵理论　参见 random matrix theory（随机矩阵理论）。

RNA　为“ribonucleic acid”（核糖核酸）的缩写，它是一种高相对分子质量的络合物，在细胞的蛋白质（protein）合成中起作用，在一些病毒它可以取代 DNA 成为遗传密码的载体。它由不同长度的核糖核苷酸链组成，结构从螺旋形链到非卷曲形链之间变化。RNA 中的氮碱有腺嘌呤、鸟嘌呤、胞嘧啶和尿嘧啶。

总共有三种 RNA：信使 RNA（mRNA）、转移 RNA（tRNA）、核糖体 RNA（rRNA）。

蛋白质合成过程中，mRNA 携带着从细胞核中 DNA 获得的编码到达核糖体中蛋白质合成处。核糖体由 rRNA 和蛋白质组成，它们可以“读出”mRNA 携带出的编码。mRNA 中三氮碱的排列确定了氨基酸的结合。化合物 tRNA 把氨基酸带到核糖体内，在那里它们连接成蛋白质。它又被称为可溶的或者激活物，且包含略少于 100 个核苷酸基元。其他类型的 RNA 包含成千个基元。

首次描述：R. W. Holley，J. Apgar，G. A. Everett，J. T. Madison，M. Marquisee，S. H. Merrill，J. R. Penswick，A. Zamir，*Structure of ribonucleic acid*，Science 147，1462～1465 (1965) (RNA 结构)。

获誉：1968 年，R. W. 霍利 (R. W. Holley)、H. G. 霍拉纳 (H. G. Khorana) 和 M. W. 尼伦伯格 (M. W. Nirenberg) 由于对遗传密码以及其在蛋白质合成中的功能的解释而获得了诺贝尔生理学或医学奖。

另请参阅：www.nobelprize.org/nobel_prizes/medicine/laureates/1968/。

roadmap 规划 亦称展望，路线图，根据某一领域研究者现有的总体知识对这一研究领域的未来进行扩展性期望。

ROESY 为 rotational frame nuclear Overhauser effect spectroscopy（转动框架核奥弗豪泽效应光谱学）的缩写。

Roosbroeck-Shockley relation 罗斯布鲁克-肖克利关系式 涉及半导体中的光吸收（absorption）和相关光发射，即光致发光（photoluminescence）。简单形式为

$$I(E) \sim \frac{E^2\alpha(E)}{\left[\exp\left(\frac{E}{k_B T}-1\right]\right.},$$

式中，$I(E)$ 为在无自吸收影响下特定光子能量 E 的光致发光强度，$\alpha(E)$ 为半导体能量相关光吸收系数，T 为温度。

首次描述：W. van Roosbroeck，W. Shockley，*Photon-radiative recombination of electrons and holes in germanium*，Phys. Rev. **94** (6)，1558～1560 (1954)．

详见：J. I. Pankove，*Optical Processes in Semiconductors* (Dover，New York，1971)。

rotamer 旋转异构体 参见 isomer（异构体）。

rotational frame nuclear Overhauser effect spectroscopy (ROESY) 转动框架核奥弗豪泽效应光谱学 参见 nuclear Over hauser effect spectroscopy（核奥弗豪泽效应光谱学）。

rotaxane (rotor and axle) 轮烷 一种超分子的（supramolecular）集合，其中一个或多个轮转单元被一个线性片段连接穿起。不同类型的轮烷如图 R.5 所示。

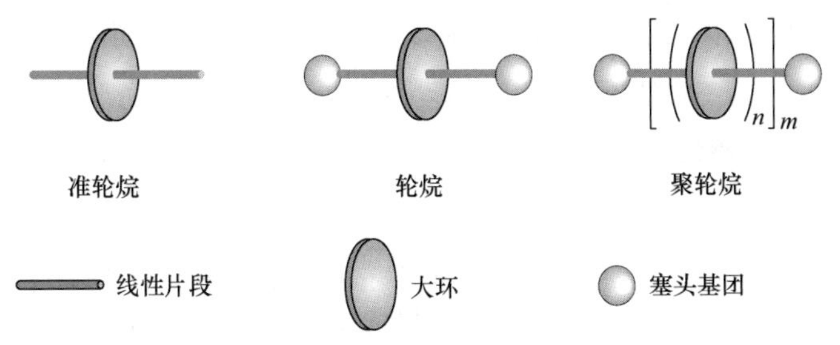

图 R.5 轮烷的几种类型

防止大环脱开的塞头基团是轮烷中的一个典型的组成部分。如果没有塞头基团，这种超分子集合就称为 pseudorotaxane（准轮烷）。

rRNA 即核糖体 RNA，参见 RNA。

Ruderman-Kittel oscillations 鲁德尔曼-基特尔振荡 也即 Friedel oscillations（费里德振荡）。

首次描述：M. A. Ruderman, C. Kittel, *Indirect exchange coupling of nuclear magnetic moments by conduction*, Phys. Rev. **99**（1），96～102（1954）。

Russell-Saunders coupling 罗素-桑德斯耦合 构建轨道角动量和自旋的多电子单粒子的能量本征函数的一个过程。轨道函数被合成一个总自旋角动量的本征函数，接着这个结果被用来合成为系统的总角动量的本征函数。

首次描述：H. N. Runssell, F. A. Saunders, *New regularities in the spectra of the alkaline earths*, Astrophys. J. **61**，38～69（1925）。

Rutherford backscattering spectroscopy（RBS） 卢瑟福背散射谱 简称 RBS，用于凝聚态物质的一种非破坏性元素分析技术。它采用单能轻离子（能量范围为 0.5～4.0 eV，通常是 H^+、He^+、C^+、N^+ 或 O^+）来探测样品。当这些离子撞击到样品中靶原子时，背散射离子的能量就反映了散射原子特征和其深度。利用一个合适的探测器可以记录散射离子束的能量分布和强度，这些数据依赖于与轰击样品的离子发生散射的原子的原子序数、浓度和深度分布。当外来原子的质量比主原子质量大时，可以测量材料表面以下几百纳米范围内的薄膜厚度和外来原子的深度分布。

Rutherford scattering 卢瑟福散射 原子核库仑势场对带电粒子的弹性散射。

Rutherford scattering cross section 卢瑟福散射截面 两个以库仑力相互作用的非相对论性粒子在立体角 $d\Omega$ 内的有效散射截面有以下形式：

$$\frac{d\sigma}{d\Omega}=\left(\frac{q_1q_2}{2mv^2}\right)^2\sin^{-4}\left(\frac{\theta}{2}\right)$$

其中 q_1、q_2 是粒子的电荷，$m=m_1m_2/(m_1+m_2)$，m_1 和 m_2 分别是粒子的质量，v 是粒子间的相对速度，θ 是散射角。

首次描述：E. Rutherford, *On the scattering of α and β particles by matter and the structure of the atom*, Phil. Mag. **21**，669～688（1911）。

Rydberg atom 里德伯原子 冷却的激发态原子，其外层电子半径比基态时的半径大。这种原子的集合称为里德伯气体（Rydberg gas）。原子的激发态越高，它们对周围环境越敏感且相互作用越强。里德伯原子并不移动和碰撞，因为它们已被冷却，但是邻近原子的轨道可以重叠。这就导致里德伯气体与处于基态的同一种原子的集合在性质上有明显差别。

Rydberg constant 里德伯常量 参见 Rydberg formula（里德伯公式）。

Rydberg formula 里德伯公式 此公式确定了氢原子光发射的全谱，也即

$$\frac{1}{\lambda_{vac}}=R_H\left(\frac{1}{n_1^2}-\frac{1}{n_2^2}\right)$$

其中 λ_{vac} 是真空中发射光的波长，R_H 是氢原子的里德伯常量（Rydberg constant），即 $2\pi^2m_0e^4/(ch^3)=109737.31\ cm^{-1}$，$n_1$ 和 n_2 是整数且 $n_1<n_2$。设定 $n_1=1$，n_2 从 2 开始至无穷大，可得到莱曼系（Lyman series），边限为 91 nm。以同样的方法可以得到巴尔末系（Balmer series）（$n_1=2$，n_2 从 3 开始至无穷大，边限为 365 nm）和帕邢系（Paschen series）（n_1

$=3$，n_2 从 4 开始至无穷大，边限为 821 nm）。公式可以扩展到用于任何化学元素：

$$\frac{1}{\lambda_{vac}} = RZ^2\left(\frac{1}{n_1^2} - \frac{1}{n_2^2}\right)$$

其中 R 是该元素的里德伯常量，Z 是原子序数，即该元素的原子核中质子数。

首次描述：J. R. Rydberg，*On the structure of the line spectra of the chemical elements*，Phil. Mag. 29，331～337（1890）。

Rydberg gas　里德伯气体　参见 Rydberg atom（里德伯原子）。

S

从 Sabatier principle（萨巴捷原理）到 synergetics（协同学）

Sabatier principle　萨巴捷原理　表明催化剂（catalyst）和衬底材料之间最佳的相互作用不能太强也不能太弱。如果相互作用太弱，衬底将不能固定催化剂，就不会发生反应。相反，如果相互作用太强，则催化剂就会被衬底堵塞或生成物难于分离。这个原理的一种应用就是通常用于画出反应速率与某种性能的关系图，例如利用催化剂时反应物的吸附热。这种图粗略看起来像一个三角形或者反演抛物线。由于其形状的缘故可称为火山图（volcano plot）。对于针对两个不同性能的三维图，例如画出二元反应的两个反应物的吸附热，图形表面被称为火山表面（volcano surface）。

详见：G. Rothenberg，*Catalysis：Concepts and Green Applications*（Wiley-VCH，Weinheim，2008）。

获誉：1912 年，诺贝尔化学奖授予法国化学家 P. 萨巴捷（P. Sabatier），表彰他所研究的金属催化剂加氢在有机化合成中的应用，近年来有机化学由此获得巨大发展。

另请参阅：www. nobelprize. org/nobel_prizes/chemistry/laureates/1912/。

Saha equation　萨哈方程　参见 exciton（激子）。

首次描述：M. N. Saha，*On a physical theory of stellar spectra*，Proc. R. Soc. Lond.，Series A，**99**（697），135～153（1921）；M. N. Saha，*Versuch einer Theorie der physikalischen Erscheinungen bei hohen Temperaturen mit Anwendungen auf die Astrophysik*，Z. Phys. **6**（1）40～55（1921）。

Sakata-Taketani equation　坂田-武谷方程　自旋为 1 的粒子的相对论波动方程，其形式类似非相对论薛定谔方程（Schrödinger equation）。

首次描述：M. Taketani，S. Sakata，*On the wave equation of meson*，Proc. Phys. Math. Soc. Jap. **22**，757～770（1940），(Reprinted in Suppl. Progr. Theor. Phys. **22**，84～97（1955））。

SAM　为 self-assembled monolayer（自组装单层膜）的缩写。

saturated hydrocarbon　饱和碳氢化合物　参见 hydrocarbon（碳氢化合物）。

saturated pattern excitation microscopy（SPEM）　饱和模式激发显微术　简称 SPEM，参见 fluorescence nanoscopy（荧光纳米显微术）。

首次描述：R. Heintzmann，T. M. Jovin，C. Cremer，*Saturated patterned excitation microscopy—A concept for optical resolution improvement*，J. Opt. Soc. Am. A **19**，1599（2002）；M. G. L. Gustafsson，*Nonlinear structured-illumination microscopy：Wide-field fluorescence imaging with theoretically unlimited resolution*，Proc. Natl. Acad. Sci. （PNAS） **102**（37），13081～13086（2005）。

saturated structured illumination microscopy (SSIM)　饱和结构照明显微术　简称 SSIM，参见 fluorescence nanoscopy（荧光纳米显微术）。

首次描述：R. Heintzmann，T. M. Jovin，C. Cremer，*Saturated patterned excitation microscopy—A concept for optical resolution improvement*，J. Opt. Soc. Am. A **19**，1599（2002）；M. G. L. Gustafsson，*Nonlinear structured-illumination microscopy：Wide-field fluorescence imaging with theoretically unlimited resolution*，Proc. Natl. Acad. Sci. （PNAS）**102**（37），13081～13086（2005）。

SAXS　为 small angle X-ray scattering（小角度 X 射线散射）的缩写。

SCALPEL　为 scattering with angular limitation projection electron-beam lithography（电子束散射角限制投影光刻）的缩写。

scanning capacitance microscopy (SCM)　扫描电容显微术　简称 SCM，这种显微技术所利用的信息是在样品表面扫描的探针和样品表面之间的静电电容的改变。通常它是通过配备有连接在导电探针上的超高频率共振电容传感器的原子力显微镜（atomic force microscopy，AFM）来实现的，见图S. 1。这种技术被应用于获取半导体表面二维电荷载流子分布的信息。

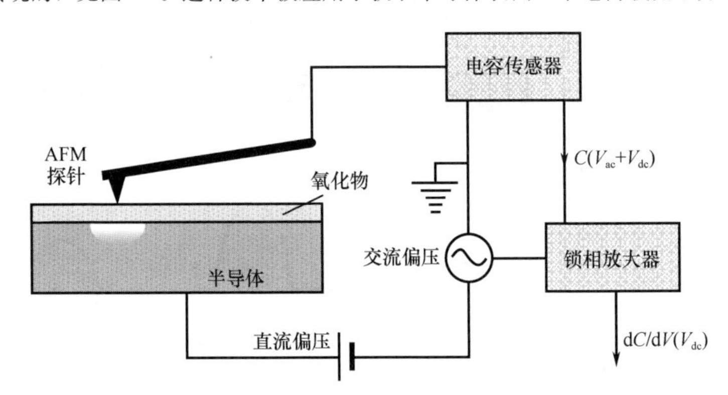

图 S. 1　扫描电容显微术示意图

SCM 的基本原理是基于金属-氧化物-半导体概念。导电探针的针尖视为金属，与生长于半导体样品顶端的绝缘氧化物层相接触。所采用的 AFM 工作于接触模式。

针尖-样品间的电容是通过对针尖下面半导体层中载流子浓度的调制来探测的，针尖偏压包括交流（ac）部分和直流（dc）部分。对于实际材料，高精度探测的是电容变化量 dC/dV，这是因为电容本身太小以至于很难被可靠探测。映射在扫描区域上的 dC/dV 信号是半导体样品亚表层中横向载流子浓度的函数。

详见：*Roadmap of Scanning Probe Microscopy*，edited by S. Morita（Springer-Verlag，Berlin Heidelberg，2007）。

scanning electrochemical microscopy (SECM)　扫描电化学显微术　一种扫描探针显微术（scanning probe microscopy）技术，利用扫描电势或者电流探针研究或控制在气/液、液/液、固/液、气/固界面处的传输和化学过程，其分辨率可达纳米级。有很多种用于特殊测量的探针针尖，密封于玻璃鞘中的铂丝就是典型例子。这一技术的总体思路和主要信息如图 S. 2 所示。

针尖周围带电物质的扩散、化学和电化学反应都将有助于针尖电流（或电势）。依据还原或氧化反应是否为主导、形成何种产物，电流将会提高或减小。这样就可以确定局部传输特性、膜的渗透性和反应动力学参数。

在原子力显微镜（atomic force microscope）悬臂上放置电化学活性针尖，可提高电化学测量的空间分辨率。事实上，这体现了在纳米生物学中探测单个细胞以及在单细胞水平上研究细胞变化的重要性。

首次描述：A. J. Bard，F. R. F. Fan，J. Kwak，O. Lev，*Scanning electrochemical microscopy：introduction and principles*，Anal. Chem. **61**（2），132～138（1989）。

详见：M. A. Edwards，S. Martin，A. L. Whitworth，J. V. Macpherson，P. R. Unwin，*Scanning electrochemical microscopy：principles and applications to biophysical systems*，Physiol. Meas. **27**（12），R63～R108（2006）；F. O. Laforge，P. Sun，M. V. Mirkin，*Physicochemical applications of scanning electrochemical microscopy*，in：*Advances in Chemical Physics*，Vol. **139**（Wiley Interscience，New York，2008），pp. 177～244。

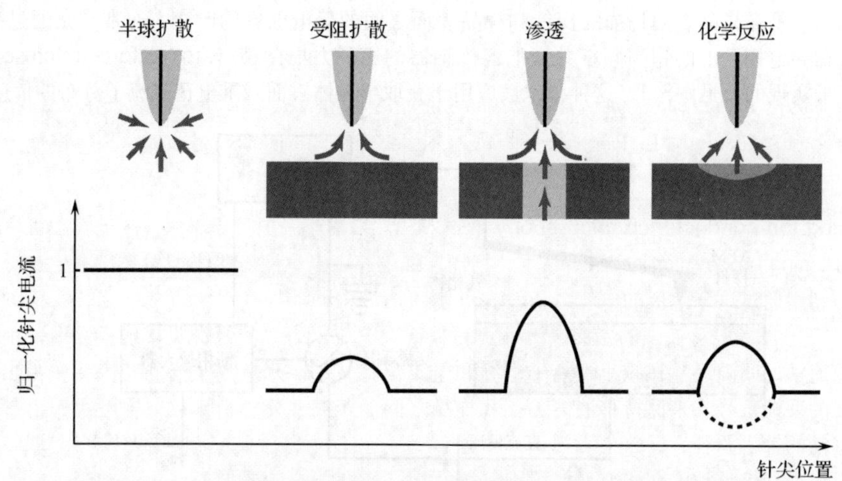

图 S. 2 远离或接近固态衬底时金属针尖周围的变化过程，以及测定的针尖电流响应。箭头表示带电物质的流动方向

scanning electron microscopy（SEM） **扫描电子显微术** 简称 SEM，一种显微技术，用一束电子（直径为几十纳米或更小）系统地扫过样品，然后探测在样品上电子束入射点产生的二次电子的强度。

scanning gate microscopy（SGM） **扫描栅极显微术** 一种原子力显微术［atomic force microscopy（AFM）］技术，利用一个导电针尖作为活动栅极并电容耦合到样品上，扰动以探测样品表面低维结构的电输运行为。典型样品是半导体异质结构，例如量子点触点（quantum point contacts）、量子点（quantum dots）、或者二维电子气（two-dimensional electron gas）结构。随着原子力显微针尖在表面上进行扫描，可以测量穿过结构的电流。针尖偏压改变表面下部的静电势和自由电荷载流子密度，因此针尖可表现为一个扫描局域栅电极。针尖偏压敏感性图像，即相对于针尖位置的局域跨导给出这个结构中电流分布、势垒位置和自由电荷载流子密度的信息。

首次描述：M. A. Eriksson，R. G. Beck，M. Topinka，J. A. Katine，R. M. Westervelt，K. L. Campman，A. C. Gossard，*Cryogenic scanning probe characterization of semiconductor nanostructures*，Appl. Phys. Lett. **69**（5），671～673（1996）。

详见：F. Martins，B. Hackens，H. Sellier，P. Liu，M. G. Pala，S. Baltazar，L. Desplanque，X. Wallart，V. Bayot，S. Huant，*Scanning-gate microscopy of semiconductor nanostructures：an overview*，Acta Phys. Polon. **119**（5），569～575（2011）。

scanning Hall probe microscopy（SHPM）　扫描霍尔探针显微术　简称 SHPM，一种把精确的 STM 样品趋近与定位方法和半导体霍尔传感器结合起来的技术。它利用了霍尔探针的高灵敏度（低至 $10^3\mu_B$），这样就可以在一个很大的温度和磁场范围内收集到微弱的磁信号。SHPM 的主要优点就是它通过霍尔效应（Hall effect）直接敏感于杂散偏场，所以不需要与衬底相互作用就可以由传感器探测局域场。在首次应用中，SHPM 传感器的边角被镀金，作为 STM 针尖被用于器件在表面上的定位，甚至允许同时获得 SHPM 和 STM 图像。最近也发展了其他技术用于研究非导体表面。SHPM 的横向分辨率与霍尔探针的电子通道的尺度有关。

首次描述：A. M. Chang，H. D. Hallen，L. Harriott，H. F. Hess，H. L. Kao，J. Kwo，R. E. Miller，R. Wolfe，J. van der Ziel，*Scanning Hall probe microscopy*，Appl. Phys. Lett. **61**（16），1974～1976（1992）。

详见：A. Oral，*Scanning Hall probe microscopy：quantitative & noninvasive imaging and magnetometry of magnetic materials at 50 nm scale*，*in Magnetic Nanostructures*，edited by B. Aktas，F. Mikailov，L. Tagirov，Springer Series in Materials Science **94**（Springer，Berlin 2007）pp. 7～14。

scanning ion-conductance microscopy（SICM）　扫描离子电导显微术　一种扫描探针显微术（scanning probe microscopy）技术，扫描探针由充满电解液的微米或纳米级玻璃移液管所组成，利用通过这个电极的电流分析浸在电解液溶液中的非导电材料表面结构。移液管中的 Ag/AgCl 电极和电解液中的参比电极用于测量这个电流。当移液管针尖接触样品时，由于离子可以流动的间隙尺寸在减小，离子电导和电流都将减小。测量离子流的变化并作为扫描控制单元的反馈信号，来保持移液管尖端和样品之间的距离并使之恒定。这样可得到沿着表面轮廓移动的针尖路径。

事实上，这项技术在研究活体组织时很有用，而在传统的成像方法中必须杀死样品。通过运用这项技术可以观察到活动中的生物过程。它同样可以对穿过膜通道的离子流进行取样和绘制。

首次描述：P. K. Hansma，B. Drake，O. Marti，S. A. Gould，C. B. Prater，*The scanning ion conductance microscope*，Science **243**，641～643（1989）。

详见：J. Rheinlaender，T. Schäffer，*Scanning ion conductance microscopy*，in：*Scanning Probe Microscopy of Functional Materials：Nanoscale Imaging and Spectroscopy*，edited by S. V. Kalinin，A. Gruverman（Springer，New York，2010），pp. 433～460。

scanning probe lithography（SPL）　扫描探针光刻　简称 SPL，一种用扫描隧道显微镜［scanning tunneling microscope（STM）］或者原子力显微镜［atomic force microscope（AFM）］的探针制造和加工表面结构的技术，这些表面结构的大小可以从几百个纳米一直到原子尺度。最切实可行的方法就是利用针尖和表面之间的强电场和高电流密度进行原子工程（atomic engineering）、朗缪尔-布洛杰特膜（Langmuir-Blodgett film）和自组装单层膜（self-assembled monolayer）的修饰处理、衬底的选择性阳极氧化和材料的表面沉积。从针尖顶端注入的电子被用来做电子束光刻（electron-beam lithography）。通过针尖对材料进行的机械修饰可以用来沟槽的直接刻写。

详见：A. A. Tseng，A. Notargiacomo，T. P. Chen，*Nanofabrication by scanning probe microscope lithography*: *a review*, J. Vac. Sci. Techn. **23** (3), 877~894 (2005)。

scanning probe microscopy 扫描探针显微术 这是多种技术的统称，利用原子级别尖锐扫描针尖与固体表面之间相互作用的不同特性，在纳米尺度上表征其特性。最为先进的是原子力显微术［atomic force microscopy (AFM)］、弹道电子发射显微术［ballistic electron emission microscopy (BEEM)］、化学力显微术［chemical force microscopy (CFM)］、电导原子力显微术［conductive atomic force microscopy (C-AFM)］、电化学扫描隧道显微术［electro-chemical scanning tunneling microscopy (ECSTM)］、静电力显微术［electrostatic force microscopy (EFM)］、力调制显微术［force modulation microscopy (FMM)］、开尔文探针力显微术［Kelvin probe force microscopy (KPFM)］、侧向力显微术［lateral force microscopy (LFM)］、磁力显微术［magnetic resonance force microscopy (MFM)］、磁共振力显微术［magnetic resonance force microscopy (MRFM)］、近场扫描光学显微术［near-field scanning optical microscopy (NSOM)］或扫描近场光学显微术［scanning near-field optical microscopy (SNOM)］、光子扫描隧道显微术［photon scanning tunneling microscopy (PSTM)］、压电相应力显微术［piezoresponse force microscopy (PFM)］、扫描电容显微术［scanning capacitance microscopy (SCM)］、扫描电化学显微术［scanning electrochemical microscopy (SECM)］、扫描栅极显微术［scanning gate microscopy (SGM)］、扫描霍尔探针显微术［scanning Hall probe microscopy (SHPM)］、扫描离子电导显微术［scanning ion-conductance microscopy (SICM)］、扫描扩散电阻显微术［scanning spreading resistance microscopy (SSRM)］、扫描热学显微术［scanning thermal microscopy (SThM)］、扫描隧道显微术［scanning tunneling microscopy (STM)］、扫描电压显微术［scanning voltage microscopy (SVM)］、自旋极化扫描隧道显微术［spin-polarized scanning tunneling microscopy (SP-STM)］、同步加速器X射线扫描隧道显微镜［synchrotron X-ray scanning tunneling microscopy (SXSTM)］。

scanning spreading resistance microscopy (SSRM) 扫描扩散电阻显微术 一种扫描探针显微术（scanning probe microscopy）技术，利用已经确认的扩散电阻测量方法绘制半导体结构的纳米分辨率电阻断面图。在此技术中，利用接触式原子力显微镜（atomic force microscope）的导电针尖扫描半导体结构的横截表面，分析并绘制出扩散电阻和针尖位置的函数关系。从扩散电阻测量结果中提取载流子深度断面和p-n结的位置。

首次描述：M. Meuris, W. Vandervorst, P. De Wolf, *Method for determining the resistance and carrier profile of a semiconductor element using a scanning proximity microscope*, European Patent 90201853 (1990), US Patent 5585734 (1996)。

scanning SQUID microscopy (SSM) 扫描 SQUID 显微术 也即扫描超导量子干涉器件显微术，简称SSM，它是一种用于样品表面磁场成像的强有力工具。这种技术结合了低温定位和一个单芯片微型SQUID磁力计，成为一种对磁场敏感的成像仪器。有多种扫描样品和将样品磁场耦合进SQUID传感器的模式，它们可以分为两大类：在第一类模式中，样品和SQUID都处于低温，或在普通真空中，或在低温流体环境中，这就允许SQUID和样品间距最小从而获得最好的空间分辨率；在第二类模式中，SQUID是低温，但样品不是，而且可以暴露在大气中，在这种情况下，SQUID和样品通过一些热绝缘方式隔开，其好处是不需要样品降温，但是要牺牲一定的空间分辨率。

首次描述：A. Mathai, D. Song, Y. Gim, F. C. Wellstood, *One-dimensional magnetic flux microscope based on the dc superconducting quantum interference device*, Appl. Phys. Lett. **61** (5), 598~600 (1992); J. R. Kirtley, M. B. Ketchen, K. G. Stawiasz,

J. Z. Sun, W. J. Gallagher, S. H. Blanton, S. J. Wind, *High-resolution scanning SQUID microscope*, Appl. Phys. Lett. **66** (9), 1138～1140 (1995)。

详见：J. R. Kirtley, J. P. Wikswo Jr., *Scanning SQUID microscopy*, Ann. Rev. Mater. Sci. **29**, 117～148 (1999)。

scanning thermal microscopy (SThM)　扫描热学显微术　一种扫描探针显微术（scanning probe microscopy）技术，利用热敏探针在固态样品表面进行纳米尺度的热学测量。有两种适合的热学探针类型：热电偶探针和电阻式或辐射热计探针。

热电偶探针的尖端处有热偶结。当恒定电流通过热偶结时，热偶结被加热并最终达到高于周围温度。如果针尖接近样品表面，则会有热量从针尖传导至样品，针尖温度随之降低。监控电压并用于控制针尖与样品之间的距离，就可以绘制出热场。

电阻式或辐射热计探针在其尖端利用了薄膜电阻器。这可以是在硅衬底上连接金属或半导体膜辐射热计的一种薄膜电阻器。在辐射热计探针中，电阻器用作局部加热器，探针电阻的极小变化可用于监控样品的局部温度和热传导性。

这项技术可以对平面和有形表面的局部温度进行绘图，以及对材料热传导性、热容量、潜热和其他热学性质进行测量。横向分辨率大约 100 nm，而深度分辨率可以达到几个纳米。

首次描述：C. C. Williams, H. K. Wickramasinghe, *Scanning thermal profiler*, Appl. Phys. Lett. **49** (23), 1587 (1986)。

详见：M. P. Nikiforov, R. Proksch, *Dynamic SPM methods for local analysis of thermo-mechanical properties*, in: *Scanning Probe Microscopy of Functional Materials: Nanoscale Imaging and Spectroscopy*, edited by S. V. Kalinin, A. Gruverman (Springer, New York, 2010), pp. 199～231。

scanning tunneling microscope　扫描隧道显微镜　一种用于扫描隧道显微术（scanning tunneling microscopy）的仪器。

scanning tunneling microscopy (STM)　扫描隧道显微术　亦称扫描隧穿显微术，简称STM，基于在极端接近样品表面处以极高精度定位原子级尖锐针尖的能力的一种技术。它的物理机理可通过图 S. 3 来阐述。

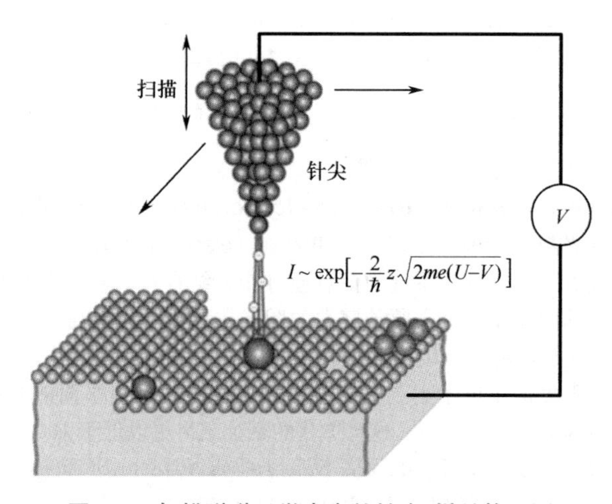

图 S. 3　扫描隧道显微术中的针尖-样品构型图

把一个很尖锐的金属针尖，典型如钨针尖，固定在导体或者半导体样品表面上方约 1 nm 处。当在样品和针尖之间加上偏压 V 时，电子可以隧穿通过把针尖和样品隔开的势垒。隧穿电流的大小主要依赖于三个因素：①一定能量的电子隧穿通过针尖与样品表面之间势垒的概率，它随着针尖与样品间距离 z 呈指数规律变化；②样品表面的电子态密度；③针尖的电子态密度。后两项在图中通过电流依赖关系中的势垒 U 来代表。隧穿电流对样品表面和针尖之间的距离很敏感，这个特性被用在电子反馈回路上，即当针尖扫过样品表面时，通过压电扫描头的伸缩来调整针尖-样品之间的距离，以保证电流是常数。因此，它能产生一个局域电子态密度的分布剖面图，反映了表面的原子分布和它们的化学性质。STM 垂直分辨率是 0.01～0.05 nm，水平分辨率低于 0.3 nm。它的扫描图像范围可达到几百微米。

首次描述：G. Binning，H. Rohrer，*Scanning tunneling microscopy*，Helv. Phys. Acta **55** (6),726～735 (1982)；G. Binning，H. Rohrer，C. Gerber，E. Weibel，*Surface studies by scanning tunneling microscopy*，Phys. Rev. Lett. **49** (1)，57～61 (1982)。

详见：C. Bai，*Scanning Tunneling Microscopy and Its Application* (Springer，Heidelberg，2010)。

获誉：G. 宾宁 (G. Binning) 和 H. 罗雷尔 (H. Rohrer) 因为设计扫描隧道显微镜而获得了 1986 年诺贝尔物理学奖。

另请参阅：www. nobelprize. org/nobel_prizes/physics/laureates/1986/。

scanning voltage microscopy (SVM)　扫描电压显微术　亦称纳米电势测定法 (nanopotentiometry)。一种原子力显微术 (atomic force microscopy) 技术，将导电探针与一个运转的微米、纳米或者光电子器件完全接触。利用针尖作为电势探针来测量器件表面或者横截面的电位分布。用于记录探针电势的电压计应该有足够大的内部阻抗，来保证探针不会干扰到器件的操作。从互补的电荷载流子断面图中得到的电势图，体现器件性能细节并提供器件理论模拟的校正方法。

其应用还包括对贯穿量子阱结构的电势剖面、载流子剖面和纳米结构 (nanostructure) 中缺陷位置的成像。这项技术的灵敏度和空间分辨率受到导电探针尺寸和器件表面制备质量的限制。

首次描述：T. Trenkler，P. De Wolf，W. Vandervorst，L. Hellemans，*Nanopotentiometry: local potential measurements in complementary metal-oxide-semiconductor transistors using atomic force microscopy*，J. Vac. Sci. Techn. B，**16** (1)，367～372 (1998)。

scattering　散射　因为传播介质的非均匀性导致粒子或者波的传播方向的改变。

scattering matrix　散射矩阵　参见 *S*-matrix (*S* 矩阵)。

scattering with angular limitation projection electron-beam lithography (SCALPEL)　电子束散射角限制投影光刻　这种方法把电子束光刻 (electron-beam lithography) 的高分辨率和广阔刻蚀范围的优点与平行投影系统的信息通过能力结合在一起，机理如图 S.4 所示。掩膜由一个低原子序数的膜片和一个高原子序数的图样层组成，它被高能电子均匀辐射。对于电子束，它们基本上是透明的，所以不会消耗很多电子束能量。通过高原子序数图样层的那部分电子束被以几毫弧度的角度散射。电子投影成像透镜的后焦平面的孔径阻碍散射电子，在半导体晶片上产生高对比度的图像。这种方法的刻蚀结果可以低于 100 nm。

首次描述：S. D. Berger，J. M. Gibson，*New approach to projection-electron lithography with demonstrated 0.1 μm linewidth*，Appl. Phys. Lett. **57** (2)，153～155 (1990)。

详见：L. R. Harriot，*Scattering with angular limitation projection electron beam lithogra-*

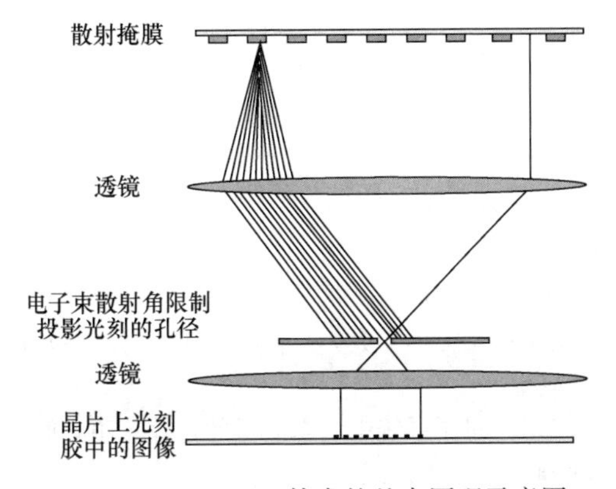

图 S.4 SCALPEL 技术的基本原理示意图

［来源：L. R. Harriot，*Scattering with angular limitation projection electron beam lithography for sub optical lithography*，J. Vac. Sci. Technol. **B 15**（6），2130～2135（1997）］

phy for sub optical lithography，J. Vac. Sci. Technol. **B 15**（6），2130～2135（1997）。

Schoenflies symbol（notation） 熊夫利符号 亦称申弗利斯符号，这些符号代表了旋转轴、镜反射旋转轴、旋转的阶次和其他对称性操作的元素，用以描述分子对称性系。它们在光谱学中广泛应用。

首次描述：A. Schoenflies，*Krystallsysteme und Krystallstruktur*（Teubner，Leipzig 1891）（Reprinted by Springer，Berlin，1984）。

Schottky barrier 肖特基势垒 通常由金属形成的相对于半导体的势垒，其特征为半导体中电荷载流子耗尽层的生成。在外加电压 V 作用下，由热电子发射引起电流通过势垒。在这种机理下，电流密度是 $j=B^{*}T^{2}\exp[-\phi^{*}/(k_{\mathrm{B}}T)]\exp[eV/(nk_{\mathrm{B}}T)]\{1-\exp[eV/(k_{\mathrm{B}}T)]\}$，其中 B^{*} 是半导体的有效理查森常量（Richardson constant），ϕ^{*} 是有效零偏压势垒高度，n 是理想因子（ideality factor）。

首次描述：W. Schottky，*Halbleitertheorie der Sperrschicht*，Naturwiss. **26**，843（1938）。

Schottky defect 肖特基缺陷 即晶格空位。

首次描述：W. Schottky，C. Wagner，*Theorie der geordneten Mischphasen*，Z. Phys. Chem. B **11**，163（1930）。

Schottky effect 肖特基效应 由镜像力引起的外加电场下金属表面载流子发射的势能的降低。

首次描述：W. Schottky，*Vereinfachte und erweiterte Theorie der Randschicht-gleichrichter*，Z. Phys. **118**（9～10），539～592（1942）。

Schottky emission（of electrons） （电子的）肖特基发射 电场诱导的固体内电子的发射。

首次描述：W. Schottky，*Über kalte und warme Elektronenentladungen*，Z. Phys. **14**（1），63～106（1923）。

Schrödinger equation 薛定谔方程 非相对论量子力学的基本波动方程。对于在势场 $V(\boldsymbol{r})$ 中的质量为 m 的单个粒子，此方程的含时（time-dependent）形式如下：

$$i\hbar\frac{\partial \Psi(\boldsymbol{r},t)}{\partial t}=-\frac{\hbar^2}{2m}\nabla^2\Psi(\boldsymbol{r},t)+V(\boldsymbol{r})\Psi(\boldsymbol{r},t)$$

其中

$$\nabla^2=\frac{\partial^2}{\partial x^2}+\frac{\partial^2}{\partial y^2}+\frac{\partial^2}{\partial z^2}$$

$\Psi(\boldsymbol{r},t)$是波函数（每个电子都用一个波函数来表示）。方程描述了电子波随时间的演化。它经常写成 $i\hbar[\partial\Psi(\boldsymbol{r},t)/\partial t]=H\Psi(\boldsymbol{r},t)$，其中 $H=-(\hbar^2/2m)\nabla^2+V(\boldsymbol{r})$ 是哈密顿算符（Hamiltonian operator)。此方程有各种各样的推广形式，它们可以用来描述整个非相对论动力学，包括自由的［$V(\boldsymbol{r})=0$］和被束缚的体系。

一个给定波函数的绝对值的平方即 $|\Psi(\boldsymbol{r},t)|^2\mathrm{d}\tau$ 表征 t 时刻在 $\boldsymbol{r}$ 处的体积 $\mathrm{d}\tau$ 内找到波函数 $\Psi(\boldsymbol{r},t)$所代表的粒子的概率。

另外，此方程还提供了对于量子系统中定态能量的计算。不含时薛定谔方程（time-independent Schrödinger equation）有以下形式

$$-\frac{\hbar^2}{2m}\nabla^2\Psi_n(\boldsymbol{r})+V(\boldsymbol{r})\Psi_n(\boldsymbol{r})=E_n\Psi_n(\boldsymbol{r})$$

或者它的等效形式 $H\Psi_n(\boldsymbol{r})=E_n\Psi_n(\boldsymbol{r})$。$\Psi_n(\boldsymbol{r})$是能量为 E_n 的本征态的量子粒子的波函数，n 为整数，称为量子数。事先不需要关于量子数的假定，而是在寻找波函数的满意解的过程自动采纳量子数为整数。

在量子物理学领域，薛定谔方程（Schrödinger equation）起的重要作用相似于牛顿运动方程在经典力学中的作用。

首次描述：E. Schrödinger，*Quantisierung als Eignwertproblem*（*erste Mitteilung*），Ann. Phys. Lpz. **79**（4），361～376（1926）。

获誉：1933 年，E. 薛定谔（E. Schrödinger）凭借对于原子理论的新的描述形式的发现，与 P. A. M. 狄拉克（P. A. M. Dirac）分享了诺贝尔物理学奖。

另请参阅：www. nobelprize. org/nobel_prizes/physics/laureates/1933/。

Schrödinger's cat 薛定谔猫 E. 薛定谔（E. Schrödinger）提出猫用来代表假想实验中的一物体，以证明把量子力学用于宏观物体的谬论。想象把一只猫放在一个盒子里，同时也放入一瓶与辐射原子相连接的腐蚀毒药。当原子放射性衰变时，毒药会被释放出来杀死猫。如果盒子是密封的，我们就不知道原子有没有发生放射性衰变，也就意味着原子可能处于两个态的叠加，即衰变的和没有衰变的。因此，也可以认为猫在同一时刻既是死的又是活的。量子力学上，猫的态可写成$|\Psi\rangle_{\mathrm{cat}}=|$活$\rangle+|$死$\rangle$，也即所谓的薛定谔猫态（Schrödinger's cat state)。这就说明了在描述宏观物体例如猫时，采用量子力学是荒谬的。E. 薛定谔总结说，在原子和量子力学的微观世界与猫和经典力学的宏观世界之间存在明显的界限。猫是一个宏观物体，它的状态（生或死）可以通过宏观观测来区别，因为无论是否被观测，两个状态是截然不同的。他把这称作宏观物体的“态区别原理”（the principle of state distinction)，即假定可以进行直接测量的系统（包括猫）必须是经典的。

首次描述：E. Schrödinger，*Die gegenwartige Situation in der Quantenmechanik*，Naturwissenschaften **23**（48），807～812（1935）。

Schrödinger's cat state 薛定谔猫态 参见 Schrödinger's cat（薛定谔猫）。

Shwinger variational principle 施温格尔变分原理 一种用来计算二次泛函的近似值或线性的技术，例如散射振幅或者反射系数，被估值其泛函的函数必须是一个积分方程的解。

首次描述：J. Schwinger，*On gauge invariance and vacuum polarization*，Phys. Rev. **82**（5），664～679（1951）。

Schwoebel effect 施韦贝尔效应 也即 Ehrlich-Schwoebel effect（埃尔利希-施韦贝尔效应）。

首次描述：R. L. Schwoebel，E. J. Shipsey，*Step motion on crystal surfaces*，J. Appl. Phys. **37**（10），3682～3686（1966）。

scintillation 闪烁 在合适的固体或者液体介质中通过吸收单个电离的粒子或者光子而产生的短时间局域发光现象。这些粒子的大部分能量都损失在它们与介质中的电子的相互作用中，这种相互作用会引起某些分子的激发和电离，随后的去激发和重组导致具有特征光谱分布的光量子发射。

SCM 为 scanning capacitance microscopy（扫描电容显微术）的缩写。

screened Coulomb potential 屏蔽库仑势 原子间成对的屏蔽势，形如

$$V(r)=\frac{Z_1Z_2e^2}{r}\exp\left(-\frac{r}{a}\right)$$

其中 r 是原子间距离，Z_1 和 Z_2 是相互作用的原子的原子序数，$a=a_Bk/(Z_1^{2/3}+Z_2^{2/3})^{1/2}$，$k=0.8\sim3.0$ 是拟合实验数据的经验系数。

详见：I. G. Kaplan，*Intermolecular Interactions：Physical Picture，Computational Methods and Model Potentials*（John Wiley & Sons，Chichester，2006）。

screening wave number 屏蔽波数 屏蔽长度的倒数，定义为

$$k=\left(4\pi e^2\frac{\partial n}{\partial \mu}\right)^{1/2}$$

其中 n 是电子密度，μ 是化学势。参见 Debye-Hückel screening length（德拜-休克尔屏蔽长度）和 Thomas-Fermi screening length（托马斯-费米屏蔽长度）。

SECM 为 scanning electrochemical microscopy（扫描电化学显微术）的缩写。

secondary ion mass spectrometry（SIMS） 二次离子质谱法 简称 SIMS，一种对凝聚态物质的破坏性元素分析方法。用高能离子如 He^+、Ar^+ 或者 Xe^+ 轰击待分析样品，它们会引起固体表面发射出二次离子，这些二次离子被四极质谱仪探测分析。因此，这种技术能提供样品表面层的元素成分信息。它主要产生的信号来源于 1～3 nm 的区域。当把它与表面的逐层刻蚀技术结合起来时，就可以探测出近表面的杂质浓度分布。离子探针的直径可从几微米[对于惰性气体（noble gas）离子]到小于 50 nm（对于金属离子，如 Cs^+ 和 Ga^+）之间变化。

second-harmonic generation（SHG） 二次谐波产生 一种非线性光学（nonlinear optics）过程，当特定频率的泵浦波传播通过二次非线性介质时，产生两倍于原始频率的一个信号。二次谐波产生只会出现在没有反对称性的介质中，这是由于在中心对称的介质（例如块体硅）中所有偶数阶非线性项因为对称原因而消失。最近已经证实，在应变块体硅波导管可以出现二次谐波产生。

首次描述：P. A. Franken，A. E. Hill，C. W. Peters，G. Weinreich，*Generation of optical harmonics*，Phys. Rev. Lett. **7**（4），118～119（1961）。

详见：M. Cazzanelli，F. Bianco，E. Borga，G. Pucker，M. Ghulinyan，E. Degoli，E. Luppi，V. Veniard，S. Ossicini，D. Modotto，S. Wabnitz，R. Pierobon，L. Pavesi，*Second-harmonic generation in silicon waveguides strained by silicon nitride*，Nat. Mater. **11**（2），148～154（2012）DOI：10.1038/NMAT3200；A. Zeltikov，A. L'Huillier，F. Krausz，*Nonlinear optics*，in：*Handbook of Lasers and Optics*，edited by F. Träger（Springer，Berlin，2007）。

Seebeck coefficient 泽贝克系数 参见 Seebeck effect（泽贝克效应）。

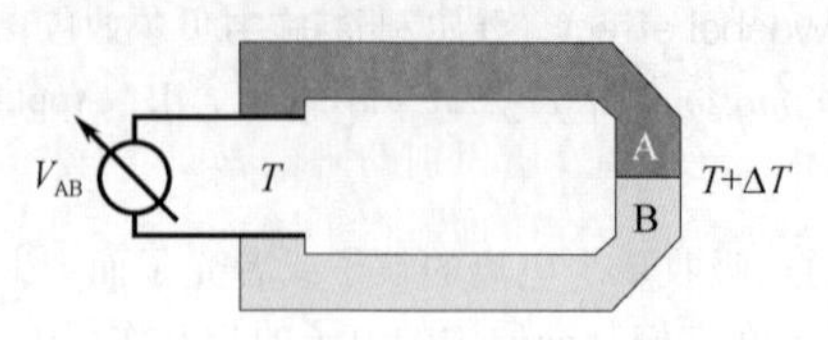

图 S.5 泽贝克效应示意图

Seebeck effect 泽贝克效应 当两种不同的材料 A 和 B（金属或半导体）的接触结和另一端之间存在温度差时，在由 A 和 B 构成的开路中会产生电压，如图 S.5 所示。产生的开路电压 V_{AB} 正比于温度差 ΔT，其比例系数就是泽贝克系数（Seebeck coefficient），定义为

$$\alpha_{AB} = \lim_{\Delta T \to 0} \frac{V_{AB}}{\Delta T}$$

首次描述：T. J. Seebeck，*Magnetische Polarisation der Metalle und Erze durch Temperatur-Differenz*，Abh. Kön. Akad. Wiss. Berlin，265～373（1822）。

Seebeck effect in an organic molecule 有机分子中的泽贝克效应 第一次对于有机分子中泽贝克效应的测量是在 2007 年。实验中，两个金电极被 benzenedithiol、dibenzenethiodol 或者 tribenzenedithiol 分子所包覆，其中一边被加热以产生一个温度差。对于每个摄氏度的温差，测得的电压差约为 10 μV。

首次描述：P. Reddy，S.-Y. Jang，R. Segalman，A. Majumdar，*Thermoelectricity in molecular junctions*，Science **315**，1568～1571（2007）。

Seebeck spin tunneling 泽贝克自旋隧穿 指具有特定自旋（spin）的电子（electron）隧穿（tunneling），即从铁磁（ferromagnetic）层穿过绝缘体势垒再进入半导体中，无净隧道电荷电流但存在贯穿这个结构的温度梯度。被认为是自旋泽贝克效应（spin Seebeck effect）产生的一种结果。

首次描述：J.-C. Le Breton，S. Sharma，H. Saito，S. Yuasa，R. Jansen，*Thermal spin current from a ferromagnet to silicon by Seebeck spin tunneling*，Nature **475**，82～85（2011）。

selection rule 选择定则 此定则表述了当发射或吸收一个光子时，原子和分子中的哪些电子跃迁可以发生。这个定则从电子的角动量（angular momentum）守恒推导出，用量子数 l 和 m_l 表达。所以，当 $\Delta l = \pm 1$ 和 $\Delta m_l = 0, \pm 1$ 时，跃迁才有可能发生。主量子数 n 的改变量可以是和跃迁时 Δl 一致的任意数，因为它和角动量没有直接的关系。

self-assembled monolayer（SAM） 自组装单层膜 简称 SAM，通过一个活性的表面活性物质在固体表面吸附（adsorption）而形成的有序的分子组装。它产生于一个自组装过程（self-assembling process）。

首次描述：W. C. Bigelow，D. L. Pickett，W. A. Zisman，*Oleophobic monolayers. I. Films adsorbed from solution in non polar liquids*，J. Colloid Interface Sci. **1**，513～538（1946）。

self-assembly 自组装 基本结构单元在其内部或者局域的动力作用下构建形成结构的过程，出现于它们与外界环境相互作用时。在纳米技术中它指分子在固体表面的吸附和有序排列。它可以被视为独立个体在驱动力的局域控制下的一种协调行动，用于形成大而有序的结构，或实现预期的群体效应。它通常被化学吸附所驱动，显著表现为吸附物与衬底分子之间的高能反应。对比于和衬底表面之间的强相互作用，吸附分子间的相互作用很弱。在有机与无机世界中可以找到很多自组装的例子。自组装单层薄膜有极低的缺陷密度，有很好的环境稳定性和机械强度。它们在光刻过程中充当成像层，成像层被用来记录图样，或者在光辅助工序中被掩模所采用，或者使用传统的电子束书写笔和扫描探针直接书写。采用基于自组装过程的成像层的纳米尺度高分辨率光刻技术通常使用扫描隧道显微镜（scanning tunneling microscope，STM）或者原子力显微镜（atomic force microscope，AFM）探针实现。

经由自组装制备适合于高分辨图样的单层薄膜应具有三个主要功能部分：衬底表面键合部分、间隔部分和表面官能团部分。由于这些部分并不能完全从一个分子到下一个进行互换，对于每种分子的选择要进行不同的考虑。在对官能团的定位和性质识别的研究方向，有机材料领域比无机材料领域发展得更好，尽管人们对于后者的电子性质理解得更多。所以，我们可以看到，不同材料的结合将引领出一条新的富有成果的发展方向。

对于衬底表面键合部分，硅烷 $RSiX_3$（$R=CH_3$，C_2H_5，…）通常被用来键合羟（OH）基，后者是硅或者其他具有重要技术意义的衬底的典型终端基团。在硅烷上的氢取代者，即“X”组分，最普遍的是甲氧基（CH_2O）、Cl 或者两者的混合。表面键合部分的成分对薄膜有序度、薄膜多层生长趋势的影响很明显，同时它也以较弱的程度影响着堆积密度。硫醇（RSH）在 GaAs 和金表面上会形成高度有序的膜层。

间隔部分对薄膜和书写工具间的相互作用有影响。长的间隔基团（如多个 CH_2 基团）通过将官能团部分从表面移近针尖高场区，可降低曝光所需的剂量或阈值电压。在苯基中发现的共轭键也可以导电，更适合进行 STM 操作。

表面官能团部分实际上界定了这个“新”表面的性质。例如，胺（amine）基即 NH_2 基团可作为某些分子的结扎位。Cl、I 等卤化物（halide）虽然自身性质不是特别活泼，但它们具有很高的电子捕获和随后卤素部分解吸附的散射截面。随后的工序可以基于用一个更加活泼的官能团取代卤素原子，或者在卤素脱附后剩下的片段上操作。烷基终端表面是非常惰性的和疏水的（hydrophobic）和石蜡在化学上相同。正因为如此，它们可以在湿法刻蚀和某些特定条件件的干法刻蚀中作为图形转移的掩膜，也可以用于增强 STM 诱导的金刻蚀。

在硅衬底上使用一种自组装单层膜形成纳米图样的处理步骤说明见图 S. 6。

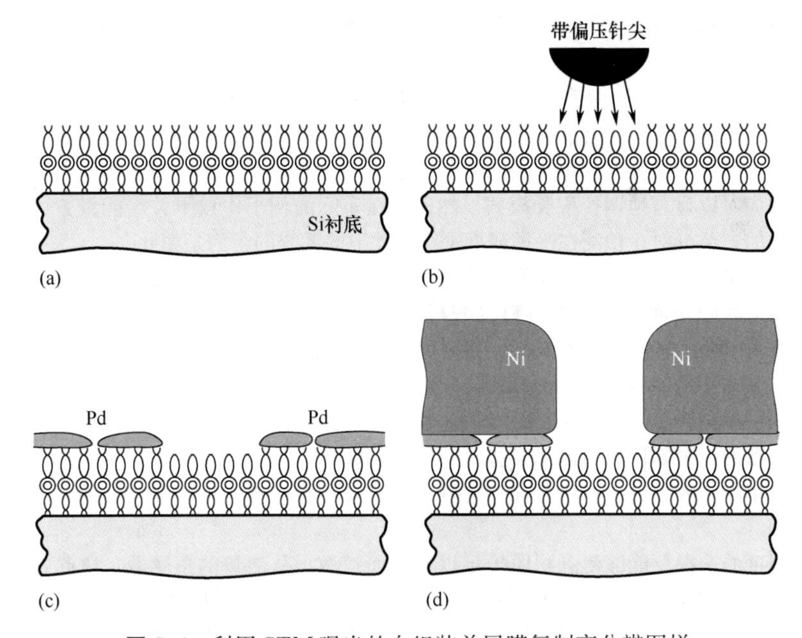

图 S. 6 利用 STM 曝光的自组装单层膜复制高分辨图样

（a）自组装单层膜的沉积；（b）用 STM 针尖产生图样；（c）Pd 催化剂的结扎；（d）Ni 的无电镀沉积

[来源：E. S. Snow，P. M. Campbell，F. K. Perkins，*Nanofabrication with proximal probes*，Proceeding of the IEEE，**85**（4），601～611（1997）]

在沉积薄膜之前，先将硅衬底清洗并在稀氢氟酸中氢钝化，然后将其快速浸入一种有机硅烷单体的溶液中，再取出并且干燥，这样就可以在衬底上制备一层自组装单层膜。

适合的有机硅烷包括：octadecyltrichlorosilane，phenethyltrimethoxysilane，cholromethylphenyltrimethoxysilane，chlormethylphenethyltrimethoxisilane，phenethyltrimethoxysilane 和 phenethyltrimethoxysilane 的 monochlorodimethoxysilane 形式。

STM 或导电 AFM 针尖发射的低能电子可使厚度约 1 nm 的单层膜曝光，以得到所需图样。曝光的阈值电压在 2～10 V 范围内，依赖于膜的组成——主要是末端基团，以及衬底表面的钝化。样品成形之后浸入钯的胶体中，胶体钯可以选择吸附在自组装薄膜的未曝光表面。之后将样品冲洗并再次浸入镍硼酸无电子电镀池，在表面吸附的钯岛的催化作用下金属镍成核。沉积镍的后续生长呈现各向异性，而重现岛边界的粗糙边缘被消除掉。这种图样的金属薄膜被用作刻蚀的硬掩模，可获得的分辨率范围为 15～20 nm。

对于组装和自组装的很多方面，诸如官能团的位置和它们的识别性能等，在有机材料领域的取得的进步比在无机材料领域更大，尽管后者的电子性质被理解得更加透彻。因此，我们必须正视，不同类型材料的结合将开辟一个有前途的新领域。例如，通过有机部分的识别紧接着衍生到无机材料而使得组装发生，有机固定点修饰的无机小单元通过一步法组装成电路等。

在自组装的过程中，集成电路中纳米电子组件的最终尺寸由原子和分子的尺寸决定。在环境温度下，通过其官能团限域一个分子比限域一个原子要更加容易。因此发展对于单分子进行快速化学操作的方法尤为重要。很多的表征技术，如 STM 和 AFM，都在这个领域发挥了关键的作用。

self-organization (during epitaxial growth)（外延生长时的）自组织　这种自组织出现于在邻位面（vicinal surface）上的外延生长过程中和实现薄膜的斯特兰斯基-克拉斯坦诺夫生长模式（Stranski-Krastanov growth mode）时，其具体说明如下。

对给定材料的外延膜，特殊的生长模式依赖于晶格错配以及表面能与界面能之间的关系。对于系统的一个平衡态，所有能量方面的考虑都是有效的，认识到这一点非常重要。通常在非平衡过程中形成的外延薄膜仅用纯能量的方法几乎无法描述。由沉积速率和衬底温度控制的动力学效应可以显著地调控生长模式。然而，在实际的例子中以下关于能量方面的考虑都是非常有用的，至少对于预测在平衡或准平衡条件下的系统的行为是如此。

在一个晶格匹配系统中，生长模式只由界面能和表面能决定。如果外延膜表面能和界面能的和小于衬底的表面能（沉积材料浸润衬底），这种生长遵循弗兰克-范德梅韦生长模式（Frank-van der Merwe growth mode）。在这种情况下制备的是均匀连续的有应变的赝超晶格。这也同样适用于自组织的量子线的制备，可以使用单晶衬底的一个低指数晶面［通常为（001）或（311）］的邻位面，其取向与小指数面有较小的偏离。图 S.7 展示了主要的制备步骤。这样制备的一个邻位面由低米勒指数（Miller index）平面的等宽平台组成。近临的平台被等距离的单原子或单分子台阶分隔。这种台阶群聚在整个邻位面都是均匀的。沉积过程由线材料开始。

衬底温度的选择要能够使沉积原子足以在表面扩散。从能量的角度看，比起在平台中心它们更倾向于停留在台阶处。只有厚度小于一个（衬底）单层的那部分线材料沉积了下来，为后续沉积的衬底材料留出空间，将台阶恢复到它们以前在平面上的位置，但是高出原先一个单层。重复交错沉积线和衬底材料，就可以制备内装式的量子线。以上过程在实际应用中的一个主要问题是平台边界的非线性，通常如波浪形。这自然导致了制备的纳米线呈波浪形。为了制备线性量子线的有序阵列，要在表面刻上人工凹槽，这样线就在凹槽处成核和生长。

应力均匀的外延膜能够逐层生长，即使沉积材料和衬底材料有一定晶格错配。应变能伴

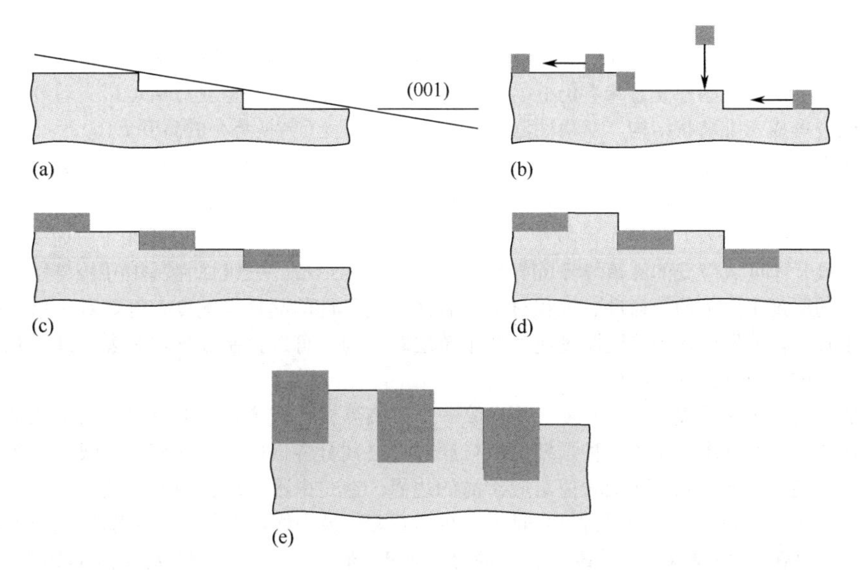

图 S.7 通过（001）邻位面上外延生长过程中的自组织方法制造量子线

（a）所制备的表面；（b）线材料沉积；（c）半单层的线材料已经被沉积；（d）用于补足的半单层的衬底材料被沉积；（e）通过重复步骤（c）和（d）制备出内装式的量子线

随着膜厚的增加而增加，必然需要通过岛的形成使系统处在它的低能态，这种情况发生在斯特兰斯基-克拉斯坦诺夫生长模式（Stranski-Krastanov growth mode）中。此时纳米晶岛在单晶衬底上的自组织生长的发生是通过当生长材料晶格常数明显大于衬底材料时的从二维到三维结构（2D→3D）的一种应变诱导转变。应变衬底/外延层系统的整体能量的降低是单晶岛形成的驱动力。对比于只在垂直于表面方向松弛的赝二维层，三维岛的形成引起在岛内和环岛处应变的释放，导致了更有效的松弛。

我们来定量考虑在足够小的沉积速率（以消除动力学效应）下，晶格错配系统的总能量相对于沉积时间的改变。图 S. 8 展示了晶格错配系统总能量随着时间的改变。材料（压缩后）以一定的沉积速率沉积直到到达时间点 X。三个主要的时间段明显区分开来，在图中用 A、B、C 表示。

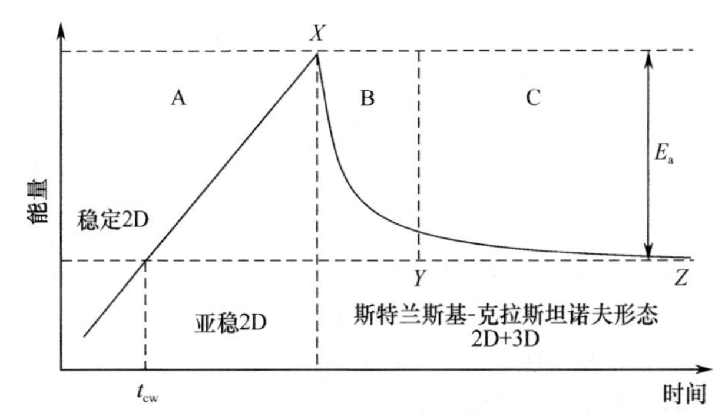

图 S.8 在斯特兰斯基-克拉斯坦诺夫模式下生长的外延结构的总能量随时间的变化

［来源：W. Seifert，N. Carlsson，J. Johansson，M.-E. Pistol，L. Samuelson，*In situ growth of nano-structures by metal-organic vapour phase epitaxy*，J. Cryst. Growth **170**（1～4），39～46（1997）］

在开始阶段A，外延二维结构是逐层生长的，衬底可以很好地浸润。弹性应变能随沉积材料的体积线性增长。在时间点 t_{cw} 达到临界浸润层的厚度，随后的逐层生长变成亚稳态。超临界厚度的浸润层的建立意味着仍继续生长的外延层在斯特兰斯基-克拉斯坦诺夫转变下已经开始破裂形成三维岛状结构。亚稳性范围的扩大主要依赖于转换势垒的高度 E_A。

代表2D→3D转变的阶段B开始于在时间点 X 处，此时积累的弹性势能足以克服转变势垒。假设一旦转变开始，仅靠单纯地消耗超临界厚度浸润层中积累的剩余材料，而不需要另外提供便可持续下去。在这个阶段中有两个步骤，分别为岛状晶核形成和它们的后续生长。可以假设是厚度或应变的涨落导致临界核在均匀表面的形成。三维岛在其中开始自发成核的浸润层的厚度主要依赖于衬底、沉积材料和表面各向异性的晶格错配度，例如对于单晶硅上外延生长锗，就发生在当锗膜厚度超过几个单层时。为了可以控制成核，对表面进行几何形状或应变的预成型处理是必要的。

成核阶段定义了表面岛的密度。一旦第一个过临界核形成了，岛本身便充当催化剂来分解浸润层。图S.9中显示了一种预期的沿衬底和岛之间分界面的应变能密度曲线。岛的表面表现为势能曲面的凹陷，而最大值对应于岛的边界。这是由沿衬底传播的应变引起的，应变传播增加了衬底和环岛浸润层材料之间的内在不匹配。最小值是由岛上的部分应变弛豫导致，并且这也是在表面有材料发生晶体化的驱动力。结果是形成了三维相干有应变的无位错单晶岛。

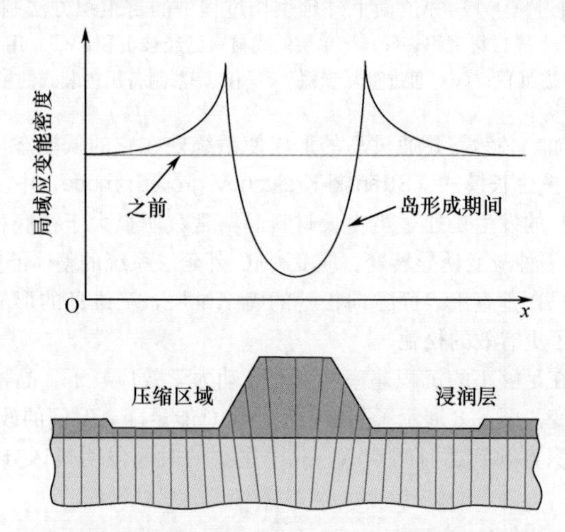

图S.9 与岛形成相关的在衬底/外延层界面处的局域应变能密度的改变，以及在一个相干岛内部和周围的晶面形变的示意图

[来源：W. Seifert, N. Carlsson, J. Johansson, M. E. Pistol, L. Samuelson, *In situ growth of nano-structures by metal-organic vapour phase epitaxy*, J. Cryst. Growth **170** (1～4), 39～46 (1997)]

岛的后续生长被此阶段开始时较高的过饱和度所促进，其特征为速率高于传统生长速率一个数量级。本质上粗糙表面生长很快并且消失，但是低指数晶面{11n}（n=0，1，～3）在速率上有限制。结果是岛具有锥体形状，典型的是{113}或{110}面，或拉长平截的金字塔状。尽管生长的岛通常与衬底连续，在过多材料供应情况下，与衬底非连续的岛和相关的在界面处开始的不匹配位错同样可以产生。

岛的进一步生长在阶段C中进行，但是是通过一种成熟机理。系统损失了很多由应变积累的剩余能量。小岛和大岛的吉布斯自由能的差别使得以牺牲较小岛为代价保持了大岛的缓慢生长。这个过程通过表面扩散实现。

斯特兰斯基-克拉斯坦诺夫模式中的外延沉积已经成功应用于形成具有显著的均匀尺寸分布和高表面密度的 2～40 nm 大小的量子点，这些量子点由 $A^{Ⅲ}B^{Ⅴ}$、$A^{Ⅱ}B^{Ⅵ}$ 型半导体、锗、SiGe 合金构造成。它使得在不引进位错的前提下，超越赝晶生长的临界厚度极限成为可能。几种提供量子点形成的纳米尺度定位和位置选择的方法已经发展起来，通过在由传统电子束或扫描探针刻蚀合成的纳米构型掩膜窗中选择外延生长来实现。

self-organization (in bulk solids)　（固体块材中的）自组织 固态结构中强相互作用的原子发生特殊排列。自发的自组织过程发生在固体块材的内部和它们的表面，为纳米结构的制备提供了有效的途径，如量子线（quantum wire）和量子点（quantum dot）。这些过程中的主要驱动力是根据系统最小自由能的要求，固体要获得一个稳定原子构型的趋势。在固体中，自组织通常导致自发的结晶化。导致成核现象和新晶相的生长的相变只在热力学不平衡的条件下才会发生，典型出现在过饱和的或存在应力的系统中。

晶核的形成使系统的能量降低 $\Delta g = g_{am} - g_{cr}$，因为晶相（用能量 g_{cr} 表征）总是比无定形相（用能量 g_{am} 表征）要稳定得多。与之相反的是，生长的晶核表面能上升。半径为 r、比表面能为 σ^* 的核的出现，加上每单位新相体积的能量降低 Δg，使得系统自由能总的改变量为 $\Delta G = 4\pi r^2 \sigma^* - \frac{4}{3}\pi r^3 \Delta g$。

自由能作为核半径的函数并不是单调变化的，如图 S.10 所示。为了促使核表面的形成，必须对系统做功，而核体形成的过程是从系统获得能量。当原子团簇达到临界半径 r_{cr} 时自由能的变化达到最大值，对应于 $r_{cr} = 2\sigma^* / \Delta g$。

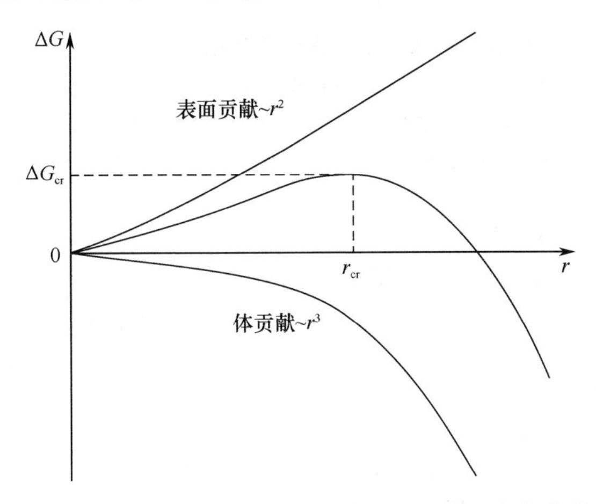

图 S.10　核的自由能作为它们直径的函数的变化曲线

小于临界核尺寸的团簇的形成需要正的自由能变化，因此系统变得不稳定。此类核存在于平衡分布情况。从能量上看，比较倾向于更大核的形成。成核速率 v_n 正比于临界核密度和这些核的生成速率，可以表示为 $v_n \sim \exp[\Delta G_{cr}/(k_B T)]\exp[-E_a/(k_B T)]$，其中 G_{cr} 表示临界核形成的自由能，T 是热力学温度。因子 $\exp[-E_a/(k_B T)]$ 表示原子扩散对成核和后续核的生长的影响，由激活能 E_a 表征。由于 G_{cr} 反比于 T^2，成核速率按指数形式 $\exp(-1/T^3)$ 变化。因此，任何特殊相的成核过程都发生在一个很窄的温度范围内，过低的温度下反应将不能发生，过高的温度下反应又会太快。

自发晶化是不用复杂的纳米光刻（nanolithography）技术制备量子点结构的常用方法，用这种方法已经实现了生长无机和有机纳米晶体阵列。

Sellmeier equation　塞耳迈耶尔方程　一种经验关系式，说明透明介质折射率（refractive index）n 和入射光波长 λ 之间的函数关系。最通用的形式为

$$n^2(\lambda) = 1 + \sum_i \frac{B_i \lambda^2}{\lambda^2 - C_i},$$

式中，B_i 和 C_i 为实验确定的系数，通常取 $i=3$。这个方程给出玻璃折射率的高精确拟合，该玻璃在紫外到红外波长范围内的散射少于 5×10^{-6}。

首次描述：W. Sellmeier 于 1871 年。

SEM　为 scanning electron microscopy（扫描电子显微术）的缩写。

semiconductor　半导体　电阻率（大小为 $10^{-4}\sim10^{9}$ Ω·cm，且具有负的电阻温度系数）界于导体（conductor）和绝缘体（insulator）之间的物质。半导体的价带与导带间有一个不大于 5 eV 的能隙。

纯半导体材料（即 99.999%）被称为本征半导体，它们的性质是材料本身固有的。在半导体中加入一些杂质，其电子性质会发生改变，由此生成的半导体被称为掺杂半导体或者非本征半导体。引起电子导电型（n 型）的杂质称为施主（donor），而引起空穴导电型（p 型）的杂质为受主（acceptor）。

施主杂质元素的化合价高于它们所替换成分的化合价，而受主杂质元素的化合价比它们所替代成分低。在 $A^{III}B^{VI}$ 型复合半导体中，类似 Si 和 Ge 这样的四价成分，当它替代三价成分时作为施主杂质，当它替代五价成分时便是受主杂质。这样的杂质称为两性杂质。

各种已经被研究的单原子和二元混合半导体的主要性质在本书附录中列出。

semiconductor core/shell nanowire　半导体核/壳型纳米线　这是由两个共轴圆柱组成的放射状异质结构：内部的核是由一种类型的材料构成；而外部的壳是由另外一种类型的材料所构成。目前制备出很多种不同类型的核/壳异质结构，结合了不同半导体材料的性质。特别是硅/锗纳米线（silicon/germanium nanowire），以 Ge 核/Si 壳和 Si 核/Ge 壳形式的纳米线，吸引了众多的关注。

在纳米尺度下调整这些体系的成分和/或掺杂；Si/Ge 界面厚度小于 1 nm，其生长是完全异质外延。它们可以被有效掺杂和应用于场效应晶体管、逆变器、环形振荡器、双量子点（quantum dot）、低温设备、生物传感器、纳米医学（nanomedicine）、热电学和新一代太阳电池（solar cell）中。

首次描述：L. J. Lauhon，M. S. Gudiksen，D. Wang，C. M. Lieber，*Epitaxial core-shell and core-multishell nanowire heterostructures*，Nature **420**，57～61（2002）。

详见：F. Qian，S. Gradecak，Y. Li，C.-Y. Wen，C. M. Lieber，*Core/multishell nanowire heterostructures as multicolor，high-efficiency light-emitting diodes*，Nano Lett. **5**（11），2287～2291（2005）；D. B. Migas，V. E. Borisenko，*Structural，electronic，and optical properties of 〈001〉-oriented SiGe nanowires*，Phys. Rev. B **76**（3），035440（2007）；M. Amato，S. Ossicini，R. Rurali，*Band-offset driven efficiency of the doping of SiGe core-shell nanowires*，Nano Lett. **11**（2），594～598（2011）。

semiconductor equation　半导体方程　在半导体中热平衡时有 $np=n_i^2$，其中 n 和 p 分别是电子和空穴浓度，n_i 是材料的本征载流子浓度，它不依赖于掺杂，也不依赖于费米能级（Fermi level）的位置。

semiconductor injection laser　半导体注入式激光器　一种发射相干光的半导体器件。它通常包括一个置于光学谐振腔中的直接带隙半导体的 p-n 结，谐振腔由垂直于结平面的抛光面构

成。在 p-n 结上加正偏压，光的发射是注入结耗尽层的电子和空穴的再复合辐射的结果。发出辐射的波长基本上由关系式 $\lambda \sim hc/E_g$ 决定，其中 E_g 是半导体的能带间隙。光学反馈由抛光面提供。达到一定的电流密度时激光产生，这一电流密度被称为阈值电流密度，在由单一半导体构成器件的情况下通常大于 $10^4\ \mathrm{A \cdot cm^{-2}}$。

首次描述：N. G. Basov, O. N. Crokhin, Yu. M. Popov, *The possibility of use of indirect transitions to obtain negative temperature in semiconductors*, Z. Eksper. Teor. Fiz. **39** (5), 1486～1487 (1960) （提出概念，俄文）；R. N. Hall, G. E. Fenner, J. D. Kingsley, T. J. Soltys, R. O. Carlson, *Coherent light emission from GaAs junctions*, Phys. Rev. Lett. **9** (9), 366～368 (1962) and M. I. Nathan, W. P. Dumke, G. Burns, F. H. Dill, Jr. G. Lasher, *Stimulated Emission of Radiation from GaAs pn Junctions*, Appl. Phys. Lett. **1** (1), 62～64 (1962)（实验）。

semiconductor nanowire　半导体纳米线　半导体纳米线因其特殊的热、电、光电、化学、输运和机械性能而备受关注。对于硅、锗、和硅-锗纳米线（silicon-germanium nanowire）用作纳米尺度器件组成单元人们尤其感兴趣，这源于它们与传统硅基技术的兼容，使其成为持续保持晶体管尺寸减小趋势的仅有材料。

纳米线作为传感器、纳米处理器、逻辑门、非易失性存储器、以及光电、电子、光子、纳米机械和热电器件的大量应用业已被证实。此外，它们大的比表面积带来强化学反应，作为生物传感器时将会有非常好的应用前景。

详见：W. Lu, C. M. Lieber, *Semiconductor nanowires*, J. Phys. D: Appl. Phys. **39** (21), R387～R406 (2006)；R. Rurali, *Colloquium: structural, electronic, and transport properties of silicon nanowires*, Rev. Mod. Phys. **82** (1), 427～449 (2010)。

semimetal　半金属　一种在部分填充的价带（valence band）和导带（conduction band）之间有较小重叠的金属。

SFG　为 sum-frequency generation（和频产生）的缩写。

S-FIL　为 step and flash imprint lithography（分步和闪光压印光刻）的缩写。

S-FIL/R　为 step and flash imprint lithography, reverse（分步和闪光压印光刻，反转）的缩写。

SGM　为 scanning gate microscopy（扫描栅极显微术）的缩写。

Shannon's entropy　香农熵　参见 Shannon's theorems（香农定理）。

Shannon's theorems　香农定理　构成经典信息理论基础的两个定理。

无噪编码定理（noiseless coding theorem）指出最佳编码是把每个符号渐进地压缩成 $H(X)$ 个比特。这里 $H(X)$ 就是香农熵（Shannon's entropy），是由一串符号组成的系综 X 的熵，定义为 $H(X) = -\sum_i p(i)\log p(i)$，其中 $p(i)$ 是第 i 个符号的概率。这样，信息就可以被测量，并且这些测量在传播信息方式的选择上具有实际重要性。

传输通道中的噪声可能导致发送和接收符号的偏差。定义当从系综 X 中发送第 i 个信号时，在系综 Y 中接收到第 j 个信号的条件概率为 $p(j|i)$。系综 Y 的香农熵为 $H(Y) = -\sum_{ij} p(i|j)p(i)\log[\sum_k p(j|k)p(k)]$ 并且两个系综的联合香农熵（joint Shannon's entropy for two ensembles）定义为 $H(X,Y) = -\sum_{ij} p(j|i)p(i)\log[p(j|i)p(i)]$。

噪声信道编码定理（noisy channel coding theorem）指出对于最佳编码，一个符号最大可

以传输 C 个信息比特，并随着信息符号数目趋向无穷大出错概率趋于零。信道容量 C 定义为在固定 $p(j \mid i)$时所有可能 $p(i)$分布的共有信息 $H(X)+H(Y)-H(X,Y)$ 的最大值。甚至在交流过程中产生错误，信息也可以如实地传输。最好的例子由高斯噪声情况下传输通道的带宽限制和能量约束给出，通常的表述形式为 $C=W\log_2(1+R)$，其中 C 是每秒测得的比特数，W 是带宽（单位是赫兹），R 是信噪比。

首次描述：C. E. Shannon，*A mathematical theory of communication*，Bell Syst. Tech. J. **27** (3),379～423；C. E. Shannon，*A mathematical theory of communication*，**27** (4)，623～656 (1948)；*Communication theory of secrecy systems*，Bell Syst. Tech. J. **28** (4)，656～715 (1949)。

详见：A. Galindo，M. A. Martin Delgado，*Information and computation: classical and quantum aspects*，Rev. Mod. Phys. **74** (2)，347～423 (2002)。

Sharvin resistance 沙尔温电阻 经典弹道机理下的一个点电接触的电阻。它完全取决于在弹道点接触的几何最窄处的弹性背散射。使电子体系趋于热动力学平衡的耗散过程在远离点接触的地方发生。因此，在这个体系中电阻的产生与其相应的焦耳加热机理之间存在空间上的分离。当点接触的宽度可以和费米波长相比拟时，将变成量子点接触状态，电阻为 $h/(2e^2N)$，其中 N 是被占据的电子子能带（传输模式）数目。

首次描述：Yu. V. Sharvin，*A possible method for studying Fermi surfaces*，Zh. Eksp. Teor. Fiz. **48** (3)，984～985 (1965)（俄文），Sov. Phys. JETP **21** (3)，655～656 (1965)（英文）。

shear modulus 剪切模量 亦称切变模量，参见 Bowden-Tabor law（鲍登-塔博尔定律）。

Shenstone effect 申斯通效应 有电流通过后，特定金属的光电发射的增加。

首次描述：A. G. Shenstone，*Effect of an electric current on the photoelectric effect*，Phil. Mag. **41**，916 (1921)。

SHG 为 second-harmonic generation（二次谐波产生）的缩写。

Shklovskii-Efros law 什克洛夫斯基-叶夫罗斯定律 指出温度对无序系统的跳跃电导率的依赖关系有如下形式：在低温当 $\Delta E_C > k_B T$ 时 $\ln\sigma \sim T^{-1/2}$，其中 ΔE_C 是由于电子-电子库仑相互作用引起的系统费米能级（Fermi level）附近态密度的能隙。更多细节见 hopping conductivity（跳跃电导性）。

首次描述：A. L. Efros，B. I. Shklovskii，*Coulomb gap and law temperature conductivity of disordered systems*，J. Phys. C: Solid State Phys. **8** (4)，L49～L51 (1975)。

Shockley partial dislocation 肖克利不全位错 一种不全位错，其伯格斯矢量（Burgers vector）位于断层面，以至于它可以滑行，与弗兰克不全位错（Frank partial dislocation）形成对照。

首次描述：W. Shockley，W. T. Read，*Quantitative predictions from dislocation models of crystal grain boundaries*，Phys. Rev. **75** (4)，692～692 (1949)。

Shockley-Queisser limit 肖克利-奎塞尔极限 传统太阳电池（solar cell）结构所能达到的最大效率，亦称单材料极限（single material limit）。应用细致平衡方法，假定带隙以上的每个光子仅激发一个电子-空穴对，而能量在带隙以下的所有光子都消失，这样得到理论上最大的能量转换效率为 30%。肖克利（Shockley）和奎塞尔（Queisser）通过用 6000 K 温度下非密集黑体辐射来模拟太阳光得到了这个最高转换效率，采用的最优带隙为 1.26 eV。这个效率相对来说很低，主要是因为热损失和传输损失，大约损失了光子能量的 56%。这些损失是实际上只有一个能量带隙被用来转换较宽范围的太阳能光子的结果。既然双能带体系被肖克利-奎塞尔极限所限制，采用多于两个的不同费米分布的体系可能获得更高的效率。如多结太阳电池（multijunction solar cells）、杂质光伏效应太阳电池（impurity photovoltaic effect solar cells）、中带太阳电池（intermediate band solar cells）、量子阱太阳电池（quantum well solar cells）、上（下）转换太阳电池（up- and down-conversion solar cells）或者热载流子太阳电池（hot-carrier solar cells）。

首次描述：W. Shockley，H. J. Queisser，*Detailed balance limit of efficiency of p-n junction solar cells*，J. Appl. Phys. **32**（3），510～519（1961）。

详见：C. S. Solanki，G. Beaucarne，*Advanced solar cell concepts*，Energy for Sustainable Development—The Journal of the International Energy Initiative **11**，17～23（2007）。

shock wave 冲击波 一种完全成型的大振幅的压缩波，其内部各处的密度、压力和速率变化激烈。假设有一个飞行速度大于声速的射弹，它将推动在它前面的声波。但是声波不可能速度比声速更快，因此这些波彼此堆积起来。这些堆积起来的波就是冲击波。

冲击波可以通过猛烈地投掷一个射弹或者向晶体投射高强度激光（laser）来获得。最近计算机模拟已经展示了发送冲击波通过光子晶体（photonic crystal）可以使得更快更便宜的无线电通信器件、效率更高的太阳电池，以及量子计算（quantum computation）技术上的进步成为可能。

详见：Ia. B. Zeldovich，I. P. Raizer，*Elements of Gas Dynamics and the Classical Theory of Shock Waves*（Academic Press，New York 1968）；M. Rasmussen，*Hypersonic Flow*（Wiley，New York 1994）。

Shor algorithm 肖尔算法 一种因子分解算法，此算法可以使得量子计算机以比传统计算机算法更快的速度对数 N 进行因子分解，其相对于传统计算机算法的加速比为指数形式。它首先确定函数 $a^n \bmod N$ 的周期，其中 a 是一个与 N 没有相同因子的随机选择的较小的数，n 是一个整数。$a^n \bmod N$ 的值是用 a^n 除以 N 后的余数。一旦这个函数的周期知道了，N 就能很快地用传统数论因子分解。量子因子分解工作是通过量子并行同时试验 n 的所有可能值，然后应用量子傅里叶变换找出周期。一个特例 $N=15$，周期通常是 2 或 4，这使得运算的实现和周期的决定变得极其简单。

快速量子数因子分解对于很多常用的编码算法的密码分析有深远意义。

首次描述：P. W. Shor，*Polynomial time algorithms for prime factorisation and discrete logarithms on quantum computer*，SIAM J. Comp. **26**（5），1484～1509（1997）。

shot noise 散粒噪声 电路中的散粒噪声是通过导体的电子电荷的分立性质导致的结果。它由电荷载流子数目的涨落产生。单个电子在频率间隔 Δf 内到达引起的对应于单个电流脉冲的电流 I 的均方涨落为 $\overline{\Delta I^2}=2eI\Delta f$。

首次描述：W. Schottky，*Über spontane Stromschwankungen in verschiedenen Elektrizitätsleitern*，Ann. Phys. **57**，541～567（1918）。

SHPM 为 scanning Hall probe microscopy（扫描霍尔探针显微术）的缩写。

Shubnikov-de Haas effect 舒布尼科夫-德哈斯效应 此效应指简并（degenerate）固体（金属、半导体）的电阻随着 $1/H$ 的改变发生周期性变化，其中 H 是静磁场强度。变化的周期依赖于磁场相对于固态中晶轴的方向，即为 $2\pi\hbar e/cS$，其中 S 是考虑电子力矩向磁场投影的费米面（Fermi surface）的最大横截面积。当 $\hbar e/m^* c > k_B T$ 和 $eH/m^* c > \tau$ 时，这种效应可被观察到，其中 m^* 是电子有效质量，τ 是电子弛豫时间。

这个现象是由垂直于外加磁场方向的平面上费米能量（Fermi energy）附近的朗道能级（Landau levels）占有态的改变引起的。

首次描述：L. V. Shubnikov，W. J. de Haas，*Resistance changes of bismuth crystals in a magnetic field at the temperature of liquid hydrogen*，Proc. K. Akad. Amsterdam **33**（4），363～378（1930）。

Shubnikov group 舒布尼科夫群 亦称色群，在晶体中加入另一个对称元素后所得到的晶体的点群和空间群，例如，使得点从黑变白或反过来的两色对称性。这种群也被称为黑白群（black-and-white group）或磁群（magnetic group）。因此，当在普通的晶体学对称性上考虑诸如自旋等性质时，舒布尼科夫群是很有用的。对于描述准晶（quasicrystal）、不完美的晶体和非公度调制的晶相，它也是一个强大的工具。

首次描述：A. V. Shubnikov，*On works of Pierre Curie in the field of symmetry*，Usp. Fiz. Nauk. **59**，591～602（1956）（俄文）；A. V. Shubnikov，*Time reversal as an operation of antisymmetry*，*Kristallografiya*（USSR）**5**（2），328～333（1960）。

silicide 硅化物 由金属和硅组成的化合物。周期表中的元素形成了多于 100 种这样的化合物，其中大多数有典型的金属类型的电子性质，它们的电阻率在 15～100 μΩ·cm 范围内（$TiSi_2$，$CoSi_2$，$TaSi_2$，正方晶格的 $MoSi_2$，正方晶格的 WSi_2，PtSi，Pd_2Si），取决于材料的纯度和结构。大约有 12 种具有半导体性质的硅化物，它们的室温能隙范围从 0.07 eV（六方晶系的 $MoSi_2$ 和 WSi_2）和 0.12 eV（$ReSi_{1.75}$）到 1.8 eV（$OsSi_2$）和 2.3 eV（Os_2Si_3）。

详见：*Properties of Metal Silicides*，edited by K. Maex，M. van Rossum（INSPEC，IEE，London 1995）；*Semiconducting Silicides*，edited by V. E. Borisenko（Springer，Berlin 2000）。

silicon-germanium nanowire 硅-锗纳米线 随着半导体结构尺寸减小到纳米级，以及对特性材料的持续需求，对电子材料性能提出了严格要求，但有时仅仅通过减小尺寸无法得到满足。在此背景下，合金化并结合尺寸改变就成为发展和创造具有预期性能材料的最为常用的典型途径之一，同时可以容易实现与现有 Si 微电子学的结合。

实现这种可能性的有意义实例就是硅-锗纳米线，一种特殊的半导体纳米线（semiconductor nanowire），形成了“自下而上”（bottom-up）和“自上而下”（top-down）的两种生长方法。这些研究工作是材料科学中发展最快的领域之一，源于其在太阳电池（solar cell）、纳米电子学（nanoelectronics）、光电子学（optoelectronics）和纳米医学（nanomedicine）领域中具有重要应用前景。不同于纯 Si 和纯 Ge 纳米线，硅-锗纳米线提供了调整电子、光学和输运性能的可能性，不仅通过改变体系的尺寸，甚至可以改变 Si/Ge 界面几何形态以及硅和锗原子的相对成分。总之，可以说 Si/Ge 纳米线的电性与两个主要因素相关：①外在尺寸效应，即与体系尺寸变化相关，可通过固定线的成分后再改变其直径的方法进行分析；②内在合金化效应，即与体系的几何构造和成分相关，可通过固定线直径后再改变其成分的方法进行分析。

在过去的几年中，半导体核/壳纳米线（semiconductor core/shell nanowire）是发展最快的领域。

详见：W. Lu，C. M. Lieber，*Semiconductor nanowires*，J. Phys. D：Appl. Phys. **39**（21），R387～R406（2006）；D. B. Migas，V. E. Borisenko，*Structural，electronic，and optical properties of* 〈001〉 *-oriented SiGe nanowires*，Phys. Rev. B **76**（3），035440（2007）；M. Amato，M. Palummo，S. Ossicini，*Reduced quantum confinement effect and electron-hole separation in SiGe nanowires*，Phys. Rev. B **79**（20），201302（R）（2009）。

silicon nanophotonics 硅纳米光子学 一种巨大挑战源于在单个硅芯片上存在电子学和光

学功能耦合的可能性。但这又非常有魅力，因为可以同时利用电子学的高计算能力和光子学(photonics) 的高通信带宽。目前硅光子学处于技术兴趣和商业机会之间的一个转折点。对硅光子学的兴趣产生于大范围应用领域（生命科学、医药、通信、计算、传感、能量等）中的技术可行性，它不是一种单向技术。调整硅纳米结构 (nanostructure) 的电学、光学性能的可能性，带来了纳米光子学 (nanophotonics) 中新现象和新器件概念的产生。通过导向、调制、尤其是光的产生和/或放大，硅纳米结构能够服务于硅光子学。

详见：R. A. Soref，*The past，present，and future of silicon photonics*，J. Sel. Top. Quantum Electron. **12** (6)，1678～1687 (2006)；N. Daldosso，L. Pavesi，*Nanosilicon photonics*，Laser Photonics Rev. **3** (6)，508～534 (2009)；L. Khriachtchev，*Silicon Nanophotonics-Basic Principles，Current Status and Perspectives* (Pan Stanford Publishing，Singapore，2008)。

Silsbee's effect 西尔斯比效应 无需升高温度，电流通过产生的磁场来破坏超导态的能力。

首次描述：F. B. Silebee，Bull. Natl. Bur. Std. **14**，301 (1918)。

SIM 为 structured illumination microscopy（结构光学显微术）的缩写。

SIMS 为 secondary ion mass spectrometry（二次离子质谱法）的缩写。

Sinai process 西奈过程 在每一个格点处向右和向左移动都有固定概率的一维格子上的一种随机走动。尽管这些概率是固定的，它们的值却是从一种概率分布中被选择，以至于在每一个格点上都产生了使得行走者沿着一个优先方向的强烈趋向。行走者在两端格点之间行进时会有很多跳动，这两个端点设置为：当从右边接近最左边的点时，行走者以很大的概率返回向右边行进，类似的最右边的点使得行走者返回向左边行进。有很多这样的成对点，尤其是在嵌套式构型中。在这种过程中，$r^2(t)$的平均值正比于 $\ln^4(t)$。

首次描述：Ya. G. Sinai，*The limiting behavior of one-dimensional random walk in a random medium*，Theory Prob. Appl. **27** (2)，256～268 (1982)。

sine-Gordon equation 正弦戈登方程 有孤子 (soliton) 解的非线性微分方程

$$\frac{\partial^2\varphi}{\partial t^2}-a^2\frac{\partial^2\varphi}{\partial x^2}+\omega_p^2\sin\varphi=0$$

其中 ω_p和 a 是参数。如果 φ 小到正弦项可以被幅角所代替，解就是一个谐波，其频率波矢关系为 $\omega^2=\alpha\omega_p^2+a^2q^2$。

在线性近似情况下，波的叠加可以构成一个空间局域的波包。然而，其成分是分散的以至于在一段时间之后波包的宽度会增加，并且波包开始拆裂。方程中的非线性项的作用与这种趋势相反。一个合适的局域波包能够永远保持自身形状，或者在很长的衰减（不包括在方程中）过程中没有开始活动。这样的一个孤子解是 $\varphi=4\arctan\{\exp[x-x_0-vt]/\xi\}$。解在 x_0+vt的宽度为 ξ 的邻域内从 0 变化到 2π，其中

$$\xi=\frac{a}{\omega_p}\sqrt{1-\frac{v^2}{a^2}}$$

这是一个圆形的分步推进，以速度 $v<a$ 传播，不再依赖于方程别的因素。尽管方程是非线性的，解的一个特征就是两个孤子能够彼此通过而不改变形状。

single-electron box 单电子盒 一种单电子器件，包含通过隧道势垒与一个较大电极分离开的一个小岛，该电极作为电子源。其示意图见图 S. 11。岛由导体或半导体材料构成，其大小为一个典型的量子点 (quantum dot) 尺寸。外加电压通过与岛分离的栅极作用其上，栅极与岛之间由不允许可察觉的隧穿发生的较厚的绝缘层分隔。增加栅极电压可吸引越来越多的电

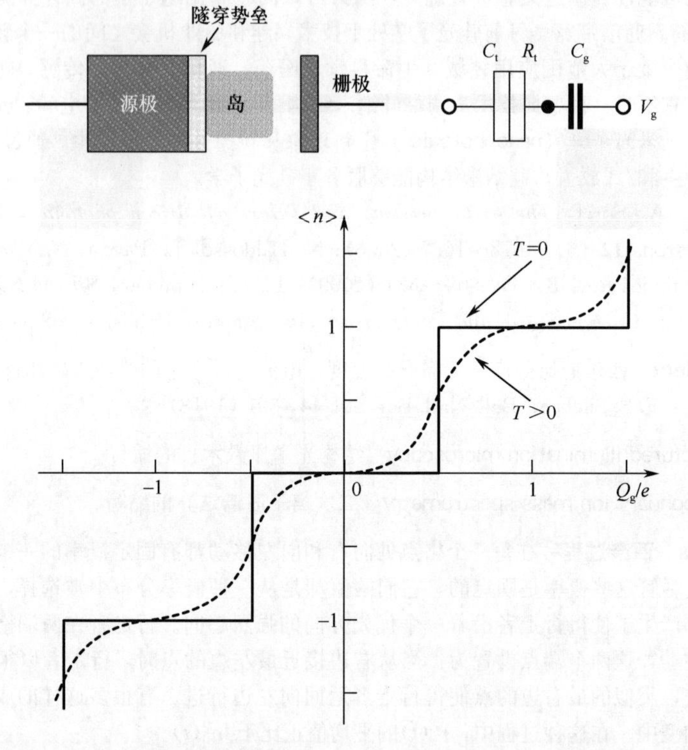

图 S.11 单电子盒在电路中的表示（上），以及单电子盒中平均电荷数（$\langle n\rangle$）作为栅极电荷（$Q_g=C_gV_g$）的函数（下）

子到岛上。在电路中，隧穿势垒用势垒电容 C_t 和隧穿电阻 R_t 来表示，C_g 对应于栅极电容。

通过在栅极上施加正电压，我们可以向岛"注入"电子。当增加的栅极电压超过库仑阻塞（Coulomb blockade）限制时，电子进入岛内。继续增加栅极电压将可能向岛上又"注入"一个电子，等等。这种电子传输通过隧穿势垒的离散性形成了一种台阶式增长，产生了岛上积累的电荷作为栅极电压的函数所表现出来的库仑台阶（Coulomb staircase）。实验观察这种台阶状特征的条件是假定充电能大于热运动能量，即 $e^2/(2C)\gg k_BT$，其中 $C=C_t+C_g$ 且 $R_t\gg h/e^2$。在有限温度下，这种台阶和锯齿依赖性被消除。

单电子盒子对其他单电子器件而言是一个基本构建单元。

详见：K. K. Likharev，*Single-electron devices and their applications*，Proc. IEEE **87**，606～632 (1999)。

single-electron device　单电子器件　一种通过控制甚至单个电子运动进行信息储存和处理的电子器件。典型的单电子器件是由一个或几个彼此电连接、并通过隧道结与其他组件连接的量子点（quantum dot）构成。这类器件在原子尺度仍能保持其可量测性。

详见：K. K. Likharev，*Single-electron devices and their applications*，Proc. IEEE **87**，606～632 (1999)。

single-electron pump　单电子泵　由处于电子源极和电子漏极中间的一排被隧穿势垒分隔的栅极小岛组成的一种单电子器件（single-electron device）。其示意图见图 S.12。

它的操作与单电子陷阱（single-electron trap）有很多相同之处。作用在每个栅极的交流

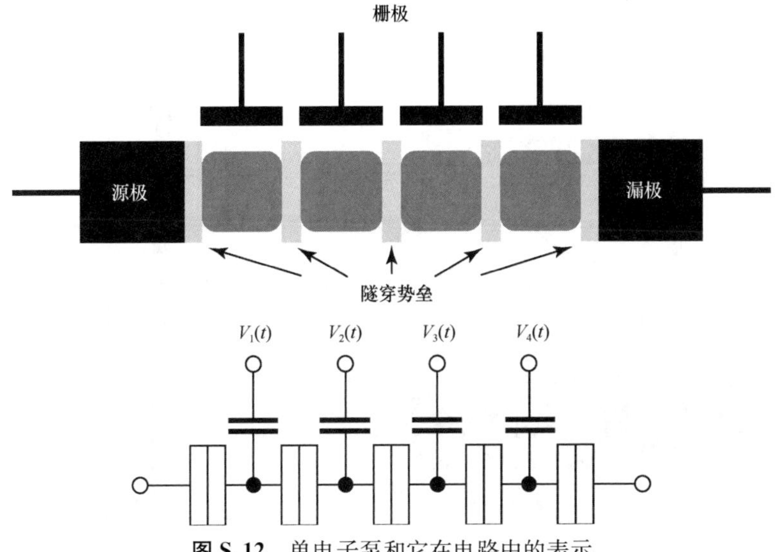

图 S. 12 单电子泵和它在电路中的表示

电压波形被改变相位，形成一个沿着岛阵列传播的势波。这个波从源极获取一个电子，将其输送到漏极——过程非常类似于电荷耦合器件的运作。注意到这种器件不需要直流的源漏电压：电子传输方向由行进的电子势波的传输来决定。泵在每一个交流栅极电压的周期内精确地从源极传输一个电子到漏极。在所有的单电子器件中，它耗能最少并具有最高的传输精度。

首次描述：H. Pothier，P. Lafarge，P. F. Orfila，C. Urbina，D. Esteve，M. H. Devoret，*Single-electron pump fabricated with ultrasmall normal tunnel junctions*，Physica B. **169**（1～4），573～574（1991）。

详见：K. K. Likharev，*Single-electron devices and their applications*，Proc. IEEE **87**，606～632（1999）。

single-electron transistor　单电子晶体管　一种单电子器件（single-electron device），包括一个导电小岛和一对隧道结，两个隧道结分别把小岛与电子源极和电子漏极分隔开。它的充电由作为栅极的第三个电极实现。这种晶体管的示意图和直流特性见图 S. 13。

所示的电流特性是一个对称结构的典型特征，这种结构假设具有完全相同的源极和漏极隧道结。保持岛上 n 个未补偿电子的条件是

$$\frac{1}{C_d}\left(ne-\frac{e}{2}-C_gV_g\right)<V_{sd}<\frac{1}{C_d}\left(ne+\frac{e}{2}-C_gV_g\right)$$

$$\frac{1}{C_s+C_g}\left(-ne+\frac{e}{2}+C_gV_g\right)>V_{sd}>\frac{1}{C_s+C_g}\left(-ne-\frac{e}{2}+C_gV_g\right)$$

其中 $V_{sd}=V_d-V_s$ 。

$V_{sd}-V_g$ 关系图中的灰色区域对应于有效库仑阻塞（Coulomb blockade），岛上的电子数有一个固定值，显示在黑色区域中。在近邻的亮区域内，岛可以有两个电子数，即显示在图中的两个中的一个。在这种情况下，较大的数值对应于倾向于通过源极结隧穿，而较小的数值表示电子从漏极隧道结隧穿。

起初在岛上是没有未补偿电子的，当施加了一个有限的正的源漏电压 V_{sd}（短划线表示）且栅极电压为 $e/(2C_g)+ne/C_g$时，电子从岛上输运通过。对于源极隧道结，更倾向于岛上电子数增加，以至于电子从源极隧穿至岛上。然而，对于漏极隧道结，则倾向于岛上电子数

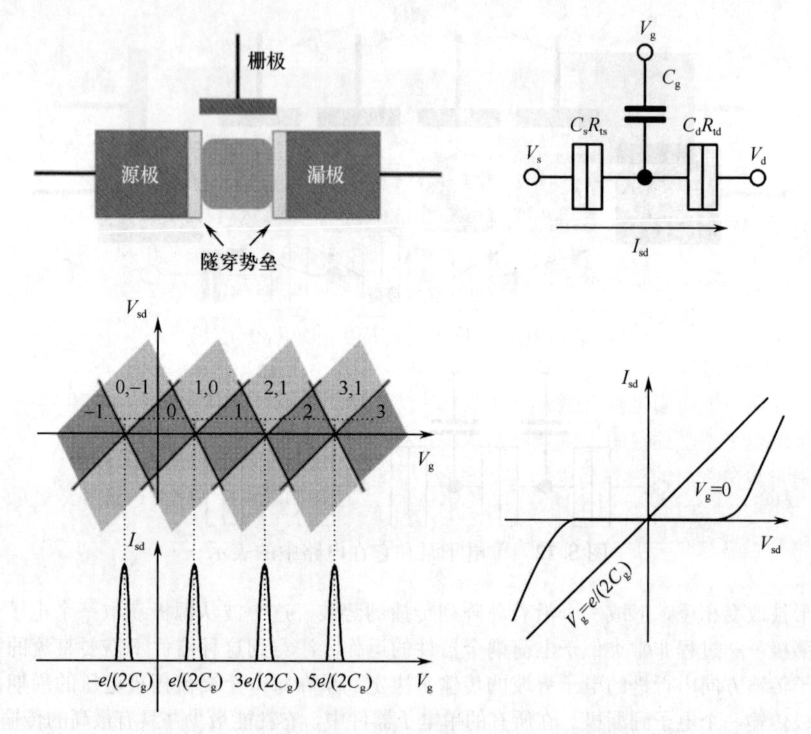

图 S.13 单电子晶体管在电路中的表示及其静电特性

减少，故提供一个电子从岛上隧穿至漏极。结果，电子从源极输运到漏极，在这种偏压条件下就观察到从源极到漏极方向的电流。振荡的 $I_{sd}-I_g$ 特性通常被称为库仑振荡（Coulomb oscillation）。

电流-电压（$I_{sd}-V_{sd}$）特性依赖于栅极电压和温度。当 $0<V_g<e/(2C_g)$ 时，在小的源漏电压下没有电流。电流的抑制由库仑阻塞（Coulomb blockade）控制。在一定的阈值电压下，库仑阻塞被打破，在更高的电压下电流呈现出类似于单电子盒子中库仑台阶（Coulomb staircase）的准周期增长。阈值电压以及它近邻范围内的源漏电流都是栅极电压的周期函数。

单电子晶体管的一次明显的操作的合适温度条件为 $e^2/(2C)\gg k_BT$，其中 $C=C_g+C_s+C_d$。

首次描述：D. V. Averin，K. K. Likharev，*Coulomb blockade of tunneling and coherent oscillations in small tunnel junctions*，J. Low. Temp. Phys. **62**（2），345～372（1986）（理论）；T. A. Fulton，G. J. Dolan，*Observation of single-electron charging effects in small tunneling junctions*，Phys. Rev. Lett. **59**（1），109～112（1987）（实验证明）。

详见：K. Uchida，*Single electron devices for logic applications*，in：*Nano-electronics and Information Technology*，edited by R. Waser（Wiley-VCH，Weinheim，2003）。

single-electron trap 单电子陷阱 一种单电子器件（single-electron device），由在源极和单电子盒（single-electron box）之间的几个岛组成，示意图见图 S.14。

这个系统主要的新特征是它的内部记忆（双稳定性和多稳定性）。一定范围的栅极电压的作用使系统处于它的边界岛的两个或多个充电态之一。这是由于电极化效应：局域在阵列中的一个岛上的一个电子产生的电场会延伸到一定距离以外。

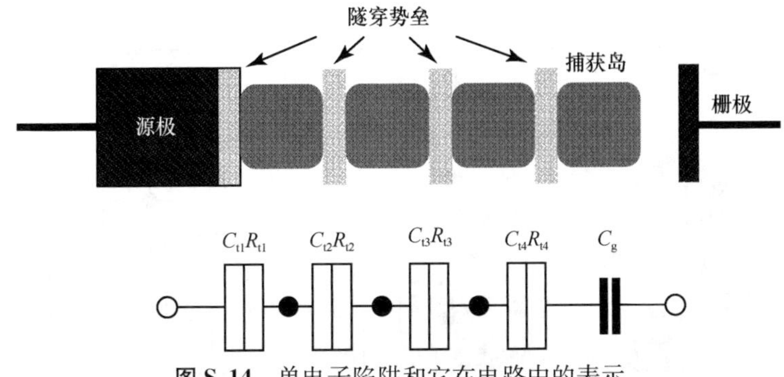

图 S. 14 单电子陷阱和它在电路中的表示

通过在栅极上应用足够大的偏压 $V^{\uparrow}$，可以迫使一个电子注入边界岛。如果阵列不是太长，其他的电子感受到它的排斥力而不跟随进入。当栅极电压接着降低到初始值，电子就被限制在能量势垒后面的边界岛上。为了将被俘获的电子移走，电压需要再降低，直到 $V^{\downarrow} < V^{\uparrow}$。结果，陷阱内电子数对于栅极电压的依赖关系呈现双稳定性或多稳定性的区域，在这个区域中阱的充电态取决于它之前经历的过程。

从根本上说，在双稳定性区域内的某确定态的寿命是被热激发通过能量势垒（E_C）和共隧穿（co-tunneling）所限制。第一个效应的效果随着 $E_C/(k_B T)$ 的增加以指数规律降低，而第二个效应的效果随着阵列中岛的个数的增加以指数规律降低，结果导致电子保持时间可以很长。

首次描述：T. A. Fulton，P. L. Gammel，L. N. Dunkleberger，*Determination of Coulomb-blockade resistances and observation of the tunneling of single electrons in small-tunnel-junction circuit*，Phys. Rev. Lett. **67** (22)，3148～3151 (1991)。

详见：K. K. Likharev，*Single-electron devices and their applications*，Proc. IEEE **87**，606～632 (1999)。

single-electron tunneling　单电子隧穿　由库仑阻塞（Coulomb blockade）效应控制的电子逐个隧穿行为。图 S. 15 展示的系统是由两个导电电极组成的，这两个电极被一薄层介电体（dielectric）构成的隧道结分开。在这种结构中的电子过程可以由在管口处水滴形成的力学模型所描述。最初，介电体两个表面所带电荷均为零，当在结构上外加恒定偏压，电荷开始在介电体表面积累。电荷通过连续的和离散的两个过程进行转移。

我们知道固体中的电流是电子通过原子核晶格的运动的结果。每个电子携带了最小的固定量的负电荷，用 $-e$ 表示，最小的电荷转移可以小于这个值。这是因为转移的电荷正比于所有电子相对于格点原子核的移动量的总和。移动量可以非常小，所以它们的总和是连续变化的。因此，它在实际中可以具有任意值，甚至是一个单电子电荷的分数。

连续流过导体的转移电荷在对着结的介电体层的电极表面上开始累积，相邻的电极将具有等量异种表面电荷。可以把表面电荷 Q 想象成表面附近电子相对于它们的平衡位置的一个小的连续变化量。电荷在结中的积累就像是水在管口形成水滴。另一方面，只有隧穿才能通过离散的方式改变这个电荷：当一个电子隧穿过电介质势垒，表面电荷定量地改变 $+e$ 或 $-e$，取决于隧穿方向。

仅当 Q 刚好超过 $e/2$ 时，隧穿事件在能量上才是可能的，在这个条件下隧穿电子将迅速把电荷从 $+e/2$ 改变到 $-e/2$，并且结能量保持不变。如果 Q 小于 $+e/2$ 或者大于 $-e/2$，任何方向的隧穿都将增加系统的能量。因此，如果积累的电荷在范围 $-e/2$ 到 $+e/2$ 内，隧穿就被库仑阻塞禁止。

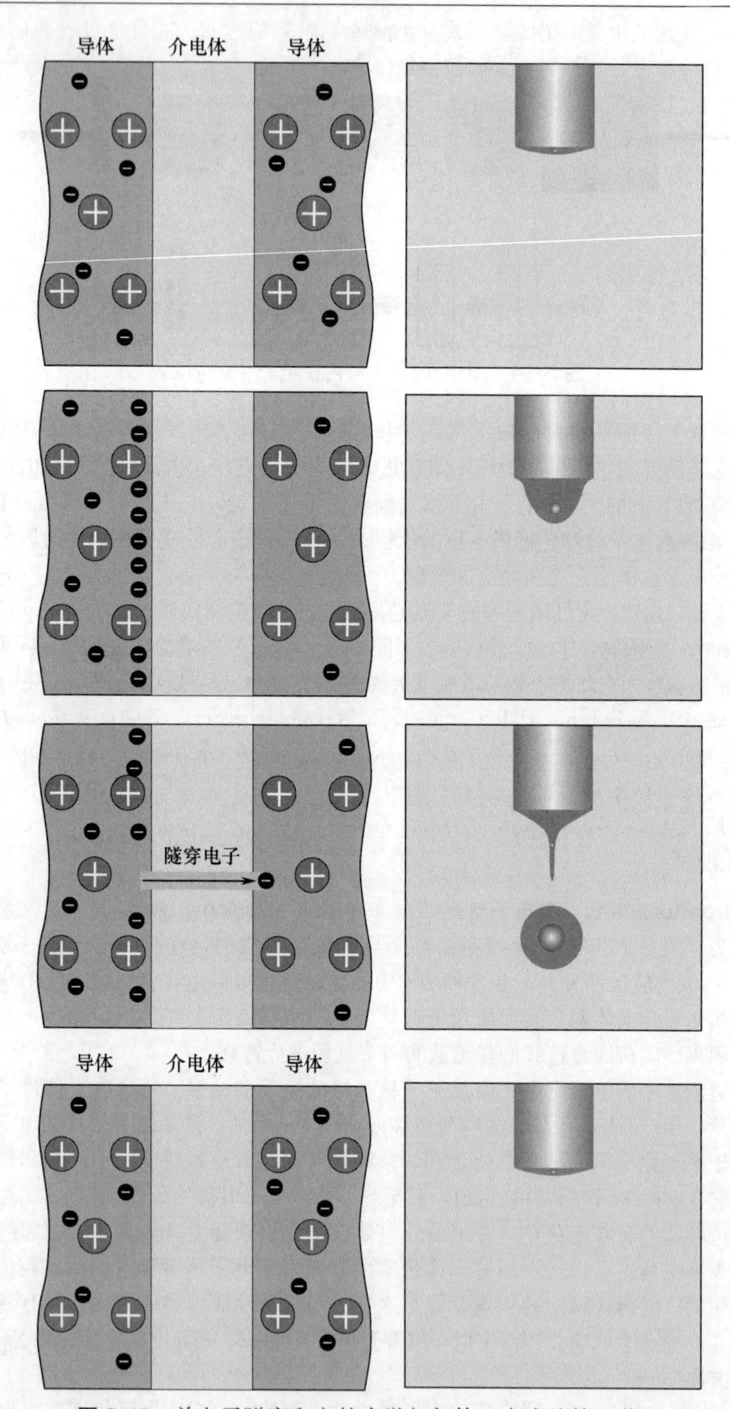

图 S. 15 单电子隧穿和它的力学相似体：水滴从管口落下

[来源：K. K. Likharev，T. Claeson，*Single electronics*，Scientific American **6**，50～55（1992）]

当电荷达到 $e/2$ 时，隧穿就可能发生。一个电子穿过隧道结就像水滴一旦达到临界尺寸就会落下一样。积累的电荷降为零，系统又回到库仑阻塞的区间。充放电过程的周而复始就产生了单电子隧穿振荡，振荡频率为电流 I 除以单电子电荷 e。

首次描述：I. O. Kulik，R. I. Shekhter，*Kinetic phenomena and charge discreteness effects in granulated media*，Zh. Eksp. Teor. Fiz. **68**（2），623～640（1975）（俄文），Sov. Phys. JETP **41**（2），308～314（1975）（英文，理论预言）；E. Ben-Jacob，Y. Gefen，*New quantum oscillations in current driven small junctions*，Phys. Lett. 108A（5/6），289～292（1985）；K. K. Likharev，A. B. Zorin，*Theory of Bloch wave oscillations in small Josephson junctions*，J. Low Temp. Phys. **59**（3/4），347～382（1985）；D. V. Averin，K. K. Likharev，*Coulomb blockade of tunneling and coherent oscillations in small tunnel junctions*，J. Low. Temp. Phys. **62**（2），345～372（1986）（理论）；T. A. Fulton，G. J. Dolan，*Observation of single-electron charging effects in small tunneling junctions*，Phys. Rev. Lett. **59**（1），109～112（1987）（实验）。

single-electron turnstile 单电子旋转门 一种单电子器件（single-electron device），包括奇数个被隧穿势垒分隔的小岛，这些小岛处于电子源极和电子漏极之间。示意图见图 S. 16。

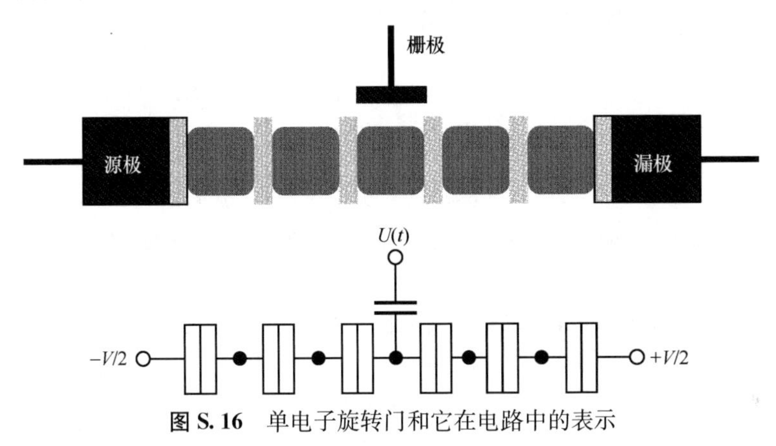

图 S. 16 单电子旋转门和它在电路中的表示

当电压 $V=0$ 时，这种器件就像单电子陷阱（single-electron trap）一样工作：增加栅极电压 U 到大于一定的阈值后，单个电子注入中间岛上（随机地，或从源极或从漏极）。然后它可能随着 U 的降低而从岛上脱离。施加一个合适的源漏偏压 $V\neq0$ 将打破源漏极对称。在这种情况下，当栅极电压增加时电子从源极被拾起，下降时被输送到漏极。如果栅极电压周期性变化，在每个周期内都有一个电子从源极被输运到漏极。

首次描述：L. J. Geerligs，V. G. Anderegg，P. A. M. Holweg，J. E. Mooij，H. Pothier，D. Esteve，C. Urbina，M. H. Devoret，*Frequency-locked turnstile device for single electrons*，Phys. Rev. Lett. **64**（22），2691～2694（1990）。

详见：K. K. Likharev，*Single-electron devices and their applications*，Proc. IEEE **87**，606～632（1999）。

single material limit 单材料极限 也即 Shockley-Queisser limit（肖克利-奎塞尔极限）。

single molecule magnet 单分子磁体 参见 molecular nanomagnet（分子纳米磁体）。

singlet 单态 两个电子有成对（反平行）自旋的态。总自旋为零。

singularity 奇点 与“singular point”同义，单变量或多变量的函数的奇点是指在此点不能进行泰勒级数（Taylor series）展开。需要特别指出的是，函数或它的任意阶偏微分在奇点处趋于无穷。例如，$x=a$ 是函数 $(x-a)^{-1/2}$ 和 $\log(x-a)$ 的一个奇点。

skin effect　趋肤效应　导体中的交流电流有向外层或者说“皮肤”集中的趋势，而不是均匀分布于导体内部。效应的产生源于导体在表面以下一定深度内的内禀自感的增加，导致这种效应的大小随电流频率、导体直径和导体材料磁导率的增加而增大。定义穿透深度 d 为电流降为表面值的 $1/l$ 时距导体表面的距离，它可以由公式 $d=(\pi\mu\mu_0 \upsilon\sigma)^{-1/2}$ 给出，其中 μ 是材料的相对磁导率，υ 是交流电频率，σ 是材料电导率。

skyrmion　斯克姆子　对应于自旋（spin）空间里拓扑扭曲或扭结的准粒子（quasiparticle）。它也可以被诠释为带有自旋的孤子（soliton），其统计特性不同于那些非线性场理论中的基本场。斯克姆子是从微观到宇宙尺度范围内的非线性连续模型的一个特征。

首次描述：T. H. Skyrme，*A non-linear field theory*，Proc. R. Soc.，Ser. A **260**，127～138 (1961)。

Slater determinant　斯莱特行列式　N 个电子，或者更一般的说，N 个费米子的量子力学波函数，它是一个 $N\times N$ 维行列式，其列矩阵元是 N 个不同的依赖于系统中每个粒子坐标的单粒子波函数 $\Psi_N(\boldsymbol{r}_N)$：

$$\Psi=\frac{1}{(N!)^{1/2}}\begin{vmatrix}\Psi_1(\boldsymbol{r}_1) & \Psi_2(\boldsymbol{r}_1) & \cdots & \Psi_N(\boldsymbol{r}_1)\\ \Psi_1(\boldsymbol{r}_2) & \Psi_2(\boldsymbol{r}_2) & \cdots & \Psi_N(\boldsymbol{r}_2)\\ \vdots & \vdots & & \vdots\\ \Psi_1(\boldsymbol{r}_N) & \Psi_2(\boldsymbol{r}_N) & \cdots & \Psi_N(\boldsymbol{r}_N)\end{vmatrix}$$

首次描述：J. C. Slater，*The theory of complex spectra*，Phys. Rev. **34** (10)，1293～1322 (1929)。

Slater-Jastrow wave function　斯莱特-贾斯特罗波函数　为斯莱特行列式（Slater determinant）和贾斯特罗关联因子的积：

$$\Psi_T(\{\boldsymbol{r}_i\})=\det(\boldsymbol{A}_{\text{up}})\det(\boldsymbol{A}_{\text{down}})\exp\Big(\sum_{i<j}U_{ij}\Big)$$

$\boldsymbol{A}_{\text{up}}$ 和 $\boldsymbol{A}_{\text{down}}$ 分别定义为单粒子自旋向上和向下轨道的斯莱特矩阵，即为

$$\boldsymbol{A}=\begin{vmatrix}\phi_1(\boldsymbol{r}_1) & \phi_1(\boldsymbol{r}_2) & \phi_1(\boldsymbol{r}_3) & \cdots\\ \phi_2(\boldsymbol{r}_1) & \phi_2(\boldsymbol{r}_2) & \phi_2(\boldsymbol{r}_3) & \cdots\\ \phi_3(\boldsymbol{r}_1) & \phi_3(\boldsymbol{r}_2) & \phi_3(\boldsymbol{r}_3) & \cdots\\ \vdots & \vdots & \vdots & \end{vmatrix}$$

其中 ϕ_k 是中心在 $\boldsymbol{c}_k$ 处的分子轨道：

$$\phi_k(\boldsymbol{r})=\exp\left(\frac{-(\boldsymbol{r}-\boldsymbol{c}_k)^2}{\omega_k^2+\upsilon_k|\boldsymbol{r}-\boldsymbol{c}_k|}\right)$$

贾斯特罗关联因子（Jastrow correlation factor）项 U_{ij} 定义为

$$U_{ij}=\frac{a_{ij}r_{ij}}{1+b_{ij}r_{ij}}$$

其中 $r_{ij}\equiv|\boldsymbol{r}_i-\boldsymbol{r}_j|$，而

$$a_{ij}=\begin{cases}e^2/(8D) & \text{如果 } i \text{ 和 } j \text{ 有相同自旋}\\ e^2/(4D) & \text{如果 } i \text{ 和 } j \text{ 是不同自旋}\\ e^2/(2D) & \text{如果 } i \text{ 和 } j \text{ 是电子-原子核对}\end{cases}$$

斯莱特-贾斯特罗波在考虑离子的电子多体量子蒙特卡罗计算中有许多优异特性。

首次描述：J. C. Slater，*The self-consistent field and the structure of atoms*，Phys. Rev. **32** (3)，339～348 (1928)；R. Jastrow，*Many-body problem with strong forces*，Phys. Rev. **98** (5)，1479～1484 (1955)。

Slater orbital　斯莱特轨道　本征值方程的一个近似解：$Nr^{n-1}e^{-\xi r}Y_l^m(\theta\phi)$。其中 N 是归一化常数，n 是轨道主量子数，$\xi=(Z-s)/n$ 是轨道指数，$Y_l^m(\theta\phi)$是轨道角度相关的部分，Z 是原子序数，s 是屏蔽常数。

首次描述：J. C. Slater，*Atomic shielding constants*，Phys. Rev. **36** (1)，57～64 (1930)。

SLD　为 soft laser desorption（软激光解吸作用）的缩写。

small angle X-ray scattering (SAXS)　小角度 X 射线散射　简称 SAXS，散射角度小于 1°的 X 射线衍射（X-ray diffraction）技术。与大周期结构相关的衍射信息位于这个区域，因此这个技术被广泛应用于探寻大尺寸结构，如高分子聚合物、生物大分子（蛋白质、核酸等）和自组装超结构（如表面活性剂作为模板的介孔材料）。由于入射束和散射束之间的角度分离很小，使得这种测量面临技术性的挑战。通过采用大的样品-探测器距离（0.5～10 m）和高质量校准光，SAXS 可以实现较好的信噪比。

***S*-matrix　*S* 矩阵**　也即 scattering matrix（散射矩阵），它以矩阵的形式描述了从系统出来的量与进入系统的量之间的函数关系：

$$\begin{pmatrix} C \\ D \\ \vdots \end{pmatrix} = S \begin{pmatrix} A \\ B \\ \vdots \end{pmatrix}$$

其中 A、B、…表示引入系统的影响，C、D、…表示系统的反应。

首次描述：J. A. Wheeler，*On the mathematical description of light nuclei by the method of resonating group structure*，Phys. Rev. **52** (11)，1107～1122 (1937)。

详见：D. Iagolnitzer，*The S Matrix* (North Holland，Amsterdam，1978)。

Smith-Helmholtz law　史密斯-亥姆霍兹定律　指出对于足够小孔径的单个折射面，折射率、距光轴的距离和在物点处光线与光轴的夹角的积等于在像点的对应积。此定律也经常和拉格朗日（Lagrange）、克劳修斯（Clausius）的名字联系在一起，而它的一个更加受限的形式以惠更斯（Huygens）命名。

详见：J. W. S. Rayleigh，*Notes, chiefly historical on some fundamental propositions in optics*，Phil. Mag. **21** (5)，466 (1886)；T. Smith，*The general form of the Smith-Helmholtz equation*，Trans. Opt. Soc. **31**，241～248 (1930)；M. Born，E. Wolf，*Principles of Optics*，*Seventh Edition* (Cambridge University Press，Cambridge，1999)。

Snell's law　斯涅耳定律　亦称斯内尔定律，它给出了当一列波入射到两种不同折射率媒介之间的界面时入射角与折射角的关系（图 S.17）：$n_1\sin\theta_1 = n_2\sin\theta_2$。

首次描述：W. 斯涅耳（W. Snell）于 1621 年。发表于：R. Descartes，*Dioptrique* (Leyden 1637)。

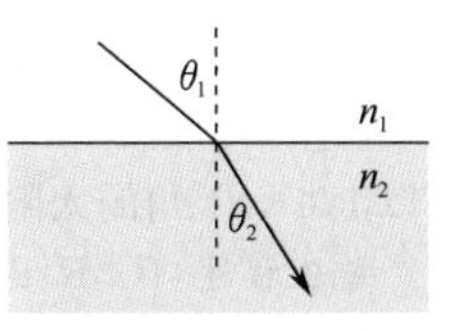

图 S.17　光的折射

SNOM　为"scanning near-field optical microscopy"（扫描近场光学显微术）的缩写。更多细节参见 near-field scanning optical microscopy（近场扫描光学显微术）。

soft laser desorption (SLD)　软激光解吸作用　一种激光诱导大

分子沉积，可实现离子化而不产生碎片。通过将光束聚焦到液体或固体样品上的一个点，可以使样品的一小部分蒸发而避免化学降解。与飞行时间质谱法（time-of-flight mass spectrometry）相联接，这种技术可以用于测定生物大分子的分子重量，在蛋白质组学（proteomics）中起到主要作用。

首次描述：K. Tanaka，H. Waki，Y. Ido，S. Akita，Y. Yoshida，T. Yoshida，*Protein and polymer analysis up to m/z* 100000 *by laser ionisation time-of-flight mass spectrometry*，Rapid Commun. Mass Spectrom. **2**（8），151～153（1988）。

详见：*Mass Spectrometry of Biological Materials*，edited by B. S. Larsen，C. N. McEwen（Marcel Dekker Inc.，New York，1998）。

获誉：2002 年，诺贝尔化学奖授予美国科学家 J. B. 芬恩（J. B. Fenn）和日本科学家田中耕一（K. Tanaka），以表彰他们开发出了对生物大分子进行质谱分析的“软解吸附作用电离法”。

另请参阅：www.nobelprize.org/nobel_prizes/chemistry/laureates/2002/。

soft nanotechnology　软纳米技术　关于软材料的纳米技术。

Sohncke law　索恩克定律　指出在晶体中产生一个断面所需的单位面积上的应力（垂直于晶面）是晶体物质的常数特性。

首次描述：L. Sohncke，*Entwicklung einer Theorie der Krystallstruktur*（Leipzig，1879）。

sol　溶胶　参见 sol-gel technology（溶胶-凝胶技术）。

solar cell　太阳电池　一种使光能转变为电能的半导体器件。它主要基于光伏效应（photovoltaic effect）。1883 年，弗里茨（Fritts）利用 Se 作为具有整流金属接触的吸收层制造出第一块太阳电池。

太阳电池通常分成三代。第一代是由大面积单晶单层 p-n 结二极管（diode）组成，它能够把太阳光波长范围内的光能转变为电能。奥尔（Ohl）于 1941 年描述了第一块半导体 p-n 结太阳电池。迄今为止生产的大多数光电太阳电池都是基于硅的 p-n 结，尽管现在的太阳电池依赖于更可控地将一种极性掺杂物分散进相反极性的芯片衬底中所形成的结。为了减少表面反射所造成的损失，广泛采用了表面的晶体学织构化。由单晶或者多晶硅制成的硅太阳电池已经占据了 94%的世界市场份额。传统的太阳电池所能够达到的最大效率由单材料极限（single material limit）或者说肖克利-奎塞尔极限（Shockley-Queisser limit）给出。第二代太阳电池则依赖于在晶格匹配的芯片上外延沉积半导体薄层。一个典型的例子就是利用不同的 $A^{III}B^{V}$ 类型化合物或它们的合金形成的异质结（heterojunction）去制造异质结太阳电池（heterojunction solar cell）中的整流结。特别是多结太阳电池（multijunction solar cell），为目前最精致和最复杂的太阳电池。第三代太阳电池的出现对无机固态结器件的光电场主导地位产生了极大的挑战，这一代电池包括聚合物太阳电池（polymer solar cell）、基于纳米粒子的太阳电池（nanoparticle-based solar cell）和染料敏化太阳电池（dye-sensitized solar cell）等。

描述太阳电池的主要参数是开路电压、短路电流、能量转换效率、填充因子和量子效率。所有的参数都是在标准测试条件（简称 STC）下测量得到的。最常用的 STC 指 25℃的温度和大气质量 1.5 光谱（AM1.5）时的 1000 $W \cdot m^{-2}$ 辐照度。这些数据相当于晴天时，位于地平面以上 41.81°角的太阳光入射到向阳 37°角倾斜的表面上的辐照度和光谱。

首次描述：C. E. Fritts，*New form of selenium cell，with some remarkable electrical discoveries made by its use*，Proc. Am. Assoc. Adv. Sci. **33**，97（1883）；C. E. Fritts，*A new form of selenium cell*，Am. J. Sci. **26**，465（1883），R. S. Ohl. *Light-sensitive electric device*，US Patent No. 2402622，27th May，1941；R. S. Ohl. *Light-sensitive electric device including silicon*，US Patent No. 2443542，27th May，1941。

详见：M. A. Green，*Photovoltaic principles*，Physica E **14**，11～17（2002）；C. S. Solanki，G. Beaucame，*Advanced solar cell concepts*，Energy for Sustainable Development-The Journal of the International Energy Initiative **11**，17～23（2007）；P. Würfel，*Physics of Solar Cells*：*From Principles to New Concepts*（Wiley-VCH，Weinheim，2005）；T. Markvart，L. Castaner，*Solar Cells*：*Materials*，*Manufacture and Operation*（Elsevier，Amsterdam，2005）；P. Würfel，*Principles of Solar Cells*（Wiley-VCH，Weinheim，2009）。

sol-gel technology　溶胶-凝胶技术　基于溶胶-凝胶转换基础上的一种材料合成方法。溶胶（sol）是胶体粒子溶液，胶体粒子是在液体中大小为 1～100 nm 的固体粒子。凝胶（gel）是由紧密连接的聚合物链构成的网络，来源于溶胶的胶体粒子。多孔玻璃和嵌入半导体纳米晶体的玻璃能用这种方法制备成薄膜和块体样品。

一个例子是在含组分 $Si(OR)_4$ 的硅-有机复合物的水溶液中的溶胶-凝胶转换，其中 **R** 是一种烷基基团（CH_3，C_2H_5，C_3H_7，…）。用 OH 基代替烷基是溶胶-凝胶转换的第一步：

$$RO-\underset{OR}{\overset{OR}{\underset{|}{\overset{|}{Si}}}}-OR + 4H_2O \longrightarrow HO-\underset{OH}{\overset{OH}{\underset{|}{\overset{|}{Si}}}}-OH + 4ROH$$

然后，产生的硅氢氧化物分子［Si（OH）$_4$］形成链，并且由 Si—O—Si 键形成一个三维网络：

$$HO-\underset{OH}{\overset{OH}{\underset{|}{\overset{|}{Si}}}}-OH + HO-\underset{OH}{\overset{OH}{\underset{|}{\overset{|}{Si}}}}-OH \longrightarrow HO-\underset{OH}{\overset{OH}{\underset{|}{\overset{|}{Si}}}}-O-\underset{OH}{\overset{OH}{\underset{|}{\overset{|}{Si}}}}-OH + H_2O$$

这些转换发生相对较低的温度——低于 400°C 下。用这种方式形成的多孔玻璃具有纳米尺寸的空隙。它们很容易被染料（dye）分子或原子团簇填充，纳米晶体可直接从中获得。和传统玻璃相比，多孔玻璃可以被半导体材料充满，浓度达到 10%，在这么高的浓度下，可以研究和应用纳米晶体之间的电子相互作用。另外，由于低的沉积温度，人们期望在这些孔阵列中的微晶有较少的缺陷。$A^{II}B^{VI}$ 和 $A^{III}B^{V}$ 型半导体纳米晶体可以用这种方法成功制备，并具有很宽的尺寸分布。

详见：J. D. Wright，N. A. J. M. Sommerdijk，*Sol-Gel Materials*：*Chemistry and Applications*（Taylor & Francis，New York，2001）。

solid phase epitaxy　固相外延　在单晶衬底上的非晶或多晶薄层中发生的固态结构重排，形成外延生长于衬底上的层结构。外延重排在界面处开始，且在层中进行的速率正比于 $\exp(-E_a/k_BT)$，其中 E_a 是固相外延生长的激活能。这种过程被广泛应用于在半导体的离子注入层中重建单晶结构，和在单晶硅上固相合成过程中制备外延硅化物（silicide）。

solitary dopant optoelectronics　单独掺杂剂光电子学　参见 solotronics（单掺光电子学）。

solitary wave　孤波　亦称孤立波，一个连续介质中的局域扰动，可以传播一个很长的距离而不改变其形状和振幅。

soliton　孤子　亦称孤立子，由在浅通道中的波产生的峰丘。它作为一个相干实体进行传播，沿着通道继续它的路程，而表面上不改变其形式。通道中的孤子有多样的宽度变化，但必须是宽度越小则高度越高，且孤子行进地越快。因此，如果一个高且窄的孤子在一个低且宽的孤子之后形成，它将追赶上后者。已经证实，当出现这种情况，高的孤子将通过低的那个然后再出现，并保持形状不变。

从数学的观点分析，孤子是一个定域非线性波，在和其他任何定域扰动相互作用后将渐近地（当 $t \to \infty$）恢复到它原来的（当 $t \to \infty$）形状和速率。换言之，孤子是一个空间定域实体，即动力和结构上稳定的孤波。孤波可以通过解正弦戈登方程（sine-Gordon equation）而获得。

首次描述：S. 罗素（S. Russell）于 1834 年。

详见：S. E. Trullinger，V. E. Zakharov，V. L. Pokrovsky，*Solitons*（North Holland，Amsterdam，1986）。

solotronics　单掺光电子学　光电子学的一个领域，提供了以可控方式在固体中建立和操纵单独掺杂剂的可能性，以开发只有一种掺杂剂的新器件。亦称单独掺杂剂光电子学（solitary dopant optoelectronics）。

详见：P. M. Koenraad，M. E. Flatté，*Single dopants in semiconductors*，Nat. Mater. **10**（2），91～100（2011）。

Sommerfeld fine-structure constant　索末菲精细结构常数　无量纲系数 $\alpha = 2\pi e^2/(hc) = 7.297\times10^{-3}$ 。有了这个常数，单电子原子的密排发射谱线群就可以和椭圆电子轨道的进动（precession）联系起来。

Sommerfeld's factor　索末菲因子　参见 Bir-Aronov-Pikus mechanism（比尔-阿罗诺夫-皮库斯机理）。

Sommerfeld wave　索末菲波　由介电体和良导体之间的平面界面所引导的表面波，能量沿介电体表面的法线方向呈指数衰减。传播速度取决于波所通过的介质的介电常数。

首次描述：A. Sommerfeld，*Über die Fortpflanzung elektrodynamischer Wellen längs eines Drahtes*，Ann. Phys. **67**. 233～290（1899）。

sonoluminescence　声致发光　亦称声波发光，由高频声波或高频声子所激发的物质光发射。

首次描述：W. T. Richards，A. L. Loomis，*The chemical effects of high frequency sound waves I. A preliminary survey*，J. Am. Chem. Soc. **49**（12），3086～3100（1927）；F. O. Schmitt，C. H. Johnson，*Oxidations promoted by ultrasonic radiation*，J. Am. Chem. Soc. **51**（2），370～375（1929）；H. Frenzel，H. Schultes，*Luminescenz im ultraschallbeschickten Wasser*，Z. Phys. Chem. Abt. B **27**，421～424（1934）。

详见：F. R. Young，*Sonoluminescence*（CRC Press，Boca Raton，2005）。

s orbital　s 轨道　参见 atomic orbital（原子轨道）。

space charge polarization　空间电荷极化　参见 polarization of matter（物质的极化）。

space group　空间群　一个晶态固体的全对称群，包括点群和晶格平移的操作。事实上，空间群由旋转、反射、螺旋、滑移反射和平移组成，这些操作都将晶体作为整体变换为它本身。有 230 个这样的群，它们每个都由赫-莫记号（Hermann-Mauguin notation）来表示其基本的对称元素，如 $P6_3/mmc$。一个空间群符号由两部分组成：一个描述晶体类型的字母和一些基本的对称元素。

space-separated quantum cutting　空间分离量子剪裁　一种类似于多激子产生（multiple exciton generation）或载流子倍增（carrier multiplication）的方法，利用单个吸附的高能光子（photon）在不同纳米晶体（nanocrystals）上产生几个电子-空穴对。量子剪裁这一名称提示人们参阅可见量子剪裁（visible quantum cutting）。

首次描述：D. Timmerman，I. Izeddin，P. Stallinga，I. N. Yassievich，T. Gregorkiewicz，*Space-separated quantum cutting with silicon nanocrystals for photovoltaic applications*，Nat. Photonics **2**（2），105～109（2008）。

spectral hole-burning 光谱烧孔 在量子点（quantum dot）集合体中观察到的一种光学现象，尤其是嵌入介电基质中的半导体纳米晶体（点）。它是仅在辐射时的对发射谱的光致调制，就像光谱中的一个孔洞。

这个现象可以有或者瞬时的，或者持久的，或者甚至不可逆的特性。根据光谱孔洞的弛豫时间，有以下分类：

（1）**瞬态光谱烧孔**（transient spectral hole-burning）。源于在同一块微晶中较高的电子-空穴态的选择性布居，且随后弛豫到较低能级。典型的弛豫时间在亚纳秒量级。为了观察这种效应，需要满足以下条件：$\tau_{imp}<\tau_{rel}$，其中 τ_{imp} 是泵浦和探测脉冲的持续时间，而 τ_{rel} 是激子从上能级到下能级的能量弛豫时间。在一些能级间隔大的特殊情况下，当"声子瓶颈"效应显著时，条件 $\tau_{rec}<\tau_{rel}$（其中 τ_{rec} 是复合寿命）使得人们有可能观察到准稳态状况下的这种类型的烧孔，其不依赖于泵浦脉冲持续时间。在分子光谱中相关效应通常根据"热发光"来考虑。在块体半导体材料中，当电子-空穴气的费米-狄拉克分布（Fermi-Dirac distribution）没能实现时，在飞秒时间尺度下有相似现象产生的可能。可以很容易地在玻璃或多孔硅中的 $A^{II}B^{IV}$ 型化合物的纳米晶体中观察到该现象。

（2）**准稳态烧孔**（quasi-steady-state hole-burning）。源于在一个非均匀展宽集合体中的共振激发微晶的吸收饱和。该恢复过程可由在亚纳秒到微秒的特征时间内空穴-电子的再复合来控制。该效应已经被一系列研究介电基质中 $A^{II}B^{VI}$ 和 $A^{I}B^{VII}$ 型量子点的小组所报道。假如弛豫时间与再复合时间相当或更长，则一个较高态的选择性稳态布居是可能的，和第一种情况类似。在微晶中，第一对电子空穴对的形成导致了光谱烧孔，同时伴随着在泵浦和探测的量子被同一微晶吸收时的一个双激子态的形成引起的诱导吸收。在更大的量子点的情况下，激子与激子的相互作用导致了更复杂的吸收谱变形。

（3）**持久可逆烧孔**（persistent reversible hole-burning）。源于在某些特定的情况下，微晶的光致电离和/或电子的表面定域化，在这种情况下，由于定域的电场效应，即量子限制斯塔克效应（quantum-confined Stark effect），光吸收谱会发生改变，在外电场下微分吸收谱上会出现典型的激子吸收。在小量子点的情况下，其中一种载流子的表面定域化会导致双激子的一个问题，微分吸收谱可能与第二种情况相似。这种效应的恢复时间从微秒到小时不等，取决于温度和（或）量子点与基质的界面。

（4）**永久光谱烧孔**（permanent spectral hole-burning）。可能源于在多光子激发光致电离下，共振激发的微晶中光化学反应的不可逆顺序。该现象可以在半导体掺杂的聚合物中观察到，并且可以用纳米晶的尺寸选择光解来解释。在开始阶段，光致电离会导致定域电离效应，并使得差分吸收谱与第三种情况相似。

与第一种情况不同，第二和第四种情况仅在非均匀展宽的前提下才有可能发生。所以它们与本征块体半导体时的情况没有相似之处，不过却可以在掺杂半导体、气体中的原子、电介质中的离子以及在气相氛围、溶液或固态基质中的分子这些非均匀展宽的系统中找到相似现象。

根据其潜在的微观机理，纳米晶体中的光谱烧孔可以归结为以下几种产生原因：布居诱导效应（选择性的吸收饱和）、局域电场诱导效应（选择性的光致电离）、光化学效应（选择性的光解作用）。上述的一些机理可能是共同存在的。观察某类特定的烧孔效应并不限制其他可能的烧孔现象的表现。

详见：S. V. Gaponenko，*Optical Properties of Semiconductor Nanocrystals*（Cambridge University Press，Cambridge，1998）。

SPEM 为 saturated pattern excitation microscopy（饱和模式激发显微术）的缩写。

spherical coordinates 球面坐标 一种曲线坐标系统，其中空间中某一点的位置是由以下三个参量共同决定：该点到原点（或极点）的距离 r 即径矢，该径矢与一个垂直方向的极轴之间的夹角 ϕ 也即锥角或余纬度，ϕ 角所在平面与通过极轴的固定子午面之间的夹角 θ 也即极化角或经度。

spin 自旋 一个基本粒子或者核的本征角动量。即使当该粒子处于静止状态时这个量也仍然存在，这点与轨道角动量有着明显的不同。

首次描述：A. H. Compton，Magnetic electon，J. Frankl. Inst. **192**，145～155（1921）（电子的量子化自旋思想）；G. Uhlenbeck，S. A. Goutsmit，*Ersetzung der Hypothese vom unmechanischen Zwang durch eine Forderung bezüglich des inneren Verhaltens jades einzelnen Elektrons*，Naturwiss. **13**，953～954（1925）and G. Uhlenbeck，S. A Goutsmit，*Spinning electrons and the structure of spectra*，Nature **117**，264～265（1926）（自旋概念）。

spin caloritronics 自旋热电子学 科学和工程领域之一，研究和旨在开拓固态结构中热输运、以及电荷载流子的电荷和自旋之间的相互关联。它将热电子学、自旋电子学（spintronics）、纳米磁学结合到一起。有趣的现象包括自旋佩尔捷效应（spin Peltier effect）、自旋泽贝克效应（spin Seebeck effect）、泽贝克自旋隧穿（Seebeck spin tunneling）、磁泽贝克效应（magneto-Seebeck effect）、热自旋-转移扭矩效应（thermal spin-transfer torque effect）等。

首次描述：M. Johnson，R. H. Silsbee，*Thermodynamic analysis of interfacial transport and of the thermomagnetoelectric system*，Phys. Rev. B **35**（10），4959～4972（1987）（理论洞见）。

详见：*Spin Caloritronics*，edited by G. E. W. Bauer，A. H. MacDonald，S. Maekawa，Solid State Commun. **150**（special issue），459～552（2010）。

spin-Coulomb drag 自旋库仑拖曳 由自旋向上和自旋向下电子之间的库仑相互作用引起电子输运中的变化。这种相互作用可以让动量在自旋向上和向下电子之间转移，因而可以有效地引入两种自旋分量相对运动的摩擦。例如，如果设定两个自旋分量中的一个相对于另一个运动，将趋向于拖曳另一个分量朝相同方向运动。又或者如果通过施加外场产生有限的自旋电流，库仑相互作用则趋向使两个自旋分量的净动量相等。自旋库仑拖曳现象最明显的表现就是出现一个有限的横向电阻率，定义为当自旋向下电流为零时自旋向下电化学势梯度和自旋向上电流密度之比。

首次描述：I. D' Amico，G. Vignale，*Theory of spin Coulomb drag in spin-polarized transport*，Phys. Rev. B **62**（8），4853～4857（2000）。

spin-dependent（spin-polarized）tunneling 自旋相关（自旋极化）隧穿 参见 tunneling magnetoresistance effect（隧穿磁电阻效应）。

spin drag 自旋拖曳 也即 spin-Coulomb drag（自旋库仑拖曳）。

spinel 尖晶石 矿物质 $MgAl_2O_4$。

spin glass 自旋玻璃 一种磁性合金，其中的磁性原子浓度分布在某个范围，使得低于某个特定温度时，这些磁性原子的磁矩虽然不再发生随时间的热起伏变化，但依然具有随机分布的方向，这与普通玻璃中的原子有某种相似之处。假如这样的一块合金在外磁场下由转变温度以上冷却到转变温度以下，然后将外磁场撤去，该磁化强度会在几个小时内缓慢减至零。

首次描述：S. F. Edwards，P. W. Anderson，*Theory of spin glasses*，J. Phys. F **5** (5)，965～974 (1975)；D. Sherrington，S. Kirkpatrick，*Solvable model of a spin-glass*，Phys. Rev. Lett. **35** (26)，1792～1795 (1975)。

详见：K. H. Fischer，J. A. Hertz，*Spin Glasses* (Cambridge University Press，Cambridge，2003)。

获誉：1977年，诺贝尔物理学奖授予P. W. 安德森 (P. W. Anderson)、N. F. 莫特 (N. F. Mott) 和J. H. 范弗莱克 (J. H. Van Vleck)，以表彰他们对磁性和无序系统的电子结构所作的基础理论研究。

另请参阅：www.nobelprize.org/nobel_prizes/physics/laureates/1977/。

spin Hall effect 自旋霍尔效应 当电流中的电子被固体中杂质、缺陷或其他瑕疵散射时，不同自旋 (spin) 的电子偏离到垂直于电流流动方向的不同方向。如图S.18所示。

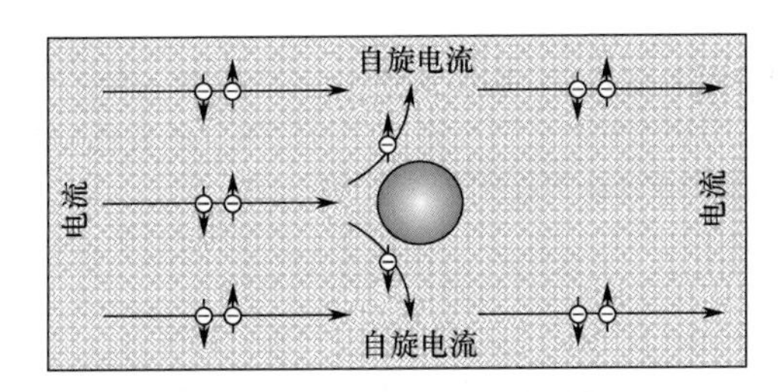

图S.18 导体中自旋向上和自旋向下电子被缺陷散射时垂直自旋电流的起源

这种自旋电流导致不同自旋方向的电子在导电通道的不同边缘聚集，类似于经典霍尔效应 (Hall effect)，但自旋霍尔效应不需要外加磁场。自旋-轨道耦合 (spin-orbit coupling) 被认为是该现象的主要机理。该过程需要电子在杂质处散射，故可称作非本征自旋霍尔效应。与之相反的是，在本征自旋霍尔效应中，由自旋-轨道相互作用引起的有效磁场可以产生针对电子自旋的扭矩而同样导致自旋电流。这两种效应的重要区分在于本征自旋霍尔效应是由材料的晶体结构所产生，不一定需要缺陷，而非本征自旋霍尔效应则只有存在缺陷散射时才会发生。

首次描述：M. I. Dyakonov，*Possibility of orienting electron spins with current*，JETP Lett. **13**，467～469 (1971) (理论预言)；J. E. Hirsch，*Spin Hall effect*，Phys. Rev. Lett. **83** (9)，1834～1837 (1999) (引入术语“自旋霍尔效应”)；Y. K. Kato，R. C. Myers，A. C. Gossard，D. D. Awschalom，*Observation of the Spin Hall effect in semiconductors*，Science **306**，1910～1913 (2004) (首次实验观测)。

详见：V. Sih，Y. Kato，D. Awschalom，*A Hall of Spin*，Physics World **18** (11)，33～36 (2005)。

spin-lattice relaxation 自旋-晶格弛豫 与在磁场中的电子自旋相关的额外势能被传递到晶格中的磁性弛豫。

spin-LED 自旋-LED 一种发光二极管 (light-emitting diode)，其中注入的自旋极化电子与空穴再结合，由此开始产生圆偏振光。

首次描述：R. Fiederling, M. Keim, G. Reuscher, W. Ossau, G. Schmidt, A. Waag, L. W. Molenkamp, *Injection and detection of a spin-polarized current in a light-emitting diode*, Nature **402**, 787～790 (1999)。

spinon　自旋子　参见 holon（空穴子）。

spinor　旋量　具有两个复数元素的矢量，当相应的三维坐标系旋转时，这个矢量发生酉(unitary)幺模变换。它能够代表一个自旋为 1/2 的粒子的自旋态。更一般的说，一个阶数（或级数）为 n 的旋量具有 2^n 个分量，这些分量作为 n 个一级旋量的分量的乘积来转换。

spin-orbit coupling (interaction)　自旋-轨道耦合（相互作用）　原子中的自旋-轨道耦合来源于电子自旋磁矩和与电子轨道运动相关的磁矩之间的相互作用。由于磁场中电子的自旋磁矩的势能，自旋-轨道耦合伴随着一个能量移动，就好像它通过原子核的电场而感受到的作用。在固体中，自旋-轨道相互作用可以区分为两个耦合的贡献：由于晶格块材的反演不对称而产生的德雷塞尔豪斯耦合（Dresselhaus coupling），和由于沿特定晶轴方向的结构反演不对称而产生的拉什巴耦合（Rashba coupling）。这两项都导致电子能级的分裂和电子自旋态的混杂。

spin Peltier effect　自旋佩尔捷效应　在佩尔捷效应（Peltier effect）下，铁磁性和非铁磁性材料耦合界面的热传输与磁化强度的依赖关系，可能与佩尔捷系数（Peltier coefficient）与自旋的依赖关系相关。在铁磁/非铁磁界面感生的温度差估计为

$$\Delta T = \frac{\sigma}{4k}(1-p^2)P_S s_a,$$

其中，铁磁体的总电导率 $\sigma = \sigma_\uparrow + \sigma_\downarrow$，表明上自旋（↑）和下自旋（↓）电子的相应贡献，$k$ 为电子和声子系统的热导率，$p = \frac{\sigma_\uparrow - \sigma_\downarrow}{\sigma_\uparrow + \sigma_\downarrow}$ 为铁磁中的传导极化，$P_S = P_\uparrow - P_\downarrow$ 为自旋泽贝克系数，$s_a = s_\uparrow - s_\downarrow$ 为界面的自旋累积。假定自旋累积随总电流 J 线性增长，则在焦耳热可忽略时 $\Delta T \sim J$。

自旋佩尔捷效应在实现纳米结构（nanostructure）的磁转换冷却中具有应用前景。

首次描述：L. Gravier, S. Serrano-Guisan, J.-Ph. Ansermet, *Spin-dependent Peltier effect in Co/Cu multilayer nanowires*, J. Appl. Phys. **97** (10), 10C501 (2005)。

详见：*Spin Caloritronics*, edited by G. E. W. Bauer, A. H. MacDonald, S. Maekawa, Solid State Commun. **150** (special issue), 459～552 (2010)。

spin polarization　自旋极化　在特定的材料里，自旋极化 P 被定义为与具有自旋向上（$n_\uparrow$）以及自旋向下（$n_\downarrow$）的载流子数目有如下关系：

$$P = \frac{n_\uparrow - n_\downarrow}{n_\uparrow + n_\downarrow}$$

理论上 P 值最高的材料应该具有最显著的自旋效应，这些材料中，在费米能级处仅有一个占据的自旋能带。在实际中，器件应用主要采用的是部分极化材料，如金属以及它们的合金、氧化物、磁性半导体，表 S.1 列出了这些材料以及相应块体中的电子自旋极化。

需要注意的是自旋极化与样品的制备条件以及材料中的杂质有关，因此表 S.1 中归纳了在实验中所能观察到的最高自旋极化。

由不同自旋极化的材料所组成的固体结构中，电子电流依赖于电子流经区域的特殊自旋取向。从注入电极费米能级的一个自旋态发射的电子，仅当接受电极费米能级处具有相同自

旋的未充满态时才能被容纳。注入电极的自旋极化电子经过多次碰撞，这将改变它的动量直到最后自旋翻转。在实际的应用中需要知道电子能保持其自旋取向多久，这可以由自旋弛豫长度（spin relaxation length）来表示。

表 S.1 在不同的材料中所观察到的最大的导电电子自旋极化

材料	Co	Fe	Ni	$Ni_{80}Fe_{20}$ *	CoFe	NiMnSb	$La_{0.7}Sr_{0.3}MnO_3$	CrO_2
极化/%	42	46	46	45	47	58	78	90

材料	$Zn_{0.9}Be_{0.07}Mn_{0.03}Se$	$Zn_{0.94}Mn_{0.06}Se$
极化/%	90（在约 5 K，1.5 T 时）	70（在 4.2 K，4～5 T 时）

* 合金 $Ni_{80}Fe_{20}$被称为坡莫合金［Permalloy（Py）］。

spin-polarized low energy electron microscopy（SPLEEM） 自旋极化低能电子显微术 简称 SPLEEM，该成像技术采用电镜（electron microscope）设备，基于以下事实：自旋极化低能电子束在磁性表面的反射率与磁化和入射电子束自旋极化（spin polarization）之间的相对取向有关。它可以研究铁磁性（ferromagnetic）结构，但得不到反铁磁性（antiferromagnetic）样品的磁对比图像。因为低能电子穿透深度非常短，该技术对于表面信息非常敏感。由于固体表面的自旋分辨的低能电子反射率由导带（conduction band）中费米能级（Fermi level）上方的电子空态决定，所以该技术缺乏化学识别的能力。电子束的自旋极化方向可以指向任何一个空间方向。该显微术可以定量探测未知磁畴的微结构、磁位形以及结构和性质之间的关系。

首次描述：E. Bauer，T. Duden，R. Zdyb，*Spin-polarized low energy electron microscopy of ferromagnetic thin films*，J. Phys. D：Appl. Phys. **35**（19），2327～2331（2002）。

spin-polarized scanning tunneling microscopy（SP-STM） 自旋极化扫描隧道显微术 一种扫描隧道显微术［scanning tunneling microscopy（STM）］技术，利用表面镀有磁性材料薄膜的极尖锐针尖扫描样品表面。如图 S.19 所示。

当电压加载到针尖和样品之间时产生电子隧穿。隧穿过程由激发电子和样品表面原子的自旋取向一致性所控制。当自旋电子与表面原子的自旋取向相匹配时具有最大隧穿机会，这是由于此时这些原子中最有可能发现适合的未被占据空位。实际上隧穿磁电阻效应（tunneling magnetoresistance effect）的隧穿电流与表面原子的位置和自旋取向之间存在函数关系。

值得注意，由于样品表面的磁化强度和原子级凸起，仅利用磁化针尖扫描不可能识别电流之间的变化。必须利用从其他途径获得的结构信息才可以充分理解所得到的结果。可以利用非磁化探针常规扫描隧道显微镜或调整针尖的磁化强度来实现。

这项技术可以给出单原子尺度上有关磁现象的详细信息。在研究铁磁和反铁磁体系的磁畴、以及磁性纳米粒子（nanoparticle）的热和电流-感应转换时非常有效。

首次描述：R. Wiesendanger，H.-J. Güntherodt，G. Güntherodt，R. J. Gambio，R. Ruf，*Observation of vacuum tunneling of spin-polarized electrons with the scanning tunneling microscope*，Phys. Rev. Lett. **65**（2），247～250（1990）。

详见：H. Lüth，*Solid Surfaces，Interfaces and Thin Films*（Springer，Heidelberg，2010）。

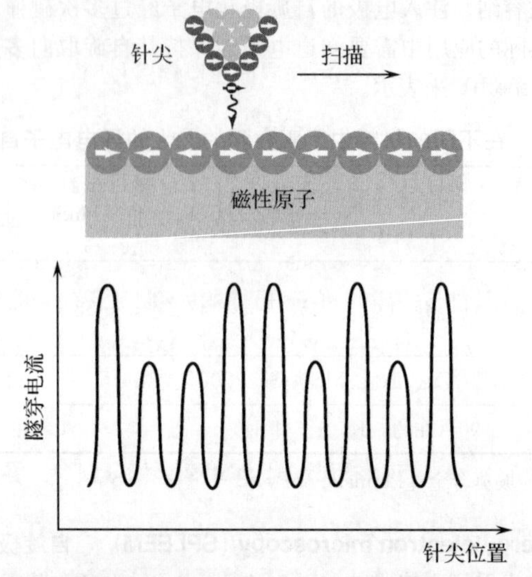

图 S.19　自旋极化扫描隧道显微镜中针尖-样品几何结构，以及对应的针尖-样品表面恒间距时的隧道电流。箭头表示自旋方向

spin relaxation length　自旋弛豫长度　在固体里，电子在自旋反转前经过的平均距离。它依赖于自旋独立的平均自由程，这是由非弹性散射过程所控制的非弹性平均自由程，依据公式 $l_s=(l_{in}v_F\tau_{\downarrow\uparrow})^{1/2}$，其中 v_F 为费米速度，$\tau_{\uparrow\downarrow}$ 为自旋弛豫时间（spin relaxation time）。自旋弛豫长度主要由自旋-轨道和交换散射决定。在只具有一种化学组分的材料里，非晶相里的自旋弛豫长度比晶相里的自旋弛豫长度要短。空穴比电子具有更短的自旋弛豫长度，这主要是由于其自旋-轨道耦合较强。在固体中，典型的自旋弛豫长度大约在 100 nm 以上。

spin relaxation time　自旋弛豫时间　参见 spin relaxation length（自旋弛豫长度）。

spin Seebeck effect　自旋泽贝克效应　在铁磁（ferromagnetic）材料中温度梯度诱导电子自旋形成的电子在空间上的分离。它在本质上不同于磁泽贝克效应（magneto-Seebeck effect），这是一种典型的自旋决定的电子输运现象。自旋泽贝克效应的基本特征如图 S.20 所示。

在常规泽贝克效应（Seebeck effect）中，材料中的自由电子经历从热区到冷区的温度梯度。当电荷积累并产生一个平衡电场时达到稳定状态。

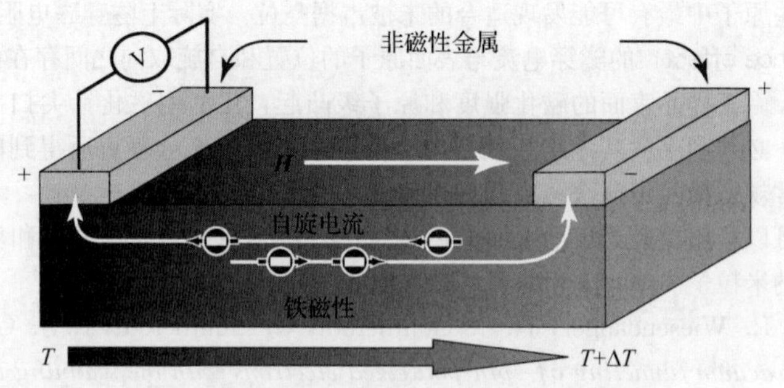

图 S.20　自旋泽贝克效应及其配置示意图

在铁磁性条带状样品中，电子具有主导自旋极化，沿着条带方向由温度梯度所产生的扩

散电流也会发生自旋极化。为了使自旋方向与温度梯度方向相平行（或反平行），则必须施加一个外部磁场 $\boldsymbol{H}$。稳态时，在样品的热区和冷区中具有主要和次要自旋取向的积累电荷数量不同。因此，铁磁性材料中依赖于自旋的化学势 $\mu_{\uparrow}$ 和 $\mu_{\downarrow}$（↑和↓代表上自旋和下自旋电子）在这些区域中发生变化。自旋电压表示为 $\frac{(\mu_{\uparrow}-\mu_{\downarrow})}{e}$，是由均一的温度梯度引出的。它沿温度梯度方向几乎呈线性变化，并且在铁磁性条带的相对的两端其符号相反。

将铁磁性条带与非磁性金属接触连接，可以从铁磁性条带中提取具有特殊自旋的电子。通过测试电压 $V \sim \frac{(\mu_{\uparrow}-\mu_{\downarrow})}{e}$，可以用电的方法识别感应自旋电压，它是由以上接触中的反转自旋霍尔效应（inverse spin Hall effect）所产生，如图 S. 19 所示。

温度梯度贯穿金属、绝缘和半导体铁磁体时，可以观测到其中的自旋泽贝克效应。这有望在自旋电子学（spintronics）中得到应用，特别是在自旋-电压发生器中。

首次描述：K. Uchida，S. Takahashi，K. Harii，J. Ieda，W. Koshibae，K. Ando，S. Maekawa，E. Saitoh，*Observation of the spin Seebeck effect*，Nature **455**，778～781（2008）。

详见：*Spin Caloritronics*，edited by G. E. W. Bauer，A. H. MacDonald，S. Maekawa，Solid State Commun. **150**（special issue），459～552（2010）。

spin-spin coupling　自旋-自旋耦合　在分子系统里原子核之间的磁性相互作用，有分子的束缚电子参与。

spin-transfer torque　自旋-转移扭矩　从自旋极化电流中的电荷载流子到它们通过的铁磁体的角动量迁移，会导致铁磁体的磁化的改变。甚至在没有外加磁场的情况下，该现象也会发生。

首次描述：L. Berger，*Emission of spin waves by a magnetic multilayer transversed by a current*，Phys. Rev. B **54**（13），9353～9358（1996）；J. C. Slonczewski，*Current-driver excitation of magnetic multilayers*，J. Magn. Mater. **159**（1），L1～L7（1996）。

spin-transfer torque effect　自旋-转移扭矩效应　在磁性纳米结构（nanostructure）的一个区域中，由于自旋极化电子流经此区域而产生磁化方向的改变。在自旋阀（spin valve）、磁隧道结（magnetic tunnel junction）、多畴磁性纳米结构、纳米柱、纳米线等磁性多层结构中可以观察到这个效应，在此过程中自旋极化电流可以改变磁组分的磁化强度。

两种机制引起从传导电子自旋到局域磁矩的角动量转变。首先是自旋相关界面散射，它带来自旋旋转和对自旋电流的过滤。其次是假定自旋移相，它导致电子聚集体的横向自旋分量的自抵消。两种机制都与磁矩的本质有关，磁矩作为电子自旋的内场使自旋相关散射和电子自旋过程为非共线。因此，由两种机制产生的角动量损失转移至局部磁矩，并有力矩作用到磁矩上。人们发现自旋-转移扭矩是注入自旋电流的横向组分（相对于磁化强度）。

首次描述：J. C. Slonczewski，*Current-driven excitation of magnetic multilayers*，J. Magn. Magn. Mater. **159**，L1～L7（1996）；L. Berger，*Emission of spin waves by a magnetic multilayer traversed by a current*，Phys. Rev. B **54**（13），9353～9358（1996）。

详见：D. C. Ralph，M. D. Stiles，*Spin transfer torques*，J. Magn. Magn. Mater. **320**，1190～1216（2008）；H. Lüth，*Solid Surfaces*，*Interfaces and Thin Films*（Springer，Heidelberg，2010）。

spintronics　自旋电子学　一类科学和工程领域，研究开拓电子复杂而精细的自旋特性，以发展利用电子自旋和电荷的电子器件。这个术语最早由 S. A. 沃尔夫（S. A. Wolf）在 1996 年提出，用于美国国防部高等研究计划局的发展创新磁性材料与组件的提案中。

详见：*Spintronics*, edited by E. R. Weber, in: *Semiconductors and Semimetals* **82**, 1～522 (2008)。

spin valve 自旋阀 包含两个铁磁层的一种薄膜结构，其中一个铁磁层的磁矩在外场的作用下很难发生反转，而另一层的磁矩却很容易发生反转。这个软磁层对于外磁场的操纵很敏感，可以作为一种阀控制。典型的电阻变化值是1%每奥斯特（Oersted）单位。自旋阀使用传统微电子技术加工，用于磁场的监控、信息的磁性记录以及其他磁性器件。更多信息请参见 giant magnetoresistance effect（巨磁电阻效应）。

spin-valve transistor 自旋阀晶体管 类似于金属基晶体管的一种三端器件，图 S.21 给出了其示意图和相关的能带图。此晶体管的基极区包含一个金属自旋阀（spin valve），夹在两个分别作为电流发射极与收集极的 n 型硅区域之间。

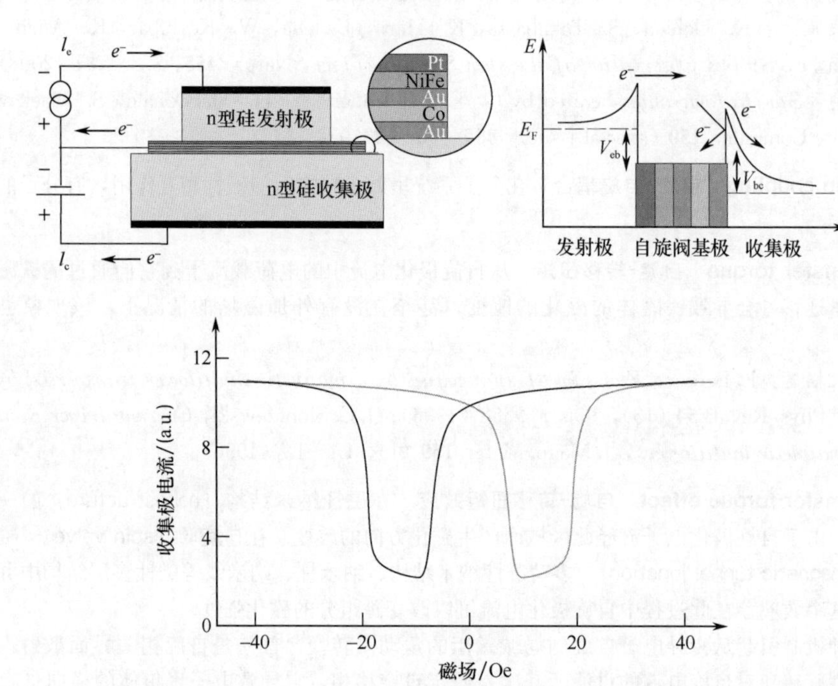

图 S.21 自旋阀晶体管的横截面和能量示意图

此晶体管包含 Si/Pt 发射极肖特基势垒、Si/Au 收集极肖特基势垒，以及 NiFe/Au/Co 自旋阀基极。晶体管中收集极电流作为外加磁场的函数的变化曲线也被显示

［来源：P. S. Anil Kumar, J. C. Lodder, *The spin-valve transistor*, J. Phys. D: Appl. Phys. **33** (22), 2911～2920 (2000)］

基区部分被设计成作为交换退耦合的软自旋阀体系，其中具有不同矫顽磁性的两种铁磁性（ferromagnetic）材料，例如，NiFe 和 Co，被一个非磁性的间隔层 Au 隔开。NiFe 和 Co 有相互独立的矫顽磁性，以至于在一个大的温度范围内可以清晰地获得自旋平行和反平行的构型。通过施加合适的磁场，两个铁磁层可以被单独开关。肖特基势垒（Schottky barrier）在金属基体和半导体之间的界面处形成。为了获得期望的具有良好整流特性的高质量势垒，把 Pt 和 Au 薄层分别引入到发射极与收集极上，这也避免了磁性层直接和硅接触。由于 Si/Pt 接

触形成一个很高的肖特基势垒，它就被用作发射极。收集极的肖特基二极管是以这样的方式定义的，即它比发射器二极管的势垒高度要低，而比 Si/Pt 接触势垒高度低近 0.1 eV 的 Si/Au 接触很好地符合这个条件。这样的自旋阀晶体管可以通过一种特殊技术来制备，包括在超高真空条件下两个硅片上的金属沉积以及后续的原位键合。

晶体管的工作原理如下：一个电流在发射极和基极之间形成（发射电流 I_e），使电子沿垂直于自旋阀层方向注入基极。由于注入电子已经穿过 Si/Pt 肖特基势垒，它们作为非平衡热电子进入基极。热电子能量由发射极肖特基势垒高度决定，一般在 0.5～1 eV，取决于金属/半导体的组合。当热电子穿过基极时它们就会受到非弹性和弹性散射而改变它们的动量分布和能量。电子仅当它们保留了可以通过收集极势垒高度的足够能量时才能进入收集极，收集极的势垒高度略低于发射势垒。同样重要的，热电子动量需要与收集极半导体中的可利用态相匹配。只有一部分电子被收集，则收集电流 I_c 敏感地依赖于基极中的散射，当基极包含磁性材料时这种散射与自旋有关。它可以通过切换基极阀结构从自旋平行的低阻态到反平行的高阻态来调节。总散射率由外加磁场控制，例如改变自旋阀中两个铁磁层的相对磁化取向。

自旋阀晶体管的磁响应被称为磁电流（magnetocurrent，MC），定义为收集极电流的改变与其最小值的比值，即

$$\mathrm{MC} = \frac{I_c^p - I_c^{ap}}{I_c^{ap}}$$

其中上标 p 和 ap 分别表示自旋阀的平行和反平行态。

自旋阀晶体管最重要的性质是它的收集极电流很敏感地依赖于基极自旋阀的磁性态。典型的收集极电流对外加磁场的依赖关系在图 S.21 中示出。在高磁场下，两个磁性层的磁化方向平行。此时集电极电流最大。当磁场倒退回来时，Co（22 Oe）和 NiFe（5 Oe）不同的开关磁场使得在一个磁场区间内 Co 和 NiFe 的磁化方向反平行。在这种状态下，收集极电流迅速地降低。这样相应的磁响应就很大，产生了室温下 300%和 77 K 下大于 500%的磁电流。值得注意的是热电子不同的散射机制可能是磁场降低的原因，由热自旋波和热诱导的自旋混合引起的散射看起来是最显著的机理。

当收集极的漏电流可以忽略时，收集极电流和磁电流不依赖于作用在集电极肖特基势垒上的反向偏压。这种现象的原因是，基极和收集极之间的电压不改变肖特基势垒的最大值，其中势垒的测量是相对于金属中费米能量的。换言之，热电子从基极出来的能量势垒不变。类似的，发射极偏压或发射电流的改变，不影响热电子注入基极的能量。结果是当收集极电流的值比发射电流小几个数量级时，收集极电流简单地线性正比于发射电流。

自旋阀晶体管的一个很重要的优点是在室温下可以获得巨大的相对磁效应，以至于仅需要几个奥斯特的小磁场。尽管电流增益较小，但是当电流增益不是一个重要因素的时候，自旋阀晶体管就是一种独特的在磁记忆和磁场传感器方面有着巨大应用前景的自旋电子学（spintronic）器件。

首次描述：D. J. Monsma，J. C. Lodder，T. J. A. Popma，B. Dieny，*Perpendicular hot electron spin-valve effect in a new magnetic field sensor：the spin-valve transistor*，Phys. Rev. Lett. **74** (26)，5260～5263 (1995)。

SPLEEM 为 spin-polarized low energy electron microscopy（自旋极化低能电子显微术）的缩写。

split-gate structure 分裂闸结构 此结构被用于从二维电子气（two-dimensional electron gas）中静电“切割”出量子线（quantum wire）和量子点（quantum dot）。它的结构设计显示在图 S.22 中。

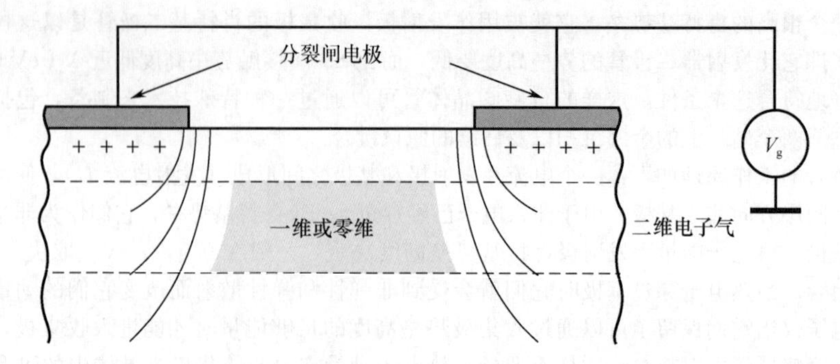

图 S. 22 从二维电子气中静电“切割”出一维和零维元件的分裂闸构型

金属栅电极沉积在具有嵌入二维电子气的半导体之上，这种半导体可以通过如调制掺杂结构（modulation-doped structure）和 δ 掺杂结构（delta-doped structure）形成。当一个反偏压作用于栅上时，下方的区域由于肖特基效应（Schottky effect）电子耗尽，并且电流只能从很窄的非栅区域流过。如果反偏压增加，栅边缘的边缘场有效地挤压它们之间的电子气，通过这种方式使得其形状能在单个器件内变化。把自旋栅极做成特殊的构型可以刻蚀一维结构即量子线（quantum wire），或零维结构即量子点（quantum dot）。虽然自旋栅极的方法可以成功应用于调制掺杂异质结（hererojunction），但它很难应用于 δ 掺杂结构。这可能是因为电子浓度为 $10^{13}\ \mathrm{cm}^{-2}$ 的耗尽区所需的强电场将导致栅极隔离被打破。

SPM 为 surface potential microscopy（表面势显微术）的缩写。

spontaneous emission 自发发射 亦称自发辐射，当量子力学体系的内部能量从一个较高的激发态降到较低的能级时放出的辐射，同时刻不存在相似的辐射。结果激发态能级的粒子数减少而低能级粒子数增加。通过产生和发射光子（photon），激发体系损失了能量。

SP-STM 为 spin-polarized scanning tunneling microscopy（自旋极化扫描隧道显微术）的缩写。

sputtering 溅射 用高能原子粒子尤其是离子轰击样品表面，以移动表面的原子、原子团簇或分子。

SQUID 为 superconducting quantum interference device（超导量子干涉器件）的缩写。

SRS 为 stimulated Raman scattering（受激拉曼散射）的缩写。

SSIM 为 saturated structured illumination microscopy（饱和结构照明显微术）的缩写。

SSM 为 scanning SQUID microscopy（扫描 SQUID 显微术）的缩写。

SSRM 为 scanning spreading resistance microscopy（扫描扩散电阻显微术）的缩写。

stacking fault 堆垛层错 在面心立方（face-centered cubic）或六方晶体中，原子层的位置与常规顺序不同而产生的一种缺陷。

standing wave 驻波 不同位置的瞬间值之间的比率不随时间变化的波。

Stark effect 斯塔克效应 对光源施加均匀外电场后导致的发射谱的修正。从上述光源得到的原子谱中，很多谱线相对原来的位置有不对称的移动，一般是分裂出极化成分。更特别的是出现很多新谱线，它们也具有不对称的移动，和正常谱线构成具有遍及所有显著对称性模式的群。在很多实例里这种效应非常明显，以至于在可见光谱区域人们可以通过肉眼发现颜色的变化。由外电场引起的对原子和分子的电子轨道的修正及其相关能量的变化是造成斯塔克效应的原因。

对于低维结构，电场对受限能级的抑制效应也非常典型，称作量子限制斯塔克效应（quantum confined Stark effect），它很容易在异质结结构（heterostructure）和量子阱（quantum well）中被观察到。对量子阱施加的电场 F 不依赖于缺陷和杂质，则能量变化的二级修正 $\Delta E^{(2)}$ 和 F^2 成正比。

首次描述：J. Stark，*Beobachtungen über den Effekt des elektrischen Feldes auf Spektrallinien*，Sitzungsber. Preuss. Akad. Wiss.（Berlin）932～946（1913）（斯塔克效应）；D. A. Miller，D. S. Chemla，T. C. Damen，A. C. Gossard，W. Wiegmann，T. H. Wood，C. A. Burrus，*Band edge electroabsorption in quantum well structures*，Phys. Rev. Lett. **53**（22），2173～2176（1984）（量子限制斯塔克效应）。

获誉：1919 年，J. 斯塔克（J. Stark）凭借对于极隧射线中的多普勒效应和电场中谱线分裂的发现，获得了诺贝尔物理学奖。

另请参阅：www.nobelprize.org/nobel_prizes/physics/laureates/1919/。

Stark-Einstein law　斯塔克-爱因斯坦定律　指出基本的光化学过程中每个分子吸收一个光子。

首次描述：A. Einstein，*Thermodynamische Begründung des photochemischen Äquivalentgesetzes*，Ann. Phys. **37**，832～838（1912）；J. Stark，*Über die Anwendung des Planckschen Elementargesetzes auf photochemische Prozesse. Bemerkung zu einer Mitteilungdes Hrn. Einstein*，Ann. Phys. **38**，467～469（1912）。

statics　静力学　参见 dynamics（动力学）。

STED　为 stimulated emission depletion microscopy（受激发射损耗显微术）的缩写。

Stefan-Boltzmann constant　斯特藩-玻尔兹曼常量　参见 Stefan-Boltzmann law（斯特藩-玻尔兹曼定律）。

Stefan-Boltzmann law　斯特藩-玻尔兹曼定律　由被加热的物体产生的总辐射随其温度增加而快速增加。对一个严格的辐射体，辐射能与热力学温度的四次方成正比，对于表面积为 S 的物体，辐射能 $E=S\sigma T^4$，其中 σ 是斯特藩-玻尔兹曼常量（Stefan-Boltzmann constant）。

首次描述：J. Stefan，*Über die Beziehung zwischen der Wärmestrahlung und der Temperatur*，Sitzungsber. Kaiser. Akad. Wiss. **79**，391（1879）（实验）；L. Boltzmann，*Ableitung des Stefanschen Gesetzes，betreffend die Abhängigkeit der Wärmestrahlung von der Temperatur aus der elektromagnetischen Lichttheories*，Ann. Phys. **22**，291～294（1884）（理论）。

step and flash imprint lithography（S-FIL）　分步和闪光压印光刻　参见 ultraviolet-assisted nanoimprint lithography（紫外光辅助纳米压印光刻）。

step and flash imprint lithography，reverse（S-FIL/R）　反向分步和闪光压印光刻　参见 ultraviolet-assisted nanoimprint lithography（紫外光辅助纳米压印光刻）。

step Ehrlich-Schwoebel effect　分步埃尔利希-施韦贝尔效应　参见 Ehrlich-Schwoebel effect（埃尔利希-施韦贝尔效应）。

step function　阶跃函数　函数 $\theta(a-b)$，当 $a\geqslant b$ 时，$\theta(a-b)=1$，当 $a<b$ 时，$\theta(a-b)=0$。

Stern-Gerlach effect　施特恩-格拉赫效应　原子束经过非均匀强磁场后分裂成多束。它是电子角动量量子化的一个证据。

首次描述：W. Gerlach，O. Stern，*Der experimentelle Nachweis der Richtungsquantelung im Magnetfeld*，Z. Phys. **9**（6），349～352（1922）。

获誉：1943 年，O. 施特恩（O. Stern）凭借对分子射线方法的发展和发现质子磁矩而获得了诺贝尔物理学奖。

另请参阅：www. nobelprize. org/nobel_prizes/physics/laureates/1943/

stereoisomer　立体异构体　参见 isomer（异构体）。

sterol　固醇　亦称甾醇，参见 lipid（类脂）。

SThM　为 scanning thermal microscopy（扫描热学显微术）的缩写。

stiffness constant　刚度常数　参见 elastic moduli of crystals（晶体的弹性模量）。

stiffness matrix　刚度矩阵　参见 Hooke's law（胡克定律）。

Stillinger-Weber potential　斯蒂林格-韦伯势　包括经验的成对贡献和三体贡献的一种原子间多体势：

$$V=\sum_{i}\sum_{j,i}V(r_{ij})+\sum_{i}\sum_{j,i}\sum_{k,j}V(i,j,k)$$

其中

$$V(r_{ij})=A[B(r_{ij}/\sigma)^{-p}-(r_{ij}/\sigma)^{-q}]\exp(r_{ij}/\sigma-a)^{-1}$$

以及

$$V(i,j,k)=h_{jik}+h_{ijk}+h_{ikj}$$

$$h_{jik}=\lambda\exp[\gamma(r_{ij}/\sigma-a)^{-1}+\gamma(r_{ik}/\sigma-a)^{-1}][\cos\theta_{jik}+1/3]^2$$

其中 r_{ij} 是原子 i 和原子 j 之间的距离。它暗含了 r_{ij} 和 r_{ik} 都比 $a\sigma$ 小，如果不是的话，相应项 $V(r_{ij})$或 h_{jik} 消失。角度 θ_{jik} 是原子 i 的三联体对角。σ 设置了长度尺度，为定值 0.209 51 nm。其他参数的值由具体原子体系拟合得到。

该势完整且真实地描述了晶体硅。而在其他情况下，它内置的四面体设置会出现问题。必须注意的是：它不能给出在压力下的非四面体多型的正确能量；液体的配位太低，不合适采用该势；它也不适用于表面结构。

首次描述：F. H. Stillinger，T. A. Weber，*Computer simulation of local order in condensed phases of silicon*，Phys. Rev. B **31**（8），5262～5271（1985）。

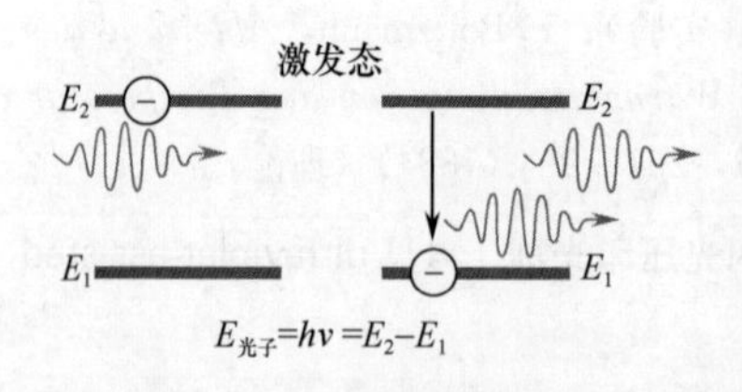

图 S. 23　光子的受激发射

stimulated emission　受激发射　量子力学体系的内部能量从一个较高的激发态降落到较低的能级上时放出的辐射，且该辐射是在同频率辐射的诱导下发生的。图 S. 23 给出了一个电子从较高能级跃迁到较低能级的受激辐射情形。这个过程要求普朗克定律（Planck's law）给出的受激光子的能量与参与辐射的量子能态对之间的能量差相同。发射的光子和原来的光子有着相同的能量，总辐射强度是增加的。当相当大占据数的电子位于较高能级时，则可以发生多光子受激辐射，这个过程可以理解为一种光放大。它形成了微波激射器（maser）和激光手术（laser operation）。参见 Einstein's coefficients A and B（爱因斯坦系数 A 和 B）的原理性基础。

首次描述：A. Einstein，*Strahlungs-Emission and Absorption nach der Quantentheorie*，Verh. Deutsch. Phys. Ges. **18**，318～323（1916）；A. Einstein，*Zur Quantentheorie der Strahlung*，Phys. Z. **18**，121～128（1917）。

stimulated emission depletion（STED）microscopy　受激发射损耗显微术　简称 STED 显微术，参见 fluorescence nanoscopy（荧光纳米显微镜）。

首次描述：S. W. Hell，J. Wichmann，*Breaking the diffraction resolution limit by stimulated emission：stimulated-emission-depletion fluorescence microscopy*，Opt. Lett. **19**（11），780～782（1994）；S. W. Hell，M. Kroug，*Ground-state depletion fluorescence microscopy，a concept for breaking the diffraction resolution limit*，Appl. Phys. B **60**，495～497（1995）。

stimulated Raman scattering（SRS）　受激拉曼散射　一种发生在强激光场中拉曼效应（Raman effect），当入射光子和频移光子相干作用时共振驱动分子的运动，引起拉曼-频移信号的扩增。

首次描述：E. J. Woodbury，W. K. Ng，*Ruby laser operation in the near infrared*，Proc. IRE **50**，2367（1962）。

STM　为 scanning tunneling microscopy（扫描隧道显微术）的缩写。

stochastic optical reconstruction microscopy（STORM）　随机光学重建显微术　简称 STORM，参见 fluorescence nonoscopy（荧光纳米显微术）。

首次描述：M. J. Rust，M. Bates，X. Zhuang，*Sub-diffraction-limit imaging by stochastic reconstruction optical microscopy（STORM）*，Nature Methods **3**，793～795（2006）。

stochastic process　随机过程　在随机过程里，一个或者更多的变量的值由某种可能是未知的概率分布决定。

Stokes equation　斯托克斯方程　参见 Airy equation（艾里方程）。

Stokes law（of photoluminescence）　斯托克斯（光致发光）定律　光激介质发射出来的光的波长总是比激发辐射源的光的波长更长。这是因为能量守恒使得吸收光子的能量比发射光子的能量大，能量的差值以激发晶格振动的方式耗散，这个能量差值称为斯托克斯频移（Stokes shift）。

首次描述：G. G. Stokes，Proc. R. Soc. **6**，195（1852）。

Stokes line　斯托克斯线　参见 Raman effect（拉曼效应）。

Stokes parameters　斯托克斯参量　参见 Poincaré sphere（庞加莱球）。

首次描述：G. G. Stokes，*On the composition and resolution of streams of polarized light from different sources*，Camb. Phil. Soc. Trans. **9**，399～423（1852）。

Stokes process　斯托克斯过程　参见 Raman effect（拉曼效应）。

首次描述：G. G. Stokes，*On the dynamical theory of diffraction*，Camb. Phil. Soc. Trans. **9**，1～62（1856）。

Stokes shift　斯托克斯频移　吸收峰和发射峰波长之间的位移。

Stoner-Wohlfarth astroid　斯托纳-沃尔法思星形线　参见 Stoner-Wohlfarth model（斯托纳-沃尔法思模型）。

Stoner-Wohlfarth model 斯托纳-沃尔法思模型 描述外磁场中椭球形单畴磁性粒子的反作用。如图 S. 24 所示。

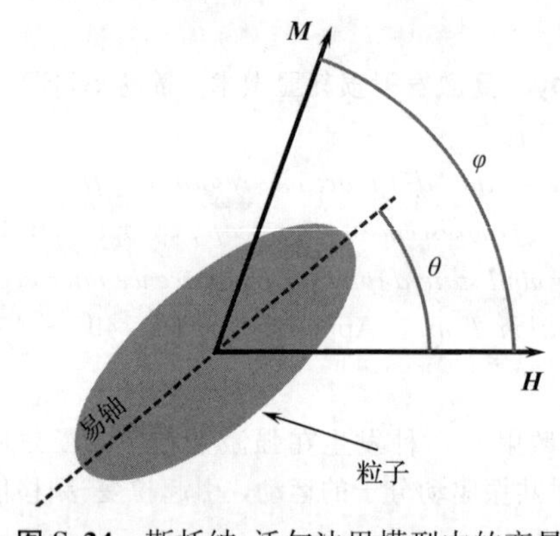

图 S. 24 斯托纳-沃尔法思模型中的变量

假定体积为 V 的粒子具有在其内部不发生变化的磁化强度 $\boldsymbol{M}$。外磁场 $\boldsymbol{H}$ 的任何变化都能使磁化强度发生转动。外磁场只沿一个单轴发生变化。标量 $\boldsymbol{H}$ 在一个方向上为正，则在其相反方向上为负。粒子的磁各向异性利用各向异性参数 K_u 来描述。当磁场变化时，磁化强度被限制在由磁场方向和易磁化轴组成的平面内。用单个角度 φ 来表示磁化强度和外场之间的夹角。也指定外场和易磁化轴之间的夹角为 θ。

在上面的假设条件下，系统的能量为

$$E = K_u V \sin^2(\phi - \theta) - \mu_0 M_S V H \cos\phi,$$

式中，M_S 为饱和磁化强度。第一项代表磁各向异性。第二项为粒子和外磁场耦合的能量。

通过分析 $H_x - H_y$ 面内的能量最小值，可以理解磁化过程的基本特征。对于小于临界值的外磁场，沿着易轴方向的磁化强度将有两个极小值。这些极小值可以是稳定的或亚稳定的。对于大于临界值的外磁场，能量将只有一个最小值。

斯托纳-沃尔法思星形线（Stoner-Wohlfarth astroid）是将只有一个能量最小值的区域分割为两个能量密度最小值区域的曲线。当这条曲线穿过磁化强度非连续变化时特别重要。

星形线的重要性质体现在它的切线代表外部能量作用下的磁化方向，也就是说，代表局部最小值或局部最大值。对于单轴各向异性系统，切线接近于易轴并得到具有最低能量的稳定解。

该模型应用到具有较大各向异性的小体系中，设定全部磁矩有序排列。对于大体系，因为忽略了偶极子部分以及诸如磁畴和涡流等复杂磁结构，这种近似失效。

首次描述：E. C. Stoner，E. P. Wohlfarth，*A mechanism of magnetic hysteresis in heterogeneous alloys*，Philos. Trans. R. Soc. London，Ser A **240**，599～642（1948）。

Stoner-Wohlfarth particle 斯托纳-沃尔法思粒子 参见 Stoner-Wohlfarth model（斯托纳-沃尔法思模型）。

Stone-Wales defect 斯通-威尔士缺陷 为碳纳米管（carbon nanotube）表面的一种缺陷，这种缺陷是由于一个 C—C 键旋转 $\pi/2$ 角度引起的，产生了两个五元环和两个七元环，如图 S. 25 所示。

该缺陷亦称“5-7-7-5 缺陷”。缺陷一旦形成，五元环和七元环可以在纳米管上移动，在正环（五元环）或负环（七元）高斯曲率区域产生位错中心，最终导致纳米结构的闭合。因为形变效应是局域的，所以此缺陷只会导致纳米管直径和手性的很小变化。同时，缺陷引起的变形在应变方向上有效地拉长了纳米管，从而释放过量的应变能。

斯通-威尔士缺陷同样会出现在 BN 纳米管上，将形成 B—B 键和 N—N 键。

首次描述：A. J. Stone，D. J. Wales，*Theoretical studies of icosahedral C_{60} and some related species*，Chem. Phys. Lett. **128**（5～6），501～503（1986）。

详见：R. E. Smalley，M. S. Dresselhaus，G. Dresselhaus，P. Avouris，*Carbon Nanotubes：Synthesis，Structure Properties and Applications*（Springer，Berlin，2001）。

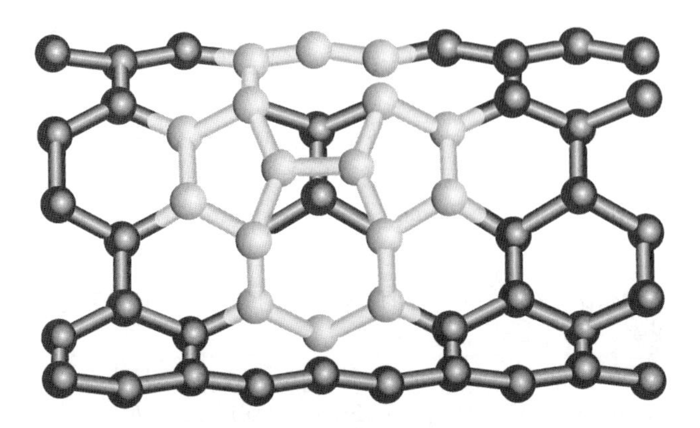

图 S. 25 包含一个斯通-威尔士缺陷（用浅色表示）的（5，5）碳纳米管表面
［来源：V. Gayathri，R. Geetha，J. Phys. Conf. Ser. **34**，824～828（2006）］

Stone-Wales transformation 斯通-威尔士变换 类石墨烯（graphene）结构中的两个 C 原子相对于 C—C 键中点旋转 $\pi/2$ 角度。所导致的结构重排支持富勒烯（fullerene）或碳纳米管（carbon nanotube）的聚合过程。这种重排使四个六元环转变成两个五元环和两个七元环，即形成一个斯通-威尔士缺陷（Stone-Wales defect）。

首次描述：A. J. Stone，D. J. Wales，*Theoretical studies of icosahedral C_{60} and some related species*，Chem. Phys. Lett. **128**（5～6），501～503（1986）。

STORM 为 stochastic optical reconstruction microscopy（随机光学重建显微术）的缩写。

strained superlattice 应变超晶格 参见 superlattice（超晶格）。

Stranski-Krastanov growth mode (of thin films) （薄膜的）斯特兰斯基-克拉斯坦诺夫生长模式 最初逐层薄膜生长，后来沉积材料形成局域岛状的生长模式，如图 S. 26 所示。先形成连续层，然后由于一些原因体系转变成岛状生长。更多细节请参见 self-organization (during epitaxial growth) ［（外延生长时的）自组织］。

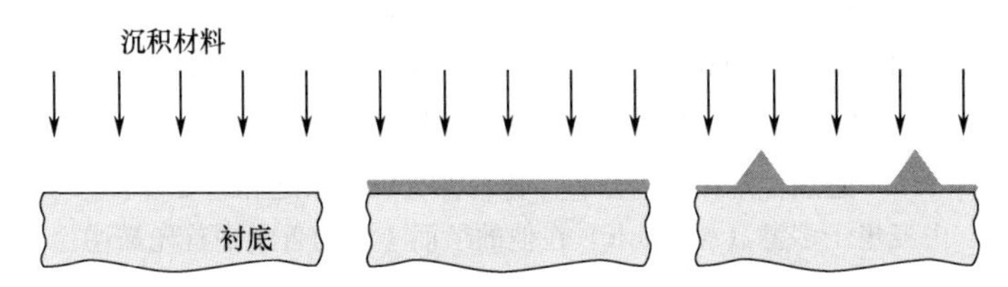

图 S. 26 薄膜沉积过程中的斯特兰斯基-克拉斯坦诺夫生长模式

首次描述：I. N. Stranski，L. von Krastanov，*Zur Theorie der orientierten Ausscheidung von Ionenkristallen aufeinander*，Sitzungsber. Akad. Wiss. Wien，Math. -Naturwiss. K1. IIb **146**，797～810（1938）。

Středa formula 斯特热达公式 此公式把霍尔（Hall）电导率表示为两部分贡献之和。因此电导率张量 σ 的分量可写成 $\sigma_{ij} = \sigma_{ij}^{\mathrm{I}} + \sigma_{ij}^{\mathrm{II}}$。第一项依赖于固体结构和晶向。对于具有任意依赖于能量的自能 $\sum(E)$ 的经典自由电子模型，$\sigma_{xy}^{\mathrm{I}} = -\omega\tau\sigma_{xx}$。其中 ω 是回旋频率（cyclotron frequency），$\tau = \hbar/2(-\mathrm{Im}\sum E_{\mathrm{F}})$ 是寿命，E_{F} 是费米能量（Fermi energy）。

第二项代表量子贡献，$\sigma_{xy}^{\mathrm{II}}=-\sigma_{yx}^{\mathrm{II}}=ec[\partial N(E)/\partial B]_{atE=E_{\mathrm{F}}}$，其中$N(E)$是能量$E$以下的能态数，$B$是磁场感应。它没有经典近似形式，在经典限制下，态密度是与场无关的量，$\sigma_{xy}^{\mathrm{II}}$项消失。一般来说，这一项仅通过颗粒数而依赖于材料常数，与晶向和载流子散射类型无关。

此公式指出当费米能级（Fermi level）处于能隙中时，霍尔电导率由电荷密度对来自轨道（而不是塞曼耦合）的磁场的响应给出。它能够用于计算在有外加周期势时电子气的电导率。

首次描述：P. Středa, *Theory of quantized Hall conductivity in two dimensions*, J. Phys. C **15**, L717～L721 (1982)。

Strehl ratio 斯特雷尔比 有相差的点像的衍射花样的峰与同一光学系统形成的无相差像的峰之间的光照度比率

首次描述：K. Strehl, *Aplanatische und fehlerhafte Abblidung im Fernrohr*, Z. Instrumkde 15, 362 ～ 370 (1895); K. Strehl, *Über Luftschlieren und Zonenfehler*, Z. Instrumkde **22**, 213～217 (1902)。

详见：V. N. Mahajan, *Zernike annular polynomials for imaging systems with annular pupils*, J. Opt. Soc. Amer. **71**, 75～85 (1981)。

structure-based engineering 基于结构的工程 利用掌握的蛋白质结构和功能的详细知识，去产生所希望的变化和功能。亦称合理设计（rational design）。

详见：J. A. Brannigan, A. J. Wilkinson, *Protein engineering 20 years on*, Nat. Rev. Molec. Cell Boil. **3**, 964～970 (2002)。

structured illumination microscopy (SIM) 结构光学显微术 亦称结构照明显微术，简称SIM，参见 fluorescence nanoscopy（荧光纳米显微术）。

首次描述：M. G. L. Gustafsson, *Surpassing the lateral resolution limit by a factor of two using structured illumination microscopy*, J. Microsc. **198**, 82～87 (2000)。

sub-band 子带 亦称子能带，参见 quantum confinement（量子限域）。

sum-frequency generation (SFG) 合频产生 一种非线性光学（nonlinear optics）过程，即二次非线性介质中两束工作频率为ω_1和ω_2的激光（laser）可以产生频率为$\omega_3=\omega_1+\omega_2$的信号。

详见：A. Zeltikov, A. L'Huillier, F. Krausz, *Nonlinear optics*, in: *Handbook of Lasers and Optics*, edited by F. Träger (Springer, Berlin, 2007)。

superadditivity law 超加性定律 指出整体比各部分加起来之和还要多。

首先描述：由亚里士多德（Aristotle）在他的形而上学的哲学中首先描述。

supercell method 超原胞方法 此方法把布洛赫定理也应用于表面、团簇、分子和缺陷计算中。在计算晶胞中施加人为的周期性，利用周期边界条件在全空间中重复复制超原胞。因此，在晶体表面的例子中，超原胞包含一个晶体薄板和一个真空区域，它们在整个空间中重复。真空区域必须足够大以保证晶体薄板的表面之间不会通过真空区域而相互作用，晶体薄板必须足够厚以保证每个晶体薄板的两个表面之间不会通过晶体体内而相互作用。对于团簇或者一个分子，假定团簇或者分子被放入一个足够大的盒子以避免相互作用，并按周期性系统处理。对于缺陷，超原胞包含的缺陷被足够厚的块体晶体区域所包围。

首次描述：M. C. Payne, M. P. Teter, D. C. Allan, T. A. Arias, J. D. Joannopoulos, *Iterative minimization techniques for ab-initio total-energy calculations: molecular dynamics and conjugate gradients*, Rev. Mod. Phys. **64** (4), 1045～1097 (1992)。

superconducting quantum interference device (SQUID)　超导量子干涉器件　简称SQUID，利用电子对的波相干特性和约瑟夫森效应（Josephson effect）去探测微小磁场的电子器件。SQUID的中心组件是具有一个或多个弱连接的超导材料环。如图S.27所示，超导环在点W和X处（约瑟夫森结）弱连接，在这些点处的临界电流比在主环上的临界电流小得多，这就产生了一个非常小的电流密度使得电子对的动量变小，因此电子对的波长很大，导致环上任何部分之间的相差都很小。

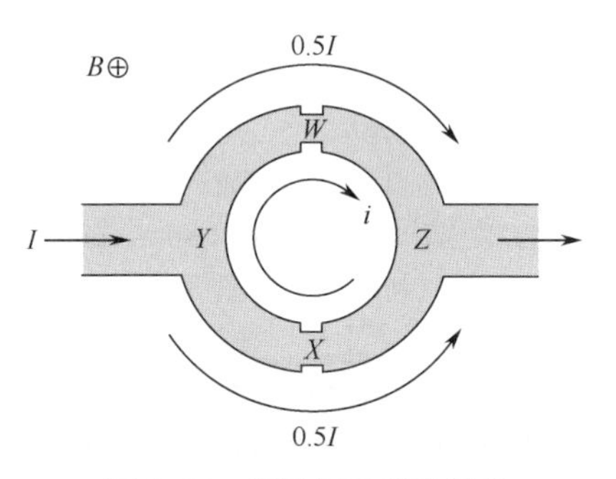

图S.27　超导量子干涉器件

当在垂直环平面上施加磁场$\boldsymbol{B}$时，沿路径XYW和WZX的电子对波产生相差，也诱导出一个绕环小电流i，它产生了穿过弱连接处的相差。一般情况下，诱导电流有足够的大小去除环中的磁通，但弱连接的临界电流使之不能去除。

闭合路径的相差必须等于$2\pi n$（n是整数）的量子条件在上述情况也适用，即小电流经过弱连接处产生大相差。外加磁场会产生绕环相差。

环流产生的相差可以从外磁场产生的相差中加上或减去，实际情况是能量上更倾向于减少，在这种情况出现一个逆时针小电流$|i_-|=i_c\sin(\pi\Phi_a/\Phi_0)$，其中$i_c$是临界电流。$\Phi_a$是外磁场导致环产生的磁通，$\Phi_0=h/(2e)$。

当环中磁通从0增加到$0.5\Phi_0$时，i_-的数值增加到最大。当磁通超过$0.5\Phi_0$时，能量上更倾向于电流改绕顺时针方向，此时电流为i_+，当磁通达到$0.5\Phi_0$时减少到0。环流对于外加场的大小有周期性依赖关系，其周期是$0.5\Phi_0$，一个很小的磁通量。这种对于环流的探测就使得SQUID可以用作磁力计，此器件噪声水平低至3×10^{-15} T·$\text{Hz}^{-1/2}$，可以对非常小的磁场进行测量。

首次描述：R. Jaklevic，J. Lambe，A. Silver，J. Mercereau，*Quantum interference from a static vector potential in a field-free region*，Phys. Rev. Lett. **12**（11），274～275（1964）（直流SQUID）；J. E. Zimmerman in 1965（射频SQUID）。

详见：J. Clarke，A. I. Braginski，*The SQUID Handbook：Fundamentals and Technology of SQUIDS and SQUID Systems*（Wiley-VCH，Weinheim，2004）；J. Clarke，A. I. Braginski，*The SQUID Handbook：Applications of SQUIDs and SQUID Systems*（Wiley-VCH，Weinheim，2006）。

superconductivity　超导性　当材料温度降低时，其电阻消失的现象。该现象用一系列临界参数来描述，包括临界温度T_c、临界磁场H_c和临界电流I_c。临界温度是材料电阻刚好消失时的温度。对大多数纯材料，临界温度只比0K高几开。

当施加外磁场的时候，材料的超导态会被破坏。这一现象刚好在磁场达到临界磁场H_c的时候发生，其数量级大概是几百个奥斯特。实验中也发现，当超导体中的电流超过临界电流强度I_c时，超导态被破坏。这种现象被认为主要由电流产生的磁场诱发，而非电流本身的效应。

已知存在超导现象的元素、化合物和合金的总数超过几千个。26个金属元素的正常形态就是超导体，还有10个金属元素只有在高压或者制备成高度无序薄膜才表现出超导性质。具有极高载流子密度的半导体也具有超导特性，其他半导体例如Si和Ge的高压金属相亦具有超导特性。很多本身不超导的元素组成化合物后也会具有超导性质。经典超导体例如纯金属、它们的二元化合物和合金的超导临界温度不超过 40 K（其中 MgB_2 具有最高临界温度为 39 K，特殊制备的 Nb、Al、Ge 的临界温度是 23 K，Nb_3Sn 的临界温度是 18.1 K）。J. G. 贝德诺尔茨（J. G. Bednorz）和 K. A. 米勒（K. A. Müller）于 1986 年发现的复杂铜氧化物（铜酸盐）具有很高的临界温度，例如，$YBa_2Cu_3O_7$ 有 92 K，$Tl_2Ca_2Ba_2Cu_3O_{10}$ 有 125 K。这些材料通常被称为高温超导体（high-T_c superconductor）。

当超导材料位于临界温度附近时，根据外磁场进入超导材料特征的不同，将超导体分成两类，如图 S.28 所示。在外磁场低于临界场 H_c、温度低于临界温度 T_c 的情况下，第一类超导体（type I superconductor）内部没有磁场，类似严格的抗磁性。如果外场大于 H_c，整个超导体转换为正常态，体内被磁场的磁通完全穿透。H_c 随着温度的变化曲线就是磁场-温度平面中的相边界，分离开超导态是热力学稳定的区域和正常态是热力学稳定的区域。第一类超导体的这条曲线的关系式近似是 $H_c = H_0[1-(T/T_c)^2]$，其中 H_0 是 0 K 时的 H_c 值。

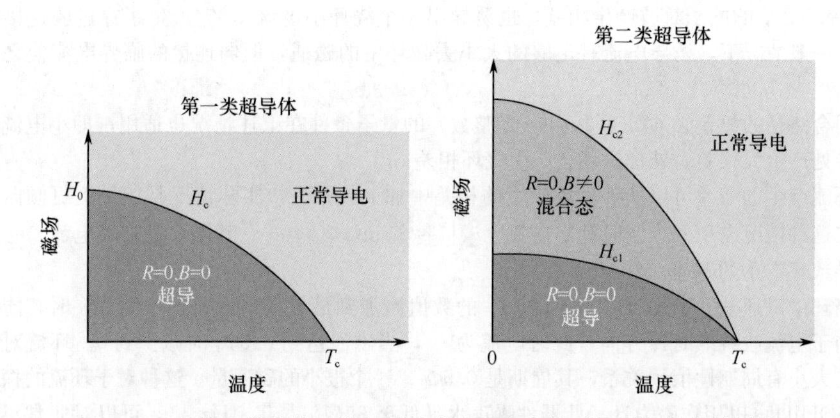

图 S.28 在第一类和第二类超导体中，温度和外磁场对超导态的影响

第二类超导体（type II superconductor）的特征是存在两个临界磁场：较低的 H_{c1} 和较高的 H_{c2}。当外场低于 H_{c1}，正如第一类超导体在 H_c 下一样，第二类超导体内没有磁场穿过。当外场高于 H_{c1}，磁通量开始以微丝形式穿过超导体。每一条微丝线由一个被超导区域包围的内部磁场很强的正常核组成，超导区域中恒定的超流涡旋维持核内的磁场。微丝线的直径大概是 0.1 nm 数量级。在足够纯和没有缺陷的第二类类超导体，这些线趋于有序格子分布。超导体的涡旋态称为混合态，当外磁场位于 H_{c1} 和 H_{c2} 之间时才存在。外磁场达到 H_{c2} 后，超导体转变为正常态，被磁场完全地穿过。

J. 巴丁（J. Bardeen）、L. N. 库珀（L. N. Cooper）和 J. R. 施里弗（J. R. Schrieffer）提出了以他们名字命名的理论，简称 BCS 理论（BCS theory），很好地解释了超导现象。该理论的基本思想是：在其他电子的高密度流中，无论相互作用的强弱，两个电子相互吸引并“绑定”在一起形成库珀对（Cooper pair）。库珀对是由相反自旋的电子组成的，所以库珀对的总自旋为零。库珀对遵守波色-爱因斯坦统计，即它们在低温下都集聚到同一个基态上。

库珀对的相互作用太弱以至于对中的两个电子之间分隔开一段距离，也即相干长度。但不在一个库珀对中的两个电子之间的平均距离则比相干长度小约 100 倍。当施加外电场时，一对的电子将一起运动，库珀对之间的电子也随之运动，直到它们通过激励相互作用而互相感知。一个局域的扰动可能使一个正常态的单电子偏转，从而产生电阻，但在超导态时，除非能一次扰动所有处于超导基态的电子，电阻才会产生。这不是不可能，但确实很难做到，所以与电流对应的相干超导电子的集体漂移将不会耗散。

BCS 理论通过公式 $k_B T_c = 1.13\hbar\omega_D \exp[-1/(VN E_F)]$ 给出了三个决定临界温度的参数：德拜频率（Debye frequency）ω_D，在固体中电子和声子间的耦合强度 V，和费米能级上的电子态密度 $N(E_F)$。

先前由 F. 伦敦（F. London）、H. 伦敦（H. London）、V. L. 金兹堡（V. L. Ginzburg）和 L. D. 朗道（L. D. Landau）等提出的关于超导的许多理论也能够在 BCS 理论中找到逻辑性的解释。不过，BCS 理论在解释铜氧化物的高温超导时遇到了一些困难。

首次描述：H. Kamerlingh-Onnes，*Disappearance of the electrical resistance of mercury at helium temperature*，Communication no. 122b from the Phys. Lab. Leiden，Electrician **67**，657～658（1911）（实验观测）；V. L. Ginzburg，L. D. Landau，*Theory of superconductivity*，Zh. Exp. Teor. Fiz. **20**（12），1064～1082（1950）（超导理论，俄文）；A. A. Abrikosov，*An influence of the size on the critical field for type II superconductors*，Doklady Akademii Nauk SSSR **86**（3），489～492（1952）（第二类超导体的理论预言，俄文）；J. Bardeen，L. N. Cooper，J. R. Schrieffer，*Theory of superconductivity*，Phys. Rev. **108**（5），1175～1204（1957）（BCS 理论的提出）；J. G. Bednorz，K. A. Müller，*Possible high-T_c superconductivity in the Ba-La-Cu-O system*，Z. Phy. B **64**（2），189～193（1986）（临界温度高于液氮温度 77 K 的观测）。

详见：K. H. Bennemann，J. B. Ketterson，*Superconductivity*，*vol 1 and 2*（Springer，Berlin，2008）；http：//www. suptech. com/knowctr. html。

获誉：1913 年，H. 卡末林-昂内斯（H. Kamerlingh-Onnes）凭借对于物质低温性质的研究，以及由此引起的液氦的生产而获得诺贝尔物理学奖；1972 年，J. 巴丁（J. Bardeen）、L. N. 库珀（L. N. Cooper）和 J. R. 施里弗（J. R. Schrieffer）凭借他们共同发展的 BCS 超导理论而获得诺贝尔物理学奖；1987 年，J. G. 贝德诺尔茨（J. G. Bednorz）和 K. A. 米勒（K. A. Müller）凭借对于陶瓷材料超导性质的突破性发现而获得诺贝尔物理学奖；2003 年，A. A. 阿布里科索夫（A. A. Abrikosov）、V. L. 金兹堡（V. L. Ginzburg）和 A. J. 莱格特（A. J. Leggett）由于在超导体和超流体方面的开创性贡献而共同获得诺贝尔物理学奖。

另请参阅：www. nobelprize. org/nobel_prizes/physics/laureates/1913/。

另请参阅：www. nobelprize. org/nobel_prizes/physics/laureates/1972/。

另请参阅：www. nobelprize. org/nobel_prizes/physics/laureates/1987/。

另请参阅：www. nobelprize. org/nobel_prizes/physics/laureates/2003/。

super Coster-Kronig transition　超级科斯特-克勒尼希跃迁　参见 Coster-Kronig transition（科斯特-克勒尼希跃迁）。

superelastic scattering　超弹性散射　一种散射过程，在固体中散射的粒子从受激原子体系吸收了能量，因此在散射后具有比其初始能量更高的动能，同时之前的受激原子又回到基态而不放出任何净辐射。

superexchange　超交换　亦称克拉默斯-安德森超交换（Kramers-Anderson superexchange）。假定跨越一个非磁性阴离子形成的两个最近邻阳离子之间的强反铁磁（antiferromagnetic）耦合。这是来自同一施主原子的电子与离子自旋耦合的结果。

首次描述：H. A. Kramers，*L'interaction entre les atomesmagnetogenes dans un cristal paramagnetique*，Physica **1**，182（1934）；P. W. Anderson，*Antiferromagnetism. Theory of superexchange interaction*，Phys. Rev. **79**（2），350～356（1950）。

superfluidity　超流性　温度在 λ 点（2.178 K）以下时，液氦表现出无摩擦流动的性质。

首次描述：P. L. Kapitza，*Viscosity of liquid helium below λ-point*，C. R.（Doklady）

Acad. Sci. USSR **18** (1), 21～23 (1938) (实验); L. Landau, *Theory of the superfluidity of helium II*, Phys. Rev. **60** (4), 356～358 (1941) (理论)。

获誉：L. D. 朗道（L. Landau）凭借对于凝聚态物质特别是液氦的开创性的理论发展而获得 1962 年诺贝尔物理学奖；D. 李（D. Lee）、D. 奥谢罗夫（D. Osheroff）和 R. 理查森（R. Richardson）因发现氦-3 的超流性而获得 1996 年诺贝尔物理学奖；A. A. 阿布里科索夫（A. A. Abrikosov）、V. L. 金兹堡（V. L. Ginzburg）和 A. J. 莱格特（A. J. Leggett）由于在超导体和超流体方面的开创性贡献而共同获得 2003 年诺贝尔物理学奖。

另请参阅：www. nobelprize. org/nobel_prizes/physics/laureates/1962/。

另请参阅：www. nobelprize. org/nobel_prizes/physics/laureates/1996/。

另请参阅：www. nobelprize. org/nobel_prizes/physics/laureates/2003/。

superlattice 超晶格 生长在一种单晶材料衬底上的另一种单晶薄膜，重复前者的晶格常数。如果两种材料有相同或相近的晶格常数，它们产生的超晶格就称作赝晶超晶格（pseudomorphic superlattice）。半导体中只有少量这样的晶格匹配体系。同时，相同的晶格常数也不是一种半导体材料在另一种半导体材料上赝晶生长的必要条件。

在薄膜的有限厚度内，有可能沉积原子被迫去占据一些位置使得薄膜与衬底有着类似的晶格常数，纵使这两种材料的体结构是不同的。这样，一个存在应变（strained）但完美的超晶格就形成了，如图 S. 29 所示。

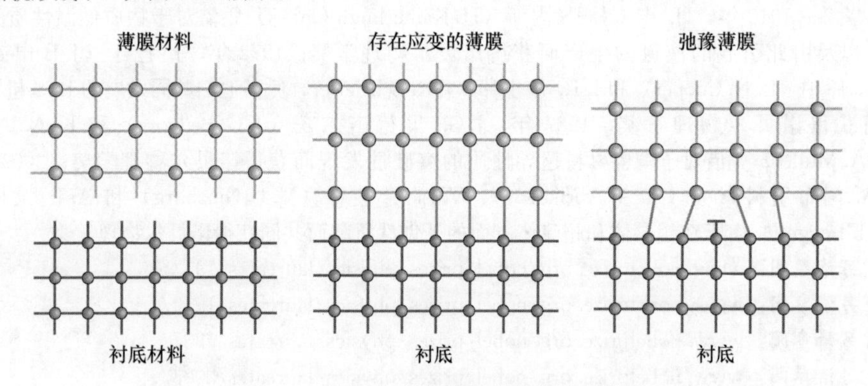

图 S. 29 存在应变的外延薄膜和弛豫的外延薄膜的形成

随着膜厚的增加，应变能也随之增加，因此当超过临界厚度的时候，薄膜就会为了降低自己的总能量而生成错配位错，从而破坏超晶格结构，沉积材料又转换为自己原有的晶格常数，产生了弛豫薄膜。临界厚度显然与晶格的错配以及沉积温度下材料的弹性参数有关。原则上，保持沉积薄膜厚度低于临界厚度，就可以通过任意两种半导体材料的搭配生长出应变超晶格，这两种材料都有同样的晶体结构，而不考虑它们自己常规的晶格常数。

实际上，人们在生长完美的超晶格时希望有最小的晶格失配和电子性质差异，以便制造具有合适势垒的异质结。图 S. 30 示意了一系列有着金刚石结构（diamond structure）和闪锌矿结构（zinc blende structure）的半导体的能带间隙。

图 S. 30 中阴影垂直区域表示有着类似晶格常数的半导体群。在同一阴影区域内的但有着不同带隙的材料可以形成异质结（heterojunction），其势垒对应于两种材料的能带偏移。通过使用二元（如 SiGe）、三元（如 AlGaN、AlGaAs）和四元（如 GaInAsP）化合物，可以扩展对能带偏移的选择。图中的实线连接了一些半导体，这些材料在整个组成范围内形成了稳定的中间化合物。从图中可以看到，氮化物有比其他材料都小的晶格常数，这是因为氮原子的

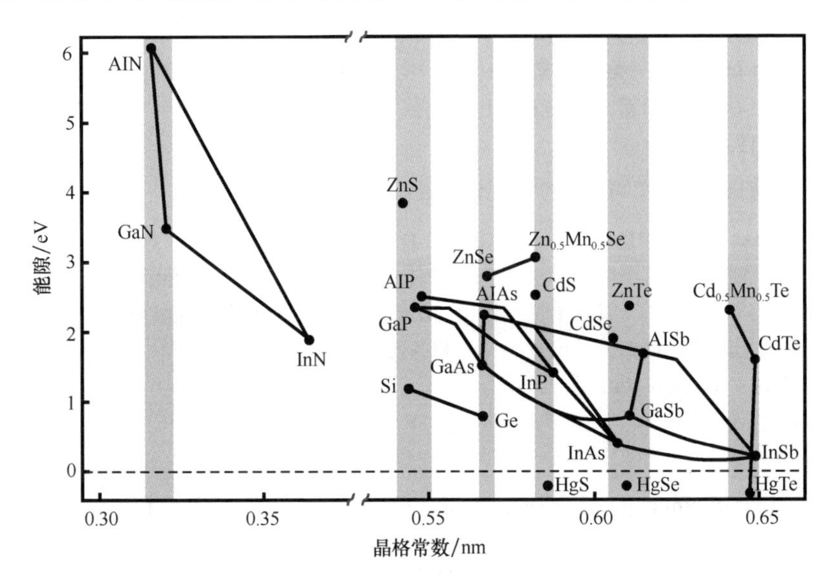

图 S. 30 金刚石和闪锌矿晶体结构半导体的低温带隙和晶格常数

六角结构氮化物是按照它们的 α 晶格常数来连线显示一致性的

体积比较小。

superparamagnetic 超顺磁性的 物质表现出超顺磁性（superparamagnetism）。

superparamagnetism 超顺磁性 一种磁性（magnetism）形式，表现在铁磁性（ferromagnetic）小粒子及其聚集体中，与粒子磁化强度方向的热扰动有关。这个效果在纳米粒子（nanoparticle）中尤为显著。当以奈尔弛豫时间（Néel relaxation time）为特征的两个磁化强度波动之间的时间小于无外磁场下粒子的磁化强度测量时间时，粒子的磁化强度表现为平均零值。超顺磁性（superparamagnetic）材料具有与铁磁性相似的高饱和磁化强度、零矫顽力、和区别于铁磁和顺磁的剩磁。

超顺磁性可以认为是铁磁性中的尺寸效应。事实上，矫顽力随粒子尺寸而变化，当尺寸足够小时矫顽力变成零。

作为单畴结构，超顺磁性材料在足够高的温度下受到热扰动而发生随机波动，正如顺磁性材料中的原子自旋。低温条件下，热能变得很小，磁矩被阻挡。这个温度即阻挡温度（blocking temperature）。在此温度下，超顺磁材料丧失其在零磁场条件下的磁化强度优先方向。

阻挡温度 T_B 可由超顺磁材料中的奈尔弛豫时间（Néel relaxation time）τ_N 和磁化强度测量时间 τ_m 进行量的估计：

$$T_B = \frac{KV}{k_B \ln\left(\frac{\tau_m}{\tau_0}\right)}$$

式中，K 为磁各向异性能密度；V 为超顺磁性粒子体积；τ_0 为尝试时间，亦称尝试周期。

若 $\tau_m \gg \tau_N$，则超顺磁材料粒子的磁化强度在测试时间内可以反转数次。这样测量的磁化强度将平均为零。若 $\tau_m \ll \tau_N$，则磁化强度在测试时间内不能反转，磁化强度将与测量开始时的瞬间磁化强度相同。前者，粒子表现为顺磁性状态，而后者被“阻挡”在初始状态。当 $\tau_m = \tau_N$ 时，超顺磁性和阻挡状态之间发生转变，以阻挡温度来表征。

详见：D. Vollath, *Nanomaterials: An Introduction to Synthesis, Properties and Applica-*

tions (Wiley-VCH, Weinheim, 2008)。

superposition principle　叠加原理　如果一个物理体系受到若干个独立因素的影响，导致的效应可以看成这些独立因素影响的矢量和或代数和。该原理只应用于可以用线性差分方程描述其行为的线性系统。

superspin　超自旋　即单畴纳米粒子（nanoparticle）的磁矩。

superspin glass　超自旋玻璃　一种单畴磁性纳米粒子的三维固溶体，绝缘基体中分布的这种粒子具有高密度和足够窄的尺寸分布。这种体系的集合状态源于这种纳米粒子磁矩［超自旋（superspin）］中偶极子-偶极子相互作用，类似于在自旋玻璃（spin glass）中看到的那样；还源于体系的无序性，例如粒子位置、尺寸和各向异性轴取向的随机分布。

首次描述：T. Jonsson，J. Mattsson，C. Djurberg，F. A. Khan，P. Nordblad，P. Svedlindh，*Aging in a magnetic particle system*，Phys. Rev. Lett. **75**（22），4138～4141（1995）。

supramolecular chemistry　超分子化学　超于分子之上的化学，即研究利用分子间作用力把两个或更多的化学形态聚合在一起形成的具有更高复杂度的有组织的实体，更广义的定义就是具有两个或更多分子组分的系统的化学。这个概念是 J. M. 莱恩（J. M. Lehn）提出的。

详见：J.-M. Lehn，*Supramolecular Chemistry：Concept and Perspectives*（VCH，Weinheim，1995）；W. Balzani，M. Venturi，A. Credi，*Molecular Devices and Machines：A Journey into the Nanoworld*（Wiley-VCH，Weinheim，2003）。

supramolecule　超分子　利用分子间（非共价）相互结合作用把两个或更多分子实体结合和组织起来形成的体系。

详见：K. Ariga，T. Kunitake，*Supramolecular Chemistry-Fundamentals and Applications：Advanced Textbook*（Springer，Berlin，2006）。

获誉：D. J. 克拉姆（D. J. Cram）、J. M. 莱恩（J. M. Lehn）和 C. J. 佩德森（C. J. Pedersen）凭借对于具有高选择性特殊结构相互作用的分子的发展和利用研究，获得了1987 年诺贝尔化学奖。

另请参阅：www. nobelprize. org/nobel_prizes/chemistry/laureates/1987/。

surface-enhanced Raman spectroscopy（SERS）　表面增强拉曼光谱　一种基于表面敏感技术的拉曼光谱（Raman spectroscopy），可增强吸附于粗糙金属表面上的拉曼-活性分子的拉曼信号。增强因子通常为 10^4～10^6，有时可高达 10^8～10^{14}，这使得探测单个分子和单个纳米粒子（nanoparticle）成为可能。

首次描述：M. Fleischmann，P. J. Hendra，A. J. McQuillan，*Raman spectra of pyridine adsorbed at a silver electrode*，Chem. Phys. Lett. **26**（2），163～166（1974）；D. L. Jeanmaire，R. P. van Duyne，*Surface Raman electrochemistry. Part I. Heterocyclic, aromatic and aliphatic amines adsorbed on the anodized silver electrode*，J. Electroanalyt. Chem. **84**（1），1～20（1977）；M. G. Albrecht，M. Grant，J. A. Creighton，*Anomalously intense Raman spectra of pyridine at a silver electrode*，J. Am. Chem. Soc. **99**（15），5215～5217（1977）（初次认识到这一效应）；S. Nie，S. R. Emory，*Probing singlemolecules and single nanoparticles by surface-enhanced Raman scattering*，Science **275**，1102～1106（1997）；K. Kneipp，Y. Wang，H. Kneipp，L. T. Perelman，I. Itzkan，R. R. Dasari，M. S. Feld，*Single molecule detection using surface-enhanced Raman scattering（SERS）*，Phys. Rev. Lett. **78**（9），1667～1670（1997）

（初次探测到单分子）。

详见：K. Kneipp, M. Moskovits, H. Kneipp, *Surface-Enhanced Raman Scattering: Physics and Applications* (Springer, Berlin, 2006)；P. J. Stiles, J. A. Dieringer, N. C. Shah, R. P. Van Duyne, *Surface-enhanced Raman spectroscopy*, Annu. Rev. Anal. Chem., **1**, 601～626 (2008)。

surface plasmon 表面等离子激元 一个发生在两种材料界面上的等离子体振荡单元量子，在此情况下穿过界面的介电函数实部符号发生改变。对于金属/介电界面，空气中的金属表面就是一个例子。相对于块体的本征频率，表面等离子激元的本征频率要低。最早对表面等离子激元的描述出现在金属薄膜的电子能量损失（electron energy loss）研究中，它表明等离子激元可以存在于金属表面。

首次描述：R. H. Ritchie, *Plasma losses by fast electrons in thin films*, Phys. Rev. **106** (5), 874～881 (1957)。

surface plasmon polariton 表面等离子极化子 一个由表面等离子激元-光子（plasmon-photon）耦合形成的单元准粒子（quasiparticle）。

首次描述：S. L. Cunningham, A. A. Maradudin, R. F. Wallis, *Effect of a charge layer on the surface-plasmon-polariton dispersion curve*, Phys. Rev. B **10** (10), 3342～3355 (1974)。

surface plasmon resonance 表面等离子激元共振 发生在一束波长确定的 p 偏振光以一定角度（通常经过棱镜）入射到金属表面时。表面等离子极化子（surface plasmon polariton）产生于金属/介电界面并沿平行于界面方向传播，同时伴随的光电场将以指数形式衰减，并以特定衰减长度远离表面，导致一定角度上的发射（吸收）光强度的减弱（增强）。表面上的分子吸附改变了共振条件，对此可以进行检测。因此，表面等离子激元（plasmon）可以用于生物检测。表面等离子激元共振也在太阳电池（solar cell）、荧光（fluorescence）、表面增强拉曼散射（surface-enhanced Raman scattering）、二次谐波产生（second-harmonic generation）等方面，总的来说在等离子体光子学（plasmonics）中，发挥着重要作用。

首次描述：R. H. Ritchie, E. T. Arakawa, J. J. Cowan, R. H. Hamm, *Surface-plasmon resonance effect in grating diffraction*, Phys. Rev. Lett. **21** (22), 1530～1533 (1968)；A. Otto, *Excitation of nonradiative surface plasma waves in silver by the method of frustrated total reflection*, Z. Angew. Phys. **216** (4), 398～410 (1968)；E. Kretschmann, H. Raether, *Radiative decay of non-radiative surface plasmons excited by light*, Z. Naturforsch., A: Phys. Sci. **23**, 2135～2136 (1968)。

详见：P. Englebienne, A. Van Hoonacker, M. Verhas, *Surface plasmon resonance: principles, methods and application in biomedical sciences*, Spectroscopy **17** (1), 255～273 (2003)；S. Pillai, K. R. Catchpole, T. Trupke, M. A. Green, *Surface plasmon enhanced silicon solar cells*, J. Appl. Phys. **101** (9), 093105 (2007)。

surface potential microscopy (SPM) 表面势显微术 参见 Kelvin probe force microscopy（开尔文探针力显微术）。

surface reconstruction 表面重构 使得晶体真实表面的对称性降低的表面原子弛豫过程。事实上，固体表面通常比把晶体沿一个平面简单切开且切面上原子还在原来位置的时候有更低的对称性。

当原子间的键在解理产生的表面上断裂时，将产生不稳或亚稳态。弹性扭转能使得表面（和亚表面）原子变为容易形成新键的结构，表面开始重构形成比理想表面切面更加复杂的几何结构。

重构表面需要一些特殊符号来标记。设表面单胞（unit cell）的平移矢量是 $n\boldsymbol{a}$ 和 $m\boldsymbol{b}$，$\boldsymbol{a}$ 和 $\boldsymbol{b}$ 是固体内未形变的相应平面的平移矢量，n 和 m 是正整数，表面结构可以用 $\mathrm{p}(n\times m)$ 来表示，p 意思是原始的（primitive），经常被省略，当表面单胞和衬底单胞能够相配准时，这个简单符号比较便利。同样的方法可以描述每一单胞有两个原子的正方或矩形点阵（仍用基本矢量 $n\boldsymbol{a}$ 和 $m\boldsymbol{b}$），其中第二个原子占据正方或矩形的中心，可写作 $\mathrm{c}(n\times m)$，c 的意思是中心的（centered）。当表面单胞相对于衬底单胞需要旋转角度或单胞尺寸比不是整数的时候，就要用更加复杂的符号 $(x\times y)\mathrm{R}\theta$，这意味着表面结构的获得需要衬底单胞的基矢分别乘上 x 和 y 后再把整个单胞旋转 θ 度。

详见：W. Mönch，*Semiconductor Surfaces and Interfaces*（Springer，Berlin，1995）；F. Bechstedt，*Principle of Surface Physics*（Springer，Berlin，2003）。

surfactant 表面活性剂 一种表面活化剂，很容易吸附在表面并减小表面张力。对于固体表面来说，表面活性剂最显著的例子就是去垢剂或清洗剂，它们减小水的表面张力，达到更好的润湿和洁净效果。

Sutton-Chen potential 萨顿-陈势 在芬尼斯-辛克莱势（Finnis-Sinclair potential）的基础上增加长程相互作用的一种原子之间势，它可以写为

$$V(r_{ij})=\varepsilon\left[\sum_{ij}\left(\frac{a}{r_{ij}}\right)^{n}-C\sum_{i}\sqrt{\sum_{j\neq i}\left(\frac{a}{r_{ij}}\right)^{m}}\right]$$

其中 ε 是具有能量量纲的参数，C 是无量纲的拟合参数，a 是晶格常数，r_{ij} 是原子 i 和 j 之间的距离，m 和 n 是正整数且满足 $n>m$。

当充分分离的原子团簇之间的范德瓦尔斯（van der Waals）类型相互作用和短程金属键同样重要时，对原子结构的计算模拟采用该势。该势处理面心立方（face-centered cubic，fcc）结构和六方密堆（hexagonal close-packed，hcp）结构时比体心立方（body-centered cubic，bcc）结构更有效。它在长度和能量上都显示了方便的标度特性，完美晶体的一系列性质就可以解析得到。

萨顿-陈势为各种块体材料性质提供了合理描述，其中对于离域金属键采用了一个近似多体表示。但它不包括任何方向项，这些项对于具有部分占据 d 壳层电子的过渡金属可能很重要。

首次描述：A. P. Sutton，J. Chen，*Long-range Finnis-Sinclair potentials*，Phil. Mag. Lett. **61**，139～146（1990）。

详见：G. A. Mansoori，*Principles of Nanotechnology：Molecular-based Study of Condensed Matter in Small Systems*（World Scientific，Singapore，2005）。

SVM 为 scanning voltage microscopy（扫描电压显微术）的缩写。

SWAP gate 交换门 参见 quantum logic gate（量子逻辑门）。

swarm intelligence 群体智能 社会性昆虫群体的突现的集体智能。单独一只昆虫并没有这个能力，但群体社会性昆虫就有着巨大的能力。举个例子，一群蚂蚁能够找出最近且最丰富的食物源，但单独一只蚂蚁就做不到。蚂蚁采用突现计算解决去食物源最短路径这个最优化问题，从中学习可以获益很多，例如，研究解决电信网络路径问题的运算法则。群体智能被认为是一种思维倾向而不是一门技术，最初是受到社会性昆虫操作的启发。它是一种自下而上法（bottom-up approach），利用适应性强的分散式自组织技术来控制和最优化分布式系统。

详见：E. Bonabeau，M. Dorigo，G. Theralauz，*Swarm Intelligence：From Natural to Artificial Systems*（Oxford University Press，1999）。

SXSTM 为 synchrotron X-ray scanning tunneling microscopy（同步加速器 X 射线扫描隧道显微术）的缩写。

symmetry 对称性 此术语使用于固态物理学中，通过对称操作来定义。当物体经过一个操作之后看起来仍然与之前一样，那么这个操作便称为对称操作，例如，以某个角度的转动或者以某个镜面的反射。

symmetry group 对称群 亦称对称性群，满足表 S. 2 中所列性质的对称元素的集合。

详见：S. J. Joshua，*Symmetry Principles and Magnetic Symmetry in Solid State Physics*（Adam Hilger，Bristol，1991）。

表 S. 2 熊夫利符号中对称元素的基本类型

对称元素	符号	对称操作
恒等元素	E	没有操作，类似乘以 1
镜面	σ	在一个镜面中的反映
反演中心或者说反演对称性	I	所有坐标通过中心的反演，它把坐标（x，y，z）变换成（$-x$，$-y$，$-z$），可以看作在一个点处的反映
真旋转轴	C_n	绕着一个合适轴的 n 重旋转。一个 n 重轴产生了 n 个操作，例如对称元素 C_6 意味着有操作 C_6^1、C_6^2、C_6^3、C_6^4、C_6^5、$C_6^6=E$
反射旋转轴	S_n	绕着一个轴的 n 重旋转，然后通过一个垂直于旋转轴的平面进行反映操作，S_n的出现意味着 C_n和 σ 元素的独立存在

synchrotron X-ray scanning tunneling microscopy (SXSTM) 同步加速器 X 射线扫描隧道显微术 与同步加速器 X 射线辐射产生的电子激发相结合的一种扫描隧道显微 [scanning tunneling microscopy (STM)] 技术。单色 X 射线激发特定能级的核心电子，当入射光子能量对应于它们的结合能时，将它们推向费米能（Fermi energy）级。特定激发可以用于区别不同的化学物质。激发电子贡献到总隧道电流中，它是针尖位置、外加电压、样品中态局域密度的一个函数。当入射光子能量已知时，通过额外的激发电子调整隧道电流则可以揭示样品表面的化学信息。

当激发电子获得的能量大于功函数（work function）时，它们将从样品表面逃逸出来。此外，样品中的非弹性相互作用可产生二次电子发射。这些电子通过 STM 针尖贡献到总电流中，这样提供了表面原子的化学本质的额外信息。

此技术可生成超过常规 STM 衬度的高分辨化学元素细节信息。

首次描述：K. Tsuji，K. Hirokawa，*X-ray excited current detected with scanning tunneling microscope equipment*，Jpn. J. Appl. Phys. **34**，L1506～L1508（1995）。

详见：V. Rose，J. W. Freeland，S. K. Streiffer，*New capabilities at the interface of X-rays and scanning tunneling microscopy*，in：*Scanning Probe Microscopy of Functional Materials：Nanoscale Imaging and Spectroscopy*，edited by S. V. Kalinin，A. Gruverman（Springer，New York，2010），pp. 405～431。

synergetics 协同学 一种交叉科学，研究和解释远离热力学平衡的开放系统中图形和结构的形成与自组织。

详见：H. Haken，*Synergetics*（Springer，Berlin，2004）。

T

从 Talbot's law（塔尔博特定律）到 type II superconductor（第二类超导体）

Talbot's law　塔尔博特定律　当通过一个旋转频率超过某个临界频率的带槽圆盘测量物体的亮度时，亮度和不透明扇区分隔开的孔径角成正比。

首次描述：H. F. Talbot，*Experiments on light*，Phil. Mag. **5**，321（1834）。

Tamm levels　塔姆能级　亦称塔姆表面能级或表面态，在固体的表面出现，由表面的化学键断裂和晶格扭曲引起。对于半导体，塔姆能级经常出现在禁阻能隙中。

首次描述：I. E. Tamm，*Über eine mögliche Art der Elektronenbindung an Kristalloberflächen*，Z. Phys. **76**（11/12），849～850（1932）。

tandem solar cell　叠层太阳电池　也即 multijunction solar cell（多结太阳电池）。

Tauc-Lorentz model　托克-洛伦兹模型　该模型结合了关于半导体带边附近介电函数虚部的托克（Tauc）表示式和洛伦兹（Lorentz）振子公式。洛伦兹振子表达式用共有态密度乘以基体元素的平均迁移概率来近似表示。根据这个模型，带隙为 E_g 的非晶材料的复数介电函数为

$$\varepsilon_r(\omega)=\frac{\omega_p^2}{\omega}\frac{\omega_r\gamma(\omega-\omega_g)^2}{\omega(\omega^2-\omega_r^2)+\omega^2\gamma^2},$$

式中，ω_p 为等离子体频率，正比于基体元素动量转移；ω_r 为振子的共振频率；γ 为阻尼常数；$\omega_g=\frac{E_g}{\hbar}$。通过克拉默斯-克勒尼希关系式（Kramers-Kronig relation），从上述虚部中可以计算复数介电函数的实部。

此模型只适用于非晶态半导体和金属氧化物中的带间跃迁，不具有像简谐振子那样的尖锐特征。

首次描述：J. E. Jellison Jr.，F. A. Modine，*Parametrization of the optical functions of amorphous materials in the interband region*，Appl. Phys. Lett. **69**（3），371～373（1996）；J. E. Jellison Jr.，F. A. Modine，*Erratum: Parameterization of the optical functions of amorphous materials in the interband region*，Appl. Phys. Lett. **69**（14），2137（1996）。

Taylor criterion　泰勒判据　在两亮纹峰值距离等于每一亮纹半高宽的干涉仪中，亮纹之间强度的微小变化是可以区分的，条纹被认为是可以分辨的。

Taylor series　泰勒级数　函数 $f(x)$在点 x_0 的泰勒级数是一个无限展开的级数，其中第 n 项是$(1/n!)f^{(n)}(x_0)(x-x_0)^n$，$f^{(n)}(x_0)$表示 $f(x)$的 n 次微分。

首次描述：B. Taylor，*Methodus Incrementorum Directa et Inversa*（London，1715）。

TCSPC　为 time-correlated single photon counting（时间关联单光子计数）的缩写。

TEEEM　为 tip-enhanced electron emission microscopy（针尖增强电子发射显微术）的缩写。

Teller-Redlich rule　特勒-雷德利希规则　对于两个同位素分子，给定对称类型的所有振动的频率比值的乘积仅仅取决于分子的几何结构以及原子质量，与势常数无关。

首次描述：O. Redlich，Z. Phys. Chem. B **28**，371（1935）。

TEM　为 transmission electron microscopy（透射电子显微术）的缩写。

template　模板　用于引导或构成固体表面的反应或吸附（adsorption）的图形或结构。它的功能原理和刻字模板类似。

TEOS　为 tetraethoxysilane［四乙氧基硅烷，Si（$C_2H_5O)_4$］的缩写。它主要用于硅聚合物中的交联并且作为溶胶-凝胶技术（sol-gel technology）制备二氧化硅的前驱体。

tera-　太［拉］　亦称万亿、兆兆，一种十进制前缀，代表 10^{12}，简写为 T。

Tersoff-Hamann theory　特索夫-哈曼理论　此理论用波函数（wave function）的形式描述扫描隧道显微镜（scanning tunneling microscope，STM）的针尖与样品之间的电子相互作用。如图 T.1 所示，在这个相互作用体系中，隧穿电流取决于针尖与样品波函数的重叠，并呈指数衰减。因此，局域在针尖最外层原子上的轨道对隧穿过程起重要作用。

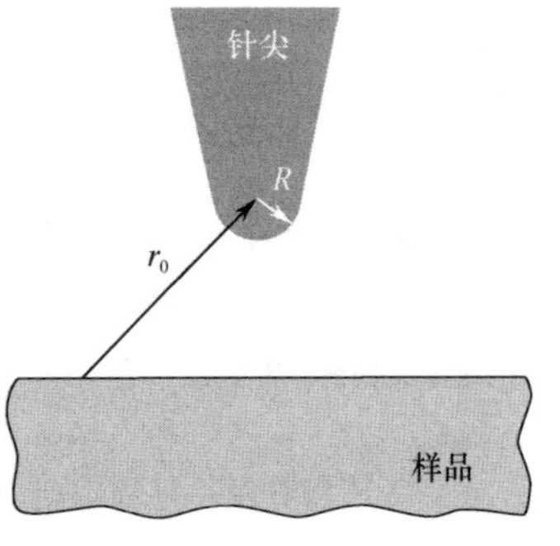

图 T.1　特索夫-哈曼模型中的针尖-样品构型以及相关参数

此理论的重点是针尖波函数的选择。用局域的球形势模拟针尖波函数，假设其曲率半径为 R，中心为 $\boldsymbol{r}_0$。在这种情况下，选择针尖的波函数为 s 波的形式：

$$\psi_t(r) = kR\,\frac{\exp(-k|\boldsymbol{r}-\boldsymbol{r}_0|)}{k(\boldsymbol{r}-\boldsymbol{r}_0)}\exp(kR)$$

其中 $k=(2m\phi/\hbar^2)^{1/2}$，m 是电子的有效质量，ϕ 是表面的功函数（work function）。最终，在偏压 V 下针尖到样品的电流是 $I \sim VN_t(E_F)\mathrm{LDOS}(\boldsymbol{r}_0, E_F)$，$N_t(E_F)$是针尖的费米能级（Fermi level）处态密度，$\mathrm{LDOS}(\boldsymbol{r}_0, E_F)$是样品费米能级处的在针尖中心位置处的局域态密度。

此理论预言 STM 成像的基本物理量是样品的局域态密度，它被用于解释实验的 STM 图像。

首次描述：J. Tersoff，D. R. Hamann，*Theory and application for the scanning tunneling microscope*，Phys. Rev. Lett. **50**（25），1998～2001（1983）。

Tersoff potential　特索夫势　有着莫尔斯势（Morse potential）形式的经验的一种原子间多体势，但键的强度参数和局域环境有关，包括对于角度的依赖性，势公式为：$V(r_{ij}) = f_c(r_{ij})[A\exp(-ar_{ij}) - B_{ij}\exp(-br_{ij})]$，其中 r_{ij} 是 i、j 原子之间的距离，A、a、b 是正的常数，B_{ij} 为依赖于局域环境的正数，f_c 是势的截断函数。第一项表示斥力相互作用，第二项描述共价键。

首次描述：J. Tersoff，*New empirical model for the structural properties*，Phys. Rev. Lett. **56**（6），632～635（1986）。

tetragonal lattice　四方点阵　亦称四方晶格、四方点格，一种布拉维点阵（Bravais lattice），单胞的轴相互垂直，其中两条轴长度相等，但不和第三条轴长度相等。

thermal noise　热噪声　电路中的热噪声是由热诱导的电荷波动产生的，数学上用奈奎斯特公式（Nyquist formula）描述。

thermal spin-transfer torque effect 热自旋-转移矩效应 这是伴随着自旋极化热电热流由自旋-转移矩效应（spin-transfer torque effect）产生的铁磁性材料磁化方向的转换。在非磁性和铁磁性（ferromagnetic）材料的界面，穿过该界面的温度梯度所引起扭矩很明显。温度差引发了以热和角动量不平衡形式的自旋累积，它们之间的相互作用取决于非弹性散射而总能量保持守恒。这样产生了自旋极化电子电流，随之产生转矩，如同在自旋-转移矩效应中出现的那样。

这种效应开辟了利用局域脉冲加热来转换纳米结构（nanostructure）中磁化强度的可能性。

首次描述：M. Hatami，G. E. W. Bauer，*Thermal spin-transfer torque in magnetoelectronic devices*，Phys. Rev. Lett. **99**（6），066603（2007）。

详见：*Spin Caloritronics*，edited by G. E. W. Bauer，A. H. MacDonald，S. Maekawa，Solid State Commun. **150**（special issue），459～552（2010）。

thermionic emission 热电子发射 热固体的电子发射，通常由理查森方程（Richardson equation）描述。

thermistor 热敏电阻 通过温度改变电阻的一种固态半导体结构。材料上使用一些陶瓷类成分。它比功能相同的金属测辐射热计的电阻高很多，所以使用中需要更高的电压。

thermocouple 热电偶 由不同金属焊接在一起组成的一种器件，能产生依赖于热冷结之间相对温度的微小电压。热电偶集合以并联/串联的方式连接在一起组成多级热电偶，或热电堆。它们都可以看做是把辐射能转化为电能的弱蓄电池。

thermodynamic density of state 热力学态密度 公式为

$$\frac{\partial n}{\partial \mu}=\int n(E)\,\frac{\partial f(E,\mu)}{\partial \mu}\mathrm{d}E=\int n(E)\left[\frac{\partial f(E,\mu)}{\partial E}\right]\mathrm{d}E$$

其中 $n(E)$ 是普通的态密度，$f(E,\mu)$ 是分布函数。

thermogravimetry 热重法 材料在被等温方式或者程序化方式加热时，自动测量其质量改变的一种技术。它被用来研究材料的热稳定性和挥发物含量，以及进行残留量和纯度分析。

thermoluminescence 热致发光 亦称热释发光，样品被加热后产生光。

thermopower 热电动势 根据泽贝克效应（Seebeck effect），热电动势也即两接触物的温差产生的电压 V 与泽贝克系数（Seebeck coefficient）的关系为 $\alpha(T)=V/(T_2-T_1)$。

THG 为 third-harmonic generation（三次谐波产生）的缩写。

thiols 硫醇 包含—SH 基团的有机化合物。最简单的构型是甲硫醇 CH_3SH。

third-harmonic generation（THG） 三次谐波产生 一种非线性光学中产生三倍频率光的过程。原则上可以直接实现这种过程，但是由于光学介质（气体除外）的三次非线性较小，使实现这一过程变得困难。

这个过程通常由两步来实现。第一步，利用二次谐波产生（second-harmonic generation）使初始频率加倍；第二步，在二次非线性介质中，使用初始和频率加倍的波，利用合频产生（sum frequency generation）方法，实现三次谐波产生。

首次描述：P. D. Maker，R. W. Terhune，C. M. Savage，*Optical third harmonic generation*，*in*：*Proceedings of Third International Conference on Quantum Electronics*（Columbia University Press，New York，1964），pp. 1559～1778。

详见：P. Prasad，D. J. Williams，*Introduction to Nonlinear Optical Effects in Molecules and Polymers*（Wiley & Sons，New York，1991）。

Thomas-Fermi equation 托马斯-费米方程 有着以下形式的微分方程：

$$x^{1/2}(\mathrm{d}^2 y/\mathrm{d}x^2) = y^{3/2}$$

它被用于在托马斯-费米原子模型［托马斯-费米理论（Thomas-Fermi theory）］中的势和电子密度的计算，在这个模型中电子被认为是独立粒子，电子和电子之间的相互作用能被认为来自静电能。方程中无量纲的变量定义如下：

$$x = \left[\left(\frac{9\pi^2}{128Z}\right)^{1/3}\frac{\hbar^2}{me^2}\right]r,\ y = \frac{r|\phi|}{Ze}$$

其中 Z 是原子的电子数，m 是电子质量，r 是距离，ϕ 是静电势，有物理意义的解必须满足边界条件 $y(0)=1$ 和 $y(\infty)=0$。

Thomas-Fermi screening length 托马斯-费米屏蔽长度 被金属中移动的电子屏蔽的杂质电荷的穿透深度 $L = \{(e^2/\varepsilon_0)/[D(E_F)]\}^{-1/2} = [3e^2 n/(2\varepsilon_0 E_F)]^{-1/2}$，其中 $D(E_F)$是在费米能级（Fermi level）E_F 处的态密度，n 是电子浓度。物理量$(L)^{-1}$称作托马斯-费米屏蔽波数（Thomas-Fermi screening wave number）。

Thomas-Fermi screening wave number 托马斯-费米屏蔽波数 参见 Thomas-Fermi screening length（托马斯-费米屏蔽长度）。

Thomas Fermi theory 托马斯-费米理论 一个简单的多体理论，有时称作“统计理论”，在 E. 薛定谔（E. Shrödinger）发明量子力学波动方程之后不久被提出。对于有着大量相互作用电子的系统，能给出精确的电子密度和基态能量的薛定谔方程求解起来比较困难。托马斯-费米理论的基本思想是寻找在空间均匀势中的电子的能量作为其密度的函数，然后就可以局域使用这个密度函数，甚至在电子受到外势作用时也适用。该理论包含两个基本的思想：第一是静电学，第二是量子统计。对于第一点，静电势必须满足联系势能和电荷密度的泊松方程（Poisson equation）。通过量子统计，我们则能把电子动量和能量、势以及电子密度联系起来。因此，可以得到提供密度和外势一对一绝对关系的托马斯-费米方程：

$$n(r) = \frac{1}{3\pi^2}\left(\frac{2m}{\hbar^2}\right)^{3/2}[\mu - v_{\mathrm{eff}}(r)]^{3/2},\ v_{\mathrm{eff}} \equiv v(r) + \int\left(\frac{n(r')}{|r-r'|}\right)\mathrm{d}r'$$

其中 $n(r)$是电子的密度分布，$v(r)$是施加的外势，μ 是与 r 无关的化学势，积分给出的势能是电子密度分布产生的，即为经典计算的静电势乘上-1。此理论适用于密度变化很慢的系统，可以描述类似原子总能量这样的定性趋势。

托马斯-费米理论是第一个以电子密度分布描述电子能量的理论，之后出现的处理密度泛函的思想在处理多体问题时取得了巨大成功，参见 density functional theory（密度泛函理论）。

首次描述：L. H. Thomas，*The calculation of atomic fields*，Pro. Camb. Phil. Soc. **23**，542～548（1927）；E. Fermi，*Un metodo statistico per la determinazione di alcune proprieta dell'atomo*，Rend. Accad. Naz. Lincei **6**，602～607（1927）。

详见：E. H. Lieb，*Thomas-Fermi and related theories of atoms and moleculars*，Rev. Mod. Phys. **53**（4），603～641（1981）。

Thomas precession 托马斯进动 自旋物体加速时的进动。它是用狭义相对论处理系统的结果，是对自旋-轨道相互作用（spin-orbit interaction）的一种修正，考虑了类氢原子中电子和核之间的相对论时间膨胀。

首次描述：L. H. Thomas，*The motion of the spinning electron*，Nature **117**，514（1926）；

L. H. Thomas，*The kinematics of an electron with an axis*，Phil. Mag. **3**（7），1～22（1927）。

详见：W. Rindler，*Relativity Special，General and Cosmological，Second edition*（Oxford University Press，Dallas，2006）。

另请参阅：www. mathpages. com/rr/s2-11/2-11. html。

Thomson effect　汤姆孙效应　一个均匀导体存在温差 ΔT，当电流横穿过这个区域的时候，发生热量的释放或者吸收。这种可逆的热量产生或者演化的速率是 $Q=\tau I\Delta T$，其中 τ 是汤姆孙系数（Thomson coefficient），I 是电流。

Thomson relation　汤姆孙关系式　参见 Kelvin relation（开尔文关系式）。

Thomson scattering　汤姆孙散射　电磁辐射受到的自由带电粒子或弱束缚带电粒子的散射。辐射的横向电场加速带电粒子，能量就从初始的辐射中损失掉。

three-body-scattering（3BS）approach　三体散射方法　简称 3BS 方法，此方法基于多体哈密顿算符（Hamiltonian），包含占位的核电子与价电子之间的库仑相互作用，投影到一组态矢上，这组态矢是通过在单粒子能带哈密顿算符的基态上加入有限数量的电子-空穴对的方法得到的。展开式被截断为只包含一个仅仅由三个粒子（一个电子和两个空穴）组成的电子-空穴对。此方法可以看做是一般用于有限系统中的组态相互作用方案被扩展用到固态中。它完全包含了价态的巡游特性，并且在平均场外处理占位的多体电子-电子相互作用。它基于多能带哈伯德哈密顿算符（Hubbard Hamiltonian）的非微扰解，提供依赖于自旋和 k 的自能、谱函数、准粒子能量和寿命。它适用于所有关联机制，从低关联机制到原子限制、复制能量重整化、谱带窄化、准粒子淬灭，以及足够大的哈伯德相互作用时莫特-哈伯德（Mott-Hubbard）能隙的打开。此方法已经成功地应用于过渡金属、过渡金属氧化物和铜氧化物。

首次描述：J. Igarashi，*Three-body problem in transition metals：Application to nickel*，J. Phys. Soc. Jpn. **52**（8），2827～2837（1983）；C. Calandra，F. Manghi，*Three-body scattering theory of correlated hole and electron states*，Phys. Rev. B **50**（4），2061～2074（1994）；F. Manghi，C. Calandra，S. Ossicini，*Quasiparticle band structure of NiO：The Mott-Hubbard picture regained*，Phys. Rev. Lett. **73**（23），3129～3132（1994）。

tight-binding approach　紧束缚方法　此方法假设当固体形成时，价电子完全离域化。相比之下，核电子仍然是局域化的，原子的分立核能级在固体中仅仅有很小的扩展，对应的波函数在每个原子的附近和原子波函数差别不是很大。

time-correlated single photon counting　时间关联单光子计数　参见 time-resolved spectroscopy（时间分辨光学谱）。

time-dependent Schrödinger equation　含时薛定谔方程　参见 Schrödinger equation（薛定谔方程）。

time-independent Schrödinger equation　不含时薛定谔方程　参见 Schrödinger equation（薛定谔方程）。

time-of-flight mass spectrometry（TOFMS）　飞行时间质谱法　一种质量分析方法，将离子在一个已知电场中加速并导入到无电场的漂移管中，在管中它们按照质荷比被分离，冲击到可以测量不同的飞行时间的探测器上。

首次描述：W. E. Stephens，*A pulsed mass spectrometer with time dispersion*，Phys. Rev. **69**，691～695（1946）。

详见：W. C. Wiley，I. H. McLaren，*Time-of-flight mass spectrometer with improved resolution*，Rev. Sci. Instrum. **26** (12)，1150～1157 (1955)。

time-resolved absorption spectroscopy　时间分辨吸收光谱学　参见 time-resolved spectroscopy（时间分辨光谱学）。

time-resolved far-infrared spectroscopy　时间分辨远红外光谱学　参见 time-resolved spectroscopy（时间分辨光谱学）。

time-resolved infrared spectroscopy　时间分辨红外光谱学　参见 time-resolved spectroscopy（时间分辨光谱学）。

time-resolved photoelectron spectroscopy　时间分辨光电子光谱学　参见 time-resolved spectroscopy（时间分辨光谱学）。

time-resolved polarization dichroism spectroscopy　时间分辨极化二色光谱学　参见 time-resolved spectroscopy（时间分辨光谱学）。

time-resolved resonance Raman spectroscopy　时间分辨共振拉曼光谱学　参见 time-resolved spectroscopy（时间分辨光谱学）。

time-resolved spectroscopy　时间分辨光谱学　记录利用光脉冲激发体系后一系列时间间隔的光谱，或者其他适当持续时间的扰动。技术选择依赖于所研究的体系，由此获得时间分辨吸收光谱[time-resolved absorption (TRA) spectroscopy]、时间分辨红外光谱[time-resolved infrared (TRIR) spectroscopy]、时间分辨远红外光谱[time-resolved far-infrared (TR-FIR) spectroscopy][也称时间分辨太赫兹光谱(time-resolved terahertz spectroscopy)]、时间分辨共振拉曼光谱[time-resolved resonance (TR^3) Raman spectroscopy]、时间分辨极化二色光谱[time-resolved polarization (TRCD) dichroism spectroscopy]、时间分辨光电子光谱[time-resolved photoelectron spectroscopy (TRPES)]、时间分辨单光子计数[time-correlated single photon counting (TCSPC)]、泵浦-探针光谱(pump-probe spectroscopy)。

自引入毫秒闪光光解作用以来，光谱的时间分辨率得到极大提高，这归功于激光工作频率可以超越纳(nano)秒和皮秒范围，在微秒到飞(femto)秒、到阿(atto)秒范围内工作。快速和超快速光谱具有洞察所发生反应的独特能力，使单分子光谱、芯片中缺陷点位的测定、生物系统动力学的研究得以实现。例如，飞秒实验已经体现细菌光反应中心的一次电子转移过程，并且证实了生物聚合物中氢键的形成和断裂。

详见：W. Becker，*Advanced Time-Correlated Single Photon Counting Techniques* (Springer，Berlin，2005)；J. Shah，*Ultrafast Spectroscopy of Semiconductors and Semiconductor Nanostructures* (Springer，Berlin，1999)。

获誉：1967 年，诺贝尔化学奖授予德国物理化学家 M. 艾根 (M. Eigen)、英国化学家 G. 波特 (G. Porter)、R. G. W. 诺里什 (R. G. W. Norrish)，表彰他们使用非常短的脉冲能量扰动平衡态的方法，对快速反应进行了卓有成效的研究。

另请参阅：www.nobelprize.org/nobel_prizes/chemistry/laureates/1967/。

tip-enhanced electron emission microscopy (TEEEM)　针尖增强电子发射显微术　简称 TEEEM，与扫描隧道显微术(scanning tunneling microscopy)类似，此技术测量样品表面对于通过探针针尖电流的影响，但这里的电流是由聚焦到针尖的脉冲激光束激发引起的。由于激光(laser)场受到各种位于针尖附近的样品的影响，这种器件在三维中工作。另外，电流流动与激光场变化之间的标度关系高度非线性，所以图像对于针尖附近的任何东西都很敏感。

超快的时间分辨率是它的另一个优点。

首次描述：C. Ropers，D. R. Solli，C. P. Schulz，C. Lienau，T. Elsaesser，*Localized multiphoton emission of femtosecend electron pulses from metal nanotips*，Phys. Rev. Lett. **98**，043907 (2007)。

详见：H. Batelaan，K. Uiterwaal，*Tip-top imaging*，Nature **46**，500～501 (2007)。

tissue engineering　组织工程学　旨在理解组织中结构-功能关系，开发修复、保持或改进组织功能的替代品。纳米结构（Nanostructure）可以用于模仿细胞外基质成分去创建细胞微环境，弥补基质局限，并且可以作为组织工程的纳米器件。

详见：L. Zhang，T. J. Webster，*Nanotechnology and nanomaterials：promises for improved tissue regeneration*，Nano Today **4** (1)，66～80 (2009)；T. Dvir，B. Timko，D. S. Kohane，R. Langer，*Nanotechnological strategies for engineering complex tissues*，Nat. Nanotechnol. **6**，13～22 (2011)。

***T*-Matrix　*T* 矩阵**　也即传递矩阵（transfer matrix），描述从非均匀体系的一个区域到另一个区域的转换过程，通常用于计算入射和反射通量。举个例子，如果系统包含一个势垒，这个势垒把体系分成左右两个部分，波通过势垒从左到右的传播可以用矩阵 $\boldsymbol{T}$ 表示，$\boldsymbol{T}$ 满足

$$\begin{pmatrix} C \\ D \end{pmatrix} = \boldsymbol{T} \begin{pmatrix} A \\ B \end{pmatrix}$$

其中 A 和 B 表示势垒左边的入射波和反射波的振幅，C 和 D 表示势垒右边的透射波和向后散射回势垒的波的振幅。

Toffoli gate　托福利门　参见 quantum logic gate（量子逻辑门）。

TOFMS　为 time-of-flight mass spectrometry（飞行时间质谱法）的缩写。

Tomonaga-Luttinger liquid　朝永-拉廷格液体　参见 Luttinger liquid（拉廷格液体）。

Tomonaga-Luttinger model　朝永-拉廷格模型　参见 Luttinger model（拉廷格模型）。

Tomonaga-Schwinger equation　朝永-施温格方程　以协变形式表达的量子化场的态矢的运动方程。假定一个类空间表面的场在另一个类似的表面（且初始时接近前一个类空间表面）上是已知的，设计一种方法来找出这个场，从而得到这个方程。对于一个任意的类空间表面 σ，有 $i\hbar c\,\partial\Psi[\sigma]/\partial\sigma(x)=\boldsymbol{H}(x)\Psi[x]$，其中相互作用哈密顿算符是 $\boldsymbol{H}(x)=-c^{-1}j(x)\boldsymbol{A}(x)$，这里 $j(x)$ 为电子的电流密度，$\boldsymbol{A}(x)$ 是电磁矢势。

首次描述：S. Tomonaga，*On a relativistically invariant formulation of the quantum theory of wave fields*，Prog. Theor. Phys. **1** (2)，27～42 (1946)；J. Schwinger，*Quantum electrodynamics. I. A covariant formulation*，Phys. Rev. **74** (10)，1439～1461 (1948)。

获誉：朝永振一郎（S. Tomonaga）、J. 施温格（J. Schwinger）和 R. P. 费恩曼（R. P. Feynman）由于他们在量子电动力学方面的基础性工作开创了基本粒子物理这样一个新的领域，而分享了 1965 年的诺贝尔物理学奖。

另请参阅：www.nobelprize.org/nobel_prizes/physics/laureates/1968/。

top-down approach　自上而下法　亦称自顶向下法，构造集成电路的微米或纳米组件的两种方法之一。它从芯片级别开始构造，使用了一系列诸如光刻和蚀刻术的复杂技术，目的是在衬底上形成图样。与之相对的另一种方法是自下而上法（bottom-up approach）。

topological insulator　拓扑绝缘体　一种具有块体绝缘体（insulator）行为的材料，利用特

殊表面电子态允许载流子在其表面上的移动。这些表面态受到拓扑保护。不同于常规表面态，它们不能被杂质或缺陷所破坏。

块体拓扑绝缘体中电子能带结构与普通能带绝缘体的很类似，费米能级（Fermi level）在导带和价带之间。受到拓扑保护的表面态能级在块体能隙之间，使表面具有类金属的传导行为。这些表面态中的载流子有着一个对应于它们动量适当角度的固定自旋（spin）（自旋-角动量锁定或拓扑有序）。在一个给定的能量下，只能是其他电子态有着不同自旋，因此载流子散射被强烈抑制且在表面上的传导行为变得非常类似于金属。

拓扑绝缘体可以被制备出来是源于量子力学的两种特征：在时间方向的反转和自旋-轨道相互作用（spin-orbit interaction）下的对称性，出现在重金属元素如汞和铋中。由于它们包含抗散射时间-反转对称的拓扑保护表面状态，被认为是提供了容错量子计算（quantum computation）的一个根据。

首次描述：O. A. Pankratov，S. V. Pakhomov，B. A. Volkov，*Supersymmetry in heterojunctions：band inverting contact on the basis of $Pb_{1-x}Sn_xTe$ and $Hg_{1-x}Cd_xTe$*，Solid State Comm. **61**（2），93～96（1986）（拓扑保护表面态）；M. König，S. Wiedmann，C. Brune，A. Roth，H. Buhmann，L. W. Molenkamp，X. L. Qi，S. C. Zhang，*Quantum spin Hall insulator state in HgTe quantum wells*，Science **318**，766～770（2007）（对具有量子自旋霍尔效应的二维拓扑绝缘体的实验观测）；L. Fu，C. L. Kane，E. J. Mele，*Topological insulators in three dimensions*，Phys. Rev. Lett. **98**（10），106803（2007）以及J. E. Moore，L. Balents，*Topological invariants of time-reversal-invariant band structures*，Phys. Rev. B **75**（12），121306（R）（2007）（对于三维拓扑绝缘体的理论预测）；D. Hsieh，D. Qian，L. Wray，Y. Xia，Y. S. Hor，R. J. Cava，M. Z. Hasan，*A topological Dirac insulator in a quantum spin Hall phase*，Nature **452**，970～974（2008）（对于三维拓扑绝缘体的首次实验观测）。

详见：M. Z. Hasan，C. L. Kane，*Topological insulators*，Rev. Mod. Phys. **82**（4），3045～3067（2010）；L. Fu，*Theory of Topological Insulators*（UMI Dissertation Publishing，2011）。

torsion 扭转 固体中相对于轴的一种扭曲变形，使得最初平行于轴的线变成了螺旋。

Touschek effect 图舍克效应 使得两个电子失去与加速场的同步性而且在同步辐射期间消失的效应。这是由平衡轨道中震荡的电子的散射而产生的，震荡使横向动量转换为纵向动量。这个效应是现代同步辐射源的限制机理之一。

首次描述：C. Bernardini，G. F. Corazza，G. Di Giugno，G. Ghigo. J. Haissinski，P. Marin，R. Querzoli，B. Touschek，*Lifetime and beam size in a storage ring*，Phys. Rev. Lett. **10**，407～409（1963）。

TPA 为 two-photon absorption（双光子吸收）的缩写。

TR^3 为 time-resolved resonance Raman spectroscopy（时间分辨共振拉曼光谱）的缩写。

TRA 为 time-resolved absorption spectroscopy（时间分辨吸收光谱）的缩写。

trace operation 迹运算 运算符号用 Tr，对于矢量 **A**，有 $\mathrm{Tr}\mathbf{A}=\sum_k\langle k|\mathbf{A}|k\rangle$，其中 $\{|k\rangle\}$是希尔伯特空间（Hilbert space）的任意正交基矢。这个数值结果与基矢选择无关。

transcription 转录 分子生物学的中心法则，它指出构建活体细胞和生物体的信息存储于 DNA 中。这些信息必须从 DNA 传递到蛋白质（proteins）。这些过程就称为转录和翻译，并且都是由一些生物分子组分尤其是蛋白质和核酸来执行的。

transferred nuclear Overhauser effect（TRNOE） **变换核奥弗豪泽效应** 参见 nuclear Overhauser effect spectroscopy（核奥弗豪泽效应光谱学）。

transient spectral hole-burning **瞬态光谱烧孔** 参见 spectral hole-burning（光谱烧孔）。

transistor **晶体管** 一种切换和放大电信号的三端半导体器件。

首次描述：J. Bardeen，W. H. Brattain，*Three-electrode circuit element utilizing semiconductive materials*，US Patent no. 2524035（1948）；J. Bardeen，W. H. Brattain，*The transistor, semiconductor triode*，Phys. Rev. **74**（1），230～231（1948）；W. Shockley，*The theory of p-n junctions in semiconductors and p-n junction transistor*，Bell Syst. Tech. J. **28**（3），435～489（1949）。

获誉：因为对于半导体的研究和发现晶体管效应，W. 肖克利（W. Shockley）、J. 巴丁（J. Bardeen）和 W. H. 布喇顿（W. H. Brattain）获得了 1956 年物理学诺贝尔奖。

另请参阅：www. nobelprize. org/nobel_prizes/physics/laureates/1956/。

transition metal **过渡金属** 电子结构中 d 轨道被部分占据的化学元素。过渡金属和它们 d 轨道的电子数见表 T. 1。

表 T. 1 过渡金属自由原子中的 d 电子数

电子数→ 组↓	1	2	3	4	5	6	7	8	9	10
3d 元素	Sc	Ti	V		Cr，Mn	Fe	Co	Ni		
4d 元素	Y	Zr		Nb	Mo，Tc		Ru	Rh		Pd
5d 元素	La-Lu	Hf	Ta	W	Re	Os	Ir		Pt	
6d 元素	Ac-Lr	Th，Ku								

transmission electron microscopy（TEM） **透射电子显微术** 简称 TEM，参见 electron microscopy（电镜术）。

transverse acoustic mode **横向声学模** 参见 phonon（声子）。

transverse optical mode **横向光学模** 参见 phonon（声子）。

transverse relaxation-optimized spectroscopy（TROSY） **横向弛豫优化光谱学** 抑制横向核自旋弛豫促使大分子结构核磁共振谱具有高质量分辨率。

首次描述：K. Perushvin，R. Riek，G. Wider，K. Wüthrich，*Attenuated T_2 relaxation by mutual cancellation of dipole-dipole coupling and chemical shift anisotropy indicates an avenue to NMR structures of very large biological macromolecules in solution*，Proc. Natl. Acad. Sci. USA **94**（23），12366～12371（1997）。

详见：C. Fernadez，G. Wider，*TROSY in NMR studies of structure and function of large biological macromolecules*，Curr. Opin. Struct. Biol. **13**，570～580（2003）。

获誉：2002 年，诺贝尔化学奖授予 K. 维特里希（K. Wüthrich），以表彰他发明了利用核磁共振技术测定溶液中生物大分子三维结构的方法。

另请参阅：www. nobelprize. org/nobel_prizes/chemistry/laureates/2002/。

TRCD 为 time-resolved polarization dichroism spectroscopy（时间分辨极化二色光谱学）的

缩写。

TRFIR 为 time-resolved far-infrared spectroscopy（时间分辨远红外光谱学）的缩写。

trefoil knot 三叶形纽结 三维空间中的一种简单闭合曲线，如图 T.2 所示。它可以是由单个大环构成的一种分子构架。

tribo 摩擦 一个前缀，意思是与摩擦相关或者由摩擦导致的。

tribology 摩擦学 处于相对运动中的相互作用材料表面的科学。它特别关注摩擦、材料的磨损性质和通过润滑对这些过程的控制。这个词起源于希腊语"tribo"，意即摩擦。

详见：B. Bushan，*Introduction to Tribology*（Wiley & Sons，New York，2002）。

triboluminescence 摩擦发光 由摩擦引起的发光，经常在晶体材料中发生。

图 T.2 一个三叶形纽结

详见：A. J. Walton，*Triboluminescence*，Adv. Phys. **26**（6），887～948（1977）；J. R. Hird，A. Chakravarty，A. J. Walton，*Triboluminescence from diamond*，J. Phys. D：Appl. Phys. **40**（5），1464～1472（2007）。

triclinic lattice 三斜点阵 亦称三斜晶格、三斜点格，单胞的轴间夹角不是直角并且轴之间也不相等的布拉维点阵（Bravais lattice）。

trigonal lattice 三角点阵 亦称三角晶格、三角点格，单胞的三个轴是等长的，轴之间的三个夹角也都相等但不是直角的布拉维点阵（Bravais lattice）。通常也被称作三方点阵（rhombohedral lattice）。

trimer 三聚体 由三个相同的分子亚单元［即单体（monomer）］相连接组成的分子。

triplet state 三重态 最大多重数为 3 的原子能级系统。三重态发生于电子自旋量子数为一的时候，两个电子自旋平行就构成了三重态，两个自旋加起来得到一个非零的总自旋。

TRIR 为 time-resolved infrared spectroscopy（时间分辨红外光谱学）的缩写。

tRNA 即为转移 RNA，参见 RNA。

TRNOE 为 transferred nuclear Overhauser effect（转换核奥弗豪泽效应）的缩写。

TROSY 为 transverse relaxation-optimized spectroscopy（横向弛豫优化光谱学）的缩写。

TRPES 为 time-resolved photoelectron spectroscopy（时间分辨光电子光谱学）的缩写。

truth table 真值表 参见 logic operator（逻辑算子）。

Tsuneyuki-Tsukada-Aoki-Matsui potential 常幸-冢田-青木-松井势 一种原子间的多力场成对势，其形式为 $V(r_{ij})=V_{ij}^{\text{Coulomb}}+f_0(b_i+b_j)\exp[(a_i+a_j-r_{ij})/(b_i+b_j)]-c_ic_j/r_{ij}^6$，其中库仑相互作用通过 V_{ij}^{Coulomb} 表达，之后是玻恩-迈耶（Born-Mayer）型排斥和弥散相互作用。此处 r_{ij} 是原子间距离，a_i 与 a_j（有效半径）、b_i 与 b_j（柔软度参数）、c_i 与 c_j 是拟合参数。此势在对氧化硅同质多形体（α-石英、α-方晶石、柯石英、超石英）的分子动力学（molecular dynamics）模拟中被证明是有效的。

首次描述：S. Tsuneyuki，M. Tsukada，H. Aoki，Y. Matsui，*First-principles interatomic potential of silica applied to molecular dynamics*，Phys. Rev. Lett. **61**（7），869～872（1988）。

tunneling 隧穿 此术语指的是一个粒子进入和穿越一个其势垒高度高于入射粒子总能量的经典禁区。图 T.3 显示了一个隧穿例子，即一个能量为 E 的粒子接近一个高度 $U_0>E$ 的方势垒。

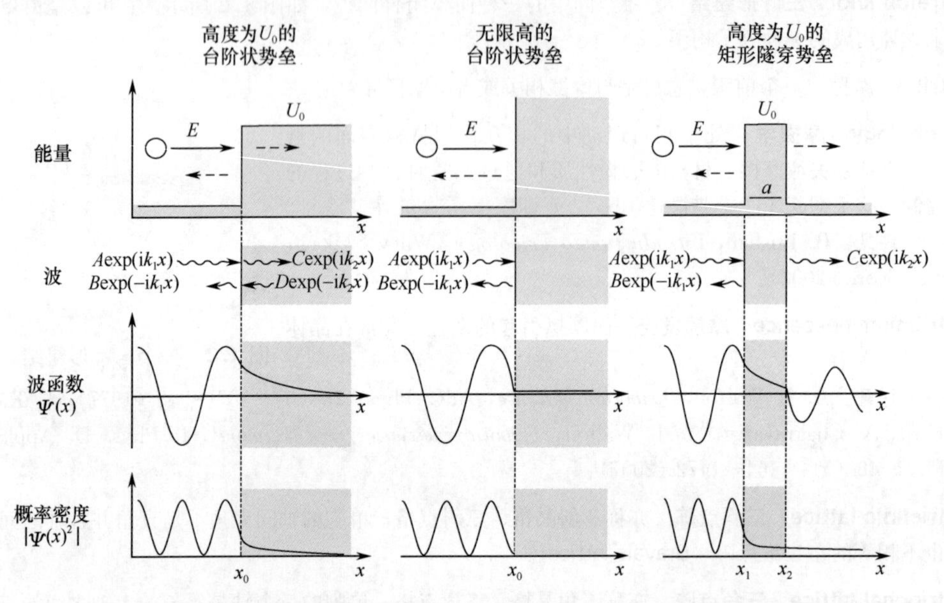

图 T.3 总能量为 E 的量子粒子和有限高（U_0）势垒与无限高势垒的相互作用

在经典机理下，该粒子将被势垒完全反射。对于量子粒子，情况则完全不同。在量子力学机理下，在台阶状势垒附近的粒子的运动是由薛定谔方程（Schrödinger equation）描述的，其一维形式是：

$$-\frac{\hbar^2}{2m}\frac{\mathrm{d}^2\psi(x)}{\mathrm{d}x^2}+U(x)=E\psi(x)$$

具有有限高度 U_0 的方势垒定义为

$$U(x)=\begin{cases}0 & \text{当 } x<x_0\\ U_0 & \text{当 } x\geqslant x_0\end{cases}$$

在 $0<E\leqslant U_0$ 情况下，薛定谔方程的解是：

$$\psi(x)=\begin{cases}A\exp(\mathrm{i}k_1x)+B\exp(-\mathrm{i}k_1x) & \text{当 } x<x_0\\ C\exp(\mathrm{i}k_2x)+D\exp(-\mathrm{i}k_2x) & \text{当 } x\geqslant x_0\end{cases}$$

其中 $k_1=(1/\hbar)\sqrt{2mE}$，$k_2=\mathrm{i}(1/\hbar)\sqrt{2m(U_0-E)}$。如果波函数的值和斜率在空间中每一点都是连续的，则波函数在台阶 $x=x_0$ 处相匹配的条件可以给出振幅 A、B、C、D 的关系：

$$\begin{cases}A+B=C+D\\ k_1(A-B)=k_2(C-D)\end{cases}$$

因此，如果势垒左边的波振幅 A、B 已知，那么势垒右边的波振幅可表示为

$$C=\frac{1}{2}\left(1+\frac{k_1}{k_2}\right)A+\frac{1}{2}\left(1-\frac{k_1}{k_2}\right)B$$

$$D=\frac{1}{2}\left(1-\frac{k_1}{k_2}\right)A+\frac{1}{2}\left(1+\frac{k_1}{k_2}\right)B$$

因为 $x>x_0$ 处没有反射波，即 $D=0$，于是有透射系数 T 和反射系数 R：

$$T=\frac{4k_1k_2}{(k_1+k_2)^2}，R=\left(\frac{k_1-k_2}{k_1+k_2}\right)^2，满足 R+T=1$$

此透射系数和反射系数公式仅对于 $U_0<E$ 成立，但此处我们考虑 $U_0>E$，k_2 为虚数，则令 $k_2=\mathrm{i}k_3$，k_3 为实数，有

$$\psi(x)=\begin{cases}A\exp(\mathrm{i}k_1x)+A\dfrac{\mathrm{i}k_1+k_3}{\mathrm{i}k_1-k_3}\exp(-\mathrm{i}k_1x) & 当\ x<x_0\\ A\dfrac{2\mathrm{i}k_1}{\mathrm{i}k_1-k_3}\exp(-k_3x) & 当\ x\geqslant x_0\end{cases}$$

结果可以发现，波 $A\exp(\mathrm{i}k_1x)$ 表示一个质量为 m 能量为 E 的量子粒子到达势垒高度为 U_0 的台阶状势垒，被反射为波 $B\exp(\mathrm{i}k_1x)$。同时它也穿透势垒并在势垒区域发生衰减，其幅度随着 E 接近 U_0 而增大。图 T. 3 中的函数 $|\psi(x)|^2$ 表示发现入射量子粒子的概率，它在势垒的低能边发生震荡，进入势垒后呈指数衰减。另一方面，如果势垒是无限高，或者至少满足 $U_0/E\gg1$，波函数就没有穿透进势垒区域，在势垒中波函数幅度变成了零。因此，随着势垒左边入射和反射波之间的干涉，在入射界面处就发生了完美反射。干涉引起势垒上概率密度的震荡。量子粒子进入经典禁区，和在势垒处发现量子粒子的概率的震荡行为，都是量子力学的特殊表现，与经典机理截然不同。

当量子粒子通过台阶状势垒且有 $E>U_0$ 的时候，会发生更加神秘的现象。对于经典粒子来说，不会发生反射。但对于量子微粒，反射系数不是绝对零值。结果，接近势垒的波长为 $\lambda_1=h/(2mE)^{1/2}$ 的量子粒子在 $x=x_0$ 处穿越边界，然后在势垒上移动时波长变成 $\lambda_2=h/[2m(E-U_0)]^{1/2}$。

尽管台阶形式的势垒对于限定电子在一个特定区域是十分重要的，但在纳米电子器件中更常用的是一定厚度的势垒，它允许电子隧穿到相邻区域。考虑电子通过如图 T. 3 所示的矩形隧穿势垒，势垒高度为 U_0，厚度 $a=x_2-x_1$。拥有总能量 $E<U_0$ 的经典粒子靠近这样的势垒的时候，是没有通过的可能，它将会在经典转折点处被反射。转折点（turning point）是指势垒边界处的一个 x 点，此处粒子总能量 E 和该点势能 $U(x)$ 相同。对于经典粒子意味着在转折点速度变为零然后粒子朝着反方向运动。对于矩形隧穿势垒，转折点坐标就是势垒的两个边界的坐标（x_1 和 x_2）。

对于量子粒子，在势垒另一边有某一非零概率发现它，或者说发现代表粒子的波。在势垒右边的概率函数保持为常数，同时在左边或者入射边，概率函数依然在震荡，其值有时比势垒右边区域的值还低。对称的矩形势垒的透射度可以用透射系数来描述：

$$T=\left[1+\frac{U_0^2}{E(U_0-E)}\sinh^2(ak_3)\right]^{-1}$$

反射系数 $R=1-T$。对许多电子隧穿的实例，ak_3 很大使得 $\sinh^2(ak_3)$ 项起主要作用，透射系数可以简化为

$$T\approx\left[\frac{U_0^2}{16E(U_0-E)}\right]^{-1}\exp\left[-\frac{2a}{\hbar}\sqrt{2m(U_0-E)}\right]$$

还有一种很有用的矩形势垒表示形式，就是用 δ 函数来表示，出现在 U_0 无穷高而厚度 a 趋近于零，且它们的乘积 $S=aU_0$ 保持为常数的情况。这个势垒的透射系数为

$$T=\left(1+\frac{2mS^2}{4\hbar^2E}\right)^{-1}$$

一个任意形状的势垒 $U(x)$ 的透射系数可近似写成

$$T\approx\exp\left[-\frac{2}{\hbar}\int_{x_1}^{x_2}\sqrt{2m(U(x)-E)}\,\mathrm{d}x\right]$$

其中 x_1 和 x_2 为转折点，定义为 $U(x_1)=U(x_2)=E$。图 T.4 表示以入射电子能量 E 与势垒高度 U_0 比值作为自变量的不同形状隧穿势垒的透射系数函数的定性变化。

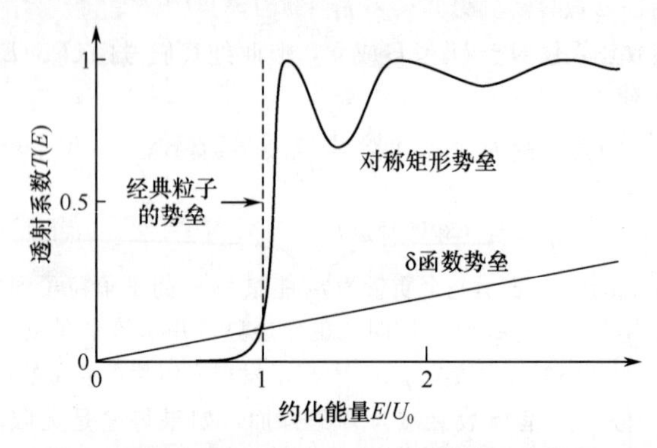

图 T.4 不同形状势垒的透射系数和电子能量 E 与势垒高度 U_0 比值之间的关系

令人惊讶的是，当电子穿过对称的矩形势垒且 $E > U_0$ 时，产生了非单调行为，事实上可以说是共振行为。穿越势垒透射系数只有当电子能量达到特殊值时才能达到最大值 1，此时电子能量为

$$E = U_0 + \frac{\pi^2 \hbar^2}{8ma^2} n^2,\ n = 1,2,3,\cdots$$

因此，当波长 $\lambda = a/2$，a，$2a$，$4a$，…时，矩形势垒对于穿越势垒的电子波没有影响。而在其他情况下，电子会被部分反射。这种共振行为在其他系统中也会出现，如微波。

电子隧穿在固态结构中是相当普遍的现象。然而相比宏观系统，纳米结构在隧穿上有两个特殊的问题：一个是电荷的粒子性，体现在单电子隧穿（single-electron tunneling）现象中；另外一个是由于量子限域，纳米结构中能级是分立的。保持电子能量守恒与动量守恒，则能量相等的能级之间的电子隧穿就会产生共振隧穿（resonant tunneling）现象。而且，当有自旋极化的电子参与隧穿的话，会有其他的效应，参见 tunneling magnetoresistance（隧穿磁电阻）。这些现象在纳米电子学（nanoelectronic）器件中都得到了广泛应用。

首次描述：M. A. Leontovich and L. I. Mandelshtam，*On the theory of the Schrödinger equation*，Z. Phys. **47**，131（1928）。

tunneling magnetoresistance effect　隧穿磁电阻效应　被一薄绝缘层分隔的两个不同磁化的铁磁性（ferromagnetic）层之间的隧穿电流对外部磁场的依赖关系。铁磁层的特殊磁化由它们在磁场中的沉积实现。这种隧穿过程有电极中载流子的自旋取向参与其间，而自旋取向由铁磁材料的磁化所控制。一般的性质是，当两铁磁层的磁化相反时，结构的电阻会很高，而在外磁场作用下它们的磁化方向一致时，电阻便会锐减。这种现象经常通过隧道结磁致电阻来描述，与在巨磁电阻效应（giant magnetoresistance effect）中类似。

典型的自旋极化隧道结是由被最多几纳米厚的 Al_2O_3、MgO、Ta_2O_5 层分开的铁磁层组成，这些铁磁层为 Co、CoCr、CoFe、NiFe 或其他铁磁合金。隧道结的磁电阻是结的偏压、磁场与温度的函数。在没有磁场的情况下，一个理想的隧道结在 mV 范围的低偏压下，电导几乎为常数。而在高电压下，电导性依赖于所加电压，其关系为接近抛物线型。

磁电阻随磁场的方向与强度的变化关系如图 T.5 所示。图中是有代表性的 $CoFe/Al_2O_3/Co$ 结、Co 薄膜和 CoFe 薄膜的实验数据。每种结构的两条曲线分别对应着外加变化磁场的两种相反的开始方向，例如，黑线表示的是从“+”开始，灰线表示的是从“-”开始。开始磁场高时，结的磁电阻就低，因为两个铁磁电极的磁化方向是一致的，引起的自旋极化也同向。当磁场朝着零方向减小时磁电阻开始增加，一旦磁场方向反转，磁电阻便会剧增，出现一个峰值。在反转磁场中，矫顽力小的电极的磁化会按照一个新的方向排列，而矫顽力大的电极磁化则保持在磁场开始变化时的方向，两电极的磁化便会互相反平行。注意：铁磁薄膜的矫顽力容易被磁场的存在、衬底温度、成核层、薄膜厚度等沉积条件控制。

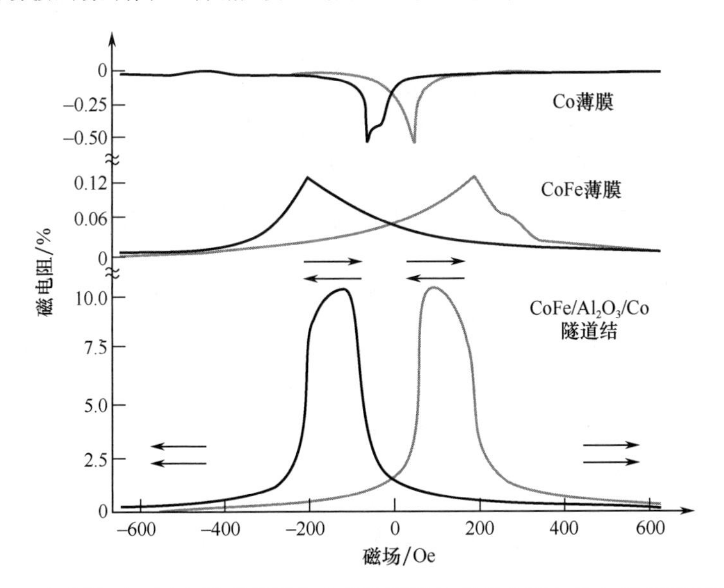

图 T.5 在室温下，两个铁磁薄膜和它们的隧道结的磁电阻与外加磁场的函数关系

箭头表示薄膜中磁化的方向

[来源：J. S. Moodera，L. R. Kinder，*Ferromagnetic-insulator-ferromagnetic tunneling：spin-dependent tunneling and large magnetoresistance in trilayer junctions*，J. Appl. Phys. **79** (8)，4724～4729 (1996)]

随着场强的继续增加，它便能使第二个铁磁电极的磁化也沿着新的方向排列，导致平行取向，磁电阻便会降至初始值。不管在哪个方向，在强磁场情况下，两个电极的磁化都是饱和且相互平行的，此时隧概率是最高的，隧穿电流达到最高值，从而出现低的结电阻。在反平行情况下，隧穿概率最小，隧穿电流最低，导致高电阻。

由一薄绝缘层隔开的两个不同磁化的铁磁电极之间的自旋介导隧穿模型假定在隧穿过程中自旋不变，且隧穿电流依赖于两电极的态密度。由于铁磁体费米能级处传导电子的不均匀自旋分布，我们期望隧穿概率依赖于铁磁薄膜的相对磁化。隧穿电阻的变化可以相对最高隧穿结磁电阻来衡量，表示为

$$\frac{\Delta R}{R}=\frac{R_a-R_p}{R_a}=\frac{2P_1P_2}{1+P_1P_2}$$

其中 R_p 和 R_a 分别表示的是两电极磁化平行与反平行时的电阻，P_1 和 P_2 分别表示两个铁磁电极的传导电子的自旋极化。在 Al_2O_3 绝缘层的实验中已经实现了低偏压下最高的室温隧道结磁电阻，达到了 20%～23%。

首次描述：P. M. Tedrow，R. Meservey，*Spin-dependent tunneling into ferromagnetic nickel*，Phys. Rev. Lett. **26** (4)，192～195 (1971)。

tunneling magnetoresistance nonvolatile memory 隧穿磁电阻非易失性存储器 采用隧穿

磁电阻效应（tunneling magnetoresistance effect）制作的薄膜记忆器件，结构图见图 T.6。随机存取存储器由两列平行的铁磁线构成，这两列铁磁线在空间上由一薄绝缘层隔开，且相互垂直的，而每个交叉处形成一个磁性隧道结。当两个相对的铁磁区域的磁化方向一致时，隧穿电阻低于它们磁化方向相反时的电阻。要用于存储，电阻变化至少需要在 30%左右。

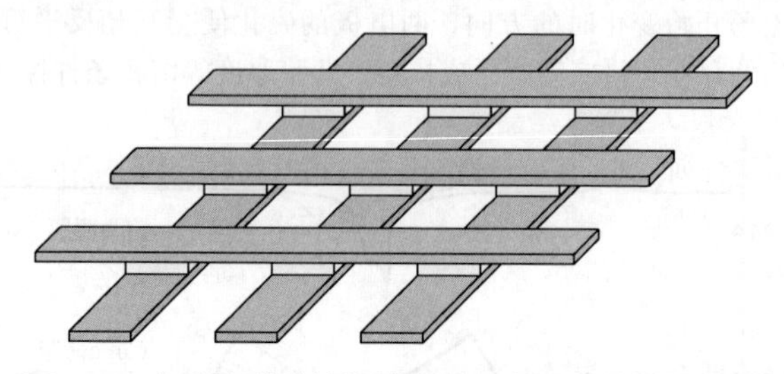

图 T.6 由磁性隧道结构建的随机存取存储器示意图

隧道结的高电阻会排斥用于巨磁电阻随机存取存储器的传感线机理，作为取代，本质上四点探针配置（两个提供电流，另外两个允许独立的电压测量）适用于任何器件。而且，导线能提供双源供电，因为在隧道结上下运行而非通过隧道结的脉冲电流可以提供必需的磁场来操控铁磁区域的磁化方向。这种构造类似于巨磁电阻存储器（giant magnetoresistance memory）的寻址机理。然而，有一个问题就是这样一个排列使得电流会通过很多的组件，也就是说，从输入端到输出端的导电通道会经过许多组件，而不是仅仅通过交叉处的组件。解决方法就是在每一个交叉处放一个二极管，使得电流只从一个方向通过，以消除其他路径。以隧道结存储组件的集成方式制作这些二极管是一个技术上的挑战，其解决方案可以实现极高密度存储器的制作。

turbulence 湍流 液体的一种混沌运动，常发生在流速超过一个由液体的黏度所决定的特定阈值时。

Turing machine 图灵机 计算机的一种数学理想化，某些方面类似于真实计算机。它用来定义可计算性的概念。这种假想的计算机有一组有限数量的态 S、一组有限数量的字母符号 A 和一组有限数量的指令 I，另外它还有无限容量的外部记忆带。这就称作一个 S 态、A 符号的图灵机。

态 s_i 对应的是图灵机的运行模式。在任意给定的时间，图灵机处于这些态中的其中一个态上。字母符号是用来给图灵机处理的信息编码：它们可以给输入/输出数据编码，可以储存中间操作。指令可以将 S 中的态联系起来，它们告诉机器如果现在正在扫描一个特定的符号时该如何操作，操作之后又会加入什么态。如果没有指令的话，会有一个单独的暂停态 s_{halt}，暂停态不计入总态数。

图灵机由以下三个部分组成：

(1) 记忆带，它是一个双无限长的线带，被分成不同的部分或单元，每个单元仅储存一个符号。

(2) 读/写头或光标，用于在记忆带的单元上读写符号。读/写头仅有三种功能：当记忆带单元被扫描时，写入记忆带或者从带上删除；改变内部的态；将读/写头向左或右移一个单元。

(3) 控制单元。控制单元会根据机器当前的态和被读/写头扫描的单元内容来控制读/写头的运动。

图灵机的运行由指令组 I 来掌控，也即描述始态 s_i、a_i 到末态 s_f、a_f 的转变和磁头运动的规则。

首次描述：A. Turing，*On computable numbers*，*with an application to the Entscheidungsproblem*，Proc. Lond. Math. Soc. **42**，230～265（1936）；correction，ibid. **43**，544～546（1937）。

turning point　转折点　参见 tunneling（隧穿）。

twin（crystallographic）　孪晶（结晶学）　亦称双晶，由两个组成与结构都相同的晶体构成，彼此之间原子紧密排列，取向以一种特殊方式相互关联。两个晶体的取向可能通过在它们的一个公共晶面（双晶面）上的反射相关联，也可能通过绕它们的一个公共轴（双晶轴）的转动相关联，转动角通常是 180°。这两种类型的孪晶分别称为反射孪晶和旋转孪晶。当晶体对称性很高时，孪晶可能同时为这两种类型。一个给定的双晶面或双晶轴定义了一个孪晶律，一种物质可能有多种孪晶律。

two-dimensional electron gas（2DEG）　二维电子气　简称 2DEG，即量子薄膜（quantum films）中的电子集合。

two-dimensional electron gas field effect transistor（TEGFET）　二维电子气场效应晶体管　简称 TEGFET，参见 high electron mobility transistor（HEMT）（高电子迁移率晶体管）。

two-photon absorption（TPA）　双光子吸收　参见 four-wave mixing（四波混频）。

type Ⅰ quantum well　第一类量子阱　亦称第Ⅰ类量子阱，参见 quantum well（量子阱）。

type Ⅱ quantum well　第二类量子阱　亦称第Ⅱ类量子阱，参见 quantum well（量子阱）。

type Ⅰ superconductor　第一类超导体　亦称第Ⅰ类超导体，参见 superconductivity（超导性）。

type Ⅱ superconductor　第二类超导体　亦称第Ⅱ类超导体，参见 superconductivity（超导性）。

从 ultraviolet-assisted nanoimprint lithography（UV-NIL）（紫外光辅助纳米压印光刻）到 Urbach rule（乌尔巴赫定则）

ultraviolet-assisted nanoimprint lithography（UV-NIL） 紫外光辅助纳米压印光刻 一种制作纳米图案的压印（imprinting）技术方法，利用了典型的分步压模（embossing）工艺。使用低黏度液态单体光刻胶材料涂敷到衬底上，利用硬透明模板压制成形，然后经紫外光曝光聚合化后形成固态结构。与压模不同，所有工艺步骤都是在室温下完成并采用较小模板压力（小于 1 bar）。

两种技术用于涂敷光刻胶。第一种是采用传统光刻方法中的旋转涂敷法。另一种是将抗蚀剂滴到晶片上进行分散。对于这个方法使用小于 1 pL 的液滴即可。配置液滴通常在整个晶片上用模具重复压印抗蚀剂图案的步骤来完成，也可以使用与衬底尺寸相当的模具。这项技术的全称为分步和闪光压印光刻［step and flash imprint lithography（S-FIL）］。它的主要特征如图 U. 1 所示。

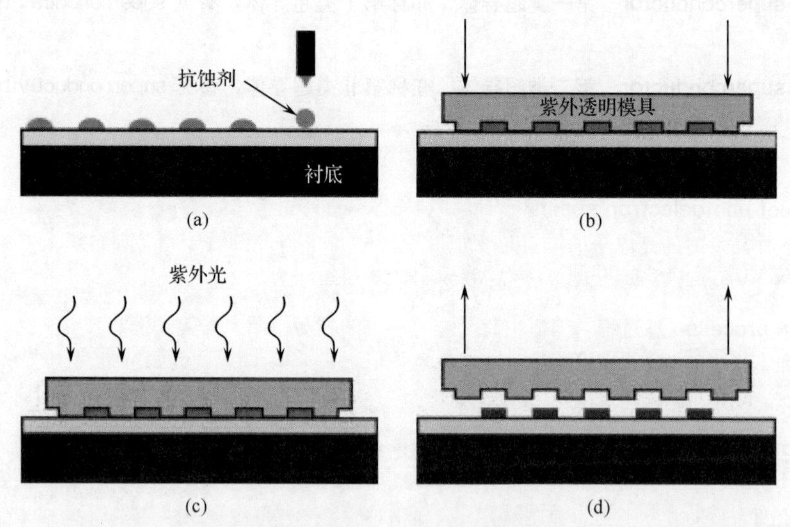

图 U. 1 分步和闪光压印光刻：（a）涂敷抗蚀剂液滴；（b）压模；（c）紫外光曝光；（d）去除模具

液滴与模具扩展接触，填充到其中的腔体内。产生吸引模具的毛细管作用力，因此提高了压印力。配置液滴的紫外光聚合化后，模具很容易的从衬底上去除掉。

有一项在 S-FIL 技术基础上发展的技术叫做反向分步和闪光压印光刻［step and flash imprint lithography, reverse（S-FIL/R）］。如图 U. 2 所示。

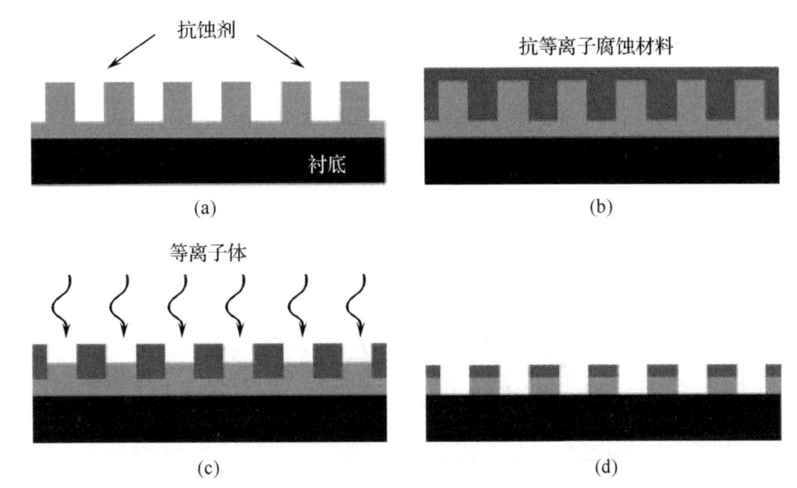

图 U.2 反向分步和闪光压印光刻：(a) S-FIL 技术完成的抗蚀剂图案；(b) 利用旋转涂敷法制作等离子腐蚀抗蚀剂材料平面层；(c) 等离子体刻蚀；(d) 最终双层抗蚀罩

由 S-FIL 制作的聚合化抗蚀剂图案利用更好的等离子体腐蚀抗蚀材料进行旋转涂敷。这种材料形成了一个平面层。堆积层的等离子体腐蚀形成了与 S-FIL 制作图案相反的抗蚀剂图案。由于是两层抗蚀剂结构，使剥离（lift-off）工艺变得可能。

S-FIL 技术对于压印的剩余抗蚀层均匀度不敏感，因此可用于具有大长宽比结构的制作上。

首次描述：M. D. Stewart，C. G. Wilson，*Imprint materials for nanoscale devices*，MRS Bull. **30**，947～951 (2005)。

详见：Aránzazu del Campo，E. Arzt，M. Zelsmann，J. Boussey，*Materials and processes in UV-assisted nanoimprint lithography*，in：*Generating Micro- and Nanopatterns on Polymeric Materials*，edited by Aránzazu del Campo，E. Arzt (Wiley-VCH，Weinheim，2011)。

ultraviolet photoelectron spectroscopy (UPS)　紫外光电子能谱　简称 UPS，一种通过紫外辐射下样品发射的光电子的能量分析研究固体中价带与导带电子态的技术。光子能量范围为 10～50 eV。

Umklapp process　U 过程　固体中三个或更多波的相互作用，例如晶格波或电子波，它们的波矢之和不为零而等于一个倒格矢。“um” 和 “klapp” 均为德语，意思分别是围绕和开/闭盒子的动作，用以形容相互作用中矢量的变化。

unbound state (of an electron in an atom)　(原子中电子的) 非束缚态　当原子受到高能碰撞或光子入射时，原子中的一个电子发射到达的一种态。非束缚态中的电子能量是正的，它们不是量子化的而是形成原子的一种连续态。与之相对的另一种态就是束缚态（bound state）。

uncertainty principle　不确定性原理　参见 Heisenberg's uncertainty principle（海森伯不确定性原理）。

unitary group　酉群　亦称幺正群，在 k 维矢量复空间中酉变换（unitary transform）的群。

unitary matrix　酉矩阵　亦称幺正矩阵，逆矩阵等于其共轭转置矩阵的矩阵。

unitary transform　酉变换　亦称幺正变换，矢量空间中的一种线性变换，保持内积与模不变。或者说是一个线性算子，它的伴随矩阵等于它的逆矩阵。

unit cell　单胞　亦称晶胞，固体中最小的三维单元，它向三个方向的平移形成了固体的晶格（图 U. 3）。

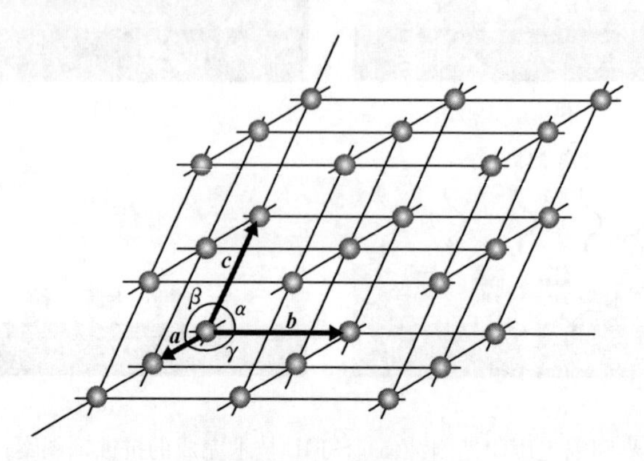

图 U. 3　空间晶格

其单胞由矢量 $\boldsymbol{a}$、$\boldsymbol{b}$、$\boldsymbol{c}$ 表示

它由六个晶格参数描述：晶格平移矢量的长度 $|\boldsymbol{a}|=a$, $|\boldsymbol{b}|=b$, $|\boldsymbol{c}|=c$，及位于它们之间的夹角 $\boldsymbol{b}\wedge\boldsymbol{c}=\alpha$，$\boldsymbol{a}\wedge\boldsymbol{c}=\beta$，$\boldsymbol{a}\wedge\boldsymbol{b}=\gamma$。单胞可以完全定义整个晶格。

universal ballistic conductance　普适弹道电导　参见 ballistic conductance（弹道电导）。

universal conductance fluctuation　普适电导涨落　低维导体的电导的均方根涨落为 e^2/h 量级，与平均电导的大小无关。

电导的变化是由传统低维导体（通常为又长又薄的导体）中电子波相位干涉引起的。导体中的杂质或其他缺陷产生了电子必须穿过的势垒。图 U. 4 表示的就是一个杂质原子（或其他类型的点缺陷）干扰了电子的相干传播。

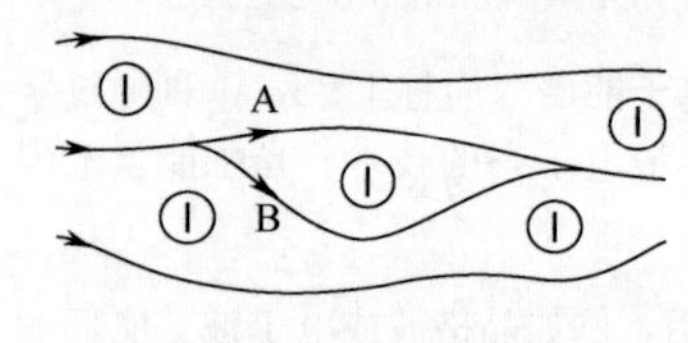

图 U. 4　样品中杂质原子周围的电子波轨迹

低温下，导体材料通常为简并的，只有具有费米能量（Fermi energy）的载流子才能传播。在覆盖导体的栅极上加电势或者施加一个磁场，都能使得导带耗尽和费米能量发生变化。这样载流子运动的费米面就稍微移动了。为了修正轨迹，载流子可能沿着缺陷的一边（路径 A）运动，而当费米能变化之后，载流子沿着另一边（路径 B）运动。轨迹的变化相当于耦合一个由 A、B 臂构成的阿哈罗诺夫-博姆（Aharonov-Bohm）环，从而产生了电导的波动。它在时间上是静态的，依赖于样品中散射中心的特殊构型。

为了观察与电子波相位干涉有关的电导的量子变化，样品尺寸应与相位相干长度可以比较，而这个长度由样品材料中散射中心的密度控制。随着样品的增大，电导的量子波动便由于系综平均而变得平滑。

首次描述：B. L. Altshuler，*Fluctuations of residual conductivity in non-ordered semiconductors*，Pisma Zh. Exp. Teor. Fiz. **41**（12），530～533（1985）；P. A. Lee，A. D. Stone，*Universal conductance fluctuations in metals*，Phys. Rev. Lett. **55**（15），1622～1625（1985）。

unsaturated hydrocarbon　不饱和碳氢化合物　亦称不饱和烃，参见 hydrocarbon（碳氢化合

物）。

up- and down-conversion solar cell　上（下）转换太阳电池　一种太阳电池，通过把两个或更多低能光子（photon）转换成一个高能光子，或者把一个高能光子转换成两个或者多个低能光子，使得太阳光谱被转换到一个小能量范围内。光子移位也可以被用于其他场合，例如，通过发光（luminescence）过程，一个高能的光子被转换成单个低能的光子时。从能量上说，下转换过程并不吸引人，但是考虑到工业电池对短波光响应不好，所以下转换过程在用于太阳电池时仍然是有益的。

详见：A. Shalav，B. S. Richards，T. Trupke，K. W. Krämer，H. U. Güdel，*Application of NaYF*$_4$*：Er*$_{3+}$ *up-converting phosphors for enhanced near-infrared silicon solar cell respons*，Appl. Phys. Lett. **86**，013505（2005）；V. Svrcek，A. Slaoui，J. -C. Muller，*Silicon nanocrystals as light converter for solar cells*，Thin Solid Films **451～452**，384～388（2004）。

UPS　为 ultraviolet photoelectron spectroscopy（紫外光电子能谱）的缩写。

Urbach rule　乌尔巴赫定则　激子吸收 $\alpha(\omega)$ 在激子共振频率 ω_0 以下的频率段以指数规律降低：$\alpha(\omega) = \alpha_0 \exp[-(\omega_0 - \omega)/\sigma]$。

首次描述：F. Urbach，*The long-wavelength edge of photographic sensitivity and of the electronic absorption of solids*，Phys. Rev. **92**（5），1324～1324（1953）。

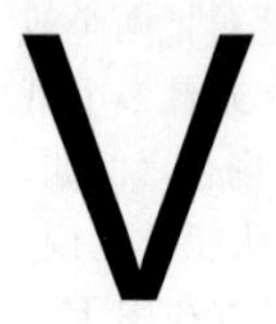

从 vacancy（空位）到 von Neumann machine（冯·诺依曼计算机）

vacancy　空位　晶体中格点位置没有被占据的一种点缺陷。

valence band　价带　固体中最高的且被填满的电子能带。它主要是靠固体中的空穴来传导电流的。

van der Pauw configuration（sample）　范德堡构型（样品）　如图 V.1 所示的四触点的结构。它通常用于半导体电导率的测量。

图 V.1　范德堡样品

首次描述：L. van der Pauw，*A method of measuring specific resistivity and Hall effect of discs of arbitrary shape*，Philips Res. Rep. **13**（1），1～9（1958）。

van der Waals force　范德瓦尔斯力　两个原子或两个非极性分子之间的吸引力。它起源于一个分子偶极矩的波动，会在另一个分子上也产生偶极矩，从而两个磁偶极矩相互作用。

首次描述：J. D. van der Waals，*Over de Continuiteit van den Gasen Vloeistoftoestand*（*On the continuity of the gas and liquid state*），(Ph. D. thesis，Leiden，The Netherlands，1873)。

获誉：J. D. 范德瓦尔斯（J. D. van der Waals）因为在气体和液体态方程上的工作而获得了 1910 年的诺贝尔物理学奖。

另请参阅：www. nobelprize. org/nobel_prizes/physics/laureates/1910/。

van Hove singularity　范霍夫奇点　固体的电子能带和声子能带态密度中的奇点，在此点处$|\nabla_k(E)|$为零。这些点是临界点。

假设 $\boldsymbol{k}=0$ 是三维空间的一个临界点，$E(\boldsymbol{k})$在临界点附近可以扩展为 $\boldsymbol{k}$ 的函数：

$$E(\boldsymbol{k}) = E(0) + a_1 k_1^2 + a_2 k_2^2 + a_3 k_3^2 + \cdots$$

这些奇点根据系数 a 为负数的数量来分类。三维情况下，有四种范霍夫奇点，标为临界点 M_0、M_1、M_2和 M_3。临界点 M_0没有负系数 a，代表着极小值。M_2和 M_3为鞍点，因为它们的能量与波矢的关系曲线像一个马鞍。临界点 M_3代表极大值。

首次描述：L. Van Hove，*The occurrence of singularities in the elastic frequency distribution of a crystal*，Phys. Rev. **89**（6），1189～1193（1953）。

Van Vleck equation　范弗莱克方程　此方程显示了磁化率的温度依赖性。磁场中，原子、离子或者分子在各个容许能级中的分布遵循玻尔兹曼分布（Boltzmann distribution），则可得到以下形式的范弗莱克方程：

$$\chi = N\frac{\sum_i[(E_i')^2/(k_B T) - 2E_i'']\exp[-E_i/(k_B T)]}{\sum_i \exp[-E_i/(k_B T)]}$$

其中 N 为元偶极子的数量，E_i 为一个自旋能级的能量，被展开成以磁场为自变量的泰勒级数(Taylor series) $E = E_i + E_i'H + E_i''H^2$ 。

由微扰理论，我们可以知道 $E_i' = \langle i|\mu_H|i\rangle$，$E_i'' = \sum_i [|\langle i|\mu_H|i\rangle|^2/(h\upsilon_{ij})](j \neq i)$，其中 $h\upsilon_{ij}$ 为在磁场 H 方向上磁矩矩阵元跨越的能量差（$E_i - E_j$）。因此，磁化率就表现为：

（1）如果所有的 $|h\upsilon_{ij}| \ll k_B T$，$\chi$ 正比于 $1/T$。

（2）如果所有的 $|h\upsilon_{ij}| \gg k_B T$，$\chi$ 与 T 无关。

（3）如果所有的 $|h\upsilon_{ij}| \gg k_B T$ 或者 $|h\upsilon_{ij}| \ll k_B T$，$\chi = A + BT$。

（4）如果 $|h\upsilon_{ij}|$ 与 $k_B T$ 近似相等，χ 与 T 的关系很复杂。

与温度无关的顺磁贡献是范弗莱克顺磁性（Van Vleck paramagnetism）。注意如果磁化率服从经典的居里定律（Curie law）［参见 Curie-Weiss law（居里-外斯定律）］，那么它与温度的倒数有线性关系。

首次描述：J. H. Van Vleck，*On dielectric constants and magnetic susceptibilities in the new quantum mechanics. Part I. A general proof of the Langevin-Debye formula*，Phys. Rev. **29** (5)，727～744 (1927)；J. H. Van Vleck，*On dielectric constants and magnetic susceptibilities in the new quantum mechanics. Part III. Application to dia- and paramagnetism*，Phys. Pev. **31** (4)，587～613 (1928)。

详见：J. H. Van Vleck，*The Theory of Electric and Magnetic Susceptibilities*，(Clarendon，Oxford，1932)。

获誉：P. W. 安德森（P. W. Anderson）、N. F. 莫特（N. F. Mott）和 J. H. 范弗莱克(J. H. Van Vleck) 凭借对磁性和无序体系的电子结构的基本理论研究而共同获得 1977 年诺贝尔物理学奖。

另请参阅：www. nobelprize. org/nobel_prizes/physics/laureates/1977/。

van Vleck paramagnetism　范弗莱克顺磁性　参见 Van Vleck equation（范弗莱克方程）。

varactor　变容二极管　一种半导体二极管，利用它可以观察到由于外加电压变化引起的电容变化。它用作变压电容器。

variance　方差　标准偏差的平方。

variational method　变分法　计算量子力学系统中最低能级的上限和相应波函数近似值的方法。在代表哈密顿算符（Hamiltonian operator）期望值的积分中，将一个试探函数取代实际波函数，改变试探函数中的参数使得积分达到最小值。

variational principle　变分原理　指出获得的最低能量即为系统实际态的最精确近似值。如果用一个任意波函数来计算能量，那么所计算得到的值不可能小于实际能量。基于此原理的计算过程在文献中也称为里茨程序（Ritz procedure）。

Varshni law　瓦希尼定律　描述半导体中能隙对于温度的依赖的半经验公式，即 $E(T) = E(0) - aT^2/(b+T)$，其中 a 和 b 是拟合常数。

首次描述：Y. P. Varshni，*Temperature dependence of the energy gap in semiconductors*，Physica (Amsterdam) **34**，149～154 (1967)。

V-based molecular ring　钒基分子环　参见 molecular nanomagnet（分子纳米磁体）。

VCSEL　为 vertical cavity surface emitting laser（垂直腔面发射激光器）的缩写。

Vegard's law　费伽德定律　指出化合物的晶格常数由其组成成分的晶格常数的线性插值所决定。它对具有相似电子结构与尺寸接近的原子的置换型固溶体是有效的。因此，一种新化合物的晶格常数 a 可以这样来计算：$a(x) = xa_1 + (1-x)a_2$ 。其中 x 是置换原子所占的百分比，a_1 和 a_2 为纯净化合物的晶格参数。

首次描述：L. Vegard，*Die Konstitution der Mischkristalle und die Raumfüllung der Atome*，Z. Phys. **5**（1），17～26（1921）。

详见：K. T. Jacob，S. Raj，L. Rannesh，*Vegard's law：a fundamental relation or an approximation?*，Int. J. Mater. Res. **9**（3），776～779（2007）。

Verdet constant　韦尔代常量　参见 Faraday effect（法拉第效应）。

首次描述：M. E. Verdet，*Recherches sur les propriétés optiques développées dans les corps transparents par l'action du magnétisme*，Ann. Chim. **41**，370～412（1854）。

vertical-cavity surface-emitting laser（VCSEL）　垂直腔面发射激光器　简称 VCSEL，一种半导体激光器。它的光学谐振腔由两块平行于极板表面的布拉格反射器组成。结构如图 V.2 表示。

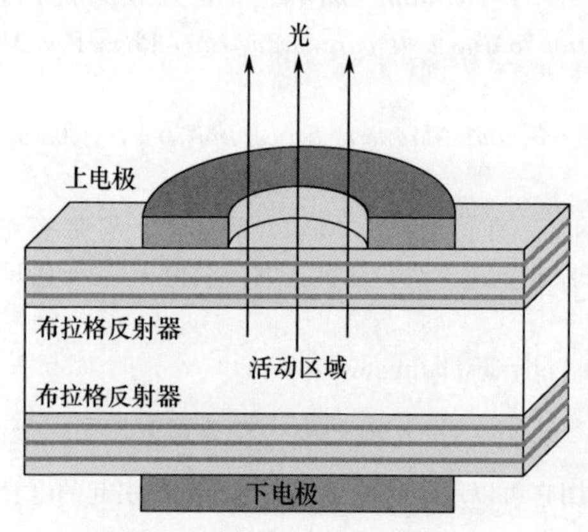

图 V.2　垂直腔面发射激光器的结构示意简图

夹住活性发光区域的反射器由半导体或介电体多层板构成。载流子从上下平面的一对电极注入，从而激发中间的柱状活性区域，这个区域直径大约有 10μm，厚度为 1～3μm。产生的光垂直于表面发射。

腔方位上的简单差异使得 VCSEL 比边发射激光器在光束特点、可测量性、光电设计、制作和阵列结构上有许多优点。在边发射激光器中，输出光束是高度散光的，而对于垂直于极板平面的激光发射，光束横截面是对称的，光束偏差很小。VCSEL 可以用低成本成批处理技术制成高密度二维阵列。垂直方位所要求的非常短的腔长导致单纵模的激光发射。VCSEL 镜是通过外延生长消除尖劈或干燥刻蚀处理过程制作的。不过增益长度的减少要用高 Q 值的腔来补偿。用于制作 VCSEL 的材料有 GaAs、AlGaAs、InGaAsP 和 InGaAsN。

VCSEL 在单块集成形成和二维密集激光阵列上确实很有用。它还在稳定单纵模操作上比传统边发射激光器占优势，它短的光学腔长，使得模式间隔大，而且它可达到很窄的出射光束半径。

首次描述：H. Soda，K. Iga，C. Kitahara，Y. Suematsu，*GaInAsP/InP surface emitting injection lasers*，Jpn. J. Appl. Phys. **18**（12），2329～2330（1979）。

详见：W. W. Chow，K. D. Choquette，M. H. Crawford，K. L. Lear，G. R. Hadley，*Design，fabrication，and performance of infrared and visible vertical-cavity surface-emitting lasers*，IEEE J. Quantum Electron.，**33**（10），1810～1824（1997）。

Verwey transition　费尔韦转变　一种伴随结构相变的金属-绝缘体转变，发生在混合价态系统。此现象的驱动力是系统中的电子-电子和电子-晶格相互作用，使得形式上的价态发生有序化。

此转变也反映在许多其他物理性质中的反常状态，如磁化率的跳跃、比热曲线出现尖锐的峰，以及特定温度以上晶体对称性的改变。

首次描述：E. J. W. Verwey，*Electronic conduction of magnetite* （Fe_3O_4） *and its transition point at low temperatures*，Nature **144**，327～328（1939）。

详见：F. Walz，*The Verwey transition—a topical review*，J. Phys. Condens. Matter，**14**（12），R285～R340（2002）。

vibronic coupling 振动耦合 分子中电子和原子核的振动运动之间的相互作用。此种耦合是与把分子中电子和原子核的运动分开考虑的玻恩-奥本海默近似（Born-Oppenheimer approximation）相矛盾的。许多效应，特别是分子的强激发，归因于电子和原子核的自由度的耦合。

详见：G. Fischer，*Vibronic Coupling-The Interaction between the Electronic and Nuclear Motions*（Academic Press，New York，1984）。

vicinal surface 邻位面 单原子层高度的平台和台阶周期性顺序排列的一种表面，这种平面是与低指数面呈一个小角度（≤10°）切割晶体而成的。此平面不属于晶体的平衡形态［乌尔夫定理（Wulff's theorem）］。

Villari effect 维拉里效应 置于磁场中的铁磁性物质在受到机械压力时，会导致它其中的磁感应强度发生变化。

首次描述：E. Villari，*Über die Änderungen des magnetischen Moments，welche der Zug und das Hindurchleiten eines galvanischen Stroms in einem Stabe von Stahl oder Eisen hervorbringen*，Ann. Phys. **126**，87～122（1865）。

virus 病毒 能够感染其他生物组织的小的生物粒子。它们是专性的细胞内寄生物，也就是说只能通过入侵并占领其他细胞来完成自我复制，因为它们没有自我复制所必需的细胞器。病毒通常指感染真核生物（eukaryote）（包括多细胞组织和许多单细胞组织）的粒子，同时噬菌体（bacteriophage）（英文也常用 phage）是指那些感染原核生物（prokaryotes）（细菌和类似细菌的组织）的粒子。通常这些粒子携带少量的核酸（DNA 或 RNA），并由某种由蛋白质（protein）或蛋白质和类脂（lipid）组成的保护层包裹核酸。

首次描述：病毒这个术语由 M.J. 贝耶林克（M.J. Beijerinck）在 1898 年引入。M. J. Berjerinck，*Über ein Contagium virum fluidum als Ursache der Fleckenkrankheit der Tabakblätter*，Verh. Kon. Akad. Wetensch. **65**，3～21（1898）。

visible quantum cutting 可见量子剪裁 每个吸收的光子（photon）将发射多于一个的可见光子。这可以通过不同类型离子之间的能量转移来实现。这亦称降频转化（down conversion）。量子剪裁已经在稀土体系中得到证实，并应用到荧光灯管中。

首次描述：R. T. Wegh，H. Donker，K. D. Oskam，A. Meijerink，*Visible quantum cutting in* $LiGdF_4$：Eu^{3+} *through downconversion*，Science **283**，663～666（2007）。

详见：C. W. Struck，K. C. Mishra，B. Di Bartolo，*Physics and Chemistry of Luminescent Materials*（Electrochemical Society Inc.，Pennington，1999）。

Voigt configuration 沃伊特配置 此术语用于描述量子薄膜（quantum film）结构相对于外加磁场的特殊取向，磁场方向平行于薄膜平面。与之相对的取向称为法拉第配置（Faraday configuration）。

Voigt effect 沃伊特效应 当光经过一种物质时，如果在物质中施加一个垂直于光传播方向的磁场，光会出现双折射现象。

首次描述：W. Voigt，*Weiteres zur Theorie des Zeemaneffektes*，Gött. Nachr.（1898）and Ann. Phys. **67**，352～364（1899）。

volcano plot　火山图　参见 Sabatier principle（萨巴捷原理）。

volcano surface　火山表面　参见 Sabatier principle（萨巴捷原理）。

Volmer-Weber growth mode（of thin films）　（薄膜的）沃尔默-韦伯生长模式　薄膜沉积过程中小滴（岛）的形成，如图 V.3 所示。

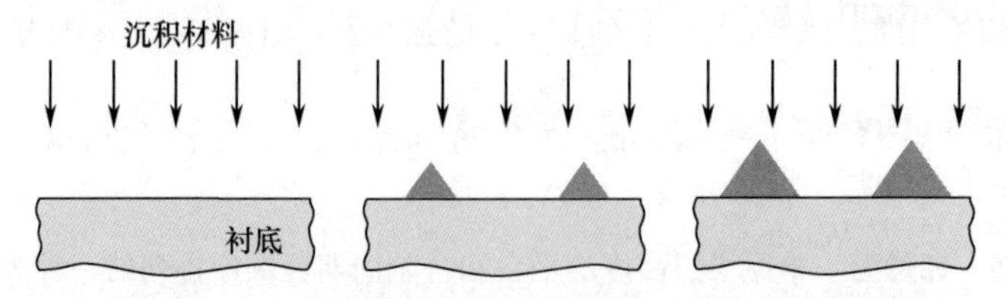

图 V.3　薄膜沉积过程中的沃尔默-韦伯生长模式

此种情形出现在沉积原子之间的键合比沉积原子与衬底的键合更强时。

首次描述：M. Volmer，E. Weber，*Nuclei formation in supersaturated state*，Z. Phys. Chem. **119**，277～301（1926）。

von Neumann machine　冯·诺依曼计算机　亦称冯·诺依曼机，基于将存储在计算机里的程序按顺序执行的自动计算操作的原理。一台计算机要实现这种功能必须有两种主要组成部分：处理器与存储器。

处理器是计算机的操作部分，在它之中程序信息被一步一步地处理。它可以依次分为三个主要部分：

（1）控制单元。控制单元是控制计算机所有部分来执行其他部分要求的操作的单元，例如，从存储器里内提取数据、执行和解译指令等。

（2）寄存器。处理器中一个快速记忆单元，里面含有当前被处理的数据部分。

（3）算术与逻辑单元。它接受由控制单元作出的命令，对寄存器或存储器提供的数据进行真实计算比如加法、乘法、逻辑操作等。

存储器是计算机用于储存要处理的数据和指令的部分。它被分为许多独立单元，通过数字方法能够到达，称为地址。

冯·诺依曼机的操作过程是周期性的。一个周期有如下的操作：控制单元从存储器中读取一个程序指令，指令在被解码后执行；依据指令的类型，一块数据要么从存储器内读出，要么写入存储器，再或者执行一个指令。在下一个周期，控制单元再读取另外一个程序指令。这个指令在存储器内精确位于前一条处理的指令的下一个位置。这种按时序操作模式非常简单，可以很方便地用于许多目的，因为计算机和程序的设计都很方便。

首次描述：J. von Neumann，*The principles of large scale computing machines*（1946）；reprinted in：Ann. Hist. Comput. **3**（3），263～273（1981）。

详见：R. A Freitas Jr.，R. C. Merkle，*Kinematic Self-Replicating Machine*（Landes Bioscience，Georgetown，2004）。

从 Waidner-Burgess standard（魏德纳-伯吉斯标准）到 Wyckoff notation（威科夫记号）

Waidner-Burgess standard 魏德纳-伯吉斯标准 一种发光强度的标准，利用在铂的熔点时 1 cm^2 的黑体的发光强度来评定。

首次描述：C. W. Waidner，G. K. Burgess，*Note on the primary standard of light*，Elec. World **52**，625（1908）。

wall-in-plug efficiency 墙插入效率 参见 quantum efficiency（量子效率）。

Walsh function 沃尔什函数 一组正交函数的完备集，这些函数定义如下：$f_0(x)=1$，当 $n=2^{n_1}+2^{n_2}+\cdots+2^{n_q}$ 时 $f_n(x)=f_{n_1}(x)f_{n_2}(x)\cdots f_{n_q}(x)$，其中非负整数 n_i 由条件 $n_{i+1}<n_i$ 唯一确定。

首次描述：J. L. Walsh，*A closed set of normal orthogonal functions*，Am. J. Math. **55**（1），5～24（1923）。

Wang-Chan-Ho potential 王-陈-何势 空间位置确定的 N 个原子 $\{r_1, r_2, \cdots, r_N\}$ 的一种原子间对势，它把系统的总势能（每个原子）表达为 $E_{tot}\{r_1, r_2, \cdots, r_N\}=E_{bs}\{r_1, r_2, \cdots, r_N\}+U\{r_1, r_2, \cdots, r_N\}$。其中 $E_{bs}=N^{-1}\sum_{j=1}^{N}E_j$ 是（每个原子）“能带结构”能量，它是电子能带结构中占据部分的能量本征值 E_j 的总和。$U\{r_1,\cdots,r_N\}=1/(2N)\sum_{i,j=1,j\neq i}^{N}V(r_{ij})$ 是短程二体势，表示离子之间的斥力之和，以及修正在能带结构能量 E_{bs} 中对电子之间相互作用的重复计算。

首次描述：C. Z. Wang，C. T. Chan，K. M. Ho，*Empirical tight-binding force model for molecular-dynamics simulation of Si*，Phys. Rev. B 39（12），8586～8592（1988）。

Wannier equation 万尼尔方程 描述通过吸引库仑势（Coulomb potential）$V(r)$ 相互作用的空穴与电子之间的相对运动的方程，形式为

$$-\left[\frac{\hbar^2\nabla^2}{2m_r}+V(r)\right]\psi_v(\boldsymbol{r})=E_v\psi_v(\boldsymbol{r})$$

这里用到反转约化质量 $1/m_r=1/m_e+1/m_h$，m_e 和 m_h 分别表示导带中电子和价带中空穴的质量。它是两粒子薛定谔方程（Schrödinger equation）的形式。

Wannier excitation 万尼尔激发 电子-空穴对的一种激发，其中电子与空穴之间距离也即激子的玻尔半径比晶格单胞（unit cell）的长度要大。这种激发对即为万尼尔激子（Wannier excitons），典型出现在大多数的 $A^{II}B^{VI}$ 型、$A^{III}B^{V}$ 型和Ⅳ族半导体中。与之相对的另一种情形就是弗仑克尔激发（Frenkel excitation）和弗仑克尔激子（Frenkel exciton）。

Wannier exciton 万尼尔激子 参见 Wannier excitation（万尼尔激发）。

Wannier function 万尼尔函数 形式为$W_n(\boldsymbol{r},\boldsymbol{R}_i)=N^{-1/2}\sum_k \exp(-\mathrm{i}\boldsymbol{k}\cdot\boldsymbol{R}_i)\psi_{nk}(\boldsymbol{r})$，也即布洛赫函数（Bloch function）$\psi_{nk}(\boldsymbol{r})$的傅里叶变换。对于晶体，$N$为晶体中晶胞的数量，$\boldsymbol{R}_i$为格矢，$n$为能带指标。波矢$\boldsymbol{k}$覆盖第一布里渊区（Brillouin zone）。布洛赫函数利用倒易空间波矢作为指标，而万尼尔函数是用实空间的格矢作为指标的。布洛赫函数在表示固体扩展态时很方便，而万尼尔函数更适合于表示定域态。

详见：G. Wannier，*Elements of Solid Slate Theory*（Cambridge University Press，Cambridge，1959）。

Wannier-Mott exciton 万尼尔-莫特激子 激发能扩展到许多晶格单元的一种激子（exciton）。它可以被看做是由于导带中额外电子和价带中额外空穴之间的相互作用势引起的价带与导带之间跃迁能的修正。束缚态的能量会比跃迁能低$E_{ex}=(e^2/\varepsilon)/(2a_0^*)$，其中$\varepsilon$为晶体材料的介电常数，$a_0^*=\varepsilon(m/m^*)a_B$是激子的玻尔半径，$m$和$m^*$分别为电子质量和约化有效质量，$a_B$为电子玻尔半径。这种表述被期望能够更方便地描述具有高介电常数从而有弱的电子-空穴相互作用的晶体。

在纳米结构中，特征尺寸效应会约束万尼尔-莫特激子，因为此时电子-空穴引力与边界斥力作用之间会相互影响。

首次描述：G. H. Wannier，*The structure of electronic excitation levels in insulating crystals*，Phys. Rev. **52**（3），191～197（1937）；N. F. Mott，*Conduction in polar crystals：II. The conduction band and ultra-violet absorption of alkali-halide crystals*，Trans. Faraday Soc. **34**，500～506（1938）。

详见：D. L. Dexter，R. S. Knox，*Excitons*（Wiley，New York，1965）。

watched-pot effect 被监视的壶效应 参见 quantum Zeno paradox（量子芝诺悖论）。

Watson-Crick base pairs 沃森-克里克碱基对 参见 DNA。

Watson-Crick double-helix model of DNA DNA的沃森-克里克双螺旋结构模型 参见 DNA。

wave equation 波动方程 以速度v传播的波ψ满足：

$$\nabla^2\psi=\frac{1}{v^2}\frac{\partial^2\psi}{\partial t^2}$$

wave function 波函数 此概念是用来描述像波一样在空间中分布的量子粒子所处的位置，取代轨迹的概念。

waveguide 波导 一种器件或者结构材料，用于把电磁波限制在其物理边界范围内，并引导电磁波沿着由这个边界决定的方向传播。

wavelet 子波 亦称小波，一种类似波形式的函数，它有着快速的尾部衰减，本身是振荡的且有定域性。这种函数包括单个函数的平移与扩张集群。子波用来将一个信号转换成另一种以更有用的形式载有信息的表示。

详见：Y. Mayer，*Wavelets and Operators*（Cambridge University Press，Cambridge，1992）。

wavelet signal processing 子波信号处理 亦称小波信号处理，用一个在时间和频率尺度上都是定域的函数$w(t)$对信号进行如下转换：$F(m,n)=(1/\sqrt{a})\int w^*[(t-n)/m]f(t)\mathrm{d}t$。而不是像基于傅里叶变换（Fourier transform）的传统信号处理那样，将信号分解成时间上定域的复数的正弦基函数。

函数 $w(t)$可以看成是带通滤波器。一方面，运用子波（wavelet）的高频简约形式可以进行精确的时间分析。另一方面，运用子波的扩张形式可以进行精确的频率分析。子波的应用有两大优势：一个就是既能进行时域分析又能进行频域分析；另一个是它可以进行快速离散小波变换，使得子波方法尤其适合多分辨率信号分解。这种方法不同于基于傅里叶变换分析的传统信号处理，不是将信号分解成时间上定域的复数的正弦基函数。

首次描述：I. Daubechies，*Orthonormal bases of compactly supported wavelets*，Commun. Pure Appl. Math. **41**（7），909～996（1988）；S. Mallat，*A theory for multiresolution signal decomposition：the wavelet representation*，IEEE Trans. On Pattern analysis and Machine Intelligence **11**，674～693（1989）。

详见：I. Daubechies，S. Mallat，A. S. Willshy（editors），*Special Issue on Wavelet Transforms*，IEE Trans. Inform. Theory，**38**（2），partⅡ（1992）。

wavelet transform　子波变换　亦称小波变换，也即 wavelet signal processing（子波信号处理）。

wave number　波数　单位长度内波的数目。它是波长 λ 的倒数，即 $k=1/\lambda=\nu/c$，其中 ν 是频率，c 是波传播的速度。

wave packet　波包　被一个包络限制在有限空间内的波，如图 W. 1 所示。

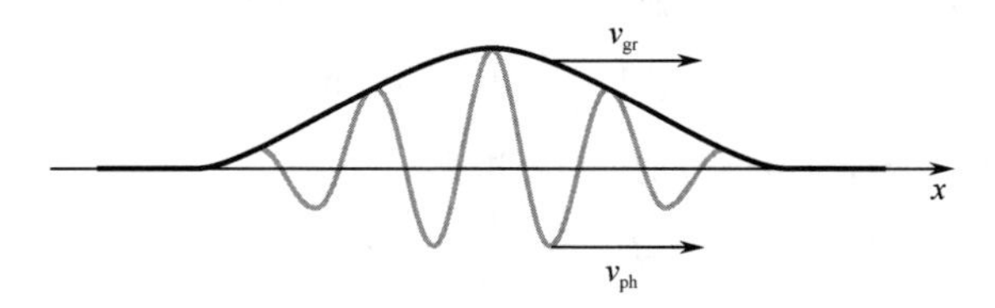

图 W. 1　一个波包

波包里的子波（wavelet）以相速度 $v_{ph}=\omega/k=\hbar k/（2m）=p/（2m）$运动，而包络以群速（group velocity）$v_{gr}=d\omega/dk=\hbar k/m=p/m$ 移动。其中 ω 为代表粒子的波的圆频率，k 为波数，m 是被作为波描述的粒子的质量，p 是粒子动量。

如果波包代表一个粒子，如电子，我们通常对作为整体的波函数（wave function）行为而不是其内部运动感兴趣。群速通常是合适的考察对象，它与经典结果相符。

wave plate　波片　一种有双主轴线（一快一慢）的光学组件。它可以将入射偏振光束分解成两束互相垂直的偏振光束。出来的光束再复合形成一个特殊的单偏振光束。波片可以产生全波长、半波长以及四分之一波长的延迟。它与“retardation plate”即延迟板同义。

wave train　波列　仅仅持续很短时间的波的连续群。

weak localization　弱定域化　固体中一系列电子态现象，特征为低温下电导率缓慢减小（对数关系）至零。

Weiskopf-Wigner approximation　魏斯科普夫-维格纳近似　描述两个原子层之间的自发光发射。利用了两个重要假设：在原子跃迁频率处的真空辐射场态密度可以进行求值，在计算激发态跃迁幅值时真空场模式下的频率合并可以延伸至负无穷大。事实上，这种近似允许在自发发射谱中存在负频率。因此，可以预见激发态幅值将以指数形式衰减。

首次描述：V. Weisskopf，E. Wigner，*Berechnung der naturlichen linienbreite auf grund der Diracschen Lichttheorie*, Z. Angew. Phys. **63**，54～60 (1930)。

详见：M. O. Scully，*Quantum Optics* (Cambridge University Press，Cambridge，1997)；P. R. Berman，G. W. Ford，*Spontaneous decay*，*unitarity*，*and Weiskopf-Wigner approximation*，in：*Advances in Atomic*，*Molecular*，*and Optical Physics*，Vol. **59**，edited by E. Arimondo，P. R. Berman，C. C. Lin (Elsevier，London，2010)，pp. 176～223。

Weiss oscillation 外斯振荡 在某一方向上有一侧向周期性调制的二维电子气的磁电阻振荡。这种振荡以磁场强度的倒数 B^{-1} 为周期。此效应来自于二维电子系统的调制加宽朗道能级（Landau level）的带宽对于能带指标的振荡依赖性，导致在高迁移率的样品中对电导率张量有很强的各向异性振荡贡献。以 B^{-1} 为周期的振荡，反映了费米能量（Fermi energy）处回旋直径的可通约性和调制周期。

首次描述：D. Weiss，K. v. Klitzing，K. Ploog，G. Weimann，*Magnetoresistance oscillations in a two dimensional electron gas induced by a submicrometer periodic potential*，Europhys. Lett. **8** (2)，179～184 (1989)；R. R. Gerhards，D. Weiss，K. v. Klitzing，*Novel magnetoresistance oscillations in a periodically modulated two- dimensional electron gas*，Phys. Rev. Lett. **62** (10)，1173～1176 (1989)。

Weiss zone law 外斯晶带定律 参见 zone law of Weiss（外斯晶带定律）。

Wentzel-Kramers-Brillouin (WKB) approximation 温策-克拉默斯-布里渊近似 简称 WKB 近似，在求解以下微分方程时，此近似假设系数 α 和 β 的变化很缓慢：

$$\frac{\mathrm{d}}{\mathrm{d}x}\left(\alpha\frac{\mathrm{d}\psi}{\mathrm{d}x}\right)+\alpha\beta^2\psi=0$$

假如 α 和 β^2 是 x 的实函数，两个独立的近似解就是

$$\psi=A(\alpha\beta)^{-1/2}\exp\left[\pm i\int_0^x\beta(x')\mathrm{d}x'\right]$$

其中 A 是常数。当 α 和 β 在一个区间 $|\beta^{-1}|$ 内相对变化量很小时，它们是原方程的很不错的解。但也由此可以得到，在使得 α 或 β 变成 0 的 x 值处，它们就不再是原方程的解。然而在这些点两边的一定距离外，上述两个解的有效性还是能正确匹配的。

如果有 $\alpha=\hbar^2/(2m)$ 和 $\beta=[(E-V)2m/\hbar^2]^{1/2}$，上述方程会变成一维的薛定谔方程（Schrödinger equation），描述了一个质量为 m、能量为 E 的粒子在高度为 V 的势垒处的运动。假如在转折点（turning point）x_1 和 x_2 之间有 $(E-V)<0$，经典的观点会认为粒子并不能穿过该区域，但波动力学却允许其隧穿过该势垒。通过 WKB 近似，穿过的概率大致可以计算出为 $[1+\exp(2K)]^{-1}$，其中 $K=\int_{x_1}^{x_2}[(V-E)2m/\hbar^2]^{1/2}\mathrm{d}x$，这是 WKB 近似最常被引用的结果。

首次描述：G. Wentzel，*Eine Schwierigkeit für die Theorie des Kreiselelektrons*，Z. Phys. **37** (12)，911～915 (1926)；H. A. Kramers，*Wellenmechanik und halbzahlige Quantisierung*，Z. Phys. **39** (10/11)，828～840 (1926)；L. N. Brillouin，*La mécanique ondulatoire de Schrödinger*；*und méthode générale de résolution par approximations succesives*，C. R. **183**，24～27；L. N. Brillouin，*Sur un type général de problémes*，*permettant la sèparation des variables dans la mécanique ondulatoire de schrödinger*，C. R. **183**，270～271 (1926)。

Whittaker-Shannon theorem 惠特克-香农定理 指出当一个被记录样品的全息图中采样周期与目标谱相匹配时，所得到的图像不会遭受信息内容上的损失。

详见：H. D. Luke，*The origins of the sampling theorem*，Commun. Mag.，IEEE，**37** (4)，106～108，(1999)。

Wiedemann additivity law　维德曼加和律　指出一个混合物或者溶液成分的质量（或者比率）磁化率，等于混合物中每一个成分的磁化率按各自比例（质量分数）的相加总和。

Wiedemann-Franz law　维德曼-弗兰兹定律　参见 Wiedemann-Franz-Lorenz law（维德曼-弗兰兹-洛伦茨定律）。

Wiedemann-Franz-Lorenz law　维德曼-弗兰兹-洛伦茨定律　指出对于所有金属，在室温下的热导率(χ)与电导率(σ)的比率都是一样的，也即维德曼-弗兰兹定律（Wiedemann-Franz law）。洛伦茨（Lorenz）发展了这个定理：这个比率正比于绝对温度 T，所以 $\chi/(\sigma T)$ 是一个不依赖于温度的常数。这个常数被称为洛伦茨常量（Lorenz number）。在关于自由电子气的德鲁德理论（Drude theory）中已经得到 $\chi/(\sigma T)=3(k_B/e)^2$。同时，假设只有在费米分布（Fermi distribution）顶部（超过此能量范围后分布函数降到零的区域）的电子对电和热性质有贡献，则这个关系调整为 $\chi/(\sigma T)=\pi^2/3(k_B/e)^2$。

首次描述：G. Wiedemann，R. Franz，*Über die Wärme-Leitungsfähigkeit der Metalle*，Ann. Phys. **89**，497～531 (1853)。

Wien's displacement law　维恩位移律　指出受热体的光谱发射在波长 $\lambda_{max}=A/T$ 处有极大值，其中 A 是一个常数，T 是热力学温度。

首次描述：W. Wien，*Die obere Grenzen derWellenlängen，welche in der Wärmestrahlung fester Körper vorkommen können；Folgerungen aus dem zweiten Hauptsatz der Wärmetheorie*，Ann. Phys. **49**，633～637 (1893)。

Wien's formula　维恩公式　参见 Wien's law（维恩定律）。

Wien's law　维恩定律　指出对于受热体的光发射，每单位频率间隔内的能量密度为 $w_\upsilon=A\upsilon^3\exp(-B\upsilon/T)$，其中 A 和 B 是常数，υ 是光频率，T 是热力学温度。这被称为维恩公式(Wien's formula)，实际上是普朗克辐射公式在高频的极限情况。

首次描述：W. Wien，*Über die Energievertheilung im Emissionsspektrum eines schwarzen Körpers*，Ann. Phys. **58**，662～669 (1896)。

获誉：1911 年，W. 维恩（W. Wien）因发现决定热辐射的定律而获得诺贝尔物理学奖。

另请参阅：www. nobelprize. org/nobel_prizes/physics/laureates/1911/。

Wigner coefficients　维格纳系数　参见 Clebsch-Gordan coefficients（克勒布施-戈丹系数）。

Wigner crystal　维格纳晶体　当低密度电子液体在低温下固化时出现的电子在物质中周期性的空间排列。周期结构的形成导致能量因相互库仑排斥而降低。实验上已经在二维液氦表面、充满液氦的微通道毛细管中和半导体异质结的界面处观察到维格纳晶体结构。当一个小电场作用在维格纳晶体上，所有的电子行为一致，即由电场驱动晶体。电导率共振和波发射现象在这个系统中很典型。液氦中维格纳固体的熔点在 0.5 K 左右。

由于每个系统中不同的电子浓度，在半导体中和液氦上观察到的维格纳晶体具有不同的性质。在半导体异质结界面处，典型的电子浓度高达 $10^{12}\,cm^{-2}$。为了形成一个晶体，需要挤压每个电子在平面内的波函数，例如，通过在界面处施加一个很强的垂直磁场。因为半导体异质结的界面并不是没有缺陷的，那么至少有一个电子会被定域在缺陷旁，这能够约束整个晶体。一个很小的电场作用在异质结上将仅仅使这个钉扎的维格纳固体变形，而并不产生一个电流。于是，维格纳晶体化将使界面显示出绝缘体的特性。

维格纳晶体化的特性以及形成的晶体的一些属性还在进一步的探索当中，它们在量子计算机以及其他信息处理中的应用的前景很值得关注。

首次描述：E. Wigner，*On the interaction of electrons in metals*，Phys. Rev. **46**（11），1002～1011（1934）。

Wigner-Dyson distribution 维格纳-戴森分布 此分布来源于用于核物理中的对随机项矩阵的研究。之后随机矩阵理论（random matrix theory）在许多其他的物理系统中，如分子、固体，尤其是在量子混沌领域中获得了很成功的应用。

在核物理中，一个问题是当模型计算无法解释实验数据时，如何理解复杂核的能级谱。E. P. 维格纳（E. P. Wigner）作出了关于重核的哈密顿算符（Hamiltonian）的假定，在此算符的矩阵表达式里，矩阵元可以被认为是相互独立的随机数。事实上，一个无限的埃尔米特矩阵涉及该问题，其含有的随机矩阵元与能级宽度相关。最终我们可以得到，假如一个经典可积系统的能级间隔分布是泊松型的［其最近邻间隔 s 的概率密度为 $P_{\mathrm{P}}(s)=\exp(-s)$］，在一个随机系统中的能级统计可由下面的分布来表示：$P_{\mathrm{WD}}(s)=(\pi s/2)\exp(-\pi s^2/4)$。

能级间隔统计从泊松分布（Poisson distribution）到维格纳-戴森分布的转变是出现量子混沌最直接的标志。

首次描述：E. P. Wigner，*On the statistical distribution of the width and spacings of nuclear resonance levels*，Proc. Cambridge Phil. Soc. **47**（4），790～798（1951）；F. J. Dyson，*Statistical theory of energy levels of complex systems I，II，and III*，J. Math. Phys. **3**（1），140～175（1962）。

详见：M. L. Metha，*Random Matrices*（Academic Press，Boston，1991）；A. Crisanti，G. Paladin，A. Vulpiani，*Products of Random Matrices in Statistical Physics*（Springer-Verlag，Berlin 1993）。

获誉：1963 年诺贝尔物理学奖授予 E. P. 维格纳（E. P. Wigner），以表彰他在原子核以及基本粒子方面的理论贡献，尤其是发现基本的对称性理论及其应用。

另请参阅：www. nobelprize. org/nobel_prizes/physics/laureates/1963/。

Wigner-Eckart theorem 维格纳-埃卡特定理 指出一个张量算子的矩阵元能够被分解为两个量，第一个是一个矢量耦合系数，第二个包含了一些特定态和算子的物理特性的信息。它与磁量子数完全无关。

首次描述：E. P. Wigner，*Einige Folgerungen aus der Schrödingerschen Theorie für die Termstrukturen*，Z. Phys. **43**（5～6），624～652（1927）；C. Eckart，*The application of group theory to the quantum dynamics of Monatomic Systems*，Rev. Mod. Phys. **2**，305～380（1930）。

Wigner rule 维格纳定则 指出在两原子之间所有可能的能量转移中，最有可能发生的就是总的合成自旋保持恒定的转移。

Wigner-Seitz method 维格纳-塞茨方法 该方法可近似估计固体的能带结构。在固体中围绕着原子的维格纳-塞茨原胞（Wigner-Seitz primitive cell）被用球形来近似。为了估计单电子薛定谔方程（Schrödinger equation）的能带解，假定一个电子波函数是一个平面波函数和另一个函数的乘积，后面这个函数的斜率有一个在球表面趋于零的径向分量。

首次描述：E. Wigner，F. Seitz，*On the constitution of metallic sodium*，Phys. Rev. **43**（10），804～810（1933）；E. Wigner，F. Seitz，*On the constitution of metallic sodium. II*，Phys. Rev. **46**（6），509～524（1934）。

Wigner-Seitz primitive cell 维格纳-塞茨原胞 该晶胞展示了晶格的全部对称性。对于二维晶格，维格纳-塞茨原胞的构建方式如图 W. 2 所示。

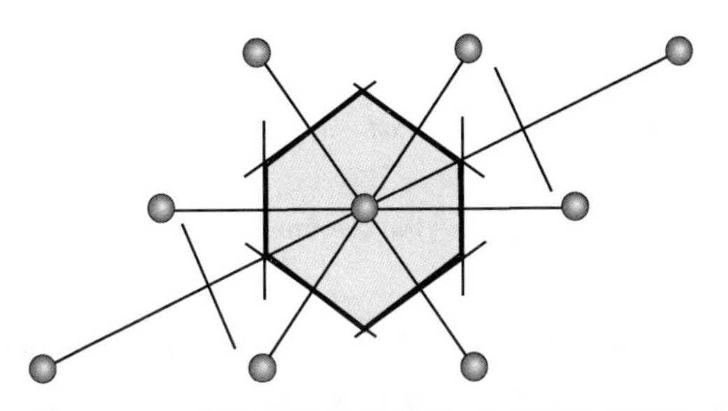

图 W.2 二维斜点阵的维格纳-塞茨原胞的结构

画线连接一个给定的格点和所有邻近的格点，然后在这些线的中点上，画新的垂直于它们的线或面，由这些垂直平分线或者垂直平分面围成的最小面积或者体积即为维格纳-塞茨原胞。在晶体中，所有的空间都可以用这些晶胞填满。

首次描述：E. Wigner，F. Seitz，*On the constitution of metallic sodium*，Phys. Rev. **43** (10)，804～810 (1933)；E. Wigner，F. Seitz，*On the constitution of metallic sodium. II*，Phys. Rev. **46** (6)，509～524 (1934)。

Wigner-Seitz radius 维格纳-塞茨半径 等于每个电子的库仑（Coulomb）能量与费米（Fermi）能量的比值。它表征了固体中载流子之间的库仑相互作用的强度。

首次描述：E. Wigner，F. Seitz，*On the constitution of metallic sodium*，Phys. Rev. **43** (10)，804～810 (1933)；E. Wigner，F. Seitz，*On the constitution of metallic sodium. II*，Phys. Rev. **46** (6)，509～524 (1934)。

Wigner semicircle distribution 维格纳半圆分布 形式为 $f(x)=[2/(\pi R^2)]\sqrt{R^2-x^2}$ 的概率方程，R 为参数，x 在区间 $[-R,R]$ 内变化，当 $|x|>R$ 时 $f(x)=0$。该函数的图像是一个圆心为（0，0）、半径为 R 的半圆。该分布出现在描述维数趋于无穷大时很多随机对称矩阵的本征能量的极限分布。

Wilson-Sommerfeld quantization rule 威尔逊-索末菲量子化规则 此规则提供了一种量化经典力学里的作用积分的方法。一个必要条件就是每一个广义坐标 q_k 以及它的共轭动量 p_k 必须是时间的周期函数。则在一个运动循环上的作用积分被量化为 $\oint p_k \mathrm{d}q_k = n_k h$ 。

首次描述：W. Wilson，*On the quantum-theory of radiation and line spectra*，Phil. Mag. **29**，795～802 (1915)；A. Sommerfeld，*Zur Quantentheorie der Spektrallinien*，Ann. Phys. (Leipzig) **51**，1～94，125～167 (1916)。

Wood notation 伍德表示法 用于描述晶体中米勒指数（Miller index）为 h、k、l 的未受干扰面 X（hkl）的表面重构（surface reconstruction）。此方法中，重构平面的两个平移基矢 $\boldsymbol{a}_s$ 和 $\boldsymbol{b}_s$ 之间、以及块体内相对未受干扰二维晶格的平移基矢 $\boldsymbol{a}$ 和 $\boldsymbol{b}$ 之间的关系，可以用 $|\boldsymbol{a}_s|=m\boldsymbol{a}$ 和 $|\boldsymbol{b}_s|=n\boldsymbol{a}$ 来描述。此外，如果存在使表面晶胞与衬底平移基矢一致的转动角 φ，则可以被具体确定。最后，表示法表示为 $X(hkl)m\times n-R\varphi$，例如 Si（111）$\sqrt{3}\times\sqrt{3}-R30°$。如果 $\varphi=0$，在表示法没有特别规定，例如 Si（111）7×7。如果一个重构伴随着杂质吸附，则其化学符号放置在表示法的最后面，例如 Si（111）$4\times1-\mathrm{In}$。

此表示法仅用于重构的和未受干扰表面具有相同的布拉维晶格（Bravais lattice），或一种为矩形而另一种为正方形的情形。它不能直接表明在层对称性上的变化（例如，从正方到六方）。

另一种描述晶体表面重构的方法在帕克-马登表示法（Park-Madden notation）中给出。

首次描述：E. A. Wood，*Vocabulary of surface crystallography*，J. Appl. Phys. **35**（4），1306～1312（1964）。

详见：K. Oura，V. G. Lifshits，A. A. Saranin，A. V. Zotov，M. Katayama，*Surface Science*（Springer，Berlin，2003）。

Wootters-Zurek theorem　伍特斯-茹雷克定理　参见 noncloning theorem（不可克隆定理）。

work function　功函数　亦称逸出功，固体的费米能级（Fermi level）与真空中电子能级之间的能量差。

Wulff-Kaischew theorem　乌尔夫-凯舍夫定理　表明一个晶体的平衡形态是由乌尔夫多面体（Wulff polyhedron）得到的，决定于自由晶体中存在晶体粒子和衬底之间的相互作用能，如图 W. 3 所示。

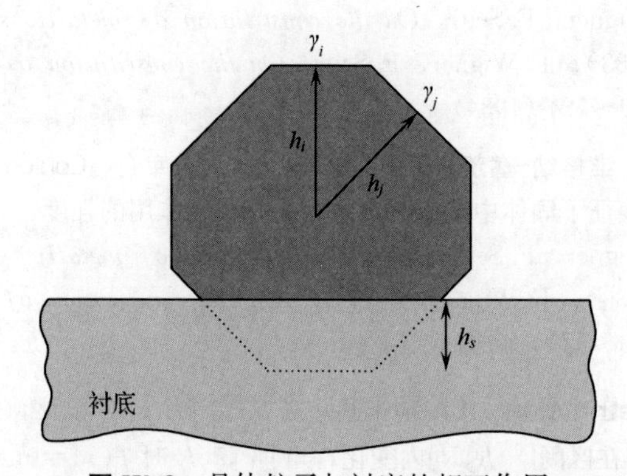

图 W. 3　晶体粒子与衬底的相互作用

被削截部分的高度 h_s 由方程 $\frac{h_s}{h_i}=\frac{E_{adh}}{\gamma_i}$ 给出。式中，h_i 是从中心到平行于界面的棱面间的距离，γ_i 是此棱面的比表面能，E 是黏附能。黏附能定义为分离两个晶体所需要的能量，即分离单位面积上初始接触的沉积材料和衬底材料到无穷远处所需的能量。

首次描述：R. Kaischew，*Arbeitstagung Festkörper Physik*（Dresden，1952），p. 81。

Wulff's construction　乌尔夫构造　参见 Wulff's theorem（乌尔夫定理）。

Wulff 's polyhedron　乌尔夫多面体　由乌尔夫构造法（Wulff's construction）得到的多面体。

Wulff's theorem　乌尔夫定理　此定理阐明了决定小晶体形状的判据：晶体的平衡形状就是在一个给定的体积下实现最小的表面自由能时的形状。具有 i 个面的晶体的总的自由表面能是 $U=\sum_i \gamma_i S_i$，其中 γ_i 是表面张力，而 S_i 是第 i 面的面积。于是，如果当 $dV=0$ 时有 $dU=0$，其中 V 是晶体体积，则此时该晶体达到了一个平衡形状，这就是所谓的居里-乌尔夫条件（Curie-Wulff condition）。

该定理将具有平衡形状时的线性维度、表面积和晶体体积联系了起来。基于该定理的几何构造被称为乌尔夫构造（Wulff's construction）。它采用所谓的赫林伽马图（Herring's γ plot），该图是一种极坐标图，显示表面张力与角空间取向之间的关系。对于一个各向异性的

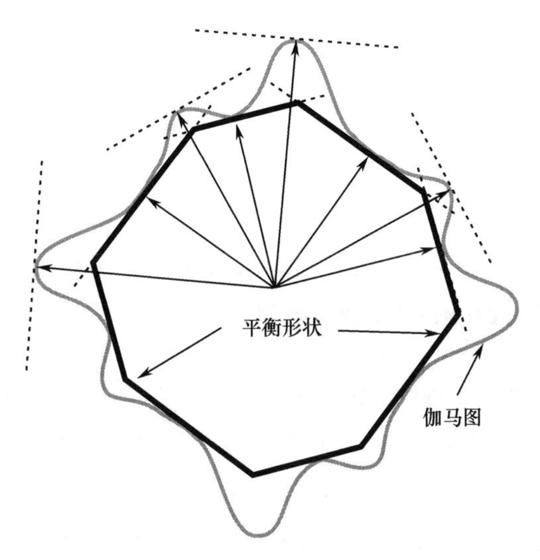

图 W.4 一个晶体平衡形状的赫林伽马图和乌尔夫构造

固体，这种二维图及其构建过程在图 W.4 中说明。

在这种极化图（灰线）上的每一个点上都构造一个平面（二维中为一条线），该平面垂直于过该点的径向矢量。而从原点向各个方向出发无需穿越任何这样的平面所形成的空间体积，在几何上与晶体的最终平衡形状相似，因为它在一个固定体积下使得整个晶体的总的自由表面能达到最小。

尽管仅对平衡形状是一个多面体的情况给出了该定理的证明，但很容易推广到更一般的情况，即平衡形状的部分或整体被光滑的曲线表面所包围。同样必须注意的是，平衡尺寸仅仅适用于小晶体，而大晶体在形状上的明显变化仅仅通过传输大量的原子穿越一段很长的距离来实现，与表面自由能最小化相比，这种效应更大。

首次描述：G. Wulff，*Zur Frage der Geschwindigkeit des Wachstums und der Auflösung der Kristallflächen*，Z. Krist. Miner. **34**，449～530（1901）；C. Herring，*Some theorems on the free energies of crystal surfaces*，Phys. Rev. **82**（1），87～93（1951）。

详见：B. Mutaftschiev，*The Atomic Nature of Crystal Growth*（Springer，Berlin，2001）。

Wyckoff notation 威科夫记号 在空间群里用来代表一组对称性等效位置的一个字母。属于任意一种空间群的晶体的单胞（unit cell）中普通的一点可以用 x、y、z 坐标来表示。然而，假如一个或多个坐标有特定值，则对称性等效位置的数量会降低。大部分空间群有着几组这样的点，它们能用 a、b、c 等字母来替换，也即威科夫记号。

首次描述：R. W. G. Wyckoff，*The Structure of Crystals*（New York，1924）and *International Tables for X-ray Crystallography*（New York，1935）。

从 XMCD（X-ray magnetic circular dichroism）（X 射线磁圆二色性）到 XRD（X-ray diffraction）（X 射线衍射）

XMCD 为 X-ray magnetic circular dichroism（X 射线磁圆二色性）的缩写。

XMLD 为 X-ray magnetic linear dichroism（X 射线磁线二色性）的缩写。

XOR operator 异或算子 参见 logic operator（逻辑算子）。

XPS 为 X-ray photoelectron spectroscopy（X 射线光电子能谱）的缩写。

X-ray X 射线 光子能量在 100 eV～100 keV 范围内的电磁辐射。

首次描述：W. C. Röntgen，*Eine neue Art von Strahlen*，在维尔茨堡举行的物理医学学会会议上所做的讲演。

获誉：1901 年，W. C. 伦琴（W.C. Röntgen）由于发现了之后以他名字命名的不寻常的射线而获得了首届诺贝尔物理学奖。

另请参阅：www.nobelprize.org/nobel_prizes/physics/laureates/1901/。

X-ray absorption near-edge structure（XANES） X 射线吸收近边结构 简称 XANES，参见 extended X-ray absorption fine structure（EXAFS）spectroscopy（扩展 X 射线吸收精细结构谱）。

X-ray diffraction（XRD） X 射线衍射 简称 XRD，一种用来表征凝聚态物质的晶体特性的技术。当一束单色的 X 射线直接照射在固体表面时，就会发生 X 射线的衍射。X 射线的波长（λ）、衍射角（θ）以及晶格的每组原子平面的间距（d）之间的关系可以由布拉格公式给出：$n\lambda=2d\sin\theta$，$n=1$，2，…代表衍射的级数。晶面间距很容易由该公式得出。通过对各种不同晶面的 X 射线衍射强度的分析，可以得到固体中的原子晶格结构。

在薄膜分析中，XRD 则具有以下作用：

（1）通过来自于 2θ～θ 角度扫描的精确晶格常数测量，估测薄膜与衬底之间的晶格错配和薄膜结构中相关的应变或应力。

（2）通过摇摆曲线的测量，即在一个固定的 2θ 角做一个 θ 角的扫描，研究薄膜的位错量。摇摆曲线的宽度与位错密度成反比，所以可作为一个薄膜质量的量规。

（3）研究多层异质外延结构，这可以明显地通过主衍射峰周围的伴峰来确定：异质外延薄膜的厚度和质量可以由这些数据推导出来。

（4）通过掠入射 X 射线反射率测量，决定薄膜的厚度、粗糙度以及密度。该技术不需要晶体薄膜，甚至可以用于非晶材料。

首次描述：W. Friedrich，P. Knipping，M. Laue，*Interferenz-Erscheinungen bei-Röntgenstrahlen*，Sitzungsber. Bayer. Akad. Wiss.（Math. Phys. Klasse），303～322（1912）。

获誉：1914 年，M. 劳厄（M. Laue）因为发现晶体的伦琴射线衍射而获得诺贝尔物理学奖。

另请参阅：www. nobelprize. org/nobel_prizes/physics/laureates/1914/。

X-ray fluorescence spectroscopy X 射线荧光光谱 一种非破坏性的对凝聚态物质进行元素分析的技术。当一种材料被高能电子或光子照射时，材料中原子的一些电子被激发出。因为其他的电子会占据腾空的能级，这样就会发射出携带有原子特征的辐射量子。这种以 X 射线形式存在的量子可以通过波长色散或能量色散 X 射线荧光光谱仪来探测，于是可以识别特定的原子。该技术使得探测和分析硼及其以上所有原子成为可能，探测极限低至百万分之几。

X-ray magnetic circular dichroism (XMCD) and X-ray magnetic linear dichroism (XMLD) X射线磁圆二色性和 X 射线磁线二色性 分别简称 XMCD 和 XMLD，这两种实验量分别存在于测量核能级阈值附近的吸收截面与光子的圆偏振（polarization）或线偏振之间的函数关系时。吸收光谱对于偏振方向的依赖性由待测材料基态的局域多极磁矩的奇数阶（对于磁圆二色性）或偶数阶（对于磁线二色性）的期望值决定。即使在无长程磁有序的情况下，偶数阶多极子也可以不为零；因此磁圆二色性可以获得磁结构信息，甚至在没有净磁化存在的反铁磁性（antiferromagnetic）体系中。两种方法均可以使用外加强磁场，并能用求和规则的存在来表征，此规则使得我们可以直接从实验光谱中获得基态磁性。对于大多数情况，从磁圆二色性谱中可以获得位置及轨道投影的轨道与自旋磁矩的期望值，从磁线二色性谱中可以估算自旋-轨道各向异性。磁线二色性的缺点是线偏振 X 射线吸收光谱的二向色性效应不仅由局域交换场和磁矩决定，还会受局域晶体场的对称性影响，而要把对于光谱的磁性贡献和非磁性贡献分离开来是很难的。另外，对于磁性金属体系，线偏振信号比圆偏振信号弱得多（约一个数量级）。

首次描述：B. T. Thole，G. van der Laan，M. Fabrizio，*Magnetic ground-state properties and spectral distributions. I. X-ray-absorption spetra*，Phys. Rev. B **50**（16），11466～11473（1994）；B. T. Thole，G. van der Laan，*Magnetic ground-state properties and spectral distributions. II. Polarized photoemission*，Phys. Rev. B **50**（16），11474～11483（1994）。

详见：M. Finazzi，L. Duó，F. Ciccacci，*Magnetic properties of interfaces and multilayers based on thin antiferromagnetic oxide films*，Surface Sci. Rep. **62**（9），337～371（2007）。

X-ray photoelectron spectroscopy (XPS) X 射线光电子能谱 简称 XPS，该技术通过 X 射线照射样品，利用光电离和发射出来的光电子的能量色散分析，研究在固体中的组成和电子态。这种技术基于单光子进和单电子出这样的过程。X 射线光子的能量范围从 100 eV 到 10 keV。

在 XPS 中，光子被分子或固体中的一个原子吸收，从而导致离子化以及一个芯（内壳层）电子的发射。对比紫外光电子能谱（ultraviolet photoelectron spectroscopy）即 UPS，光子与价电子的相互作用导致离子化，即电子离开原子或分子。可以使用合适的电子能量分析器来测量发射光电子的动能分布，这样光电子谱就记录下来。

对于一个原子 A 的光电离，可以写成 $A + h\nu \longrightarrow A^+ + e^-$，能量守恒需要 $E(A) + h\nu = E(A^+) + E(e^-)$。由于光电子$(e^-)$的能量独自以动能（$E_{kin}$）形式存在，则重新写为 $E_{kin} = h\nu - [E(A^+) - E(A)]$。括号里的最后部分代表在离子中和在中性原子中的差别，通常称为电子的结合能（E_{bin}）。这导致以下经常被引用的方程：$E_{kin} = h\nu - E_{bin}$。注意到在固体中的结合能传统上是相对于费米能级（Fermi level）来测量的，而不是真空能级。这就需要对公式做一个很小的修正，以考虑固体的功函数（work function）。

每个化学元素都会有一个特征的结合能，该结合能与每个核原子轨道有关，也即每一个元素都会在光电子谱上产生一系列特征峰，峰位即为由光子能量和各个结合能所决定的动能。在特定能量上出现的多峰结构显示在样品中出现了某个特定的元素。此外，峰的强度与取样区域中元素的含量有关。于是该技术可以用于定量分析，有时又被称为 ESCA，即 electron spectroscopy for chemical analysis（化学分析电子能谱）的缩写。其灵敏度约为 1%，深度分辨率范围为 1～10 nm。

获誉：1981 年，K. M. 西格巴恩（K. M. Siegbahn）由于发展了高分辨电子谱技术而获得诺贝尔物理学奖。

另请参阅：www. nobelprize. org/nobel_prizes/physics/laureates/1981/。

XRD 为 X-ray diffraction（X 射线衍射）的缩写。

从 Yasukawa potential（安川势）到 Yukawa potential（汤川势）

Yasukawa potential 安川势 在特索夫势（Tersoff potential）的基础上，考虑在包含不同成分离子的材料中的电荷转移效应，而发展得到的一种势。其形式为 $V(r_{ij}) = \sum_i V_i = \sum_i \left[E_i^S + 0.5\sum_{i\neq j} V_{ij}(r_{ij}, q_i, q_j)\right]$，其中 q_i 和 q_j 分别为原子 i 和 j 的电荷，r_{ij} 为它们之间的距离，V_i 为原子 i 的势。$E_i^S(q_i) = \chi_i q_i + 0.5 J_i q_i^2$ 为原子 i 的自能项，χ_i 为其电负性（纯原子性质，不依赖于环境的量），J_i 为自库仑斥力（原子的硬度）。相互作用势能 $V(r_{ij})$ 由四部分组成：排斥能，短程吸引能，离子键能和范德瓦尔斯能。

势函数内在的动态电荷转移使得界面性质被自动包括进去。

首次描述：A. Yasukawa，*Using an extended Tersoff interatomic potential to analyze the static-fatigue strength of SiO_2 under atmospheric influence*，JSME Int. J.，Ser. A **39**（3），313～320（1996）。

详见：J. Yu，S. B. Sinnott，S. R. Phillpot，*Charge optimized many-body potential for the Si/SiO_2 system*，Phys. Rev. B **75**（8），085311（2007）。

Young's modulus 杨氏模量 施加在某种材料上的一个简单的张应力与导致的平行于该张力的应变的比值。对于特殊材料样品，由下式计算：

$$E = \frac{\text{应力}}{\text{应变}} = \frac{F l_0}{s_0 \Delta l},$$

式中，F 为在拉力下作用到样品上的力，s_0 为力作用其上的初始横截面积，l_0 为样品的初始长度，Δl 为样品长度的变化量。它是任何用于表征材料力学性能的材料的刚度的量度。

Yukawa potential 汤川势 此势函数描述了核子（nucleon）之间的强的短程相互作用 $V(r) = (A/r)\exp(-r/b)$，其中 r 为距离，A 和 b 是常数，分别为力的强度和范围的量度。

首次描述：H. Yukawa，*Interaction of elementary particles*，Proc. Phys. Math. Soc. Japan **17**，48～57（1935）。

获誉：1949 年，汤川秀树（H. Yukawa）由于在核力理论工作的基础上预测了介子的存在而获得诺贝尔物理学奖。

另请参阅：www.nobelprize.org/nobel_prizes/physics/laureates/1949/。

Z

从 Zeeman effect（塞曼效应）到 Zundel ion（聪德尔离子）

Zeeman effect　塞曼效应　在外加磁场作用下的电子能级的分裂，与电子的不同自旋相关。它由塞曼项 $g\mu_B B$ 来表征，其中自由电子自旋 g 因子（g-factor）约等于 2，B 为外加磁场的强度。

在发射光谱中，正常塞曼效应可以观察到三条谱线，当磁场不存在时，仅有一条。而在反常塞曼效应（anomalous Zeeman effect）中，谱线分裂成三条以上。它与电子自旋的反常磁矩的有关，自旋的存在使得自旋和轨道磁矩与场之间的相互作用比自旋不存在时更复杂。

首次描述：P. Zeeman，Verslag. Koninkl. Akad. Wet. Amsterdam **5**，181～242（1897）；P. Zeeman，*On the influence of magnetism on the nature of the light emitted by a substance*，Phil. Mag. **43**，226（1897）；P. Zeeman，*The effect of magnetisation on the nature of light emitted by a substance*，Nature **55**，347（1897）。

获誉：1902 年，P. 塞曼（P. Zeeman）和 H. A. 洛伦兹（H. A. Lorentz）凭借他们在研究磁性对辐射现象的影响时所作的特殊贡献，分享了诺贝尔物理学奖。

另请参阅：www.nobelprize.org/nobel_prizes/physics/laureates/1902/。

Zener double exchange　齐纳双交换　此过程发生在当两个互相隔离的磁性原子带有不同数目的磁壳电子时，通过非磁性的中间原子进行的跳跃（hopping）涉及磁壳中的电子。双交换使得两个磁矩发生铁磁耦合。自旋平行排列更有利，因为这会提高跳跃概率，从而导致自旋极化电子的动能减少。例如，在掺杂 Mn 的 $A^{III}B^{V}$ 型半导体中，Mn 的受主态会形成杂质带，具有 s、p 和 d 混合特征。在这些体系中，电子的传导及 Mn-Mn 交换耦合均可通过在杂质带内的电子跳跃实现。

首次描述：C. Zener，*Interaction between the d-shells in the transition metals. II. Ferromagnetic compounds of manganese with perovskite structure*，Phys. Rev. **82**（3），403～405（1951）。

Zener effect　齐纳效应　也即带间隧穿，在此过程中，固体中的电子穿越禁阻能隙从一个带隧穿到另一个。当一个外电场作用于周期性晶格势时，会导致在晶体中容许能带之间的电子跃迁。

首次描述：C. Zener，*A theory of the electrical breakdown of solid dielectrics*，Proc. R. Soc. A **145**，523～529（1934）。

Zener exchange　齐纳交换　亦称间接交换作用，它假设过渡元素的未满 d 壳层之间的相互作用不足以破坏同一壳层中 d 电子之间的耦合作用，而且不管距离多远，相邻 d 壳层之间的交换相互作用保持同号。相邻 d 壳层电子之间的直接相互作用则总是导致 d 电子自旋的一个反铁磁性（antiferromagnetic）排列的趋势。

在未满 d 壳层电子和传导电子之间的自旋耦合导致 d 电子自旋的一个铁磁性排列的趋势。在过渡金属的体心立方结构和某些合金的更复杂晶格结构中铁磁性、反铁磁性的出现，可以通过一种更简单的方法来解释。

首次描述：C. Zener，*Interaction between the d shells in the transition metals*，Phys. Rev. **81** (3)，440～444 (1951)。

Zeno paradox * **芝诺悖论** 人或物在到达目的地之前必须先到达全程的一半，这个要求可以无限地进行下去。由于要到达目的地必须先到达剩余路途的中间点位置，并无限进行下去，因此永远到达不了目的地。

zeolite 沸石 一种 Al—O—Si 晶型材料，材料中有规律地分布着约 1 nm 大小的空腔，里面包含一些被封闭的水，在加热时会被排出，在潮湿大气环境中沸石又可重新吸收水，且该过程对材料的晶体结构没影响。

zepto- 仄［普托］ 十进制前缀，表示 10^{-21}，简写为 z。

zinc blende structure 闪锌矿结构 此结构可以认为是一种特殊的金刚石结构（diamond structure），其中互相贯通的两个面心立方（face-centered cubic）格子包含有不同原子。闪锌矿结构的名称来源于化合物 ZnS，结晶成同样格子的其他材料是 $A^{III}B^{V}$ 型化合物。

zitterbewegung 颤动 德语，词义为颤抖运动。它是由薛定谔理论预言的基本粒子［特指遵循狄拉克方程（Dirac equation）的相对论电子］的快速运动。在这种情况下，正和负能量状态之间的干扰表现为围绕中间值的电子位置的波动。它由角频率 $\frac{2mc^2}{\hbar}$ 来表示，其中 m 是电子的质量，c 是光速。自由相对论粒子的颤动至今尚未被观察到。然而，这种粒子的行为可以用离子捕获方式进行模拟，将其放入到一个非相对论薛定谔方程（Schrödinger equation）描述的离子环境、具有与狄拉克方程相同的数学形式，但其物理状态不同。

首次描述：E. Schrödinger，*Über die kräftefreie Bewegung in der relativistischen Quantenmechanik*，Berliner Ber.，418～428（1930）；*Zur Quantendynamik des Elektrons*，Berliner Ber.，63～72 (1931)。

zone law of Weiss 外斯晶带定律 指出晶面(hkl)属于晶带[UVW]的条件为 $Uh+Vk+Wl=0$。

首次描述：C. S. Weiss，*De indagando formarum crystallinarum charactere geometrico principali dissertatio：quam amplissimi philosophorum ordinis auctoritate pro loco in eo obtinendo*（Tauchnitz，Leipzig，1809）。

Zundel ion 聪德尔离子 最小的质子化水团簇（protonated water cluster）$H_5O_2^+$。

首次描述：G. Zundel，H. Metzger，*Energiebänder der tunnelnden Überschuß-Protonen in flüssigen Säuren-eine IR-spektroskopische Untersuchung der Natur der Gruppierungen* $H_5O_2^+$，Z. Physik. Chem. **58**，225～245 (1968)。

---

* 芝诺悖论是古希腊数学家芝诺（Zeno of Elea）提出的一系列关于运动的不可分性的哲学悖论。这些悖论被记录于亚里士多德的《物理学》一书中而为后人所知。其悖论被概括为以下四个：二分法悖论、阿喀琉斯悖论、飞矢不动悖论、运动场悖论。这里提到的是其中的“二分法悖论”。——编者注

附录一　名称中包含"Nano"的科学期刊名单和介绍

出现一个新的科技领域的表现之一是涉及这一新学科的文献逐渐增多。在过去这些年，纳米科学和纳米技术见证了相关的传统科技期刊令人印象深刻的数量增长，这些期刊越来越多地刊载与纳米相关的研究论文，另外，也出现了大量以词干"纳米"（"nano"）命名的全新期刊。下面将列出这些全新"纳米"期刊的名单和简短介绍。我们不可避免地会忽略或者遗漏某些期刊，而且最近若干年也将不断涌现出更多的新的"纳米"期刊，这正体现了纳米科学和纳米技术的涉及范围广阔和学科交叉性。

详见：关于期刊在定义新研究领域中的作用，参见 C. G. Mainley，*T. S. Welsh*，*Publishing patterns and core journals of the "Nano" research front*，Proceedings of the SBA Conference 2005；L. Leydesdorff，P. Zhou，*Nanotechnology as a field of science：Its delineation in terms of journals and patents*，Scientometrics **70**，693～713（2007）。

ACS Nano　《美国化学学会纳米》　一本出版关于纳米结构的合成、组装、表征、理论和模拟，纳米生物科技，纳米加工，纳米科学和纳米技术的方法与手段，以及自组装、定向组装方面文章的综合性和国际性的杂志。此期刊针对化学、生物、材料科学、物理和工程学的交界领域的研究者。

创办于 2007 年，每年出版 5 期。

详见：//pubs. acs. org。

Advances in Natural Sciences：Nanoscience and Nanotechnology　《自然科学进展：纳米科学和纳米技术》　一本国际性、同行评议的开放存取期刊，发表关于纳米科学和纳米技术各个方面的文章。

创办于 2010 年，每年出版 2 期。

详见：www. iop. org。

All Results Journals：Nano　《所有结果期刊：纳米》　一份互联网期刊，致力于复原和发表纳米技术中的负面结果。

详见：www. arjournlas. com。

Applied Nanoscience　《应用纳米科学》　一本开放存取季刊，发表关于最先进纳米科学和新兴纳米技术应用的原创性论文，涉及先进技术和文明发展的多个基础领域，包括水科学、先进材料、能源、电子学、环境科学和医学。

创办于 2011 年，每年出版 3 期。

详见：www. springerlink. com。

ASME Journal of Nanotechnology in Engineering and Medicine　《美国机械工程师协会工程和医药纳米技术杂志》　该杂志提供了一个世界范围的论坛，讨论纳米技术如何从科学、工程和临床影响着医学领域，包括心脏病学、神经学、神经外科学、肿瘤学、糖尿病及新陈代谢紊乱等。同时也囊括了涉及监控人类疾病和紊乱的电子传感器和纳米、微米工程，涵盖了这些新兴领域目前研究、发展和技术进步的方向。

创办于 2010 年，每年出版 4 期。

详见：www. asmedl. aip. org。

Beilstein Journal of Nanotechnology **《拜尔施泰因纳米技术杂志》** 一本国际性、同行评议的开放存取期刊。该杂志提供了一个快速出版而不收取费用的独一无二的平台。同时，对于全世界读者均免费开放。由设在缅茵河畔法兰克福的非营利机构——拜尔施泰因研究所全额资助并出版。

创办于 2010 年。

详见：www. beilstein-journals. org/bjnano/home/home. htm。

BioNanoScience **《生物纳米科学》** 一个涉及生物纳米科学和工程领域，纳米科学、纳米技术和工程的基础研究的出版论坛。覆盖了生物和医药领域中生物纳米科学的实际应用。

创办于 2011 年。

详见：www. springerlink. com。

Current Nanoscience **《当前纳米科学》** 该期刊出版由该领域专家撰写的关于纳米科学和纳米技术所有最新进展的权威评论和原创的研究报道。涉及纳米科技领域的各个方面，包括纳米结构、纳米合成、纳米性质、纳米组装和纳米器件。期刊也包含了纳米科学在生物科技、医学、制药、物理学、材料科学和电子学方面的应用的文章。

创办于 2005 年，每年出版 4 期。

详见：www. bentham. org。

e-Journal of Surface Science and Nanotechnology **《表面科学和纳米技术电子杂志》** 日本表面科学协会的一份电子期刊。

创办于 2003 年。

详见：www. jstage. jst. go. jp。

Fullerenens, Nanotubes, and Carbon Nanostructures **《富勒烯、纳米管和碳纳米结构》** 一本国际性交叉学科的杂志，旨在出版经过同行评议审稿的富勒烯研究所有领域的原创性研究论文。此期刊刊载与富勒烯相关的各个科学领域的高水平文章，旨在为对富勒烯基础和应用研究感兴趣的研究者提供一个相互交流的平台。

创办于 1993 年，每年出版 6 期。

详见：www. tandf. co. uk。

IEEE Nanotechnology Magazine **《美国电气与电子工程师协会纳米技术杂志》** 出版电气与电子工程师协会纳米技术委员会成员学会感兴趣领域的同行评议文章，包含工业电子产品研究和发展、重要见解及指导性调查相关的新趋势和实践。

创办于 2007 年，每年出版 4 期。

详见：ieeexplore. ieee. org。

IEEE Proceedings Nanobiotechnology **《美国电气和电子工程师协会学报纳米生物技术》** 该期刊涉及与纳米技术和生物技术结合相关的研究和新兴技术的各个方面，特别是有关生物分子和生物分子集合之间相互作用方面的研究。

创办于 2003 年，每年出版 6 期。

详见：//ieeexplore. ieee. org。

IEEE Transactions on NanoBioscience **《美国电气和电子工程师协会纳米生物科学会刊》** 该会刊报道有关分子体系、细胞体系和组织（包括分子电子学）领域各方面原创的、创新的、交叉学科性质的研究工作。期刊接收的基础研究论文或者应用论文，既涉及工程学、物理、化学或计算科学，又涉及与生物分子和细胞相关的生物学、医学。

创办于2002年，每年出版4期。

详见：//ieeexplore. ieee. org。

IEEE Transactions on Nanotechnology **《美国电气和电子工程师协会纳米技术会刊》** 该会刊刊载在纳米尺度下工程学的新颖和重要的进展结果。它关注纳米器件、纳米系统、纳米材料及应用，以及这些方面背后的科学。这是一本交叉学科性的期刊，覆盖纳米科技的各个方面。

创办于2002年，每年出版6期。

详见：//ieeexplore. ieee. org。

IET Nanobiotechnology **《英国工程技术学会纳米生物技术》** 该期刊覆盖与纳米技术和生物技术结合相关的研究和新兴技术的各个方面，特别是有关生物分子和生物分子集合之间相互作用方面的研究进展。

创办于2007年，每年出版6期。

详见：//ieeexplore. ieee. org。

International Journal of Green Nanotechnology **《国际绿色纳米技术杂志》** 一本独一无二的、由三个分册组成的期刊，它关注绿色纳米技术化学、物理、生物、工程及其他科学层面的重大挑战和最新发展，以及它们的社会影响和为解决这些问题而采取的政策。

创办于2009年，每年出版2期。

详见：www. tandf. co. uk。

International Journal of Green Nanotechnology：Biomedicine **《国际绿色纳米技术杂志：生物医学》** 包含针对绿色纳米技术的生物兼容性和纳米医药应用的文章，包括新医学诊断、治疗剂和生物传感器的发展。

创办于2010年，每年出版2期。

详见：www. tandf. co. uk。

International Journal of Green Nanotechnology：Materials Science and Engineering **《国际绿色纳米技术杂志：材料科学与工程》** 包含绿色纳米技术工艺和应用的工程挑战探索文章，包括化学传感器、智能电子材料、纳米机器人和医药设备的设计和发展。

创办于2010年，每年出版2期。

详见：www. tandf. co. uk。

International Journal of Green Nanotechnology：Physics and Chemistry **《国际绿色纳米技术杂志：物理和化学》** 包含物理和化学领域中有关绿色纳米粒子制备、表征和性能的文章，引领绿色纳米技术的发展。这些创新性文章和综述呈现对已经实际应用的众所周知纳米颗粒结构产品的新绿色纳米技术工艺。

创办于2010年，每年出版2期。

详见：www. tandf. co. uk。

International Journal of Micro-NanoScale Transport **《国际微纳尺度传输杂志》** 它关注应用到小尺寸上的各种传输过程。这些过程包括在微米及纳米尺度上以及工程化系统上的动量、质量、化学物质、热能、生物和电动力学或电化学量的传输。

创办于2010年，每年出版4期。

详见：www. multi-science. co. uk。

International Journal of Nano and Biomaterials **《国际纳米和生物材料杂志》** 该期刊旨

在推进与协调纳米和生物材料领域的发展。强调国际维度，以满足加速新技术、新产品的理论支撑和实际验证的最迫切需要。

创办于2008年，每年出版4期。

详见：www. inderscience. com。

International Journal of NanoDimension 《国际纳米维度杂志》 一本致力于传播新型纳米材料共性和特性科学技术的期刊。该期刊为材料科学家、工程学家、物理学家、化学家及生物学家提供一个论坛，并且对医药领域的纳米材料最重要主题进行快速交流。该刊接纳理论和实验成果。

创办于2010年，每年出版2期。

详见：www. ijnd. ir。

International Journal of Nanomanufacturing 《国际纳米加工杂志》 该期刊旨在为工程师、科学家、工业界、决策者、学术和研究机构，以及那些与纳米加工领域相关的人们提供一个有关微加工和纳米加工的科学、过程、技术及其应用的最新进展的有效交流平台。纳米加工的学科交叉性将打破文化、国界和学科界限，以满足国际社会加速技术发展推动全球改变的需要。

创办于2006年，每年出版6期。

详见：www. inderscience. com。

International Journal of Nanomedicine 《国际纳米医学杂志》 一本国际性的、同行评议审稿的期刊，它关注纳米科技在遍及整个生物医学领域的诊断学、治疗学和药物输运系统中的应用。该期刊反映了这一新兴专业领域的发展活力，旨在突出那些可能在疾病预防和治疗方面有临床应用的研究及发展。

创办于2006年，每年出版4期。

详见：//www. dovepress. com。

International Journal of Nanoparticles 《国际纳米粒子杂志》 该期刊关注与纳米粒子和纳米结构相关的化学、物理和生物学现象与过程，这些纳米粒子和纳米结构的大小分布在分子尺度和约100 nm之间，这种尺度使得它们具有改进的特性或者新颖的应用。也可涉及在一些特殊例子中的亚微米纳米粒子。

创办于2008年，每年出版4期。

详见：//www. inderscience. com。

International Journal of Nanoscience 《国际纳米科学杂志》 一本跨学科的、国际评议的研究期刊，覆盖了纳米尺度科学和技术的各个方面。期刊寻求同时期任何纳米主题的文章，其领域从纳米物理、纳米化学的基础研究，到在纳米器件、量子构造、量子计算方面的应用，无所不包。

创办于2002年，每年出版6期。

详见：www. worldscinet. com。

International Journal of Nano Science and Engineering 《国际纳米科学与工程杂志》 一本发表纳米科学及纳米技术领域中高质量研究成果的科学期刊。

创办于2010年。

详见：www. iasks. org。

International Journal of Nanoscience and Nanotechnology 《国际纳米科学和纳米技术杂

志》 该期刊由伊朗纳米技术学会主办，致力于出版纳米技术这个广阔领域的各种原创科学论文。

创办于 2007 年，每年出版 4 期。

详见：www. nanosociety. ir。

International Journal of Nanotechnology **《国际纳米技术杂志》** 该期刊提供了与纳米科技相关的所有学科、主题的一个多学科信息来源，具有基础性的、技术性的和社会与教育性的视角。

创办于 2004 年，每年出版 12 期。

详见：www. inderscience. com。

International Journal of Smart and Nano Materials **《国际智能材料与纳米材料杂志》** 一本针对引人注目的研究领域：智能、纳米材料及其应用，发表原创结果、评述、技术讨论及书评的期刊。

创办于 2010 年，每年出版 4 期。

详见：www. tandf. co. uk。

International Nano Letters **《国际纳米快报》** 该期刊针对纳米尺度和纳米材料中科学与应用的结合，强调材料合成、工艺、表征和应用，包含真正的纳米维度或新奇/强化性质或功能的纳米结构。面向学术研究者和实际工程人员。

创办于 2011 年，每年出版 4 期。

详见：www. inljournal. com。

Internet Journal of Nanotechnology **《纳米技术国际互联网杂志》** 该期刊致力于在国际互联网上以电子形式出版原创的高质量医学文章，以传播相关的知识和研究成果。

创办于 2007 年，每年出版 2 期。

详见：www. ispub. com。

ISRN Nanotechnology **《ISRN（国际标准技术报告号）纳米技术》** 一本同行评议、开放存取的期刊，出版纳米技术各领域中的原创性研究文章和综述文章。

创办于 2011 年。

详见：www. hindawi. com。

Journal of Biomaterials and Nanobiotechnology **《生物材料和生物纳米技术杂志》** 一本国际性、跨学科刊物，展现对生物材料的制备、性能及评价的原创性贡献；纳米结构材料的化学、物理、毒理学、力学、电化学及光学行为，及其生物技术应用（含药物、药物传输系统、化妆品、食品技术、生物转化、再生能源及能量存储、生物传感、纳米医药、组织工程、植入式医学器件、生物光子学、包含光动力学疗法的纳米医学、和肿瘤学）。

创办于 2010 年，每年出版 4 期。

详见：www. scirp. org。

Journal of Biomedical Nanotechnology **《生物医学纳米技术杂志》** 纳米技术处理的是尺寸小于 100 nm 的功能结构和材料，这是一个跨越了多个传统学科的新兴交叉科学研究领域。为保持这种发展趋势，急需一个平台用来交流与纳米科技在生物医学领域的应用相关的原创性研究成果。为了满足这一需求，该期刊应运而生，作为一本国际性同行评议审稿的杂志，它覆盖了纳米技术在生命科学各个领域内的应用。

创办于 2005 年，每年出版 14 期。

详见：www. asppbs. com。

Journal of Bionanoscience　《生物纳米科学杂志》　生物纳米科学尝试利用生物大分子的各种功能，把它们与工程学整合起来用于技术应用。它基于自底向上法，包含了结构生物学、生物大分子工程学、材料科学、工程学，扩展了材料科学的领域。该期刊旨在出版介于化学、物理、生物学、材料科学和技术等领域之间的快报、综述、概念性文章、快讯、研究论文、图书评论和会议公告。

创办于 2007 年。

详见：www. asppbs. com。

Journal of Computational and Theoretical Nanoscience　《计算和理论纳米科学杂志》　一本国际性同行评议审稿的杂志，具有很广的覆盖面，把理论和计算纳米科学各个方面的研究成果汇总成一个单独的参考来源。期刊向科学家和工程技术人员提供了化学、物理、材料科学、工程学和生物等计算和理论纳米科技各个领域进展的同行评议审稿学术论文。

创办于 2005 年，每年出版 8 期。

详见：www. asppbs. com。

Journal of Experimental Nanoscience　《实验纳米科学杂志》　一本国际性交叉学科杂志，给纳米技术和纳米材料方面的实验科学进展提供了一个展示的舞台。该期刊致力于把那些给纳米科学领域带来原创性贡献的最重要的论文汇集起来，这些文章来自各个领域，包括生物学、生物化学、物理、化学、电子和机械工程学、材料学、制药学和医学。其目的是想提供一个论坛，在这个论坛里来自各个应用领域、方法学、学科的学者和行业研究者可以互相受益，并且可以激励一些新的发展。

创办于 2006 年，每年出版 4 期。

详见：www. tandf. co. uk。

Journal of Geoethical Nanotechnology　《地球伦理纳米技术杂志》　该期刊探索发展中的分子纳米技术在经济、政治、社会、科技各方面的问题。期刊欢迎有关一些富有争议的话题的投稿，如自我复制、管理。

创办于 2008 年，每年出版 2 期。

详见：www. terasemjournal. org。

Journal of Laser Micro/Nanoengineering　《激光微米/纳米工程学杂志》　一本国际性的网络在线杂志，用于及时报道基于激光技术的微米/纳米工程学的最新理论和实验研究，上面的文章可以免费阅读。

创办于 2006 年，每年出版 3 期。

详见：www. jlps. gr. jp。

Journal of Metastable and Nanocrystalline Materials　《亚稳态和纳米晶材料杂志》　该期刊致力于及时传播有关纳米晶、纳米复合物和亚稳态材料的最新高质量的研究成果。

详见：www. worldscinet. com。

Journal of Micro and Nano Mechatronics　《微/纳机电杂志》　该期刊涉及的领域是微米和纳米技术的理论及其应用，以促进基于从微米到纳米尺度的合成和分析的理论与实际工程学研究的发展。期刊包括了微米和纳米机电领域的调查报告、技术论文、短文和新的条目。

创办于 2008 年，每年出版 4 期。

详见：www. springerlink. com。

Journal of Micro/Nano Lithography, MEMS, and MOEMS 《微米/纳米光刻、微机电系统和微光机电系统杂志》 该期刊原名为 *Journal of Microlithography, Microfabrication, and Microsystems*，2007 年 1 月改成现有名。

创办于 2007 年，每年出版 4 期。

详见：//spiedigitallibrary. aip. org。

Journal of Nano-and Electronic Physics 《纳米和电子物理学杂志》 发表以往未曾出版和没有投稿于别处的论文，包含凝聚态物理和物理电子学的原创性实验结果和理论研究，也包含针对过程和现象描述的数学方法研究。

创办于 2009 年，每年出版 1 期。

详见：www. jnep. sumdu. edu. ua。

Journal of Nano and Microsystem Technique 《纳米和微米系统技术杂志》 该期刊旨在阐述微系统工程学的现代地位、前景和发展趋势，思考在不同的科学、技术和生产领域中发展、应用微系统的问题。

创办于 1999 年。

详见：www. microsystems. ru。

Journal of Nanobiotechnology 《纳米生物技术杂志》 该期刊致力于出版医学、生物学和纳米科学领域卓越的科技研究成果。

创办于 2003 年，每年出版 10 期。

详见：www. jnanobiotechnology. com。

Journal of Nano Education 《纳米教育杂志》 一本同行评议审稿的国际性杂志，旨在提供有关纳米科学、纳米技术、纳米工程学和纳米医学教育方面新进展的最全面最可靠的信息来源。

创办于 2008 年。

详见：www. asppbs. com。

Journal of Nano Energy and Power Research 《纳米能源和动力研究杂志》 包含所有在纳米尺度下有关能量产生、转变、存储、传输和守恒等现象的基础和应用研究。

创办于 2011 年。

详见：www. asppbs. com。

Journal of Nanoengineering and Nanomanufacturing 《纳米工程和纳米制造杂志》 一本跨学科、同行评议的国际期刊，加强在纳米尺度工程及制造科学中全面的实验和理论研究活动，使其成为独立和独特的参考源。

创办于 2011 年。

详见：www. asppbs. com。

Journal of Nanoengineering and Nanosystems 《纳米工程和纳米系统杂志》 该期刊关注涉及描述纳米尺度系统的纳米尺度工程学、纳米尺度科技这些特殊领域。期刊报道实用器件和过程方面的工作，这些工作来自于科学和工程学数据库的过渡。

创办于 2006 年，每年出版 4 期。

详见：www. pepublishing. com。

Journal of Nanoelectronic and Optoelectronics 《纳米电子学和光电子学杂志》 一本国际性、交叉学科性的同行评议审稿的杂志，它把纳米电子、光电子材料和器件领域最新的实验和理论研究活动，归纳成为一个独特的信息参考来源。期刊的目标是为纳米电子学和光电子学领域及相关领域的交叉学科研究成果的传播提供便利。

创办于 2006 年，每年出版 3 期。

详见：www.asppbs.com。

Journal of Nanomaterials 《纳米材料杂志》 该期刊的主要宗旨是将纳米尺度与纳米结构材料的科学和应用结合起来，着重于包含具有新颖/增强性质和功能的真实纳米尺寸维度和纳米结构的材料的合成、处理、表征和应用。它由学术研究者和应用工程师共同引导。为了应用发展和基础研究，它将突出纳米材料科学、纳米材料工程以及纳米技术的持续发展和新的挑战。所有文章必须是纳米材料相关实验、理论、计算以及应用上的原创性结果，纳米材料的范围包括硬材料（无机材料）、软材料（聚合物和生物材料），以及杂化材料或者纳米复合物。

创办于 2006 年，每年出版 1 期。

详见：www.hindawi.com。

Journal of Nanomedicine & Biotherapeutic Discovery 《纳米医药和生物治疗探索杂志》 一本广博的期刊，它的创立基于两个主要宗旨：以纳米医药和生物治疗探索为主题，发表最为激动人心的研究内容。

创办于 2012 年。

详见：www.omicsonline.org/AimsandScopeJNBD.php。

Journal of Nanoneuroscience 《纳米神经科学杂志》 纳米材料的进展表明中枢神经系统容易受到纳米粒子的诱导变化从而产生功能和结构的变化。这方面的知识当前由跟药理学、毒物学、神经系统科学或纳米科学相关的广阔学术领域的大量杂志进行传播。

创办于 2008 年。

详见：www.asppbs.com。

Journal of Nanoparticle Research 《纳米粒子研究杂志》 该期刊的目标是传播纳米结构中物理、化学和生物学现象与过程的知识，这些结构的尺寸从分子尺度到近似 100 nm，并拥有小尺寸直接带来的改进的和新颖的性质。

创办于 1999 年，每年出版 6 期。

详见：www.springerlink.com。

Journal of Nanophotonics 《纳米光子学杂志》 该期刊仅在国际互联网上发行，刊载的文章着重于构造和应用纳米结构，用于促进从红外到紫外区域的光的产生、传播、操纵和探测。

创办于 2007 年。

Journal of Nano Research 《纳米研究杂志》 一本包括多学科的同行评议审稿的杂志，刊载纳米科学与纳米技术各个方面的高水平工作。该杂志服务于整个“纳米”社团，提供有关纳米科学与纳米技术中的发展与进步、对这种非凡技术进行未来预测的最新信息。

创办于 2007 年。

详见：www.scientific.net。

Journal of Nanoscience and Nanotechnology 《纳米科学和纳米技术杂志》 一本国际性跨学科的同行评议审稿的杂志，涉及范围广阔，它把纳米科学和纳米技术所有领域的研究活动收录到这个单一而独特的参考来源。该期刊致力于出版原创的完整研究性文章、关于重要的科学技术新发现的快讯、带有作者照片和简短传记的及时的发展现状综述，以及当前的科学、工程学和医学的各个学科的基础与应用研究的新闻。

创办于 2001 年，每年出版 10 期。

详见：www. asppbs. com。

Journal of Nanoscience, Nanoengineering & Applications　《纳米科学、纳米工程及应用杂志》　一份国际性电子期刊，快速发表关于纳米科学及纳米技术方方面面的基础研究论文。杂志的焦点和范围包括至少在 1 个维度上尺寸为 100 nm 或更小的结构的相关内容，以及在这个尺度上材料和器件的开发。

创办于 2011 年。

详见：www. stmjournals. com。

Journal of Nano Systems & Technology　《纳米系统和技术杂志》　发表在科学、工程及医药学科等跨学科纳米技术研究的重要成果。

创办于 2011 年。

详见：www. jnst. org。

Journal of Nanotechnology　《纳米技术杂志》　一本同行评议、开放存取的期刊，发表纳米技术各领域中的原创性研究论文及综述文章。

创办于 2011 年。

详见：www. hindawi. com。

Journal of Spintronics and Magnetic Nanomaterials　《自旋电子学和磁性纳米材料杂志》　一本国际性、跨学科、同行评议期刊，报道磁性和电子自旋材料领域的新发展，包括它们的合成、表征、性质和在电子学、光子学、电信、计算机科学、医药学及健康科学上的应用。

创办于 2011 年。

详见：www. asppbs. com。

Journal of the American Nano Society　《美国纳米学会杂志》　美国纳米学会的旗舰期刊，纳米技术领域的一流期刊。

创办于 2011 年。

详见：jans. nanosociety. us/articles。

Micro & Nano Letters　《微米和纳米快报》　该期刊致力于微米和纳米科学与技术前沿的基础与应用研究。它专门出版至少有一个尺度在几十微米到几纳米之间的微型与超微型结构和系统中的科学、工程、技术以及应用方面的短篇研究论文，为微米和纳米社团的研究者的高质量研究成果的国际性传播提供了一条快速的途径。工程学、物理、化学、生物和材料科学这等学科的从基础理解到实验表述方面的工作可以向该杂志投稿，特别欢迎有关交叉学科的研究活动和应用的稿件。

创办于 2006 年，每年出版 4 期。

详见：www. ietdl. org。

Micro and Nanosystems　《微纳系统》　出版重要原创文章、专题综述、特邀编辑期刊，覆盖具有微米和纳米尺度特征的技术和系统到产品创新和新的制备工艺。微米和纳米系统在诸如健康、环境、食品、安全和生活消耗品的应用也被涵盖其中。涉及的主题包括芯片实验室、微流体、纳米生物技术、微纳制造、印刷电子学和微机电系统。

创办于 2009 年，每年出版 4 期。

详见：www. bentham. org。

Microfluidics and Nanofluidics　《微米流体学和纳米流体学》　一本国际性的同行评议审稿的杂志，目标是出版微米流体学、纳米流体学、芯片实验室（lab-on-a-chip）科学与技术的各方面的文章。它将微米流体学和纳米流体学广义理解为研究与在微米尺度和纳米尺度系统中传输耦合的质量（包括分子质量和胶体质量）和动量传递、传热以及反应过程。

创办于2005年，每年出版6期。

详见：www. springerlink. com。

Microsystem Technologies. Micro- and Nanosystems Information Storage and Processing Systems 《微系统技术，微米和纳米系统信息存储和处理系统》 该期刊创刊于2002年1月1日，由*Journal of Information Storage and Processing Systems*和*Microsystem Technologies*两个杂志合并而来。它倾向于出版有关这些系统及其元件的机电、材料科学、设计和制造方面的重要和及时的成果。

创办于2002年，每年出版6期。

详见：www. springerlink. com。

Nano 《纳米》 一本国际性的纳米科学和纳米技术方面的同行评议审稿的杂志，刊登的文章着重于基础研究前沿和新的关注点。它的特点是新成果和技术突破的及时科学报道，同时也包括近期研究热点的有意思的综述。

创办于2006年，每年出版6期。

详见：www. worldscinet. com。

Nano Biomedicine and Engineering 《纳米生物医药和工程》 一本开放存取的国际性、同行评议期刊。每期季刊发表在纳米技术、生物、医药和工程学科领域之间的基础、临床和工程研究内容。

创办于2011年。

详见：www. nanobe. org。

NanoBiotechnology 《纳米生物技术》 该期刊为国际性的同行评议审稿的杂志，出版的研究性文章覆盖了纳米技术、分子生物学和生物医药科学之间正在形成和快速发展的交叉研究领域的各个方面。该期刊提供了一个与生物学和医学相关的纳米技术各个领域中理论、设备、方法以及应用方面的当今最先进的跨学科研究和技术进展的权威讨论平台。纳米技术和生物医药科学的结合开创了更宽广的生物学研究主题以及分子细胞水平上的医药应用。

创办于2005年，每年出版4期。

详见：www. springerlingk. com。

NanoBiotechnology Nanotechnology 《纳米生物技术与纳米技术》 一本同行评议审稿的科学杂志，提供了一个有关最先进的纳米生物技术方法、实验装置和相关研究的多学科交流平台。

创办于2005年，每年出版4期。

详见：www. humanapress. com。

Nano Communication Networks Journal 《纳米通信网络杂志》 一份国际性档案式多学科期刊，它提供完全覆盖所有纳米尺度网络和通信相关主题的出版物。也出版关于新技术、概念或分析的理论研究；报道经验和实验的应用工作；并有一些教程。

创办于2010年，每年出版4期。

详见：www. sciencedirect. com。

Nanoethics 《纳米伦理学》 当前，纳米尺度下的技术被大力宣传，但同时也存在对它的恐惧。乐天派认为这些技术是必需的，可以用来解决恐怖主义、全球变暖、清洁水短缺、土地退化和健康问题。悲观者则害怕丧失隐私和自主性、所谓“灰色黏质”（一种能够自我复制的、把所接触到的一切物质都变成自己同类的纳米尺度机器人）和物质毁灭武器，以及各种环境和健康危机。也存在对于这些技术的成本和收益的公平分配的关注。这个领域需要一个讨论与纳米科技相关的伦理和社会问题的平台，以平衡大众的讨论和一些零碎的有代表性的观点与发现。

创办于 2007 年，每年出版 3 期。

详见：www.springerlink.com。

Nano Hybrids　《纳米杂化》　是一个新的期刊，创办于 2012 年。

详见：www.scientific.net。

Nano Letters　《纳米快报》　出版纳米尺度研究快讯的最重要刊物，它涵盖了从物理化学、材料化学到生物技术和应用物理的各种学科。

创办于 2001 年，每年出版 12 期。

详见：www.acs.com。

Nano LIFE　《纳米生活》　一本国际性季刊，出版在纳米和生物科学所有领域的同行评议研究论文。该期刊强调在纳米和生命科学之间的原创性、重要的和学科交叉的本质特性。纳米生活也提供对纳米医药关键议题的当前新闻和阐释，以满足科学社团和一般大众的关切。

创办于 2008 年，每年出版 1 期。

详见：www.worldscinet.com。

Nanomaterials and Energy　《纳米材料和能源》　该刊将工作在纳米材料和能源交叉领域内的科学家和工程师们联系到一起，有助于从成本-效益的视角出发，寻找确认更为高效的新能源。

创办于 2012 年。

详见：www.icevirtuallibrary.com/nme。

Nanomaterials and Nanotechnology　《纳米材料和纳米技术》　旨在出版纳米科学和技术最前沿的同行评议论文，将纳米尺度和纳米结构材料的科学与应用相结合，强调带来新奇/增强性能或功能的纳米尺度或纳米结构材料的合成、加工、表征及应用。

创办于 2011 年。

详见：www.intechweb.org。

Nanomedicine　《纳米医学》　该期刊定位于医学上的纳米结构材料和器件、生物技术器件和分子机器系统以及纳米机器人的重要挑战和进展，它用简洁明了且吸引人的文章形式发表这个领域的重要信息，是相关领域和科学社区的所有研究人员的一个很有价值的信息来源。

创办于 2006 年，每年出版 6 期。

详见：www.futuremedicine.com。

Nanomedicine：Nanotechnology，Biology，and Medicine　《纳米医学：纳米技术，生物学和医学》　一本国际性的同行评议审稿的杂志，发表在纳米尺度医学的创新领域的最新进展。该杂志刊登的文章涵盖纳米医学的基础、诊断、实验、临床、工程、药理和毒性研究。另外，通常出版的文章都是定位于新技术的商品化、该领域的伦理学、研究基金，以及研究人员与临床医生所感兴趣的其他主题。

创办于 2005 年，每年出版 4 期。

详见：www.sciencedirect.com。

Nano Research　《纳米研究》　一本国际性跨学科同行评议研究期刊，致力于纳米科学和纳米技术的所有领域。从纳米尺度材料的基础科学层面到这种材料的实际应用，在所有主题领域中接受投稿。纳米研究是开放存取期刊，所有的研究成果都可以在网上免费获得。

创办于 2008 年，每年出版 12 期。

详见：www.springerlink.com。

Nano Reviews 《纳米评述》 一本多学科、开放存取的期刊，除了发表在纳米科学、纳米技术、纳米生物技术、单分子的所有领域，从化学、物理、生物、医药和工程的基础科学到应用层面的前沿快报文章外，还出版综合性和评述性文章。

创办于 2010 年，每年出版 1 期。

详见：www.nano-reviews.net。

Nanoscale 《纳米尺度》 一本同行评议期刊，发表纳米科学和纳米技术范围内的实验及理论工作。它是 RSC（即英国皇家化学学会出版社）与一流的纳米科学研究中心——中国国家纳米科学中心，共同主办的刊物。

创办于 2009 年，每年出版 24 期。

详见：www.rsc.org/publishing/journals/nr/about.asp。

Nanoscale and Microscale Thermophysical Engineering 《纳尺度和微尺度热物理工程》 一本同行评议审稿的杂志，涵盖了纳米尺度和微米尺度下能量转换、传输、存储、质量传输和反应的基本科学和工程学。另外，该杂志定位于这些现象综合应用于在医学、传输、能源、环境和信息方面的器件和系统。

创办于 1997 年，每年出版 4 期。

详见：www.tandf.co.uk。

Nanoscale Research Letters 《纳尺度研究快报》 作为一个开放访问的杂志，它是第一个由主流商业出版商提供的、让所有能访问网络的人了解所有研究结果的纳米技术杂志。该杂志提供一个有关纳米尺度物体的创造和应用方面科技进展的公开交流的学科间平台。该杂志涵盖纳米科技的方方面面，着重于寻找揭示纳米结构潜在的科学和行为。其中，纳米快讯（Nano Express）是原创的研究论文，从投稿到发表只需要大概 8 周，也欢迎投稿纳米评论（Nano Review）、纳米思想（Nano Idea）和纳米解说（Nano Commentary）。

创办于 2006 年，每年出版 12 期。

详见：www.spingerlink.com.

Nano Science & Nano Technology 《纳米科学和纳米技术》 一本致力于快速出版纳米科学和纳米技术所有理论和实验分支的基础研究论文的印度杂志。它涵盖了对纳米尺度物体的基础物理、化学、生物学和技术的研究。

创办于 2007 年，每年出版 2 期。

详见：www.tsijournals.com。

Nanoscience and Nanotechnology 《纳米科学和纳米技术》 一本中英文双月刊，由中国微米纳米技术学会和西安纳米科技学会共同主办。旨在传播新的思想，达成开发、应用和工业化。

创办于 2008 年。

详见：www.chinanano.cn/magazine/intro_m_e.aspx。

Nanoscience and Nanotechnology Letters 《纳米科学和纳米技术快报》 一本多学科同行评议期刊，旨在加强在科学、工程和医学诸多学科中纳米尺度的基础和应用研究，以通信和快报形式出版有关科学和技术重要新发现的原创性简短研究文章。主题包括所有种类纳米结构功能材料的合成、制备、加工、表征、性质及应用。

创办于 2008 年，每年出版 4 期。

详见：www. asppbs. com。

Nanoscience & Nanotechnology Asia　《亚洲纳米科学和纳米技术》　发表纳米科学和纳米技术领域中有关最前沿进展的专家综述、原创性研究文章、快报以及特邀编辑期刊，着重发表在亚洲和日本的研究工作。所有领域都包含其中。

创办于 2011 年，每年出版 2 期。

详见：www. bentham. org。

Nanotechnologies in Russia (Rossiiskie Nanotekhnologii)　《俄罗斯纳米技术》　集中出版跨学科研究文章，涉及纳米尺度物质和纳米材料的结构与性质基础问题、它们的制备和加工技术、以及以此为基础的器件和设备的实际应用。

创办于 2008 年，每年出版 6 期。

详见：www. springerlink. com。

Nanotechnology　《纳米技术》　该期刊的目标是出版纳米科学和技术的前沿论文，尤其是有关学科间自然规律的。此处的纳米技术涵盖了以纳米精度对结构、材料和器件的单独定位、控制和修饰的能力，以及将这样的纳米结构合成进入微观和宏观系统，如基于 MEMS 的器件。它包含了对纳米尺度物体的基础物理、化学、生物学和技术的理解，以及如何将这些物体用于计算、传感器、纳米结构材料和纳米生物技术领域。

创办于 1990 年，周刊。

详见：www. iop. org。

Nanotechnology and Nanoscience　《纳米技术及纳米科学》　出版在纳米技术和纳米科学中最新、最杰出的研究文章、综述和快报。

创办于 2001 年，每年出版 2 期。

详见：www. bioinfo. in。

Nanotechnology Law & Business　《纳米技术法律和商业》　该期刊是涉及微米和纳米技术的专业人员所需的信息来源。它致力于帮助金融机构投资者理解纳米技术如何影响某一市场，帮助律师绘制围绕特定技术的专利前景，或者帮助公司调整策略。

创办于 2004 年，每年出版 4 期。

详见：www. nanolabweb. com。

Nanotechnology Perceptions　《纳米技术感知》　该期刊提供了一个有促进作用的讨论平台，用于涉及纳米技术（包括生物纳米技术和纳米医学）和超精密工程的思想与信息的交换。每一期包含对技术本身进行评论的短文，以及有关它们对人类生活、社会和公共机构的影响的深刻评价。文章面向世界范围内的读者，特别是对于工业、商业（包括银行家和投资者）、职业、政治和公共管理方面的领导者，以及那些需要在冷静和公平地评估纳米技术在他们领域中的潜力和风险的基础上做出决断的人来说，该期刊刊登的文章有着特殊的吸引力。

创办于 2005 年，每年出版 3 期。

详见：//pages. unibas. ch。

Nanotechnology, Science and Applications　《纳米技术、科学和应用》　一本国际性同行评议的开放存取期刊，它关注广泛的工业及学术应用范围的纳米技术科学。

创办于 2008 年，每年出版 1 期。

详见：www. dovespress. com。

Nano Today **《今日纳米》** 一本国际性杂志，面向兴趣横跨整个纳米科学和技术的研究者。通过融合同行评议审稿的文章、最新的研究新闻和重要发展信息，该期刊提供了对这个令人兴奋和充满活力的新领域的理解性覆盖。

创办于 2006 年，每年出版 6 期。

详见：www. sciencedirect. com。

Nanotoxicology **《纳米毒理学》** 该期刊邀请与使用和发展纳米结构材料所带来的人和环境的暴露、冒险和风险相关的研究的投稿。在这里，所谓“纳米结构材料”具有宽泛的定义，包括至少有一个维度在纳米范围内的材料。这些纳米材料的范围分布从纳米颗粒和纳米药品一直到更大的和合成的材料的纳米表面。使用中的纳米材料范围和在开发中的是完全不同的，因此，该期刊包括了一系列材料，从以传输进身体为目标产生的材料（食品、药品、诊断学和修补术），到消费品（如油漆、化妆品、电子产品和衣服），以及环境应用方面的颗粒设计（如生态修复）。正是这些材料所共有的纳米尺度，使得它们统一在一起并定义了这个杂志的范围。尽管杂志名称中的“毒理学”表明的是风险，该杂志也致力于吸引有关在纳米材料的生产、使用和处理过程中加强安全性的研究论文投稿。有关减少纳米材料所带来的暴露、冒险、风险和改善生物适应性的研究投稿是受到欢迎和鼓励的，因为这些研究将会带来纳米技术的进步。此外，用来改善人类健康（例如抗菌剂）的很多纳米颗粒已经得到发展，有关这些研究的文章投稿也是受鼓励的。

创办于 2007 年，每年出版 4 期。

详见：www. tandf. com。

Nanotrends Journal **《纳米趋势杂志》** 该期刊致力于出版研究纳米技术和在纳米领域中其他科学应用的最新趋势的基础和应用性文章。

创办于 2006 年，每年出版 6 期。

详见：www. nstc. in。

Nature Nanotechnology **《自然：纳米技术》** 该研究期刊主要致力于报道纳米科学和纳米技术的各个方面。

创办于 2006 年，每年出版 12 期。

详见：www. nature. com。

Open Nanomedicine Journal **《开放纳米医学杂志》** 旨在快速发表有关纳米医学最前沿的原创科学文章。是一本同行评议的纳米医学期刊，发表纳米医学领域的研究文章、综述和特邀编辑单一专题期刊。

创办于 2008 年，每年出版 1 期。

详见：www. bentham. org。

Open Nanoscience Journal **《开放纳米科学杂志》** 一个在互联网上开放登录的期刊，主要出版纳米科学和纳米技术领域中的研究文章、综述和快报，所涉及领域包括生物技术、医学、药物、化学、物理、生物学、材料科学和电子学。作为一个同行评议审稿的杂志，其主要目的是提供有关该领域最新发展的最全面和最详细的信息，重点是希望全世界研究者能够快速免费获得相关的高质量论文。

创办于 2007 年。

详见：www. bentham. com。

Photonics and Nanostructures：Fundamentals and Applications **《光子学和纳米结构：基**

本原理与应用》　该期刊为对光子晶体和光子带隙感兴趣的物理学家、材料科学家、化学家、工程师和计算机科学家提供了一个专用的沟通渠道。它能够帮助了解这个新兴科学领域的最新进展，该领域将出现利用光代替电子连接元件的更快的远程通信和计算机。该杂志主要报道实验、理论和应用中的一些原创性工作。

创办于 2003 年，每年出版 6 期。

详见：www. sciencedirect. com。

Physica E (Low-dimensional Systems and Nanostructures)　《物理 E 辑（低维系统和纳米结构)》　该期刊刊登关于低维系统（包括半导体异质结、介观系统、量子阱和超晶格、二维电子体系、量子线和量子点）物理学的基础和应用方面的论文和综述性文章。理论和实验方面的工作均可投稿。适合在该杂志出版的主题包括光学和输运性质、多体效应、整数和分数霍尔效应、单电子效应和器件，以及一些新奇的现象。

创办于 1998 年，每年出版 3 期。

详见：www. sciencedirect. com。

Precision Engineering—Journal of the International Societies for Precision Engineering and Nanotechnology　《精密工程——国际精密工程和纳米技术协会杂志》　该期刊致力于高精度工程学、计量学和制造业的跨学科研究和实践。它整合了有关高精度机械、器具及元件的研究、设计、制造、性能确认及应用的所有主题，包括制造业流程、制作技术以及先进测量科学的基础和应用研究及发展。杂志涉及的范围包括精密工程体系，以及跨域所有长度尺度的配套计量学，从基于原子的纳米技术和先进光刻技术到包括光学/射电望远镜和宏观计量学在内的大尺度体系。原名 *Precision Engineering*，创刊于 1979 年 1 月，从 2000 年 1 月起，该杂志采用了一个新的视角，成为国际精密工程和纳米技术协会的期刊，并改成现有名。

创办于 2000 年，每年出版 4 期。

详见：www. sciencedirect. com。

Recent Patents on Nanomedicine　《纳米医学最新专利》　出版纳米医学领域中有关最新专利的综述、研究文章、及特邀编辑主题期刊。也选择出版重要的相关最新专利。

创办于 2011 年，每年出版 2 期。

详见：www. bentham. org。

Recent Patents on Nanotechnology　《纳米技术最新专利》　该期刊出版专家撰写的有关纳米技术最新专利的综述性文章。同时也包括纳米技术中一些重要和最新的专利。该杂志是所有纳米技术研究人员的基本读物。

创办于 2007 年，每年出版 3 期。

详见：www. bentham. com。

Research Journal of Nanoscience and Nanotechnology　《纳米科学和纳米技术研究杂志》　一本多学科同行评议期刊，覆盖纳米科学及纳米技术领域的基础研究及应用研究。

创办于 2011 年，每年出版 2 期。

详见：www. scialert. net。

Reviews in Nanoscience and Nanotechnology　《纳米科学和纳米技术评述》　一本多学科同行评议期刊，覆盖科学、工程及医学的所有学科的基础和应用研究。纳米科学和纳米技术综述出版在纳米尺度科学和技术的所有层面的综合性综述文章。

创办于 2011 年。

详见：www. asppbs. com。

Scientia Nanotechnology. Transactions F of Scientia Iranica　《伊朗科学学报 F 辑：纳米技术科学》　旨在出版纳米科学和纳米技术领域前沿的高水平标准论文，特别是纳米尺度结构、材料和器件方面带有跨学科性质的文章。围绕分析、实验和数值工作，促进和增强对物理、化学、生物和纳米材料及器件技术的基本理解。特别强调在健康和医学、能源、环境、交通和建筑领域的技术应用。该学报趋于提供一个主要参考资源，涉及纳米技术相关的科学、工程和医学所有领域中的综合基础和应用知识。

创办于 2002 年，每年出版 2 期。

详见：www. scientiairanica. com。

Soft Nanoscience Letters　《软纳米科学快报》　一本多学科同行评议期刊，覆盖软纳米科学领域（包括聚合物和胶体）的基础和应用研究。

创办于 2011 年。

详见：www. scirp. org。

Synthesis and Reactivity in Inorganic, Metal-Organic, and Nano-Metal Chemistry　《无机、金属-有机和纳米-金属化学中的合成与反应性》　该期刊致力于向无机和金属-有机化学家，以及从事合成的纳米科学家快速提供原创性研究论文。它刊登有关新化合物的合成和反应性、已知化合物新的制备方法、新的实验技术和程序的文章，其目是把特别重要的原创性研究成果快速发布给无机和金属-有机化学家以及纳米技术专业人员。2005 年，该杂志用现有名替换了原名 *Synthesis and Reactivity in Inorganic and Metal-Organic Chemistry*。新的杂志名反映了纳米科学和纳米技术这一快速增长的领域。

创办于 2005 年，每年出版 10 期。

详见：www. tandf. com。

Virtual Journal of Nanoscale Science & Technology　《纳米尺度科学与技术虚拟杂志》　该网络周刊主要收录了在一些重要国际性杂志发表过的，反映纳米尺度结构科学和技术当前热点领域的论文。这些论文主要是上周已发表的文章。

创刊于 2000 年，周刊。

详见：http：//publish. aps. org。

Wiley Interdisciplinary Reviews: Nanomedicine and Nanobiotechnology　《威立跨学科评论：纳米医学和纳米生物技术》　提供了一个关于杂合科学的混杂模型。

创办于 2009 年，每年出版 6 期。

详见：onlinelibrary. wiley. com。

World Journal of Nano Science and Engineering　《世界纳米科学和工程杂志》　包含纳米尺度下物理、化学、生物科学和工程应用的原创性创新研究。其最为突出之处在于呈现超越传统界限并引入尖端前沿的科学研究。

创办于 2011 年，每年出版 4 期。

详见：www. scirp. org。

附录二　出现在本书中作为条目来源的科学期刊的缩写

期刊名称缩写	期 刊 全 名
Abhand. Köngl. Böhm. Gesellsch.	Abhandlungen der Königlichen Böhmischen Gesellschaft der Wissenschaften
Arch. Electrotech.	Archiv für Elektrotechnik
Adv. Coll. Int. Sci.	Advances in Colloid and Interface Science
Adv. Mater.	Advanced Materials
Adv. Phys.	Advances in Physics
Am. J. Math.	American Journal of Mathematics
Am. J. Phys.	American Journal of Physics
Am. J. Sci.	American Journal of Science
Angew. Chem.	Angewandte Chemie
Ann. Chim. Phys.	Annales de Chimie et de Physique
Ann. Hist. Comput.	Annals of the History of Computing
Ann. Phys.	Annalen der Physik
Ann. Rev. Mater. Sci.	Annual Review on Materials Science
Appl. Phys.	Applied Physics
Appl. Phys. Lett.	Applied Physics Letters
Appl. Surf. Sci.	Applied Surface Science
Arch. Mikr. Anat.	Archiv für Mikroskopische Anatomie
Astrophys. J.	Astrophysical Journal
Bell Syst. Tech. J.	Bell Systems Technical Journal
Ber. Dtsch. Bot. Ges.	Berichte der Deutschen Botanischen Gesellschaft
Biochim. Biophys. Acta	Biochimica et Biophysica Acta
Biophys. J.	Biophysical Journal
Bull. Soc. Chim. Paris	Bulletin de la Société Chimique de Paris
Bull. Natl. Bur. Std.	Bulletin of the National Bureau of Standards
Can. J. Phys.	Canadian Journal of Physics
Chem. Phys. Lett.	Chemical Physics Letters
Chem. Rev.	Chemical Review
Commun. Assoc. Comput. Mach.	Communications of the Association for Computing Machinery
Commun. Pure Appl. Math.	Communications on Pure and Applied Mathematics
C. R.	Comptes Rendus
Contemp. Phys.	Contemporary Physics
Cur. Opin. Colloid Interf. Sci.	Current Opinion in Colloid & Interface Science
Curr. Opin. Struct. Biol.	Current Opinion in Structural Biology
Disc. Faraday Soc.	Discussion of the Faraday Society
Dokl. Akad. Nauk. SSSR	Doklady Akademii Nauk SSSR
Electron. Lett.	Electronic Letters
Electr. World	Electrical World

续表

期刊名称缩写	期 刊 全 名
Europhys. Lett.	Europhysics Letters
Fund. Math.	Fundamentals of Mathematics
Fiz. Tekh. Poluprovodn.	Fizika i Tekhnika Poluprovodnikov
Fiz. Teverd. Tela.	Fizika Tverdogo Tela
Gött. Nachr. Math. Phys. Klass.	Nachrichten von der Akademie der Wissenschaften zu Göttingen-Mathematisch-Physikalische Klasse
Helv. Phys. Acta	Helvetica Physica Acta
IBM J. Res. Dev.	IBM Journal of Research and Development
IEEE	Institute of Electrical and Electronics Engineers
IEEE Acoustic, Speech, Sign. Process. Mag.	IEEE Acoustic，Speech，Signal Processing Magazine
IEEE Int. Conf. Comp. Syst. Sign. Proc.	IEEE International Conference Composition System Signal Proceedings
IEEE J. Quantum Electron.	IEEE Journal on Quantum Electronics
IEEE Trans. Electron. Dev.	IEEE Transactions on Electronic Devices
IEEE Trans. Inform. Theor.	IEEE Transactions on Information Theory
IEEE Trans. Appl. Superconductivity	IEEE Transactions on Applied Superconductivity
Ind. J. Phys.	Indian Journal of Physics
Int. J. Theor. Phys.	International Journal of Theoretical Physics
J. Am. Chem. Soc.	Journal of the American Chemical Society
J. Am. Stat. Ass.	Journal of the American Statistical Association
J. Appl. Phys.	Journal of Applied Physics
J. Chem. Phys.	Journal of Chemical Physics
J. Colloid Interface Sci.	Journal of Colloid & Interface Science
J. Compt.	Journal of Computer
J. Cryst. Growth	Journal of Crystal Growth
J. Ecole Polytechn.	Journal de l'Ecole Polytechnique
J. Electrochem. Soc.	Journal of the Electrochemical Society
J. Frank. Inst.	Journal of the Franklin Institute
J. Low Temp. Phys.	Journal of Low Temperature Physics
J. Magn. Magn. Mat.	Journal of Magnetism and Magnetic Materials
J. Mat. Res.	Journal of Material Research
J. Math. Phys.	Journal of Mathematical Physics
J. Microsc.	Journal of Microscopy
J. Opt. Soc. Am.	Journal of the Optical Society of America
J. Photochem. Photobiol.	Journal of Photochemistry and Photobiology
J. Phys.	Journal of Physics
J. Phys. Chem. Sol.	Journal of Physics and Chemistry of Solids
J. Phys. Condens. Matter	Journal of Physics: Condensed Matter
J. Phys. Soc. Jpn.	Journal of Physical Society of Japan
J. Sci. Inst. Elect. Engrs.	Journal of Scientific Institute of Electrical Engineers
JSME Int. J.	Japan Society Mechanical Engineering International Journal
J. Stat. Phys.	Journal of Statistical Physics

续表

期刊名称缩写	期 刊 全 名
J. Vac. Sci. Tech.	Journal of Vacuum Science and Technology
Jpn. J. Appl. Phys.	Japanese Journal of Applied Physics
Kgl. Danske Videnskab. Selskab - Mat. - Fys. Medd.	Kongelige Danske Videnskabernes Selskab - Matematisk-Fysiske Meddelelser
Kolloid Z.	Kolloid-Zeitschrift
Math. Syst. Theory	Mathematical Systems Theory
Mat. Sci. Techn.	Materials Science and Technology
Math. Annal.	Mathematische Annalen
Methods Enzymol.	Methods in Enzymology
Mol. Phys.	Molecular Physics
Monatsh. Chem.	Monatshefte für Chemie
Nano Lett.	Nano Letters
Nanomedicine：Nanotech. Biol. Med.	Nanomedicine：Nanotechnology，Biology，and Medicine
Naturwiss.	Naturwissenschaften
Opt. Lett.	Optics Letters
Phil. Mag.	Philosophical Magazine
Phil. Trans. R. Soc. London	Philosophical Transactions of the Royal Society of London
Philips Res. Rep.	Philips Research Reports
Photogr. J.	Photographic Journal
Phys. A	Physica A
Phys. Lett.	Physics Letters
Phys. Rev.	Physical Review
Phys. Rev. A	Physical Review A
Phys. Rev. B	Physical Review B
Phys. Rev. Lett.	Physical Review Letters
Phys. Today	Physics Today
Phys. Z.	Physikalische Zeitschrift
PNAS	Proceedings of the National Academy of Sciences
Proc. Am. Acad. Arts Sci.	Proceedings of the American Academy of Arts and Sciences
Proc. Inst. Radio Eng.	Proceedings of the Institute of Radio Engineers
Proc. K. Ned. Akad. Wet.	Verhandelingen der Koninklijke Nederlandse Akademie van Vetenschappen
Proc. Camb. Phil. Soc.	Proceedings of the Cambridge Philosophical Society
Proc. Phys. Soc.	Proceedings of the Physical Society
Proc. Phys. Math. Soc. Jpn.	Proceedings of the Physico-Mathematical Society of Japan
Proc. R. Acad. Sci.	Proceedings of the Royal Academy of Science
Proc. R. Soc. Lond.	Proceedings of the Royal Society of London
Prog. Phot. Res. Appl.	Progress in Photovoltaics：Research and Applications
Prog. Theor. Phys.	Progress on Theoretical Physics
Pure Appl. Math.	Pure and Applied Mathematics
Rend. Accad. Naz. Lincei	Rendiconti dell'Accademia Nazionale dei Lincei
Rep. Prog. Phys.	Reports on Progress in Physics
Rev. Mod. Phys.	Review of Modern Physics

续表

期刊名称缩写	期刊全名
Rev. Sci. Instrum.	Review of Scientific Instruments
Schultzes Arch. Mikr. Anat.	Schultzes Archiv für Mikroskopische Anatomie
Semicond. Sci. Technol.	Semiconductivity Science and Technology
SIAM J. Comp.	Society for Industrial and Applied Mathematics Journal on Computing
SIGACT News	Association for Computing Machinery - Special Interest Group on Algorithm and Computational Theory News
Sitzungsber. Akad. Wiss. Wien，Math. Naturw. Kl.	Sitzungsberichte der Akademie der Wissenschaften in Wien，Mathematisch-Naturwissenschaftliche Klasse
Sitzungsber. Bay. Akad. Wiss.	Sitzungsberichte der Bayerischen Akademine der Wissenschaften
Sitzungsber. Preuss. Akad. Wiss.	Sitzungsberichte der Preussischen Akademine der Wissenschaften
Skr. Norsk. Vid. Akademi，Oslo，Mat. Nat. Kl.	Tidskrifte Norske Videnskaps-Akademi i Olso，Matematisk- Naturvitenskapelige Klasse
Solid State Commun.	Solid State Communications
Sov. J. Nucl. Phys.	Soviet Journal of Nuclear Physics
Sov. Phys. JETP	Soviet Physics-Journal of Experimental and Theoretical Physics
Sov. Phys. Semicond.	Soviet Physics - Semiconductors
Surf. Sci.	Surface Science
Surf. Sci. Rep.	Surface Science Reports
Symp. Quant. Biol.	Quantum Biology Symposium
Theory Prob. Appl.	Theory of Probability and its Applications
Trans. AIEE	Transactions of the American Institute of Electrical Engineers
Trans. Conn. Acad.	Transactions of the Connecticut Academy of Arts and Sciences
Trans. Faraday Soc.	Transactions of the Faraday Society
Trans. Opt. Soc.	Transactions of the Optical Society
Trans. R. Irish Acad.	Transactions of the Royal Irish Academy
Usp. Fiz. Nauk.	Uspekhi Fiziceskih Nauk
Verh. Deutsch. Phys. Ges.	Verhandlungen der Deutschen Physikalischen Gesellschaft
Z. Instrumkde.	Zeitschrift für Instrumentenkunde
Z. Kristallogr.	Zeitschrift für Kristallographie
Z. Krist. Miner.	Zeitschrift für Kristallographie und Mineralogie
Z. Naturforsch.	Zeitschrift für Naturforschung
Z. Phys.	Zeitschrift für Physik
Z. Phys. Chem.	Zeitschrift für Physikalische Chemie
Zh. Exp. Theor. Fiz.	Zhurnal Experimentalnoy i Theoreticheskoy Fiziki
Zh. Russkogo Fiz. -Khim. Obsch.	Zhurnal Russkogo Fiziko-Khimicheskogo Obschestva

附录三　本征（或轻掺杂）半导体的主要特性

附表 1　第Ⅳ主族半导体

材料	C	Si	Ge	α-Sn
晶格结构	立方——金刚石结构			
温度为 300 K 时的晶格参数/nm	0.356 68	0.543 11	0.565 79	0.648 92
E_{gap}种类（d——直接型，i——间接型）	i	i	i	i
温度为 0 K 时的 E_{gap}/eV	5.48	1.166	0.74	0.09
温度为 300 K 时的 E_{gap}/eV	5.47	1.11	0.67	
折射率		3.44	4.00	
相对电容率（静态介电常数）	5.7	11.7	16.3	24
电子质量（以 m_0 为单位）	0.2	0.98	1.58	0.023
		0.19	0.08	
空穴质量（以 m_0 为单位）	0.25	0.52	0.3	0.20
温度为 300 K 时的电子迁移率/($cm^2 \cdot V^{-1} \cdot s^{-1}$)	1800	1500	3900	1400
温度为 300 K 时的空穴迁移率/($cm^2 \cdot V^{-1} \cdot s^{-1}$)	1200	450	1900	1200

附表 2　SiC 半导体

化合物	α-SiC	β-SiC
晶格结构	6H（六方结构）	3C（立方结构）
温度为 300 K 时的晶格参数 a 或者 a，c/nm	0.308 06	0.435 96
	1.511 73	
E_{gap}种类（d——直接型，i——间接型）	i	i
温度为 0 K 时的 E_{gap}/eV		
温度为 300 K 时的 E_{gap}/eV	2.86	2.2
折射率	2.65	2.66
相对电容率（静态介电常数）	$9.66_{\perp c}$，$10.03_{/\!/ c}$	9.72
电子质量（以 m_0 为单位）	$0.25_{\perp c}$，$1.5_{/\!/ c}$	0.647
		0.24
空穴质量（以 m_0 为单位）	1.0	
温度为 300 K 时的电子迁移率/($cm^2 \cdot V^{-1} \cdot s^{-1}$)	260	900
温度为 300 K 时的空穴迁移率/($cm^2 \cdot V^{-1} \cdot s^{-1}$)	50	

附表 3 A^{Ⅲ}B^{Ⅴ} 型氮化物半导体

化合物	AlN	GaN	InN
晶格结构	六方——纤锌矿结构		
温度为 300 K 时的晶格参数 a,c/nm	0.3111 0.4978	0.3189 0.5185	0.3544 0.5718
E_{gap}种类(d——直接型,i——间接型)	d	d	d
温度为 0 K 时的 E_{gap}/eV		3.50	
温度为 300 K 时的 E_{gap}/eV	6.2	3.44	1.89
折射率	2.15	2.4	2.56
相对电容率(静态介电常数)	8.5	8.9	15.3
电子质量(以 m_0 为单位)	0.48	0.2	0.11
空穴质量(以 m_0 为单位)	0.471	0.259	
温度为 300 K 时的电子迁移率/($cm^2 \cdot V^{-1} \cdot s^{-1}$)	135	1000	3200
温度为 300 K 时的空穴迁移率/($cm^2 \cdot V^{-1} \cdot s^{-1}$)	14	30	

附表 4 A^{Ⅲ}B^{Ⅴ} 型磷化物半导体

化合物	AlP	GaP	InP
晶格结构	立方——闪锌矿结构		
温度为 300 K 时的晶格参数/nm	0.546 35	0.5450	0.586 87
E_{gap}种类(d——直接型,i——间接型)	i	i	d
温度为 0 K 时的 E_{gap}/eV	2.51	2.4	1.42
温度为 300 K 时的 E_{gap}/eV	2.45	2.25	1.35
折射率		3.37	3.37
相对电容率(静态介电常数)	9.8	11.1	12.1
电子质量(以 m_0 为单位)	0.166	0.82	0.077
空穴质量(以 m_0 为单位)	0.20	0.60	0.64
温度为 300 K 时的电子迁移率/($cm^2 \cdot V^{-1} \cdot s^{-1}$)	80	110	4600
温度为 300 K 时的空穴迁移率/($cm^2 \cdot V^{-1} \cdot s^{-1}$)		75	150

附表 5　$A^{Ⅲ}B^{Ⅴ}$ 型砷化物半导体

化合物	AIAs	GaAs	InAs
晶格结构	立方——闪锌矿结构		
温度为 300 K 时的晶格参数/nm	0.5660	0.5653	0.6058
E_{gap}种类(d——直接型,i——间接型)	i	d	d
温度为 0 K 时的 E_{gap}/eV	2.229	1.519	0.43
温度为 300 K 时的 E_{gap}/eV	2.153	1.424	0.36
折射率		3.4	3.42
相对电容率(静态介电常数)	10.1	12.5	12.5
电子质量(以 m_0 为单位)	0.1	0.07	0.028
空穴质量(以 m_0 为单位)	0.15	0.5	0.33
温度为 300 K 时的电子迁移率/($cm^2 \cdot V^{-1} \cdot s^{-1}$)	294	8500	33000
温度为 300 K 时的空穴迁移率/($cm^2 \cdot V^{-1} \cdot s^{-1}$)		400	460

附表 6　$A^{Ⅲ}B^{Ⅴ}$ 型锑化物半导体

化合物	AISb	GaSb	InSb
晶格结构	立方——闪锌矿结构		
温度为 300 K 时的晶格参数/nm	0.613 55	0.6095	0.647 87
E_{gap}种类(d——直接型,i——间接型)	i	d	d
温度为 0 K 时的 E_{gap}/eV	1.686	0.81	0.235
温度为 300 K 时的 E_{gap}/eV	1.61	0.69	0.17
折射率		3.9	3.75
相对电容率(静态介电常数)	14.4	15	18
电子质量(以 m_0 为单位)	0.12	0.045	0.0133
空穴质量(以 m_0 为单位)	0.98	0.39	0.18
温度为 300 K 时的电子迁移率/($cm^2 \cdot V^{-1} \cdot s^{-1}$)	200	5000	80 000
温度为 300 K 时的空穴迁移率/($cm^2 \cdot V^{-1} \cdot s^{-1}$)	420	850	1250

附表 7 $A^{Ⅲ}B^{Ⅴ}$ 型氯化物半导体

化合物	γ-CuCl	AgCl
晶格结构	立方——闪锌矿结构	立方——氯化钠结构
温度为 300 K 时的晶格参数/nm	0.540 57	0.550 23
E_{gap}种类(d——直接型,i——间接型)	d	i
温度为 0 K 时的 E_{gap}/eV	3.95	3.25
温度为 300 K 时的 E_{gap}/eV		
折射率	2.1	2.1
相对电容率(静态介电常数)	7.9	11.1
电子质量(以 m_0 为单位)	0.43	
空穴质量(以 m_0 为单位)	4.2	
温度为 300 K 时的电子迁移率/($cm^2 \cdot V^{-1} \cdot s^{-1}$)		
温度为 300 K 时的空穴迁移率/($cm^2 \cdot V^{-1} \cdot s^{-1}$)		

附表 8 $A^{Ⅰ}B^{Ⅶ}$ 型溴化物半导体

化合物	γ-CuBr	AgBr
晶格结构	立方——闪锌矿结构	立方——氯化钠结构
温度为 300 K 时的晶格参数/nm	0.569 05	0.577 48
E_{gap}种类(d——直接型,i——间接型)	d	i
温度为 0 K 时的 E_{gap}/eV	3.07	2.68
温度为 300 K 时的 E_{gap}/eV		
折射率		
相对电容率(静态介电常数)	8.0	11.8
电子质量(以 m_0 为单位)	0.21	0.22
空穴质量(以 m_0 为单位)	23.2	0.52
温度为 300 K 时的电子迁移率/($cm^2 \cdot V^{-1} \cdot s^{-1}$)		60
温度为 300 K 时的空穴迁移率/($cm^2 \cdot V^{-1} \cdot s^{-1}$)		2

附表 9　$A^{I}B^{VII}$ 型碘化物半导体

化合物	γ-CuI	β-AgI
晶格结构	立方——闪锌矿结构	六方——纤锌矿结构
温度为 300 K 时的晶格参数 a 或者 a,c/nm	0.604 27	0.4592 0.7512
E_{gap}种类(d——直接型,i——间接型)	d	d
温度为 0 K 时的 E_{gap}/eV	3.12	3.02
温度为 300 K 时的 E_{gap}/eV		
折射率		
相对电容率(静态介电常数)	6.5	7.0
电子质量(以 m_0 为单位)	0.3	
空穴质量(以 m_0 为单位)	1.4	
温度为 300 K 时的电子迁移率/($cm^2 \cdot V^{-1} \cdot s^{-1}$)		
温度为 300 K 时的空穴迁移率/($cm^2 \cdot V^{-1} \cdot s^{-1}$)		

附表 10　$A^{II}B^{VI}$ 型硫化物半导体

化合物	ZnS	CdS	HgS
晶格结构	立方——闪锌矿结构		
温度为 300 K 时的晶格参数/nm	0.541	0.582	0.585 17
E_{gap}种类(d——直接型,i——间接型)	d	d	
温度为 0 K 时的 E_{gap}/eV	3.84	2.58	−0.2
温度为 300 K 时的 E_{gap}/eV	3.68	2.50	
折射率	2.37	2.5	
相对电容率(静态介电常数)	8.9		
电子质量(以 m_0 为单位)	0.40	0.2	
空穴质量(以 m_0 为单位)			
温度为 300 K 时的电子迁移率/($cm^2 \cdot V^{-1} \cdot s^{-1}$)	165	340	
温度为 300 K 时的空穴迁移率/($cm^2 \cdot V^{-1} \cdot s^{-1}$)	5	50	

附表 11 $A^{II}B^{VI}$ 型硒化物半导体

化合物	ZnS	CdS	HgS
晶格结构	立方——闪锌矿结构		
温度为 300 K 时的晶格参数/nm	0.5667	0.608	0.6085
E_{gap}种类(d——直接型,i——间接型)	d	d	
温度为 0 K 时的 E_{gap}/eV	2.80	1.85	−0.22
温度为 300 K 时的 E_{gap}/eV	2.58	1.75	
折射率	2.89		
相对电容率(静态介电常数)	8.1	10.6	23
电子质量(以 m_0 为单位)	0.21	0.13	0.05
空穴质量(以 m_0 为单位)	0.6		0.02
温度为 300 K 时的电子迁移率/($cm^2 \cdot V^{-1} \cdot s^{-1}$)	500	800	
温度为 300 K 时的空穴迁移率/($cm^2 \cdot V^{-1} \cdot s^{-1}$)	30		

附表 12 $A^{II}B^{VI}$ 型碲化物半导体

化合物	ZnTe	CdTe	HgTe
晶格结构	立方——闪锌矿结构		
温度为 300 K 时的晶格参数/nm	0.6101	0.6477	0.6453
E_{gap}种类(d——直接型,i——间接型)	d	d	
温度为 0 K 时的 E_{gap}/eV	2.39	1.60	−0.28
温度为 300 K 时的 E_{gap}/eV	2.2	1.50	−0.015, 0.14
折射率	3.56	2.75	3.7
相对电容率(静态介电常数)	9.7	10.9	20
电子质量(以 m_0 为单位)	0.15	0.11	0.029
空穴质量(以 m_0 为单位)	0.2	0.35	−0.3
温度为 300 K 时的电子迁移率/($cm^2 \cdot V^{-1} \cdot s^{-1}$)	340	1050	
温度为 300 K 时的空穴迁移率/($cm^2 \cdot V^{-1} \cdot s^{-1}$)	100	100	

附表 13　$A^{IV}B^{VI}$型锡化合物半导体

化合物	SnS	SnSe	SnTe
晶格结构	正交畸变——畸变氯化钠结构		
温度为 300 K 时的晶格参数 a，b，c/nm	1.157	1.120	
	0.419	0.399	
	0.446	0.434	
E_{gap}种类(d——直接型，i——间接型)	d	i	
温度为 0 K 时的 E_{gap}/eV			
温度为 300 K 时的 E_{gap}/eV	1.09	0.9	0.36
折射率			
相对电容率(静态介电常数)	32	45	
电子质量(以 m_0 为单位)			
空穴质量(以 m_0 为单位)	0.2	0.15	0.07
温度为 300 K 时的电子迁移率/($cm^2 \cdot V^{-1} \cdot s^{-1}$)			
温度为 300 K 时的空穴迁移率/($cm^2 \cdot V^{-1} \cdot s^{-1}$)	90		840

附表 14　$A^{IV}B^{VI}$型铅化合物半导体

化合物	PbS	PbSe	PbTe
晶格结构	正交——氯化钠结构		
温度为 300 K 时的晶格参数/nm	0.5936	0.6117	0.6462
E_{gap}种类(d——直接型，i——间接型)	d	d	d
温度为 0 K 时的 E_{gap}/eV	0.29	0.15	0.19
温度为 300 K 时的 E_{gap}/eV	0.41	0.28	0.31
折射率			
相对电容率(静态介电常数)	170	210	～1000
电子质量(以 m_0 为单位)	0.25	0.04	0.17
空穴质量(以 m_0 为单位)	0.25		0.20
温度为 300 K 时的电子迁移率/($cm^2 \cdot V^{-1} \cdot s^{-1}$)	600	1	6000
温度为 300 K 时的空穴迁移率/($cm^2 \cdot V^{-1} \cdot s^{-1}$)	700		4000

附表 15　第Ⅱ主族硅化物半导体

化合物	Mg_2Si	Ca_2Si	Ca_3Si_4	$BaSi_2$
晶格结构	立方——二氟化钙结构	正交结构	六方结构	正交——二硅化钡结构
温度为 300 K 时的晶格参数 a, b, c/nm	0.63512	0.7691	0.8541	0.8942
		0.4816		0.6733
		0.9035	1.4906	1.1555
E_{gap}种类(d——直接型,i——间接型)	i	d	i	i
温度为 0 K 时的 E_{gap}/eV	0.65	0.35, 1.0	0.35	0.83
温度为 300 K 时的 E_{gap}/eV	0.78			1.10, 1.30
折射率				
相对电容率(静态介电常数)				
电子质量 m_x, m_y, m_z(以 m_0 为单位)		0.64	>1	0.60
		0.10	0.7	0.37
		0.71	1.0	0.30
空穴质量 m_x, m_y, m_z(以 m_0 为单位)		0.16	0.46	0.31
		2.21	>1	0.73
		2.30	0.83	0.67
温度为 300 K 时的电子迁移率/($cm^2 \cdot V^{-1} \cdot s^{-1}$)	406			
温度为 300 K 时的空穴迁移率/($cm^2 \cdot V^{-1} \cdot s^{-1}$)	56		~50	

附表 16　第Ⅵ副族硅化物半导体

化合物	$CrSi_2$	$MoSi_2$	WSi_2
晶格结构	六方——二硅化铬结构		
温度为 300 K 时的晶格参数 a, c/nm	0.44281	0.4596	0.4614
	0.63691	0.6550	0.6414
E_{gap}种类(d——直接型,i——间接型)	i	i	i
温度为 0 K 时的 E_{gap}/eV	0.35	0.07	0.07
温度为 300 K 时的 E_{gap}/eV			
折射率			
相对电容率(静态介电常数)			
电子质量 m_x, m_y, m_z(以 m_0 为单位)	0.69	0.38	0.33
	0.66	0.33	0.30
	1.49	0.73	0.65
空穴质量 m_x, m_y, m_z(以 m_0 为单位)	1.10	0.43	0.39
	1.20	0.55	0.57
	0.82	0.50	0.45
温度为 300 K 时的电子迁移率/($cm^2 \cdot V^{-1} \cdot s^{-1}$)			
温度为 300 K 时的空穴迁移率/($cm^2 \cdot V^{-1} \cdot s^{-1}$)	10	200	220

附表 17　第Ⅶ副族硅化物半导体

化合物	$MnSi_{2-x}$	$ReSi_{1.75}$
晶格结构	四方结构	三斜结构 $\alpha=89.90°$
温度为 300 K 时的晶格参数 a，b，c/nm	a=0.5530	0.3138
	c=1.7517	0.3120
	4.7763	0.7670
	6.5311	
	11.79	
E_{gap}种类(d——直接型，i——间接型)	i	i
温度为 0 K 时的 E_{gap}/eV	0.7～0.8	
温度为 300 K 时的 E_{gap}/eV	0.7～0.9	0.15
折射率		
相对电容率(静态介电常数)		
电子质量 m_x，m_y，m_z(以 m_0 为单位)	8.17	0.35
	8.17	0.32
	3.40	0.37
空穴质量 m_x，m_y，m_z(以 m_0 为单位)	1.64	0.27
	1.64	0.27
	5.72	11.82
温度为 300 K 时的电子迁移率/($cm^2 \cdot V^{-1} \cdot s^{-1}$)		
温度为 300 K 时的空穴迁移率/($cm^2 \cdot V^{-1} \cdot s^{-1}$)	230	370

附表 18　第Ⅷ副族二硅化物半导体

化合物	β-$FeSi_2$	$RuSi_2$	$OsSi_2$
晶格结构	正交——β-二硅化铁结构		
温度为 300 K 时的晶格参数 a，b，c/nm	0.987 92	1.0053	1.0150
	0.779 91	0.8028	0.8117
	0.783 88	0.8124	0.8223
E_{gap}种类(d——直接型，i——间接型)	d/i	?	i
温度为 0 K 时的 E_{gap}/eV			
温度为 300 K 时的 E_{gap}/eV	0.78～0.87	0.35～0.52	1.4
折射率			
相对电容率(静态介电常数)			
电子质量 m_x，m_y，m_z(以 m_0 为单位)	≫1		
空穴质量 m_x，m_y，m_z(以 m_0 为单位)	0.21		
	0.27		
	0.27		
温度为 300 K 时的电子迁移率/($cm^2 \cdot V^{-1} \cdot s^{-1}$)	900		
温度为 300 K 时的空穴迁移率/($cm^2 \cdot V^{-1} \cdot s^{-1}$)	200		

附表 19　第Ⅷ副族硅化物半导体(除了二硅化物之外)

化合物	Ru_2Si_3	Os_2Si_3	OsSi	Ir_3Si_5
晶格结构	正交——三硅化二钌结构		立方——硅化铁结构	单斜结构 $\alpha=89.90°$
温度为 300 K 时的晶格参数 a, b, c/nm	1.1057	1.1124	0.4729	0.6406
	0.8934	0.8932		1.4162
	0.5533	0.5570		1.1553
E_{gap}种类(d——直接型,i——间接型)	d	d		i
温度为 0 K 时的 E_{gap}/eV				
温度为 300 K 时的 E_{gap}/eV	0.7～1.0	2.3	0.34	1.2
折射率				
相对电容率(静态介电常数)				
电子质量 m_x, m_y, m_z(以 m_0 为单位)	3.28			
	2.85			
	0.61			
空穴质量 m_x, m_y, m_z(以 m_0 为单位)	0.47			
	0.15			
	0.45			
温度为 300 K 时的电子迁移率/($cm^2\cdot V^{-1}\cdot s^{-1}$)				
温度为 300 K 时的空穴迁移率/($cm^2\cdot V^{-1}\cdot s^{-1}$)	2～3			2～3

附表 20　半导性氧化物

化合物	TiO_2(锐钛矿)	TiO_2(金红石)	TiO_2(板钛矿)	ZnO(红锌矿)
晶体结构	四方	四方	三方	六方
温度为 300 K 时的晶格参数(a,b,c)/nm	0.3733	0.4584	0.5436	0.32489
			0.9166	0.52049
	0.937	0.2953	$c/a=0.944$	
E_{gap}的性质(d——直接型,i——间接型)	i	i	i	d
温度为 0 K 时的基本 E_{gap}/eV				3.42
温度为 300 K 时的基本 E_{gap}/eV	3.2	3.05		3.37
	2.57	2.80	2.81	2.02
折射率	2.66	2.95	2.68	
		2.65		
相对电容率(静态介电常数)	55	86		9.0
电子质量(m_x,m_y,m_z)(以 m_0 为单位)	0.62(计算值)			0.32
	～1(实验值)			
	0.61			
空穴质量(m_x,m_y,m_z)(以 m_0 为单位)				0.37
温度为 300 K 时的电子迁移率/($cm^2\cdot V^{-1}\cdot s^{-1}$)		～1		200
温度为 300 K 时的空穴迁移率/($cm^2\cdot V^{-1}\cdot s^{-1}$)				180

索引

C

D

E

F

G

H

J

K

L

M

N

O

P

Q

R

S

T

W

Z

非汉字开头的中文词目